"十二五"普通高等教育本科国家级

理论力学Ⅰ

——基本教程（第2版）

Lilun Lixue Ⅰ——Jiben Jiaocheng

○ 梅凤翔 主 编
○ 尚 玫 万 超 张 凯 修 订

中国教育出版传媒集团
高等教育出版社·北京

内容提要

本书第2版继续保持第1版理论严谨、逻辑清晰、由浅入深的编写风格，对部分内容进行了调整及修订，增加了关键知识点及重要例题的示意动画，增加了反映工程实际情况的习题，并适当增加了拓展阅读内容及历史人物介绍。

全书共分四篇，分为Ⅰ，Ⅱ两册。第一篇静力学，包括力系的简化、力系的平衡、静力学应用问题等3章。第二篇运动学，包括运动学基础与点的运动、刚体的平面运动、复合运动等3章。第三篇动力学，包括质点动力学、质点系动力学、达朗贝尔原理和动静法、分析力学初步等4章。第四篇专题，包括刚体的定点运动和一般运动、刚体动力学、碰撞、理论力学的概率问题、运动稳定性、机械振动基础、动力学逆问题、分析动力学、力学的变分原理、哈密顿力学、非完整力学、伯克霍夫力学、对称性与守恒量等13章。前三篇（Ⅰ册）为基础部分，第四篇（Ⅱ册）为提高部分。不同专业可根据需要来选取。

本书可作为高等学校力学、机械、土木、水利、航空航天等专业理论力学课程的教材，也可作为高职高专、成人高校相应专业的自学与函授教材，还可供有关教师和工程技术人员参考。

图书在版编目（CIP）数据

理论力学. Ⅰ，基本教程 / 梅凤翔主编 ；尚玫，万超，张凯修订. -- 2版. -- 北京 ：高等教育出版社，2023.10

ISBN 978-7-04-060859-5

Ⅰ. ①理… Ⅱ. ①梅… ②尚… ③万… ④张… Ⅲ. ①理论力学-高等学校-教材 Ⅳ. ①O31

中国国家版本馆CIP数据核字（2023）第135867号

策划编辑 赵湘慧　责任编辑 赵湘慧　封面设计 张申申 裴一丹　版式设计 李彩丽
责任绘图 李沛蓉　责任校对 吕红颖　责任印制 刘思涵

出版发行	高等教育出版社	网　址	http://www.hep.edu.cn
社　址	北京市西城区德外大街4号		http://www.hep.com.cn
邮政编码	100120	网上订购	http://www.hepmall.com.cn
印　刷	三河市骏杰印刷有限公司		http://www.hepmall.com
开　本	787mm×1092mm 1/16		http://www.hepmall.cn
印　张	20.75	版　次	2012年1月第1版
字　数	480千字		2023年10月第2版
购书热线	010-58581118	印　次	2023年10月第1次印刷
咨询电话	400-810-0598	定　价	45.50元

物 料 号 60859-00

理论力学 I

——基本教程（第2版）

1 计算机访问https://abooks.hep.com.cn/60859，或手机扫描二维码，访问新形态教材小程序。

2 注册并登录，进入“个人中心”，点击“绑定防伪码”。

3 输入教材封底的防伪码（20位密码，刮开涂层可见），或通过新形态教材小程序扫描封底防伪码，完成课程绑定。

4 在“我的图书”中选择本书即可“开始学习”。

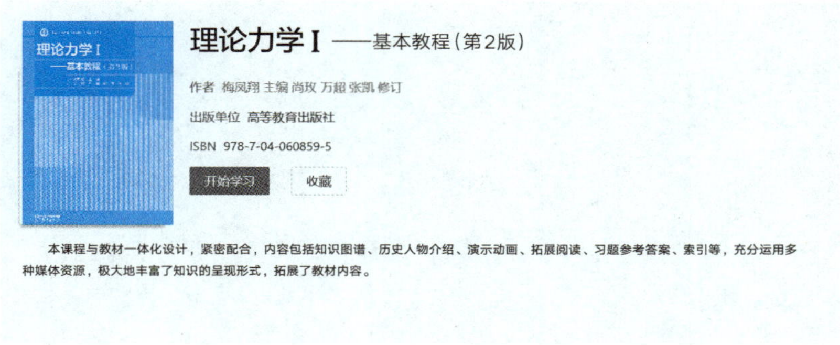
理论力学 I ——基本教程（第2版）
作者 梅凤翔 主编 尚玫 万超 张凯 修订
出版单位 高等教育出版社
ISBN 978-7-04-060859-5
开始学习
收藏
本课程与教材一体化设计，紧密配合，内容包括知识图谱、历史人物介绍、演示动画、拓展阅读、习题参考答案、索引等，充分运用多种媒体资源，极大地丰富了知识的呈现形式，拓展了教材内容。

绑定成功后，课程使用有效期为一年。受硬件限制，部分内容无法在手机端显示，请按提示通过计算机访问学习。

如有使用问题，请发邮件至abook@hep.com.cn。

扫描二维码
访问新形态教材小程序

https://abooks.hep.com.cn/60859

第 2 版序

结合当前力学基础课程教学的具体形势，在继续保持第 1 版理论严谨、逻辑清晰、由浅入深的编写风格基础上，本书第 2 版主要做了如下修订：

第一，参考教育部高等学校工科基础课程教学指导委员会对理论力学教学的基本要求，对全书内容进行了相应的调整及修订，将第 1 版Ⅰ册（基础教程）中刚体的定点运动和一般运动、刚体动力学、碰撞、线性系统振动、分析动力学等编入Ⅱ册（专题教程），与Ⅱ册原有的理论力学的概率问题、运动稳定性、机械振动基础、动力学逆问题、力学的变分原理、哈密顿力学、非完整力学、伯克霍夫力学、对称性与守恒量等专题共同组成理论力学课程的提高部分。不同专业可根据学时及教学要求来选取相应教材。

第二，增加了覆盖理论力学课程的知识图谱及每章开头的学习导引模块，能够帮助学生和读者构建理论力学知识的整体框架，并将其中所列内容与本书章节的关键信息进行联系，提升对课程内容的学习效果。

第三，增加了 32 个示意动画，包括刚体平面运动分类、点的复合运动、欧拉角定义、刚体定点运动等关键知识点及本书部分典型例题的运动示意，有助于学生和读者正确理解核心基本概念。

第四，增加了历史人物介绍及拓展阅读内容。历史人物介绍部分涵盖了伽利略、牛顿、欧拉、拉格朗日、哈密顿等 26 名经典力学领域的知名历史人物，将科学家的生平和主要贡献等课程思政元素有机融入教材，引导学生塑造正确的价值观，凸显了基础力学课程的立德树人根本任务。拓展阅读部分包括点的运动的曲线坐标描述、有心力运动、达朗贝尔原理解读、打击运动的分析力学方法等，以在线学习资源的方式供感兴趣的师生进行阅读和学习。

第五，在章末习题中增加了 60 道反映工程实际情况的题目（标注“*”），涵盖了高端制造、航空航天、体育运动、日常生活等多个方面。通过对习题内容的更新，旨在提升学生面临实际问题时的力学建模能力、抽象思维能力及综合实践能力。

本书是在梅凤翔教授主编的第 1 版的基础上，由尚玫副教授、万超副教授和张凯教授三人修订而成。Ⅰ册由万超副教授具体修订，Ⅱ册由尚玫副教授具体修订，张凯教授负责全书统稿及校阅。周义尊、侯世杰、叶丁玮等人对插图的修订和绘制也提供了大量帮助。

第 2 版承蒙北京航空航天大学王琪教授、哈尔滨工业大学孙毅教授认真仔细地审阅并提出宝贵意见，也得到了北京理工大学力学系同事们的关心和支持，编者在此一并表示感谢。

限于编者水平，书中不妥之处在所难免，敬请读者指正。

编　者

2023 年 3 月

第 1 版序

编者从事理论力学的教学工作及与理论力学相关的科研工作多年，希望在对理论力学本身理解的基础上，汲取国内外优秀教材的经验，出版一本理论力学教材，其初衷是使之既适用于力学专业，又适用于工程专业；既适用于学生，又能为教师提供一些参考。

本书初稿成于 2008 年 9 月，经修改后于 2009—2010 学年为北京理工大学 2008 级力学专业学生讲授一遍。本书是在此次教学实践基础上，整理修改而成的。

本书共四篇，分为Ⅰ、Ⅱ册。第一篇静力学，第二篇运动学，第三篇动力学，第四篇专题。前三篇为Ⅰ册——基本教程，属基础部分，需约 84 学时。第四篇为Ⅱ册——专题教程，属提高部分，包括理论力学的概率问题、打击运动动力学、运动稳定性、非线性振动、动力学逆问题、力学的变分原理、哈密顿力学、非完整力学、伯克霍夫力学、对称性与守恒量等 10 个专题。每个专题需约 2 学时，可根据需要选用。在静力学和运动学部分增加了例题的数量和难度。在质点动力学部分介绍了有心力运动。在质点系动力学部分介绍了对动轴的动量定理和动量矩定理及相应的守恒律。在达朗贝尔原理和动静法中，对达朗贝尔原理给出了一些评述。在分析力学部分对基本概念、基本原理给出了较为严格的表述。总之，这是一套内容较丰富的教材。

书稿承蒙北京航空航天大学王琪教授认真仔细地审阅并提出宝贵意见，解加芳博士和李彦敏教授在书稿编排中付出很多辛劳，本书形成过程中也得到了北京理工大学力学系的同事们的关心和支持，编者在此一并表示感谢。

限于编者水平，书中难免有疏有误，敬请读者指正。

编　者

2010 年 9 月

目录

绪论 // 1

0.1 理论力学的研究对象与研究方法 // 1

0.2 理论力学学科简史 // 2

0.3 理论力学教材简史 // 2

0.4 理论力学课程知识图谱 // 3

第一篇 静 力 学

第 1 章 力系的简化 // 7

1.1 力与力系的主矢 // 7

1.2 力矩与力系的主矩 // 9

1.3 静力学公理 // 12

1.4 等效力系 // 13

1.5 力系的简化 // 15

1.6 受力分析与简单的平衡问题 // 25

小结 // 29

习题 // 29

第 2 章 力系的平衡 // 35

2.1 平面力系的平衡 // 35

2.2 空间力系的平衡 // 47

小结 // 51

习题 // 52

第 3 章 静力学应用问题 // 58

3.1 桁架 // 58

3.2 考虑摩擦的平衡问题 // 62

小结 // 72

习题 // 73

第二篇 运 动 学

第 4 章 运动学基础与点的运动 // 81

4.1 运动学基础 // 81

4.2 点的运动的矢量描述 // 82
4.3 点的运动的坐标描述 // 83
小结 // 93
习题 // 94

第 5 章 刚体的平面运动 // 98

5.1 刚体平面运动的简化 // 98
5.2 研究平面图形运动的分析方法 // 100
5.3 研究平面图形运动的矢量方法 // 104
小结 // 119
习题 // 120

第 6 章 复合运动 // 125

6.1 绝对运动、相对运动、牵连运动 // 125
6.2 变矢量的绝对导数与相对导数 // 126
6.3 点的复合运动的分析解法 // 127
6.4 点的复合运动的矢量解法 // 133
6.5 刚体的复合运动 // 142
小结 // 147
习题 // 148

第三篇 动 力 学

第 7 章 质点动力学 // 155

7.1 动力学基本定律 // 155
7.2 质点的运动微分方程 // 156
7.3 质点动力学的两类基本问题 // 158
7.4 质点相对运动动力学的基本方程 // 167
小结 // 173
习题 // 174

第 8 章 质点系动力学 // 178

8.1 质量中心和转动惯量 // 179
8.2 质点系动量定理 // 184
8.3 质点系动量矩定理 // 194
8.4 质点系动能定理 // 207
8.5 刚体平面运动的动力学方程 // 232
小结 // 242

习题 // 243
第 9 章 达朗贝尔原理和动静法 // 263
9.1 质点的达朗贝尔原理 // 263
9.2 质点系的达朗贝尔原理 // 263
9.3 质点系惯性力系的简化 // 264
9.4 刚体惯性力系的简化 // 264
9.5 动静法的应用举例 // 268
小结 // 276
习题 // 277
第 10 章 分析力学初步 // 281
10.1 分析力学的基本概念 // 281
10.2 虚位移原理 // 289
10.3 动力学普遍方程 // 304
小结 // 305
习题 // 306

附录 I 典型约束和约束力 // 311
附录 II 简单均质几何体的重心和转动惯量 // 313
主要参考文献 // 316
索引 // 318

绪　论

关键知识点

理论力学的研究对象及主要内容,理论力学学科发展历史。

核心能力

(1) 能够理解理论力学课程学习的目标、内容及方法;

(2) 能够建立理论力学课程知识的整体框架。

0.1　理论力学的研究对象与研究方法

理论力学是力学中最基础的部分。

力学是研究物质机械运动规律的科学。自然界的物质有多种层次:宇观有宇宙体系;宏观有天体、常规物体;细观有颗粒、纤维、晶体;微观有分子、原子、基本粒子。机械运动就是力学运动,是物质在时间、空间中的位置变化,包括平移、转动、流动、变形、振动、波动、扩散等,而平衡或静止,则是特殊情形。机械运动是物质运动的最基本形式,也是最常见、最简单的一种形式。力学,就是力和机械运动的科学。力学原是物理学的一个分支,物理学的建立则是从力学开始的。物理学摆脱了机械的自然观而发展起来时,力学则在工程技术的推动下按自身逻辑进一步演化,逐渐从物理学中独立出来。力学与数学在发展中始终相互推动,相互促进。一种力学理论往往和相应的一个数学分支相伴产生,如运动基本规律和微积分,天体力学中的运动稳定性和微分方程的定性理论,哈密顿力学和辛几何等。力学同物理学、数学等学科一样,是一门基础科学,它所阐明的规律具有普遍性质。力学又是一门技术科学,它是许多工程技术的理论基础,又在广泛的应用过程中不断得到发展。20 世纪相对论、量子力学和混沌理论对牛顿力学产生了冲击。但是,牛顿力学仍然是研究宏观机械运动不可缺少的理论基础。

理论力学的内容包括三个部分:静力学、运动学和动力学。静力学主要研究力系的简化及物体在力系作用下的平衡规律。运动学从几何角度研究物体的运动,而不考虑引起物体运动的原因。动力学研究物体的运动与作用于物体的力之间的关系。理论力学的研究对象是抽象化了的模型:质点、质点系、刚体和刚体系。理论力学是一切力学分支的基础,只有学好理论力学,才能进一步学习其他力学。理论力学是许多后继课程的基础,如材料力学、弹性力学、流体力学、振动力学、机械原理等。理论力学与其他学科配合,可直接解决一些科学和工程问题。理论力学作为基础课程,不但是深入理解自然科学所需知识的一门课程,而且也是对自然科学和工程过程创造性地建立力学模型，研究并获得科学结论的有力工具。

学习理论力学必须达到以下三方面要求：准确地理解基本概念；熟悉基本定理和公式，并能在正确条件下灵活应用；学会一些处理力学问题的基本方法。为此，就需要在钻研理论方面和解算例题与习题之间反复交替，使认识逐步深化。

0.2 理论力学学科简史

力学，与其他科学一样，对其基本规律的研究起源于对自然现象的观察和归纳。人类在生产活动中很早就开始积累经验，并逐步形成初步的力学知识。力学成为一门科学，应归功于牛顿(1643—1727)的著作《自然哲学的数学原理》。书中给出万有引力定律和动力学基本定律，从而奠定了后人称之为牛顿力学的基础。牛顿在他著作的第1版序言中指出，力学是关于任何力产生的运动和产生任何运动的力的理论，是精确的论述和证明。牛顿研究的是自由质点的运动规律。

18世纪以来，随着机器生产的迅速发展，要求对刚体和受约束机械系统的运动进行研究。达朗贝尔(1717—1783)提出有关约束的一个公理，将牛顿力学推广到受约束的力学系统。由达朗贝尔原理及后来发展起来的动静法构成达朗贝尔力学。在此基础上，1788年，在拉格朗日(1736—1813)的著作《分析力学》中找不到一幅图，用纯分析方法建立了约束力学系统的静力学和动力学理论。这种新的力学体系称为拉格朗日力学。1834年—1835年，哈密顿(1805—1865)在两篇长文中提出完整保守系统的一个积分变分原理和用正则变量表示的动力学方程，将拉格朗日力学发展到哈密顿力学。拉格朗日力学和哈密顿力学并不适合非完整约束系统。1899年，德国物理学家赫兹(1857—1894)的《力学原理》出版，其中首次将约束和系统分成完整的和非完整的两类，使经典力学进入非完整力学的新时期。1928年，美国数学家伯克霍夫(1884—1944)发表名著《动力系统》，书中给出一个更为一般的积分变分原理和一类新型的动力学方程。1978年，美国物理学家散提黎将伯克霍夫的结果加以推广并称为伯克霍夫力学。经典力学从牛顿力学到伯克霍夫力学，就是理论力学作为一个学科的发展史，有如下框图：

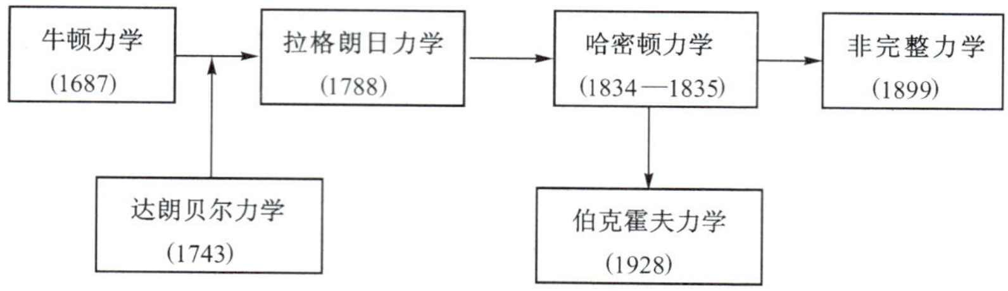

0.3 理论力学教材简史

理论力学发展成为现今的体系框架，大约形成于20世纪30年代。在这以前，理论力学是作为理性力学的一部分而存在的。例如，法国数学家、力学家阿佩尔（1855—1930）的 5 卷巨著《理性力学论著》（Traité de Mécanique Rationnelle）（1896 年第 1 版，1898 年第 2 版，1953 年第 6 版）的前两卷，包括静力学、质点的动力学、系统动力学和分析力学。又如，意大利数学家列维-齐维塔（1873—1941）和阿马尔迪 1930 年出版的《理性力学》中的两卷也大致如此。这两部著作都被译成俄文，并称之为理论力学。苏联早期的理论力学教材大多引用这两部著作，俄罗斯近年的理论力学教材也多有引用。20 世纪三四十年代，苏联学者出版了一系列各种类型的理论力学，例如，洛强斯基、路里叶（1934 年），蒲赫哥尔茨（1939 年第 2 版），苏斯洛夫（1946 年）等。1949 年，德国力学家哈默尔的《理论力学》也很有名。

知识图谱 1:
静力学

在我国，20 世纪 50 年代，范会国先生编写了《理论力学》（1951 年），周培源先生编写了《理论力学》（1952 年），一批苏联的理论力学教材也相继翻译出版。20 世纪 60 年代我国自行编写的几种理论力学教材也相继出版。20 世纪 80 年代，朱照宣、周起钊、殷金生编写了《理论力学》（1982 年），其后“九五”“面向 21 世纪”“十五”“十一五”“十二五”系列规划教材相继出版。

知识图谱 2:
运动学

以上教材各具特色，并在理论力学的教学中起到了重要作用。

0.4　理论力学课程知识图谱

知识图谱 3:
动力学

知识图谱是用可视化方式描述知识资源、显示知识间结构关系的一种现代理论。结合教育部高等学校工科基础课程教学指导委员会对理论力学教学的基本要求，本节对理论力学课程的主要理论和核心知识点进行了整理，形成了理论力学课程的知识图谱，有利于帮助学生有效构建整体知识框架。整体知识图谱如图 0.1 所示（详细图谱见右侧二维码）。

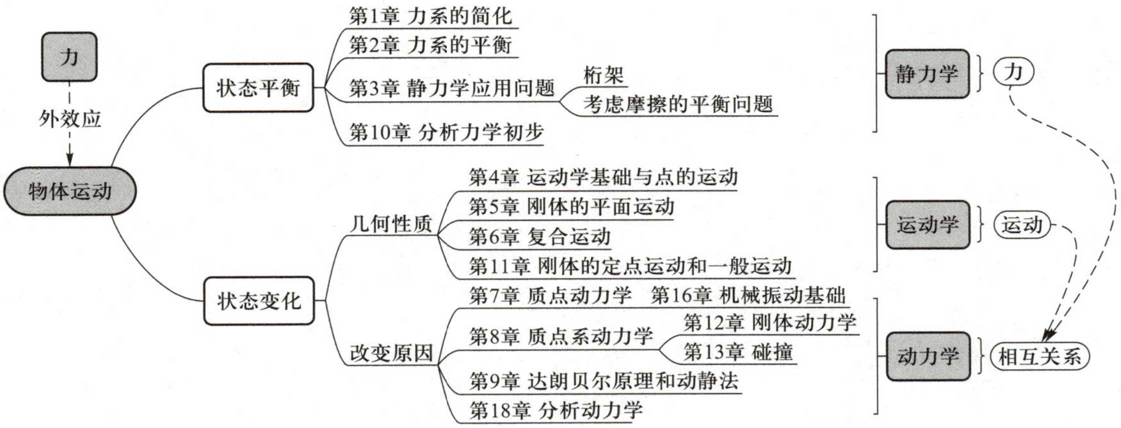

图 0.1

第一篇 静力学

静力学的任务是研究力系的简化与平衡条件。力系的简化是指用一简单的等效力系代替给定力系。力系的平衡条件是指在物体平衡时作用于物体上的力系所应满足的条件。力系的平衡条件可用力系的简化直接得到。因此,先研究力系的简化,再研究力系的平衡。

静力学的基本概念有力、力矩、力偶、力系的主矢、力系的主矩、平衡等。静力学的数学工具是矢量运算、代数方程求解等。分析受力并正确地画出受力图是学习静力学的基本功。

第1章 力系的简化

关键知识点

质点、质点系，刚体、刚体系，力与力矩，力系及其主矢、主矩，静力学公理，约束及约束力，力偶及力偶矩，力的平移定理，合力矩定理，重心、质心、形心，力系等效，力螺旋。

核心能力

(1) 能够对平面力系、平行力系等特殊力系进行简化，能够用组合法求重心；

(2) 能够对一般力系进行力系简化，确定其最简形式；

(3) 能够分辨不同约束类型并得到其约束力，能够对刚体系统进行受力分析并画受力图。

历史人物介绍1：伐里农

历史人物介绍2：斯蒂文

1.1 力与力系的主矢

1.1.1 力

人类对力的认识最初来自劳作中所使用的体力，以后在长期的生产实践中逐渐加深，认识到力是物体之间的相互作用，能使物体的运动状态发生变化，或者使物体变形。

力对物体的作用效果取决于三个要素：大小、方向和作用点。实践证明，力可以按照平行四边形法则来合成。若用矢量 $\boldsymbol{F}_1$ 和 $\boldsymbol{F}_2$ 表示作用在点 A 的两个力，则其合力 $\boldsymbol{F}$ 表示为

$$\boldsymbol{F}=\boldsymbol{F}_1+\boldsymbol{F}_2$$

如图1.1所示。

力是矢量，但仅用矢量符号 $\boldsymbol{F}$ 还不能说明力的全部三个特征。为了完全确定一个力，还要说明力的作用点。若 $\boldsymbol{F}$ 作用在物体上的点 A，则可在选定的参考体上任意选定一个点 O 并用矢径 $\boldsymbol{r}=\overrightarrow{OA}$ 来表示作用点的位置（图1.2）。由两个矢量 $\boldsymbol{F}$ 和 $\boldsymbol{r}$ 就可完全确定这个力。

在国际单位制中，力的基本单位是N（牛），$1\ \mathrm{N}=1\ \mathrm{kg}\cdot\mathrm{m}\cdot\mathrm{s}^{-2}$。

1.1.2 主矢

假设作用在物体上的力系由 n 个力 $\boldsymbol{F}_1,\boldsymbol{F}_2,\cdots,\boldsymbol{F}_n$ 组成，作用点分别为 $A_1,A_2,\cdots,$

A_n，其矢径为 $\boldsymbol{r}_1,\boldsymbol{r}_2,\cdots,\boldsymbol{r}_n$（图1.3）。将这 n 个矢量的矢量和称为力系的主矢，表示为

$$\boldsymbol{F}_{\mathrm{R}}=\sum_{i=1}^{n}\boldsymbol{F}_i \tag{1.1.1}$$

将 $\boldsymbol{F}_1,\boldsymbol{F}_2,\cdots,\boldsymbol{F}_n$ 顺次首尾相连，由 $\boldsymbol{F}_1$ 的始端引向 $\boldsymbol{F}_n$ 的末端的矢量即为力系的主矢 $\boldsymbol{F}_{\mathrm{R}}$（图1.4）。

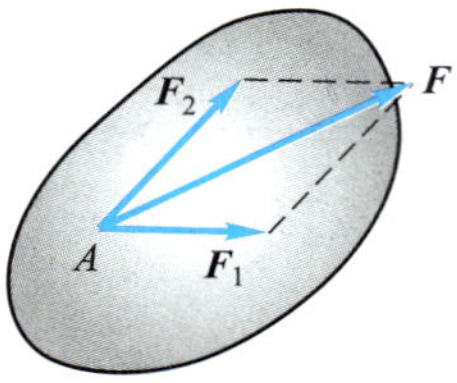

图1.1

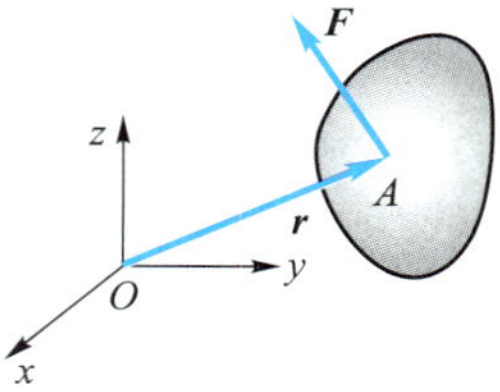

图1.2

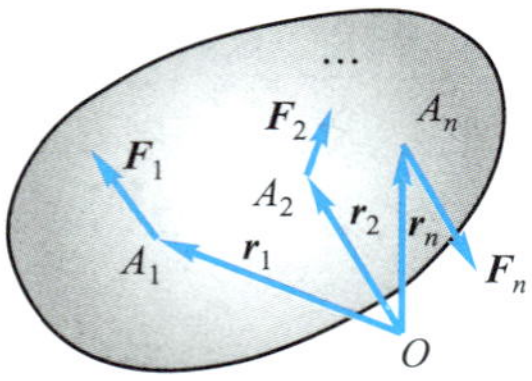

图1.3

当已知力系中各个力的大小和方向，就可求出主矢 $\boldsymbol{F}_{\mathrm{R}}$。通常在参考体上取一固定直角坐标系 $Oxyz$，其原点在 O，沿轴 Ox,Oy,Oz 的单位矢量为 $\boldsymbol{i},\boldsymbol{j},\boldsymbol{k}$。力 $\boldsymbol{F}$ 表示为

$$\boldsymbol{F}=F_x\boldsymbol{i}+F_y\boldsymbol{j}+F_z\boldsymbol{k}$$

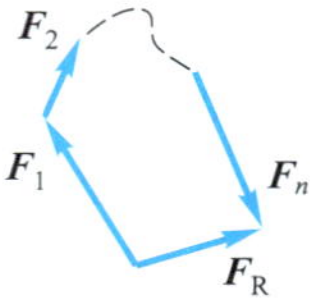

图1.4

由此得 $\boldsymbol{F}$ 的三个投影 F_x,F_y,F_z，即

$$F_x=\boldsymbol{F}\cdot\boldsymbol{i},\quad F_y=\boldsymbol{F}\cdot\boldsymbol{j},\quad F_z=\boldsymbol{F}\cdot\boldsymbol{k}$$

同理，将主矢表示为

$$\boldsymbol{F}_{\mathrm{R}}=F_{\mathrm{R}x}\boldsymbol{i}+F_{\mathrm{R}y}\boldsymbol{j}+F_{\mathrm{R}z}\boldsymbol{k}$$

有

$$F_{\mathrm{R}x}=\sum_{i=1}^{n}F_{ix},\quad F_{\mathrm{R}y}=\sum_{i=1}^{n}F_{iy},\quad F_{\mathrm{R}z}=\sum_{i=1}^{n}F_{iz} \tag{1.1.2}$$

主矢的大小为

$$F_{\mathrm{R}}=\sqrt{\left(\sum F_{\mathrm{R}x}\right)^2+\left(\sum F_{\mathrm{R}y}\right)^2+\left(\sum F_{\mathrm{R}z}\right)^2} \tag{1.1.3}$$

主矢的方向余弦为

$$\left.\begin{aligned}\cos(\boldsymbol{F}_{\mathrm{R}},\boldsymbol{i})&=\frac{F_{\mathrm{R}x}}{F_{\mathrm{R}}}\\ \cos(\boldsymbol{F}_{\mathrm{R}},\boldsymbol{j})&=\frac{F_{\mathrm{R}y}}{F_{\mathrm{R}}}\\ \cos(\boldsymbol{F}_{\mathrm{R}},\boldsymbol{k})&=\frac{F_{\mathrm{R}z}}{F_{\mathrm{R}}}\end{aligned}\right\} \tag{1.1.4}$$

例1.1.1　在边长为 a 的正方体顶点 O,F,C 和 E 上作用有4个大小都等于 F 的力。试求此力系的主矢。

解：取直角坐标系 $Oxyz$，如图1.5所示。各轴单位矢量分别为 $\boldsymbol{i},\boldsymbol{j},\boldsymbol{k}$。将各力表示为

$$\boldsymbol{F}_1=\left(\frac{\sqrt{2}}{2}\boldsymbol{i}+\frac{\sqrt{2}}{2}\boldsymbol{j}\right)F$$

$$F_2=\left(-\frac{\sqrt{2}}{2}\boldsymbol{i}+\frac{\sqrt{2}}{2}\boldsymbol{j}\right)F$$

$$F_3=\left(-\frac{\sqrt{2}}{2}\boldsymbol{j}+\frac{\sqrt{2}}{2}\boldsymbol{k}\right)F$$

$$F_4=\left(\frac{\sqrt{2}}{2}\boldsymbol{j}+\frac{\sqrt{2}}{2}\boldsymbol{k}\right)F$$

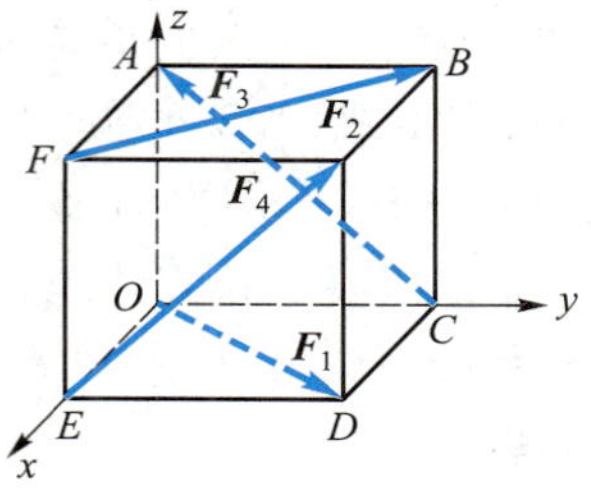

图 1.5

力系的主矢为

$$\boldsymbol{F}_R=\boldsymbol{F}_1+\boldsymbol{F}_2+\boldsymbol{F}_3+\boldsymbol{F}_4=(\sqrt{2}\boldsymbol{j}+\sqrt{2}\boldsymbol{k})F$$

由式(1.1.3)得出主矢的大小

$$F_R=\sqrt{(\sqrt{2})^2+(\sqrt{2})^2}F=2F$$

由式(1.1.4)得出主矢的方向余弦

$$\cos(\boldsymbol{F}_R,\boldsymbol{i})=0,\quad \cos(\boldsymbol{F}_R,\boldsymbol{j})=\frac{\sqrt{2}}{2},\quad \cos(\boldsymbol{F}_R,\boldsymbol{k})=\frac{\sqrt{2}}{2}$$

1.2 力矩与力系的主矩

1.2.1 力矩

力 $\boldsymbol{F}$ 对点 O(O 称为矩心)的力矩 $\boldsymbol{M}_O(\boldsymbol{F})$ 定义为矢径 $\boldsymbol{r}$ 和力矢 $\boldsymbol{F}$ 的矢量积(图 1.6)。

$$\boldsymbol{M}_O(\boldsymbol{F})=\boldsymbol{r}\times\boldsymbol{F}=\begin{vmatrix}\boldsymbol{i} & \boldsymbol{j} & \boldsymbol{k}\\ x & y & z\\ F_x & F_y & F_z\end{vmatrix}$$

$$=(yF_z-zF_y)\boldsymbol{i}+(zF_x-xF_z)\boldsymbol{j}+(xF_y-yF_x)\boldsymbol{k} \quad (1.2.1)$$

式(1.2.1)中单位矢量 $\boldsymbol{i},\boldsymbol{j},\boldsymbol{k}$ 前面的 3 个系数分别为 $\boldsymbol{M}_O(\boldsymbol{F})$ 在 3 个坐标轴上的投影

$$\left.\begin{aligned}M_{Ox}(\boldsymbol{F})&=yF_z-zF_y\\ M_{Oy}(\boldsymbol{F})&=zF_x-xF_z\\ M_{Oz}(\boldsymbol{F})&=xF_y-yF_x\end{aligned}\right\} \quad (1.2.2)$$

考虑式(1.2.2)的一个分量 $M_{Oz}(\boldsymbol{F})$,注意到它和力 $\boldsymbol{F}$ 作用点的坐标 z 无关。这样,如果将矩心由原来的点 O 移至轴 Oz 上的任何一点 M,那么 $M_{Oz}(\boldsymbol{F})$ 也同样是这个值(图 1.7),即 $M_{Oz}(\boldsymbol{F})=M_{Mz}(\boldsymbol{F})$。因此,可将其称为**力 $\boldsymbol{F}$ 对轴 Oz 的矩**,记作 $M_z(\boldsymbol{F})$。力对直角坐标系原点 O 的矩与力对坐标轴的矩之间有如下关系:

$$\boldsymbol{M}_O(\boldsymbol{F})=M_x(\boldsymbol{F})\boldsymbol{i}+M_y(\boldsymbol{F})\boldsymbol{j}+M_z(\boldsymbol{F})\boldsymbol{k} \quad (1.2.3)$$

一般说来,**力 $\boldsymbol{F}$ 对任意轴 l 的矩 $M_l(\boldsymbol{F})$ 等于力 $\boldsymbol{F}$ 对这根轴上任意一点 B 的矩在这根轴上的投影**,即

$$M_l(\boldsymbol{F})=\boldsymbol{M}_B(\boldsymbol{F})\cdot\boldsymbol{l}^{\circ} \quad (1.2.4)$$

其中 $\boldsymbol{l}^{\circ}$ 为轴 l 正向的单位矢量。如果力 $\boldsymbol{F}$ 的作用线与某轴相交或平行，即力与某轴共面时，则由式(1.2.4)知力对该轴的矩为零。此时，力对该轴没有转动效应。例如，在关门时，如果作用力通过门轴或与门轴平行，则不能将门关上。

例 1.2.1　长方体边长为 a,b,c，在顶点 A 上作用一力 $\boldsymbol{F}$，已知其模为 F，方向如图 1.8 所示。试求：(1) 力 $\boldsymbol{F}$ 对点 O 的矩；(2) 力 $\boldsymbol{F}$ 对轴 Ox,Oy,Oz 及对由点 O 指向点 B 的轴 OB 的矩。

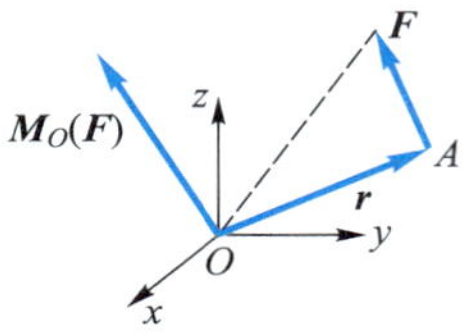

图 1.6

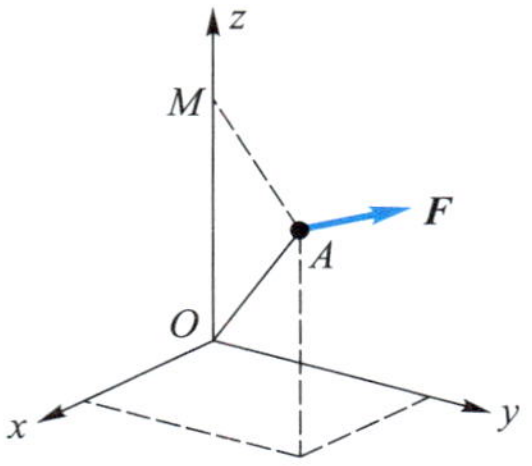

图 1.7

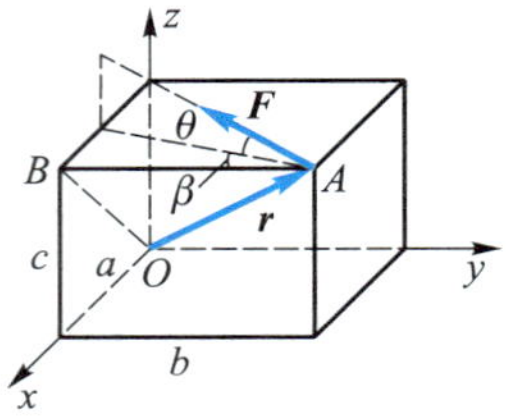

图 1.8

解：(1)

$$\boldsymbol{r}=a\boldsymbol{i}+b\boldsymbol{j}+c\boldsymbol{k}$$

$$\boldsymbol{F}=-F\cos\theta\sin\beta\boldsymbol{i}-F\cos\theta\cos\beta\boldsymbol{j}+F\sin\theta\boldsymbol{k}$$

$$\begin{aligned}\boldsymbol{M}_O(\boldsymbol{F})&=\begin{vmatrix}\boldsymbol{i} & \boldsymbol{j} & \boldsymbol{k}\\ a & b & c\\ -F\cos\theta\sin\beta & -F\cos\theta\cos\beta & F\sin\theta\end{vmatrix}\\&=F(b\sin\theta+c\cos\theta\cos\beta)\boldsymbol{i}-F(c\cos\theta\sin\beta+a\sin\theta)\boldsymbol{j}+\\&\quad F\cos\theta(b\sin\beta-a\cos\beta)\boldsymbol{k}\end{aligned}$$

(2) 利用式(1.2.2)，得

$$M_x(\boldsymbol{F})=F(b\sin\theta+c\cos\theta\cos\beta)$$

$$M_y(\boldsymbol{F})=-F(c\cos\theta\sin\beta+a\sin\theta)$$

$$M_z(\boldsymbol{F})=F\cos\theta(b\sin\beta-a\cos\beta)$$

令 $\boldsymbol{l}^{\circ}$ 为轴 OB 的单位矢量，有

$$\boldsymbol{l}^{\circ}=\frac{1}{\sqrt{a^2+c^2}}(a\boldsymbol{i}+c\boldsymbol{k})$$

利用式(1.2.4)，得

$$M_{OB}(\boldsymbol{F})=\boldsymbol{M}_O(\boldsymbol{F})\cdot\boldsymbol{l}^{\circ}=\frac{Fb}{\sqrt{a^2+c^2}}(a\sin\theta+c\cos\theta\sin\beta)$$

1.2.2　主矩

设物体上有力系 $\boldsymbol{F}_1,\boldsymbol{F}_2,\cdots,\boldsymbol{F}_n$，其作用点的矢径分别为 $\boldsymbol{r}_1,\boldsymbol{r}_2,\cdots,\boldsymbol{r}_n$，将力系中各力对点 O 的矩的矢量和定义为力系对点 O 的主矩，用 $\boldsymbol{M}_O$ 表示，有

$$\boldsymbol{M}_O=\sum_{i=1}^{n}\boldsymbol{M}_O(\boldsymbol{F}_i)=\sum_{i=1}^{n}\boldsymbol{r}_i\times\boldsymbol{F}_i \tag{1.2.5}$$

由于力对点的矩与矩心选择有关，因此力系的主矩也与矩心选择有关。设 A 为空

间另一任意确定点，力系中各力 $\boldsymbol{F}_i$ 的作用点 D_i 相对于点 A 的矢径为 $\boldsymbol{r}'_i$。下面导出 $\boldsymbol{M}_A$ 与 $\boldsymbol{M}_O$ 之间的关系，因

$$\boldsymbol{r}_i=\overrightarrow{OA}+\boldsymbol{r}'_i$$

$$\boldsymbol{M}_A=\sum_{i=1}^{n}\boldsymbol{M}_A(\boldsymbol{F}_i)=\sum_{i=1}^{n}\boldsymbol{r}'_i\times\boldsymbol{F}_i$$

故由式(1.2.5)得

$$\boldsymbol{M}_O=\boldsymbol{M}_A+\overrightarrow{OA}\times\boldsymbol{F}_{\mathrm{R}} \tag{1.2.6}$$

式(1.2.6)称为力系对不同两点 O 和 A 的主矩关系。当 $\boldsymbol{F}_{\mathrm{R}}=\mathbf{0}$ 或 $\overrightarrow{OA}$ 与 $\boldsymbol{F}_{\mathrm{R}}$ 平行时，力系对两点的主矩相同。除此之外，对于不同的矩心，力系的主矩是不同的。

将式(1.2.6)两端同时对主矢 $\boldsymbol{F}_{\mathrm{R}}$ 做标量积，得

$$\boldsymbol{M}_O\cdot\boldsymbol{F}_{\mathrm{R}}=\boldsymbol{M}_A\cdot\boldsymbol{F}_{\mathrm{R}} \tag{1.2.7}$$

这表明力系的主矩与主矢的标量积是一个不变量。

例 1.2.2 如图 1.9 所示，长方体的三边为 a,b,c，沿这三边作用 3 个力 $\boldsymbol{F}_1,\boldsymbol{F}_2,\boldsymbol{F}_3$。试求：(1) 力系的主矢；(2) 各力对点 H 的矩；(3) 力系对点 C 的主矩。

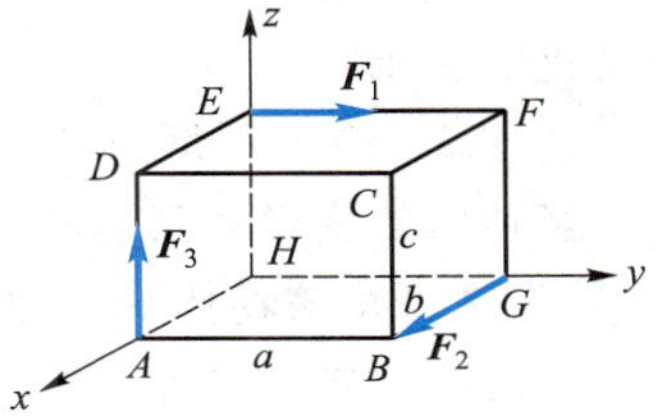

图 1.9

解：(1) 力系的主矢

$$\boldsymbol{F}_{\mathrm{R}}=F_2\boldsymbol{i}+F_1\boldsymbol{j}+F_3\boldsymbol{k}$$

(2) 各力对点 H 的矩

$$\boldsymbol{M}_H(\boldsymbol{F}_1)=\begin{vmatrix}\boldsymbol{i}&\boldsymbol{j}&\boldsymbol{k}\\0&0&c\\0&F_1&0\end{vmatrix}=-cF_1\boldsymbol{i}$$

$$\boldsymbol{M}_H(\boldsymbol{F}_2)=\begin{vmatrix}\boldsymbol{i}&\boldsymbol{j}&\boldsymbol{k}\\0&a&0\\F_2&0&0\end{vmatrix}=-aF_2\boldsymbol{k}$$

$$\boldsymbol{M}_H(\boldsymbol{F}_3)=\begin{vmatrix}\boldsymbol{i}&\boldsymbol{j}&\boldsymbol{k}\\b&0&0\\0&0&F_3\end{vmatrix}=-bF_3\boldsymbol{j}$$

力系的主矩为

$$\boldsymbol{M}_H=\boldsymbol{M}_H(\boldsymbol{F}_1)+\boldsymbol{M}_H(\boldsymbol{F}_2)+\boldsymbol{M}_H(\boldsymbol{F}_3)=-cF_1\boldsymbol{i}-bF_3\boldsymbol{j}-aF_2\boldsymbol{k}$$

(3) 力系对点 C 的主矩

$$\begin{aligned}\boldsymbol{M}_C&=\boldsymbol{M}_H+\overrightarrow{CH}\times\boldsymbol{F}_{\mathrm{R}}\\&=-(cF_1\boldsymbol{i}+bF_3\boldsymbol{j}+aF_2\boldsymbol{k})-\\&\quad\left(\frac{b}{\sqrt{a^2+b^2+c^2}}\boldsymbol{i}+\frac{a}{\sqrt{a^2+b^2+c^2}}\boldsymbol{j}+\frac{c}{\sqrt{a^2+b^2+c^2}}\boldsymbol{k}\right)\times\\&\quad(F_2\boldsymbol{i}+F_1\boldsymbol{j}+F_3\boldsymbol{k})\\&=-(aF_3\boldsymbol{i}+cF_2\boldsymbol{j}+bF_1\boldsymbol{k})\end{aligned}$$

1.3　静力学公理

公理是人们通过在生活生产中长期观察和实践所总结出来的结论，在一定范围内能正确反映实际事物最基本、最普遍的客观规律，其正确性通常不需证明。在理论力学的学习中，可以发现静力学全部理论都可以由以下五个公理推证得出，既展现了静力学理论体系的完整性和严密性，又能有效培养学生的逻辑思维。本节对静力学公理总结如下：

公理 1　力的平行四边形法则

如公式(1.1.1)及图 1.1 所示，作用在物体上同一点的两个力可合成为一个合力，合力的作用点也在该点，合力的大小和方向由以这两个力为边所构成的平行四边形的对角线来确定。或者说，合力矢等于两个力矢的矢量和。该公理是对复杂力系进行简化的基础。

公理 2　二力平衡条件

当物体的变形对其运动和平衡影响甚微时，物体内部任意两点之间的距离始终保持不变，则可将该物体抽象为刚体。

作用在刚体上的两个力，使刚体保持平衡的充要条件是：这两个力的大小相等、方向相反，且作用在同一直线上。该公理是刚体范畴最简单的力系平衡条件。

公理 3　加减平衡力系原理

在任意给定力系上增加或减去任意的平衡力系，并不改变原力系对刚体的作用效果。平衡力系是指主矢与主矩均为零的力系。也就是说，原力系上加减任意平衡力系，变化前后的力系对刚体的作用效果等效。该公理是进行力系等效替换的重要依据。

基于公理 3 可导出如下两个结论：

1. 力在刚体上的可传性

作用在刚体上点 A 的力 $\boldsymbol{F}$，可沿其作用线移至点 B，标记为 $\boldsymbol{F}_1$，使得 $\boldsymbol{F}_1=\boldsymbol{F}$。力系 $\boldsymbol{F}$ 和 $\boldsymbol{F}_1$ 的主矢相等，对点 O 的主矩相等(图 1.10)。力系 $\boldsymbol{F}$ 和 $\boldsymbol{F}_1$ 是等效力系。上述性质称为力在刚体上的可传性。也就是说，作用在刚体上某点的力，可沿其作用线移至刚体内任意一点，并不改变该力对刚体的作用。

这样，作用在刚体上的力的三要素：大小、方向和作用点，可以改为大小、方向和作用线。数学上将作用点固定的矢量称为定位矢量，将作用点可沿作用线滑移的矢量称为滑移矢量，将作用点可在任意位置的矢量称为自由矢量。可见，力系的主矩是一个定位矢量。作用在变形体上的力是定位矢量，作用在刚体上的力是滑移矢量。当只讨论力的大小及方向，而不关注其作用点时(如进行矢量的加法、点积、叉积等运算)，力可看成自由矢量。

2. 三力平衡汇交定理

刚体在三个力作用下平衡，若其中两个力的作用线相交，则第三个力的作用线必通过此汇交点，且三力共面。

如图 1.11 所示，在刚体的 A,B 和 C 点上分别作用有力 $\boldsymbol{F}_1$,$\boldsymbol{F}_2$ 和 $\boldsymbol{F}_3$。在三个力作用下，刚体平衡，其中力 $\boldsymbol{F}_1$ 和 $\boldsymbol{F}_2$ 的作用线交于点 O。根据力的可传性，可将力 $\boldsymbol{F}_1$ 和 $\boldsymbol{F}_2$ 移至汇交点 O，分别标为力 $\boldsymbol{F}_1^*$ 和 $\boldsymbol{F}_2^*$。根据力的平行四边形法则，力 $\boldsymbol{F}_1^*$ 和 $\boldsymbol{F}_2^*$ 可得合力 $\boldsymbol{F}$。刚体在力 $\boldsymbol{F}$ 和 $\boldsymbol{F}_3$ 作用下处于平衡，由二力平衡条件可知，力 $\boldsymbol{F}$ 和 $\boldsymbol{F}_3$ 必共线，即力 $\boldsymbol{F}_3$ 必通过汇交点 O，且力 $\boldsymbol{F}_3$ 必位于力 $\boldsymbol{F}_1$ 和 $\boldsymbol{F}_2$ 所在的平面内，即三力共面。

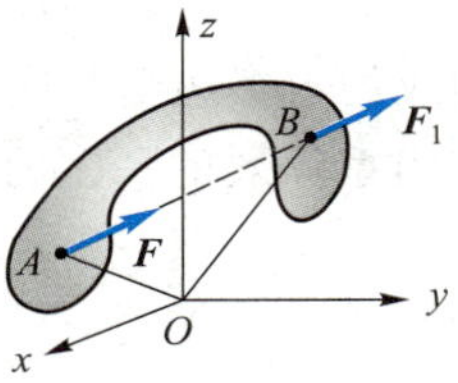

图 1.10

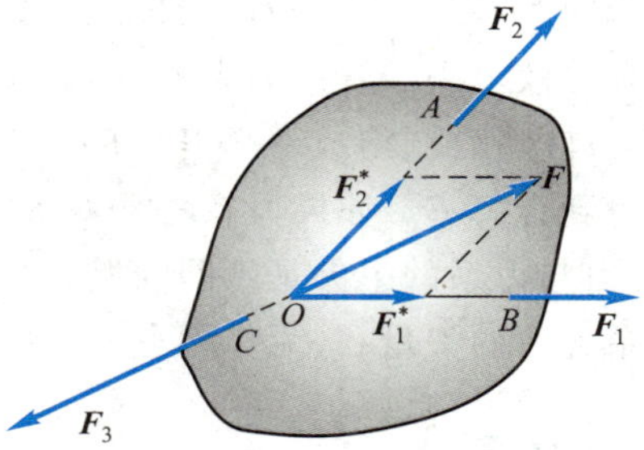

图 1.11

公理 4 作用和反作用公理

作用力与反作用力总是同时存在的，大小相等、方向相反，分别作用在两个相互作用的物体上。对比作用和反作用公理与二力平衡条件的描述，相同之处是两力均是等值、反向、共线，但区别是前者作用力和反作用力是作用在相互作用的两个物体上，而二力平衡条件的二力则作用在同一个刚体上。

公理 5 刚化原理

变形体在某一力系作用下处于平衡，若将此变形体刚化为刚体，则其平衡状态不变。如图 1.12 所示，绳索为变形体，在等值、反向、共线的两个拉力作用下处于平衡，若将绳索刚化成刚体，仍然保持其平衡状态，也就是说，能使变形体平衡的力系必然能使刚体平衡。反之则不然，等值、反向、共线的一对压力可使刚性杆平衡，却不能使绳索平衡。由此可见，刚体的平衡条件是变形体平衡的必要条件而非充分条件。如果补充上变形体的物理特性（如绳索不能受压），则刚体上力系的平衡条件也可适用于变形体。

图 1.12

此外，在理论力学的学习中，要对常见的力学模型形成清晰的认识。力学模型是对真实物体的某种合理的抽象简化。**常见的力学模型有：质点、质点系、刚体、刚体系、连续介质等**。质点是指只计质量，而忽略体积的物体；质点系是指由许多质点所组成的系统；刚体是指其体内任意两点间的距离始终保持不变的特殊质点系；刚体系则是由许多刚体按某种方式连接起来所组成的系统；连续介质是指由微元体或流体微团在空间连续分布所组成的系统。

1.4 等效力系

如果两个力系对刚体产生同样的力学效应，如运动、平衡、约束力等，则称为**等效**

力系。利用前述静力学公理可知，两个力系等效的条件是力系的主矢相等，对同一点的主矩相等。

利用上述结果可以阐明力系的许多性质。

1.4.1 合力

如果一个力系和一个力等效，则称这个力为力系的合力。如果这个合力为零，则称其与零力系等效。一个共点力系的合力，可由力系中各力依次矢量相加所得，即由 $\boldsymbol{F}_1,\boldsymbol{F}_2,\cdots,\boldsymbol{F}_n$ 首尾相接，组成一个开口的力多边形(图 1.13)。将 $\boldsymbol{F}_1$ 的起点与 $\boldsymbol{F}_n$ 的终点相连就得到合力 $\boldsymbol{F}$。如果力系与零力系等效，则构成的力多边形封闭。

注意，合力与力系的主矢是不同的概念。合力是与力系等效的一个力，有作用点；而主矢是力系各力的矢量和，无作用点。

1.4.2 汇交力系

如果力系中各力的作用线都经过一共同点，则称这个力系为汇交力系。由力的可传性，可将所有力的作用点沿作用线滑移到这个汇交点 O 处(图 1.14)。于是，汇交力系变为共点力系。汇交力系的合力为 $\boldsymbol{F}$，其大小和方向与主矢相同，其作用线经过汇交点。

1.4.3 力偶

由大小相等、方向相反、作用线平行的两个力组成的力系称为力偶(图 1.15)，即力偶($\boldsymbol{F}_1,\boldsymbol{F}_2$)中的 $\boldsymbol{F}_1=-\boldsymbol{F}_2$。

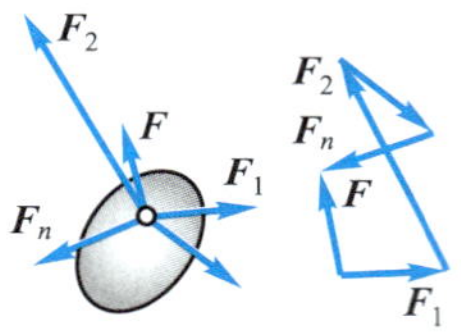

图 1.13

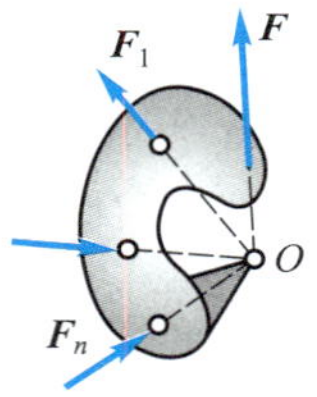

图 1.14

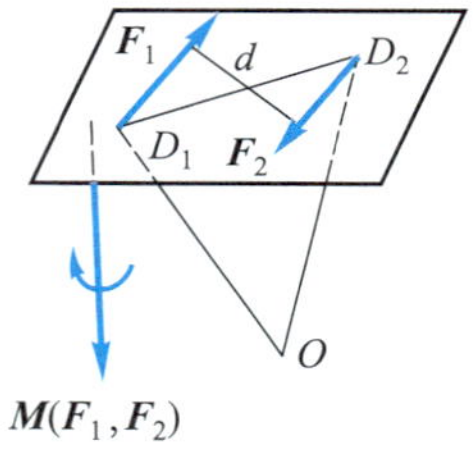

图 1.15

因此，力偶的主矢为 $\boldsymbol{F}_1+\boldsymbol{F}_2=\boldsymbol{0}$。力偶对点 O 的主矩为

$$\begin{aligned}\boldsymbol{M}_O&=\overrightarrow{OD_1}\times\boldsymbol{F}_1+\overrightarrow{OD_2}\times\boldsymbol{F}_2\\&=\overrightarrow{D_1D_2}\times\boldsymbol{F}_2\end{aligned}$$

可见，力偶的主矩与矩心无关。

动画 1：力偶举例（方向盘）

将力偶对任意一点的主矩称为力偶矩，用 $\boldsymbol{M}(\boldsymbol{F}_1,\boldsymbol{F}_2)$ 表示，简记作 $\boldsymbol{M}$。于是有 $|\boldsymbol{M}|=|\overrightarrow{D_1D_2}\times\boldsymbol{F}_2|=Fd$，其中 F 为 $\boldsymbol{F}_1$ 和 $\boldsymbol{F}_2$ 共同的大小，而 d 为两力作用线间的距离。当力偶矩不为零时，力偶不可能与一个力等效。力偶是最简单的力系之一。在一个刚体上力偶可以在同一平面内随意搬移，也可以从一个平面搬到另一个与之平行的平面上。只要保持力偶矩不变，则搬动前后的力偶都是等效的。

由许多力偶组成的力系，称为**力偶系**。力偶系的主矢为零，力偶系的主矩等于力系中各力偶矩的矢量之和，称为**合力偶矩**。

1.4.4 平衡力系

如静力学公理 3 所述，平衡力系是指**与零力系等效的力系**。零力系的主矢和主矩都是零。原来静止的刚体在附加平衡力系的作用下，将继续保持静止状态。对一个力系增加或减少一个平衡力系后，都等效于原来的力系，即加减平衡力系原理（公理 3）。

1.5 力系的简化

1.5.1 力的平移定理

设力 $\boldsymbol{F}$ 作用于刚体上的点 A，欲将其平移至刚体上的另一点 O，可在点 O 处加上一对平衡力 $\boldsymbol{F}_1,\boldsymbol{F}_2$，使得 $\boldsymbol{F}_1=-\boldsymbol{F}_2=\boldsymbol{F}$，由 3 个力组成的新力系与原来作用于点 A 的力 $\boldsymbol{F}$ 等效。新力系由 $\boldsymbol{F}$ 和 $\boldsymbol{F}_2$ 构成的力偶与作用于点 O 的力 $\boldsymbol{F}_1$ 组成（图 1.16）。这说明，**如果将作用于刚体上的力 $\boldsymbol{F}$ 平移至不在力 $\boldsymbol{F}$ 作用线上的其他点，则需增加一个附加力偶，其力偶矩 $\boldsymbol{M}$ 等于原力 $\boldsymbol{F}$ 对平移点之矩**。这个结论称为**力的平移定理**。上述过程的逆过程也是成立的：当作用于刚体上点 O 的某个力 $\boldsymbol{F}_1$ 与作用于同一刚体上某个力偶的力偶矩 $\boldsymbol{M}$ 垂直时，该力和力偶可以合成为一个作用线经过某点 B，大小和方向与 $\boldsymbol{F}_1$ 相同的合力 $\boldsymbol{F}$，并且 $\overrightarrow{OB}=\dfrac{\boldsymbol{F}_1\times\boldsymbol{M}}{F_1^2}$。

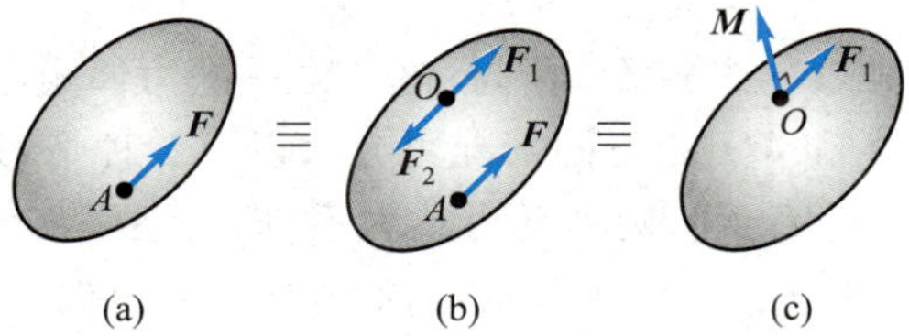

图 1.16

1.5.2 一般力系向某点的简化

设力系由作用于同一刚体上点 D_i 的力 $\boldsymbol{F}_i(i=1,2,\cdots,n)$ 组成。点 O 为刚体上任一确定点，根据力的平移定理，将力系中各力均向点 O 平移，得到作用于同一点 O 的一个力系 $\boldsymbol{F}_i'(\boldsymbol{F}_i'=\boldsymbol{F}_i)(i=1,2,\cdots,n)$，它是一个共点力系，以及作用于该刚体上的一个力偶系，其中各力偶矩为 $\boldsymbol{M}_i=\boldsymbol{M}_O(\boldsymbol{F}_i)=\overrightarrow{OD_i}\times\boldsymbol{F}_i(i=1,2,\cdots,n)$。共点力系可以合成为过点 O 的一个力 $\boldsymbol{F}_O$，其力矢为

$$\boldsymbol{F}_O=\sum_{i=1}^{n}\boldsymbol{F}_i'=\sum_{i=1}^{n}\boldsymbol{F}_i=\boldsymbol{F}_R \tag{1.5.1}$$

力偶系可以合成为力偶矩为 $\boldsymbol{M}_O$ 的一个力偶，即

$$\boldsymbol{M}_O=\sum_{i=1}^{n}\boldsymbol{M}_i=\sum_{i=1}^{n}\boldsymbol{M}_O(\boldsymbol{F}_i) \tag{1.5.2}$$

这表明,**一般力系可简化为过点 O 的一个力 $\boldsymbol{F}_O$ 和力偶矩为 $\boldsymbol{M}_O$ 的一个力偶,$\boldsymbol{F}_O$ 的力矢与力系的主矢相同,$\boldsymbol{M}_O$ 的大小和方向与力系对点 O 的主矩相同。**

作为一般力系向某点简化理论的应用,可以说明**固定端约束**的约束力简化形式。当物体的一端受到另一物体的固结作用(图 1.17a),被约束的一端上的各点均受到约束力的作用,它们组成一个一般分布的约束力系(图 1.17b),可将此力系向与固定端相连的某一点 A 简化,得到过点 A 的一个力 $\boldsymbol{F}_A$ 和一个力偶矩为 $\boldsymbol{M}_A$ 的力偶(图 1.17c),$\boldsymbol{F}_A$ 和 $\boldsymbol{M}_A$ 分别称为固定端约束的约束力和约束力偶矩。受空间力系作用时,固定端约束的 $\boldsymbol{F}_A$ 和 $\boldsymbol{M}_A$ 可用 3 个正交分量 $\boldsymbol{F}_{Ax}$,$\boldsymbol{F}_{Ay}$,$\boldsymbol{F}_{Az}$ 和 $\boldsymbol{M}_{Ax}$,$\boldsymbol{M}_{Ay}$,$\boldsymbol{M}_{Az}$ 分别表示(图 1.17d),对于平面问题,固定端约束如图 1.18 所示。

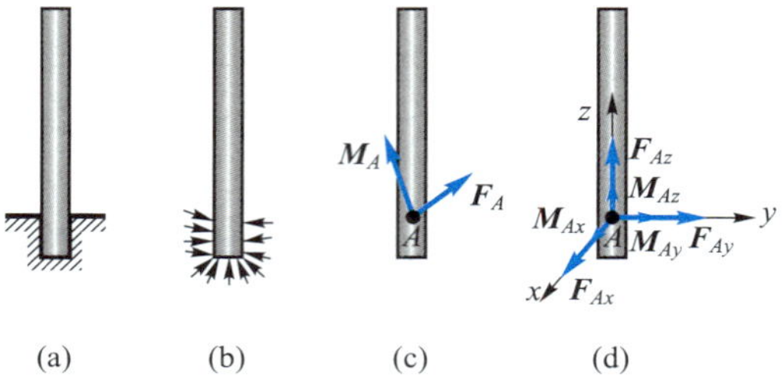

图 1.17

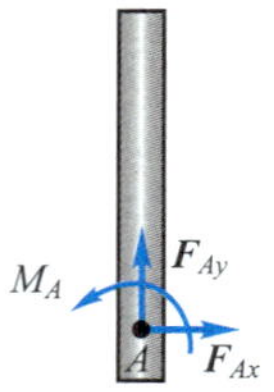

图 1.18

1.5.3 一般力系的最简形式

空间一般力系向任一点 O 简化,得到一个力和一个力偶。这个力的作用线过简化中心 O,其力矢与该力系的主矢 $\boldsymbol{F}_{\mathrm{R}}$ 相同;这个力偶的力偶矩与该力系对简化中心的主矩 $\boldsymbol{M}_O$ 相同。根据 $\boldsymbol{F}_{\mathrm{R}}$ 和 $\boldsymbol{M}_O$ 的不同情况可分为以下 5 种情形。

情形 1 如果 $\boldsymbol{F}_{\mathrm{R}}=\boldsymbol{0}$,$\boldsymbol{M}_O=\boldsymbol{0}$,则力系为零力系,即力系平衡。

情形 2 如果 $\boldsymbol{F}_{\mathrm{R}}=\boldsymbol{0}$,$\boldsymbol{M}_O\neq\boldsymbol{0}$,则力系可简化为一个力偶,即合力偶,其力偶矩为 $\boldsymbol{M}_O$。

情形 3 如果 $\boldsymbol{F}_{\mathrm{R}}\neq\boldsymbol{0}$,$\boldsymbol{M}_O=\boldsymbol{0}$,则力系可简化为一个过简化中心的合力 $\boldsymbol{F}_O$,而 $\boldsymbol{F}_O$ 的力矢与力系主矢 $\boldsymbol{F}_{\mathrm{R}}$ 相同。

情形 4 如果 $\boldsymbol{F}_{\mathrm{R}}\neq\boldsymbol{0}$,$\boldsymbol{M}_O\neq\boldsymbol{0}$,但 $\boldsymbol{F}_{\mathrm{R}}\cdot\boldsymbol{M}_O=0$,此时 $\boldsymbol{F}_{\mathrm{R}}\perp\boldsymbol{M}_O$,力系可进一步简化为作用线过点 B,力矢与力系主矢 $\boldsymbol{F}_{\mathrm{R}}$ 相同的合力,点 B 由 $\overrightarrow{OB}=\dfrac{\boldsymbol{F}_{\mathrm{R}}\times\boldsymbol{M}_O}{F_{\mathrm{R}}^2}$ 来确定。合力作用线方程为

$$\frac{F_{\mathrm{R}x}}{x-x_B}=\frac{F_{\mathrm{R}y}}{y-y_B}=\frac{F_{\mathrm{R}z}}{z-z_B} \tag{1.5.3}$$

或者

$$\frac{M_{Ox}}{yF_{\mathrm{R}z}-zF_{\mathrm{R}y}}=\frac{M_{Oy}}{zF_{\mathrm{R}x}-xF_{\mathrm{R}z}}=\frac{M_{Oz}}{xF_{\mathrm{R}y}-yF_{\mathrm{R}x}}=1 \tag{1.5.4}$$

情形 5 如果 $\boldsymbol{F}_{\mathrm{R}}\neq\boldsymbol{0},\boldsymbol{M}_O\neq\boldsymbol{0},\boldsymbol{F}_{\mathrm{R}}\cdot\boldsymbol{M}_O\neq 0,\boldsymbol{F}_{\mathrm{R}}/\!/\boldsymbol{M}_O$，则力系不能进一步简化。过点 O 等于 $\boldsymbol{F}_{\mathrm{R}}$ 的一个力 $\boldsymbol{F}_O$ 与力偶矩等于 $\boldsymbol{M}_O$ 且在与该力垂直平面内的力偶组成的力系，称为**力螺旋**。当 $\boldsymbol{F}_O$ 与 $\boldsymbol{M}_O$ 同向，即 $\boldsymbol{F}_{\mathrm{R}}\cdot\boldsymbol{M}_O>0$ 时，称为**右螺旋**；当 $\boldsymbol{F}_O$ 与 $\boldsymbol{M}_O$ 反向，即 $\boldsymbol{F}_{\mathrm{R}}\cdot\boldsymbol{M}_O<0$ 时，称为**左螺旋**。如果 $\boldsymbol{F}_{\mathrm{R}}$ 不平行于 $\boldsymbol{M}_O$，则可将 $\boldsymbol{M}_O$ 分解为沿主矢 $\boldsymbol{F}_{\mathrm{R}}$ 方向的分量 $\boldsymbol{M}'_O$ 和垂直于 $\boldsymbol{F}_{\mathrm{R}}$ 方向的分量 $\boldsymbol{M}''_O$。令 $\boldsymbol{M}'_O=p\boldsymbol{F}_{\mathrm{R}}$，则有

$$p=\frac{\boldsymbol{F}_{\mathrm{R}}\cdot\boldsymbol{M}_O}{F_{\mathrm{R}}^2} \tag{1.5.5}$$

动画 2：力螺旋举例 1（钻孔）

称 p 为**力螺旋参数**，其量纲为 L（长度的量纲）。此时，$\boldsymbol{M}''_O$ 和过点 O 的一个力 $\boldsymbol{F}_O$（即 $\boldsymbol{F}_{\mathrm{R}}$）可进一步简化为作用线过点 B 的一个力 $\boldsymbol{F}_B$，其力矢与 $\boldsymbol{F}_{\mathrm{R}}$ 相同，而

$$\overrightarrow{OB}=\frac{\boldsymbol{F}_{\mathrm{R}}\times\boldsymbol{M}''_O}{F_{\mathrm{R}}^2}=\frac{\boldsymbol{F}_{\mathrm{R}}\times\boldsymbol{M}_O}{F_{\mathrm{R}}^2} \tag{1.5.6}$$

动画 3：力螺旋举例 2（板牙加工螺纹）

于是，力系简化为由力 $\boldsymbol{F}_B$ 与力偶矩为 M'_O 的力偶组成的力螺旋。如果在点 O 建立直角坐标系 $Oxyz$，则力螺旋的**中心轴**（即力 $\boldsymbol{F}_B$ 的作用线）方程为

$$\frac{F_{\mathrm{R}x}}{x-x_B}=\frac{F_{\mathrm{R}y}}{y-y_B}=\frac{F_{\mathrm{R}z}}{z-z_B} \tag{1.5.7}$$

而由 $\boldsymbol{M}_P=p\boldsymbol{F}_{\mathrm{R}},\boldsymbol{M}_P=\boldsymbol{M}_O-\overrightarrow{OP}\times\boldsymbol{F}_{\mathrm{R}}$ 得

$$\frac{F_{\mathrm{R}x}}{M_{Ox}-(yF_{\mathrm{R}z}-zF_{\mathrm{R}y})}=\frac{F_{\mathrm{R}y}}{M_{Oy}-(zF_{\mathrm{R}x}-xF_{\mathrm{R}z})}=\frac{F_{\mathrm{R}z}}{M_{Oz}-(xF_{\mathrm{R}y}-yF_{\mathrm{R}x})}=\frac{1}{p} \tag{1.5.8}$$

综上，一般力系简化的最简形式可归纳为表 1.1。

表 1.1 一般力系简化的最简形式

$\boldsymbol{F}_{\mathrm{R}}$（主矢）	$\boldsymbol{M}_O$（主矩）	$\boldsymbol{F}_{\mathrm{R}}\cdot\boldsymbol{M}_O$	力系最简形式
$=\boldsymbol{0}$	$=\boldsymbol{0}$	$=0$	平衡
$=\boldsymbol{0}$	$\neq\boldsymbol{0}$	$=0$	合力偶
$\neq\boldsymbol{0}$	$=\boldsymbol{0}$	$=0$	合力
$\neq\boldsymbol{0}$	$\neq\boldsymbol{0}$	$=0$	合力
$\neq\boldsymbol{0}$	$\neq\boldsymbol{0}$	$\neq 0$	力螺旋

假设一般力系可以合成为一个合力 $\boldsymbol{F}$，其作用线通过点 C，根据力系的简化理论，原力系对点 C 的主矩必为零，即

$$\boldsymbol{M}_C=\sum_{i=1}^{n}\boldsymbol{r}'_i\times\boldsymbol{F}_i=\boldsymbol{0}$$

其中 $\boldsymbol{r}'_i$ 为力 $\boldsymbol{F}_i$ 的作用点对点 C 的矢径。设力 $\boldsymbol{F}_i$ 的作用点相对于空间任一确定点 O 的矢径为 $\boldsymbol{r}_i$，则

$$\boldsymbol{r}_i=\boldsymbol{r}_C+\boldsymbol{r}'_i$$

其中 $\boldsymbol{r}_C$ 为点 C 相对点 O 的矢径。利用以上二式，求得力系对点 O 的主矩为

$$\boldsymbol{M}_O=\sum_{i=1}^{n}\boldsymbol{M}_O(\boldsymbol{F}_i)=\sum_{i=1}^{n}\boldsymbol{r}_i\times\boldsymbol{F}_i=\boldsymbol{r}_C\times\sum_{i=1}^{n}\boldsymbol{F}_i$$

又

$$\boldsymbol{M}_O(\boldsymbol{F})=\boldsymbol{r}_C\times\boldsymbol{F}=\boldsymbol{r}_C\times\sum_{i=1}^{n}\boldsymbol{F}_i$$

于是得

$$\boldsymbol{M}_O(\boldsymbol{F})=\sum_{i=1}^{n}\boldsymbol{M}_O(\boldsymbol{F}_i)$$

这表明，**存在合力的一般力系，其合力对任一点的矩等于此力系各分力对该点的矩的矢量和**。由此证明，**存在合力的一般力系，其合力对某轴的矩等于此力系各分力对该轴的矩的代数和**，这就是**一般力系的合力矩定理**。合力矩定理首先由法国科学家伐里农于 1687 年在平面力系中提出，因此也被称为伐里农定理。

例 1.5.1　试证，一给定力系对空间任意两点的主矩在通过该两点之轴上的投影彼此相等。

证明：设力系 $\boldsymbol{F}_i(i=1,2,\cdots,n)$，作用点为 $D_i(i=1,2,\cdots,n)$。研究力系对点 A 和点 B 的主矩，有

$$\boldsymbol{M}_A=\sum_{i=1}^{n}\boldsymbol{r}_{Ai}\times\boldsymbol{F}_i,\quad \boldsymbol{M}_B=\sum_{i=1}^{n}\boldsymbol{r}_{Bi}\times\boldsymbol{F}_i$$

其中 $\boldsymbol{r}_{Ai}=\overrightarrow{AD_i}$，$\boldsymbol{r}_{Bi}=\overrightarrow{BD_i}$，而

$$\boldsymbol{r}_{Ai}=\overrightarrow{AB}+\boldsymbol{r}_{Bi}$$

将其代入 $\boldsymbol{M}_A$，得

$$\boldsymbol{M}_A=\sum_{i=1}^{n}\overrightarrow{AB}\times\boldsymbol{F}_i+\sum_{i=1}^{n}\boldsymbol{r}_{Bi}\times\boldsymbol{F}_i=\overrightarrow{AB}\times\sum_{i=1}^{n}\boldsymbol{F}_i+\boldsymbol{M}_B$$

两端对 $\dfrac{\overrightarrow{AB}}{|\overrightarrow{AB}|}$ 做标量积，得

$$\boldsymbol{M}_A\cdot\frac{\overrightarrow{AB}}{|\overrightarrow{AB}|}=\boldsymbol{M}_B\cdot\frac{\overrightarrow{AB}}{|\overrightarrow{AB}|}$$

证毕。

例 1.5.2　大小均为 F 的 6 个力作用于边长为 a 的正方体的棱边上，方向如图 1.19 所示。试求此力系的最简结果。

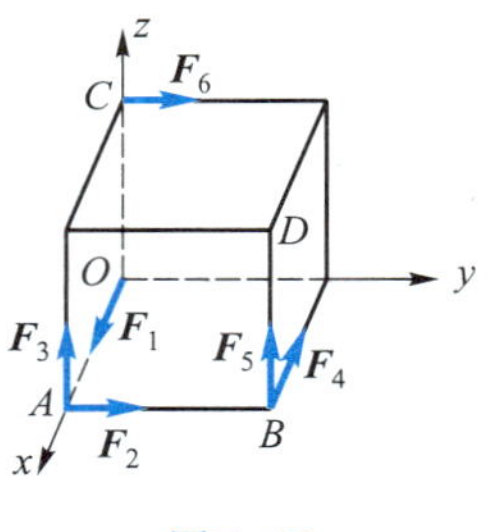

图 1.19

解：建立直角坐标系 $Oxyz$，如图所示，有

$$\boldsymbol{F}_1=F\boldsymbol{i},\quad \boldsymbol{F}_2=F\boldsymbol{j},\quad \boldsymbol{F}_3=F\boldsymbol{k}$$
$$\boldsymbol{F}_4=-F\boldsymbol{i},\quad \boldsymbol{F}_5=F\boldsymbol{k},\quad \boldsymbol{F}_6=F\boldsymbol{j}$$

力系向坐标原点 O 简化，得到主矢

$$\boldsymbol{F}_O=\boldsymbol{F}_{\mathrm{R}}=\sum_{i=1}^{6}\boldsymbol{F}_i=2F\boldsymbol{j}+2F\boldsymbol{k}$$

和主矩

$$\begin{aligned}\boldsymbol{M}_O&=\sum_{i=1}^{6}\boldsymbol{M}_O(\boldsymbol{F}_i)\\&=a\boldsymbol{i}\times(\boldsymbol{F}_2+\boldsymbol{F}_3)+(a\boldsymbol{i}+a\boldsymbol{j})\times(\boldsymbol{F}_4+\boldsymbol{F}_5)+a\boldsymbol{k}\times\boldsymbol{F}_6\\&=aF\boldsymbol{k}-aF\boldsymbol{j}+aF\boldsymbol{k}-aF\boldsymbol{j}-aF\boldsymbol{i}=-aF\boldsymbol{i}-2aF\boldsymbol{j}+2aF\boldsymbol{k}\end{aligned}$$

为简化,计算 $\boldsymbol{F}_{\mathrm{R}}\cdot\boldsymbol{M}_O$,有

$$\boldsymbol{F}_{\mathrm{R}}\cdot\boldsymbol{M}_O=2F(-2aF)+2F(2aF)=0$$

这属于情形 4。因此,力系可简化为过点 E 的一个合力

$$\overrightarrow{OE}=\frac{\boldsymbol{F}_{\mathrm{R}}\times\boldsymbol{M}_O}{F_{\mathrm{R}}^2}=a\boldsymbol{i}$$

可见点 E 即为点 A,合力的力矢与 $\boldsymbol{F}_{\mathrm{R}}$ 相同。利用式(1.5.3)可求得合力作用线

$$\frac{0}{x-a}=\frac{2F}{y}=\frac{2F}{z}$$

即

$$x=a,\quad y=z$$

由此可知,合力作用线过点 A 和点 D。

例 1.5.3 给定 3 个力:$\boldsymbol{F}_1(3,5,4)$,其作用点$(0,2,1)$;$\boldsymbol{F}_2(-2,2,-6)$,其作用点$(1,-1,3)$;$\boldsymbol{F}_3(-1,-7,2)$,其作用点$(2,3,1)$。试向坐标原点简化此力系。

解:力系的主矢为

$$\begin{aligned}\boldsymbol{F}_{\mathrm{R}}&=\boldsymbol{F}_1+\boldsymbol{F}_2+\boldsymbol{F}_3\\&=3\boldsymbol{i}+5\boldsymbol{j}+4\boldsymbol{k}-2\boldsymbol{i}+2\boldsymbol{j}-6\boldsymbol{k}-\boldsymbol{i}-7\boldsymbol{j}+2\boldsymbol{k}=\boldsymbol{0}\end{aligned}$$

力系对原点的主矩为

$$\begin{aligned}\boldsymbol{M}_O&=\sum_{i=1}^{3}\boldsymbol{r}_i\times\boldsymbol{F}_i=(2\boldsymbol{j}+\boldsymbol{k})\times(3\boldsymbol{i}+5\boldsymbol{j}+4\boldsymbol{k})+\\&\quad(\boldsymbol{i}-\boldsymbol{j}+3\boldsymbol{k})\times(-2\boldsymbol{i}+2\boldsymbol{j}-6\boldsymbol{k})+\\&\quad(2\boldsymbol{i}+3\boldsymbol{j}+\boldsymbol{k})\times(-\boldsymbol{i}-7\boldsymbol{j}+2\boldsymbol{k})\\&=16\boldsymbol{i}-2\boldsymbol{j}-17\boldsymbol{k}\end{aligned}$$

这属于情形 2。力系简化为一个力偶,其大小为

$$|\boldsymbol{M}_O|=\sqrt{16^2+2^2+17^2}=3\sqrt{61}$$

方向余弦为

$$\cos(\boldsymbol{M}_O,\boldsymbol{i})=\frac{16}{3\sqrt{61}},\quad\cos(\boldsymbol{M}_O,\boldsymbol{j})=-\frac{2}{3\sqrt{61}},\quad\cos(\boldsymbol{M}_O,\boldsymbol{k})=-\frac{17}{3\sqrt{61}}$$

例 1.5.4 在边长为 a 的正方体表面上作用有 4 个力(图 1.20),已知大小为 $F_1=F_2=F$,$F_3=F_4=\sqrt{2}F$,方向如图所示。试求该力系的最简结果。

解:首先,向原点 O 简化,得主矢

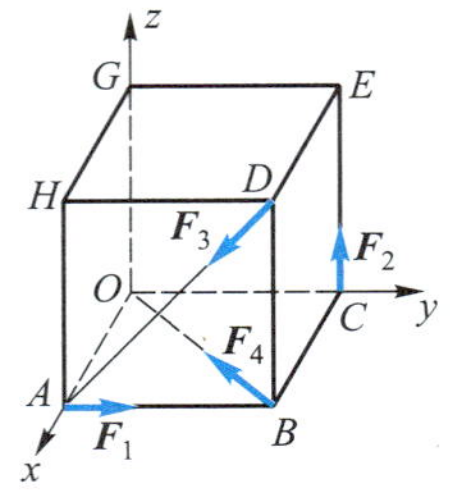

图 1.20

$$\begin{aligned}\boldsymbol{F}_{\mathrm{R}} &= F_1\boldsymbol{j}+F_2\boldsymbol{k}-F_3\frac{\sqrt{2}}{2}\boldsymbol{j}-F_3\frac{\sqrt{2}}{2}\boldsymbol{k}-F_4\frac{\sqrt{2}}{2}\boldsymbol{i}-F_4\frac{\sqrt{2}}{2}\boldsymbol{j}\\ &= -F(\boldsymbol{i}+\boldsymbol{j})\end{aligned}$$

和主矩

$$\begin{aligned}\boldsymbol{M}_O &= a\boldsymbol{i}\times\boldsymbol{F}_1+a\boldsymbol{j}\times\boldsymbol{F}_2+a(\boldsymbol{i}+\boldsymbol{j}+\boldsymbol{k})\times\boldsymbol{F}_3+a(\boldsymbol{i}+\boldsymbol{j})\times\boldsymbol{F}_4\\ &= aF(\boldsymbol{i}+\boldsymbol{j})\end{aligned}$$

其次,进一步简化。因

$$\boldsymbol{F}_{\mathrm{R}}\cdot\boldsymbol{M}_O=-2aF^2<0$$

故可简化为左螺旋。这属于情形 5。利用式(1.5.5),力螺旋参数为

$$p=\frac{\boldsymbol{F}_{\mathrm{R}}\cdot\boldsymbol{M}_O}{F_{\mathrm{R}}^2}=\frac{-2aF^2}{2F^2}=-a$$

设力螺旋中的力通过某点 K,由式(1.5.6)给出

$$\overrightarrow{OK}=\frac{\boldsymbol{F}_{\mathrm{R}}\times\boldsymbol{M}_O}{F_{\mathrm{R}}^2}=\boldsymbol{0}$$

可见,力通过点 O。由力螺旋中心轴方程(1.5.7)给出

$$\frac{-F}{x}=\frac{-F}{y}=\frac{0}{z}$$

于是得

$$x=y,\quad z=0$$

1.5.4 特殊力系的简化

平面力系和平行力系是工程中常见的两类特殊力系。分析平面力系和平行力系的简化是非常重要的。

1. 平面力系的简化

平面力系向其作用面内任一点 O 简化,可得到力系的主矢 $\boldsymbol{F}_{\mathrm{R}}$ 和对简化中心 O 的主矩 $\boldsymbol{M}_O$。因 $\boldsymbol{F}_{\mathrm{R}}$ 在平面力系的作用面内,而 $\boldsymbol{M}_O$ 垂直于平面力系的作用面,故有 $\boldsymbol{F}_{\mathrm{R}}\cdot\boldsymbol{M}_O=0$。这表明,平面力系简化的最简形式只有平衡、合力偶和合力三种情形。

当平面力系的主矢 $\boldsymbol{F}_{\mathrm{R}}\neq\boldsymbol{0}$ 时,由表 1.1 知,力系必定为存在合力的非平衡情形。合力的力矢与 $\boldsymbol{F}_{\mathrm{R}}$ 相同。平面力系各力对点 O 的矩 $\boldsymbol{M}_O(\boldsymbol{F}_i)$ $(i=1,2,\cdots,n)$ 恒垂直于平面力系的作用面,可称其为平面力矩,是一个代数量 $M_O(\boldsymbol{F}_i)$。用这个代数量的绝对值表示其大小,符号表示其转向,即正号表示其转向与规定的正转向一致,负号表示其转向与规定的正转向相反。于是,有 $M_O=\sum\limits_{i=1}^{n}M_O(\boldsymbol{F}_i)$。如果在平面力系的作用面内以简化中心 O 为原点建立直角坐标系 Oxy,并使由 $\boldsymbol{i}$ 至 $\boldsymbol{j}$ 的转向与平面力矩所规定的正转向一致,则合力作用线方程为

$$M_O=xF_{\mathrm{R}y}-yF_{\mathrm{R}x}\tag{1.5.9}$$

2. 平行力系的简化

平行力系的主矢和对空间任一确定点 O 的主矩分别为

$$\boldsymbol{F}_{\mathrm{R}}=\sum_{i=1}^{n}\boldsymbol{F}_{i}$$

$$\boldsymbol{M}_{O}=\sum_{i=1}^{n}\boldsymbol{M}_{O}(\boldsymbol{F}_{i})$$

如果 $\boldsymbol{M}_O=\mathbf{0},\boldsymbol{F}_{\mathrm{R}}=\mathbf{0}$,则平行力系为平衡力系;如果 $\boldsymbol{M}_O=\mathbf{0},\boldsymbol{F}_{\mathrm{R}}\neq\mathbf{0}$,则简化为一个合力;如果 $\boldsymbol{M}_O\neq\mathbf{0},\boldsymbol{F}_{\mathrm{R}}=\mathbf{0}$,则简化为一个合力偶;如果 $\boldsymbol{M}_O\neq\mathbf{0},\boldsymbol{F}_{\mathrm{R}}\neq\mathbf{0}$,则也可简化为一个合力。实际上,因 $\boldsymbol{F}_i\perp\boldsymbol{M}_O(\boldsymbol{F}_i)$,各 $\boldsymbol{F}_i$ 又彼此平行,故 $\boldsymbol{F}_{\mathrm{R}}\perp\boldsymbol{M}_O(\boldsymbol{F}_i)$,即

$$\boldsymbol{F}_{\mathrm{R}}\cdot\boldsymbol{M}_{O}(\boldsymbol{F}_{i})=0$$

上式对 i 求和,得

$$\boldsymbol{F}_{\mathrm{R}}\cdot\boldsymbol{M}_{O}=0$$

对照表 1.1,平行力系必存在合力。合力的力矢与力系的主矢 $\boldsymbol{F}_{\mathrm{R}}$ 相同。设点 C 是合力作用线上任意一点,各力作用点 D_i 相对点 O 的矢径为 $\boldsymbol{r}_i$,点 C 相对点 O 的矢径为 $\boldsymbol{r}_C$,根据平行力系的合力对其作用线上的点 C 的矩为零,得到

$$\boldsymbol{M}_{C}=\sum_{i=1}^{n}\overrightarrow{CD_{i}}\times\boldsymbol{F}_{i}=\sum_{i=1}^{n}(\boldsymbol{r}_{i}-\boldsymbol{r}_{C})\times\boldsymbol{F}_{i}=\mathbf{0}$$

若取力作用线的某一指向为正向,其单位矢量为 $\boldsymbol{e}$,则

$$\boldsymbol{F}_{i}=F_{i}\boldsymbol{e}\quad(i=1,2,\cdots,n)$$

将其代入上式,得

$$\left[\left(\sum_{i=1}^{n}F_{i}\boldsymbol{r}_{i}\right)-\left(\sum_{i=1}^{n}F_{i}\boldsymbol{r}_{C}\right)\right]\times\boldsymbol{e}=\mathbf{0}\tag{1.5.10}$$

当平行力系各力大小和作用点保持不变,但各力的作用线绕同向轴转过任意相同的角度后,由式(1.5.10)可确定唯一固定的点 C,满足

$$\boldsymbol{r}_{C}=\frac{\sum_{i=1}^{n}F_{i}\boldsymbol{r}_{i}}{\sum_{i=1}^{n}F_{i}}\tag{1.5.11}$$

这个固定不变的点 C 称为**平行力系的中心**,式(1.5.11)即为平行力系中心相对于点 O 的矢径公式。如果在点 O 建立直角坐标系 $Oxyz$,则平行力系中心的坐标为

$$x_{C}=\frac{\sum_{i=1}^{n}F_{i}x_{i}}{\sum_{i=1}^{n}F_{i}},\quad y_{C}=\frac{\sum_{i=1}^{n}F_{i}y_{i}}{\sum_{i=1}^{n}F_{i}},\quad z_{C}=\frac{\sum_{i=1}^{n}F_{i}z_{i}}{\sum_{i=1}^{n}F_{i}}\tag{1.5.12}$$

其中 (x_i,y_i,z_i) 为力 $\boldsymbol{F}_i$ 作用点 D_i 的坐标。

平行力系的简化理论可应用于计算物体的重心和质心,可应用于计算同向线性分布载荷的合力等。

(1) 物体的重心和质心

物体的重力系是同向的平行力系,力系的主矢不为零,因此一定存在合力。物体重力系的合力称为物体的重力,物体重力的中心称为物体的**重心**。整个物体所受的重力可等效于全部都集中在它的重心上。设 V 为某一物体的体积,ρ 为物体的密度,$\mathrm{d}V$

为微元体的体积，$\boldsymbol{g}$ 为重力加速度，则微元体的质量为 $\rho \mathrm{d}V$，重力的大小为 $\rho g \mathrm{d}V$。对有限大小的物体，其上各点的重力加速度可以认为是相等的。如果微元体相对于空间确定点 O 的矢径为 $\boldsymbol{r}$，在直角坐标系 $Oxyz$ 中的坐标为 (x,y,z)，则由式(1.5.11)和式(1.5.12)可得到物体重心矢径和坐标公式为

$$\boldsymbol{r}_C=\frac{\int_V \boldsymbol{r}\rho \mathrm{d}V}{\int_V \rho \mathrm{d}V} \tag{1.5.13}$$

$$x_C=\frac{\int_V x\rho \mathrm{d}V}{\int_V \rho \mathrm{d}V},\quad y_C=\frac{\int_V y\rho \mathrm{d}V}{\int_V \rho \mathrm{d}V},\quad z_C=\frac{\int_V z\rho \mathrm{d}V}{\int_V \rho \mathrm{d}V} \tag{1.5.14}$$

可见，有限大小的物体的重心位置与重力加速度无关，它只是反映物体质量分布特性的一个几何点。物体质量分布的中心称为物体的**质心**。在均匀重力场中，物体的重心与质心重合。注意到，质心单纯地由质量分布所决定，而重心只在重力场中才有意义。

对于均质物体，ρ 为常数，由式(1.5.13)和式(1.5.14)给出

$$\boldsymbol{r}_C=\frac{\int_V \boldsymbol{r}\mathrm{d}V}{V} \tag{1.5.15}$$

$$x_C=\frac{\int_V x\mathrm{d}V}{V},\quad y_C=\frac{\int_V y\mathrm{d}V}{V},\quad z_C=\frac{\int_V z\mathrm{d}V}{V} \tag{1.5.16}$$

以上二式表明，均质物体的重心位置完全由物体的几何形状所决定。物体几何形状的中心称为物体的**形心**。对于均质物体，其重心与形心重合。

对于面积为 A 的均质平板，其重心矢径和坐标公式可分别表示为

$$\boldsymbol{r}_C=\frac{\int_A \boldsymbol{r}\mathrm{d}A}{A} \tag{1.5.17}$$

$$x_C=\frac{\int_A x\mathrm{d}A}{A},\quad y_C=\frac{\int_A y\mathrm{d}A}{A},\quad z_C=\frac{\int_A z\mathrm{d}A}{A} \tag{1.5.18}$$

对于长度为 l 的均质细杆，其重心矢径和坐标公式分别为

$$\boldsymbol{r}_C=\frac{\int_l \boldsymbol{r}\mathrm{d}l}{l} \tag{1.5.19}$$

$$x_C=\frac{\int_l x\mathrm{d}l}{l},\quad y_C=\frac{\int_l y\mathrm{d}l}{l},\quad z_C=\frac{\int_l z\mathrm{d}l}{l} \tag{1.5.20}$$

物体的重心均可利用重心的积分公式来求得。但在许多情况下，积分计算比较麻烦，工程中常用以下方法来求重心。

a. 查表法

对具有简单几何形状的物体,其重心可在工程手册中查得。

b. 对称性法

凡具有对称面、对称轴或对称点的物体,其重心必在对称面、对称轴或对称点上。据此,可方便求得重心的一部分坐标或全部坐标。

c. 分割法

将物体分割成几个简单几何形状的部分,先计算各简单部分的重心位置,然后再计算整个物体的重心位置,这种方法称为分割法。如果物体有空洞或孔,则可以将原均质物体当作一形状完整的物体与一体积或面积为负的均质物体的组合,仍可利用分割法计算原物体的重心位置,称为负体积分割法或负面积分割法。

d. 实验法

如果物体形状很复杂或质量分布非均匀,则一般用实验法来确定其重心的位置。

例 1.5.5 试求图 1.21 所示底边为 b、高为 h、斜边为凹抛物线的均质薄三角板的重心。

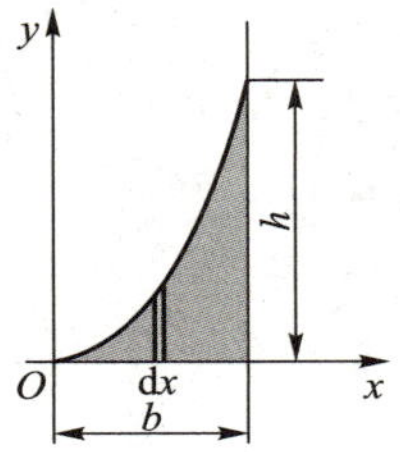

图 1.21

解: 取坐标系 Oxy,令抛物线方程为

$$x^2=2py$$

由 $x=b, y=h$ 得 $2p=b^2/h$。抛物线方程为

$$x^2=\frac{b^2}{h}y$$

在 x 处取微元

$$\mathrm{d}A=y\mathrm{d}x=\frac{hx^2}{b^2}\mathrm{d}x$$

图形面积为

$$A=\int \mathrm{d}A=\int_0^b \frac{hx^2}{b^2}\mathrm{d}x=\frac{1}{3}bh$$

由重心坐标公式(1.5.18)给出

$$x_C=\frac{\int_A x\mathrm{d}A}{A}=\frac{\int_0^b \frac{hx^3}{b^2}\mathrm{d}x}{A}=\frac{3}{4}b$$

$$y_C=\frac{\int_A \frac{y}{2}\mathrm{d}A}{A}=\frac{\int_0^b \frac{h^2x^4}{2b^4}\mathrm{d}x}{A}=\frac{3}{10}h$$

上式中 $\frac{y}{2}$ 是图中微元的 y 坐标。

例 1.5.6 如图 1.22 所示,已知三棱台的底面面积 $A_{\triangle ABC}=a$,顶面面积 $A_{\triangle DEF}=b$,两面之间的距离为 h。试求此三棱台重心到底面的距离 z_C。

解: 首先,用直接积分方法。设三棱锥的高为 H,它可用面积 a,b 和距离 h 表示,有

$$\frac{H-h}{H}=\sqrt{\frac{b}{a}}$$

由此解得

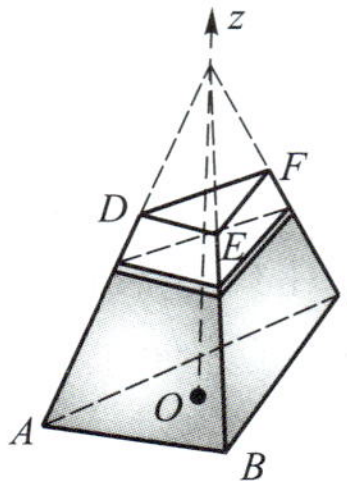

图 1.22

$$H=\frac{\sqrt{a}}{\sqrt{a}-\sqrt{b}}h$$

在距底为 z 处,取微元体

$$\mathrm{d}V=a\left(\frac{H-z}{H}\right)^2\mathrm{d}z$$

三棱台的体积为

$$V=\int\mathrm{d}V=\frac{a}{H^2}\int_0^h(H^2-2Hz+z^2)\,\mathrm{d}z=\frac{1}{3}h(a+\sqrt{ab}+b)$$

作积分

$$\int z\mathrm{d}V=\frac{a}{H^2}\int_0^h(H^2z-2Hz^2+z^3)\,\mathrm{d}z=\frac{1}{12}h^2(a+2\sqrt{ab}+3b)$$

重心为

$$z_C=\frac{\int z\mathrm{d}V}{\int\mathrm{d}V}=\frac{h}{4}\,\frac{a+2\sqrt{ab}+3b}{a+\sqrt{ab}+b}$$

其次,用负体积分割法。由三棱锥重心在距底面$\frac{1}{4}$高处,有

$$z_C=\frac{\frac{1}{3}aH\times\frac{1}{4}H-\frac{1}{3}b(H-h)\times\left\{\frac{1}{4}(H-h)+h\right\}}{\frac{1}{3}aH-\frac{1}{3}b(H-h)}$$

$$=\frac{h}{4}\,\frac{a+2\sqrt{ab}+3b}{a+\sqrt{ab}+b}$$

(2)同向线性分布载荷的合力

平行力系简化理论可应用于求同向分布载荷的合力大小和合力作用线的位置。

在直杆 AB 上作用一铅垂向上的线性分布载荷。如图 1.23 所示,建立直角坐标系 Oxy,如果已知 x 处的载荷集度 $q(x)$,则平行力系的合力大小及合力作用点的坐标分别为

$$F=\int_{x_A}^{x_B}q(x)\,\mathrm{d}x \tag{1.5.21}$$

$$x_C=\frac{\int_{x_A}^{x_B}xq(x)\,\mathrm{d}x}{\int_{x_A}^{x_B}q(x)\,\mathrm{d}x} \tag{1.5.22}$$

它们分别是载荷图形 $ABba$ 的面积和形心坐标。

对于矩形线性分布载荷和三角形线性分布载荷，其合力的大小和作用线位置可用图 1.24 来表示。

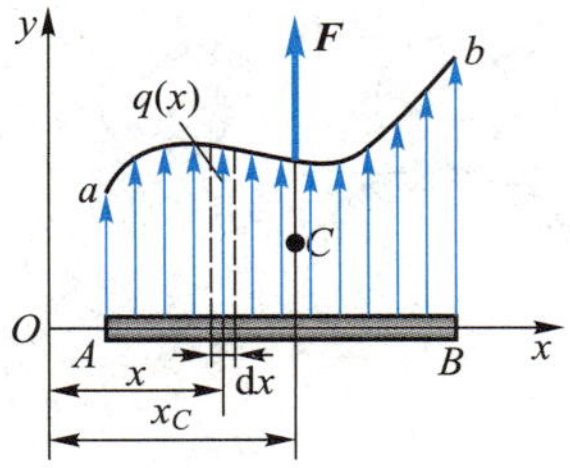

图 1.23

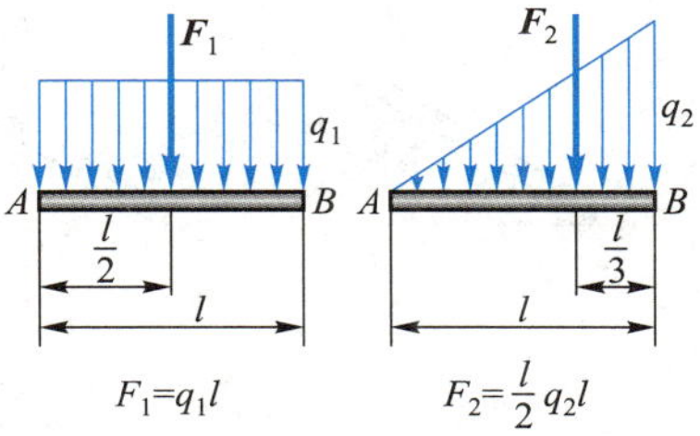

图 1.24

1.6 受力分析与简单的平衡问题

1.6.1 约束和约束力

非自由体运动受到一定限制的条件称为**约束**。约束一般通过非自由体的周围物体来实现，因此往往把这些周围物体也称为约束。约束一般有两方面：一方面体现为对物体运动规律的限制；一方面体现为通过力的作用来实现限制。在静力学中，由于研究对象处于静止状态，因此主要考虑力的作用。这种与约束相对应的作用力称为**约束力**，作用于非自由体上的约束力以外的作用力称为**主动力**。主动力的大小和方向一般是预先知道的，它与非自由体所受的约束无关。约束力一般认为是被动的，它的大小和方向与主动力有关，且与接触处的约束特点有关。

下面介绍常见的约束和约束力的性质。

1. 柔索约束

柔软不可伸长的约束物体称为**柔索约束**，如绳索、链条、带等。柔索约束对物体的作用是一个拉力，其作用线沿柔索（图 1.25）。

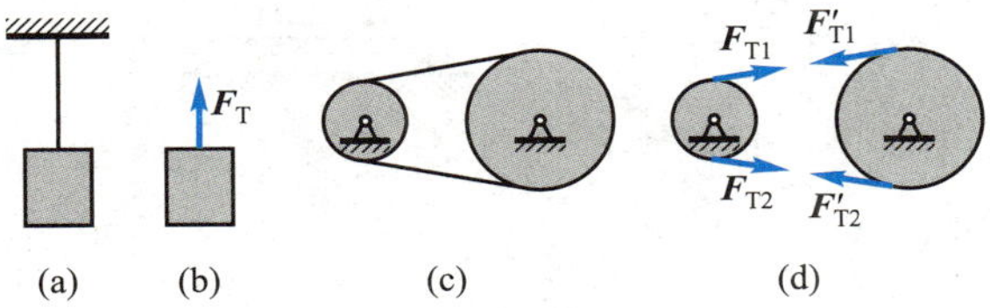

图 1.25

2. 光滑面约束

当物体的接触表面为可忽略摩擦阻力的光滑平面或曲面时，一物体对另一物体的约束就是**光滑面约束**。这类约束的约束力沿接触面处的公法线并指向被约束的物体（图 1.26）。

3. 光滑铰链约束

光滑圆柱铰链的圆柱状销的直径略小于被约束物体圆孔的直径，它们之间是光滑圆柱面之间的线接触,其约束力通过接触点并沿销的径向,但由于接触线的位置与被约束物体所受的其他力有关,故约束力的方向不能预先确定,**一般用两正交的分力 $\boldsymbol{F}_x$,$\boldsymbol{F}_y$ 来表示**(图 1.27)。

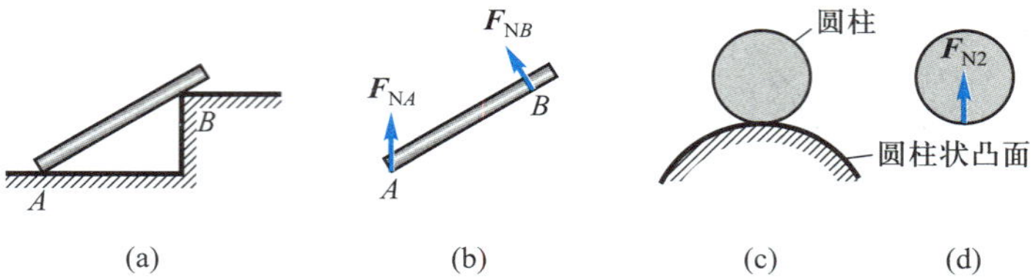

图 1.26

如果与光滑圆柱铰链相连的一个物体固定在静止的支承物上,则约束变为固定铰支座,其约束力以同样方法画出(图 1.28)。

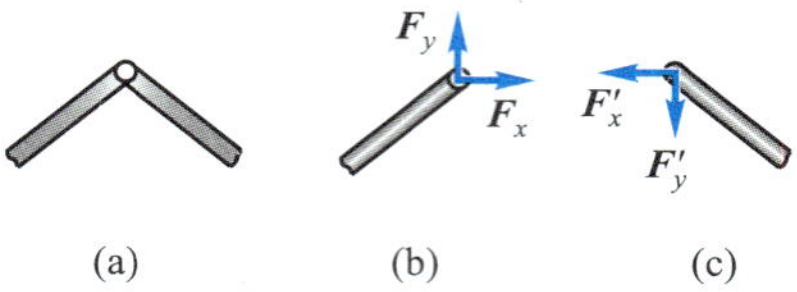

图 1.27

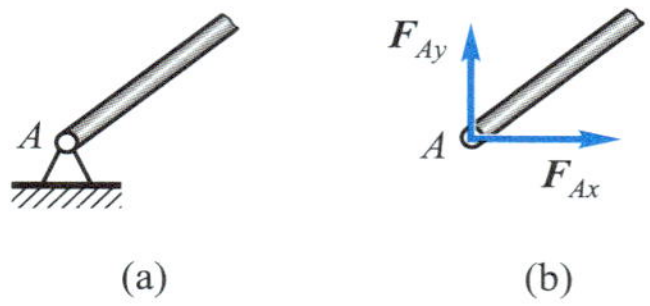

图 1.28

对于光滑活动铰支座,支座受到两个约束力:一个是支承面的方向垂直于支承面且指向支座的约束力,另一个是销的约束力。因支座处于平衡且不计重量,故两约束力构成二力平衡,可画出活动铰支座的约束力(图 1.29)。

光滑球铰链的圆球比球窝略小,它们之间是两光滑球面的点接触,因接触点未知,故约束力方向不能预先确定,通常用 3 个方位已知而代数值未知的正交分力 $\boldsymbol{F}_x$,$\boldsymbol{F}_y$ 和 $\boldsymbol{F}_z$ 表示(图 1.30)。

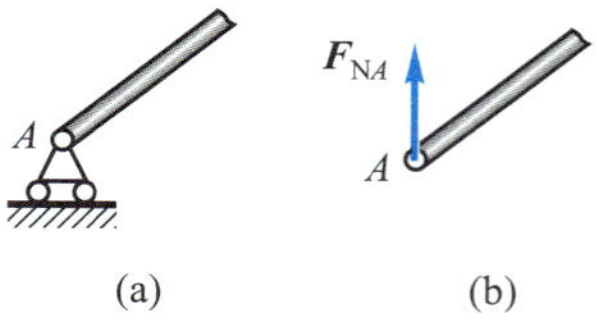

图 1.29

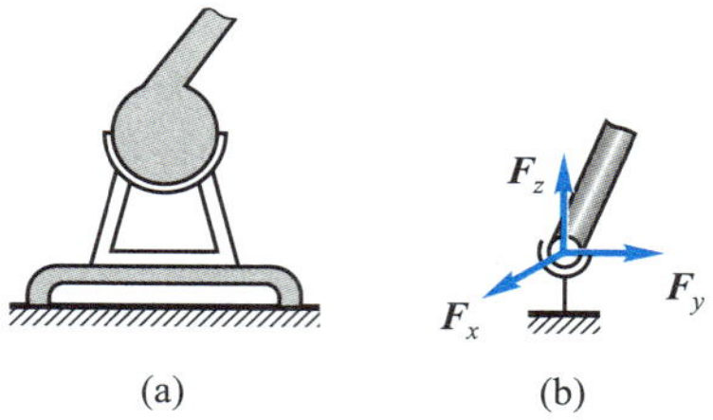

图 1.30

4. 链杆约束

两端用光滑铰链与物体相连,中间不受力的刚杆称为**链杆**。链杆为**二力杆**,可受拉,亦可受压(图 1.31)。

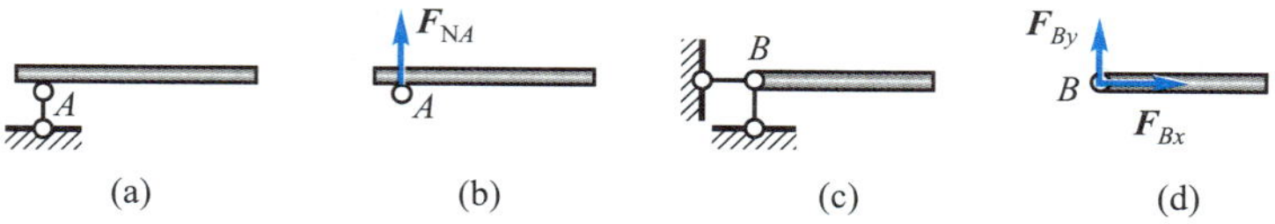

图 1.31

1.6.2 物体的受力分析与受力图

在求解实际中的力学问题时，首先需要选取某个或某几个物体为研究对象，其次对研究对象应用静力学平衡条件或动力学运动规律，由已知力来求得所需的未知量。所谓受力分析，是指分析研究对象所受到的全部主动力和全部约束力。将研究对象上所受到的全部力用适当的矢量符号画到简图上，称为物体或物体系统的**受力图**。受力分析和画受力图是学习力学的基本功。有关典型约束和约束力见附录Ⅰ。

受力分析一般按下列步骤进行：

（1）明确研究对象，取**分离体**。实际问题中常有几个物体相互联系在一起，必须明确哪一个或哪几个物体是要研究的对象，将其从周围的约束中分离出来，得到解除约束后的研究对象，称为分离体，并单独画出其简图。

（2）分析分离体是否受到主动力或主动力偶的作用。若有，则在分离体简图上画出全部主动力或主动力偶矩。

（3）分析分离体在哪几处与其他物体接触，按各接触处的约束特点画出全部约束力。

在画受力图时，应特别注意以下几点：

（1）受力图只画**外力**，不画**内力**。分离体中各质点之间的相互作用力及分离体各部分之间的相互作用力，对分离体来说都是内力，受力图上不必画内力。受力图上只画主动力和周围物体对分离体的约束力。

（2）当约束力的方向已知时，需将约束力按真实方向画出。当约束力方向无法预先确定时，可按约束力的正交分力表示。

（3）如果各分离体之间存在作用力与反作用力，则需按牛顿第三定律画出大小相等、方向相反分别作用于两分离体的作用力与反作用力。

（4）画受力图时要尽量利用**二力杆**和**三力平衡条件**。二力杆是指，一物体仅在两点受力而平衡，则这两力必大小相等、方向相反且共线。三力平衡条件是指，如三力平衡，则三力作用线一定共面。如果其中二力相交，则第三个力必过交点。详见1.3节静力学公理。

（5）当物体间连接处为光滑铰链时，称该处为**节点**。当节点受主动力作用时，一般认为主动力作用在销的中心或作用于球铰链的中心上。

例 1.6.1 如图1.32a所示，铅垂面内的三铰拱，受主动力 $\boldsymbol{F}$ 的作用而平衡。如不计自重和摩擦，试画出两半拱各自的受力图。

解：取右半拱 BC 为研究对象。它只在两端 B, C 受力，是二力杆。它在两端受销的约束力，这两个力大小相等，方向相反且共线，不妨设其指向如图1.32b所示。取左半拱 AB 为研究对象，先画出主动力 $\boldsymbol{F}$。在点 B 处受到右半拱反作用力 $\boldsymbol{F}'_B$ 的作用，在点 A 处受到固定铰支座约束，由三力平衡条件知，其约束力 $\boldsymbol{F}_A$ 必过 $\boldsymbol{F}$ 和 $\boldsymbol{F}'_B$ 的交点 D，如图1.32c所示。在点 A 处的约束力也可用其两正交分力 $\boldsymbol{F}_{Ax}$, $\boldsymbol{F}_{Ay}$ 表示，如图1.32d所示。

例 1.6.2 如图1.33a所示，直杆 AB 和折杆 BCE 的杆重均不计，通过绳索 OA、光

滑铰支座 B 和光滑活动铰支座 D 与大地相连，在主动力 $\boldsymbol{F}_1$，$\boldsymbol{F}_2$ 的作用下，于图示位置处于平衡状态。试画出两杆的受力图。

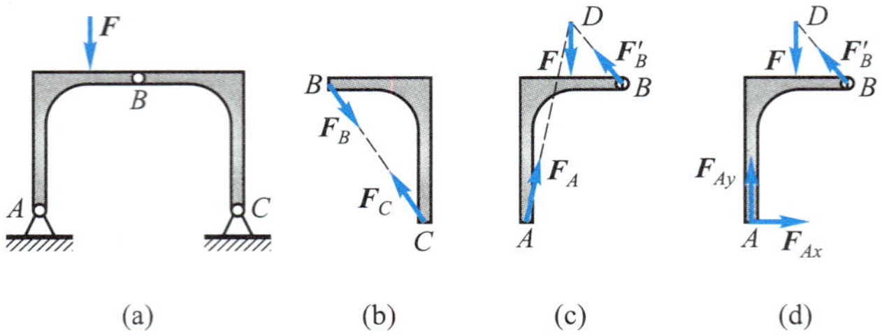

图 1.32

解：本题中的销 B，有 3 个刚体与之相连，即杆 AB、杆 BCE 和大地。取杆 AB 为研究对象，画出主动力 $\boldsymbol{F}_1$，点 A 处受柔索约束，其约束力为 $\boldsymbol{F}_T$，点 B 处受光滑铰链 B 约束，其约束力 $\boldsymbol{F}_B$ 必过 $\boldsymbol{F}_T$ 与 $\boldsymbol{F}_1$ 的交点，如图 1.33b 所示。取杆 BCE 带销 B 为研究对象，画出主动力 $\boldsymbol{F}_2$，点 D 处受光滑活动铰支座约束，其约束力 $\boldsymbol{F}_D$ 垂直于支承面，点 B 处受杆 AB 反作用力 $\boldsymbol{F}'_B$ 及大地的约束力 $\boldsymbol{F}_{Bx}^{(1)}$，$\boldsymbol{F}_{By}^{(1)}$ 的作用，如图 1.33c 所示。

如果取杆 AB 带销 B 为研究对象，此时杆 BCE 和杆 AB 的受力图分别如图 1.33d 和图 1.33e 所示。

销 B 对两杆的约束力如果用两个正交分力表示，受力图也可画成图 1.33f、图 1.33g 和图 1.33h、图 1.33i 的形式。

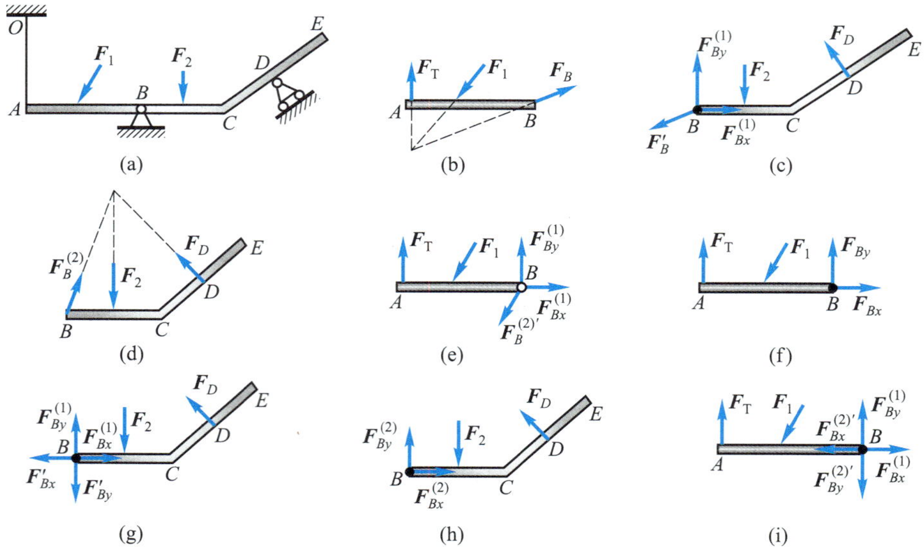

图 1.33

例 1.6.3 如图 1.34a 所示，结构受主动力 $\boldsymbol{F}$ 和力偶矩为 M 的主动力偶的作用，不计各杆自重和摩擦。试画出各杆的受力图。

解：杆 BC 不是二力杆，因为其上有主动力偶作用。取杆 AB 为研究对象，其上没有主动力作用。A 端受链杆约束，其约束力为 $\boldsymbol{F}_A$。点 B 和 D 处受光滑铰链约束，

分别用正交分力 $\boldsymbol{F}_{Bx}$,$\boldsymbol{F}_{By}$ 和 $\boldsymbol{F}_{Dx}$,$\boldsymbol{F}_{Dy}$ 表示,如图 1.34b 所示。取杆 BC 带销 B 为研究对象,画出主动力偶矩 M。点 B 处受杆 AB 的反作用力 $\boldsymbol{F}'_{Bx}$,$\boldsymbol{F}'_{By}$作用。点 C 处受光滑铰链约束,其约束力用两个正交分力 $\boldsymbol{F}_{Cx}$,$\boldsymbol{F}_{Cy}$ 表示,如图 1.34c 所示。取杆 CD 带销 C 和 D 为研究对象,画出主动力 $\boldsymbol{F}$。点 D 处受杆 AB 的反作用力 $\boldsymbol{F}'_{Dx}$,$\boldsymbol{F}'_{Dy}$作用。点 C 处受杆 BC 的反作用力 $\boldsymbol{F}'_{Cx}$,$\boldsymbol{F}'_{Cy}$作用及大地的约束力 $\boldsymbol{F}^{(1)}_{Cx}$,$\boldsymbol{F}^{(1)}_{Cy}$ 作用,如图 1.34d 所示。

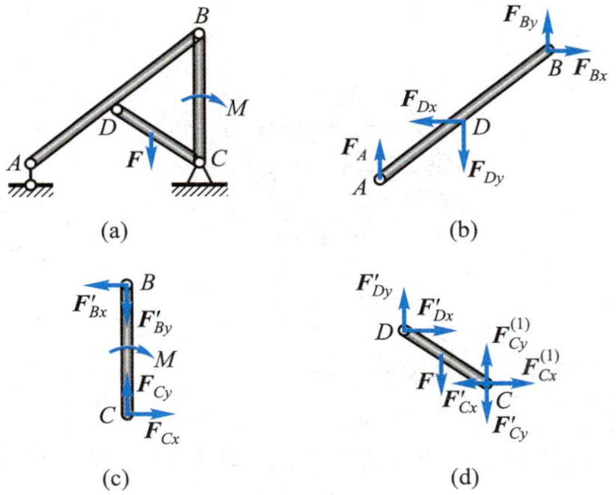

图 1.34

小结

(1) 静力学公理有 5 条:力的平行四边形法则,二力平衡条件,加减平衡力系原理,作用和反作用公理,刚化原理。静力学公理是静力学理论的基础。

(2) 一般力系的简化结果由表 1.1 给出,或者简化为零力系(平衡),或者简化为合力偶,或者简化为合力,或者简化为力螺旋。平面力系简化为平衡,或者简化为合力偶,或者简化为合力。平行力系简化为平衡,或者简化为合力偶,或者简化为合力。

(3) 约束是指非自由体运动受到的一定限制条件。在静力学中,主要以约束力的形式进行考虑。实际工程中的约束多种多样,对其进行正确的约束力替代,是物体受力分析的重要步骤。

(4) 受力分析和画受力图是学习静力学的基本功,需多加练习。

习题

1.1 直角三角形 ABC 中,$\angle A$ 为直角,AD 为高线。试证,如果沿 $\overrightarrow{AB}$ 作用一数值为$\dfrac{1}{AB}$的力,沿 $\overrightarrow{AC}$ 作用一数值为$\dfrac{1}{AC}$的力,则两力的合力等于沿 $\overrightarrow{AD}$ 作用的、数值等于$\dfrac{1}{AD}$的力。

1.2 正三棱锥每边长为 a,沿不相交的两棱边上各有一力作用,大小都是 F。试求此力系主矢的大小。

1.3　在边长为 a 的正方体的顶点 A,D,O,E 上分别作用有 5 个力 $\boldsymbol{F}_1,\boldsymbol{F}_2,\boldsymbol{F}_3,\boldsymbol{F}_4$ 和 $\boldsymbol{F}_5$，其大小和方向如图所示。试求该力系的最简结果。

1.4　在边长为 a,b,c 的长方体顶点 B,C 处分别作用有大小均为 F 的力 $\boldsymbol{F}_1$ 和 $\boldsymbol{F}_2$，方向如图所示。试求该力系的最简结果。

1.5　沿图示底面为直角三角形的直棱柱的棱边作用有 5 个力，已知大小为 $F_1=F_2=F_3=F_4=F$，$F_5=\sqrt{2}F$，各力的方向如图所示，$OD=OE=a$，$OB=2a$。试求该力系的最简结果。

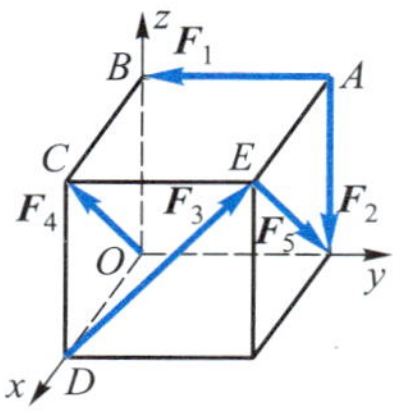

题 1.3 图

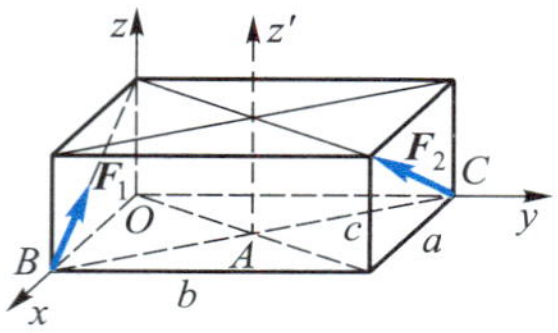

题 1.4 图

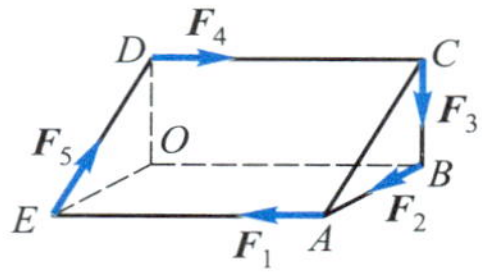

题 1.5 图

1.6　正方体边长为 d，其上作用有 5 个力，已知 $F_1=F_2=F_3=F$，$F_4=F_5=\sqrt{2}F$，方向如图所示。试求该力系的最简结果。

1.7　沿边长为 $a,a,2a$ 的长方体的 3 条边上作用有 3 个力，已知其大小为 F，方向如图所示。试求该力系的最简结果。

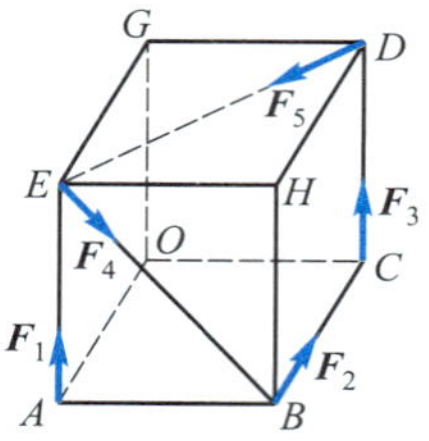

题 1.6 图

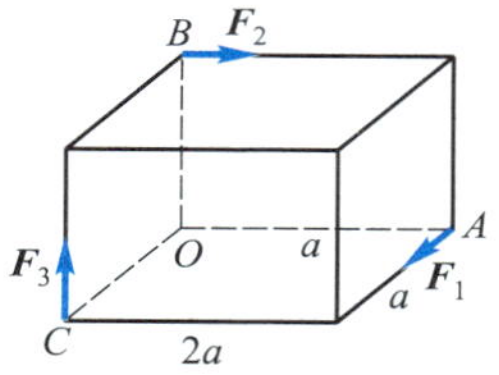

题 1.7 图

1.8　试由式(1.5.3)导出式(1.5.4)。

1.9　在三角形 ABC 和平行四边形 $ABCD$ 的顶点上作用有大小、方向如图所示的力系。试问下列 4 种情形下，其最简力系的形式分别是什么？

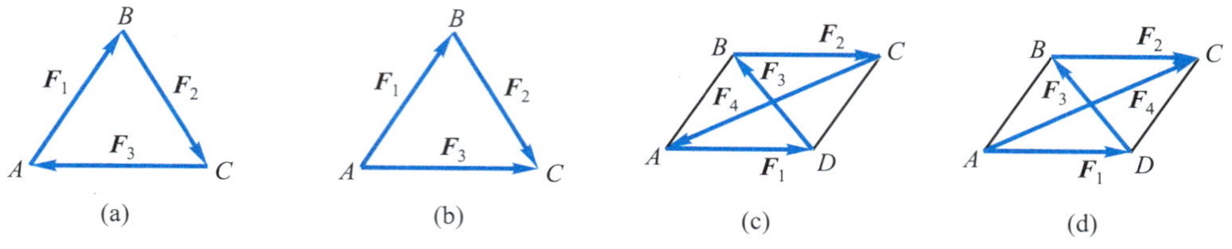

题 1.9 图

1.10　平面上一力系，各力按比例画出矢量，依次首尾相接，构成一封闭多边形。试证，此力系与一力偶等效，其力偶矩大小等于多边形面积的 2 倍。

1.11　设如图所示各刚体自重不计，各接触处光滑，并处于同一铅垂面内。试画出各刚体的受力图。

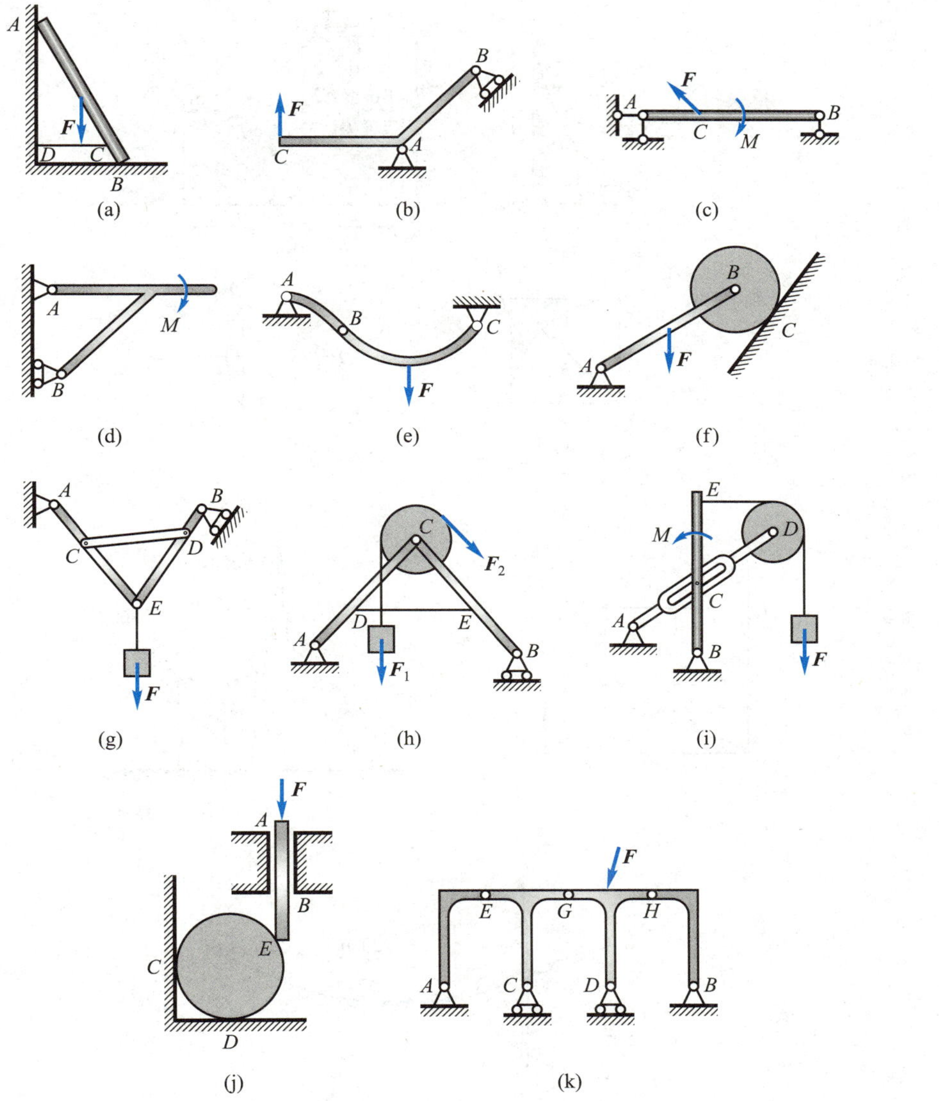

题 1.11 图

1.12　试求如图所示各均质平板的重心位置。

1.13　如图所示均质正方形薄板 $ABCD$，其边长为 a。试在其中求出一点 E 的极限位置 y_{max}，使薄板在截去等腰三角形 AEB 之后，剩余面积的重心仍在薄板内。

* **1.14**　如图所示一端连接有柔索的圆环 B 和 C，同时与地面半圆环 A 进行连接，并可沿着圆环 A 进行转动。圆环 B 柔索承受 1 500 N 拉力，处于竖直状态并保持不变。圆环 C 柔索承受 800 N 拉力，与铅垂方向夹角为 θ。已知半圆环 A 与地面的连接强度为 2 000 N。求满足连接强度时夹角 θ 的最小值。

* **1.15**　电线杆上电缆的悬挂连接方式如图所示，电缆从支架 A 端连接到另一处的 B 点，ABC 三点处于同一水平面。电缆受到重力作用沿铅垂面向下，使得电缆在 A 端与水平线成 15°夹角。若电缆在 A 处的拉力 $\boldsymbol{F}$ 为 800 N，其余尺寸及坐标系如图所示。求拉力 $\boldsymbol{F}$ 在坐标轴上的投影大小。

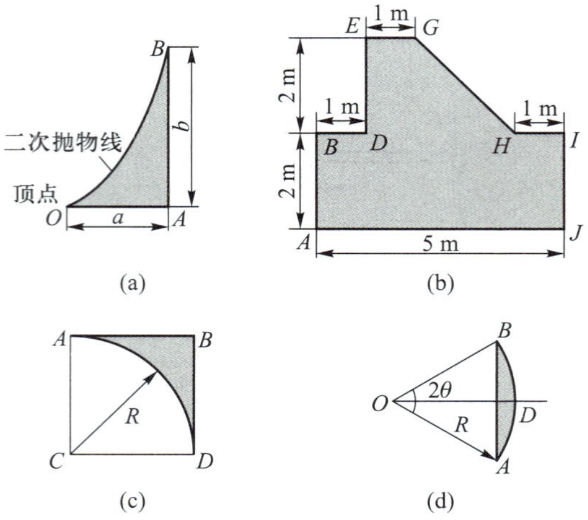

题 1.12 图

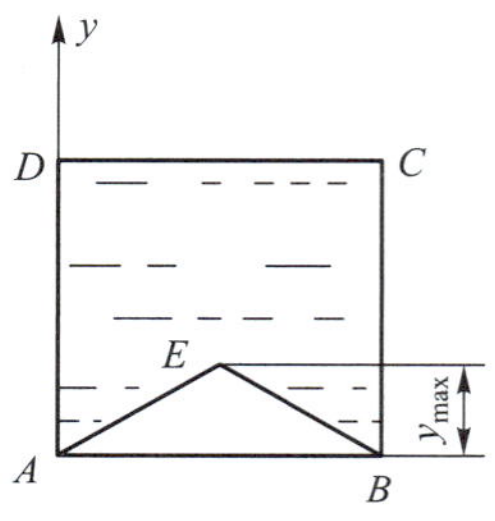

题 1.13 图

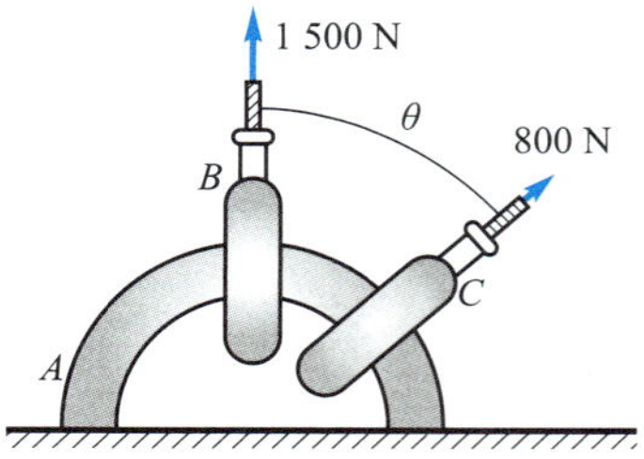

题 1.14 图

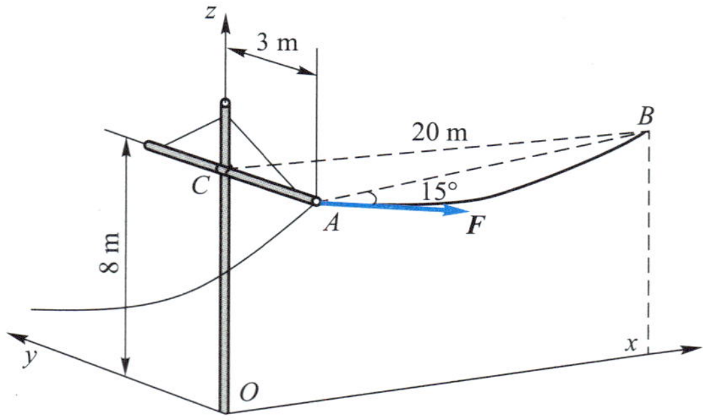

题 1.15 图

*1.16 如图所示,生产线上的工业机械臂可视为平面机构,其目的为在圆柱零件 D 上施加 90 N 推力 $\boldsymbol{F}$,使其进入地面的圆柱孔内。机械臂 AB、BC 与水平面的夹角分别为 60°和 45°,其他尺寸(单位为 mm)如图所示。试求此时推力 $\boldsymbol{F}$ 对圆柱铰链 A、B、C 的力矩。

*1.17 铣床铣刀部分结构及具体几何尺寸如图所示(单位为 mm)。在进行加工时,铣刀受到力螺旋载荷(力为 1 200 N,力偶矩为 240 N · m),在铣刀机构基部建立 $Oxyz$ 直角坐标系。试求该力系对点 O 的力矩大小。

*1.18 当人拉门把手开门时,对门施加的拉力 $\boldsymbol{F}$ 的大小为 40 N,力 $\boldsymbol{F}$ 与门面的法线 n 在一个铅垂平面内,且成 30°夹角,直角坐标系如图所示。当门旋转 20°时,试求力 $\boldsymbol{F}$ 向 x,y,z 轴投影的大小

及对轴 z 的力矩。

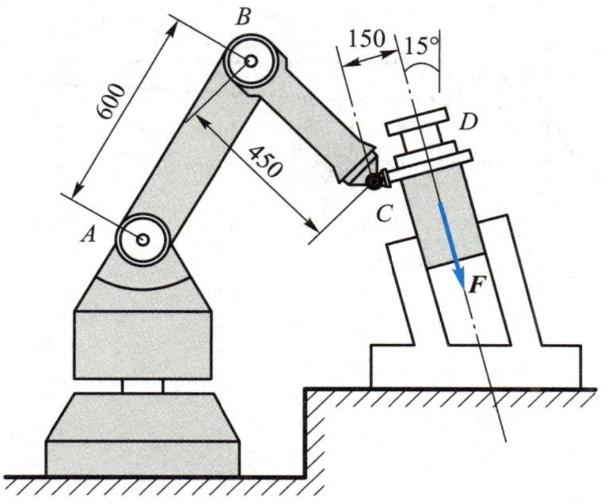

题 1.16 图

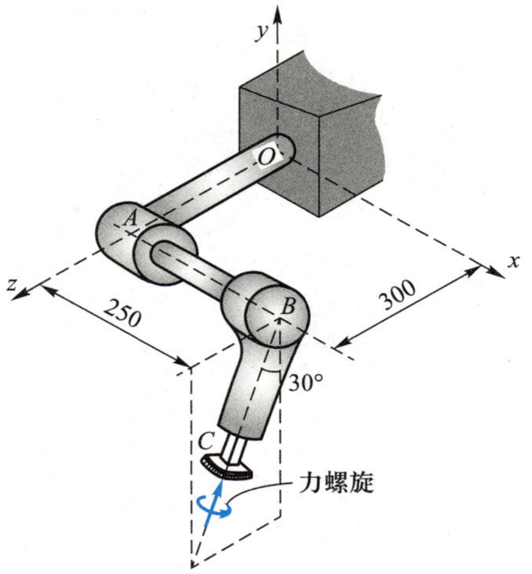

题 1.17 图

题 1.18 图

*1.19 如图所示，某人单手抓起重量为 50 N 的铁球，上臂始终处于铅垂平面内，并保持其肘关节夹角 $\angle ABD$ 为 120°。已知 AB 和 BD 的长度分别为 280 mm 和 330 mm。若上臂与铅垂平面的夹角 θ 从 0°变化至 120°，试求铁球对点 A 和点 B 的力矩变化情况，并讨论每条力矩曲线最大值所对应的物理意义。

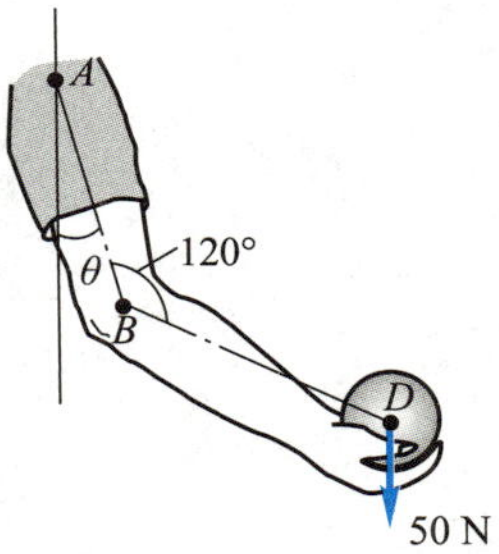

题 1.19 图

*1.20 图示为飞机的单侧机翼，在其根部点 A 作直角坐标系 Axy。机翼 AB 长度为 10 m，安装有一台发动机。机翼重 P_1 为 50 kN，发动机重 P_2 为 20 kN，分别距离点 A 2.5 m 和 4 m。发动机螺旋桨的力偶矩 M 为 20 kN · m。气动力在机翼 AB 上为梯度分布，其中 $q_1 = 50$ kN/m，$q_2 = 40$ kN/m。试求机翼上载荷的最简形式。

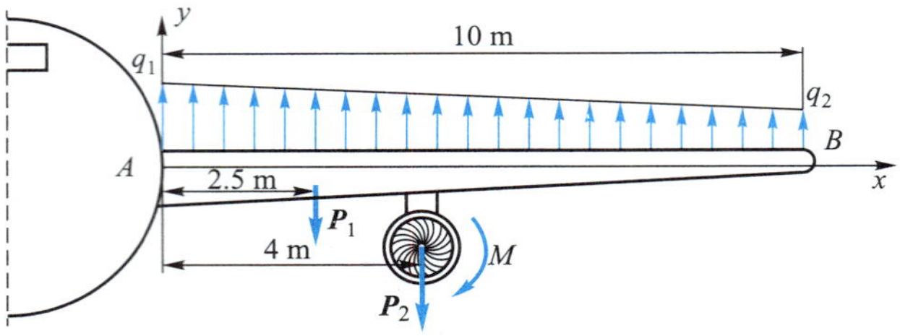

题 1.20 图

第 1 章部分习题参考答案

第2章 力系的平衡

关键知识点

平面力系,空间力系,力系平衡,静定与静不定问题。

核心能力

(1) 能够掌握平面力系和空间力系平衡方程的基本形式;

(2) 能够分析刚体及刚体系统的平衡问题,能够求解出平面力系和空间力系平衡时的未知受力。

历史人物介绍3:潘索

2.1 平面力系的平衡

2.1.1 平面一般力系的平衡方程

平面力系中各力的作用线位于同一平面内。在许多工程技术问题中,各力的作用线本来就是在同一平面内。这自然是平面力系。在另一些问题中,作用于物体上的是一空间力系,但它对称于某一个平面,于是可以简化为一个平面力系。例如,飞机在定常航行中,空气对飞机的作用力和重力都对称于飞机的几何对称面,因此可以认为飞机受到平面力系的作用。

在1.5节中已指出,**一般力系的平衡条件是主矢 $\boldsymbol{F}_R=\mathbf{0}$ 和主矩 $\boldsymbol{M}_O=\mathbf{0}$**。取直角坐标系 $Oxyz$,使得轴 Ox,Oy 的单位矢量 $\boldsymbol{i}$,$\boldsymbol{j}$ 在力系所在的平面内。于是力系中各力在 $\boldsymbol{k}$ 方向上的分量均为零,各力对点 O 的矩均沿 $\boldsymbol{k}$ 方向。因此,平衡条件成为

$$\boldsymbol{F}_R=\left(\sum_{i=1}^{n}F_{ix}\right)\boldsymbol{i}+\left(\sum_{i=1}^{n}F_{iy}\right)\boldsymbol{j}=\mathbf{0}$$

$$\boldsymbol{M}_O=\left(\sum_{i=1}^{n}M_{iz}\right)\boldsymbol{k}$$

或写成3个方程

$$\sum_{i=1}^{n}F_{ix}=0,\quad \sum_{i=1}^{n}F_{iy}=0,\quad \sum_{i=1}^{n}M_{iz}=0 \tag{2.1.1}$$

设 A 为平面力系作用面上任一确定点,由于平面力系各力对点 A 的矩恒垂直于平面 Oxy,故可用一代数量 $M_A(\boldsymbol{F}_i)$ 表示。于是,平面力系的平衡方程可写成

$$\sum_{i=1}^{n}F_{ix}=0,\quad \sum_{i=1}^{n}F_{iy}=0,\quad \sum_{i=1}^{n}M_A(\boldsymbol{F}_i)=0 \tag{2.1.2}$$

方程(2.1.2)称为**平面力系平衡方程的基本形式**,或**二影一矩式**。

平衡方程还有两种非基本形式,即**一影二矩式**和**三矩式**。

1. 一影二矩式

在平面力系的作用面上任取两点 A 和 B,再在该平面上任取一个与 $\overrightarrow{AB}$ 不垂直的单位矢量 $\boldsymbol{l}^{\circ}$,则平面力系的平衡方程可表示为

$$\sum_{i=1}^{n} F_{il}=0,\quad \sum_{i=1}^{n} M_A(\boldsymbol{F}_i)=0,\quad \sum_{i=1}^{n} M_B(\boldsymbol{F}_i)=0 \tag{2.1.3}$$

其中 F_{il} 为 $\boldsymbol{F}_i$ 在 $\boldsymbol{l}^{\circ}$ 上的投影。

条件的必要性容易证明,因为如果力系平衡,则力系对任一点的矩等于零,在任意轴上的投影等于零。条件的充分性证明可用反证法。如果不平衡,由 $\sum_{i=1}^{n} M_A(\boldsymbol{F}_i)=0$ 知合力必通过点 A,而由 $\sum_{i=1}^{n} M_B(\boldsymbol{F}_i)=0$ 知合力必通过点 B。因此,如果不平衡,则合力必通过 AB,而 $\boldsymbol{l}^{\circ}$ 又不与 $\overrightarrow{AB}$ 垂直,则合力 $\boldsymbol{F}$ 在 $\boldsymbol{l}^{\circ}$ 上的投影必不为零,而这与条件 $\sum_{i=1}^{n} F_{il}=0$ 相矛盾。因此,合力 $\boldsymbol{F}=\boldsymbol{0}$,而力系是平衡力系。

2. 三矩式

在平面力系的作用面上取不共线的 3 点 A,B 和 C,则平面力系的平衡方程表示为

$$\sum_{i=1}^{n} M_A(\boldsymbol{F}_i)=0,\quad \sum_{i=1}^{n} M_B(\boldsymbol{F}_i)=0,\quad \sum_{i=1}^{n} M_C(\boldsymbol{F}_i)=0 \tag{2.1.4}$$

条件的必要性容易证明。条件的充分性用反证法证明。如果不平衡,则由 $\sum_{i=1}^{n} M_A(\boldsymbol{F}_i)=0$,$\sum_{i=1}^{n} M_B(\boldsymbol{F}_i)=0$ 和 $\sum_{i=1}^{n} M_C(\boldsymbol{F}_i)=0$ 知合力必通过点 A,B 和 C,而这是不可能的,因此有 $\boldsymbol{F}=\boldsymbol{0}$。

2.1.2 平面特殊力系的平衡方程

1. 平面汇交力系

设平面汇交力系汇交于点 A,则 $\sum_{i=1}^{n} M_A(\boldsymbol{F}_i)=0$ 自动满足,其独立的平衡方程为

$$\sum_{i=1}^{n} F_{ix}=0,\quad \sum_{i=1}^{n} F_{iy}=0 \tag{2.1.5}$$

平面汇交力系平衡方程还可写成一影一矩式

$$\sum_{i=1}^{n} F_{ix}=0,\quad \sum_{i=1}^{n} M_B(\boldsymbol{F}_i)=0 \tag{2.1.6}$$

其中 AB 连线与轴 Ox 不垂直。平面汇交力系的平衡方程还可写成二矩式

$$\sum_{i=1}^{n} M_B(\boldsymbol{F}_i)=0,\quad \sum_{i=1}^{n} M_C(\boldsymbol{F}_i)=0 \tag{2.1.7}$$

其中 A,B,C 三点不共线。

2. 平面力偶系

平面力偶系的平衡方程只有一个,写成

$$\sum_{i=1}^{n} M_i = 0 \tag{2.1.8}$$

它表明各力偶的力偶矩的代数和为零。

如果力偶系中各力偶的作用面彼此平行，则该力系可与平面力偶系等效。

3. 平面平行力系

设轴 Ox 与平行力系的各力作用线相垂直，则 $\sum_{i=1}^{n} F_{ix}=0$ 自动满足，于是独立的平衡方程为

$$\sum_{i=1}^{n} F_{iy}=0,\quad \sum_{i=1}^{n} M_A(\boldsymbol{F}_i)=0 \tag{2.1.9}$$

称其为一影一矩式。平面平行力系还有二矩式的平衡方程

$$\sum_{i=1}^{n} M_A(\boldsymbol{F}_i)=0,\quad \sum_{i=1}^{n} M_B(\boldsymbol{F}_i)=0 \tag{2.1.10}$$

其中两点 A,B 在力系的作用面内，且 A,B 连线与各力作用线不平行。

2.1.3 单个刚体的平衡问题

例 2.1.1 两长度为 l_1 和 l_2 的绳子拴一重为 P 的物体，绳子另一端分别拴在固定点 O_1 和 O_2 上，两点 O_1 和 O_2 的高度可以不同。物体在平衡时，绳子张力的水平分量数值皆为 F_H。如果将绳子的长度改变，且使 F_H 等于一常数，试证：此物体画出一条经过点 O_1 和 O_2 的抛物线，此抛物线的轴线与地面垂直（图 2.1）。

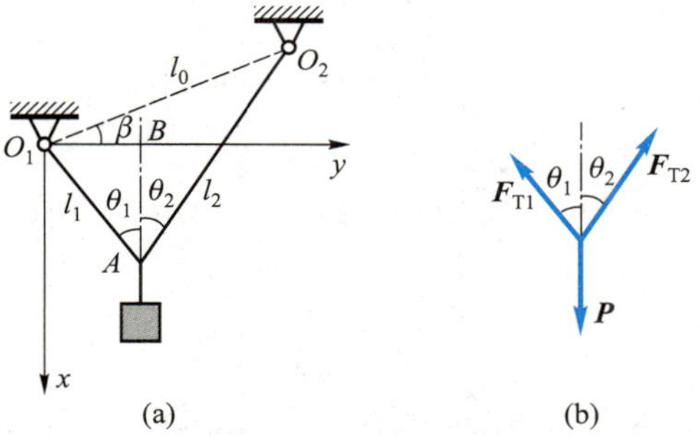

图 2.1

证明：建立直角坐标系 O_1xy 如图 2.1a 所示，轴 O_1x 铅垂向下，轴 O_1y 水平向右。令 $O_1O_2=l_0$，且与水平成角 β。取重物为研究对象，它受有主动力 $\boldsymbol{P}$ 及绳子的约束力 $\boldsymbol{F}_{T1}$ 和 $\boldsymbol{F}_{T2}$，这三个力构成平面汇交力系（图 2.1b）。列写平衡方程

$$\sum F_x=0,\quad P-F_{T1}\cos\theta_1-F_{T2}\cos\theta_2=0 \tag{a}$$

$$\sum F_y=0,\quad F_{T2}\sin\theta_2-F_{T1}\sin\theta_1=0 \tag{b}$$

由方程(a)，(b)解得

$$F_{T1}=\frac{P\sin\theta_2}{\sin(\theta_1+\theta_2)},\quad F_{T2}=\frac{P\sin\theta_1}{\sin(\theta_1+\theta_2)}$$

由绳子张力的水平分量为 F_H，得

$$F_{T1}\sin\theta_1=F_{T2}\sin\theta_2=\frac{P\sin\theta_1\sin\theta_2}{\sin(\theta_1+\theta_2)}=F_H \tag{c}$$

由此得

$$\cot\theta_1+\cot\theta_2=\frac{P}{F_H} \tag{d}$$

下面用点 A 的坐标 x,y 及 l_0,β 表示角 θ_1 和 θ_2，有

$$\tan\theta_1=\frac{y}{x},\quad \tan\theta_2=\frac{l_0\cos\beta-y}{l_0\sin\beta+x} \tag{e}$$

将式(e)代入式(d)，得

$$\frac{x}{y}+\frac{l_0\sin\beta+x}{l_0\cos\beta-y}=\frac{P}{F_H}$$

分开 x 和 y，整理得

$$\left[y-\frac{F_Hl_0}{2P}\left(\frac{P}{F_H}\cos\beta-\sin\beta\right)\right]^2=-\frac{F_H}{P}l_0\cos\beta\left[x-\left(\frac{P}{F_H}\cos\beta-\sin\beta\right)^2\frac{F_Hl_0}{4P\cos\beta}\right]$$

令

$$x'=x-\left(\frac{P}{F_H}\cos\beta-\sin\beta\right)^2\frac{F_Hl_0}{4P\cos\beta}$$

$$y'=y-\frac{F_Hl_0}{2P}\left(\frac{P}{F_H}\cos\beta-\sin\beta\right)$$

$$2p=-\frac{F_H}{P}l_0\cos\beta$$

则有

$$y'^2=2px'$$

它是一抛物线，其轴铅垂并通过点 O_1 和 O_2。

例 2.1.2　均质杆 AB 重为 P，一端 A 用绳子拴在固定点 O，另一端 B 静止在非光滑水平面上。如用 θ,φ,ψ 分别表示绳子、杆及杆端 B 的约束力同铅垂线所成角度(图 2.2)，试证明：$\cot\theta-2\cot\varphi-\cot\psi=0$。

证明：既可按三力平衡条件，也可按一般力系的平衡条件。

方法一　取杆 AB 为研究对象，受力图如图 2.2b 所示。这是一个平面力系问题。列平衡方程，有

$$\sum F_x=0,\quad F_B\sin\psi-F_T\sin\theta=0 \tag{a}$$

$$\sum F_y=0,\quad F_B\cos\psi+F_T\cos\theta-P=0 \tag{b}$$

$$\sum M_B=0,\quad Pl\sin\varphi+F_T\sin\theta\times2l\cos\varphi-F_T\cos\theta\times2l\sin\varphi=0 \tag{c}$$

由式(c)解出 F_T，有

$$F_{\mathrm{T}}=\frac{P\sin\varphi}{2\sin(\varphi-\theta)}$$

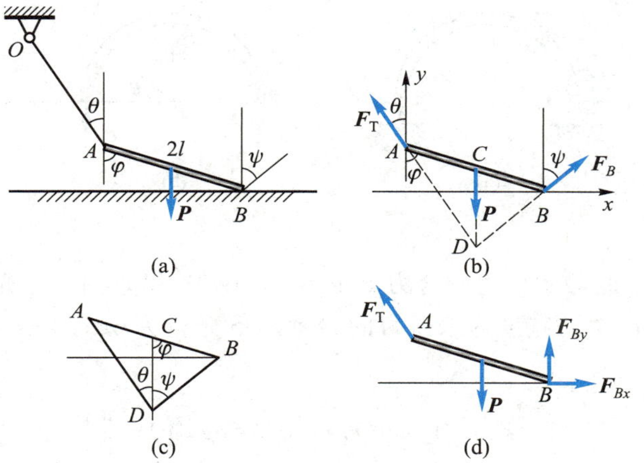

图 2.2

将其代入式(a),(b)并消去 F_B,P,解得

$$\frac{\sin\varphi\sin\theta}{2\sin(\varphi-\theta)\sin\psi}=\frac{1}{\cos\psi}\left(1-\frac{\sin\varphi\cos\theta}{2\sin(\varphi-\theta)}\right)$$

整理得

$$\cot\psi=\cot\theta-2\cot\varphi \tag{d}$$

方法二　根据三力平衡条件,画出三角形 ABD 和三角形 BCD,其中点 D 为三力 $\boldsymbol{F}_B$,$\boldsymbol{P}$ 和 $\boldsymbol{F}_{\mathrm{T}}$ 的交点,力 $\boldsymbol{F}_B$ 沿 DB 方向,力 $\boldsymbol{F}_{\mathrm{T}}$ 沿 DA 方向,而力 $\boldsymbol{P}$ 沿 CD 方向,如图 2.2b 所示。解三角形 BCD,如图 2.2c 所示,得

$$\frac{BD}{l}=\frac{\sin\varphi}{\sin\psi}$$

解三角形 ABD,得

$$\frac{BD}{2l}=\frac{\sin(\varphi-\theta)}{\sin(\psi+\theta)}$$

由以上二式消去 BD,得

$$2\sin\psi\sin(\varphi-\theta)=\sin\varphi\sin(\psi+\theta)$$

两端同时除以 $\sin\psi\sin\theta\sin\varphi$,便得式(d)。

方法三　将点 B 处约束力用 $\boldsymbol{F}_{Bx}$,$\boldsymbol{F}_{By}$ 表示,如图 2.2d 所示。平衡方程(a)中的 $F_B\sin\psi$ 用 F_{Bx} 替代,平衡方程(b)中的 $F_B\cos\psi$ 用 F_{By} 替代,并注意到

$$\frac{F_{By}}{F_{Bx}}=\cot\psi$$

亦可证明结论。

例 2.1.3　半圆拱 ACB 的半径为 a,左端 A 为光滑固定铰链,右端 B 为链杆(图 2.3)。拱受到静水压力的作用,设水的密度为 ρ。试求垂直于纸面单位宽度的拱所受

到的支座约束力。

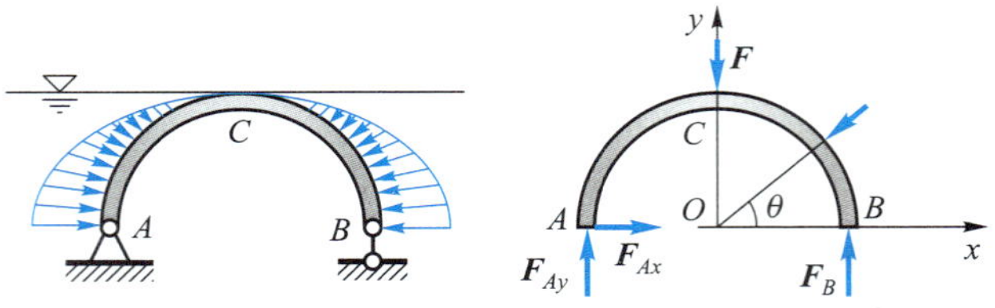

(a) (b)

图 2.3

解：由对称性知，静水压力的合力 $\boldsymbol{F}$ 必在轴 Oy 上，铅垂向下。先求 $\boldsymbol{F}$。研究拱的 BC 段，取微元 $a\mathrm{d}\theta$，单位宽度静水压力的铅垂向下分量为 $\rho ga(1-\sin\theta)\times\sin\theta a\mathrm{d}\theta$，故 BC 段为

$$\int_0^{\pi/2}\rho ga^2(1-\sin\theta)\sin\theta\mathrm{d}\theta=\rho ga^2\left(1-\frac{\pi}{4}\right)$$

AC 段与 BC 段的相同，于是有

$$F=2\rho ga^2\left(1-\frac{\pi}{4}\right)$$

其次，分析受力。A 端为光滑固定铰链约束，其约束力为 $\boldsymbol{F}_{Ax}$，$\boldsymbol{F}_{Ay}$。B 端为链杆约束，其约束力为 $\boldsymbol{F}_B$，如图 2.3b 所示。最后，列写拱 ACB 的平衡方程

$$\sum F_x=0,\quad \sum F_{Ax}=0$$
$$\sum M_A=0,\quad F_B\times 2a-F\times a=0$$
$$\sum M_B=0,\quad F\times a-F_{Ay}\times 2a=0$$

由此解得支座约束力

$$F_{Ax}=0,\quad F_{Ay}=F_B=\rho ga^2\left(1-\frac{\pi}{4}\right)$$

例 2.1.4 如图 2.4 所示，载荷 q_1，q_2，$\boldsymbol{F}$，M 及尺寸 a 和角度 β 均已知。试求直杆 AD 在固定端 A 处所受到的约束力，杆重不计。

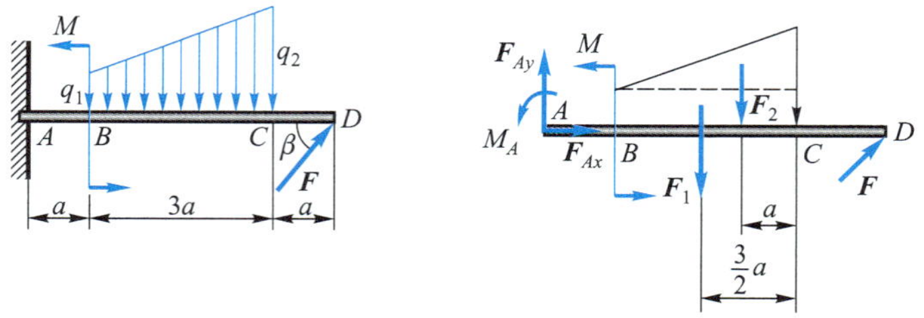

(a) (b)

图 2.4

解：首先，求线性分布载荷的合力。将分布载荷分成一个三角形和一个矩形。三角形的面积为 $\frac{1}{2}(q_2-q_1)\times 3a$，即为合力 $\boldsymbol{F}_2$ 的大小，合力作用线在离底 $\frac{1}{3}$ 处，即离 q_2 为

a 处。矩形的面积为 $q_1\times3a$，即合力 $\boldsymbol{F}_1$ 的大小，合力作用线在 BC 的中点，即离 q_2 为 $\frac{3}{2}a$ 处。这样，用 $\boldsymbol{F}_1,\boldsymbol{F}_2$ 替代分布载荷。其次，分析杆 AD 的受力情况。杆 AD 受到的主动力有 $\boldsymbol{F}_1,\boldsymbol{F}_2,\boldsymbol{F}$ 和力偶矩 M。杆 AD 在 A 端受固定端约束，其约束力用 $\boldsymbol{F}_{Ax},\boldsymbol{F}_{Ay}$ 和 M_A 表示，如图 2.4b 所示。最后，列写该平面一般力系的平衡方程，有

$$\sum M_A=0,\quad M+M_A+F\sin\beta\times5a-F_1\times\left(a+\frac{3}{2}a\right)-F_2\times3a=0$$

$$\sum F_x=0,\quad F_{Ax}+F\cos\beta=0$$

$$\sum F_y=0,\quad F_{Ay}+F\sin\beta-F_1-F_2=0$$

将

$$F_1=q_1\times3a$$

$$F_2=\frac{1}{2}(q_2-q_1)\times3a$$

代入平衡方程，可解得

$$F_{Ax}=-F\cos\beta$$

$$F_{Ay}=\frac{3}{2}(q_1+q_2)a-F\sin\beta$$

$$M_A=3q_1a^2+\frac{9}{2}q_2a^2-5Fa\sin\beta-M$$

其中负号表示与所设方向相反。

例 2.1.5 如图 2.5 所示为可沿路轨移动的塔式起重机。已知机身重 $P=500\ \text{kN}$，重心在点 E；最大起重量为 $P_1=250\ \text{kN}$，$e=1.5\ \text{m}$，$b=3\ \text{m}$，$l=10\ \text{m}$。在左边距左轨 A 为 x 处附加一平衡重 P_2，试确定使起重机在满载及空载时均不致翻倒的 P_2 和 x 值。

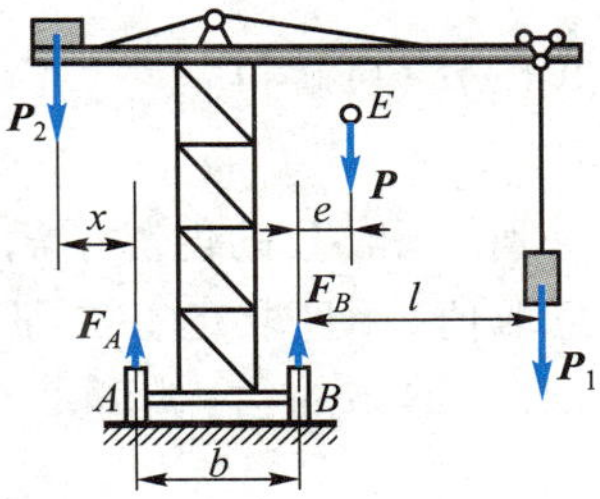

图 2.5

解：首先，考虑满载时的情况。此时，作用于起重机上的力有 $\boldsymbol{P},\boldsymbol{P}_1,\boldsymbol{P}_2$ 及路轨的约束力 $\boldsymbol{F}_A,\boldsymbol{F}_B$。这是一个平面力系的平衡问题。如果起重机在图示位置将要翻倒，则在点 A 处脱离接触，即 $F_A=0$。反之，欲使起重机不翻倒，就必须使 $F_A>0$。因此，只需列写一个力矩方程 $\sum M_B=0$，解出 F_A，并令 $F_A>0$，即可求得满载时不致翻倒的条件。列写平衡方程

$$\sum M_B=0,\quad P_2(x+b)-P_1l-Pe-F_Ab=0$$

由此解得

$$F_A=\frac{P_2(x+b)-(P_1l+Pe)}{b}$$

令

$$F_A > 0$$

得

$$P_2(x+b) > P_1 l + Pe \tag{a}$$

其次，研究空载时的情况。此时，作用于起重机的力有 $\boldsymbol{P}$，$\boldsymbol{P}_2$，$\boldsymbol{F}_A$ 和 $\boldsymbol{F}_B$。为使起重机不致在此情况下翻倒，必须满足 $F_B>0$。为此，列写平衡方程

$$\sum M_A = 0, \quad F_B b + P_2 x - P(b+e) = 0$$

由此解得

$$F_B = \frac{P(b+e) - P_2 x}{b}$$

令 $F_B>0$，得

$$P_2 x < P(b+e) \tag{b}$$

由式(a)，(b)解得

$$\frac{P_1 l + Pe}{x+b} < P_2 < \frac{P(b+e)}{x} \tag{c}$$

或写成

$$\frac{P_1 l + Pe - P_2 b}{P_2} < x < \frac{P(b+e)}{P_2} \tag{d}$$

代入已知数据，得

$$\frac{3\ 250\ \text{kN}\cdot\text{m}}{x+3\ \text{m}} < P_2 < \frac{2\ 250\ \text{kN}\cdot\text{m}}{x} \tag{e}$$

$$\frac{3\ 250\ \text{kN}\cdot\text{m} - 3\ \text{m}\times P_2}{P_2} < x < \frac{2\ 250\ \text{kN}\cdot\text{m}}{P_2} \tag{f}$$

由式(e)，(f)解得

$$x < 6.75\ \text{m}, \quad P_2 > 333.3\ \text{kN} \tag{g}$$

注意到，x 和 P_2 的值除了满足条件(g)外，还必须满足条件(e)或(f)；而不是两者都可任意取值，一旦取定一个量的值之后，另一个量的值就应由式(e)或(f)来决定。例如，取 $x=4.5$ m，它满足式(g)，将其代入式(e)，得

$$433.3\ \text{kN} < P_2 < 500\ \text{kN}$$

如果取 $P_2=450$ kN，它满足式(g)，将其代入式(f)，得

$$4.22\ \text{m} < x < 5\ \text{m}$$

请读者按式(f)画出 x 与 P_2 关系的曲线。

2.1.4　刚体系的平衡问题

由两个或两个以上刚体相互连接所组成的系统简称为物系。下面研究平面物系的平衡问题。

1. 静定与静不定问题

设平面物系由 n 个刚体组成。取整个物系为研究对象,最多可列写 3 个独立的平衡方程。取每个刚体为研究对象,最多可列写 $3n$ 个独立的平衡方程。大多数物系平衡问题是求解约束力,包括外约束力和内约束力。外约束力是整个物系所受约束力,而内约束力是物系中各刚体之间的约束力。如果未知约束力的数目等于独立的平衡方程数目,则用刚体静力学的方法可找到唯一解。这种问题称为**静定问题**。如果未知约束力的数目大于独立的平衡方程数目,此时未知力不能或不全能由平衡方程确定。这种问题称为**静不定问题**。在解静力学问题时,首先要判断问题是否静定,因为刚体静力学只能解静定问题。

2. 物系平衡问题

如果构成物系的每一个刚体都平衡,则物系平衡。反之,则不一定,即力系平衡不等于物系平衡。例如,图 2.6 所示的二杆系统,杆 AC 与杆 BC 在 C 点为圆柱铰链连接。在点 A 和点 B 作用有大小相等、方向相反且共线的力 $\boldsymbol{F}_A$ 和 $\boldsymbol{F}_B$,这个由力 $\boldsymbol{F}_A$ 与 $\boldsymbol{F}_B$ 组成的力系是平衡的。显然,此时由杆 AC 和杆 BC 组成的二杆系统并不平衡。

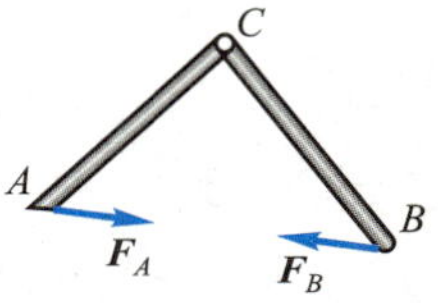

图 2.6

3. 物系平衡的解题思路与技巧

对物系平衡问题,如果需要求出所有未知约束力,那么只要将物系内各个刚体的平衡方程全部列出即可;或者用整体的平衡方程代替单个刚体的方程,这时需要注意方程的独立性。在实际问题中,并不总是需要求出物系中所有未知力,因此就不需要列出全部平衡方程。这时,如何列写对问题求解有用的最少平衡方程就成为物系平衡问题快速求解的关键所在。

求解物系平衡问题的一般思路是:首先,要选取研究对象,分离体应包含待求未知力。可取单个刚体,亦可取刚体系为研究对象。其次,进行受力分析。因为主动力一般是给定的,受力分析主要是根据约束特性正确地画出约束力。最后,列写平衡方程。平衡方程中应包含尽可能少的未知力。适当选取平衡方程的投影式或矩式便可做到。例如,投影轴选在与较多未知力垂直的方向,矩心选在较多未知力的交点上。总之,求解物系平衡问题的技巧在于:"巧取分离体,避开不求力,数值最后代,运算要仔细"。

例 2.1.6 如图 2.7a 所示结构,杆 BC 处于铅垂位置。已知力偶矩 M,铅垂力 $\boldsymbol{F}$,$AD=BD=CD=AC=a$,$DE=CE$,不计各杆自重及各处摩擦。试求杆 CD 两端所受销的约束力。

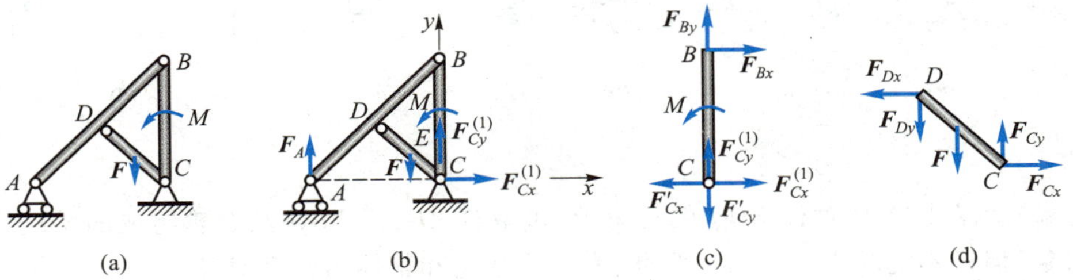

图 2.7

解：为求得杆 CD 两端所受销的约束力，需取出杆 CD 为研究对象。杆 CD 两端受到销的约束力，其方向还不能确定。因此，还需取杆 BC 为研究对象，以求出杆端 C 的相应力。为此，尚需取整体为研究对象。

首先，取整体为研究对象，受力图如图 2.7b 所示，由平衡方程求出相关的力 $F_{Cx}^{(1)}$

$$\sum F_x=0,\quad F_{Cx}^{(1)}=0$$

其次，取杆 BC 带销 C 为研究对象，其受力图如图 2.7c 所示，希望由此求出 F'_{Cx}

$$\sum M_B=0,\quad M-(F'_{Cx}-F_{Cx}^{(1)})(2a\sin 60°)=0$$

注意到 $F_{Cx}^{(1)}=0$，得

$$F'_{Cx}=\frac{\sqrt{3}M}{3a}$$

最后，取杆 CD 为研究对象，其受力图如图 2.7d 所示，列写 3 个平衡方程并求解，有

$$\sum F_x=0,\quad F_{Cx}-F_{Dx}=0,\quad F_{Dx}=F_{Cx}=F'_{Cx}=\frac{\sqrt{3}M}{3a}$$

$$\sum M_D=0,\quad F_{Cx}(a\sin 60°)+F_{Cy}(a\sin 30°)-F\left(\frac{a}{2}\sin 30°\right)=0$$

$$F_{Cy}=\frac{Fa-2M}{2a}$$

$$\sum F_y=0,\quad F_{Cy}-F_{Dy}-F=0,\quad F_{Dy}=-\frac{Fa+2M}{2a}$$

其中负号表示 $\boldsymbol{F}_{Dy}$ 的实际方向与图示相反。

例 2.1.7 如图 2.8a 所示结构，杆 AB、CDE 处于铅垂位置，杆 BDO 处于水平位置，杆 BDO 与杆 CDE 用销 D 相连。重为 P 的重物通过无重柔绳跨过半径为 r 的滑轮 O 连接在杆 CDE 上。已知 $GH/\!/BO$，$AB=BD=CD=DO=a$，不计各杆和滑轮自重及接触处摩擦。试求销 D 对杆 BDO 的约束力。

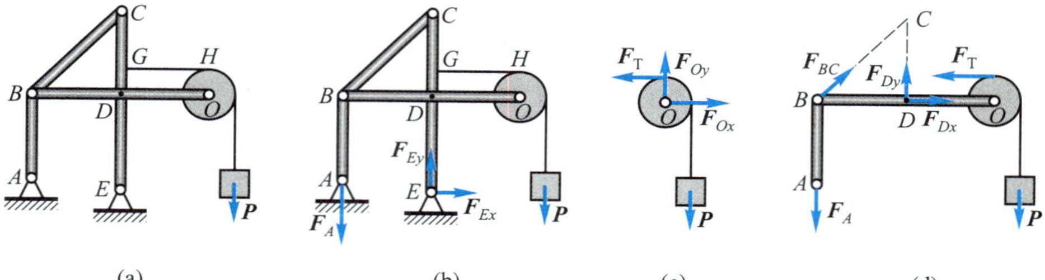

图 2.8

解：为求得销 D 对杆 BDO 的约束力，可取杆 AB、杆 BDO 及滑轮组成的系统为研究对象，但还不能求出待求力。为此，尚需取滑轮和整体为研究对象。

首先，取整体为研究对象，受力图如图 2.8b 所示。因杆 AB 为二力杆，点 A 受到

的力 $\boldsymbol{F}_A$ 必沿杆 AB 方向，假设该力铅垂向下。点 E 受到的约束力 $\boldsymbol{F}_{Ex}$，$\boldsymbol{F}_{Ey}$ 不必求出，而 $\boldsymbol{F}_A$ 需求出。为此，取矩心 E，列平衡方程并求解，有

$$\sum M_E=0,\quad F_A a-P(a+r)=0,\quad F_A=\frac{a+r}{a}P$$

其次，取滑轮及重物为研究对象，其受力图如图 2.8c 所示。点 O 的约束力 $\boldsymbol{F}_{Ox}$，$\boldsymbol{F}_{Oy}$ 不必求出，柔绳张力 $\boldsymbol{F}_{\mathrm{T}}$ 需求出。为此，取矩心 O，列方程并求解，有

$$\sum M_O=0,\quad F_{\mathrm{T}}r-Pr=0,\quad F_{\mathrm{T}}=P$$

最后，取杆 AB、杆 BDO、滑轮及重物组成的系统为研究对象，其受力图如图 2.8d 所示，其中杆 BC 为二力杆，它对系统的作用力 $\boldsymbol{F}_{BC}$ 沿 BC 方向。此时，力 $\boldsymbol{F}_A$ 和 $\boldsymbol{F}_{\mathrm{T}}$ 已求得，而力 $\boldsymbol{F}_{BC}$ 不必求出。为避开不需要求的力 $\boldsymbol{F}_{BC}$，可取矩心 C，列平衡方程并求解，有

$$\sum M_C=0,\quad F_A a+F_{Dx}a-F_{\mathrm{T}}(a-r)-P(a+r)=0$$

$$F_{Dx}=\frac{a-r}{a}P$$

再取点 B 为矩心，列平衡方程并求解，有

$$\sum M_B=0,\quad F_{Dy}a+F_{\mathrm{T}}r-P(2a+r)=0,\quad F_{Dy}=2P$$

例 2.1.8 如图 2.9a 所示构架，由自重不计的杆 AC，AE，EC，EG，CG，GD 和 BD 相互铰接而成。已知 $AC=CG=GD=BD=a$，$AE=EG$。主动力 $\boldsymbol{F}$、主动力偶矩 M_1 和 M_2 为已知。如各接触处摩擦不计，试求大地对此构架的约束力。

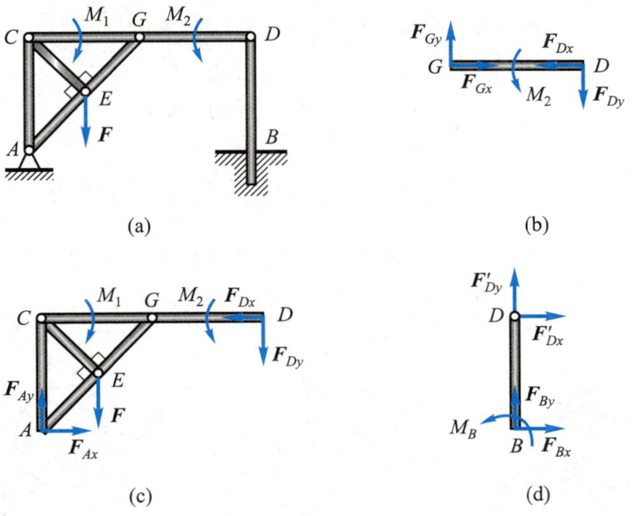

图 2.9

解：在点 A 处受大地约束力，因力的作用线未知，可用两个分量表示；B 处为固定端约束，其约束力有两个分量，此外还有约束力偶作用。因此，取整体为研究对象尚不能求出这 5 个未知力的任何一个。取杆 BD 为研究对象，如能求得 D 处的约束力，便可求得 B 处的约束力。为此，尚需取杆 GD 及除杆 DB 以外所有杆组成的系统为研

究对象。

首先，取杆 GD 为研究对象，其受力图如图 2.9b 所示。为避开不求力 F_{Gx}，F_{Gy}，可取 G 为矩心，列方程并求解，有

$$\sum M_G=0,\quad M_2-F_{Dy}a=0,\quad F_{Dy}=\frac{M_2}{a}$$

其次，取除杆 DB 以外所有杆组成的系统为研究对象，其受力图如图 2.9c 所示。这里的约束力 F_{Ax}，F_{Ay}，F_{Dx} 都需要求出来，列 3 个方程并求解，有

$$\sum M_A=0,\quad M_2-M_1-\frac{1}{2}Fa+F_{Dx}a-F_{Dy}(2a)=0$$

$$F_{Dx}=\frac{1}{2}F+\frac{M_1+M_2}{a}$$

$$\sum F_x=0,\quad F_{Ax}-F_{Dx}=0,\quad F_{Ax}=F_{Dx}=\frac{1}{2}F+\frac{M_1+M_2}{a}$$

$$\sum F_y=0,\quad F_{Ay}-F_{Dy}-F=0,\quad F_{Ay}=F+\frac{M_2}{a}$$

最后，取杆 BD 带销 D 为研究对象，其受力图如图 2.9d 所示。列写 3 个方程并求解，有

$$\sum F_x=0,\quad F_{Bx}+F'_{Dx}=0,\quad F_{Bx}=-F'_{Dx}=-F_{Dx}=-\left(\frac{1}{2}F+\frac{M_1+M_2}{a}\right)$$

$$\sum F_y=0,\quad F_{By}+F'_{Dy}=0,\quad F_{By}=-F'_{Dy}=-F_{Dy}=-\frac{M_2}{a}$$

$$\sum M_B=0,\quad M_B-F'_{Dx}a=0,\quad M_B=F'_{Dx}a=F_{Dx}a=\frac{1}{2}Fa+M_1+M_2$$

例 2.1.9　两个相同的均质光滑圆柱放在倾角为 θ 的斜面和铅垂面之间。试求平衡时两圆柱的轴线所在平面与铅垂面的夹角 β（图 2.10a）。

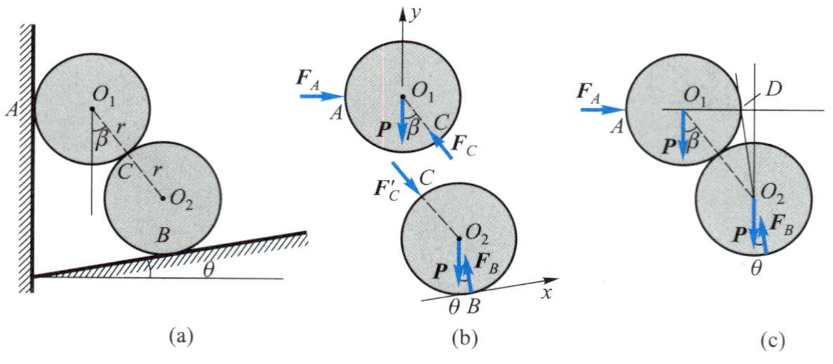

图 2.10

解：为求得平衡时的角 β，可取每个圆柱为研究对象，亦可取两圆柱组成的系统为

研究对象。

首先,取每个圆柱为研究对象。对上、下两个圆柱,其受力图如图 2.10b 所示。上圆柱受力有重力 $\boldsymbol{P}$,墙的约束力 $\boldsymbol{F}_A$ 及下圆柱的约束力 $\boldsymbol{F}_C$;下圆柱受力有重力 $\boldsymbol{P}$,斜面约束力 $\boldsymbol{F}_B$ 及上圆柱的约束力 $\boldsymbol{F}'_C$。对此问题力 $\boldsymbol{F}_A$ 和 $\boldsymbol{F}_B$ 不必求出。对上圆柱,平衡方程取轴 y 投影式,并求 F_C,有

$$\sum F_y=0,\quad F_C\cos\beta-P=0,\quad F_C=\frac{P}{\cos\beta} \tag{a}$$

对下圆柱,平衡方程取轴 x 投影式,并求 F'_C,有

$$\sum F_x=0,\quad F'_C\sin(\beta-\theta)-P\sin\theta=0,\quad F'_C=\frac{P\sin\theta}{\sin(\beta-\theta)} \tag{b}$$

由 $F'_C=F_C$,得

$$\frac{P}{\cos\beta}=\frac{P\sin\theta}{\sin(\beta-\theta)} \tag{c}$$

由此解得

$$\tan\beta=2\tan\theta$$

$$\beta=\arctan(2\tan\theta) \tag{d}$$

其次,取两圆柱组成的系统为研究对象,其受力图如图 2.10c 所示。两圆柱除各自受重力作用外,还有墙对上圆柱的约束力 $\boldsymbol{F}_A$ 和斜面对下圆柱的约束力 $\boldsymbol{F}_B$。对此问题,这两个力不必求出。平衡方程取矩式,矩心选在 $\boldsymbol{F}_A$ 和 $\boldsymbol{F}_B$ 的交点为宜。解三角形 O_1DO_2,有

$$\frac{O_1D}{\sin(\beta-\theta)}=\frac{2r}{\cos\theta}$$

于是得

$$O_1D=\frac{2r\sin(\beta-\theta)}{\cos\theta} \tag{e}$$

两重力对点 D 取矩,列方程并求解,得

$$\sum M_D=0,\quad P\times O_1D-P(2r\sin\beta-O_1D)=0$$

$$O_1D=r\sin\beta \tag{f}$$

联合式(e),(f),得

$$\frac{2\sin(\beta-\theta)}{\cos\theta}=\sin\beta$$

由此亦可解得式(d)。

2.2 空间力系的平衡

2.2.1 空间一般力系的平衡方程

由第 1 章 1.5 节中一般力系简化理论及其最简形式可知,只有当力系的主矢 $\boldsymbol{F}_R$

和对任意一确定点 O 的主矩 $\boldsymbol{M}_O$ 皆为零时，力系才为平衡力系；当 $\boldsymbol{F}_R$ 和 $\boldsymbol{M}_O$ 中至少一个不为零时，力系必为非平衡力系。因此，**作用于同一刚体上的空间力系平衡的充分必要条件是，力系的主矢 $\boldsymbol{F}_R$ 和对任意一确定点 O 的主矩 $\boldsymbol{M}_O$ 皆为零**，表示为

$$\sum_{i=1}^{n}\boldsymbol{F}_i=\boldsymbol{0},\quad \sum_{i=1}^{n}\boldsymbol{M}_O(\boldsymbol{F}_i)=\boldsymbol{0} \tag{2.2.1}$$

以简化中心 O 为原点建立一直角坐标系 $Oxyz$，将式(2.2.1)投影到轴 Ox，Oy 和 Oz 上，得到

$$\left.\begin{array}{lll}\sum_{i=1}^{n}F_{ix}=0, & \sum_{i=1}^{n}F_{iy}=0, & \sum_{i=1}^{n}F_{iz}=0\\ \sum_{i=1}^{n}M_{ix}=0, & \sum_{i=1}^{n}M_{iy}=0, & \sum_{i=1}^{n}M_{iz}=0\end{array}\right\} \tag{2.2.2}$$

这就是空间一般力系的平衡方程，它们是 6 个彼此独立的代数方程。这表明，空间力系的各力在直角坐标系的各轴上投影的代数和及对各轴的矩的代数和皆为零。

方程(2.2.2)是**空间一般力系平衡方程的基本形式，称为三影三矩式。这 6 个方程是彼此独立的**。空间一般力系的平衡方程还有其他形式，如**二影四矩式**、**一影五矩式**、**六矩式**等。这些形式的平衡方程，在一定条件下才是彼此独立的。如果适当地选取投影轴或矩轴，使得每列写一个方程就能解出一个未知力，那么这样列出的方程一定是彼此独立的。

2.2.2 空间特殊力系的平衡方程

1. 空间汇交力系

设空间力系汇交于点 O，则各力对点 O 的矩恒为零。由方程(2.2.2)知，独立的平衡方程为

$$\sum_{i=1}^{n}F_{ix}=0,\quad \sum_{i=1}^{n}F_{iy}=0,\quad \sum_{i=1}^{n}F_{iz}=0 \tag{2.2.3}$$

此外，亦可选一个或两个矩式代替上面一个投影式或两个投影式，但要注意方程的独立性，亦可选非正交轴作为投影轴，但轴不能共面。

2. 空间力偶系

因力偶系的主矢为零，由方程(2.2.2)知，其独立的平衡方程为

$$\sum_{i=1}^{n}M_{ix}=0,\quad \sum_{i=1}^{n}M_{iy}=0,\quad \sum_{i=1}^{n}M_{iz}=0 \tag{2.2.4}$$

此外，亦可选非正交轴作为矩轴，但不能共面。

3. 空间平行力系

设空间力系的各力作用线皆平行于轴 Oz，则各力在轴 Ox，Oy 上的投影及对轴 Oz 的矩皆为零。此时，方程(2.2.2)成为

$$\sum_{i=1}^{n}F_{iz}=0,\quad \sum_{i=1}^{n}M_{ix}=0,\quad \sum_{i=1}^{n}M_{iy}=0 \tag{2.2.5}$$

轴矩式的两轴可以不正交，亦可用一个矩式替代投影式。

例 2.2.1 如图 2.11a 所示，重为 P 的物体为撑杆 AB 和拉链 AC 和 AD 所支撑。

已知 $AB=a,AC=b,AD=c$,矩形 $CADE$ 的平面是水平的,点 B 为球铰链。试求杆 AB 与拉链 AC 和 AD 的内力。

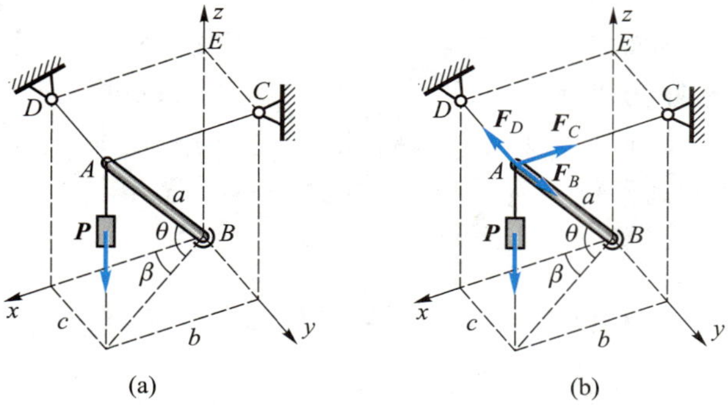

图 2.11

解:在点 A 处,受到主动力 $\boldsymbol{P}$,拉链 AC 和 AD 的约束力 $\boldsymbol{F}_C$ 和 $\boldsymbol{F}_D$,以及杆 AB 的约束力。拉链当作柔索,只承受拉力,因此 $\boldsymbol{F}_C$ 和 $\boldsymbol{F}_D$ 的方向沿 AC 和 AD;杆 AB 为二力杆,它对点 A 的约束力 $\boldsymbol{F}_B$,假设沿 AB 方向,受力图如图 2.11b 所示。这 4 个力汇交于点 A,是一个空间汇交力系。由平衡方程(2.2.3)给出

$$\sum_{i=1}^{n} F_x=0,\quad -F_C-F_B\cos\theta\cos\beta=0 \tag{a}$$

$$\sum_{i=1}^{n} F_y=0,\quad -F_D-F_B\cos\theta\sin\beta=0 \tag{b}$$

$$\sum_{i=1}^{n} F_z=0,\quad -P-F_B\sin\theta=0 \tag{c}$$

其中

$$\cos\theta=\frac{\sqrt{b^2+c^2}}{a},\quad \sin\theta=\frac{\sqrt{a^2-b^2-c^2}}{a}$$

$$\cos\beta=\frac{b}{\sqrt{b^2+c^2}},\quad \sin\beta=\frac{c}{\sqrt{b^2+c^2}}$$

由式(c)求得

$$F_B=-\frac{Pa}{\sqrt{a^2-b^2-c^2}}$$

将其代入式(a),(b)求得

$$F_C=\frac{Pb}{\sqrt{a^2-b^2-c^2}},\quad F_D=\frac{Pc}{\sqrt{a^2-b^2-c^2}}$$

如果取对轴 Bz 的矩式,有

$$\sum M_{Bz}=0,\quad F_Cc-F_Db=0 \tag{d}$$

可用式(d)替代式(a)或式(b),并可用来验证计算结果。

例 2.2.2 重为 P 的三条腿圆桌(图 2.12),从上往下看,三腿与地面接触点恰好

与桌面边缘的点 A,B 和 C 重合。今在桌面边缘介于 B,C 之间的 D 处放一重为 P_1 的物体。试计算各条腿压地面之力。问当 P_1 为多大时,圆桌将翻倒?

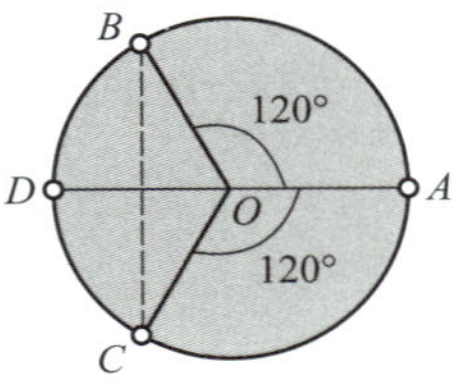

图 2.12

解:假设桌腿与地面之间的摩擦不计。取圆桌为研究对象,它受到点 O 处的重力 $\boldsymbol{P}$,铅垂向下;点 D 处的重力 $\boldsymbol{P}_1$,铅垂向下,以及地面对三条腿的约束力 $\boldsymbol{F}_A$,$\boldsymbol{F}_B$ 和 $\boldsymbol{F}_C$,方向皆铅垂向上。这些力构成空间平行力系。列写三矩式平衡方程并求解,有

$$\sum M_{BC}=0,\quad F_A\left(R+\frac{1}{2}R\right)+P_1\times\frac{1}{2}R-P\times\frac{1}{2}R=0,\quad F_A=\frac{1}{3}(P-P_1)$$

$$\sum M_{CA}=0,\quad F_B\left(R+\frac{1}{2}R\right)-P\times\frac{1}{2}R-P_1\times R=0,\quad F_B=\frac{1}{3}(P+2P_1)$$

$$\sum M_{AB}=0,\quad F_C\left(R+\frac{1}{2}R\right)-P\times\frac{1}{2}R-P_1\times R=0,\quad F_C=\frac{1}{3}(P+2P_1)$$

亦可用一个投影式代替上述三矩式之一。

例 2.2.3 一空间结构如图 2.13a 所示。设杆的自重不计,$\boldsymbol{P}$ 为已知。试求铰链 A 处的约束力分量 F_{Ax},F_{Ay},F_{Az} 和绳子的张力大小 F_{T1} 和 F_{T2}。

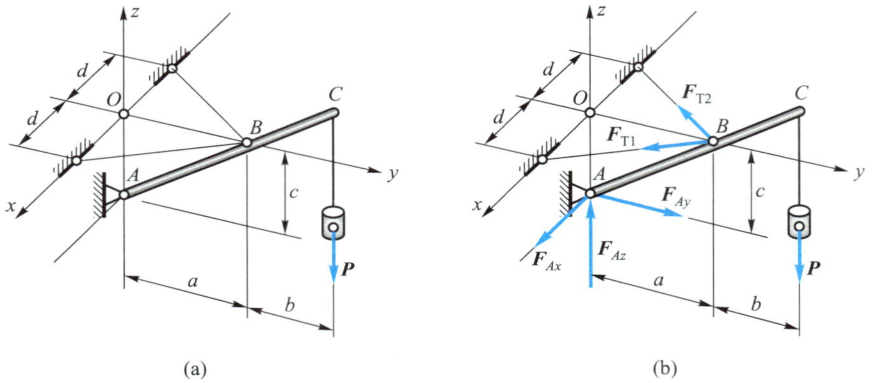

图 2.13

解:取杆 AC 为研究对象,受力图如图 2.13b 所示。这是一个空间一般力系的平衡问题。列平衡方程并求解,有

$$\sum M_y=0,\quad -F_{Ax}c=0,\quad F_{Ax}=0$$

$$\sum M_x=0,\quad F_{Ay}c-P(a+b)=0,\quad F_{Ay}=\frac{P(a+b)}{c}$$

$$\sum M_z=0,\quad -F_{T1}\frac{ad}{\sqrt{a^2+d^2}}+F_{T2}\frac{ad}{\sqrt{a^2+d^2}}=0$$

$$F_{T1}=F_{T2}$$

$$\sum F_y=0,\quad F_{Ay}-F_{T1}\frac{a}{\sqrt{a^2+d^2}}-F_{T2}\frac{a}{\sqrt{a^2+d^2}}=0$$

$$F_{T1}=F_{T2}=\frac{(a+b)\sqrt{a^2+d^2}}{2ac}P$$

$$\sum F_z=0,\quad F_{Az}-P=0,\quad F_{Az}=P$$

例 2.2.4 用 6 根杆支撑一水平板，如图 2.14a 所示。在板角处受铅垂力 $\boldsymbol{F}$ 作用，试求各杆对平板的作用力，设板和杆的自重及摩擦不计。

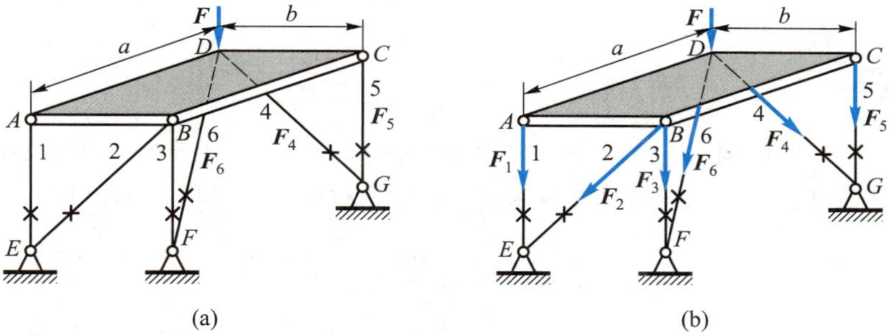

图 2.14

解：6 根杆皆为二力杆，受力图如图 2.14b 所示。适当选矩轴，有利于快速求解。

因 $\sum M_{BF}=0$ 中，仅有力 $\boldsymbol{F}_4$ 的矩，故有 $F_4=0$。

因 $\sum M_{AE}=0$ 中，仅有力 $\boldsymbol{F}_4$ 和 $\boldsymbol{F}_6$ 的矩，又 $F_4=0$，故有 $F_6=0$。

因 $\sum M_{CG}=0$ 中，仅有力 $\boldsymbol{F}_6$ 和 $\boldsymbol{F}_2$ 的矩，又 $F_6=0$，故有 $F_2=0$。

因 $\sum M_{AB}=0$，又 $F_4=F_6=0$，得 $-Fa-F_5a=0$，故有 $F_5=-F$。

因 $\sum M_{BC}=0$，又 $F_4=F_6=0$，得 $-Fb-F_1b=0$，故有 $F_1=-F$。

因 $\sum M_{CD}=0$，又 $F_2=0$，得 $-F_1a-F_3a=0$，故有 $F_3=F$。

小结

(1) 平面一般力系的平衡方程

二影一矩式

$$\sum_{i=1}^{n}F_{ix}=0,\quad \sum_{i=1}^{n}F_{iy}=0,\quad \sum_{i=1}^{n}M_A=0$$

一影二矩式

$$\sum_{i=1}^{n}F_{il}=0,\quad \sum_{i=1}^{n}M_A=0,\quad \sum_{i=1}^{n}M_B=0\quad (\boldsymbol{l}^{\circ}\text{不垂直于 }AB)$$

三矩式

$$\sum_{i=1}^{n}M_A=0,\quad \sum_{i=1}^{n}M_B=0,\quad \sum_{i=1}^{n}M_C=0\quad (A,B,C\text{ 不共线})$$

(2) 空间一般力系的平衡方程的基本形式

$$\sum_{i=1}^{n} F_{ix}=0,\quad \sum_{i=1}^{n} F_{iy}=0,\quad \sum_{i=1}^{n} F_{iz}=0$$

$$\sum_{i=1}^{n} M_{ix}=0,\quad \sum_{i=1}^{n} M_{iy}=0,\quad \sum_{i=1}^{n} M_{iz}=0$$

另有四矩式、五矩式、六矩式等。

(3) 物体系平衡问题求解技巧:“巧取分离体,避开不求力,数值最后代,运算要仔细”。

习题

2.1 一重为 P 的小球,用一条长为 l_1 的无弹性绳子和一条刚度系数为 k,自然长度为 l_{20} 的弹性绳子挂在两根钉子上。此两钉子在同一水平线上,钉间距离为 l。试证:平衡时有

$$\left[l_{20}+\frac{P\sin\theta_1}{k\sin(\theta_1+\theta_2)}\right]\sin\theta_2+l_1\sin\theta_1=l$$

$$\left[l_{20}+\frac{P\sin\theta_1}{k\sin(\theta_1+\theta_2)}\right]\cos\theta_2=l_1\cos\theta_1$$

其中 θ_1,θ_2 为两绳子与铅垂线的夹角。

2.2 图示重为 P 的均匀直杆 AB 与水平面之间的夹角 $\theta=60°$,倚于光滑的墙和光滑地面之间,下端用绳系于墙角。试计算绳内张力、墙和地面的约束力。

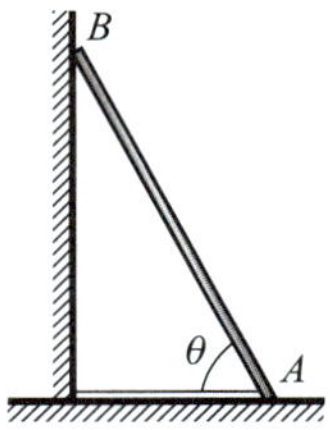

题 2.2 图

2.3 图示长为 $2l$,重为 P 的均匀直杆靠在光滑墙上。试求平衡时的角 θ 及点 A 和点 B 处的约束力。设所有接触面都是光滑的。

2.4 图示两均质杆 AB 和 BC 的截面相等,杆 AB 的长度为 BC 的一半,两杆在一端固接成 60°角,形成一折杆 ABC。折杆的 A 端挂在细绳 AD 上。试求当平衡时,BC 段对水平线的倾角 θ。杆的横截面大小略去不计。

2.5 图示长为 l,密度为 ρ 的均质细长直杆,其一端由长为 d 的细线与河底相连,水深为 $h(h>d)$。试求平衡时杆与水平面的夹角 θ。

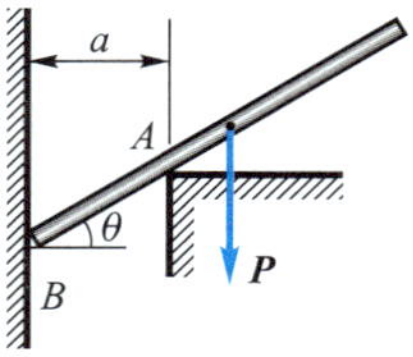

题 2.3 图

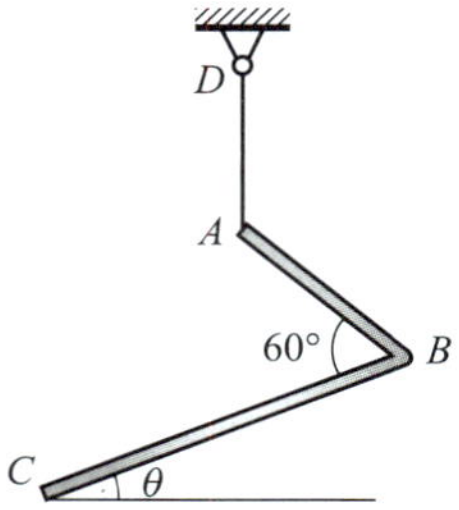

题 2.4 图

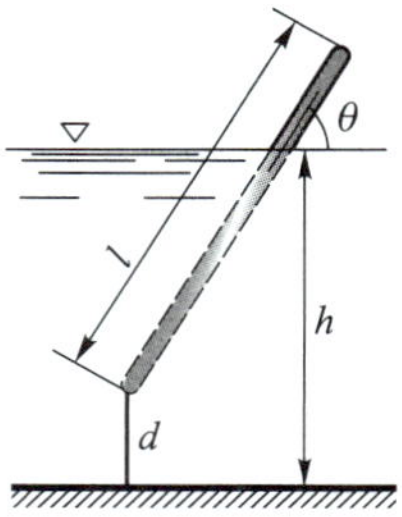

题 2.5 图

2.6 图示载荷 q,M,F 及尺寸 a 和角度 θ 均已知。试求平衡时直杆 CD 在点 A,B 处所受到的约束力。杆重和摩擦不计。

2.7 铰链四连杆机构 $ABCD$ 在图示位置处于平衡状态。已知 $AB=4$ m,$CD=6$ m,$M_1=2$ N·m。若不计各杆自重和摩擦,试求 M_2 的大小。

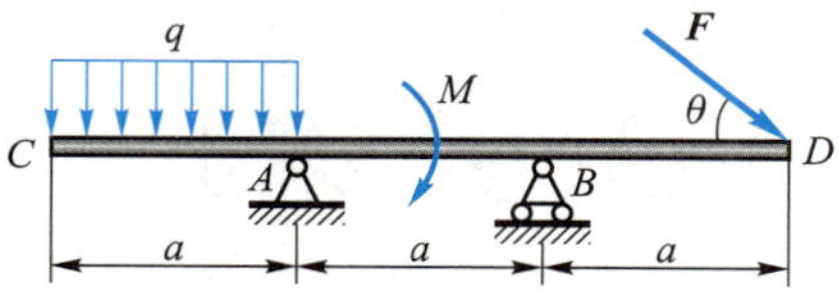

题 2.6 图

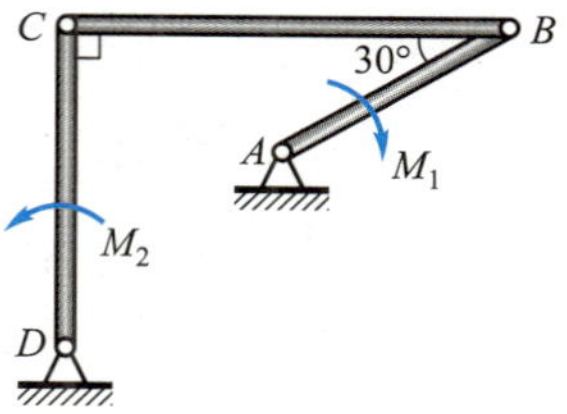

题 2.7 图

2.8 图示半径为 a 的四分之一圆弧杆 AB 与直角弯杆 BCD 铰接。在杆 BCD 上作用一力偶矩为 M 的力偶。不计两杆自重和各接触处摩擦。试求平衡时点 A,D 处的约束力。

2.9 图示两根均质杆 AB 和 AC 皆以 A 端搁在光滑水平地板上,且彼此间以光滑的铅垂端相接触;两杆的 B 端和 C 端分别依靠在两个光滑的铅垂墙上。设两杆间夹角为 90°。试问:两墙间的距离应为多少,才能使这两杆平衡?已知长度 $AB=a$,$AC=b$,又杆 AB 的重量为 P_1,杆 AC 的重量为 P_2。

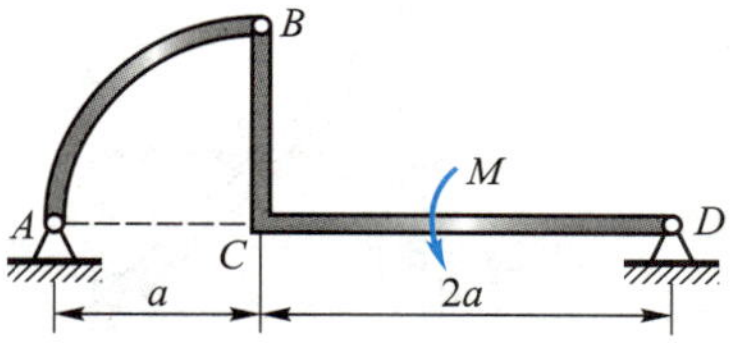

题 2.8 图

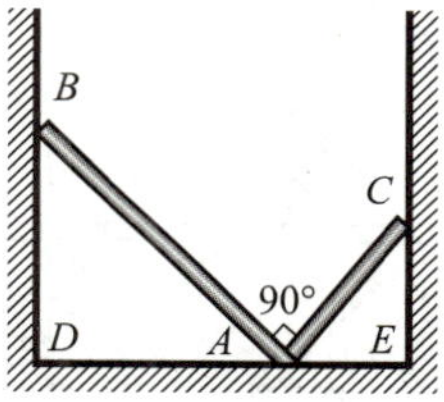

题 2.9 图

2.10 图示构架,杆 AB 和 CE 在其中点以销 D 相连接。已知重物的重量 $P=10\ \text{kN}$,$AB=8\ \text{m}$,$CE=6\ \text{m}$。滑轮半径为 1 m。如不计各杆和滑轮的重量及各接触处摩擦,试求杆 BC 两端所受到的销的作用力,以及支座 A,B 处的约束力。

2.11 图示构架,A,B,C,D 皆为光滑接触,两杆中点以光滑销 O 相连,并在销上作用一已知力 $\boldsymbol{F}$。如不计两杆自重,试求 A,B,C,D 各处的约束力。

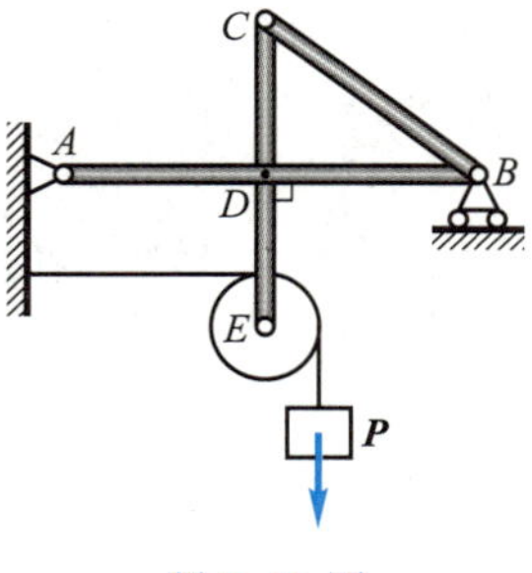

题 2.10 图

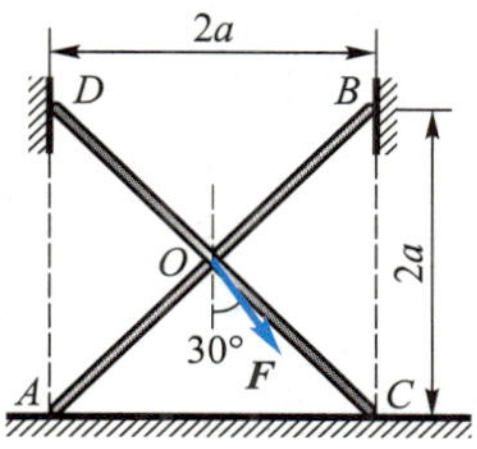

题 2.11 图

2.12 图示铅垂面内构架由曲柄 ABC 与直杆 CD,DE 相互铰接而成。已知 $q=12\ \text{N}\cdot\text{m}^{-1}$,$M=20\ \text{N}\cdot\text{m}$,$CD\perp DE$。如不计自重和摩擦,试求固定端 A 处的约束力。

2.13 图示铅垂面内不计自重和摩擦的构架,已知几何尺寸 l 和主动力 $\boldsymbol{F}$,试求支座 A,C 处的约束力。

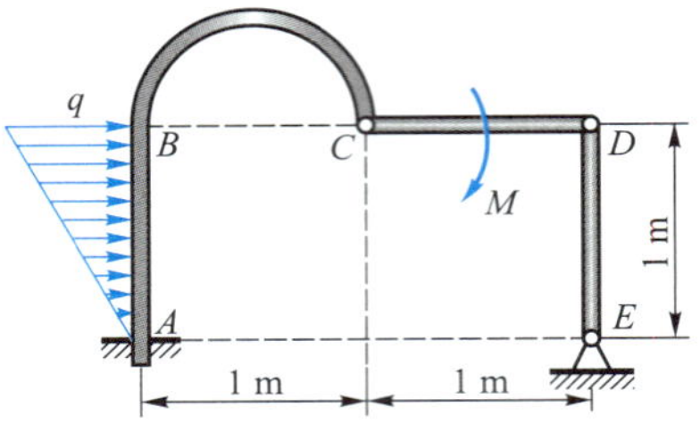

题 2.12 图

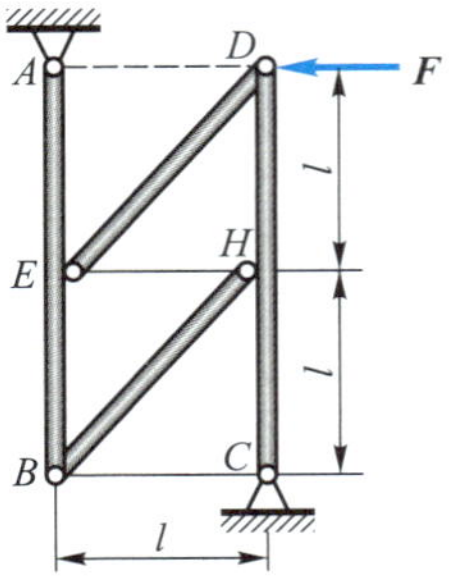

题 2.13 图

2.14 图示不计自重和摩擦的构架由 5 根杆 OA, BH, CG, OC, GH 组成，各杆在 C, D, E, G, H, O 处彼此铰接。已知 F, M 和 a，试求销 C, D, E, G 对杆 CG 的约束力。

2.15 图示铅垂面内不计自重和摩擦的构架由杆 AB, BC 和 DG 组成。杆 DG 上的销 E 放置在杆 BC 的直槽内。今在水平杆 DG 的一端作用一力偶矩为 M 的力偶。试求销 B, D 和固定端 A 对杆 AB 的约束力。

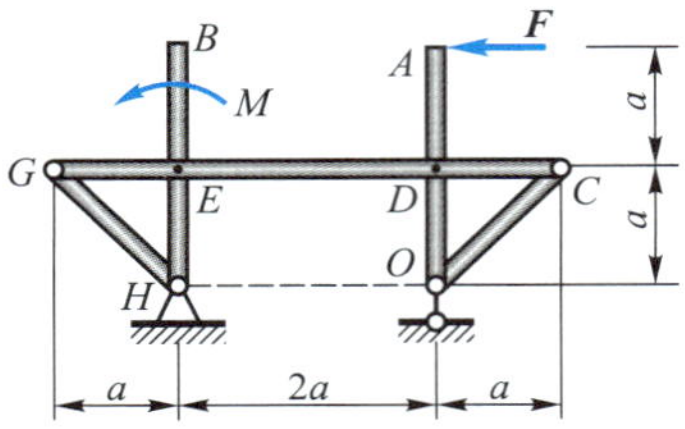

题 2.14 图

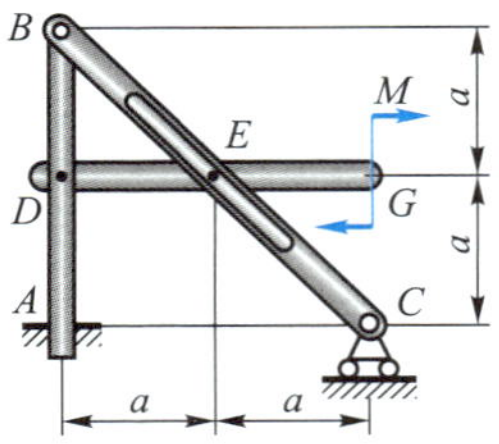

题 2.15 图

2.16 图示铅垂面内构架，各杆自重及摩擦不计。已知 $AB = CD = a, AC = BD = b$，在杆 CD 和 DB 的中点分别作用有铅垂主动力 $\boldsymbol{F}_1$ 和水平主动力 $\boldsymbol{F}_2$，杆 AC 上作用有主动力偶，其力偶矩为 M。试求杆 AD 两端所受到的销的约束力。

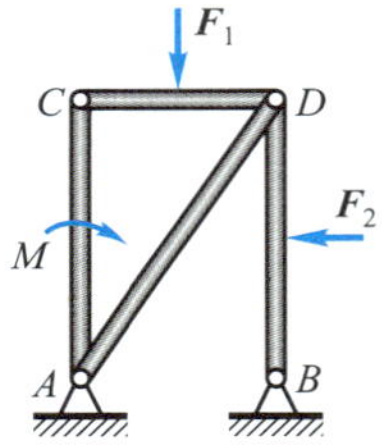

题 2.16 图

2.17 图示均质长方形薄板，重 $P = 200$ N，角 A 通过光滑球铰链与固定墙相连，角 B 处突缘嵌入固定墙的光滑水平滑槽内，使角 B 的运动在 x, z 方向受到约束，而在 y 方向不受约束，并用钢索 EC 将薄板支持在水平位置上。试求 A, B 处的约束力及钢索 EC 的拉力。

2.18 三条长度等于 l_1, l_2, l_3 的线绳系在一重量等于 P 的均匀三角板的三个顶点上，线绳的另一端合系于一固定点，三角板不在铅垂平面内。试证：线绳中的张力等于 kPl_1, kPl_2, kPl_3，其中

$$k = [3(l_1^2 + l_2^2 + l_3^2) - (a^2 + b^2 + c^2)]^{-\frac{1}{2}}$$

式中 a, b, c 为三角板的三边长。

2.19 圆桌立在三条腿 A_1, A_2, A_3 上。在圆桌中心 O 放有重物。试问：为使桌腿 A_1, A_2, A_3 压力大小按比例 $1:2:\sqrt{3}$ 分配，则中心角 $\varphi_1, \varphi_2, \varphi_3$ 应满足什么条件？

2.20 图示长为 $2a$、宽为 a 的均质矩形薄板 $ABCD$，重为 P，由 6 根无重杆支撑在水平位置。已知铅垂杆的长度均为 a。现沿边 DC 和 CB 作用水平力 $\boldsymbol{F}_1$ 和 $\boldsymbol{F}_2$，若不计摩擦，试求各杆对板的约束力。

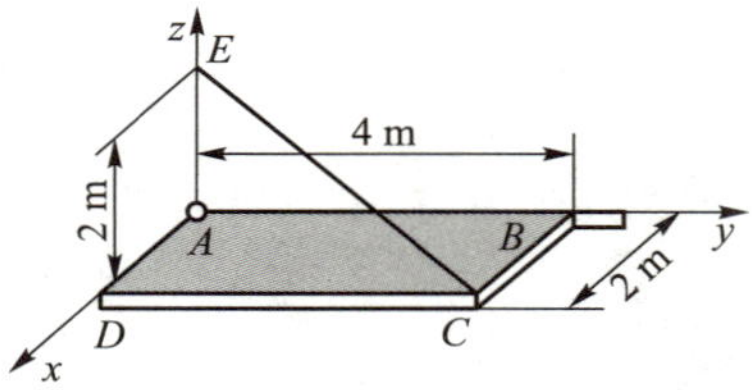

题 2.17 图

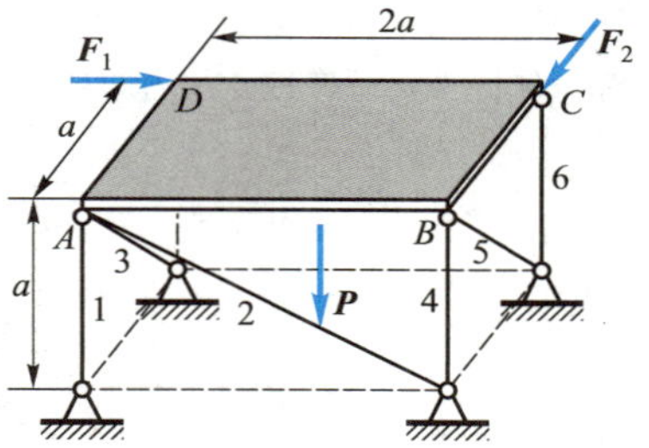

题 2.20 图

2.21 图示边长为 b、重为 P 的等边三角形均质薄板 ABC,用 3 根铅垂杆 1,2,3 和 3 根与水平面成 30°角的斜杆 4,5,6 支撑在水平位置。在板的平面内作用一主动力偶,其力偶矩 M 的方向铅垂向下。若不计各杆自重和摩擦,试求各杆对板的作用力。

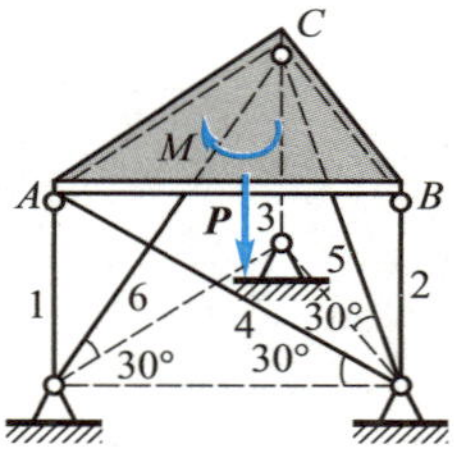

题 2.21 图

***2.22** 图示为某导弹发射车及其起竖机构的平面简化图。导弹固定在托架 OA 上,光滑圆柱铰链 A 处连接有液压缸 AB,光滑圆柱铰链 B 和 O 分别固定在牵引车上且处于同一水平面,导弹在液压缸伸缩下实现起竖。已知导弹及其托架的总质量为 m,质心位于点 C,AC 间距为 b_2,BO 间距为 d,其余尺寸如图所示。液压缸 AB 的质量忽略不计。假设发射车在 θ 为 60°时处于静止平衡状态,试求以下 3 种情况下铰链 B 和 O 处的约束力:(1) 发射车处于水平地面;(2) 发射车处于 1 : 5 上坡;(3) 发射车处于 1 : 5 下坡。

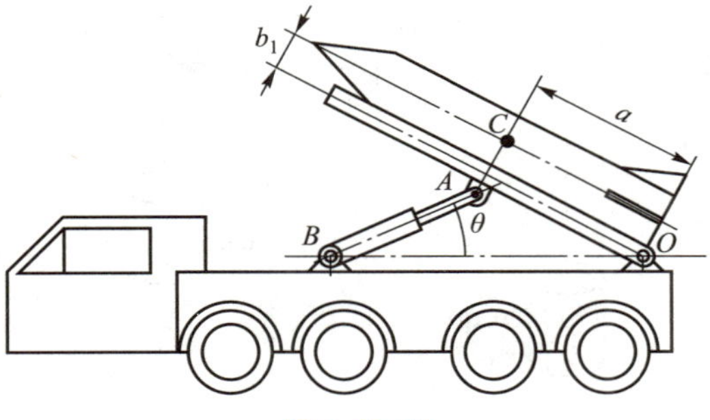

题 2.22 图

***2.23** 图示为小型挖掘机的机构图。构件 BH 的质量为 250 kg(包括液压缸 DG,铲斗控制连杆 FG 和 GH),质心位于 C_1。铲斗及其装载的土石质量为 200 kg,质心位于 C_2。已知臂 AE 的位置固定,液压缸 DG 保持固定的长度,其余尺寸如图所示(单位为 mm)。试写出 θ 角从 0°变化到 90°的过程中,液压缸 AB 驱动力 $\boldsymbol{F}$ 与夹角 θ 间的关系。

***2.24** 图示一种机构,由 T 形中心轴、刚体、柔索及固定光滑孔组成。柔索一端连接在 T 形中心轴上端,另一端穿过光滑孔连接在刚体上部,可通过调节中心轴上的扭矩 M,实现两个刚体高度位置的变化。已知刚体重量分别为 20 kg,重力加速度取 10 m/s^2,其余尺寸如图所示(单位为 mm)。当 $0° \leqslant \theta \leqslant 180°$时,试求 M 与 θ 之间的函数关系,并确定 M 的最大值及其对应的 θ 角的大小。

***2.25** 图示为一种体能训练设备,由斜置滑轨、沿滑轨运动的拉力车、滑轮及柔索组成。柔索一端与拉力车固定,另一端绕过滑轮后,由躺在拉力车上的运动员进行拉伸。已知运动员体重为 75 kg,滑轨斜置角度 θ 为 15°,绳索在滑轮处的夹角 β 为 18°。假设运动员使用双手一起牵拉柔索,

且柔索始终与滑轨处于同一铅垂面内。试求运动员每只手需沿柔索方向施加多大拉力，才能使其在当前位置上保持平衡。摩擦及拉力车质量忽略不计。

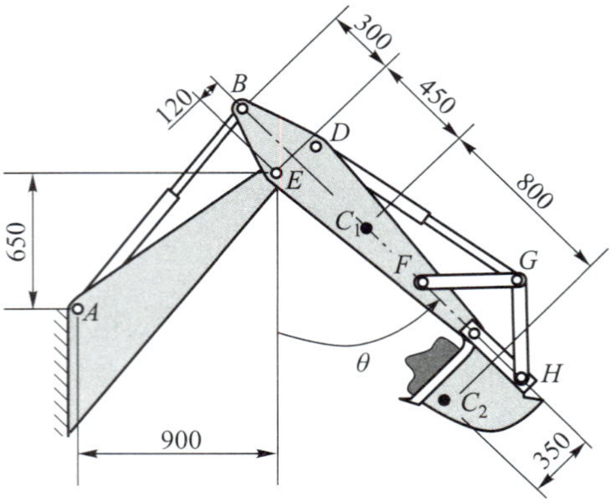

题 2.23 图

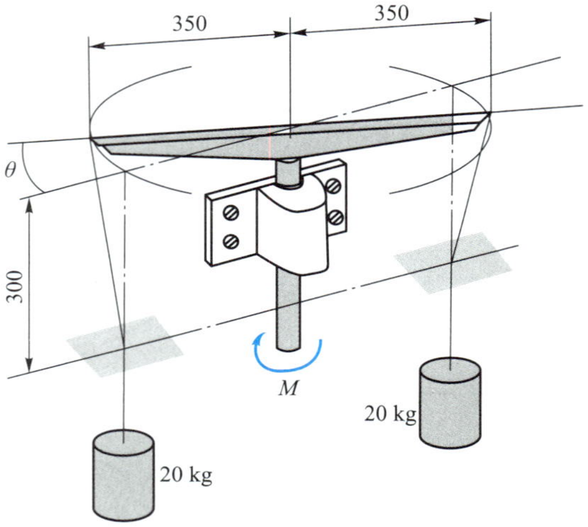

题 2.24 图

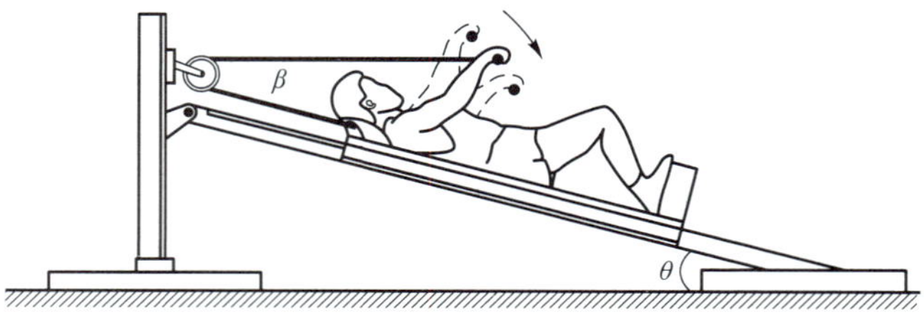

题 2.25 图

*2.26 操作人员一般使用推车运输垃圾桶，如图所示。在 1∶10 斜坡上向下运输垃圾桶时，操作人员施加在推车上的力为 $\boldsymbol{F}$，与水平面的夹角为 θ。已知推车的质量为 12 kg，质心为 C_1，垃圾桶的质量为 50 kg，质心为 C_2，其余尺寸如图所示（单位为 mm）。试求操作人员保持恒定速度运输垃圾桶的力 $\boldsymbol{F}$ 的大小及夹角 θ。

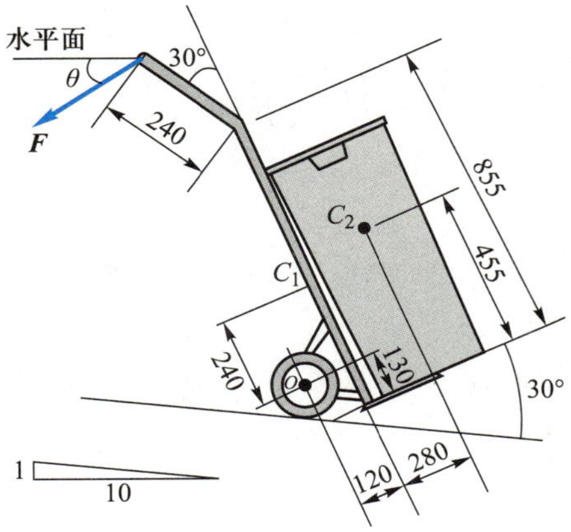

题 2.26 图

*2.27 如图所示,三人一起抬一个匀质面板,施力点均在面板边缘。面板质量为 60 kg,长为 2.4 m,宽为 1.2 m。试求:(1) 当三人位置如图所示时(尺寸单位为 mm),每人所承受的面板重力有多大;(2) 当 A 处的人向其右手方向沿边缘移动时,每人所承受的重力如何变化;(3) 若保证三人所受重力相等且施力点均在面板边缘,则三人位置应满足什么关系。

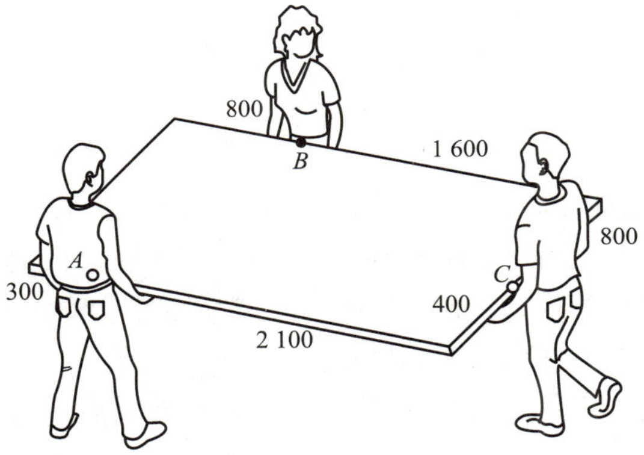

题 2.27 图

第 2 章部分习题参考答案

第 3 章　静力学应用问题

历史人物介绍 4：库仑

关键知识点

桁架，二力杆，滑动摩擦，滑动摩擦定律，滚动摩擦，滚动摩阻定律，摩擦自锁，摩擦角（锥）。

核心能力

（1）能够使用节点法和截面法求解简单桁架的平衡问题；

（2）能够正确简化滑动摩擦、滚动摩擦的力学模型，能够求解含摩擦的平衡问题。

本章讨论静力学的两个应用问题：桁架与考虑摩擦时的平衡问题。

3.1　桁架

3.1.1　桁架的特点

桁架是由若干直杆在两端以一定方式连接起来的坚固承载结构。由于桁架具有自重轻、承载能力强、跨度大、能充分利用材料等优点，因此在工程中被广泛应用，例如应用于房屋、桥梁、输电线塔、油田井架等。静力学研究桁架的任务是在各种载荷下确定桁架的支撑约束力及各杆的内力，以便进行桁架的设计。

桁架中各杆的受力实际上是十分复杂的，必须进行简化。对于桁架，通常作如下假设：

（1）由于直杆两端连接区的线尺度比杆的长度要小得多，因此可简化成一个点，并当作光滑铰链连接，称为节点；

（2）所有载荷皆作用于节点上；

（3）由于桁架本身的重量比它所承受的载荷要小得多，因此可将直杆简化为无重的刚杆。

在以上假设下，桁架的每根直杆均为二力杆。每根杆或受拉，或受压。为便于系统化分析，在画受力图时，一般先假定各杆均受拉，然后通过平衡方程求出它们的代数值，当其值为正时，说明为拉杆，即两端受杆轴向拉力作用；当其值为负时，说明为压杆，即两端受杆轴向压力作用。

3.1.2　确定平面桁架各杆内力的节点法

考虑桁架每个节点的平衡，画出受力图，列出平面汇交力系的两个平衡方程，联立求解即得全部杆件的内力。为避免求解联立方程，通常先求支座约束力，然后从只有两根杆的节点开始，以后按一定顺序考虑各节点平衡，使得每一次只出现两个新的未知量。

例 3.1.1 一平面桁架，在节点 D 处作用一大小为 12 kN，方向为水平向左的外力 $\boldsymbol{F}$，桁架的几何尺寸如图 3.1a 所示。试求各杆内力。

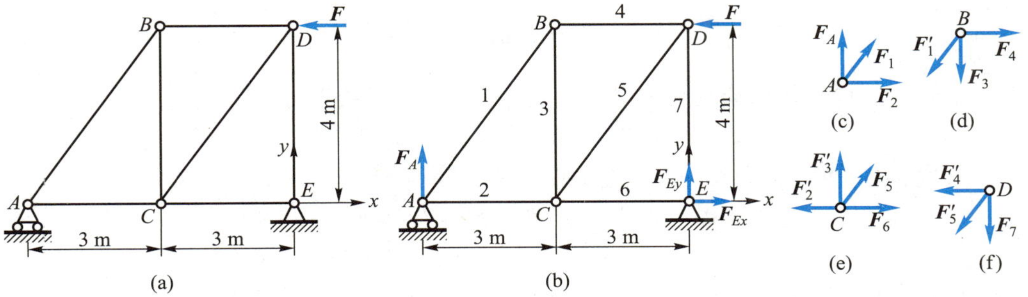

图 3.1

解： 首先，取整体为研究对象，其受力图如图 3.1b 所示。

$$\sum M_E=0,\quad F\times 4\ \mathrm{m}-F_A\times 6\ \mathrm{m}=0,\quad F_A=8\ \mathrm{kN}$$

其次，取节点 A 为研究对象，其受力图如图 3.1c 所示。

$$\sum F_y=0,\quad F_A+F_1\times\frac{4}{5}=0,\quad F_1=-10\ \mathrm{kN}\qquad (\text{压杆})$$

$$\sum F_x=0,\quad F_2+F_1\times\frac{3}{5}=0,\quad F_2=6\ \mathrm{kN}\qquad (\text{拉杆})$$

依次取节点 B，C，D 为研究对象，其受力图分别如图 3.1d，e，f 所示。

对节点 B

$$\sum F_y=0,\quad -F_1'\times\frac{4}{5}-F_3=0,\quad F_3=8\ \mathrm{kN}\qquad (\text{拉杆})$$

$$\sum F_x=0,\quad -F_1'\times\frac{3}{5}+F_4=0,\quad F_4=-6\ \mathrm{kN}\qquad (\text{压杆})$$

对节点 C

$$\sum F_y=0,\quad F_3'+F_5\times\frac{4}{5}=0,\quad F_5=-10\ \mathrm{kN}\qquad (\text{压杆})$$

$$\sum F_x=0,\quad -F_2'+F_5\times\frac{3}{5}+F_6=0,\quad F_6=12\ \mathrm{kN}\qquad (\text{拉杆})$$

对节点 D

$$\sum F_y=0,\quad -F_7-F_5'\times\frac{4}{5}=0,\quad F_7=8\ \mathrm{kN}\qquad (\text{拉杆})$$

例 3.1.2 在图 3.2a 所示桁架中，已知 $\theta=30°$，$F_{P1}=F_{P2}=F_{P3}=10$ kN。试求各杆内力。

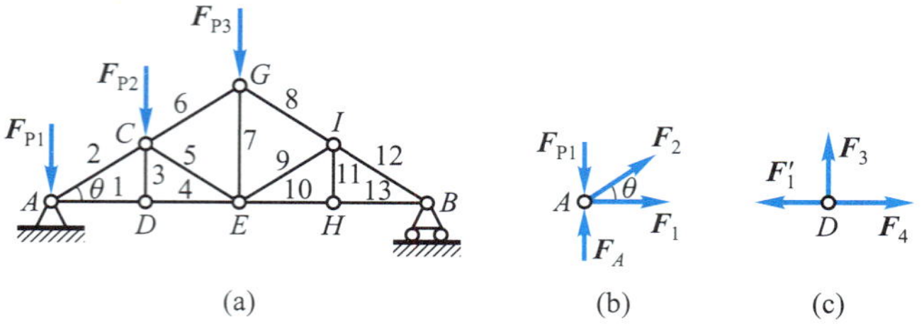

图 3.2

解:首先,取整体为研究对象,容易求得铰 A,B 处的约束力,即

$$F_A=22.5\ \text{kN},\quad F_B=7.5\ \text{kN}$$

其次,取节点 A 为研究对象,受力图如图 3.2b 所示,有

$$\sum F_y=0,\quad F_2\sin 30°+F_A-F_{P1}=0,\quad F_2=-25\ \text{kN}$$

$$\sum F_x=0,\quad F_2\cos 30°+F_1=0,\quad F_1=21.7\ \text{kN}$$

再次,取节点 D 为研究对象,受力图如图 3.2c 所示,有

$$\sum F_y=0,\quad F_3=0$$

$$\sum F_x=0,\quad F_4-F_1=0,\quad F_4=21.7\ \text{kN}$$

依次考虑各节点 C,G,E,I,H 平衡,可求得

$$F_5=-10\ \text{kN},\quad F_6=-15\ \text{kN},\quad F_7=5\ \text{kN},\quad F_8=-15\ \text{kN},\quad F_9=0$$

$$F_{10}=13\ \text{kN},\quad F_{11}=0,\quad F_{12}=-15\ \text{kN},\quad F_{13}=13\ \text{kN}$$

可用最后一个节点 B 的平衡方程作校核,看以上结果是否有误。

由以上结果,有 $F_3=F_9=F_{11}=0$,这表明在本题载荷下此三杆内力为零,称为零杆。

3.1.3 确定平面桁架各杆内力的截面法

如果不需要求出桁架所有杆的内力,而只需求出某一根或某几根杆的内力,可采用**截面法**。利用截面法的思路是:假想用平面的或曲面截面截断桁架中的某些杆件,将桁架分成两部分;取其中一部分为研究对象,桁架的另一部分对它的作用可用截面所截到的杆的内力表示;然后列写平衡方程并求出所需未知力。**对于平面桁架,由于平面力系仅有 3 个独立的平衡方程,因此截断杆件的数目一般不应超过 3 根。**

例 3.1.3 图 3.3a 所示平面桁架中,杆 CD 长为$\sqrt{3}a$,其余各杆长皆为 a。今在节点 G 上作用一水平向右的主动力 $\boldsymbol{F}$,试求杆 CD 的内力。

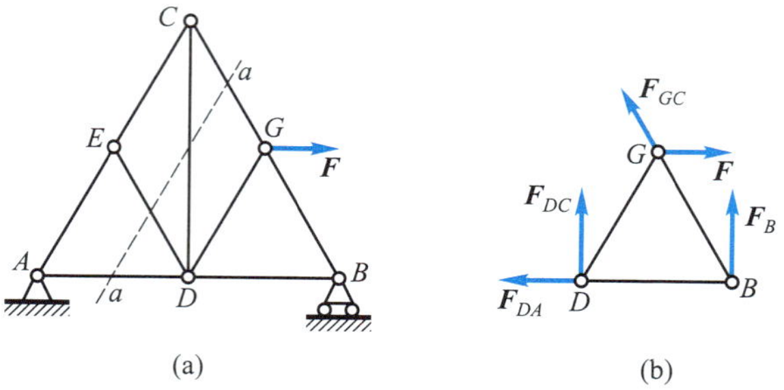

图 3.3

解： 节点 E 不受主动力作用，且连接 3 根杆，因杆 AE 与杆 EC 处于同一直线上，故杆 ED 为零杆。取截面 $a-a$，以桁架右半部分为研究对象，受力图如图 3.3b 所示。为求得杆 CD 的内力 $\boldsymbol{F}_{DC}$，可取矩心 B，有

$$\sum M_B=0,\quad F\left(\frac{a}{2}\sin 60°\right)+F_{DC}\times\frac{a}{2}=0,\quad F_{DC}=-\frac{\sqrt{3}}{2}F$$

例 3.1.4 平面桁架的支座和载荷如图 3.4a 所示，试求杆 AB 的内力 $\boldsymbol{F}_{AB}$。

解： 欲求得杆 AB 的内力，需先求出杆 AD 或杆 BF 的内力，然后以点 A 或点 B 为对象便可求得。为此，选截面 $a-a$，受力图如图 3.4b 所示。

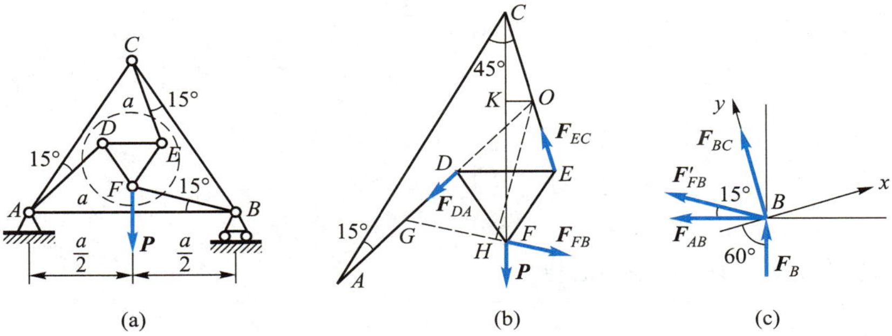

图 3.4

首先，求 $\boldsymbol{F}_{FB}$。

为避开不求力 $\boldsymbol{F}_{DA}$ 和 $\boldsymbol{F}_{EC}$，以此二力的交点 O 为矩心，列方程，有

$$P\times OK+F_{FB}\times OH=0 \tag{a}$$

为求得式$\dfrac{OK}{OH}$，由 $\triangle AOC$ 的正弦定理知

$$\frac{AC}{\sin 120°}=\frac{OC}{\sin 15°}=\frac{OA}{\sin 45°}$$

于是有

$$OC=AC\frac{\sin 15°}{\sin 60°},\quad OA=AC\frac{\sin 45°}{\sin 60°}$$

进而，有

$$OG=OA-AG=OA-OC=\frac{AC}{\sin 60°}(\sin 45°-\sin 15°)$$

$$OH=OG\sin 60°=AC(\sin 45°-\sin 15°)$$

$$OK=OC\sin 15°=\frac{AC}{\sin 60°}\sin^2 15°$$

$$\frac{OK}{OH}=\frac{\sin^2 15°}{\sin 60°(\sin 45°-\sin 15°)} \tag{b}$$

将式(b)代入方程(a)，得

$$F_{FB}=-P\frac{\sin^2 15°}{\sin 60°(\sin 45°-\sin 15°)}=-P\times\frac{\sqrt{2}(\sqrt{3}-1)}{6}$$
$$\approx -0.172\ 5P$$

其次,以整体为研究对象,求 $\boldsymbol{F}_B$,有

$$\sum M_A=0,\quad F_B a-P\times\frac{a}{2}=0,\quad F_B=\frac{1}{2}P$$

最后,以点 B 为研究对象,受力图如图 3.4c 所示,有

$$\sum F_x=0,\quad F_B\cos 60°-F_{AB}\cos 30°-F'_{FB}\cos 45°=0,\quad F'_{AB}=F_{AB}$$

$$F_{AB}=\frac{\frac{1}{2}P\times\frac{1}{2}+\frac{\sqrt{2}}{2}P\times\frac{\sqrt{2}}{6}(\sqrt{3}-1)}{\frac{\sqrt{3}}{2}}=P\left(\frac{1}{3}+\frac{\sqrt{3}}{18}\right)$$
$$\approx 0.429\ 5P\ (拉杆)$$

3.2 考虑摩擦的平衡问题

3.2.1 摩擦与摩擦力

1. 摩擦

在光滑面及光滑铰链的约束中,都认为接触面绝对光滑,而约束力沿接触面法线方向,这是一种抽象的理想状况。实际上,由于物体间接触面凹凸不平等原因,当物体间有滑动趋势时,都会产生沿接触面公切线方向的阻力,这就是干摩擦,即通常所说的摩擦。当物体间仅有相对滑动趋势时,沿公切线的阻力称为静滑动摩擦力;当物体间已发生相对滑动时,则阻力称为动滑动摩擦力。

如果摩擦力较大,或者虽然不大,但对所研究问题起重要作用,这时就必须考虑摩擦。例如,重力水坝依靠摩擦力来防止坝体的滑动,夹子依靠摩擦力夹起重物,传动带依靠摩擦力传递动力,汽车依靠摩擦力启动和制动等,这时摩擦力成为讨论问题的主要因素。因此,在这些情况下,就不能再假定物体间接触是光滑的了,而必须考虑摩擦的存在。

2. 摩擦力

将物体放在粗糙的水平面上静止不动,此时摩擦力为零。用主动力 $\boldsymbol{F}$ 去推它(图 3.5),如果 $\boldsymbol{F}$ 较小,则物体仍保持静止状态,静摩擦力 $\boldsymbol{F}_{\mathrm{f}}$ 与主动力 $\boldsymbol{F}$ 大小相等、方向相反。不断增大 F,当达到某值时,物体开始滑动,说明静摩擦力有最大值。摩擦力的机制相当复杂,但对一般工程问题,可采用以下经验性结论:

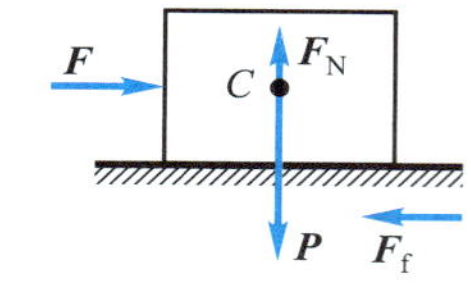

图 3.5

(1) 静摩擦力 $\boldsymbol{F}_{\mathrm{f}}$ 的方向沿两物体接触面公切线,并与两物体相对滑动趋势方向相反。

（2）静摩擦力 $\boldsymbol{F}_f$ 的大小可在一定范围内变化，即

$$|\boldsymbol{F}_f| \leqslant |\boldsymbol{F}_{f,max}| \quad (3.2.1)$$

其中 $\boldsymbol{F}_{f,max}$ 称为最大静摩擦力。大量物理实验表明，这个最大静摩擦力的大小和法向约束力的大小 F_N 成正比，即

$$F_{f,max}=f_s F_N \quad (3.2.2)$$

其中 f_s 称为静摩擦因数，它取决于相互接触物体的材料及接触面的粗糙度、温度和湿度等，且与接触面的大小无关。式(3.2.2)称为**库仑静摩擦定律**。

（3）动摩擦力 $\boldsymbol{F}'_f$ 的大小也与法向约束力的大小成正比，即

$$F'_f=fF_N \quad (3.2.3)$$

其中 f 称为动摩擦因数，且有 $f<f_s$。式(3.2.3)称为**库仑动摩擦定律**。

3. 摩擦锥与摩擦自锁

由于静摩擦力的存在，接触处被约束物体的约束力 $\boldsymbol{F}_R$ 为法向约束力(即正压力) $\boldsymbol{F}_N$ 和切向约束力(即静摩擦力) $\boldsymbol{F}_f$ 的合力，称为**全约束力**。当摩擦力的大小达到最大值 $F_{f,max}$ 时，全约束力 $\boldsymbol{F}_{R,max}$ 与接触处公法线的夹角 φ_f 称为**摩擦角**(图 3.6a)，显然，静摩擦因数为摩擦角的正切，即

$$f_s=\tan\varphi_f \quad (3.2.4)$$

如果连续改变主动力在水平面内的方向，则 $\boldsymbol{F}_{R,max}$ 形成以点 O 为顶点的锥面，称为**摩擦锥**(图 3.6b)。如果被约束物体沿各个方向的摩擦性质相同，则摩擦锥是一个顶角为 $2\varphi_f$，对称轴为公法线的正圆锥。当作用于物体的主动力系存在指向接触面的合力，且该合力作用线位于摩擦锥以内时，则无论这个主动力的合力有多么大，接触处总能产生全约束力与之平衡，使被约束物体恒处于平衡状态，这种现象称为**摩擦自锁**。工程中常用“自锁”设计一些机构，如螺旋千斤顶或机器上常用的固定螺栓，其螺纹的升角就是按照自锁的要求设计的。在另一些问题中，则需避免发生自锁现象，如水闸闸门的启闭机构等。当主动力的合力作用线在摩擦锥之外时，则无论这个主动力的合力有多么小，其全约束力永远无法与之相平衡，被约束物体均不能保持平衡状态，即被约束物体必进入运动状态。

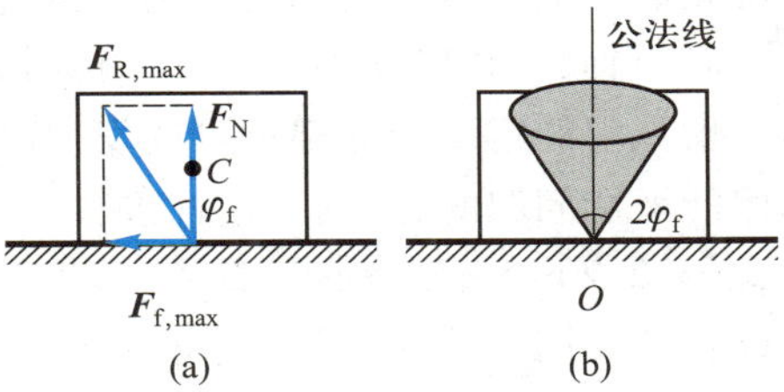

图 3.6

3.2.2 滚动摩阻力偶

设一半径为 r，重为 P 的圆柱放置于水平地面上，且处于静止状态。今在圆柱中心作用一水平力 $\boldsymbol{F}$，设地面足够粗糙，保证圆柱不会滑动。如果圆柱与水平地面都是刚性的，则无论 F 多么小，圆柱都将产生纯滚动。但生活经验却是，当 F 不太大时，圆柱还能保持静止状态。实际上，圆柱与地面接触处存在不可避免的变形(图 3.7a)，接触处的约束力是一个分布力系，它的合力作用点并不在接触点 A，而是略向前偏移(图 3.7b)。将约束力向接触点简化(图 3.7c)，得到约束力的三个分量：**约束力 $\boldsymbol{F}_N$，滑动摩擦力 $\boldsymbol{F}_f$，以及滚动摩阻力偶 M_f**。实践证明，**滚动摩阻力偶 $\boldsymbol{M}_f$** 也有最大值 $M_{f,max}$，而

且 $M_{f,max}$ 只与约束力 F_N 成正比，即有

$$M_f \leqslant M_{f,max} \tag{3.2.5}$$

$$M_{f,max} = \delta F_N \tag{3.2.6}$$

其中 δ 称为**滚动摩阻系数**，它有长度的量纲。式(3.2.6)称为**滚动摩擦定律**。

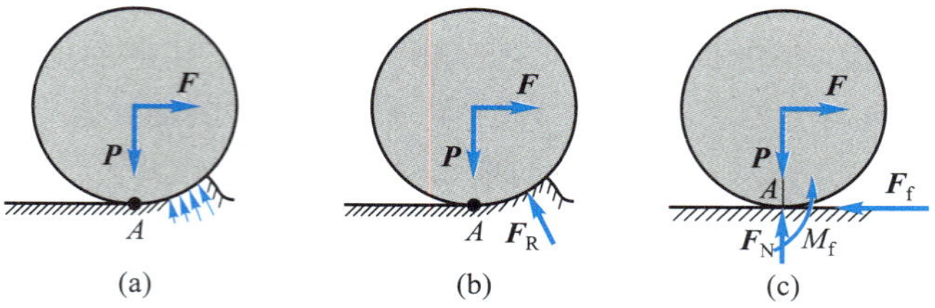

图 3.7

3.2.3 考虑摩擦的平衡问题

在求解有摩擦的平衡问题时，受力图中应画出摩擦力。摩擦力的方向应与相对滑动趋势相反。有时可根据主动力的作用情况直接判断出其相对滑动趋势后确定；有时也可先假定它沿接触公切线的某一指向，然后通过平衡方程求出其代数值后再判断是否正确；当同一物体在多处受到摩擦时，需注意各接触处滑动趋势的相容性；当接触处两相反方向的运动趋势都有可能发生时，可先假定摩擦力沿其中一个方向。在求解有摩擦的平衡问题时，除列写平衡方程外，还要补充关于摩擦的物理条件，即式(3.2.1)和式(3.2.2)。由于存在不等式(3.2.1)，因此解出的结果是一个范围。求解过程中，可以直接应用不等式运算，也可以在平衡临界状态下求解不等式，最后根据物理概念来判断范围。

例 3.2.1 两钉子 A 和 B 的连线与水平面成角 θ(图 3.8a)。一根不光滑的、均质的杆经过低处钉子的下边，压在高处钉子的上边。后者比杆的重心低，杆的重心到两钉子的距离分别为 a 和 $b(b>a)$，钉子与杆间的静摩擦因数为 f_s。若杆刚能滑动，试证：$f_s=\dfrac{(b-a)\tan\theta}{b+a}$。

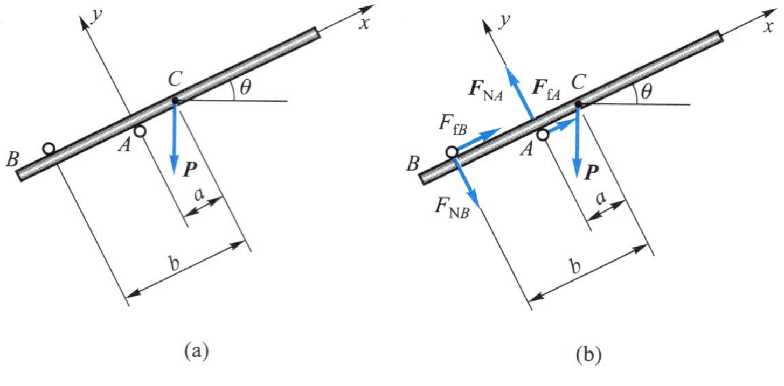

图 3.8

证明:设杆重量为 P。杆除受重力外,在钉子 A,B 处还受有约束力,包括法向约束力 $\boldsymbol{F}_{NA}$,$\boldsymbol{F}_{NB}$ 及摩擦力 $\boldsymbol{F}_{fA}$,$\boldsymbol{F}_{fB}$。杆的滑动趋势向下,因此,摩擦力向上。受力图如图 3.8b 所示。列写平衡方程

$$\sum M_A=0,\quad F_{NB}(b-a)-Pa\cos\theta=0 \tag{a}$$

$$\sum M_B=0,\quad F_{NA}(b-a)-Pb\cos\theta=0 \tag{b}$$

$$\sum F_x=0,\quad F_{fA}+F_{fB}-P\sin\theta=0 \tag{c}$$

杆刚能滑动时,摩擦力达到最大值,有

$$F_{fA}=f_sF_{NA},\qquad F_{fB}=f_sF_{NB} \tag{d}$$

将式(d)代入式(c),得

$$F_{NA}+F_{NB}=\frac{P\sin\theta}{f_s}$$

将式(a),(b)代入上式,得

$$f_s=\frac{b-a}{b+a}\tan\theta$$

证毕。

例 3.2.2 如图 3.9a 所示,在倾角为 θ 的斜面上放一重为 P 的物块,物块与斜面间的静摩擦因数为 f_s,已知 $f_s<\tan\theta$,且 $f_s<\cot\theta$。试求物块能在斜面上保持静止状态所需水平向右的力 $\boldsymbol{F}_P$ 的大小。

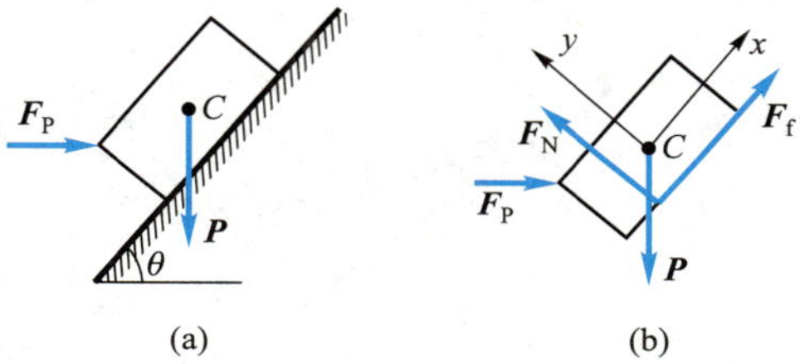

(a) (b)

图 3.9

解:如果在已知主动力 $\boldsymbol{F}_P$ 的作用下,物块能处于平衡状态,则未知量为法向约束力的大小及其作用线位置和摩擦力的代数值等 3 个未知量。以物块为研究对象,受力图如图 3.9b 所示,列写平衡方程并求出 F_N 与 F_f,有

$$\sum F_x=0,\quad F_f+F_P\cos\theta-P\sin\theta=0,\quad F_f=P\sin\theta-F_P\cos\theta \tag{a}$$

$$\sum F_y=0,\quad F_N-P\cos\theta-F_P\sin\theta=0,\quad F_N=P\cos\theta+F_P\sin\theta \tag{b}$$

由 $|\boldsymbol{F}_f|\leqslant f_sF_N$,得

$$-f_s(P\cos\theta+F_P\sin\theta)\leqslant P\sin\theta-F_P\cos\theta\leqslant f_s(P\cos\theta+F_P\sin\theta)$$

整理得

$$\frac{\tan\theta-f_s}{1+f_s\tan\theta}P\leqslant F_P\leqslant\frac{\tan\theta+f_s}{1-f_s\tan\theta}P$$

为解此题,亦可在平衡临界状态下求解等式,再根据物理概念来判断范围。当 F_P 较小时,物块有下滑趋势,则摩擦力向上;当 F_P 较大时,物块有上滑趋势,则摩擦力向下。对前一种情形,平衡方程为前面的式(a)和式(b)。对后一种情形,平衡方程为

$$-F_f+F_P\cos\theta-P\sin\theta=0 \tag{c}$$

$$F_N-P\cos\theta-F_P\sin\theta=0 \tag{d}$$

在平衡极限状态下,摩擦力达到最大值,有

$$F_f=f_sF_N \tag{e}$$

由式(c),(d),(e)求得

$$F_P=\frac{\tan\theta+f_s}{1-f_s\tan\theta}P$$

这是刚刚要上滑的极限情况。欲使物块保持平衡而不上滑,则应有

$$F_P\leqslant\frac{\tan\theta+f_s}{1-f_s\tan\theta}P \tag{f}$$

对前一情形,即物块刚刚要下滑的情况,由式(a),(b),(e),求得

$$F_P=\frac{\tan\theta-f_s}{1+f_s\tan\theta}P$$

欲使物块保持平衡而不下滑,则应有

$$F_P\geqslant\frac{\tan\theta-f_s}{1+f_s\tan\theta}P \tag{g}$$

联合式(f),(g),即得前述结果。

例 3.2.3 如图 3.10a 所示,一重为 P,长为 $2l$ 的均质杆 AB,两端放在两个相互垂直的固定平板上。已知右平板与水平面的夹角为 θ,杆与两平板之间的摩擦角皆为 φ_f。试求平衡时,杆与左平板之间的夹角 β。

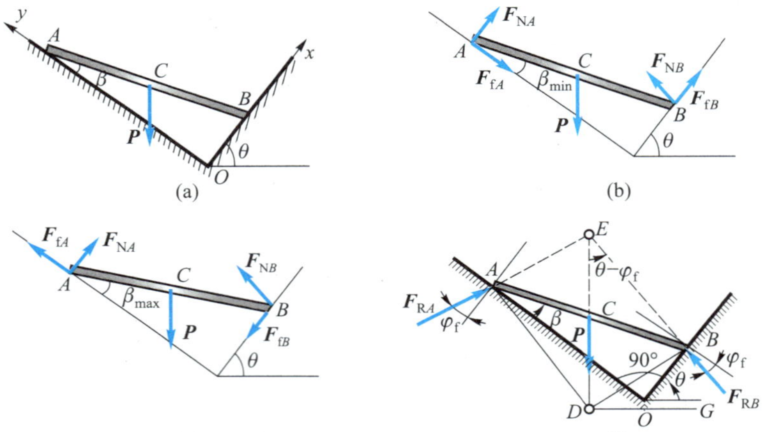

图 3.10

解: 当角 β 取合适值,杆能处于平衡,此时杆两端的法向约束力和摩擦力都未知。此题适合用临界状态来求解。

当 B 端有下滑趋势,A 端则必有上滑趋势,且杆处于临界状态。此时的 β 值为平衡状态时的最小值 $\beta_{\min}$,受力图为图 3.10b。列平衡方程

$$\sum F_x=0,\quad F_{NA}+F_{fB}-P\sin\theta=0 \tag{a}$$

$$\sum F_y=0,\quad F_{NB}-F_{fA}-P\cos\theta=0 \tag{b}$$

$$\sum M_C=0,\quad -F_{NA}l\cos\beta_{\min}+F_{fA}l\sin\beta_{\min}+F_{fB}l\cos\beta_{\min}+F_{NB}l\sin\beta_{\min}=0 \tag{c}$$

物理条件为

$$F_{fA}=F_{NA}\tan\varphi_f \tag{d}$$

$$F_{fB}=F_{NB}\tan\varphi_f \tag{e}$$

由式(a),(b),(d),(e)解得

$$F_{fA}=P\sin(\theta-\varphi_f)\sin\varphi_f,\quad F_{fB}=P\cos(\theta-\varphi_f)\sin\varphi_f$$

$$F_{NA}=P\sin(\theta-\varphi_f)\cos\varphi_f,\quad F_{NB}=P\cos(\theta-\varphi_f)\cos\varphi_f$$

将其代入式(c)得

$$\sin[(\theta-\varphi_f)-(\varphi_f+\beta_{min})]=0 \tag{f}$$

于是有

$$\beta_{min}=\theta-2\varphi_f \tag{g}$$

当 B 端有上滑趋势,则 A 端必有下滑趋势,且杆处于临界状态。此时 β 值为平衡状态时的最大值 β_{max},其受力分析如图 3.10c 所示。只要将式(a),(b),(c)中的摩擦力改变符号,类似地得到

$$\sin[(\theta+\varphi_f)+(\varphi_f-\beta_{max})]=0 \tag{h}$$

于是有

$$\beta_{max}=\theta+2\varphi_f \tag{i}$$

这样,杆能保持平衡的 β 值的范围为

$$\theta-2\varphi_f\leqslant\beta\leqslant\theta+2\varphi_f \tag{j}$$

当 $\theta<2\varphi_f$ 时,$\beta_{min}<0$,这表明 B 端下滑这种运动不会发生;而当 $\theta+2\varphi_f>\dfrac{\pi}{2}$时,$\beta_{max}>\dfrac{\pi}{2}$,这表明 B 端上滑这种运动不会发生。当上述两个条件同时满足时,无论杆有多么重,也无论杆如何放置,杆都能平衡,即杆能自锁。

为解此题,也可利用摩擦角的性质。当杆处于将动而未动的临界状态时,摩擦力等于最大静摩擦力,即平板对杆的约束力与法线夹角为摩擦角 φ_f。约束力 $\boldsymbol{F}_{RA}$ 和 $\boldsymbol{F}_{RB}$ 的作用线交于点 E,过点 A,B 作 $\boldsymbol{F}_{RA},\boldsymbol{F}_{RB}$ 的垂线交于点 D,$AEBD$ 是矩形。杆 AB 共受三个力,根据三力平衡,重力作用线必经过点 E 和点 D(图 3.10d)。5 个点 A,B,D,E,O 都在以 AB 为直径的同一个圆上,$\angle BDG$ 与 $\angle DAB$ 是对应同一圆弧的弦切角的圆周角,它们应相等。从图中不难看出,$\angle BDG=\theta-\varphi_f$,$\angle DAB=\beta+\varphi_f$,因此有 $\beta=\theta-2\varphi_f$。在非临界情形 $\beta>\theta-2\varphi_f$。同理,可以确定必须有 $\theta+2\varphi_f\geqslant\beta$。因此,当 $\theta-2\varphi_f\leqslant\beta\leqslant\theta+2\varphi_f$ 时,杆能处于平衡状态。

例 3.2.4 如图 3.11a 所示,不计自重的折梯放置在水平地面上,已知两腿与地面的摩擦因数均为 f_s。一重为 P 的人由地面开始往上爬。试求折梯与地面的夹角 θ 应为多大时,梯子才能保持平衡状态。设 $AC=BC=l$。

解:在 $\boldsymbol{P}$ 作用下,梯子左腿着地点 A 有向左滑动趋势,而梯子右腿着地点 B 有向右滑动趋势,因此摩擦力 $\boldsymbol{F}_{fA}$ 向右,而 $\boldsymbol{F}_{fB}$ 向左。取整体为研究对象,受力图如图 3.11b 所示。列平衡方程并求解,有

$$\sum M_A=0,\quad F_{NB}(2l\cos\theta)-P(s\cos\theta)=0,\quad F_{NB}=\frac{s}{2l}P$$

$$\sum M_B=0,\quad -F_{NA}(2l\cos\theta)+P(2l-s)\cos\theta=0,\quad F_{NA}=\frac{2l-s}{2l}P$$

$$\sum F_x=0,\quad F_{fA}+F_{fB}=0,\quad F_{fA}=-F_{fB}$$

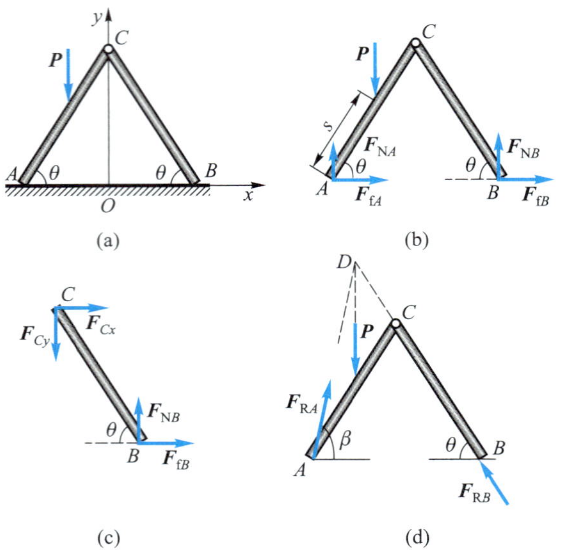

图 3.11

取梯子右半部分 BC 为研究对象,受力图如图 3.11c 所示。列平衡方程并求解,有

$$\sum M_C=0,\quad F_{NB}(l\cos\theta)+F_{fB}(l\sin\theta)=0,\quad F_{fB}=-\frac{s}{2l}P\cot\theta=-F_{fA}$$

由 $|\boldsymbol{F}_{fA}|\leqslant f_s F_{NA}$,$|\boldsymbol{F}_{fB}|\leqslant f_s F_{NB}$,得

$$\frac{s}{2l}P\cot\theta\leqslant\frac{2l-s}{2l}f_sP$$

$$\frac{s}{2l}P\cot\theta\leqslant\frac{s}{2l}f_sP$$

即

$$\tan\theta\geqslant\frac{s}{2l-s}\frac{1}{f_s}\tag{a}$$

$$\tan\theta\geqslant\frac{1}{f_s}\tag{b}$$

因 $s<l$,故式(b)满足时,则式(a)必满足。因此,当

$$\theta\geqslant\arctan\left(\frac{1}{f_s}\right)\tag{c}$$

时梯子两腿都不会滑动。

此题还有一简单解法。因梯子右腿是二力杆,根据三力平衡,力 $\boldsymbol{P}$,$\boldsymbol{F}_{RB}$ 和 $\boldsymbol{F}_{RA}$ 必汇交于一点 D(图 3.11d)。在平衡的临界状态下,在点 B 处有

$$\tan\theta=\frac{1}{f_s}$$

不滑动条件为

$$\tan\theta \geqslant \frac{1}{f_s} \tag{d}$$

在点 A 处有

$$\tan\beta = \frac{1}{f_s}$$

不滑动条件为

$$\tan\beta \geqslant \frac{1}{f_s} \tag{e}$$

因 $\beta>\theta$，故当式(d)满足时，式(e)必满足。

例 3.2.5 如图 3.12a 所示，可绕固定铰支座 O 转动的平板，搁置于重为 P，半径为 r 的圆球上，A 端挂一重物 G，该球置于水平地面上。如圆球与平板及地面间的摩擦角均为 φ_f。试求圆球静止时的 θ 角。

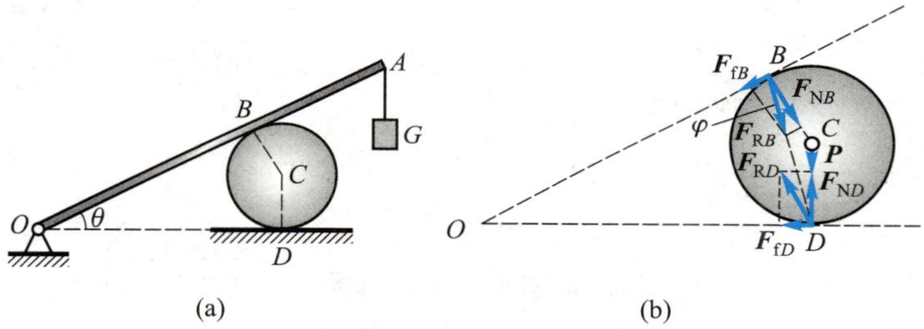

图 3.12

解： 圆球受到重力 $\boldsymbol{P}$，点 B 处全约束力 $\boldsymbol{F}_{RB}$ 和点 D 处的全约束力 $\boldsymbol{F}_{RD}$，属于三力平衡问题。由于力 $\boldsymbol{P}$ 与 $\boldsymbol{F}_{RB}$ 交于点 D，故 $\boldsymbol{F}_{RB}$ 必过点 D。由此可判断点 B 和点 D 处摩擦力的方向。

取圆球为研究对象，受力图如图 3.12b 所示。列平衡方程并求解，有

$$\left.\begin{aligned}\sum M_C=0,\quad & F_{fB}r-F_{fD}r=0,\quad F_{fB}=F_{fD}\\ \sum M_O=0,\quad & F_{ND}\times OD-P\times OD-F_{NB}\times OB=0\end{aligned}\right\} \tag{a}$$

因 $OD=OB$，故得

$$F_{ND}=F_{NB}+P \tag{b}$$

根据物理条件

$$(F_{fB})_{\max}=f_sF_{NB} \tag{c}$$

$$(F_{fD})_{\max}=f_sF_{ND} \tag{d}$$

以及式(a)，(b)知，在 B 处先达到最大静摩擦力，即点 B 先达到临界状态，当圆球在点 B 出现滑动瞬间，圆球沿水平地面滚而不滑。

圆球平衡时有

$$\varphi=\frac{\theta}{2}\leqslant\varphi_f$$

因此

$$\theta \leqslant 2\varphi_f$$

当 $\theta \leqslant 2\varphi_f$ 满足时，不论 G 有多么重，圆球都能平衡。

例 3.2.6 如图 3.13a 所示，物块 A 重为 P_1，圆轮 B 重为 P_2，其重心在轮中心，轮半径为 R，两根轮轴半径分别为 r_1 和 r_2。轮轴上绕上柔索，一根柔索与水平线夹角为 θ，并跨过一半径为 r，重量不计的光滑定滑轮 O 挂一重为 P_3 的重物 C；另一根柔索水平地与物块 A 相连。圆轮 B 与水平地面间静摩擦因数为 f_{s1}，物块 A 与水平地面间的摩擦因数为 f_{s2}。假定系统处于同一铅垂面内，且不计柔索质量。试求系统平衡时 P_3 的值。

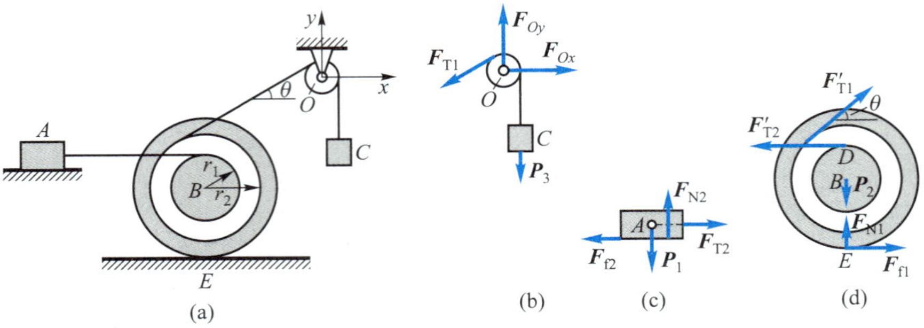

图 3.13

解：系统在两处存在静摩擦力，而且比较难判断何处先达到临界状态。因此，应逐一讨论可能发生的临界情况，并在经过比较后再得出解答。

(1) 以定滑轮 O 和重物 C 为研究对象，受力图如图 3.13b 所示。列平衡方程并求解，有

$$\sum M_O = 0,\quad F_{T1}r - P_3 r = 0,\quad F_{T1} = P_3 \tag{a}$$

(2) 以物块 A 为研究对象，受力图如图 3.13c 所示。列平衡方程并求解，有

$$\sum F_x = 0,\quad F_{T2} - F_{f2} = 0,\quad F_{T2} = F_{f2} \tag{b}$$

$$\sum F_y = 0,\quad F_{N2} - P_1 = 0,\quad F_{N2} = P_1 \tag{c}$$

(3) 以圆轮 B 为研究对象，受力图如图 3.13d 所示。利用平衡方程 $\sum M_D = 0$ 可判断出 E 处摩擦力为水平向右。列平衡方程

$$\sum M_D = 0,\quad F_{f1}(R + r_1) + [-F'_{T1}r_2 + (F'_{T1}\cos\theta)r_1] = 0 \tag{d}$$

$$\sum F_y = 0,\quad F_{N1} - P_2 + F'_{T1}\sin\theta = 0 \tag{e}$$

$$\sum M_E = 0,\quad F'_{T2}(R + r_1) + [-F'_{T1}r_2 - (F'_{T1}\cos\theta)R] = 0 \tag{f}$$

(4) 由作用和反作用公理，有

$$F'_{T1} = F_{T1} \tag{g}$$

$$F'_{T2} = F_{T2} \tag{h}$$

(5) 由物理条件知

$$F_{f1} \leqslant f_{s1}F_{N1} \tag{i}$$

$$F_{f2} \leqslant f_{s2}F_{N2} \tag{j}$$

(6) 将式(a),(d),(e),(g)代入式(i)，得

$$P_3 \leqslant \frac{f_{s1}(R+r_1)P_2}{r_2-r_1\cos\theta+f_{s1}(R+r_1)\sin\theta}=P_3^{(1)}$$

将式(a),(b),(c),(f),(g),(h)代入式(j),得

$$P_3 \leqslant \frac{f_{s2}(R+r_1)P_1}{r_2+R\cos\theta}=P_3^{(2)}$$

(7) 系统平衡条件为

$$P_3 \leqslant \min(P_3^{(1)},P_3^{(2)}) \tag{k}$$

如果不满足这个条件,则当 $P_3^{(2)}<P_3<P_3^{(1)}$ 时,物块 A 先滑动,而圆轮 B 相对于地面只滚不滑;当 $P_3^{(1)}<P_3<P_3^{(2)}$ 时,物块 A 不动,而圆轮 B 相对于地面打滑;当 $P_3>\max(P_3^{(1)},P_3^{(2)})$ 时,物块 A 滑动的同时,圆轮 B 相对于地面又滚又滑。

例 3.2.7 如图 3.14a 所示,在搬运重物时,下面常垫以滚木。设重物重为 P_1,而两滚木重均为 P_2,半径均为 r。滚木与重物、滚木与地面间的滚动摩阻系数分别为 δ_1 和 δ_2。试求即将拉动重物时水平力 $\boldsymbol{F}$ 的大小。

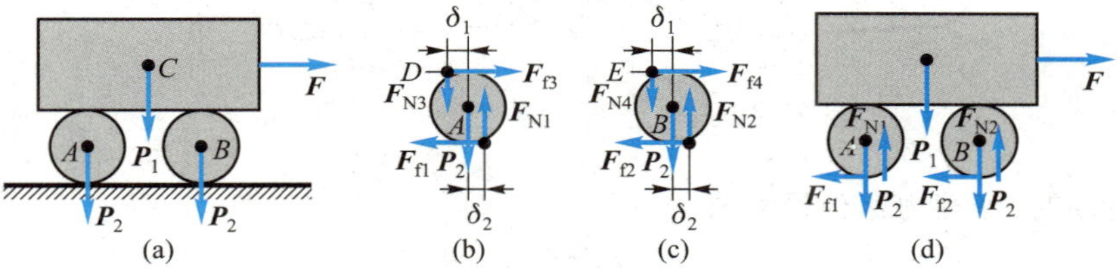

图 3.14

解: 由于滚木 A,B 相对地面和重物同时达到滚动临界状态,因此利用滚动摩阻系数的几何意义来解比较方便。

(1) 取滚木 A 为研究对象,受力图如图 3.14b 所示,设 D 为 $\boldsymbol{F}_{f3}$ 与 $\boldsymbol{F}_{N3}$ 的交点,列平衡方程,有

$$\sum M_D=0,\quad F_{N1}(\delta_1+\delta_2)-F_{f1}\times 2r-P_2\delta_1=0 \tag{a}$$

(2) 取滚木 B 为研究对象,受力图如图 3.14c 所示,设 E 为 $\boldsymbol{F}_{f4}$ 与 $\boldsymbol{F}_{N4}$ 的交点,列平衡方程,有

$$\sum M_E=0,\quad F_{N2}(\delta_1+\delta_2)-F_{f2}\times 2r-P_2\delta_1=0 \tag{b}$$

(3) 取整体为研究对象,受力图如图 3.14d 所示,列方程并求解,有

$$\sum F_x=0,\quad F-F_{f1}-F_{f2}=0,\quad F_{f1}+F_{f2}=F \tag{c}$$

$$\sum F_y=0,\quad F_{N1}+F_{N2}-P_1-2P_2=0,\quad F_{N1}+F_{N2}=P_1+2P_2 \tag{d}$$

(4) 式(a)与式(b)相加,得

$$(F_{N1}+F_{N2})(\delta_1+\delta_2)-(F_{f1}+F_{f2})(2r)-2P_2\delta_1=0 \tag{e}$$

将式(c),(d)代入式(e),得

$$F=\frac{P_1(\delta_1+\delta_2)+2P_2\delta_2}{2r}$$

例 3.2.8 如图 3.15a 所示,长为 l 的直杆的下端 A 用球铰链与地面相连,上端 B

靠在粗糙的铅垂墙上。点 A 与墙距 $AO=a<l$。设杆正趋滑动时，平面 AOB 与铅垂平面 AOC 的夹角为 θ。试证：杆与墙间的摩擦因数为

$$f_s=\sqrt{\left(\frac{l}{a}\right)^2-1}\ \tan\theta$$

证明：取杆 AB 为研究对象，受力图如图 3.15b 所示。杆 AB 受到重力 $\boldsymbol{P}$，铰链 A 处的约束力 $\boldsymbol{F}_{Ax}$，$\boldsymbol{F}_{Ay}$，$\boldsymbol{F}_{Az}$，以及接触点 B 的约束力 $\boldsymbol{F}_N$，$\boldsymbol{F}_f$，其中法向约束力 $\boldsymbol{F}_N$ 垂直于墙面，而摩擦力在圆弧的切线方向。列写平衡方程并求解，有

$$\sum M_z=0,\quad F_N\sqrt{l^2-a^2}\sin\theta-F_f a\cos\theta=0$$

$$\frac{F_f}{F_N}=\frac{\sqrt{l^2-a^2}\sin\theta}{a\cos\theta}$$

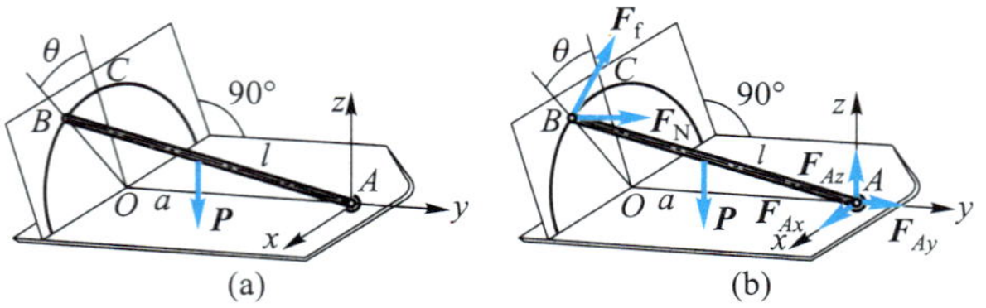

图 3.15

杆正趋滑动时，摩擦力达到最大值

$$F_f=f_sF_N$$

于是有

$$f_s=\sqrt{\left(\frac{l}{a}\right)^2-1}\ \tan\theta$$

证毕。

小结

（1）桁架

实际桁架在一定条件下可简化为理想桁架的模型，其中各杆件均为二力杆。求解桁架各杆内力可用节点法或截面法。

（2）求解有摩擦的平衡问题时，需正确处理摩擦力，摩擦力的方向沿接触面的公切线方向并与相对滑动趋势相反，摩擦力的大小有一个范围

$$F_f\leqslant f_sF_N$$

因摩擦力的出现，求解静力学问题比不计摩擦时要复杂一些。摩擦角为

$$\varphi_f=\arctan f_s$$

利用摩擦角解题有时会带来方便。

（3）滚动摩阻力偶为

$$M_f\leqslant\delta F_N$$

习题

3.1 平面悬臂桁架所受载荷如图所示。试用截面法求杆 1,2,3 的内力。

3.2 平面桁架的支座及载荷如图所示。试求杆 1,2,3 的内力。

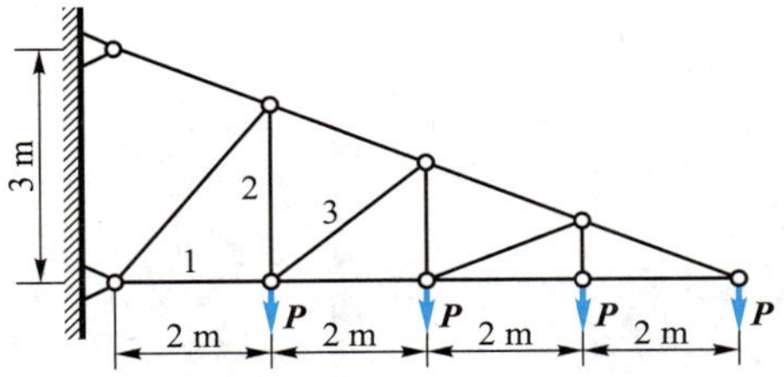

题 3.1 图

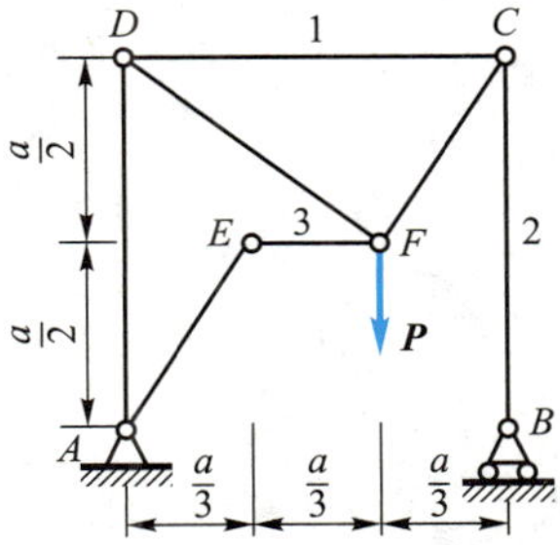

题 3.2 图

3.3 如图所示,一几何尺寸已知的悬臂式桁架,节点 A 处作用一铅垂向下的主动力 $\boldsymbol{F}$。试求杆 1,2,3,4 的内力。

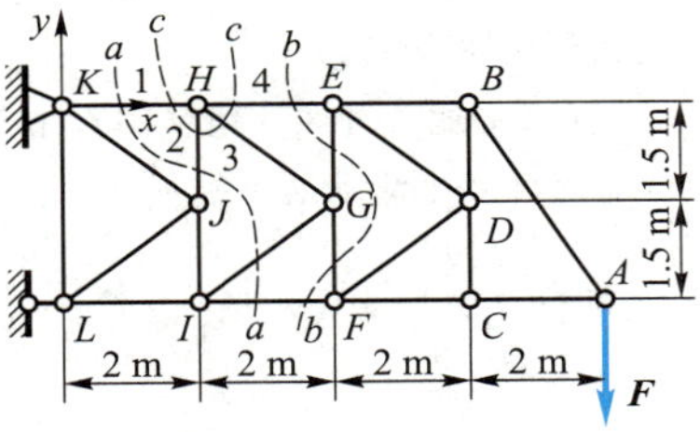

题 3.3 图

3.4 试求图示桁架各杆的内力。

3.5 图示桁架各杆长均为 a。试求杆 1,2,3 的内力。

3.6 如图所示,两重均为 P_1 的小环 A 和 B 能在不光滑的水平杆上滑动,环与杆之间的摩擦因数为 f_s。两小环用长为 l 的不可伸长的线相连,在线的中点又挂着另一重为 $2P_2$ 的小环 D,线与水平杆的夹角为 β。试证:小环 A 和 B 在杆上不滑动时的最大分离长度为 $l\cos\beta$,而 $\tan\beta=\dfrac{P_2}{f_s(P_1+P_2)}$。

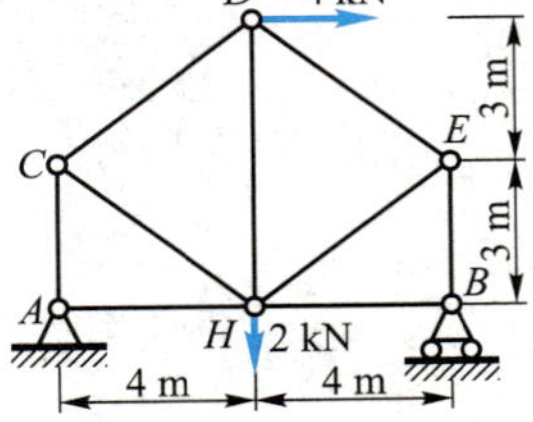

题 3.4 图

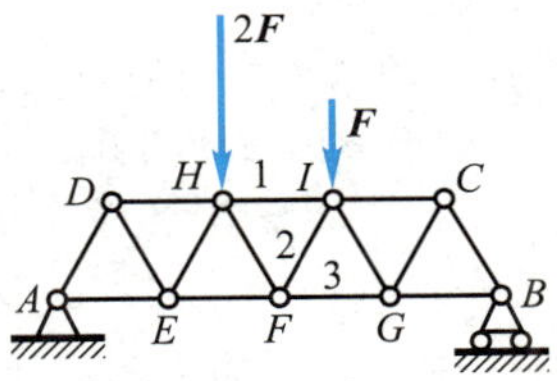

题 3.5 图

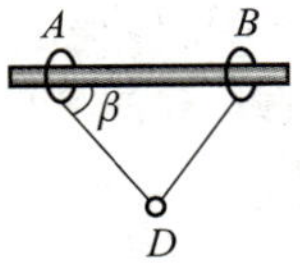

题 3.6 图

3.7 柜子的抽屉长 a 宽 b,前板上两个把手之间的距离为 $h<b$。试证:当 $f_s>\dfrac{a}{h}$ 时,用垂直于前板的力拉一个把手,不管使多大力都拉不出来。

3.8　如图所示，三个相同的均质圆柱体堆放在水平面上，所接触处的摩擦因数均为 f_s。试证：为使上面的圆柱体能放上去，摩擦因数需比 $2-\sqrt{3}$ 大。

3.9　顶角为 2β，高为 h，重为 P 的均质圆锥体放在水平面上，摩擦因数为 f_s。在锥顶作用一水平力 $\boldsymbol{F}$。试证：当 $\beta>\arctan f_s$，$F>f_sP$ 时先滑动；当 $\alpha<\arctan f_s$，$F>P\tan\beta$ 时先翻倒。

3.10　重 10 kN 的均质圆柱体放在倾角为 5°的楔和铅垂墙面之间，所有接触处的摩擦因数均为 $f_s=0.25$。不计楔的重量。试求水平推力 $\boldsymbol{F}$ 的大小为多少时才能推动楔。

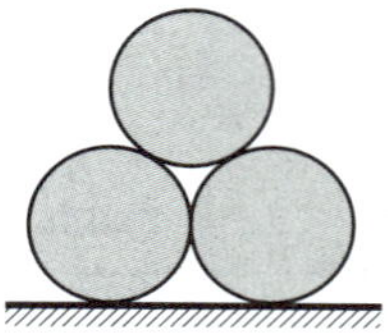

题 3.8 图

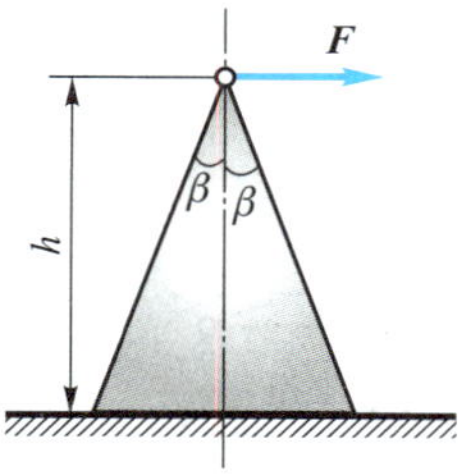

题 3.9 图

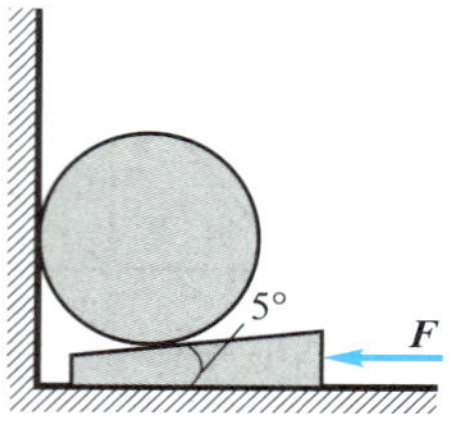

题 3.10 图

3.11　图示物块 A 重为 $P_A=20$ N，物块 B 重为 $P_B=9$ N，直杆 AC 和 BC 的重量不计，各物体用光滑铰链相互连接，并处于同一铅垂面内。已知物块 A，B 与接触面间的静摩擦因数为 $f_s=0.25$，且在图示位置处于平衡状态。试求此时铅垂力 $\boldsymbol{F}$ 的值。

3.12　一重为 P，长为 $2l$ 的均质杆水平地放置在一粗糙的直角 V 型槽内，已知杆两端与槽的静摩擦因数均为 f_s。试求在图示位置能使杆发生滑动所需施加的力偶矩 M 的值。

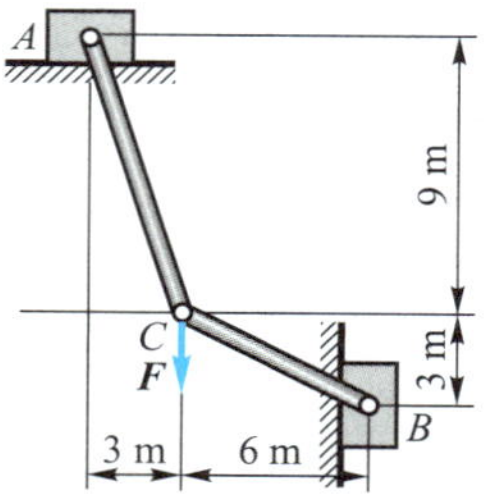

题 3.11 图

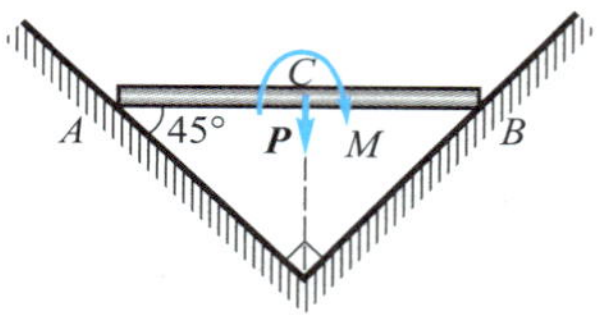

题 3.12 图

3.13　重量不计的薄木板 OA 和 OB 用光滑铰链在点 O 连接，在木板间放置一重为 P，半径为 r 的均质圆柱，圆柱与木板间的静摩擦因数均为 f_s。现用大小均等于 F 的两个水平主动力 $\boldsymbol{F}_1$ 和 $\boldsymbol{F}_2$，使系统在图示位置保持平衡状态，已知 $f_s<\tan\beta$。试求此时 F 的值。

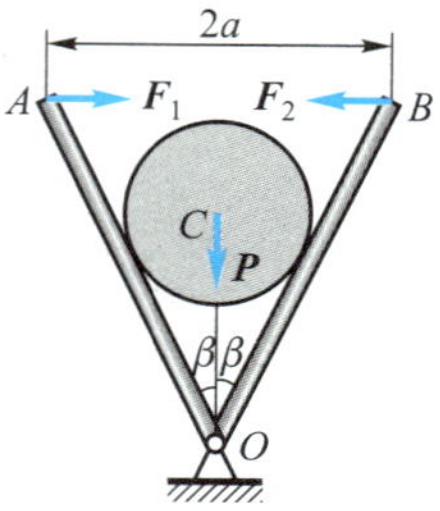

题 3.13 图

3.14　半径为 0.3 m，重为 1 kN 的两个相同的均质圆柱体放在倾角为 30°的固定斜面上。各接触处的静摩擦因数均为 0.2，力 $\boldsymbol{F}$ 平行于斜面且通过两圆柱的中心 O_1 和 O_2。不计滚动摩阻，试求系统平衡时力 $\boldsymbol{F}$ 的大小。

3.15　不计重量，长为 l 的杠杆搁在一重为 P 的圆柱上，在 B 端作用一与杆相垂直的力 $\boldsymbol{F}$。令 f_{sC} 和 f_{sD} 分别为圆柱与杠杆和地面间的摩擦因数，试证：圆柱在图示位置处于平衡状态的条件为

$$f_{sC}\geqslant\frac{\sin\beta}{1+\cos\beta},\quad f_{sD}\geqslant\frac{Fl\sin\beta}{(Fl+Pa)(1+\cos\beta)}$$

3.16 均质圆柱重为 $P=200$ kN，半径 $r=100$ mm，置于倾角为 30°的固定斜面上。已知静摩擦因数 $f_s=0.3$，滚动摩阻系数 $\delta=1$ mm，设沿斜面方向作用一离斜面距离 $h=90$ mm 的力 $\boldsymbol{F}$。试求圆柱平衡时 $\boldsymbol{F}$ 的大小。

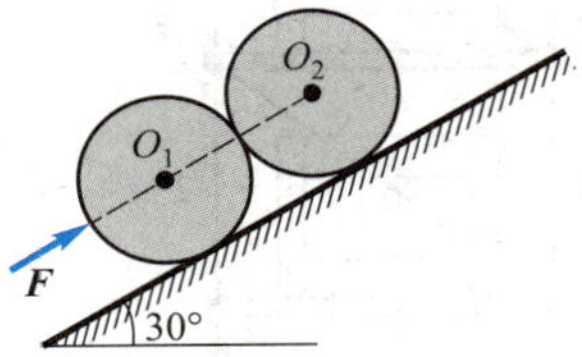

题 3.14 图

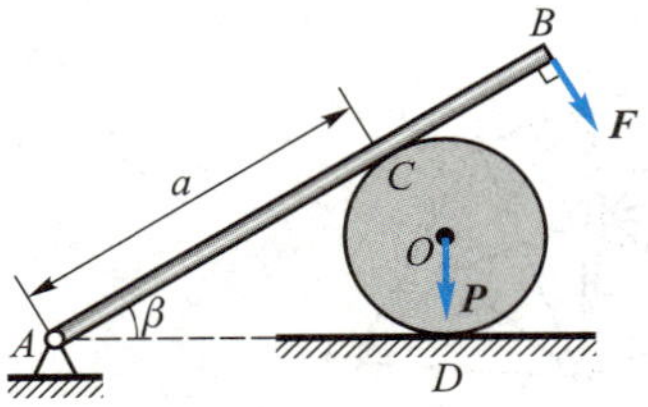

题 3.15 图

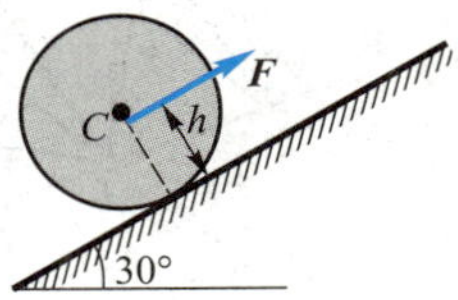

题 3.16 图

***3.17** 砖夹宽 25 cm，由爪 AHB 和 $HCED$ 在点 H 铰接，如图所示。被提起的砖重为 $\boldsymbol{P}$，如果不计其余构件的重量，则作用在点 O 处的提举力 $\boldsymbol{F}$ 与 $\boldsymbol{P}$ 共线。已知砖夹与砖之间的静摩擦因数 $f_s=0.5$。试问距离 b 多大才能保证砖不滑掉？

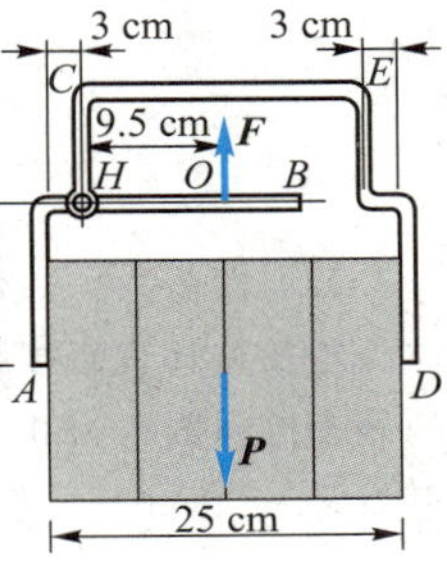

题 3.17 图

***3.18** 图示为一种标识牌的支撑结构，可简化为平面桁架。桁架受到来自风的均布载荷，大小为 2 kN · m^{-1}。假设外部载荷的合力通过点 C，试求该桁架中 BG 和 BF 的内力。

***3.19** 图示为起重机的桁架结构，绳索一端固定在基座处的电机上，另一端跨过 D，E，F，G 及吊钩处的滑轮后，固定在铰链 D 上。具体尺寸如图所示。起重机工作时，吊钩处悬挂大小为 80 kN 的重物。试求桁架构件 FG，CG，BC 和 EF 的内力。

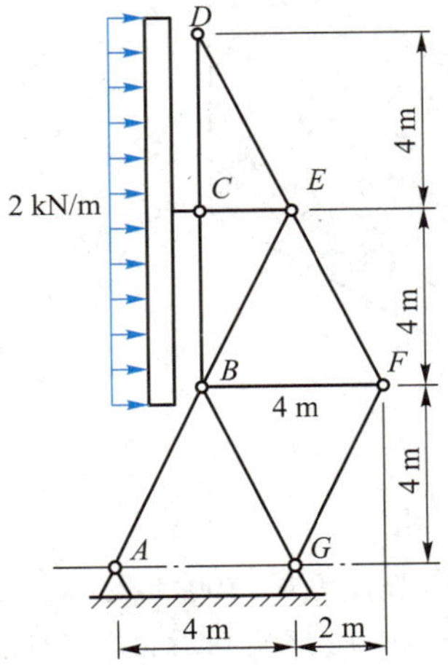

题 3.18 图

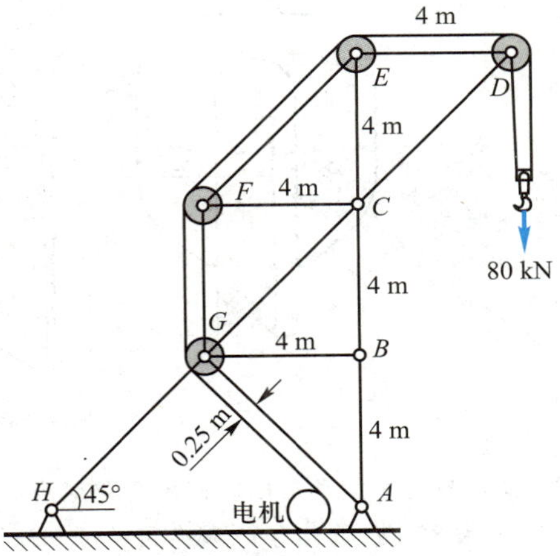

题 3.19 图

***3.20** 起重机长臂的空间桁架结构如图所示，其远端 A 点悬挂大小为 1 000 kg 的重物。试用截面法求构件 FJ 和 GJ 的内力。已知 $KH=HE=MJ=JG=GD=BC=BD=CD=2$ m，$EB=1$ m，A 点到 CD 的距离为 2 m。

***3.21** 三层货架如图所示，货架的每个水平平台质量为 20 kg，其上放置一个位于中心 180 kg 的货箱，其余杆件的质量不计，几何尺寸如图所示。若货架在节点 A 处受到与水平面成 30°夹角的 800 N 推力，求此时杆 CE，DE 和 DF 的内力。

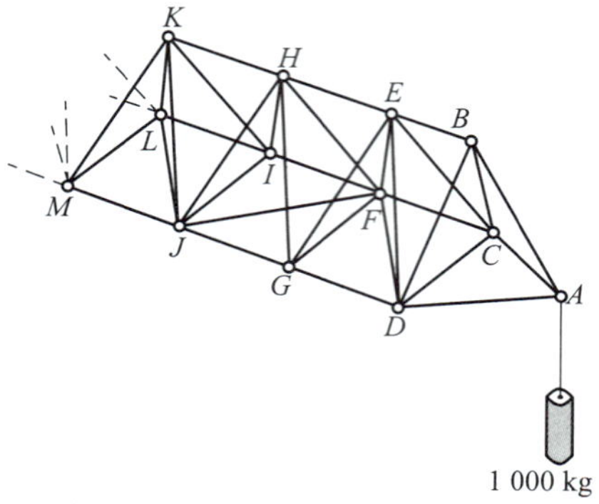

题 3.20 图

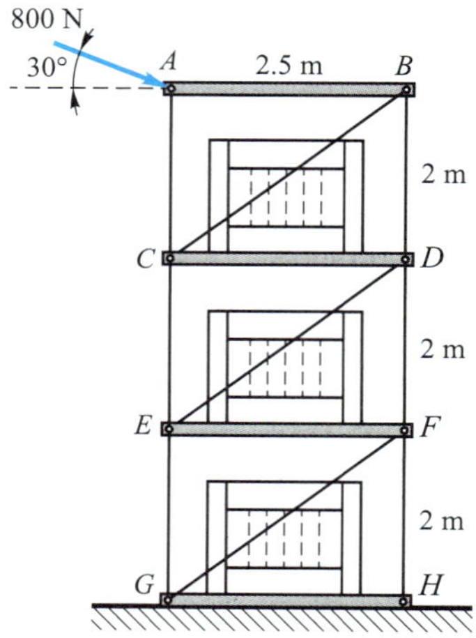

题 3.21 图

*3.22 图示为一种带有凸轮的夹具,在运输大型钢板时成对使用。当钢板插入夹具时,两侧分别与凸轮及夹具表面接触。当吊钩提起时,钢板在夹具表面上轻微下滑后即固定。假设所有接触面的静摩擦因数均为 0.30。对于对称放置在 800 kg 钢板上的两个夹具,试求夹具 O 处圆柱铰链的约束力。

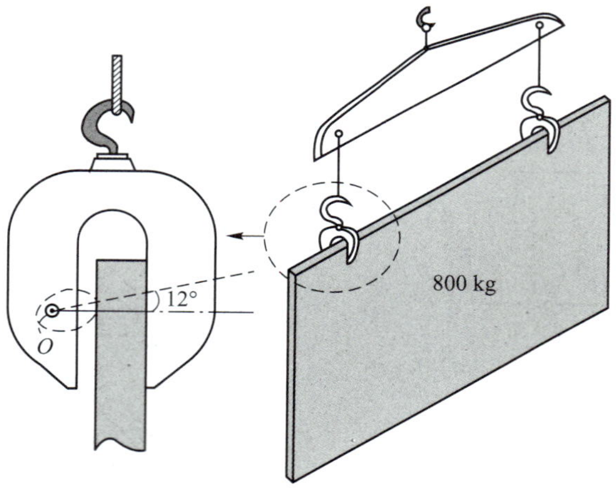

题 3.22 图

*3.23 图示自行车运动员以匀速骑行在湿滑的上斜坡上(坡度为 6∶100)。已知运动员和自行车总质量 m 为 85 kg,质心为 C,其余尺寸如图所示(单位为 mm)。若此时后轮即将打滑,试问:(1) 前轮与地面的摩擦是否可以忽略?(2) 后轮与地面间的静摩擦因数 f_s 为多少?(3) 若静摩擦因数加倍,则后轮上的摩擦力是多少?

*3.24 一种特制的托架可用来搬运 55 mm 厚的面板,其余尺寸如图所示(单位为 mm)。搬运时面板插入 AB 两杆之间,工人左手扶住面板使其保持在铅垂面内,右手握住托架的 C 杆向上提起。假设整个面板由两名工人一前一后共同搬运,每名工人承受面板一半的重量。试求面板和托架杆间的静摩擦因数最小达到多少才能保证二者之间不发生滑移。

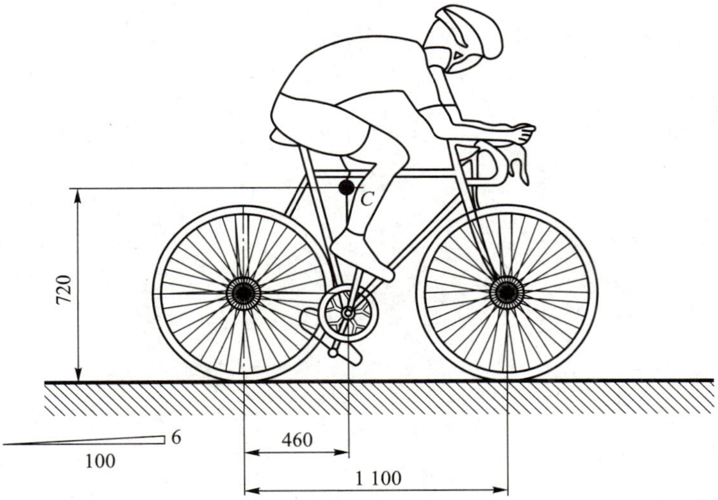

题 3. 23 图

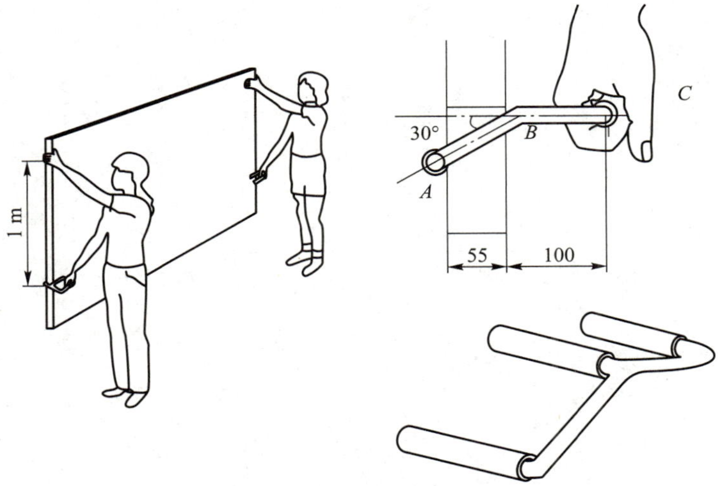

题 3. 24 图

第 3 章部分
习题
参考答案

第二篇 运动学

运动学纯几何地研究物体机械运动的规律，而不涉及引起运动变化的原因，即不涉及物体的受力。

运动学的研究对象是点和刚体。运动学的基本概念有点的位移、速度和加速度，刚体的角位移、角速度和角加速度，以及复合运动中的绝对运动、相对运动和牵连运动等。运动学的数学工具有矢量、微积分、微分方程、矩阵等。

运动学对运动规律的研究及静力学对力的规律的研究是动力学研究力与运动关系的基础。同时，运动学本身也可直接应用于科学和工程实际。

本篇运动学包括运动学基础与点的运动、刚体的平面运动、复合运动。

第4章 运动学基础与点的运动

关键知识点

运动方程，参考系，矢径，弧坐标，自然轴系，曲率，速度，切向、法向加速度，极坐标系。

核心能力

（1）能够使用矢径法、坐标法（直角坐标、自然坐标、极坐标）描述点的运动；

（2）能够写出点的速度和加速度在直角坐标系、自然轴系、极坐标系的投影。

历史人物介绍5：伽利略

4.1 运动学基础

运动学的研究内容包括：

（1）选择适当的参量，对已确定的物体运动进行数学描述；

（2）研究表征物体运动几何性质的基本物理量，如位移、速度、加速度、角位移、角速度、角加速度等；

（3）研究非自由物体或物体系统各部分运动参量之间的关系。

这里所指物体是力学模型。运动学中常用的力学模型是质点和刚体。由于在运动学中不考虑物体的质量，因此又把质点进一步抽象为纯几何点。这样，运动学通常分为**点的运动学**和**刚体运动学**两部分。

要描述物体的位置及其变化规律，必须借助于事先选取的另一物体作为它的参照物。对同一物体，其运动相对于不同的参照物来说，可以是不同的。通常选取某个物体作为描述运动的**参考体**，与参考体相固连的整个延伸空间作为**参考系**或**参考空间**。当参考系确定之后，为了便于对物体运动进行定量的描述，即确定物体在此参考系中的位置，还必须选定与参考系相固连的某种坐标系，以便建立物体位置与其坐标值之间的一一对应关系。

确定物体在空间任一瞬时所在位置的数学表达式称为**物体的运动方程**。

研究运动学时，常采用两种方法——**矢量法**和**分析法**。

矢量法是以矢量表示点的位置、速度和加速度及刚体的角速度和角加速度，并以矢量方程式表示同一刚体上不同两点的速度关系和加速度关系，点的速度合成公式、加速度合成公式及刚体角速度合成公式和角加速度合成公式。对矢量方程，常采用两种方法求解：

（1）将矢量方程在线性无关的坐标轴上投影，得到与之等价的独立的代数方程组并求解；

(2) 根据矢量方程式作出封闭的三角形或多边形,通过几何关系对问题求解。

前一方法可称为**代数法**,后一方法称为**几何法**。矢量法较为直接,一般多用于分析物体或物体系某个时刻下的运动。

分析法则是利用一组描述坐标确定物体的位置,然后通过对时间求导的方法计算相关点的速度和加速度,以及刚体的角速度和角加速度。分析法所建立的运动学方程描述物体或物体系的运动全过程,比较适合于计算机的数值处理。

4.2 点的运动的矢量描述

4.2.1 点的运动方程

动画 4:
点的矢径

在选定的参考空间中,任选一个固定点 O,称为参考点。点 M 在该参考空间的位置可由点 M 相对于点 O 的矢量 $\overrightarrow{OM}$ 唯一确定,记作 $\boldsymbol{r}=\overrightarrow{OM}$。点的位置与矢量 $\boldsymbol{r}$ 建立起一一对应关系,矢量 $\boldsymbol{r}$ 称为点 M 的**矢径**。当点 M 运动时,相应的矢径 $\boldsymbol{r}$ 的大小和方向随时间 t 连续改变,是 t 的单值连续矢量函数

$$\boldsymbol{r}=\boldsymbol{r}(t) \tag{4.2.1}$$

式(4.2.1)称为点的**矢量形式的运动方程**。

随着点 M 的运动,矢径 $\boldsymbol{r}$ 的矢端在参考空间中划出的曲线就是点 M 的轨迹,也称为**矢径端图**(图 4.1)。

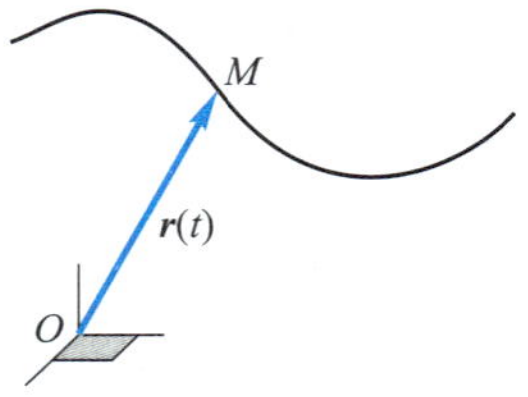

图 4.1

4.2.2 点的速度和加速度

从时刻 t 到时刻 $t+\Delta t$,点 M 在参考空间中矢径的改变 $\boldsymbol{r}(t+\Delta t)-\boldsymbol{r}(t)$ 称为点 M 在时间间隔 Δt 内的位移,记作 $\Delta\boldsymbol{r}$(图 4.2),即

$$\Delta\boldsymbol{r}=\boldsymbol{r}(t+\Delta t)-\boldsymbol{r}(t) \tag{4.2.2}$$

比值$\dfrac{\Delta\boldsymbol{r}}{\Delta t}$反映了点 M 在时间间隔 Δt 内位置改变的平均程度,称为**平均速度**。为了真实地描述点在时刻 t 的运动状态,令 $\Delta t\to 0$,对平均速度取极限得到一新矢量 $\boldsymbol{v}$,将其定义为点 M 在时刻 t 的**瞬时速度**,简称**速度**,即

$$\boldsymbol{v}=\lim_{\Delta t\to 0}\frac{\Delta\boldsymbol{r}}{\Delta t}=\frac{\mathrm{d}\boldsymbol{r}}{\mathrm{d}t}=\dot{\boldsymbol{r}} \tag{4.2.3}$$

瞬时速度是时间的矢量函数,在时刻 t 其大小等于 $\left|\dfrac{\mathrm{d}\boldsymbol{r}}{\mathrm{d}t}\right|$,方向由 $\Delta\boldsymbol{r}$ 的极限方向所确定,即沿点 M 在时刻 t 轨迹的切线,并指向点的运动方向。

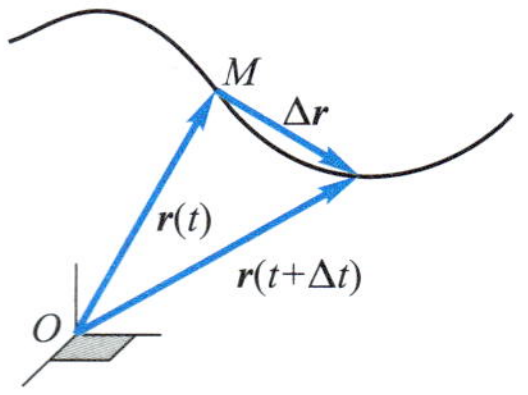

图 4.2

加速度是速度端图的速度。在时刻 t 点的速度 $\boldsymbol{v}(t)$ 随时间变化快慢程度用瞬时加速度,简称**加速度** $\boldsymbol{a}$ 来度量,由 $\boldsymbol{v}$ 端点的速度得

$$\boldsymbol{a}=\lim_{\Delta t\to 0}\frac{\boldsymbol{v}(t+\Delta t)-\boldsymbol{v}(t)}{\Delta t}=\lim_{\Delta t\to 0}\frac{\Delta \boldsymbol{v}}{\Delta t}=\frac{\mathrm{d}\boldsymbol{v}}{\mathrm{d}t}=\ddot{\boldsymbol{r}} \tag{4.2.4}$$

其大小等于 $|\dot{\boldsymbol{v}}|$,方向由 $\Delta\boldsymbol{v}$ 的极限方向确定。

使用矢量来描述点的运动的位置、速度和加速度,与之后要讲授的坐标描述相比,有一个巨大的优势。使用矢量来表达力学量之间的关系,所建立起的物理定律对坐标系选取具有不变性。因此,矢量法常用于理论推导中。

4.3 点的运动的坐标描述

4.3.1 在直角坐标系中研究点的运动

1. 运动方程

在具体问题中,需要将矢量 $\boldsymbol{r},\boldsymbol{v},\boldsymbol{a}$ 作具体表达,常用的是直角坐标法。建立与参考空间固连的直角坐标系 $Oxyz$,点 M 在参考空间中的位置可由它的 3 个坐标 (x,y,z) 唯一确定。这样,点的位置与坐标值 (x,y,z) 建立了一一对应关系(图 4.3)。

当点 M 运动时,x,y,z 都是时间 t 的单值连续函数。点 M 的运动方程为

$$x=x(t),\quad y=y(t),\quad z=z(t) \tag{4.3.1}$$

将式(4.3.1)中消去时间 t,可得到轨迹方程。式(4.3.1)为点的轨迹方程的参数形式。

当点的运动被限制在某一平面上时,例如,在平面 Oxy 上,则运动方程表示为

$$x=x(t),\quad y=y(t) \tag{4.3.2}$$

点 M 的矢径与坐标 (x,y,z) 有如下关系(图 4.4):

$$\boldsymbol{r}=x\boldsymbol{i}+y\boldsymbol{j}+z\boldsymbol{k} \tag{4.3.3}$$

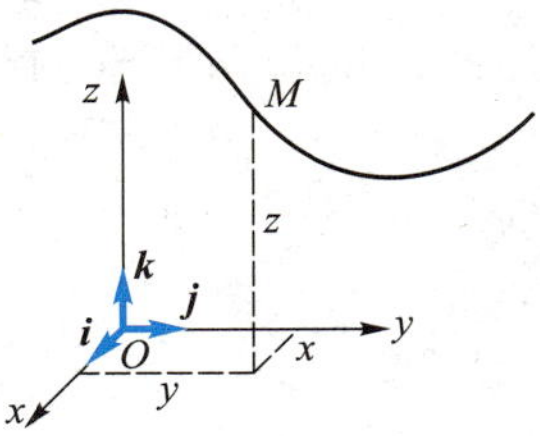

图 4.3

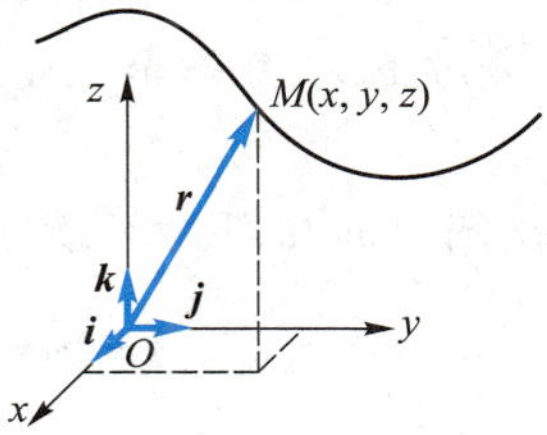

图 4.4

2. 速度、加速度在直角坐标轴上的投影

将式(4.3.3)对时间 t 求一次导数,注意到单位矢量 $\boldsymbol{i},\boldsymbol{j},\boldsymbol{k}$ 都是常矢量,有

$$\boldsymbol{v}=\dot{\boldsymbol{r}}=\dot{x}\boldsymbol{i}+\dot{y}\boldsymbol{j}+\dot{z}\boldsymbol{k} \tag{4.3.4}$$

速度 $\boldsymbol{v}$ 在轴 Ox,Oy,Oz 上的投影 v_x,v_y,v_z 分别为

$$v_x=\dot{x},\quad v_y=\dot{y},\quad v_z=\dot{z} \tag{4.3.5}$$

将式(4.3.4)对时间 t 求一次导数,得

$$\boldsymbol{a}=\dot{\boldsymbol{v}}=\ddot{\boldsymbol{r}}=\ddot{x}\boldsymbol{i}+\ddot{y}\boldsymbol{j}+\ddot{z}\boldsymbol{k} \tag{4.3.6}$$

加速度 $\boldsymbol{a}$ 在轴 Ox,Oy,Oz 上的投影分别为

$$a_x=\dot{v}_x=\ddot{x}, \quad a_y=\dot{v}_y=\ddot{y}, \quad a_z=\dot{v}_z=\ddot{z} \tag{4.3.7}$$

速度的大小为

$$|\boldsymbol{v}|=\sqrt{v_x^2+v_y^2+v_z^2}=\sqrt{\dot{x}^2+\dot{y}^2+\dot{z}^2}$$

速度的方向可用速度与坐标轴夹角的余弦,即方向余弦,表示为

$$\cos(\boldsymbol{v},\boldsymbol{i})=\frac{v_x}{|\boldsymbol{v}|}=\frac{\dot{x}}{\sqrt{\dot{x}^2+\dot{y}^2+\dot{z}^2}}$$

$$\cos(\boldsymbol{v},\boldsymbol{j})=\frac{v_y}{|\boldsymbol{v}|}=\frac{\dot{y}}{\sqrt{\dot{x}^2+\dot{y}^2+\dot{z}^2}}$$

$$\cos(\boldsymbol{v},\boldsymbol{k})=\frac{v_z}{|\boldsymbol{v}|}=\frac{\dot{z}}{\sqrt{\dot{x}^2+\dot{y}^2+\dot{z}^2}}$$

加速度的大小为

$$|\boldsymbol{a}|=\sqrt{\ddot{x}^2+\ddot{y}^2+\ddot{z}^2}$$

加速度的方向可用加速度与坐标轴夹角的方向余弦表示为

$$\cos(\boldsymbol{a},\boldsymbol{i})=\frac{\ddot{x}}{\sqrt{\ddot{x}^2+\ddot{y}^2+\ddot{z}^2}}$$

$$\cos(\boldsymbol{a},\boldsymbol{j})=\frac{\ddot{y}}{\sqrt{\ddot{x}^2+\ddot{y}^2+\ddot{z}^2}}$$

$$\cos(\boldsymbol{a},\boldsymbol{k})=\frac{\ddot{z}}{\sqrt{\ddot{x}^2+\ddot{y}^2+\ddot{z}^2}}$$

例 4.3.1 如图 4.5a 所示机构,曲柄 OC 以等角速度 ω 转动,$\varphi=\omega t$,滑块 A,B 分别沿水平和铅垂滑道滑动。试求连杆 AB 上点 M 的运动方程、速度和加速度。

解:(1) 建立直角坐标系 Oxy,并画出任一瞬时系统的位形。选曲柄转角 φ 为参数。

(2) 根据图示的几何关系,建立点 M 的运动方程

$$\left.\begin{aligned} x&=l\cos\varphi+\frac{l}{2}\cos\varphi=\frac{3}{2}l\cos\varphi \\ y&=\frac{l}{2}\sin\varphi \end{aligned}\right\} \tag{a}$$

代入 $\varphi=\omega t$,得

$$x=\frac{3}{2}l\cos\omega t, \quad y=\frac{l}{2}\sin\omega t \tag{b}$$

消去 t,得到点 M 的轨迹方程

$$\frac{4x^2}{9l^2}+\frac{4y^2}{l^2}=1 \tag{c}$$

它是以点 O 为中心，半长轴长为$\dfrac{3}{2}l$，半短轴长为$\dfrac{l}{2}$的椭圆。

(3) 求点 M 的速度及加速度。将运动方程式(b)对 t 求导数，得

$$v_x=\dot{x}=-\frac{3}{2}l\omega\sin\omega t,\quad v_y=\dot{y}=\frac{1}{2}l\omega\cos\omega t \tag{d}$$

$$a_x=\ddot{x}=-\frac{3}{2}l\omega^2\cos\omega t,\quad a_y=\ddot{y}=-\frac{1}{2}l\omega^2\sin\omega t \tag{e}$$

(4) 运动特性分析。画出轨迹，并研究点 M 在不同时刻的位置、速度和加速度。例如，当 $t=0$ 时，点位于 M_1，$\boldsymbol{v}_1=\dfrac{1}{2}l\omega\boldsymbol{j}$，$\boldsymbol{a}_1=-\dfrac{3}{2}l\omega^2\boldsymbol{i}$；当 $t=\dfrac{\pi}{2\omega}$时，点位于 M_2，$\boldsymbol{v}_2=-\dfrac{3}{2}l\omega\boldsymbol{i}$，$\boldsymbol{a}_2=-\dfrac{1}{2}l\omega^2\boldsymbol{j}$ 等(图 4.5b)。

动画 5：
例 4.3.1

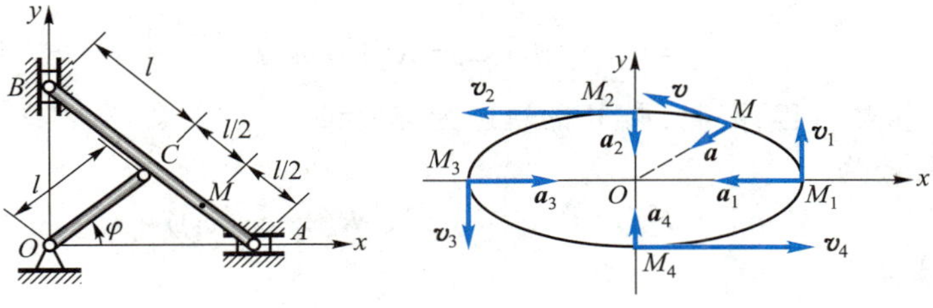

(a) (b)

图 4.5

由式(b)，(e)可得

$$a_x=-\omega^2 x,\quad a_y=-\omega^2 y$$

即

$$\boldsymbol{a}=-\omega^2\boldsymbol{r} \tag{f}$$

这表明，在任一时刻，点 M 的加速度指向中心，且大小与 OM 成正比。

曲柄转动时，杆 AB 上任意一点的运动均与点 M 相似，例如，任意一点的轨迹均为椭圆，只是长短轴的大小及方向不同。因此，该机构称为椭圆仪。

例 4.3.2 半径为 R 的轮子沿直线轨道作无滑滚动，如图 4.6 所示。设轮子保持在同一铅垂平面内，且轮心速度大小为 u，加速度大小为 a。试分析轮子边缘点 M 的运动。

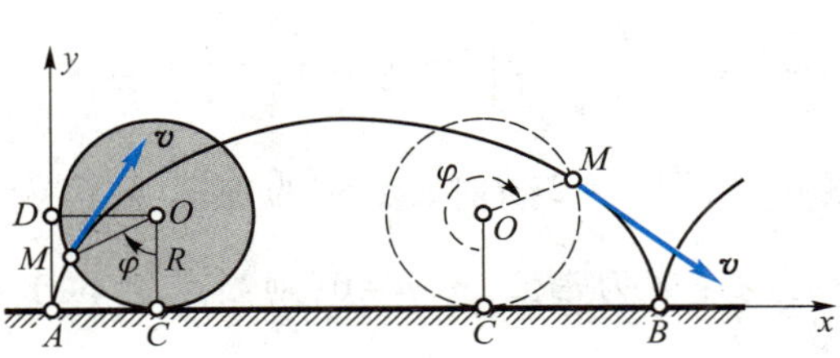

图 4.6

解：取轮子所在平面为 Axy，直线轨道为轴 Ax。设点 M 为轮子边缘上的任意一点，在初始时刻点 M 与坐标原点 A 重合。设任意时刻轮子边缘与地面接触点为 C，则当轮子转过一角度 φ 后，轮心的坐标为

$$x_O = R\varphi, \quad y_O = R$$

动画 6：
例 4.3.2

轮心的轨迹是一直线，因此，轮心的速度和加速度方向都沿轴 Ax，分别为

$$\boldsymbol{v}_O = u\boldsymbol{i} = \dot{x}_O\boldsymbol{i} = R\dot{\varphi}\boldsymbol{i}$$

$$\boldsymbol{a}_O = a\boldsymbol{i} = \ddot{x}_O\boldsymbol{i} = R\ddot{\varphi}\boldsymbol{i}$$

由此求得

$$\dot{\varphi} = \frac{u}{R}, \quad \ddot{\varphi} = \frac{a}{R}$$

点 M 的坐标为

$$x = AC - OM\sin\varphi = R(\varphi - \sin\varphi)$$

$$y = OC - OM\cos\varphi = R(1 - \cos\varphi)$$

这是旋轮线的参数方程，因此，点 M 的轨迹为旋轮线。

点 M 的矢径为

$$\boldsymbol{r}_{AM} = x\boldsymbol{i} + y\boldsymbol{j} = R(\varphi - \sin\varphi)\boldsymbol{i} + R(1 - \cos\varphi)\boldsymbol{j}$$

点 M 的速度为

$$\begin{aligned}\boldsymbol{v} &= \dot{x}\boldsymbol{i} + \dot{y}\boldsymbol{j} = R\dot{\varphi}(1 - \cos\varphi)\boldsymbol{i} + R\dot{\varphi}\sin\varphi\boldsymbol{j}\\ &= u(1 - \cos\varphi)\boldsymbol{i} + (u\sin\varphi)\boldsymbol{j}\end{aligned}$$

可见，当点 M 与地面接触时，即 $\varphi = 2k\pi(k = 0, 1, 2, \cdots)$ 时，点 M 的速度为零。这是纯滚动的一个重要性质。当点 M 位于轮子最高点时，即 $\varphi = (2k+1)\pi(k = 0, 1, 2, \cdots)$ 时，点 M 的速度大小为 $2u$，方向与轮心速度方向一致。

因

$$\boldsymbol{r}_{CM} = \boldsymbol{r}_{AM} - \boldsymbol{r}_{AC} = (-R\sin\varphi)\boldsymbol{i} + R(1 - \cos\varphi)\boldsymbol{j}$$

故有 $\boldsymbol{v} \cdot \boldsymbol{r}_{CM} = 0$，即点 M 的速度始终垂直于 $\overrightarrow{CM}$。点 M 在任意时刻的速度大小为

$$v = \sqrt{\dot{x}^2 + \dot{y}^2} = \left|2R\dot{\varphi}\sin\frac{\varphi}{2}\right| = |r_{CM}\dot{\varphi}|$$

点 M 的加速度为

$$\begin{aligned}\boldsymbol{a} &= \ddot{x}\boldsymbol{i} + \ddot{y}\boldsymbol{j} = R[\ddot{\varphi}(1 - \cos\varphi) + \dot{\varphi}^2\sin\varphi]\boldsymbol{i} + R(\ddot{\varphi}\sin\varphi + \dot{\varphi}^2\cos\varphi)\boldsymbol{j}\\ &= \left[a(1 - \cos\varphi) + \frac{u^2}{R}\sin\varphi\right]\boldsymbol{i} + \left(a\sin\varphi + \frac{u^2}{R}\cos\varphi\right)\boldsymbol{j}\end{aligned}$$

当点 M 与地面接触时，即 $\varphi = 2k\pi$ 时，点 M 的加速度不等于零，其大小为 $\frac{u^2}{R}$，方向指向轮心。如果轮心的速度为常数，即 $a = 0$，则当点 M 位于轮子最高点时，即 $\varphi = (2k+1)\pi$ 时，点 M 的加速度大小也为 $\frac{u^2}{R}$，方向指向轮心。

例 4.3.3 绳子一端连在小车的点 A 上，另一端跨过点 B 的小滑轮绕在鼓轮 C

上。滑轮 B 离地面的高度为 h，如图 4.7 所示。如果小车以匀速度 v 沿水平方向向右运动，试求当 $\theta=45°$ 时，B,C 之间绳上一点 P 的速度和加速度的大小。

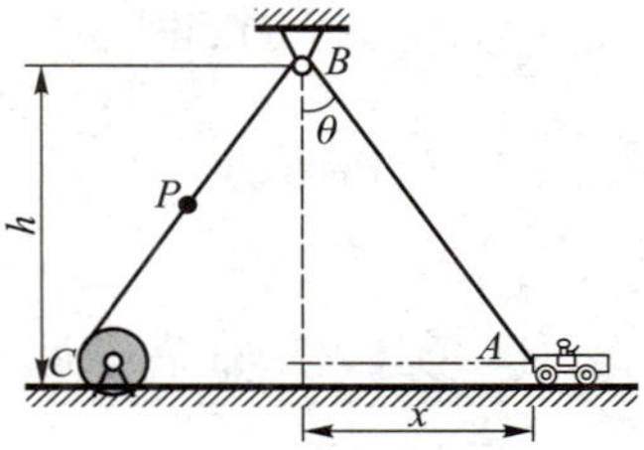

图 4.7

解： 因点 P 的速度大小就是 A,B 之间绳长 l 随时间的变化率，故 $v_P=\dot{l}$，$a_P=\ddot{l}$。由几何关系，有

$$x^2=l^2-h^2 \tag{a}$$

将两端对时间 t 求导数，得

$$x\dot{x}=l\dot{l} \tag{b}$$

由此得

$$v_P=\dot{l}=\frac{x\dot{x}}{l}=\dot{x}\sin\theta \tag{c}$$

由 $\dot{x}=v$，故有

$$v_P=v\sin\theta \tag{d}$$

将式(b)两端对 t 求导数，得

$$\dot{x}^2+x\ddot{x}=\dot{l}^2+l\ddot{l}$$

由 $\ddot{x}=0$，得

$$a_P=\ddot{l}=\frac{\dot{x}^2-\dot{l}^2}{l}=\frac{v^2-v^2\sin\theta}{\dfrac{h}{\cos\theta}}=\frac{v^2}{h}\cos^3\theta \tag{e}$$

式(d)和式(e)是任意角 θ 下的速度和加速度。当 $\theta=45°$时，有

$$v_P=\frac{\sqrt{2}}{2}v,\quad a_P=\frac{\sqrt{2}v^2}{4h}$$

例 4.3.4 一点以匀速 v 沿圆锥曲线 $y^2-2mx-nx^2=0$ 运动。试求它的速度在 x 及 y 方向的分量。已知 m 和 n 为常量。

解： 由速度大小为常量知

$$\dot{x}^2+\dot{y}^2=v^2 \tag{a}$$

将曲线方程 $y^2-2mx-nx^2=0$ 两端对时间 t 求导数，得

$$y\dot{y}-m\dot{x}-nx\dot{x}=0$$

由此解得

$$\dot{y}=\frac{m\dot{x}+nx\dot{x}}{y} \tag{b}$$

将式(b)代入式(a)，解得

$$\dot{x}^2=\frac{v^2y^2}{y^2+(m+nx)^2}$$

于是

$$\dot{x}=\pm\frac{vy}{\sqrt{y^2+(m+nx)^2}} \tag{c}$$

将式(c)代入式(b),得

$$\dot{y}=\pm\frac{v(m+nx)}{\sqrt{y^2+(m+nx)^2}} \tag{d}$$

4.3.2 在自然轴系中研究点的运动

1. 运动方程

当点 M 的轨迹已知时,在轨迹曲线上任取一点 O_1 为新的坐标原点,并规定在点 O_1 一侧量取的弧长为正值,而在另一侧量取的弧长为负值(图 4.8),点 M 的位置可由它离开点 O_1 的弧长 s 唯一确定。代数量 s 称为点 M 的**弧坐标**。当点 M 运动时,弧长 s 是时间 t 的单值连续函数,即

$$s=s(t) \tag{4.3.8}$$

式(4.3.8)称为点的弧坐标形式的运动方程。

2. 速度、加速度在自然轴系上的投影

自然轴系不同于直角坐标系,它与动点轨迹的几何性质密切相关,随着动点 M 的运动而运动,并在空间不停地变换其方位。因此,需要先讨论曲线的几何性质以建立自然轴系。

(1) 曲线的几何性质与自然轴系

已知一条空间曲线 Γ(图 4.9),设曲线上任一点 A 的弧坐标为 s,通常过点 A 存在 3 条正交直线:切线、主法线和副法线。

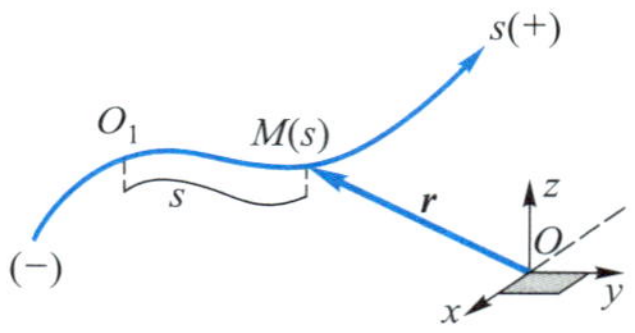

图 4.8

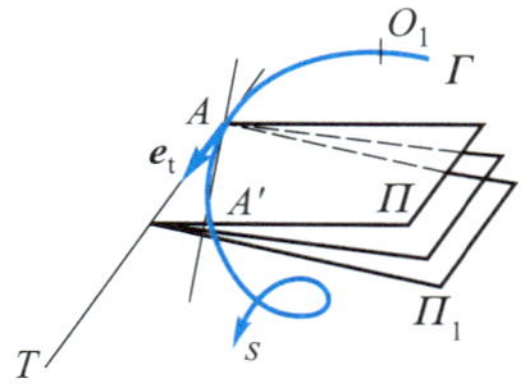

图 4.9

切线:在曲线 Γ 上点 A 附近任选一点 A',其弧坐标为 $s'=s+\Delta s$,过 AA' 作一直线,当 $\Delta s\to 0$,AA' 的极限位置 $\overrightarrow{AT}$ 称为曲线在点 A 处的切线,规定切线正方向与弧坐标正向一致,其单位矢量用 $\boldsymbol{e}_t$ 表示。由于 $\frac{d\boldsymbol{r}}{ds}$ 这一矢量的大小为 1,方向与 $\boldsymbol{e}_t$ 一致,故有

$$\frac{d\boldsymbol{r}}{ds}=\boldsymbol{e}_t \tag{4.3.9}$$

密切平面:过点 A 的切线 $\overrightarrow{AT}$ 和点 A' 可确定一个平面 Π_1。当 $\Delta s\to 0$ 时,$\Pi_1\to\Pi$,称平面 Π 为曲线在点 A 的**密切平面**。点 A 处的切线 $\overrightarrow{AT}$ 位于密切平面内,点 A 邻近的无限小弧段 ds 可看作是位于密切平面内的平面曲线。显然,如果 Γ 为平面曲线,在曲线上任一点处的密切平面均相同,都为曲线所在的平面。

主法线:在点 A 的密切平面内,过点 A 与 $\overrightarrow{AT}$ 垂直的直线 $\overrightarrow{AN}$ 称为点 A 处的**主法**

线。规定主法线的正向指向曲线 Γ 内凹的一侧,其单位矢量用 $\boldsymbol{e}_{\mathrm{n}}$ 表示。

副法线:过点 A 同时与 $\overrightarrow{AT}$,$\overrightarrow{AN}$ 垂直的直线 $\overrightarrow{AB}$ 称为曲线在点 A 处的**副法线**,其单位矢量用 $\boldsymbol{e}_{\mathrm{b}}$ 表示,$\boldsymbol{e}_{\mathrm{b}}$ 的指向要使得 $\boldsymbol{e}_{\mathrm{t}}$,$\boldsymbol{e}_{\mathrm{n}}$,$\boldsymbol{e}_{\mathrm{b}}$ 构成右手系,即

$$\boldsymbol{e}_{\mathrm{b}}=\boldsymbol{e}_{\mathrm{t}}\times\boldsymbol{e}_{\mathrm{n}}$$

自然轴系:曲线 Γ 上的任一点 A 处的切线、主法线、副法线组成的正交轴系,称为空间曲线 Γ 在点 A 处的**自然轴系**。该轴系的单位正交基为 $\boldsymbol{e}_{\mathrm{t}}$,$\boldsymbol{e}_{\mathrm{n}}$,$\boldsymbol{e}_{\mathrm{b}}$(图 4.10)。

随着在曲线 Γ 上选取的点不同,自然轴系也相应变化。因此,单位正交基 $\boldsymbol{e}_{\mathrm{t}}$,$\boldsymbol{e}_{\mathrm{n}}$,$\boldsymbol{e}_{\mathrm{b}}$ 的方向随 s 的变化而不断改变。

点 A 邻近的微小弧段 $\mathrm{d}s$ 在密切平面内的弯曲程度可用曲率来度量。设过点 A,A' 的切线分别为 $\overrightarrow{AT}$,$\overrightarrow{A'T'}$,其单位矢量分别为 $\boldsymbol{e}_{\mathrm{t}}$,$\boldsymbol{e}'_{\mathrm{t}}$(图 4.11)。设 $\Delta\theta$ 为 $\boldsymbol{e}_{\mathrm{t}}$,$\boldsymbol{e}'_{\mathrm{t}}$间的夹角,则**曲率 κ** 表示为

$$\kappa=\lim_{\Delta s\to 0}\left|\frac{\Delta\theta}{\Delta s}\right|=\left|\frac{\mathrm{d}\theta}{\mathrm{d}s}\right| \tag{4.3.10}$$

动画 7:自然轴系

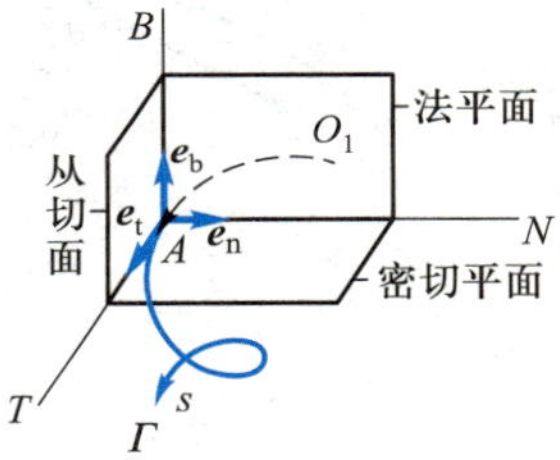

图 4.10

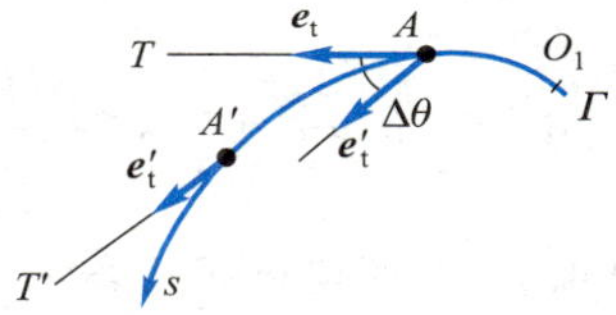

图 4.11

它反映了切线相对于弧长的转动率,转动越“快”,曲率越大,弯曲程度越大。κ 的倒数记作 ρ

$$\rho=\frac{1}{\kappa}=\left|\frac{\mathrm{d}s}{\mathrm{d}\theta}\right| \tag{4.3.11}$$

ρ 称为曲线在点 A 处的**曲率半径**。

(2) 点的速度、加速度在自然轴上的投影

点的速度为

$$\boldsymbol{v}=\frac{\mathrm{d}\boldsymbol{r}}{\mathrm{d}t}=\frac{\mathrm{d}\boldsymbol{r}}{\mathrm{d}s}\frac{\mathrm{d}s}{\mathrm{d}t}$$

利用式(4.3.9),有

$$\boldsymbol{v}=\dot{s}\,\boldsymbol{e}_{\mathrm{t}} \tag{4.3.12}$$

于是速度在自然轴上的投影为

$$v_{\mathrm{t}}=\dot{s},\quad v_{\mathrm{n}}=0,\quad v_{\mathrm{b}}=0 \tag{4.3.13}$$

将式(4.3.12)两端对时间 t 求导数,得

$$\boldsymbol{a}=\frac{\mathrm{d}}{\mathrm{d}t}(\dot{s}\,\boldsymbol{e}_{\mathrm{t}})=\ddot{s}\,\boldsymbol{e}_{\mathrm{t}}+\dot{s}\frac{\mathrm{d}\boldsymbol{e}_{\mathrm{t}}}{\mathrm{d}t}$$

又

$$\frac{\mathrm{d}\boldsymbol{e}_{\mathrm{t}}}{\mathrm{d}t}=\frac{\mathrm{d}\boldsymbol{e}_{\mathrm{t}}}{\mathrm{d}\theta}\frac{\mathrm{d}\theta}{\mathrm{d}s}\frac{\mathrm{d}s}{\mathrm{d}t}=\frac{1}{\rho}\dot{s}\,\boldsymbol{e}_{\mathrm{n}}$$

于是有

$$\boldsymbol{a}=\ddot{s}\,\boldsymbol{e}_{\mathrm{t}}+\frac{\dot{s}^{2}}{\rho}\boldsymbol{e}_{\mathrm{n}} \tag{4.3.14}$$

加速度在自然轴上的投影为

$$\left.\begin{aligned} a_{\mathrm{t}}&=\ddot{s}\\ a_{\mathrm{n}}&=\frac{1}{\rho}\dot{s}^{2}\\ a_{\mathrm{b}}&=0 \end{aligned}\right\} \tag{4.3.15}$$

式(4.3.14)亦可表示为

$$\boldsymbol{a}=\boldsymbol{a}_{\mathrm{t}}+\boldsymbol{a}_{\mathrm{n}}$$

其中 $\boldsymbol{a}_{\mathrm{t}}$ 沿轨迹切向,称为**切向加速度**,它反映速度大小随时间的变化规律;$\boldsymbol{a}_{\mathrm{n}}$ 沿着轨迹的主法线方向,称为**法向加速度**,它反映速度方向的变化规律(图 4.12)。

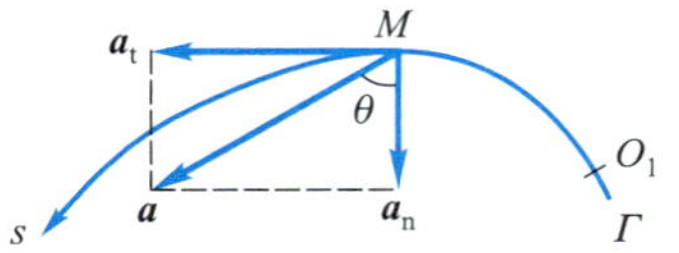

图 4.12

加速度的大小为

$$|\boldsymbol{a}|=\sqrt{a_{\mathrm{t}}^{2}+a_{\mathrm{n}}^{2}}=\sqrt{\ddot{s}^{2}+\left(\frac{1}{\rho}\dot{s}^{2}\right)^{2}}$$

方向可由图 4.12 中夹角正切值表示

$$\tan\theta=\frac{a_{\mathrm{t}}}{a_{\mathrm{n}}}=\frac{\ddot{s}}{\dot{s}^{2}}\rho$$

例 4.3.5 已知点在平面上的运动方程 $x=x(t)$,$y=y(t)$,试证:轨迹曲线的曲率半径为

$$\rho=\frac{(\dot{x}^{2}+\dot{y}^{2})^{\frac{3}{2}}}{|\dot{x}\ddot{y}-\dot{y}\ddot{x}|}$$

证明:设点的速度大小为 v,有

$$v^{2}=\dot{x}^{2}+\dot{y}^{2}$$

两端对时间 t 求导数,得

$$v\dot{v}=\dot{x}\ddot{x}+\dot{y}\ddot{y}$$

因 $\dot{v}=a_{\mathrm{t}}$,故有

$$a_{\mathrm{t}}=\frac{\dot{x}\ddot{x}+\dot{y}\ddot{y}}{v}$$

法向加速度大小 a_{n} 为

$$a_{\mathrm{n}}^{2}=a^{2}-a_{\mathrm{t}}^{2}=\ddot{x}^{2}+\ddot{y}^{2}-\frac{(\dot{x}\ddot{x}+\dot{y}\ddot{y})^{2}}{v^{2}}$$

曲率半径 ρ 为

$$\rho=\frac{v^2}{a_n}=\frac{v^2}{\sqrt{\ddot{x}^2+\ddot{y}^2-\frac{(\dot{x}\ddot{x}+\dot{y}\ddot{y})^2}{v^2}}}=\frac{v^3}{|\dot{x}\ddot{y}-\dot{y}\ddot{x}|}=\frac{(\dot{x}^2+\dot{y}^2)^{3/2}}{|\dot{x}\ddot{y}-\dot{y}\ddot{x}|}$$

这样,用运动学方法导出了平面曲线曲率半径公式。

例 4.3.6 如果点的加速度的切向和法向分量在运动中是常量(图 4.13),试证运动的方向在时间 t 转过的角度 θ 由下式确定:

$$\theta=A\ln(1+Bt)$$

其中 A,B 为常数。

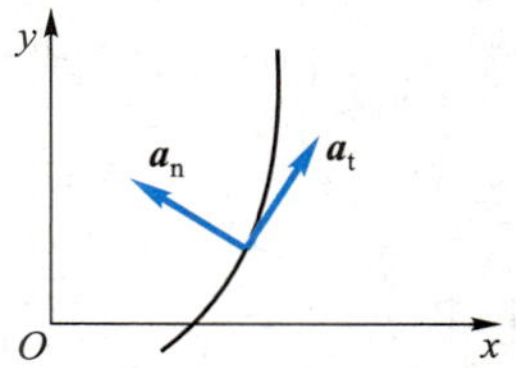

图 4.13

证明:令切向加速度常量为 C_1,法向加速度常量为 C_2,有

$$a_t=\frac{dv}{dt}=C_1 \tag{a}$$

$$a_n=\frac{v^2}{\rho}=C_2 \tag{b}$$

对式(a)积分,得

$$v=C_1t+C_3 \tag{c}$$

因

$$\rho=\frac{ds}{d\theta}=\frac{ds}{dt}\frac{dt}{d\theta}=\frac{v}{\frac{d\theta}{dt}}$$

故式(b)可表示为

$$v\frac{d\theta}{dt}=C_2$$

将式(c)代入上式,得

$$\frac{d\theta}{dt}=\frac{C_2}{C_1t+C_3}$$

积分得

$$\theta=\frac{C_2}{C_1}\ln(C_1t+C_3)+C_4=\frac{C_2}{C_1}\ln\left(1+\frac{C_1}{C_3}t\right)+\frac{C_2}{C_1}\ln C_3+C_4$$

取初值 $t=0,\theta=0$,则有

$$\theta=A\ln(1+Bt) \tag{d}$$

其中

$$A=\frac{C_2}{C_1},\quad B=\frac{C_1}{C_3}$$

例 4.3.7 一点沿半径为 R 的圆周运动,其速度矢量与加速度矢量之间的夹角 β 保持常值,如图 4.14 所示。(1) 试证点的速度可以表示为 $v=v_0\exp[(\theta-\theta_0)\cot\beta]$,其中 θ 为速度矢量与轴 Ox 之间的夹角,且当 $\theta=\theta_0$ 时,$v=v_0$;(2) 试用时间 t 的函数表示速度的大小。

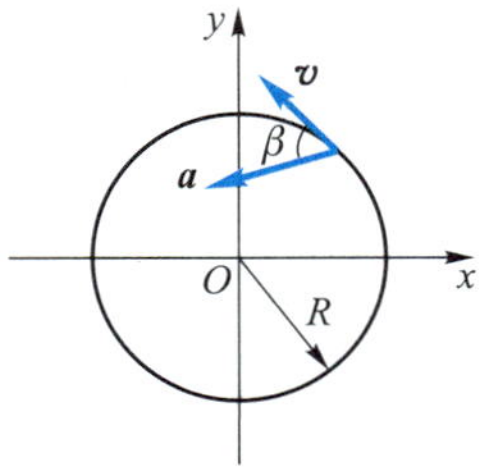

图 4.14

解：切向加速度为

$$a_t=\frac{\mathrm{d}v}{\mathrm{d}t}=a\cos\beta \tag{a}$$

法向加速度为

$$a_n=\frac{v^2}{R}=a\sin\beta \tag{b}$$

将式(a),(b)相除,得

$$\frac{1}{v^2}\frac{\mathrm{d}v}{\mathrm{d}t}=\frac{1}{R}\cot\beta \tag{c}$$

因

$$v=R\dot{\theta},\quad v\mathrm{d}t=R\mathrm{d}\theta$$

故式(c)可表示为

$$\frac{\mathrm{d}v}{v}=\cot\beta\mathrm{d}\theta$$

积分得

$$\ln v-\ln v_0=(\theta-\theta_0)\cot\beta$$

即

$$v=v_0\exp[(\theta-\theta_0)\cot\beta] \tag{d}$$

积分式(c)得

$$-\frac{1}{v}+\frac{1}{v_0}=\frac{1}{R}t\cot\beta$$

由此解得

$$v=\frac{v_0R}{R-v_0t\cot\beta}$$

4.3.3　在柱坐标系中研究点的运动

1. 运动方程

在参考空间中建立柱坐标系,其单位正交基为 $\boldsymbol{e}_\rho,\boldsymbol{e}_\varphi,\boldsymbol{e}_z$,构成右手系,并且与直角坐标系中的单位矢量 $\boldsymbol{k}$ 有如下关系:$\boldsymbol{e}_z=\boldsymbol{k}$。在任意时刻 t,点 M 的空间位置与它在柱坐标中的3个坐标值(ρ,φ,z)一一对应。点 M 的位置完全由3个柱坐标唯一确定(图4.15)。当点 M 运动时,ρ,φ,z 均可表示为时间 t 的单值连续函数,点 M 在柱坐标中的运动方程为

$$\rho=\rho(t),\quad \varphi=\varphi(t),\quad z=z(t) \tag{4.3.16}$$

当点 M 在平面 Oxy 上运动时,$z=0$,其运动方程为

$$\rho=\rho(t),\quad \varphi=\varphi(t) \tag{4.3.17}$$

式(4.3.17)称为极坐标形式的运动方程,ρ 称为极半径,φ 称为极角。

点 M 的位置矢径 $\boldsymbol{r}$ 与其柱坐标中的坐标有如下关系:

$$\boldsymbol{r}=\rho\boldsymbol{e}_\rho+z\boldsymbol{k} \tag{4.3.18}$$

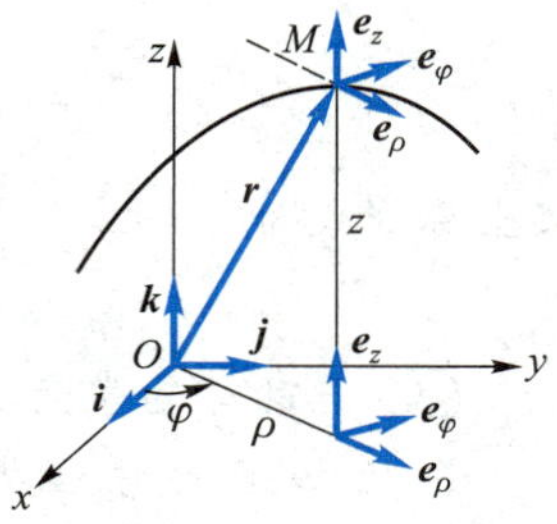

图 4.15

2. 速度、加速度在柱坐标轴上的投影

将式(4.3.18)对时间 t 求导数,得

$$\boldsymbol{v}=\frac{\mathrm{d}\rho}{\mathrm{d}t}\boldsymbol{e}_\rho+\rho\frac{\mathrm{d}\boldsymbol{e}_\rho}{\mathrm{d}t}+\frac{\mathrm{d}z}{\mathrm{d}t}\boldsymbol{k}$$

注意到

$$\frac{\mathrm{d}\boldsymbol{e}_\rho}{\mathrm{d}t}=\dot{\varphi}\boldsymbol{e}_\varphi$$

则有

$$\boldsymbol{v}=\dot{\rho}\boldsymbol{e}_\rho+\rho\dot{\varphi}\boldsymbol{e}_\varphi+\dot{z}\boldsymbol{k} \tag{4.3.19}$$

于是,速度在柱坐标轴上的投影为

$$v_\rho=\dot{\rho},\quad v_\varphi=\rho\dot{\varphi},\quad v_z=\dot{z} \tag{4.3.20}$$

将式(4.3.19)对 t 求导数,并注意到

$$\frac{\mathrm{d}\boldsymbol{e}_\varphi}{\mathrm{d}t}=-\dot{\varphi}\boldsymbol{e}_\rho$$

得

$$\boldsymbol{a}=(\ddot{\rho}-\rho\dot{\varphi}^2)\boldsymbol{e}_\rho+(\rho\ddot{\varphi}+2\dot{\rho}\dot{\varphi})\boldsymbol{e}_\varphi+\ddot{z}\boldsymbol{k} \tag{4.3.21}$$

于是,加速度在柱坐标轴上的投影为

$$a_\rho=\ddot{\rho}-\rho\dot{\varphi}^2,\quad a_\varphi=\rho\ddot{\varphi}+2\dot{\rho}\dot{\varphi},\quad a_z=\ddot{z} \tag{4.3.22}$$

对极坐标情形,v_ρ 和 v_φ 分别称为**径向速度**和**横向速度**;a_ρ 和 a_φ 分别称为**径向加速度**和**横向加速度**。

拓展阅读 1:点的运动的曲线坐标描述

小结

(1) 能够确定任一瞬时点在空间位置的方程称为点的运动方程。

矢量形式的运动方程为

$$\boldsymbol{r}=\boldsymbol{r}(t)$$

直角坐标形式的运动方程为

$$x=x(t),\quad y=y(t),\quad z=z(t)$$

自然坐标形式的运动方程(已知轨迹)为

$$s=s(t)$$

极坐标形式的运动方程为

$$\rho=\rho(t),\quad \varphi=\varphi(t)$$

(2) 点的速度和加速度

矢量形式为

$$\boldsymbol{v}=\dot{\boldsymbol{r}};\quad \boldsymbol{a}=\dot{\boldsymbol{v}}=\ddot{\boldsymbol{r}}$$

直角坐标形式为

$$v_x=\dot{x},\quad v_y=\dot{y},\quad v_z=\dot{z};\quad a_x=\ddot{x},\quad a_y=\ddot{y},\quad a_z=\ddot{z}$$

自然坐标形式为

$$v_t = v,\quad v_n = v_b = 0;\quad a_t = \ddot{s},\quad a_n = \frac{\dot{s}^2}{\rho},\quad a_b = 0$$

极坐标形式为

$$v_\rho = \dot{\rho},\quad v_\varphi = \rho\dot{\varphi};\quad a_\rho = \ddot{\rho} - \rho\dot{\varphi}^2,\quad a_\varphi = \rho\ddot{\varphi} + 2\dot{\rho}\dot{\varphi}$$

（3）点的运动学两类问题

a. 已知运动方程求速度和加速度，或者已知速度求加速度（例 4.3.1，例 4.3.2，例 4.3.3，例 4.3.4，例 4.3.5）；

b. 已知加速度求速度，或者已知速度求运动方程（例 4.3.6，例 4.3.7）。

前一类为求导数问题，后一类为求积分问题。点的运动学的难点主要是数学问题。

习题

4.1 如图所示，长为 l 的杆 AB，一端与一小球 A 固连，另一端与滑块 B 铰接。已知杆 AB 与铅垂线的夹角 $\varphi=\omega t$，滑块 B 的运动规律为 $x_B=a+b\sin\omega t$，其中 a,b,ω 均为常数。试求点 A 的轨迹、速度和加速度。

4.2 半径为 R 的圆弧与墙 AB 相切，在圆心 O 处有一光源，点 M 从切点 C 处开始以匀速度 v_0 沿圆弧运动，如图所示。试求点 M 在墙上的影子 M' 的速度大小和加速度大小。

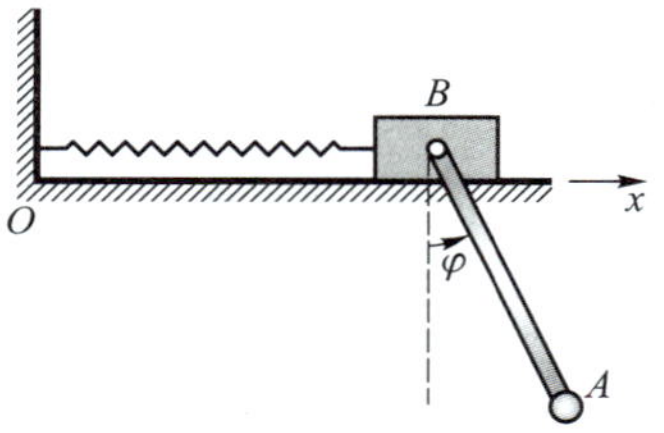

题 4.1 图

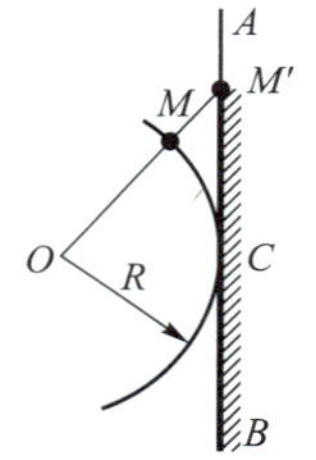

题 4.2 图

4.3 图示机构中已知 $OO_1=l,\varphi=\omega_0 t$，其中 ω_0 为常数。D 是十字形导槽。试求当 $\varphi=30°$时点 D 的速度大小与加速度大小。

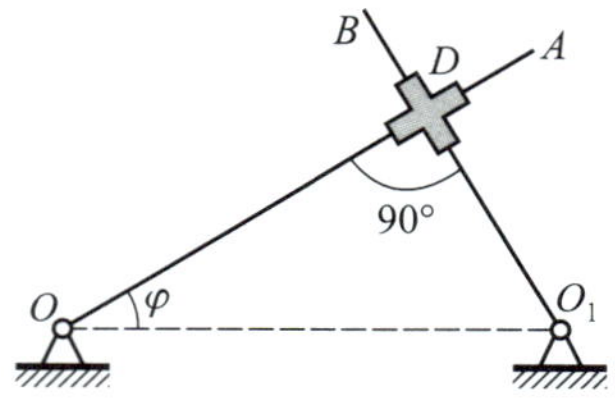

题 4.3 图

4.4 如图所示，小环 M 同时套在直杆 OB 和半径为 r 的铁丝圆圈上。铁丝圆圈固定不动，直杆 OB 以 $\varphi=\omega t$（ω 为常数）的规律绕轴 O 逆时针转动。试分别求小环 M 相对于杆 OB 和铁丝圆圈的速度、加速度。

4.5 如图所示，一半径为 r，中心为 O 的圆柱，在半径为 R，中心为 O'的固定圆柱上作无滑动地滚动（纯滚动）。已知 OO'与铅垂线夹角 φ 的变化规律 $\varphi=\varphi(t)$，试求点 O 的运动方程、速度和加速度。

4.6 如图所示，小车 A 和 B 以绳索相连。小车 A 比小车 B 高出 $h=1.5$ m。小车 A 以匀速 $v_A=0.4\ \mathrm{m\cdot s^{-1}}$ 前进而拉动小车 B。设 $t=0$ 时，$BC=l_0=4.5$ m。试求 5 s 后小车 B 的速度和加速度。设滑轮与车的尺寸不计。

4.7 设 $x=a+\alpha f(t),y=b+\beta f(t),z=c+\gamma f(t)$。如要使运动成为等加速度运动，试问 $f(t)$ 应为怎样的函数？已知 a,b,c,α,β 及 γ 等都是常量。

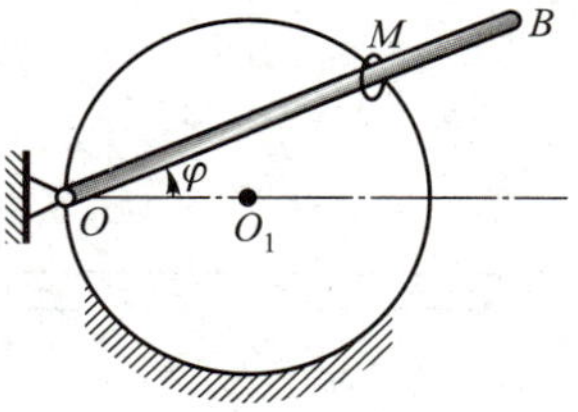

题 4.4 图

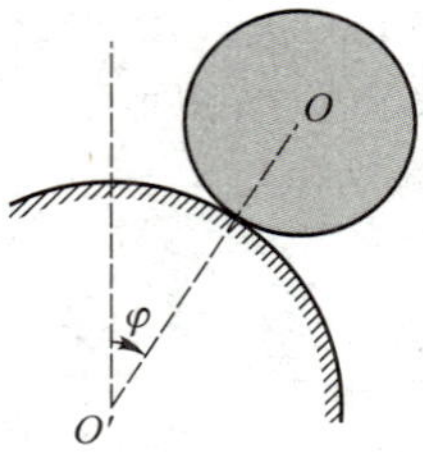

题 4.5 图

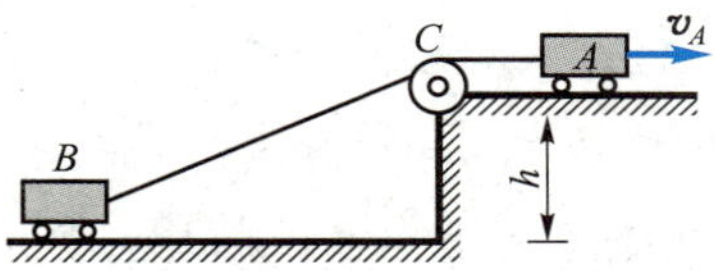

题 4.6 图

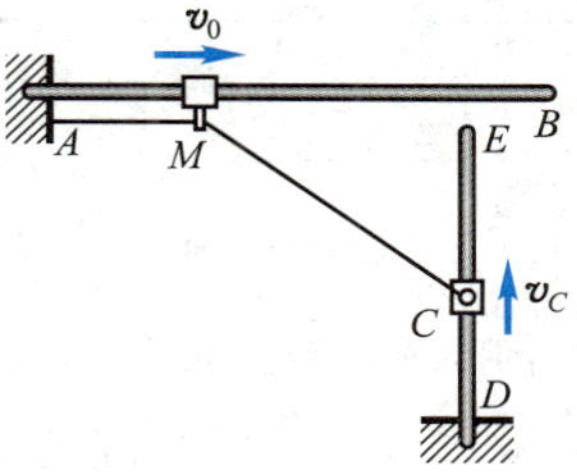

题 4.8 图

4.8 一绳 AMC 的一端系于定点 A,穿过滑块 M 上的小孔,另一端系于滑块 C。滑块 M 以已知匀速 $\boldsymbol{v}_0$ 运动。绳长为 l,AE 的距离为 a 并垂直于 DE。试求:(1) 滑块 C 的速度与距离 $AM=x$ 的关系;(2) 当滑块 M 经过点 E 时,滑块 C 的速度为何值。

4.9 设一点 M 沿一空间曲线运动,其速度为 $\boldsymbol{v}$,加速度为 $\boldsymbol{a}$。试证:轨迹的曲率半径的值为

$$\rho=\frac{v^3}{|\boldsymbol{v}\times\boldsymbol{a}|}$$

4.10 一点运动的轨迹为平面曲线,其速度在轴 x 上的投影始终是常量 v_x。试证:点的加速度大小为 $a=\dfrac{v^3}{\rho}$,其中 v 为点的速度大小,ρ 为曲率半径。

4.11 已知点的运动方程为 $\boldsymbol{r}=(7t)\boldsymbol{i}+(3+t^2)\boldsymbol{j}+\left(\dfrac{t^3}{3}\right)\boldsymbol{k}$,其中 t 以 s 计,r 以 m 计。试求 $t=3$ s 时点的速度、切向加速度和法向加速度的大小。

4.12 试用极坐标方法解例 4.3.3。

4.13 一点作平面运动,其径向速度 $v_\rho=\lambda\rho$,横向速度 $v_\varphi=\mu\varphi$,其中 λ,μ 为常数。试求其径向加速度 a_ρ 和横向加速度 a_φ。

4.14 如图所示,直线 FM 在一给定的椭圆平面内以匀角速度 ω 绕焦点 F 转动。试求此直线与椭圆交点 M 的速度。

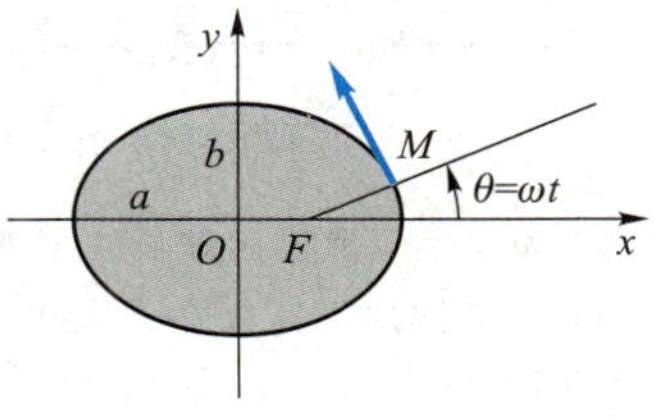

题 4.14 图

4.15 椭圆有如下性质:(1) 椭圆上一点到两焦点所引矢径大小之和为常数;(2) 椭圆的法线等分两矢径间的夹角。因此,若一点走一椭圆轨迹,试用运动学方法由第(1)条性质来证明第(2)条性质。

***4.16** 如图所示,某人接受任务需在最短时间内从岸边 A 处赶往海中离岸 $10\sqrt{3}$ km 的 B 岛。试问此人应先由 A 处乘汽车到何处(以点 C 表示)再乘快艇?假定艇速为 36 km · h^{-1},而沿 AC 段行驶的车速为 72 km · h^{-1}。

***4.17** 车 A 以 120 km · h^{-1} 的恒定速度沿直线行驶。如图所示,在 $t=0$ 时刻,车 B 以 40 km · h^{-1}

的速度进入半径为 100 m 的弯道，并以 0.1g 的恒定加速度沿其路径加速，直至达到 120 $km \cdot h^{-1}$ 后维持恒速行驶。试求车 A 与车 B 的距离。

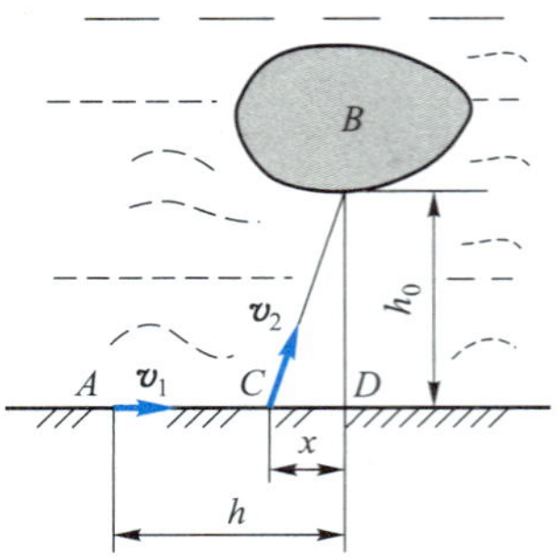

题 4.16 图

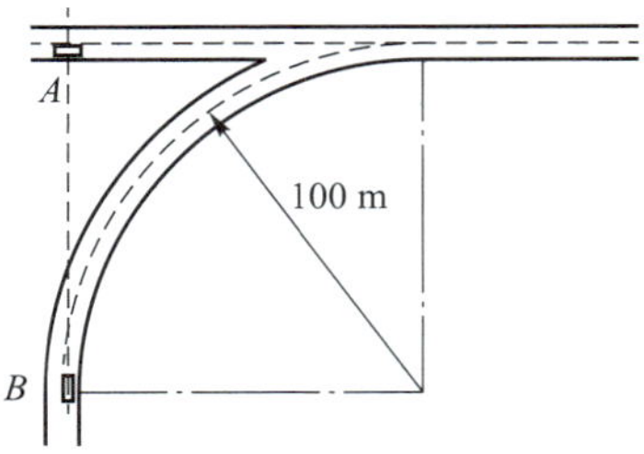

题 4.17 图

*4.18　图示为火箭铅垂发射时雷达对其观测的示意图。当 $\theta = 60°$ 时，$r = 9$ km，$\ddot{r} = 21\ m \cdot s^{-2}$，$\dot{\theta} = 0.02\ rad \cdot s^{-1}$。（1）试求火箭在此时的速度和加速度；（2）若在之后某时刻，雷达观测到 $r = 10.5$ km，$\dot{r} = 480\ m \cdot s^{-1}$，$\dot{\theta} = 0$，$\ddot{\theta} = -0.007\ 20\ rad \cdot s^{-2}$，求此时火箭运动轨迹的曲率半径。

*4.19　图示为探测雷达工作的示意图，其跟踪天线 A 沿其铅垂轴以 $\theta = \theta_0 \cos(\omega t)$ 方式振荡摆动，其中 ω 为恒定的振荡频率，$2\theta_0$ 为 2 倍的振荡幅值。同时，雷达的仰角 ψ 以恒定角速度 k 增大。假设图中所示时刻 $\theta = 0°$。试写出跟踪天线 A 经过当前位置和顶部位置 B 时的加速度大小。已知天线 A 距底部 O 点距离为 r。

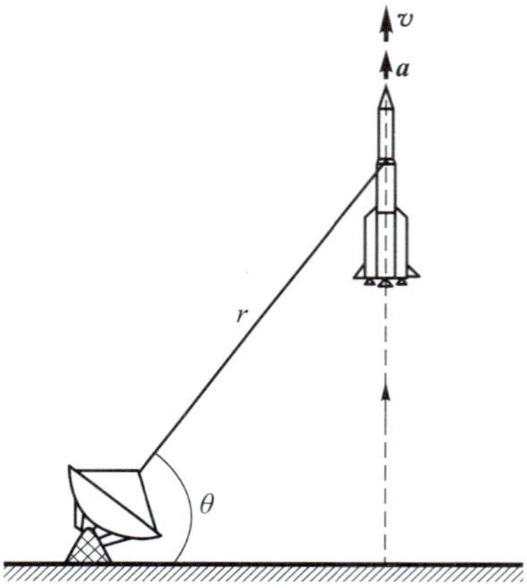

题 4.18 图

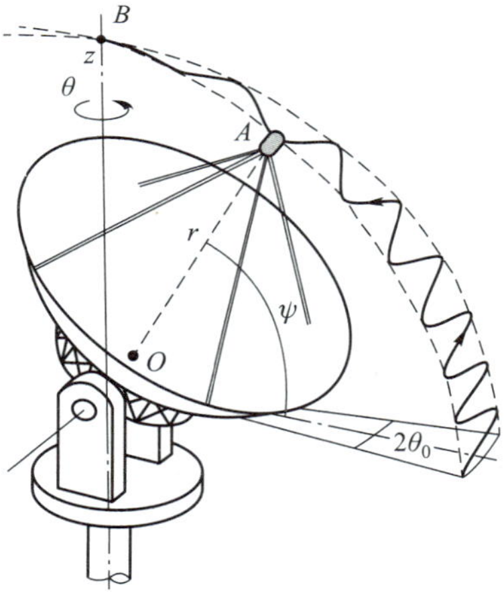

题 4.19 图

*4.20　图示滑板运动员在 U 形槽内运动。U 形槽的半径为 4.5 m。视人与滑板为质点，距地面 750 mm。已知质心速度在 θ 为 0°，45°和 90°时，分别为 8.5 $m \cdot s^{-1}$，6 $m \cdot s^{-1}$ 和 0。试求此三个角度时运动员质心的法向加速度。

*4.21　如图所示为一种过山车游乐设施，乘客坐在小车内沿圆柱形螺旋轨道进行运动。圆柱螺旋轨道的有效半径为 6 m，螺旋角 $\gamma = 40°$。过山车通过位置 A 时的速度为 15 $m \cdot s^{-1}$，沿路径切线测得的加速度分量为 $g\cos\gamma$，试求该乘客通过位置 A 时的加速度大小。图中 xy 平面为水平面，z 方向为铅垂方向。

题 4.20 图

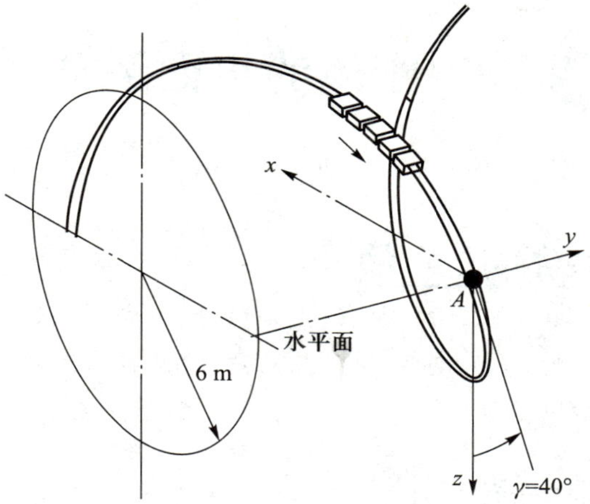

题 4.21 图

第 4 章部分习题参考答案

第5章 刚体的平面运动

关键知识点

平面运动,平移,定轴转动,一般平面运动,平面图形,基点,方位角,角位移,角速度,角加速度,速度基点法,速度投影定理,速度瞬心,速度瞬心法,加速度基点法,瞬时平移。

历史人物介绍6:
切比雪夫

核心能力

(1) 能够求出平移和定轴转动刚体上各点的速度和加速度;

(2) 能够应用基点法、瞬心法和速度投影定理求出一般平面运动刚体内各点的速度;

(3) 能够应用基点法求出一般平面运动刚体内各点的加速度。

5.1 刚体平面运动的简化

5.1.1 平面运动的定义与分类

刚体上任意一个确定点到某一固定平面的距离始终保持不变的运动称为刚体的平面运动,简称为平面运动。显然,平面运动刚体上各点的轨迹都是平面曲线。

平面运动的刚体大多受到约束,因约束的不同可分为三种类型:平移、定轴转动和一般平面运动。

动画8:
直线平移

1. 平移

刚体内任意一条直线在刚体运动过程中始终保持平行,这样的运动称为平移。平移刚体上各点轨迹的形状完全相同。当平移刚体上任一点的轨迹为直线时,如图5.1a所示,则称运动为直线平移。如果平移刚体上任一点的轨迹为曲线,如图5.1b所示,则称运动为曲线平移。根据刚体上点的轨迹是空间曲线还是平面曲线,平移又分为空间平移和平面平移,其中平面平移属于平面运动的特例。

动画9:
曲线平移

2. 定轴转动

当刚体作平面运动时,在运动过程中体内(或是延拓部分)始终存在一条固定不动的直线,这样的平面运动称为定轴转动,不动的直线称为转轴。除转轴外,刚体上各点分别在与转轴垂直的各平面内作圆周运动,如图5.1c所示。

平移和转动是刚体的基本运动,它们不仅是刚体最简单的运动,而且是刚体复杂运动的基础。

动画 10：定轴转动

动画 11：一般平面运动

动画 12：平面运动典型实例

3. 一般平面运动

既不是平面平移，也不是定轴转动的平面运动，称为**一般平面运动**。在刚体作一般平面运动时，刚体内各点的轨迹是形状各异的平面曲线，如图 5.1d 所示。

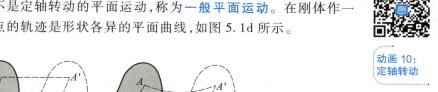

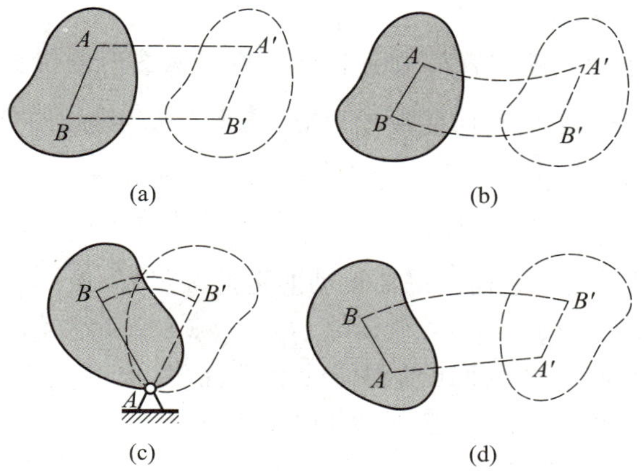

图 5.1

图 5.2 给出的“曲柄-连杆-滑块”机构，即为刚体平面运动的一个典型工程实例。

5.1.2 平面运动的简化

在刚体内任意一条与体内各点的运动平面相垂直的直线上，各点有相同的位移，因此也有相同的速度和相同的加速度。任意一个平行于某固定平面 Ⅰ 的平面 Ⅱ、平面 Ⅲ 等分别将刚体截出一个平面图形。当刚体作平面运动时，这些图形在自身所在平面内运动。这样，对刚体平面运动的研究，**可简化为对一个平截面图形 S 在其自身平面内运动的研究**。平面图形 S 上点 A 的运动代表刚体上直线 A_1A_2 的运动（图 5.3）。显然，在各处截得的具体平截面图形一般说来是不同的，为使研究更具一般性，将平截面图形的大小和形状看成是不受任何限制的，可以根据需要加以延拓的平面图形。

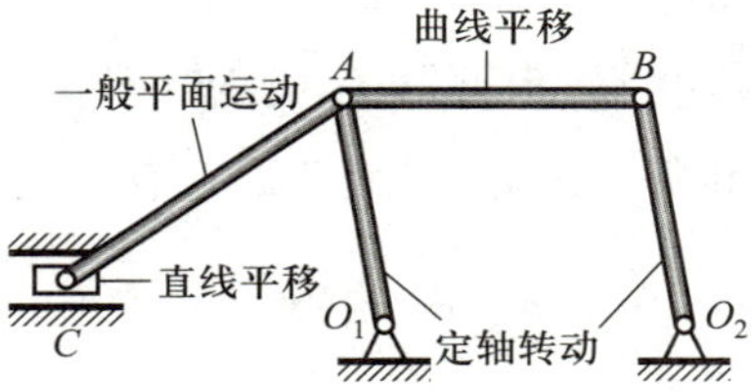

图 5.2

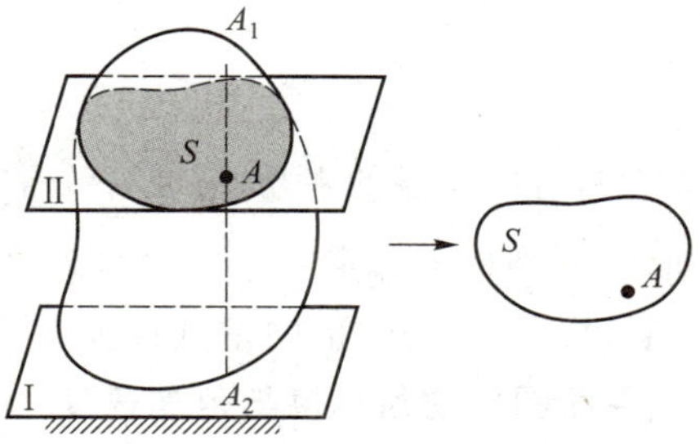

图 5.3

5.2 研究平面图形运动的分析方法

5.2.1 平面运动方程

在平面图形 S 上建立固定直角坐标系 Oxy，则平面图形的位置由其上任意一有向线段 $\overrightarrow{AB}$ 确定，而要表示这个有向线段的位置，需要 3 个坐标，即点 A 的直角坐标 x_A，y_A 以及 $\overrightarrow{AB}$ 与轴 Ox 的夹角 φ。点 A 称为基点，角 φ 称为方位角（图 5.4）。方位角 φ 的正向规定如下：从不动边轴 Ox 转向有向线段 $\overrightarrow{AB}$ 的方向为正向。平面运动的运动方程为

$$x_A=f_1(t),\quad y_A=f_2(t),\quad \varphi=f_3(t) \tag{5.2.1}$$

由式（5.2.1）可以完全确定平面运动刚体的运动规律，也可以完全确定刚体上任意一点的轨迹、速度和加速度。

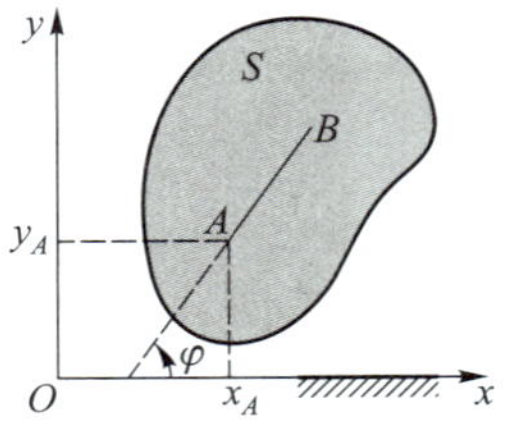

图 5.4

由方程（5.2.1）可得到两种特殊情形：

（1）当 $\varphi=f_3(t)$ 为常数时，表明刚体上任一直线在运动过程中始终保持平行，即平面平移情形，此时运动方程为

$$x_A=f_1(t),\quad y_A=f_2(t)$$

（2）当 $x_A=f_1(t)$ 为常数，$y_A=f_2(t)$ 为常数时，表明在运动过程中，刚体内过点 A 与图形 S 相垂直的直线上的点静止不动，即刚体作定轴转动情形，此时运动方程为

$$\varphi=f_3(t)$$

5.2.2 平面图形的角位移、角速度和角加速度

1. 平面图形的角位移

平面图形运动时，方位角 $\varphi=f_3(t)$ 一般是随时间变化的，即有向线段 $\overrightarrow{AB}$ 的方位是变化的。设在 t 至 $t+\Delta t$ 的时间间隔内，方位角的增量为 $\Delta\varphi$，即

$$\Delta\varphi=\varphi'-\varphi=f_3(t+\Delta t)-f_3(t)$$

称 $\Delta\varphi$ 为有向线段 $\overrightarrow{AB}$ 在时间间隔 Δt 内的角位移（图 5.5a）。

平面图形在运动过程中，其上任意两条有向线段 $\overrightarrow{AB}$ 和 $\overrightarrow{CD}$ 的方位角 φ 和 ψ 存在如下关系：

$$\varphi(t)=\psi(t)-\theta$$

其中 θ 为两有向线段的夹角，它是一个常量（图 5.5b）。由此知 $\Delta\varphi=\Delta\psi$，即在相同的时间间隔内，图形上任意一条有向线段的角位移相等。因此，平面图形上有向线段 $\overrightarrow{AB}$ 的角位移 $\Delta\varphi$ 也称为图形的角位移。

2. 平面图形的角速度与角加速度

平面图形的角位移 $\Delta\varphi$ 与时间间隔 Δt 之比在 $\Delta t\to 0$ 下的极限值称为平面图形的角速度，记作 ω，即

$$\omega=\lim_{\Delta t\to 0}\frac{\Delta\varphi}{\Delta t}=\frac{\mathrm{d}\varphi}{\mathrm{d}t}=\dot{\varphi} \tag{5.2.2}$$

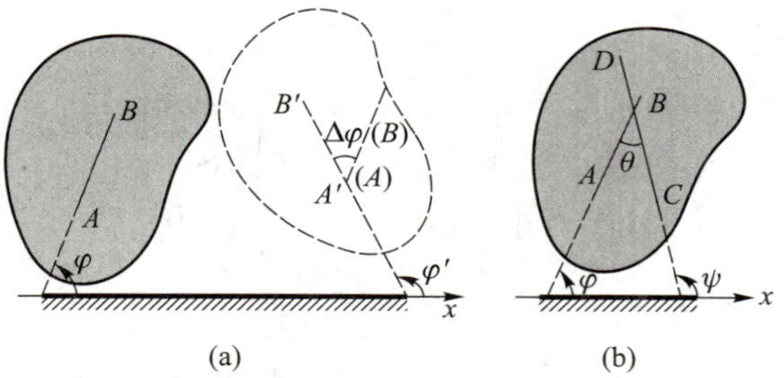

图 5.5

角速度 ω 对时间 t 的导数称为平面图形的角加速度，记作 α，即

$$\alpha=\frac{\mathrm{d}\omega}{\mathrm{d}t}=\dot{\omega}=\ddot{\varphi} \tag{5.2.3}$$

平面图形的角速度和角加速度就是刚体平面运动角速度和角加速度，它们表示了刚体方位变化的快慢，是刚体运动的整体性质。角速度的单位是 $\mathrm{rad\cdot s^{-1}}$，角加速度的单位是 $\mathrm{rad\cdot s^{-2}}$。在刚体作定轴转动时，工程上常用每分钟转过的圈数 n 作为刚体转动快慢的度量，其单位是 $\mathrm{r\cdot min^{-1}}$。n 与 ω 的关系为

$$\omega=\frac{2\pi n}{60}=\frac{\pi n}{30} \tag{5.2.4}$$

平面图形的角速度和角加速度都是可以用代数量表示的物理量。平面图形的角速度和角加速度也可表示为沿轴 Oz 的矢量，设轴 Oz 正向的单位矢量为 $\boldsymbol{k}$，则有

$$\boldsymbol{\omega}=\omega\boldsymbol{k} \tag{5.2.5}$$

$$\boldsymbol{\alpha}=\alpha\boldsymbol{k} \tag{5.2.6}$$

其中 ω 和 α 为角速度和角加速度在轴 Oz 上的投影，是代数量（图 5.6）。利用式（5.2.2）和式（5.2.3），以上两式还可表示为

$$\boldsymbol{\omega}=\frac{\mathrm{d}\varphi}{\mathrm{d}t}\boldsymbol{k} \tag{5.2.7}$$

$$\boldsymbol{\alpha}=\frac{\mathrm{d}\omega}{\mathrm{d}t}\boldsymbol{k}=\frac{\mathrm{d}^2\varphi}{\mathrm{d}t^2}\boldsymbol{k}=\frac{\mathrm{d}\boldsymbol{\omega}}{\mathrm{d}t} \tag{5.2.8}$$

5.2.3 平面图形上点的运动分析

设点 B 为平面图形上任意一点（图 5.6），则其运动方程为

$$x_B=x_A+l\cos\varphi$$

$$y_B=y_A+l\sin\varphi$$

其中 l 为 A，B 两点间的距离，是常数。对上式求对时间的一次导数和二次导数，可得到点 B 的速度和加速度在直角坐标轴上的投影。

点 B 的速度投影为

$$\dot{x}_B=\dot{x}_A-l\dot{\varphi}\sin\varphi$$
$$\dot{y}_B=\dot{y}_A+l\dot{\varphi}\cos\varphi$$

将其写成矩阵形式,有

$$\begin{pmatrix}\dot{x}_B\\ \dot{y}_B\\ 0\end{pmatrix}=\begin{pmatrix}\dot{x}_A\\ \dot{y}_A\\ 0\end{pmatrix}+\begin{pmatrix}0&-\dot{\varphi}&0\\ \dot{\varphi}&0&0\\ 0&0&0\end{pmatrix}\begin{pmatrix}l\cos\varphi\\ l\sin\varphi\\ 0\end{pmatrix}$$

点 B 的加速度投影为

$$\ddot{x}_B=\ddot{x}_A-l\dot{\varphi}^2\cos\varphi-l\ddot{\varphi}\sin\varphi$$
$$\ddot{y}_B=\ddot{y}_A-l\dot{\varphi}^2\sin\varphi+l\ddot{\varphi}\cos\varphi$$

将其写成矩阵形式,有

$$\begin{pmatrix}\ddot{x}_B\\ \ddot{y}_B\\ 0\end{pmatrix}=\begin{pmatrix}\ddot{x}_A\\ \ddot{y}_A\\ 0\end{pmatrix}+\begin{pmatrix}0&-\ddot{\varphi}&0\\ \ddot{\varphi}&0&0\\ 0&0&0\end{pmatrix}\begin{pmatrix}l\cos\varphi\\ l\sin\varphi\\ 0\end{pmatrix}+\begin{pmatrix}-\dot{\varphi}^2&0&0\\ 0&-\dot{\varphi}^2&0\\ 0&0&0\end{pmatrix}\begin{pmatrix}l\cos\varphi\\ l\sin\varphi\\ 0\end{pmatrix}$$

上述公式复杂,但当通过计算机实现数值计算时,常会用到这种方法。

例 5.2.1 半径为 r 的圆轮沿直线轨道运动(图 5.7),在运动过程中,圆轮与轨道接触处无相对滑动,即纯滚动。已知轮心 C 的运动规律为 $x_C=x_C(t)$,试求圆轮的角速度、角加速度及轮缘上任一点 M 的速度和加速度。

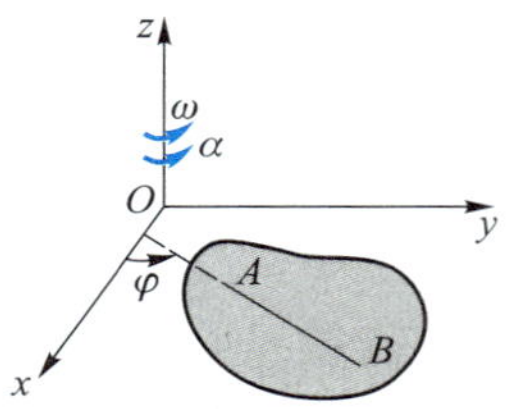

图 5.6

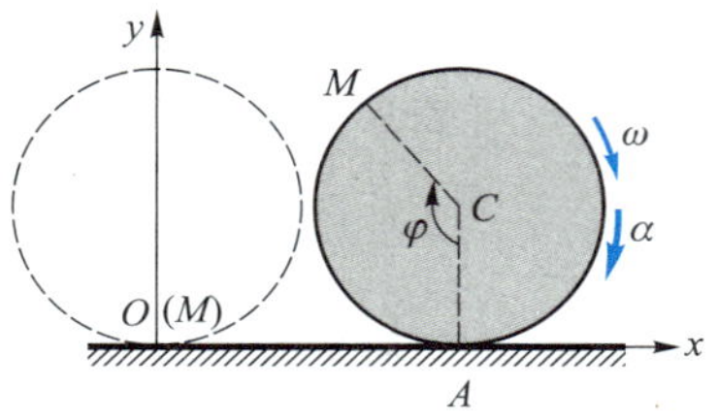

图 5.7

解:圆轮沿水平直线作纯滚动。建立直角坐标系 Oxy,设 $t=0$ 时,点 M 与坐标原点 O 重合。纯滚动条件意味着 $x_C=OA=\overset{\frown}{AM}=r\varphi$,即

$$\varphi=\frac{x_C(t)}{r} \tag{a}$$

点 M 的运动方程为

$$\left.\begin{aligned}x_M&=x_C-r\sin\varphi=x_C(t)-r\sin\frac{x_C}{r}\\ y_M&=y_C-r\cos\varphi=r-r\cos\frac{x_C}{r}\end{aligned}\right\} \tag{b}$$

将式(a)对 t 求导数,得

$$\left.\begin{aligned}\omega=\dot{\varphi}=\frac{\dot{x}(t)}{r}\\ \alpha=\dot{\omega}=\ddot{\varphi}=\frac{\ddot{x}(t)}{r}\end{aligned}\right\}\tag{c}$$

因

$$v_{Mx}=\dot{x}_M,\quad v_{My}=\dot{y}_M,\quad a_{Mx}=\ddot{x}_M,\quad a_{My}=\ddot{y}_M$$

故由式(b),(c)得

$$v_{Mx}=\dot{x}_C\left(1-\cos\frac{x_C}{r}\right)$$

$$v_{My}=\dot{x}_C\sin\frac{x_C}{r}$$

$$a_{Mx}=\frac{\dot{x}_C^2}{r}\sin\frac{x_C}{r}+\ddot{x}_C\left(1-\cos\frac{x_C}{r}\right)$$

$$a_{My}=\frac{\dot{x}_C^2}{r}\cos\frac{x_C}{r}+\ddot{x}_C\sin\frac{x_C}{r}$$

当 $\varphi=2k\pi(k=0,1,2,\cdots)$ 时,有

$$v_{Mx}=0,\quad v_{My}=0$$

$$a_{Mx}=0,\quad a_{My}=\frac{\dot{x}_C^2}{r}$$

这说明,当点 M 与地面接触时,其速度为零,而加速度不为零。加速度的方向铅垂向上,大小为$\frac{\dot{x}_C^2}{r}$。

例 5.2.2 直杆 AB 长为 l,两端分别沿水平和铅垂方向运动(图 5.8)。已知点 A 的速度 $\boldsymbol{v}_A$ 为常矢量,试求任意时刻端点 B 和中点 C 的速度和加速度。

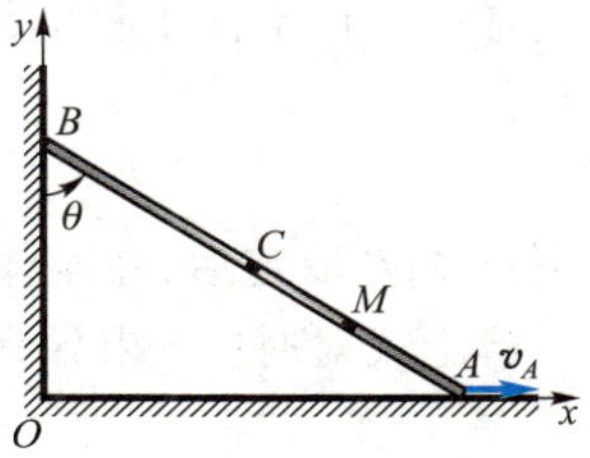

图 5.8

解:建立直角坐标系 Oxy,令 $\angle OBA=\theta$。在杆上任取一点 M,令 $MA=b$。写出点 A 和点 M 的运动方程

$$x_A=l\sin\theta\tag{a}$$

$$\left.\begin{aligned}x_M=x_A-b\sin\theta\\ y_M=b\cos\theta\end{aligned}\right\}\tag{b}$$

将式(a)对 t 求一次导数和二次导数,得

$$\dot{x}_A=l\dot{\theta}\cos\theta$$

$$\ddot{x}_A=l\ddot{\theta}\cos\theta-l\dot{\theta}^2\sin\theta$$

由已知 $\dot{x}_A=v_A$, $\ddot{x}_A=0$,得

$$\dot{\theta}=\frac{v_A}{l\cos\theta},\quad \ddot{\theta}=\frac{v_A^2}{l^2\cos^2\theta}\tan\theta\tag{c}$$

将式(b)对 t 求一次导数和二次导数,并利用式(c),得

$$\left.\begin{aligned} v_{Mx} &= \dot{x}_M = \dot{x}_A - b\dot{\theta}\cos\theta = \frac{l-b}{l}v_A \\ v_{My} &= \dot{y}_M = -b\dot{\theta}\sin\theta = -\frac{b}{l}v_A\tan\theta \\ a_{Mx} &= \dot{v}_{Mx} = 0 \\ a_{My} &= \dot{v}_{My} = -\frac{b}{l^2\cos^3\theta}v_A^2 \end{aligned}\right\} \tag{d}$$

式(d)是杆 AB 上任一点任意时刻的速度和加速度公式。令 $b=l$，便得点 B 的速度和加速度的投影

$$v_{Bx}=0, v_{By}=-v_A\tan\theta$$

$$a_{Bx}=0, a_{By}=-\frac{v_A^2}{l\cos^3\theta}$$

令 $b=\frac{l}{2}$，便得点 C 的速度和加速度的投影

$$v_{Cx}=\frac{v_A}{2},\quad v_{Cy}=-\frac{1}{2}v_A\tan\theta$$

$$a_{Cx}=0,\quad a_{Cy}=-\frac{v_A^2}{2l\cos^3\theta}$$

5.3 研究平面图形运动的矢量方法

5.3.1 平面平移

考虑一作平面平移的刚体(图5.9)，其上任意两点 A,B 的矢径在任意时刻有如下关系：

$$\boldsymbol{r}_B=\boldsymbol{r}_A+\boldsymbol{r}_{AB}$$

当两点 A,B 取定后，在刚体平移过程中，$\boldsymbol{r}_{AB}$ 为常矢量。

将上式对时间 t 求导数，得

$$\boldsymbol{v}_B=\boldsymbol{v}_A \tag{5.3.1}$$

$$\boldsymbol{a}_B=\boldsymbol{a}_A \tag{5.3.2}$$

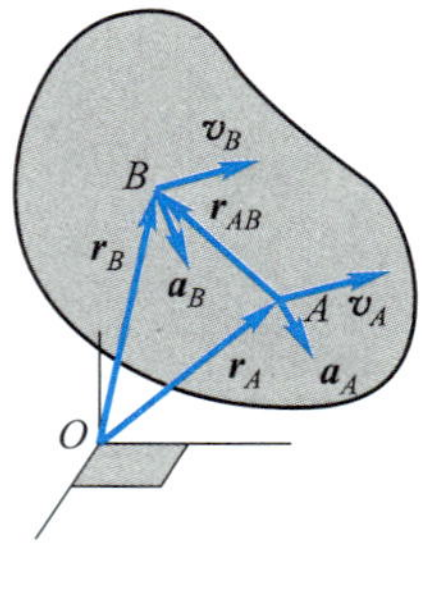

图 5.9

这表明，当刚体作平移时，其上各点有相同的速度和相同的加速度。因此，对平移刚体运动的研究可简化为对其上某一点的运动的研究。

注意到，在求得式(5.3.1)和式(5.3.2)时，并没有用到刚体的平移必须是平面平移的条件，即只要刚体平移，它们均成立。

5.3.2 定轴转动

研究定轴转动刚体上任一点 M 的速度和加速度。设刚体的角速度 $\boldsymbol{\omega}$，角加速度 $\boldsymbol{\alpha}$

的方向分别如图 5.10a 所示，点 M 的矢径形式的运动方程为

$$\boldsymbol{r}_M=\boldsymbol{r}_M(t)$$

一个大小不变、仅方向改变的矢量 $\boldsymbol{r}_M$ 对时间 t 的导数就是矢端速度

$$\frac{\mathrm{d}\boldsymbol{r}_M}{\mathrm{d}t}=\boldsymbol{\omega}\times\boldsymbol{r}_M$$

即

$$\boldsymbol{v}_M=\boldsymbol{\omega}\times\boldsymbol{r}_M \tag{5.3.3}$$

其代数值为

$$v_M=r_M\omega\sin\theta=R_M\omega$$

方向如图 5.10c 所示，R_M 为点 M 到转轴的距离。

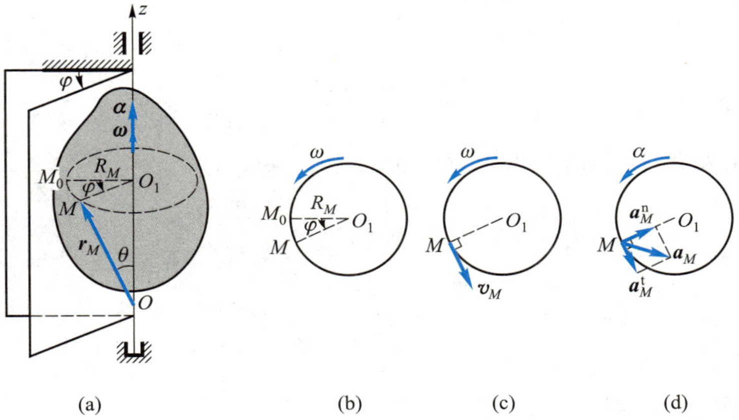

图 5.10

将式(5.3.3)对时间 t 求导数，得

$$\frac{\mathrm{d}\boldsymbol{v}_M}{\mathrm{d}t}=\frac{\mathrm{d}\boldsymbol{\omega}}{\mathrm{d}t}\times\boldsymbol{r}_M+\boldsymbol{\omega}\times\frac{\mathrm{d}\boldsymbol{r}_M}{\mathrm{d}t}$$

于是点 M 的加速度为

$$\boldsymbol{a}_M=\boldsymbol{\alpha}\times\boldsymbol{r}_M+\boldsymbol{\omega}\times(\boldsymbol{\omega}\times\boldsymbol{r}_M) \tag{5.3.4}$$

其中

$$\boldsymbol{a}_M^{\mathrm{t}}=\boldsymbol{\alpha}\times\boldsymbol{r}_M \tag{5.3.5}$$

为**切向加速度**，而

$$\boldsymbol{a}_M^{\mathrm{n}}=\boldsymbol{\omega}\times(\boldsymbol{\omega}\times\boldsymbol{r}_M) \tag{5.3.6}$$

为**法向加速度**，其代数值分别为

$$a_M^{\mathrm{t}}=R_M\alpha$$

$$a_M^{\mathrm{n}}=R_M\omega^2$$

方向如图 5.10d 所示。

5.3.3 平面图形上点的速度分析

1. 两点速度关系

平面图形上任意两确定点 A,B 的矢径有如下关系：

$$\boldsymbol{r}_B=\boldsymbol{r}_A+\boldsymbol{r}_{AB}$$

如图 5.11a 所示，将上式对时间 t 求导数，得

$$\frac{\mathrm{d}\boldsymbol{r}_B}{\mathrm{d}t}=\frac{\mathrm{d}\boldsymbol{r}_A}{\mathrm{d}t}+\frac{\mathrm{d}\boldsymbol{r}_{AB}}{\mathrm{d}t}$$

因 $\boldsymbol{r}_{AB}$ 是大小不变、仅方向改变的矢量，故有

$$\frac{\mathrm{d}\boldsymbol{r}_{AB}}{\mathrm{d}t}=\boldsymbol{\omega}\times\boldsymbol{r}_{AB}$$

于是有

$$\boldsymbol{v}_B=\boldsymbol{v}_A+\boldsymbol{\omega}\times\boldsymbol{r}_{AB} \tag{5.3.7}$$

这就是平面图形上两点的速度关系，其中右端第二项可以看成是图形绕点 A 以角速度 $\boldsymbol{\omega}$ 转动时点 B 所具有的速度，一般记作 $\boldsymbol{v}_{AB}$，即

$$\boldsymbol{v}_{AB}=\boldsymbol{\omega}\times\boldsymbol{r}_{AB} \tag{5.3.8}$$

显然，$\boldsymbol{v}_{AB}$ 的大小 $v_{AB}=AB\omega$，其方向垂直于 A，B 两点连线，指向与图形角速度 $\boldsymbol{\omega}$ 的转向相一致（图 5.11b）。这样，式(5.3.7)可写成

$$\boldsymbol{v}_B=\boldsymbol{v}_A+\boldsymbol{v}_{AB} \tag{5.3.9}$$

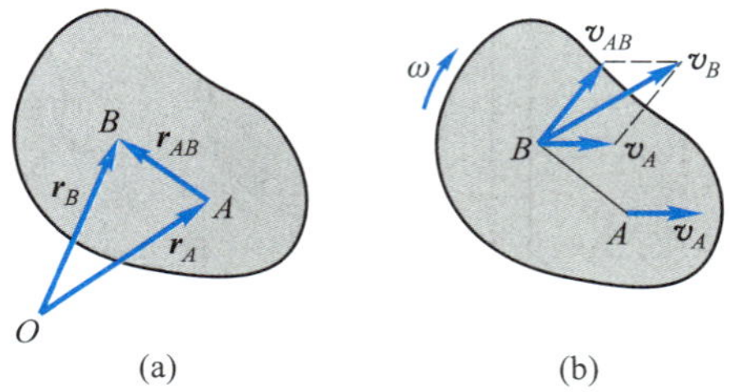

图 5.11

在式(5.3.7)和式(5.3.9)中，点 A 称为**基点**。上述结果表明，**平面图形上某点 B 的速度等于基点的速度与平面图形以其角速度绕基点转动时点 B 所具有的速度的矢量之和**，这种方法称为**基点法**。

将式(5.3.9)在 $\overrightarrow{AB}$ 方向上投影（图 5.12），得到

$$[\boldsymbol{v}_B]_{AB}=[\boldsymbol{v}_A]_{AB} \tag{5.3.10}$$

这一关系称为**速度投影定理**，它表明，**平面图形上任意两点的速度在其连线上的投影相等**。这一性质反映了刚体上任意两点间的距离保持不变，因此，也**适用于刚体的任意运动情形**。

应用式(5.3.9)求解任一时刻刚体作平面运动时的速度问题，这种方法称为**矢量法**，其解题一般步骤如下：

(1) 运动分析，分析各构件的运动形式，作平移、定轴转动或平面运动。

(2) 速度分析，选定两点，通常取速度已知的点为基点，写出两点的速度关系式，分析各项速度的大小和方向，并画出速度矢量图。如果未知量不超过两个，则问题可解。

(3) 求解矢量方程，可通过速度矢量图的几何关系求解，亦可将矢量方程投影到两根轴上来求解。

2. 速度瞬心法

考虑某一瞬时 t，如果刚体在此时的角速度 $\boldsymbol{\omega}$ 不为零，那么在平面刚体上或其延拓部分必定存在一点，它的瞬时速度等于零。这样的点称为刚体的**速度瞬心**。设刚体上某一点 A 的速度为 $\boldsymbol{v}_A$，过点 A 将 $\boldsymbol{v}_A$ 顺着 $\boldsymbol{\omega}$ 的指向转过 90°，得垂线 $\overrightarrow{AP}$（图 5.13），并取

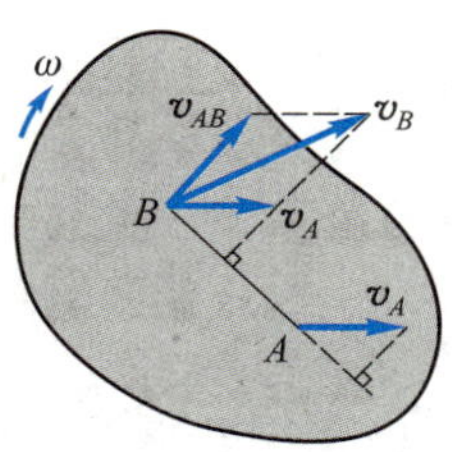

图 5.12

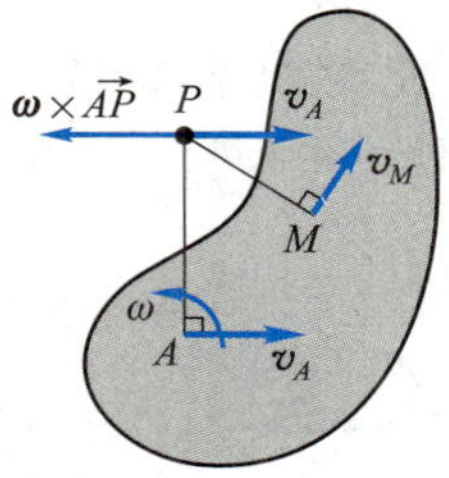

图 5.13

$$|\overrightarrow{AP}| = \frac{v_A}{\omega}$$

则刚体上点 P 的速度为

$$\boldsymbol{v}_P = \boldsymbol{v}_A + \boldsymbol{\omega}\times\overrightarrow{AP}$$

但是 $\boldsymbol{\omega}\times\overrightarrow{AP}$ 的方向恰好与 $\boldsymbol{v}_A$ 相反，而

$$|\boldsymbol{\omega}\times\overrightarrow{AP}| = v_A$$

因此有 $\boldsymbol{v}_P = \boldsymbol{0}$。

选择这一特殊点 P 为基点，图形上任一点 M 的速度为

$$\boldsymbol{v}_M = \boldsymbol{\omega}\times\boldsymbol{r}_{PM} = \boldsymbol{\omega}\times\overrightarrow{PM} \tag{5.3.11}$$

点 M 速度大小为 $v_M = PM\omega$，方向如图 5.13 所示。

式(5.3.11)与定轴转动刚体上点的速度公式(5.3.3)有相同的形式。这说明，任意瞬时 t，一般平面运动图形上各点的速度分布规律与图形绕过点 P 垂直于平面 S 的直线作“定轴转动”是完全相同的。但是，因为在不同瞬时，点 P 所在位置是变化的，它并不是平面图形的固定点，所以，**虽然速度瞬心的速度为零，但其加速度一般不为零**。

在计算平面图形上点的速度时，只要事先找到了速度瞬心 P 的位置，就可通过定轴转动的方法来求解，这种方法称为**速度瞬心法**。

在某一瞬时 t，速度瞬心 P 的位置可用如下方法确定：

(1) 已知平面图形上两点 A，B 的速度方向。

a. $\boldsymbol{v}_A$ 不平行于 $\boldsymbol{v}_B$。由于图形上各点的速度应垂直于该点和速度瞬心 P 的连线，因此，分别过点 A，B 作它们速度矢量的垂线，其交点即为该瞬时平面图形的速度瞬心 P（图 5.14a）。

b. $\boldsymbol{v}_A /\!/ \boldsymbol{v}_B$，且 $\boldsymbol{v}_A$ 不垂直于 $\overrightarrow{AB}$（图 5.14b）。此时过点 A 和 B 分别作 $\boldsymbol{v}_A$ 和 $\boldsymbol{v}_B$ 的垂线，其交点 P 在无穷远处。在此瞬时，角速度 $\boldsymbol{\omega}$ 为零，平面图形上各点的速度相同，称为瞬时平移。注意到，瞬时平移时，图形的角加速度一般不为零。

（2）已知平面图形上两点 A,B 的速度方向，且 $\boldsymbol{v}_A\perp\overrightarrow{AB}$，$\boldsymbol{v}_B\perp\overrightarrow{AB}$，此时点 P 的位置取决于 $\boldsymbol{v}_A,\boldsymbol{v}_B$ 的大小。

a. $\boldsymbol{v}_A\neq\boldsymbol{v}_B$，两速度矢端连线的交点即为速度瞬心 P（图 5.15a，b）。

b. $\boldsymbol{v}_A=\boldsymbol{v}_B$，此时角速度 $\boldsymbol{\omega}$ 为零，速度瞬心在无穷远处（图 5.15c），刚体作瞬时平移。

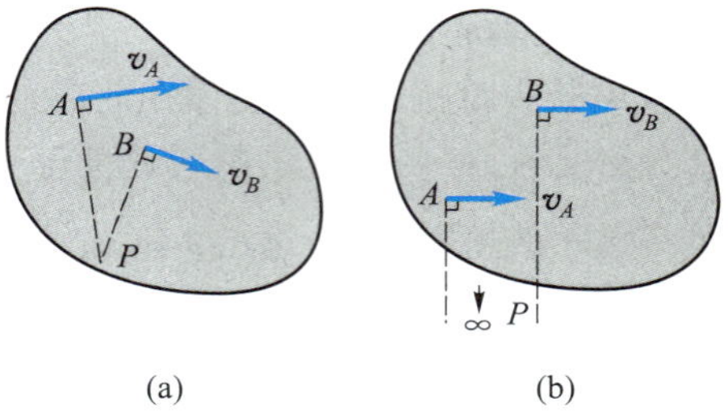

图 5.14

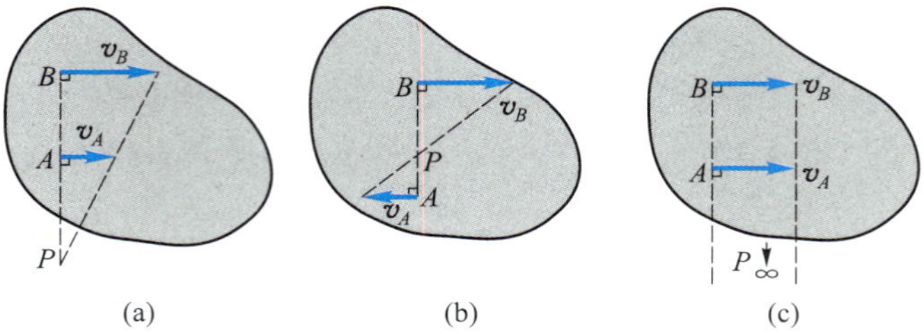

图 5.15

（3）平面图形沿某固定曲线作纯滚动。在任意瞬时的速度瞬心 P 位于图形上与固定曲线的接触点（图 5.16）。

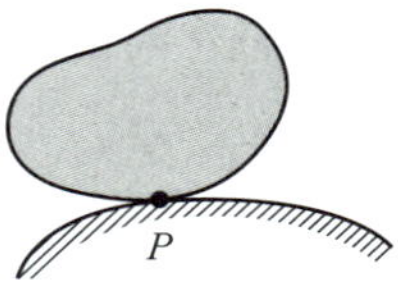

图 5.16

由上述结果不难看出，当刚体作一般平面运动时，在任意瞬时 t，图形的运动有两种情形。当 $\omega=0$ 时，图形作瞬时平移；当 $\omega\neq0$ 时，存在一个点 P，图形绕点 P 作瞬时转动。

3. 定瞬心线和动瞬心线

速度瞬心一般是一个动点，当刚体作平面运动时，速度瞬心的点形成一条曲线。瞬心在固定系中的轨迹称为**定瞬心线**或**空间极迹**，瞬心在与刚体固连的坐标系（简称连体系）中的轨迹称为**动瞬心线**或**本体极迹**。例如，在一直线上滚动的轮子，其定瞬心线就是这条直线，而动瞬心线就是轮子边缘的圆周。

如果把定瞬心线和动瞬心线分别假想为某个刚体的边缘，那么刚体的平面运动就好像是动瞬心线刚体在定瞬心线刚体上作纯滚动，如例 5.3.6 所示。

例 5.3.1　利用传送带运送圆柱形重物，传送带的速度为 $\boldsymbol{v}$，圆柱与传送带之间无相对滑动，圆柱的角速度大小为 ω。试求图 5.17a 所示瞬时圆柱体边缘上点 A 的速度。

解：传送带作平移，圆柱相对传送带纯滚动。

解法一　由两点速度关系给出

	$\boldsymbol{v}_A=$	$\boldsymbol{v}_B$	+	$\boldsymbol{v}_{BA}$
大小	?	v		$AB\omega=\sqrt{2}r\omega$
方向	?	✓		✓

画出速度矢量图（图 5.17b），根据图 5.17b 中几何关系，解三角形，得

$$v_A^2 = v_B^2 + v_{BA}^2 - 2v_B v_{BA}\cos 135^\circ$$
$$= v^2 + 2r^2\omega^2 + 2vr\omega$$
$$v_A = \sqrt{v^2 + 2r^2\omega^2 + 2vr\omega}$$

方向如图 5.17b 所示。

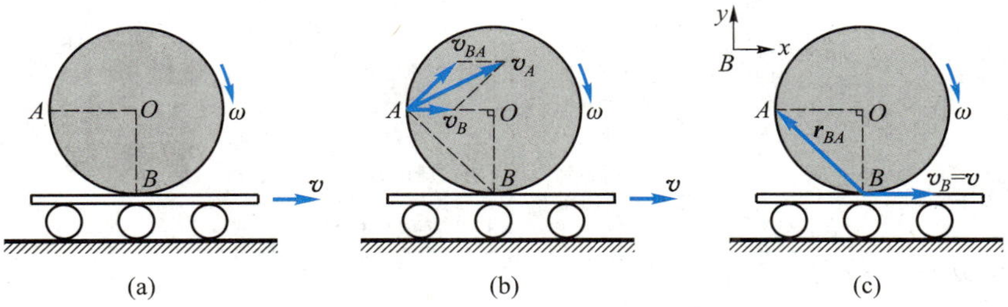

图 5.17

解法二　将两点速度关系表示为

$$\boldsymbol{v}_A = \boldsymbol{v}_B + \boldsymbol{\omega} \times \boldsymbol{r}_{BA}$$

建立坐标系如图 5.17c 所示。由 $\boldsymbol{v}_B = v\boldsymbol{i}$，$\boldsymbol{\omega} = -\omega\boldsymbol{k}$，$\boldsymbol{r}_{BA} = -r\boldsymbol{i} + r\boldsymbol{j}$，得

$$\boldsymbol{v}_A = (v + r\omega)\boldsymbol{i} + r\omega\boldsymbol{j}$$

即

$$v_{Ax} = v + r\omega, \quad v_{Ay} = r\omega$$

解法三　利用点的运动学方法，先求边缘上一点 M 的速度，设 OM 与 OB 夹角为 φ，则有

$$x_M = s + r\varphi - r\sin\varphi$$
$$y_M = r - r\cos\varphi$$

其中 s 为传送带的位移。对上式求对 t 的导数，得

$$\dot{x}_M = \dot{s} + r\dot{\varphi} - r\dot{\varphi}\cos\varphi$$
$$\dot{y}_M = r\dot{\varphi}\sin\varphi$$

其中 $\dot{s} = v$，$\dot{\varphi} = \omega$，于是有

$$\dot{x}_M = v + r\omega - r\omega\cos\varphi$$
$$\dot{y}_M = r\omega\sin\varphi$$

这是任意一点的速度。

其次，求点 A 的速度。当点 M 取点 A 位置时，有 $\varphi = 90^\circ$，由上式得

$$\dot{x}_A = v + r\omega, \quad \dot{y}_A = r\omega$$

解法一和解法二是运动的瞬时分析，解法三则是运动的过程分析。

例 5.3.2　如图 5.18 所示，杆 AB 长为 l，其两端速度大小为 v_1 和 v_2，方向分别与杆的夹角为 θ_1 和 θ_2。试求：(1) 杆上一点 M 的位置，这点的速度方向恰好沿着杆轴方向，并求这点速度大小；(2) 速度瞬心到杆轴的距离 h 及杆的角速度大小 ω。

解：首先找速度瞬心 P。过点 A 作 $\boldsymbol{v}_1$ 的垂线，过点 B 作 $\boldsymbol{v}_2$ 的垂线，两垂线的交点 P 即为速度瞬心，如图所示。

其次，求点 M 的位置和 h。过点 P 作 AB 的垂线，它与 AB 延长线的交点即为点 M，且 $PM=h$。由 $\triangle PAB$ 和 $\triangle PAM$，得

$$h(\tan\theta_1-\tan\theta_2)=l$$

由此解得

$$h=\frac{l}{\tan\theta_1-\tan\theta_2}$$

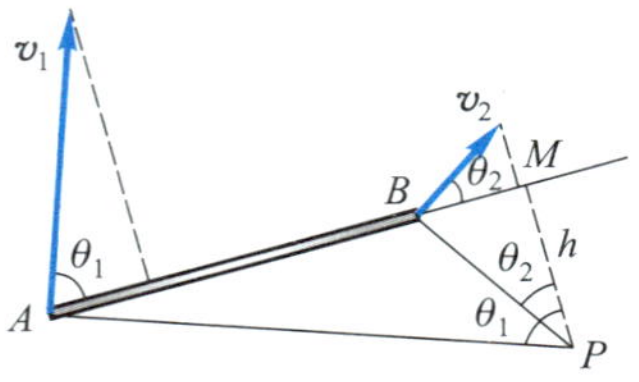

图 5.18

而

$$AM=h\tan\theta_1=\frac{l\tan\theta_1}{\tan\theta_1-\tan\theta_2}$$

它表示点 M 所在位置。

最后，求 v_M 和 ω。由速度投影定理可求出 v_M，有

$$v_M=v_1\cos\theta_1=v_2\cos\theta_2$$

而角速度大小为

$$\omega=\frac{v_M}{h}=\frac{v_M}{l}(\tan\theta_1-\tan\theta_2)$$

例 5.3.3　如图 5.19a 所示机构中，$OO_1=0.4\ \mathrm{m}$，$OA=0.3\ \mathrm{m}$，$O_1B=0.2\ \mathrm{m}$，$\omega_1=2.5\ \mathrm{rad\cdot s^{-1}}$，$\omega_2=3\ \mathrm{rad\cdot s^{-1}}$。当 BC 水平，AO，BO_1 铅垂，三点 A，C，O_1 在一条直线上时，试求点 C 的速度大小。

动画 13：
例 5.3.3

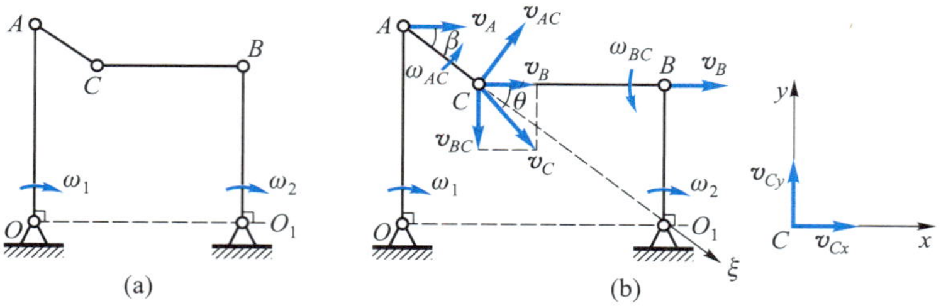

图 5.19

解：解法一　系统由 4 个刚体组成。杆 OA 和杆 O_1B 作定轴转动，杆 AC 和杆 BC 作平面运动。因为点 C 既在杆 AC 上，又在杆 BC 上，所以可用“两头碰”的方法来求解。

对杆 AC，用两点速度关系式

	$\boldsymbol{v}_C$ =	$\boldsymbol{v}_A$	+ $\boldsymbol{v}_{AC}$	(a)
大小	?	$OA\omega_1$	$AC\omega_{AC}$?	
方向	?	✓	✓	

还不能求解。再研究杆 BC，有

	$\boldsymbol{v}_C$ =	$\boldsymbol{v}_B$	+ $\boldsymbol{v}_{BC}$	(b)
大小	?	$O_1B\omega_2$	$BC\omega_{BC}$?	
方向	?	✓	✓	

式(a)和式(b)中有 4 个未知量：v_C 大小和方向，ω_{AC} 和 ω_{BC}。问题可解。由式(a)，(b)得

	$\boldsymbol{v}_A$	+ $\boldsymbol{v}_{AC}$ =	$\boldsymbol{v}_B$	+ $\boldsymbol{v}_{BC}$	(c)
大小	$OA\omega_1=0.75\ \text{m}\cdot\text{s}^{-1}$	$AC\omega_{AC}$?	$O_1B\omega_2=0.6\ \text{m}\cdot\text{s}^{-1}$	$BC\omega_{BC}$?	
方向	✓	✓	✓	✓	

这个公式中有两个未知量 ω_{AC} 和 ω_{BC}，只要求出其中之一，便可求得 $\boldsymbol{v}_C$。画出速度矢量图(图 5.19b)，将式(c)投影到轴 ξ 上，得

$$v_A\cos\beta=v_B\cos\beta+v_{BC}\sin\beta$$

由几何关系知

$$\cot\beta=\frac{4}{3}$$

因此有

$$v_{BC}=(v_A-v_B)\cot\beta=(0.75-0.6)\times\frac{4}{3}\ \text{m}\cdot\text{s}^{-1}=0.2\ \text{m}\cdot\text{s}^{-1}$$

最后由式(b)得到点 C 的速度大小为

$$v_C=\sqrt{v_B^2+v_{BC}^2}=\sqrt{0.4}\ \text{m}\cdot\text{s}^{-1}\approx0.632\ \text{m}\cdot\text{s}^{-1}$$

解法二　令点 C 的速度为 v_{Cx}，v_{Cy}，如图 5.19b 所示。对杆 BC 用速度投影定理，得

$$v_{Cx}=v_B \tag{d}$$

对杆 AC 用速度投影定理，得

$$v_{Cx}\cos\beta-v_{Cy}\sin\beta=v_A\cos\beta \tag{e}$$

由此得到

$$v_{Cy}=(v_B-v_A)\cot\beta$$

点 C 的速度大小为

$$v_C=\sqrt{v_{Cx}^2+v_{Cy}^2}$$

例 5.3.4　试求柱形侧面的物体沿平面滚动而不滑动的条件(图 5.20)。

解：基线方程认为是已知的，这条曲线在柱体侧面的横截面中得到，用固结于柱体的坐标来表示。为确定柱体截面在其平面上的位置，可选 3 个参量：基点 A 的坐标 x，y，以及固结于柱体的坐标系 $A\xi\eta\zeta$ 的转角 θ。

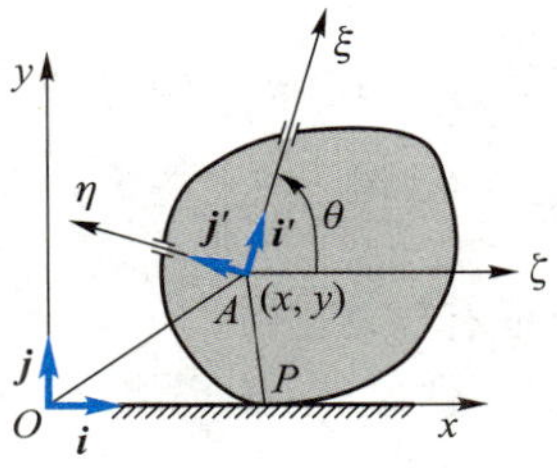

图 5.20

滚而不滑的条件表示为接触点 P 的速度为零，即

$$\boldsymbol{v}_P=\boldsymbol{v}_A+\boldsymbol{\omega}\times\overrightarrow{AP}=\boldsymbol{0} \tag{a}$$

注意到

$$\boldsymbol{\omega}=\dot{\theta}\boldsymbol{k}$$

$$\begin{aligned}\overrightarrow{AP}&=\xi_P\boldsymbol{i}'+\eta_P\boldsymbol{j}'\\&=\xi_P(\boldsymbol{i}\cos\theta+\boldsymbol{j}\sin\theta)+\eta_P(-\boldsymbol{i}\sin\theta+\boldsymbol{j}\cos\theta)\\&=\boldsymbol{i}(\xi_P\cos\theta-\eta_P\sin\theta)+\boldsymbol{j}(\xi_P\sin\theta+\eta_P\cos\theta)\end{aligned}$$

其中 ξ_P,η_P 为接触点 P 在 $A\xi\eta\zeta$ 中的坐标,对给定的柱面基线,它们是确定的。将 $\boldsymbol{\omega}$, $\overrightarrow{AP}$ 的表达式代入式(a),得

$$\boldsymbol{i}[\dot{x}-\dot{\theta}(\xi_P\sin\theta+\eta_P\cos\theta)]+\boldsymbol{j}[\dot{y}+\dot{\theta}(\xi_P\cos\theta-\eta_P\sin\theta)]=\boldsymbol{0}$$

于是得

$$\left.\begin{aligned}\dot{x}-\dot{\theta}(\xi_P\sin\theta+\eta_P\cos\theta)=0\\ \dot{y}+\dot{\theta}(\xi_P\cos\theta-\eta_P\sin\theta)=0\end{aligned}\right\}\tag{b}$$

例 5.3.5 一抛物线沿一固定直线作纯滚动,试求抛物线焦点的轨迹(图 5.21)。

解:设抛物线方程为

$$\xi^2=2p\eta\tag{a}$$

焦点 F 的轨迹方程为

$$y=y(x)$$

有

$$\frac{\mathrm{d}y}{\mathrm{d}x}=\tan\theta\tag{b}$$

下面用 y 表示 θ。

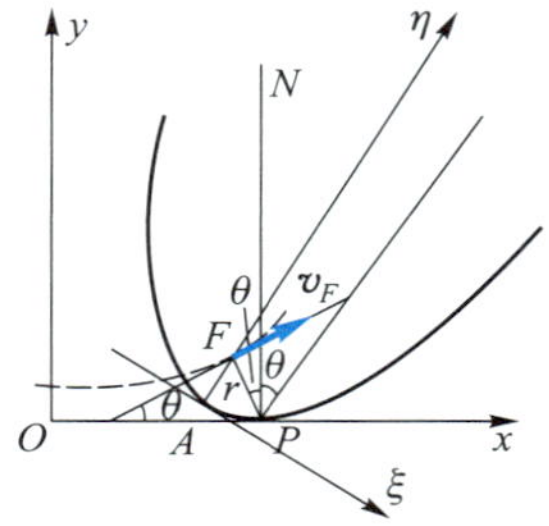

图 5.21

抛物线与轴 Ox 的切点 P 是速度瞬心,焦点 F 的速度 $\boldsymbol{v}_F$ 必垂直于 $\overrightarrow{PF}$,即在焦点轨迹的切线方向,根据抛物线的性质知,法线 $\overrightarrow{PN}$ 平分轴与切点 P 焦点 F 连线所成之角,因此有 $\angle PFA=2\theta$,如图所示。焦点 F 的坐标

$$y=r\cos\theta\tag{c}$$

点 P 的坐标为

$$\xi_P=r\sin 2\theta$$

$$\eta_P=AF-r\cos 2\theta=\frac{p}{2}-r\cos 2\theta\tag{d}$$

将式(d)代入式(a)得

$$r=\frac{p}{2\cos^2\theta}$$

将其代入式(c),得

$$y=\frac{p}{2\cos\theta}$$

于是有

$$\tan\theta=\frac{\sqrt{1-\cos^2\theta}}{\cos\theta}=\frac{2}{p}\sqrt{y^2-\frac{p^2}{4}}\tag{e}$$

再将式(e)代入式(b),得

$$\frac{\mathrm{d}y}{\mathrm{d}x}=\frac{2}{p}\sqrt{y^2-\frac{p^2}{4}}\tag{f}$$

分离变量作积分,得

$$\frac{2}{p}\int_{0}^{x}\mathrm{d}x=\int_{p/2}^{y}\frac{\mathrm{d}y}{\sqrt{y^{2}-\frac{p^{2}}{4}}}$$

即

$$\frac{2}{p}x=\operatorname{arcosh}\left(\frac{2y}{p}\right)$$

进而有

$$y=\frac{2}{p}\cosh\left(\frac{2x}{p}\right)\tag{g}$$

为悬链线,如图中虚线所示。

例 5.3.6　一直角曲尺 ABC 在平面 Oxy 内运动,A 端通过一滑块套在轴 Ox 上,使点 A 可在此轴上自由滑动。在轴 Oy 上的固定点 D 处装一小环,曲尺臂 BC 穿过此小环可以自由滑动。设 $AB=OD=a$。试求定瞬心线和动瞬心线的方程(图 5.22)。

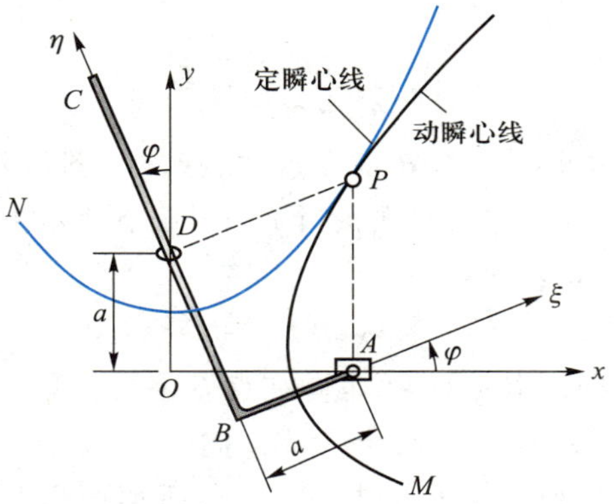

图 5.22

动画 14:
例 5.3.6

解:取固连在曲尺上的坐标系 $B\xi\eta$,使轴 $B\xi$ 沿 BA,轴 $B\eta$ 沿 BC。在任意瞬时,点 A 的速度沿轴 Ox,在臂 BC 上与点 D 重合的那个点的速度 $\boldsymbol{v}_D$ 总沿着 BC 方向。过点 A 作轴 Ox 的垂线,过点 D 作轴 $B\eta$ 的垂线,两垂线交点 P 即为速度瞬心。

利用三角形关系,容易求出

$$BD=OA=a(\tan\varphi+\sec\varphi)$$

因而,瞬心 P 在坐标系 Oxy 中的坐标为

$$\left.\begin{aligned}x&=OA=a(\tan\varphi+\sec\varphi)\\y&=AP=BD\sec\varphi=OA\sec\varphi=x\sec\varphi\end{aligned}\right\}\tag{a}$$

从式(a)中消去 φ,便得定瞬心线 PN 的方程为

$$x^{2}=a(2y-a)\tag{b}$$

瞬心 P 在 $B\xi\eta$ 中的坐标为

$$\left.\begin{aligned}\xi&=PD=\eta\sec\varphi\\\eta&=BD=a(\tan\varphi+\sec\varphi)\end{aligned}\right\}\tag{c}$$

从式(c)中消去 φ,便得动瞬心线 PM 的方程为

$$\eta^2 = a(2\xi - a) \tag{d}$$

两条瞬心线式(b)和式(d)都是抛物线。曲尺的运动就像是由于抛物线 PM 在另一固定的抛物线 PN 上作纯滚动时所造成的。

5.3.4　平面图形上两点的加速度关系

用矢量分析的方法，可导出平面图形上任意两点的加速度关系。将式(5.3.7)对时间 t 求导数，得

$$\frac{\mathrm{d}\boldsymbol{v}_B}{\mathrm{d}t} = \frac{\mathrm{d}\boldsymbol{v}_A}{\mathrm{d}t} + \frac{\mathrm{d}\boldsymbol{\omega}}{\mathrm{d}t} \times \boldsymbol{r}_{AB} + \boldsymbol{\omega} \times \frac{\mathrm{d}\boldsymbol{r}_{AB}}{\mathrm{d}t}$$

其中

$$\frac{\mathrm{d}\boldsymbol{v}_B}{\mathrm{d}t} = \boldsymbol{a}_B, \quad \frac{\mathrm{d}\boldsymbol{v}_A}{\mathrm{d}t} = \boldsymbol{a}_A$$

右端第二项相当于图形绕点 A，以角加速度 $\boldsymbol{\alpha} = \dfrac{\mathrm{d}\boldsymbol{\omega}}{\mathrm{d}t}$ 转动时，点 B 所具有的切向加速度，记作 $\boldsymbol{a}_{AB}^{\mathrm{t}}$，即

$$\boldsymbol{a}_{AB}^{\mathrm{t}} = \boldsymbol{\alpha} \times \boldsymbol{r}_{AB}$$

其大小为 $a_{AB}^{\mathrm{t}} = AB\alpha$，方向垂直于 A，B 两点连线，指向与图形角加速度 $\boldsymbol{\alpha}$ 的转向相一致，画在图 5.23 的点 B 上；右端第三项相当于图形绕点 A，以角速度 $\boldsymbol{\omega}$ 转动时，点 B 所具有的法向加速度，记作 $\boldsymbol{a}_{AB}^{\mathrm{n}}$，即

$$\boldsymbol{a}_{AB}^{\mathrm{n}} = \boldsymbol{\omega} \times (\boldsymbol{\omega} \times \boldsymbol{r}_{AB}) = \boldsymbol{\omega} \times \boldsymbol{v}_{AB}$$

其大小为 $a_{AB}^{\mathrm{n}} = AB\omega^2$，方向由 B 指向 A，也画在点 B 上。于是有

$$\boldsymbol{a}_B = \boldsymbol{a}_A + \boldsymbol{a}_{AB}^{\mathrm{t}} + \boldsymbol{a}_{AB}^{\mathrm{n}} \tag{5.3.12}$$

这就是平面图形上两点的加速度关系式，它表明，**平面图形上任意点 B 的加速度，等于基点 A 的加速度与平面图形以其角速度、角加速度绕点 A 转动时，点 B 所具有的加速度之矢量和**。这种方法称为**加速度基点法**，加速度矢量图如图 5.23 所示。

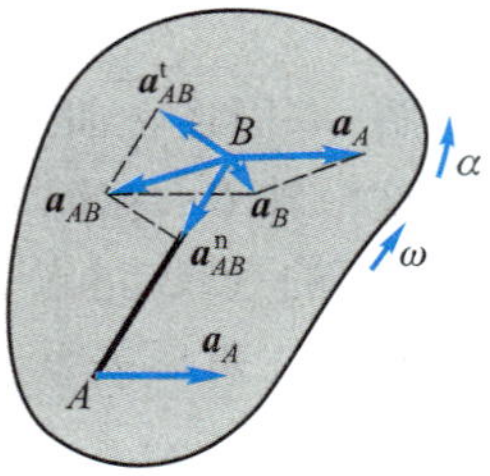

图 5.23

利用式(5.3.12)求解问题与用两点速度关系式(5.3.7)的方法基本相同，需要进行运动分析、速度分析和加速度分析等。

例 5.3.7　直杆 AB 长为 l，两端分别沿着水平和铅垂方向运动(图 5.24a)，已知点 A 的速度 $\boldsymbol{v}_A$ 为常矢量。试求当 $\theta = 60°$时点 B 的加速度和杆 AB 的角加速度。

解：杆 AB 作一般平面运动。在应用两点加速度关系式(5.3.12)时，一般会出现与图形角速度有关的项 $\boldsymbol{a}_{AB}^{\mathrm{n}}$，因此需先求角速度。容易找到杆 AB 的速度瞬心 P，角速度大小 ω 为

$$\omega = \frac{v_A}{PA} = \frac{v_A}{l\cos\theta} = \frac{2v_A}{l}$$

方向如图 5.24b 所示。

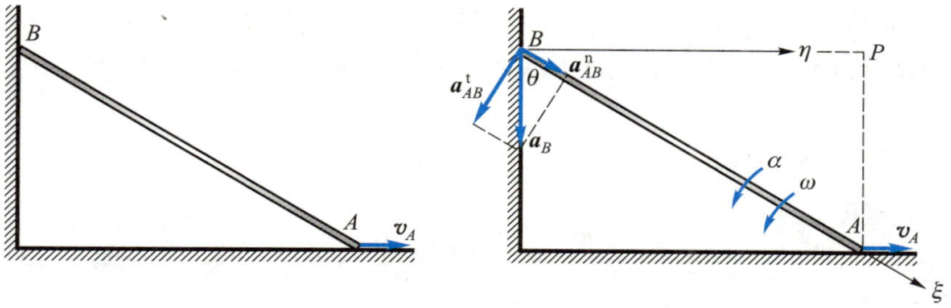

(a) (b)

图 5.24

由两点加速度关系式(5.3.12)给出

$$\boldsymbol{a}_B = \boldsymbol{a}_A + \boldsymbol{a}_{AB}^{t} + \boldsymbol{a}_{AB}^{n}$$

	$\boldsymbol{a}_B$	$\boldsymbol{a}_A$	$\boldsymbol{a}_{AB}^{t}$	$\boldsymbol{a}_{AB}^{n}$
大小	?	0	$l\alpha$?	$l\omega^2=\frac{4}{l}v_A^2$
方向	✓	✓	✓	✓

作加速度矢量图。将上式投影到轴 $B\xi$ 上,得

$$a_B\cos 60^\circ = a_{AB}^{n}$$

由此得

$$a_B = \frac{8}{l}v_A^2$$

投影到轴 $B\eta$ 上,得

$$0 = a_{AB}^{n}\sin 60^\circ - a_{AB}^{t}\cos 60^\circ$$

由此解得

$$\alpha = \frac{4\sqrt{3}}{l^2}v_A^2$$

转向如图所示。

例 5.3.8 半径为 r 的圆柱在半径为 R 的固定圆槽内作纯滚动(图 5.25a)。已知圆柱中心和圆槽中心的连线 OC 与铅垂线的夹角 φ 随时间的变化规律为 $\varphi=\varphi(t)$。试求圆柱的角速度 $\boldsymbol{\omega}$,角加速度 $\boldsymbol{\alpha}$ 及点 M 的切向加速度 $\boldsymbol{a}_M^{t}$ 和法向加速度 $\boldsymbol{a}_M^{n}$。

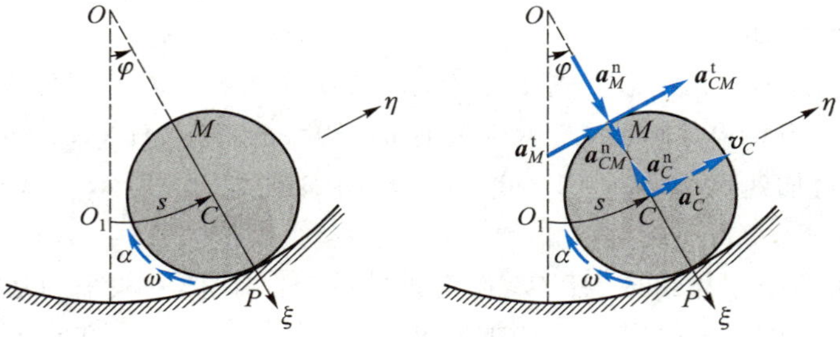

(a) (b)

图 5.25

解：圆柱作一般平面运动，$\varphi=\varphi(t)$ 是圆柱的运动方程，但不是圆柱的方位角，因此 $\omega\neq\dot{\varphi}$。圆柱作纯滚动，其中心 C 的轨迹是以 O 为圆心，$R-r$ 为半径的圆。点 C 的运动方程为

$$s=(R-r)\varphi$$

点 C 的速度大小为

$$v_C=\dot{s}=(R-r)\dot{\varphi}$$

方向如图 5.25b 所示。对圆柱，其速度瞬心为点 P，因此有

$$v_C=r\omega$$

于是求得圆柱的角速度大小为

$$\omega=\frac{R-r}{r}\dot{\varphi} \tag{a}$$

转向如图 5.25b 所示。将式(a)对 t 求导数，得到圆柱的角加速度大小为

$$\alpha=\dot{\omega}=\frac{R-r}{r}\ddot{\varphi} \tag{b}$$

其转向如图 5.25b 所示。

以点 C 为基点，用两点加速度关系式求点 M 的加速度，有

$$\boldsymbol{a}_M^{\mathrm{t}}+\boldsymbol{a}_M^{\mathrm{n}}=\boldsymbol{a}_C^{\mathrm{t}}+\boldsymbol{a}_C^{\mathrm{n}}+\boldsymbol{a}_{CM}^{\mathrm{t}}+\boldsymbol{a}_{CM}^{\mathrm{n}} \tag{c}$$

	$\boldsymbol{a}_M^{\mathrm{t}}$	$\boldsymbol{a}_M^{\mathrm{n}}$	$\boldsymbol{a}_C^{\mathrm{t}}$	$\boldsymbol{a}_C^{\mathrm{n}}$	$\boldsymbol{a}_{CM}^{\mathrm{t}}$	$\boldsymbol{a}_{CM}^{\mathrm{n}}$
大小	?	?	$(R-r)\ddot{\varphi}$	$(R-r)\dot{\varphi}^2$	$r\omega^2=\dfrac{(R-r)^2}{r}\dot{\varphi}^2$	$r\alpha=(R-r)\ddot{\varphi}$
方向	✓	✓	✓	✓	✓	✓

作加速度矢量图。将式(c)向轴 $O\xi$ 投影，得

$$a_M^{\mathrm{n}}=-a_C^{\mathrm{n}}+a_{CM}^{\mathrm{n}}$$

由此得点 M 的法向加速度大小为

$$a_M^{\mathrm{n}}=\frac{(R-r)(R-2r)}{r}\dot{\varphi}^2 \tag{d}$$

将式(c)向轴 $C\eta$ 投影，得

$$a_M^{\mathrm{t}}=a_C^{\mathrm{t}}+a_{CM}^{\mathrm{t}}$$

由此得点 M 的切向加速度大小为

$$a_M^{\mathrm{t}}=2(R-r)\ddot{\varphi}$$

方向如图 5.25b 所示。

例 5.3.9　杆 OA 具有水平固定轴 O，其上点 A 与杆 AB 用铰链连接，点 B 沿水平线运动。$AB=OA=0.15\ \mathrm{m}$。图示位置有 $\theta=30°$，$\beta=30°$，杆 OA 的角速度大小 $\omega=0.5\ \mathrm{rad\cdot s^{-1}}$，角加速度大小 $\alpha=2\ \mathrm{rad\cdot s^{-2}}$，转向如图 5.26a 所示。试求此瞬时杆 AB 中点 C 的加速度。

解：系统由两个刚体组成，杆 OA 作定轴转动，杆 AB 作一般平面运动。以点 A 为基点，用两点加速度关系研究点 C 的加速度，因其中 $\boldsymbol{a}_C$ 的大小、方向未知，杆 AB 的角速度大小 ω_1 和角加速度大小 α_1 也未知。因此，还不能解出。用速度分析法可以求出 ω_1，但仍有 3 个未知量。但是，点 B 的加速度方向已知，因此，以点 A 为基点，用两点

加速度关系再研究点 B 的加速度，将两个加速度关系联合，便可解出。

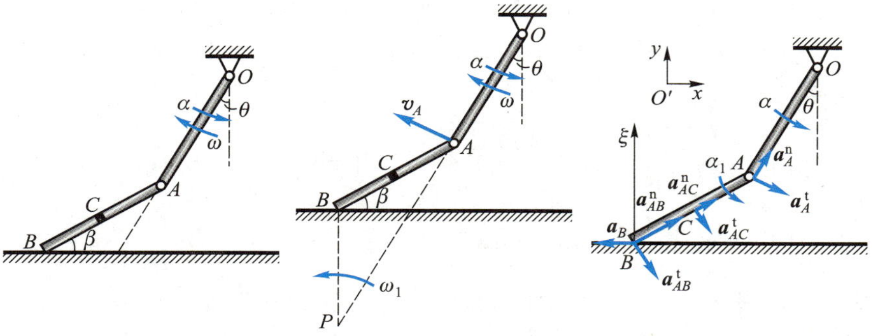

(a) (b) (c)

图 5.26

动画 15：例 5.3.9

首先，对杆 OA 作速度分析，有

$$v_A = OA\omega = AB\omega$$

方向如图 5.26b 所示。对杆 AB，找速度瞬心点 P，可求出其角速度大小

$$\omega_1 = \frac{v_A}{PA}$$

其中

$$PA = 2AB\cos 30^\circ = \sqrt{3}AB$$

因此有

$$\omega_1 = \frac{\sqrt{3}}{3}\omega$$

转向如图 5.26b 所示。

其次，以点 A 为基点研究点 B 的加速度，由两点加速度关系给出

$$\boldsymbol{a}_B = \boldsymbol{a}_A^{t} + \boldsymbol{a}_A^{n} + \boldsymbol{a}_{AB}^{t} + \boldsymbol{a}_{AB}^{n} \tag{a}$$

	$\boldsymbol{a}_B$	$\boldsymbol{a}_A^{t}$	$\boldsymbol{a}_A^{n}$	$\boldsymbol{a}_{AB}^{t}$	$\boldsymbol{a}_{AB}^{n}$
大小	?	$AB\alpha$	$AB\omega^2$	$AB\alpha_1$?	$AB\omega_1^2 = \frac{1}{3}AB\omega^2$
方向	✓	✓	✓	✓	✓

作加速度矢量图如图 5.26c 所示。为避开不需求的 $\boldsymbol{a}_B$，将式(a)投影到轴 $B\xi$ 上，得

$$0 = a_A^{n}\cos 30^\circ - a_A^{t}\sin 30^\circ + a_{AB}^{n}\sin 30^\circ - a_{AB}^{t}\cos 30^\circ$$

由此可解出杆 AB 的角加速度大小为

$$\alpha_1 = \left(1 + \frac{\sqrt{3}}{9}\right)\omega^2 - \frac{\sqrt{3}}{3}\alpha \tag{b}$$

最后，以点 A 为基点，研究点 C 的加速度，有

$$\boldsymbol{a}_C = \boldsymbol{a}_A^{t} + \boldsymbol{a}_A^{n} + \boldsymbol{a}_{AC}^{t} + \boldsymbol{a}_{AC}^{n} \tag{c}$$

	$\boldsymbol{a}_C$	$\boldsymbol{a}_A^{t}$	$\boldsymbol{a}_A^{n}$	$\boldsymbol{a}_{AC}^{t}$	$\boldsymbol{a}_{AC}^{n}$
大小	?	$AB\alpha$	$AB\omega^2$	$\frac{1}{2}AB\alpha_1 = \frac{AB}{2}\left[\left(1+\frac{\sqrt{3}}{9}\right)\omega^2 - \frac{\sqrt{3}}{3}\alpha\right]$	$\frac{1}{2}AB\omega_1^2 = \frac{AB}{6}\omega^2$
方向	?	✓	✓	✓	✓

作加速度矢量图(图 5.26c)。建立坐标系 $O'xy$,由式(c)可得 $\boldsymbol{a}_C$ 的投影

$$a_{Cx}=a_A^{\mathrm{t}}\cos 30°+a_A^{\mathrm{n}}\sin 30°+a_{AC}^{\mathrm{t}}\sin 30°+a_{AC}^{\mathrm{n}}\cos 30°$$

$$a_{Cy}=-a_A^{\mathrm{t}}\sin 30°+a_A^{\mathrm{n}}\cos 30°-a_{AC}^{\mathrm{t}}\cos 30°+a_{AC}^{\mathrm{n}}\sin 30°$$

代入数值,得

$$\left.\begin{aligned} a_{Cx}&=\frac{1}{2}AB\left(\frac{27+4\sqrt{3}}{18}\omega^2+\frac{5}{6}\sqrt{3}\,\alpha\right)\approx 0.25\ \mathrm{m\cdot s^{-2}} \\ a_{Cy}&=\frac{1}{4}AB(\sqrt{3}\,\omega^2-\alpha)\approx -0.059\ \mathrm{m\cdot s^{-2}} \end{aligned}\right\} \tag{d}$$

例 5.3.10　滑块 A 和 B 沿彼此垂直的直线导轨相向作加速运动,并与两根具有公共铰链 C 的杆 AC 和 BC 铰接(图 5.27)。试求当两杆分别垂直于两导轨时,点 C 的速度和加速度的大小。假设此时两滑块分别具有速度 $\boldsymbol{v}_A$ 和 $\boldsymbol{v}_B$,并具有任意的加速度。又设 $AC=a$,$BC=b$。

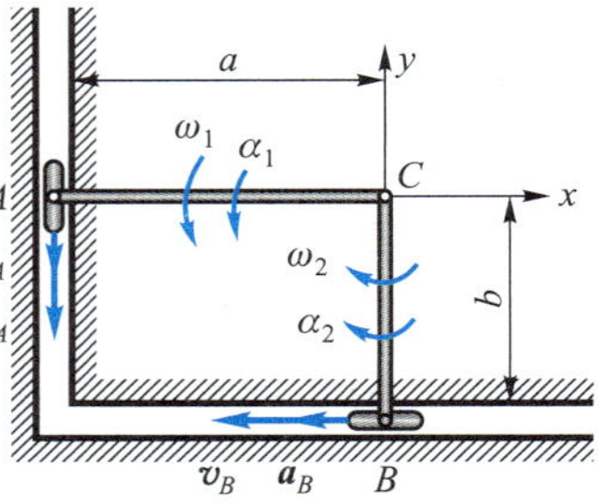

图 5.27

解:系统由 4 个刚体组成,滑块 A 和 B 作直线平移,杆 AC 和 BC 作一般平面运动。设两杆的角速度大小分别为 ω_1 和 ω_2,角加速度大小分别为 α_1 和 α_2,转向如图所示。

动画 16:
例 5.3.10

首先,用两点速度关系求 $\boldsymbol{v}_C$ 和两杆角速度大小 ω_1 和 ω_2。以点 A 为基点研究点 C 的速度,有

$$\boldsymbol{v}_C=\boldsymbol{v}_A+\boldsymbol{v}_{AC} \tag{a}$$

将式(a)投影到轴 Cx 和 Cy 上,得

$$v_{Cx}=0 \tag{b}$$

$$v_{Cy}=-v_A+\omega_1 a \tag{c}$$

以 B 为基点研究点 C 的速度,有

$$\boldsymbol{v}_C=\boldsymbol{v}_B+\boldsymbol{v}_{BC} \tag{d}$$

将式(d)投影,得

$$v_{Cx}=-v_B+\omega_2 b \tag{e}$$

$$v_{Cy}=0 \tag{f}$$

于是有

$$v_{Cx}=v_{Cy}=0 \tag{g}$$

$$\omega_1=\frac{v_A}{a},\quad \omega_2=\frac{v_B}{b} \tag{h}$$

其次,以点 A 为基点,利用两点加速度关系研究点 C 的加速度,有

$$\boldsymbol{a}_C=\boldsymbol{a}_A+\boldsymbol{a}_{AC}^{\mathrm{t}}+\boldsymbol{a}_{AC}^{\mathrm{n}} \tag{i}$$

	$\boldsymbol{a}_C$	$\boldsymbol{a}_A$	$\boldsymbol{a}_{AC}^{\mathrm{t}}$	$\boldsymbol{a}_{AC}^{\mathrm{n}}$
大小	?	?	$a\alpha_1$?	$a\omega_1^2$
方向	?	✓	✓	✓

为避开不需求的 $\boldsymbol{a}_{AC}^{\mathrm{t}}$ 及任意的 $\boldsymbol{a}_A$,将式(i)投影到轴 Cx 上,得

$$a_{Cx}=-a\omega_1^2$$

将式(h)代入上式,得

$$a_{Cx}=-a\left(\frac{v_A}{a}\right)^2=-\frac{v_A^2}{a} \tag{j}$$

最后,以点 B 为基点研究点 C 的加速度,有

$$\boldsymbol{a}_C=\boldsymbol{a}_B+\boldsymbol{a}_{BC}^{\mathrm{t}}+\boldsymbol{a}_{BC}^{\mathrm{n}} \tag{k}$$

	$\boldsymbol{a}_C$	$\boldsymbol{a}_B$	$\boldsymbol{a}_{BC}^{\mathrm{t}}$	$\boldsymbol{a}_{BC}^{\mathrm{n}}$
大小	?	?	$b\alpha_2$?	$b\omega_2^2$
方向	?	✓	✓	✓

为避开不需求的 $\boldsymbol{a}_{BC}^{\mathrm{t}}$ 及任意的 $\boldsymbol{a}_B$,将式(k)投影到轴 Cy 上,得

$$a_{Cy}=-b\omega_2^2$$

将式(h)带入上式,得

$$a_{Cy}=-b\left(\frac{v_B}{b}\right)^2=-\frac{v_B^2}{b} \tag{l}$$

由式(j)和式(l),得到点 C 的加速度大小为

$$a_C=\sqrt{\frac{v_A^4}{a^2}+\frac{v_B^4}{b^2}} \tag{m}$$

小结

(1) 刚体的平面运动用平面图形在自身平面内的运动来描述,运动方程为

$$x_A=f_1(t),\quad y_A=f_2(t),\quad \varphi=f_3(t)$$

由此可求出刚体的角速度及刚体上任意给定点的速度和加速度。

(2) 平面图形上两点速度关系

$$\boldsymbol{v}_B=\boldsymbol{v}_A+\boldsymbol{v}_{AB}=\boldsymbol{v}_A+\boldsymbol{\omega}\times\boldsymbol{r}_{AB}$$

其中包括两点速度大小和方向及角速度大小和转向等 6 个量,已知 4 个可求另两个。

速度投影定理

$$(\boldsymbol{v}_B)_{AB}=(\boldsymbol{v}_A)_{AB}$$

瞬心法

$$\boldsymbol{v}_M=\boldsymbol{\omega}\times\boldsymbol{r}_{PM}$$

(3) 平面图形上两点加速度关系

$$\boldsymbol{a}_B=\boldsymbol{a}_A+\boldsymbol{a}_{AB}^{\mathrm{t}}+\boldsymbol{a}_{AB}^{\mathrm{n}}$$

其中包括两点加速度大小和方向,角速度和角加速度大小和转向等 8 个量,而独立的方程只能列出两个。

(4) 本章给出的 10 个例题具有代表性且有一定难度。为掌握和应用这部分内容,需要在钻研理论和解算例题与习题之间反复交替。

习题

5.1　一凸轮机构如图所示。圆轮的半径为 R,偏心距为 e,绕固定轴 O 以匀角速度 ω 作逆时针定轴转动。试求导板 AB 的速度和加速度。

5.2　图示飞轮绕固定轴 O 作定轴转动,在运动过程中,其轮缘上一点的全加速度与轮半径的交角恒为 60°。当运动开始时,其转角 φ_0 等于零,其角速度为 ω_0。试求飞轮的转动方程,以及角速度与转角间的关系。

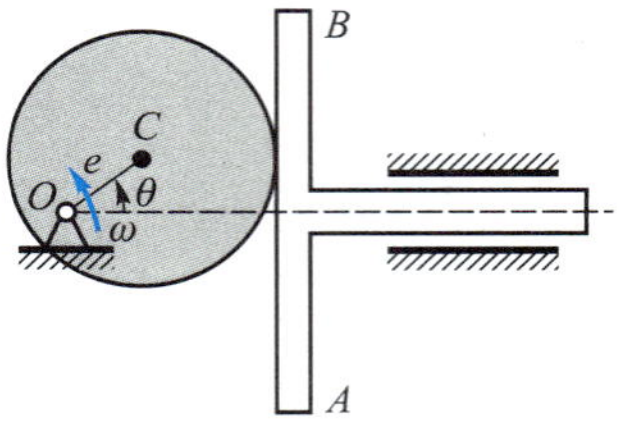

题 5.1 图

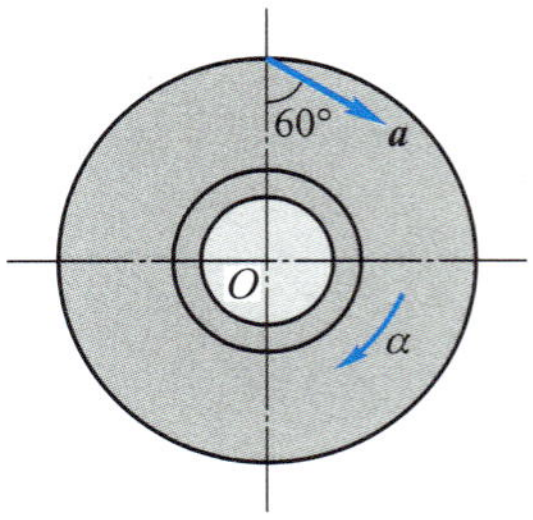

题 5.2 图

5.3　纸盘由厚度为 δ 的纸条卷成,如图所示。令纸盘中心不动,以匀速 v 拉纸条,试求纸盘的角加速度,以纸盘半径 r 的函数表示。

5.4　图示杆 AB 的端点 A 以匀速 v_A 向下运动,试求杆 AB 的角速度和角加速度与 y 的关系。

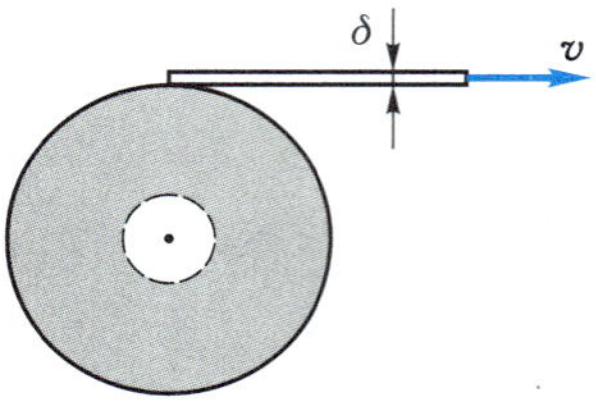

题 5.3 图

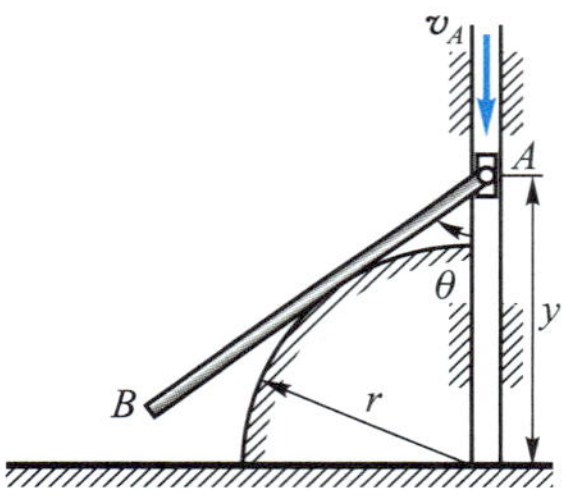

题 5.4 图

5.5　图示杆 OA 以角速度 ω 绕其端点 O 转动,杆的另一端系一绳,此绳绕过滑轮 B 并悬有一重物 P。试求重物的速度与角 φ 的关系。已知 $OA=R$,$OC=a$,$CB=b$,绳子不可伸长且始终处于拉直的状态。

5.6　一矩形薄板 $ABCD$ 在其自身平面内运动,其角速度大小为常值 ω,已知 $AB=a$,$BC=b$。在某一瞬时点 A 的速度大小为 v,方向沿对角线 AC,试求此瞬时点 B 的速度。

5.7　在动筛机构中,筛子的摆动由曲柄连杆机构带动,如图所示。已知曲柄的转速 $n=40\ \mathrm{r\cdot min^{-1}}$,$OA=0.3\ \mathrm{m}$。当筛子运动到与点 O 在同一水平线上时,$\angle BAO=90°$,试求此时筛子 BC 的速度。

5.8　图示机构中滑块 B 以 $12\ \mathrm{m\cdot s^{-1}}$ 的速度沿滑道斜向上运动,试求图示瞬时杆 OA 与杆 AB 的角速度。

5.9　直径为 d 的滚轮,在水平直线轨道上作纯滚动,长为 l 的杆 AB 的 A 端与轮缘用铰相连接。已知滚轮的角速度 ω,机构在图示位置时,$\theta=30°$,$\beta=60°$,杆 AB 处于水平位置。试求此时杆 AB 的角速度和滑块 B 的速度。

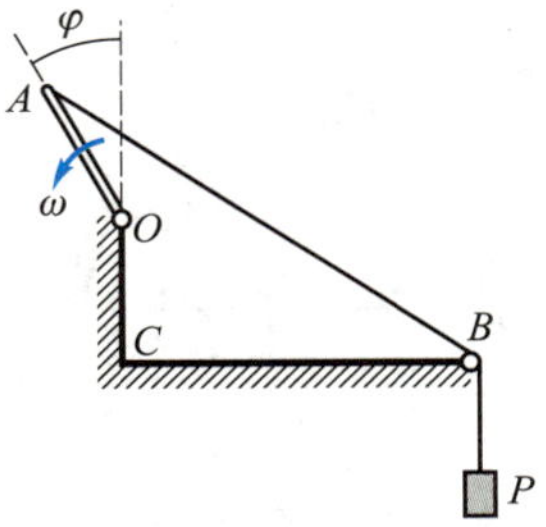

题 5.5 图

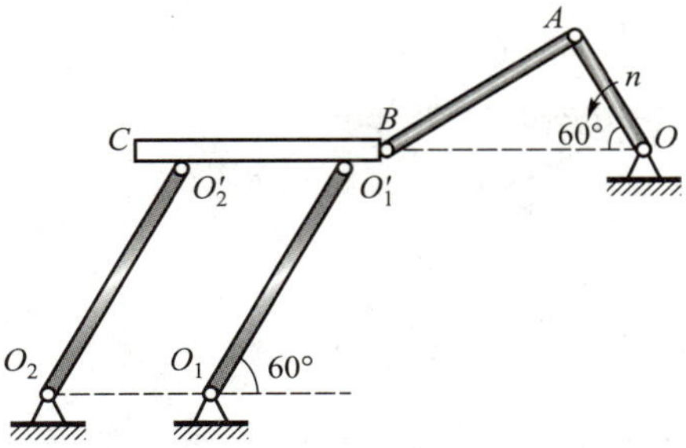

题 5.7 图

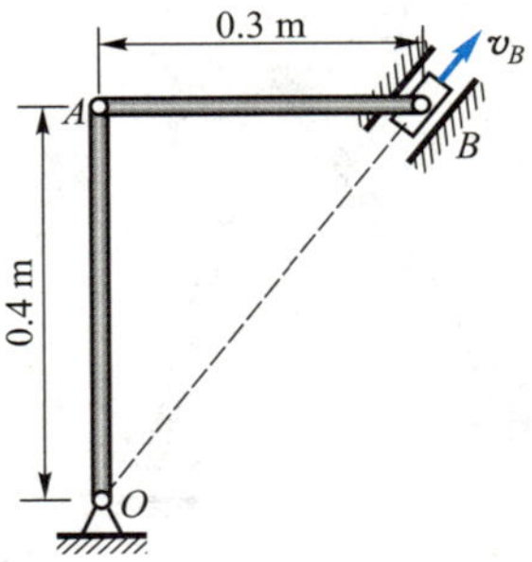

题 5.8 图

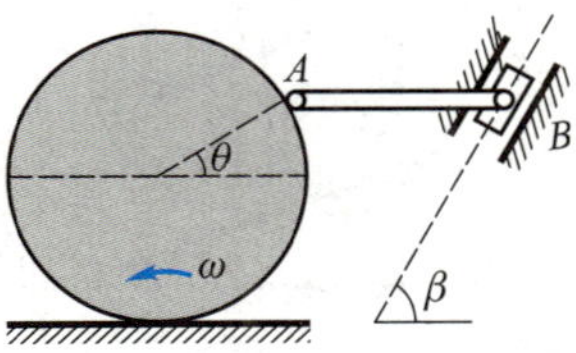

题 5.9 图

5.10　图示机构，已知杆 OA 的角速度为 ω，圆轮 A 在固定圆轮 O 上作纯滚动，几何尺寸如图所示。试求图示位置点 B 的速度。

5.11　图示长度为 r 的曲柄 O_1A 绕轴 O_1 以角速度 ω 作逆时针转动，通过连杆 AB 带动滑块 B 在水平槽内运动，连杆又与杆 NK 连接并带动 O_2N 绕轴 O_2 转动。已知 O_1A 与 NK 均处于铅垂位置，试求此时杆 NK 中点 D 的速度及杆 O_2N 的角速度。

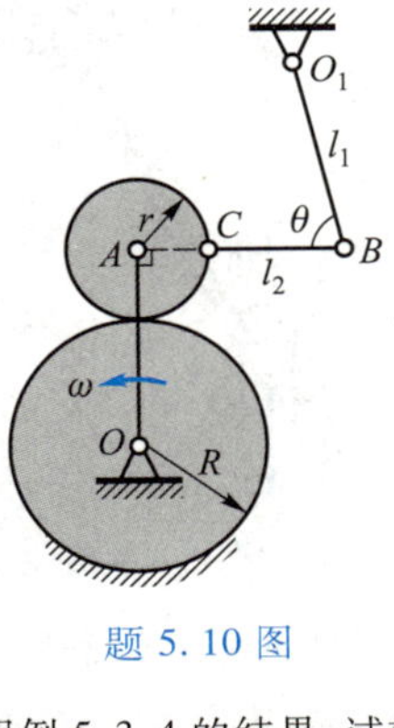

题 5.10 图

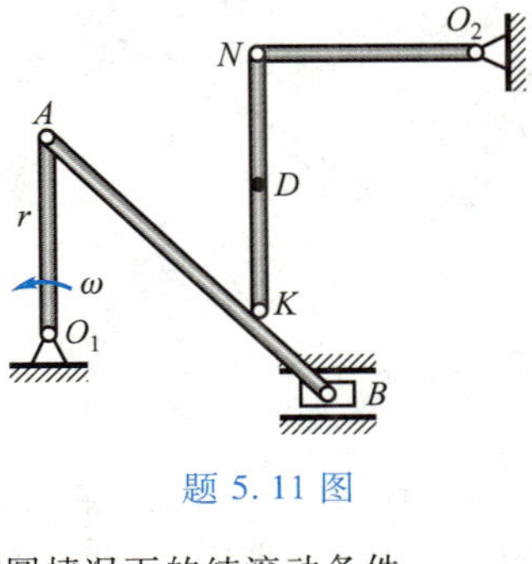

题 5.11 图

5.12　应用例 5.3.4 的结果，试求柱面基线为椭圆情况下的纯滚动条件。

5.13　图示杆 AB 作这样的运动：点 A 作以 O 为圆心、r 为半径的圆周运动，而杆本身则始终通过圆周上的固定点 N。试求杆的动瞬心轨迹和定瞬心轨迹。

5.14　图示机构，已知 $OA=AB=BO_1=l$，杆 OA 的角速度为 ω，角加速度为 α，转向如图所示。试求杆 AB 中点 M 的切向与法向加速度。

5.15　图示车轮半径 $R=0.5\ \text{m}$，在铅垂平面内沿倾角为 θ 的直线作纯滚动，$v=1\ \text{m}\cdot\text{s}^{-1}$，$a=3\ \text{m}\cdot\text{s}^{-2}$。试求轮缘上点 M_1，M_2 的切向与法向加速度。

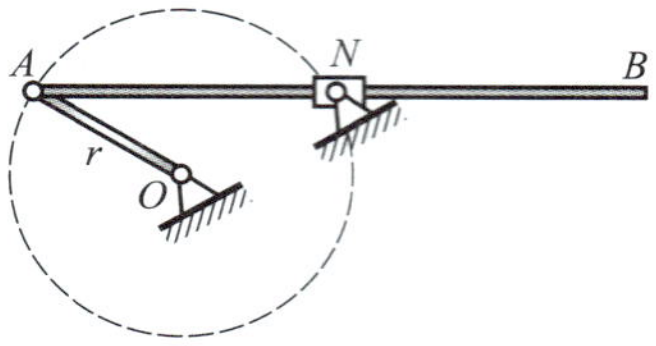

题 5.13 图

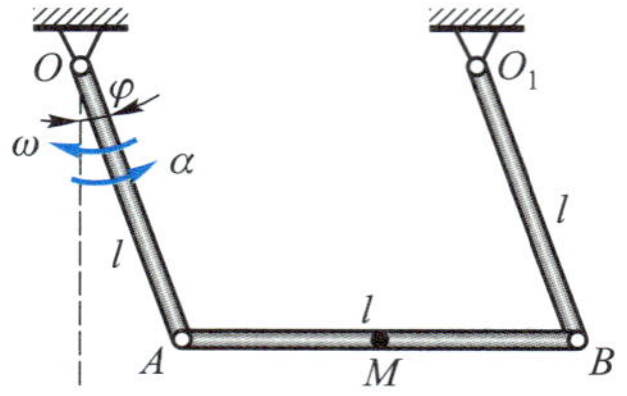

题 5.14 图

5.16　四连杆机构中，曲柄 AB 以匀角速度 ω 绕轴 A 转动，$AB=BC=a$，$CD=2a$。试求图示位置，即 $\theta=60°$，曲柄 AB 与连杆 BC 处于同一直线上时，杆 BC 的角速度、角加速度及点 C 的加速度。

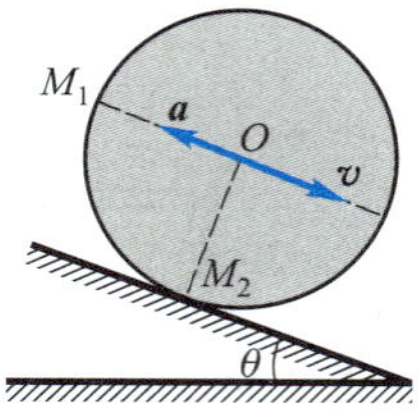

题 5.15 图

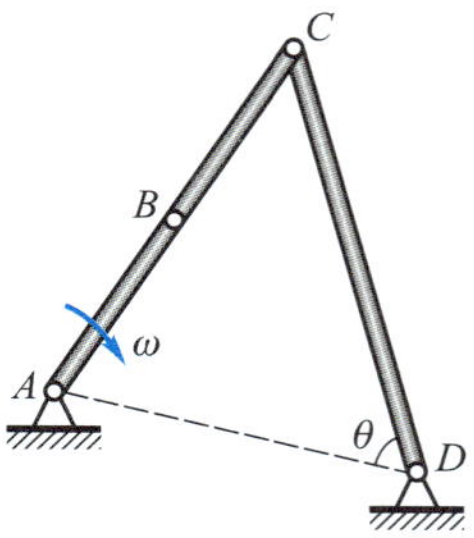

题 5.16 图

5.17　在图示曲柄连杆机构中，曲柄 OA 绕轴 O 转动，其角速度为 ω，角加速度为 α。通过连杆 AB 带动滑块 B 在圆槽内滑动。在图示瞬时曲柄与水平线成 60°角，连杆 AB 与曲柄 OA 垂直，圆槽半径 O_1B 与连杆成 30°角。若 $OA=a$，$AB=2\sqrt{3}a$，$O_1B=2a$，试求该瞬时滑块 B 的切向与法向加速度。

5.18　在图示瞬时，滑块 A 的速度为 $\boldsymbol{v}$，加速度为零，试求该瞬时杆 AB 中点 C 的切向与法向加速度，其中杆 AB 长为 l。

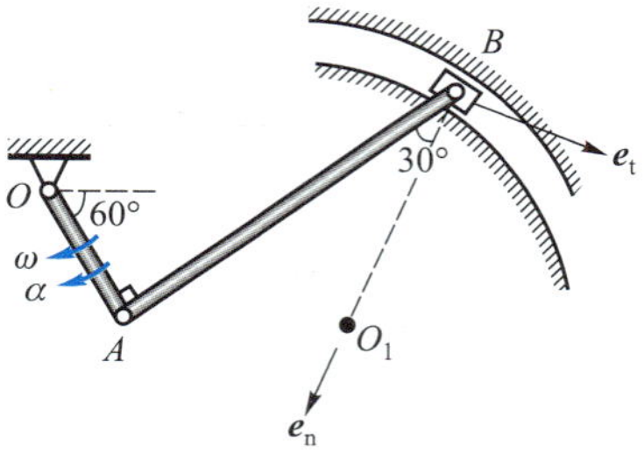

题 5.17 图

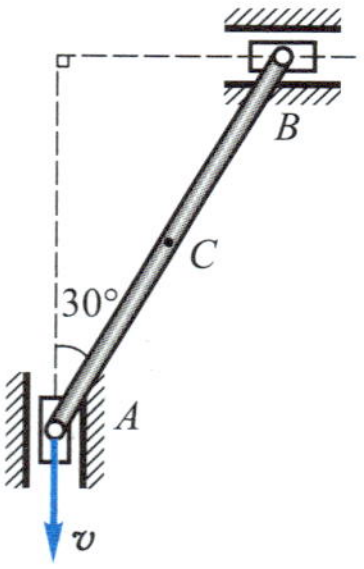

题 5.18 图

5.19　长为 l 的细杆 AB，一端 A 在半径为 $R(l>2R)$ 的固定圆槽内运动。当杆 AB 运动时，其上有一点始终与圆槽上的点 C 相接触。已知点 A 以等速 v 沿圆槽向左运动，试求当点 A 在最低位置时，杆上与点 C 重合的点的速度和加速度。

5.20　已知杆 AB 作平面运动，其两端的加速度大小为 $a_A=a$，$a_B=2a$，已知这两点加速度反向且均与 AB 成 θ 角。试求杆 AB 中点 C 的加速度。

**5.21*　图示为一种生产线上的物体移动装置，能够将小箱盒从装配线推到传送带上。曲柄 O_2A 长 75 mm，以恒定转速 60 $\mathrm{r\cdot min^{-1}}$ 绕 O_2 点转动。已知圆柱铰链 B 与 O_1 的水平和铅垂距离分别为 150 mm 和 300 mm，O_1 与 O_2 的水平和铅垂距离分别为 300 mm 和 150 mm，O_1C 距离为 900 mm，杆

CD 长 600 mm。如图所示，当 O_1C 连线和曲柄 O_2A 同时处于铅垂位置时，杆 *CD* 与水平夹角为 30°，试求此时机构推动箱子的速度。

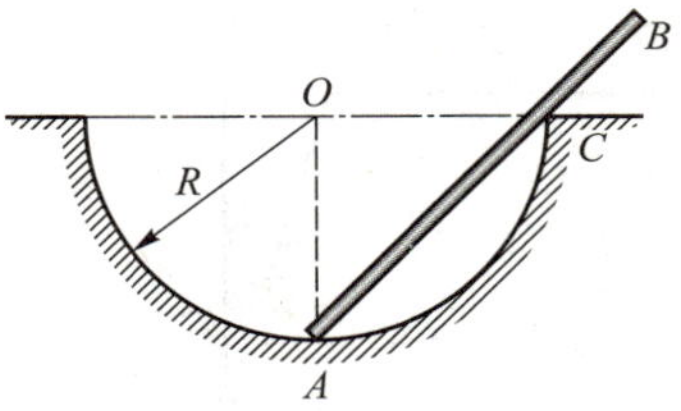

题 5.19 图

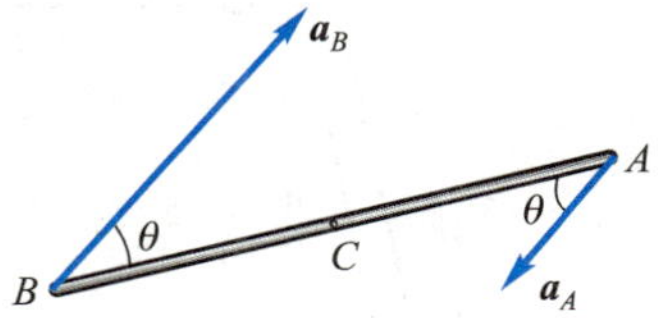

题 5.20 图

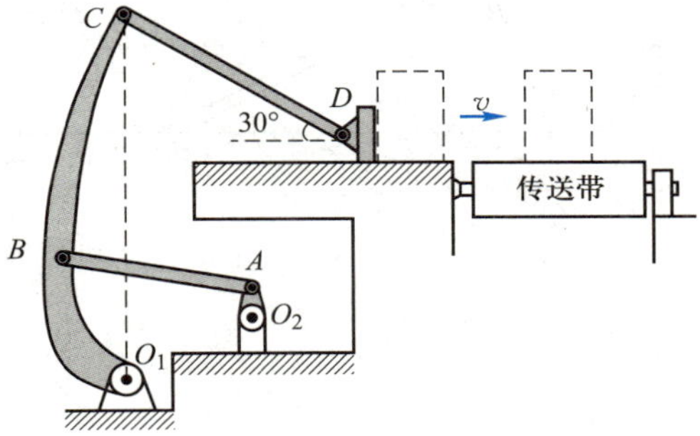

题 5.21 图

*5.22 图示为一种电动线锯的结构示意图，锯条安装在沿水平导轨滑动的门型框架上。已知 *OB* 的距离为 120 mm，电机以 120 $r \cdot min^{-1}$ 的恒定速度逆时针转动。试求 $\theta = 90°$时锯条的加速度，以及连杆 *AB* 的角加速度。

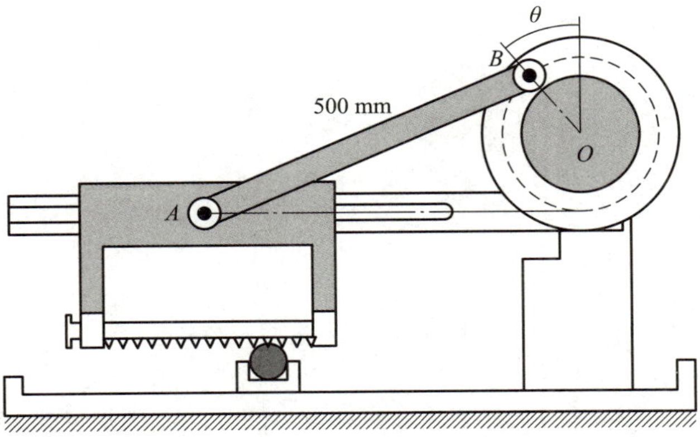

题 5.22 图

*5.23 图示为一台游梁式抽油机（俗称磕头机）的结构示意图，柔性泵杆 *D* 固定在 *E* 处的扇形体上，在其进入 *D* 点前始终保持铅垂。曲柄 *OA* 以 20 $r \cdot min^{-1}$ 的恒定速度顺时针旋转，带动梁 *BCE* 绕 *C* 点转动。*O* 点与 *B* 点处于同一铅垂线上，当梁 *BCE* 和曲柄 *OA* 同时处于图示水平位置时，求此时泵杆 *D* 的速度和加速度。

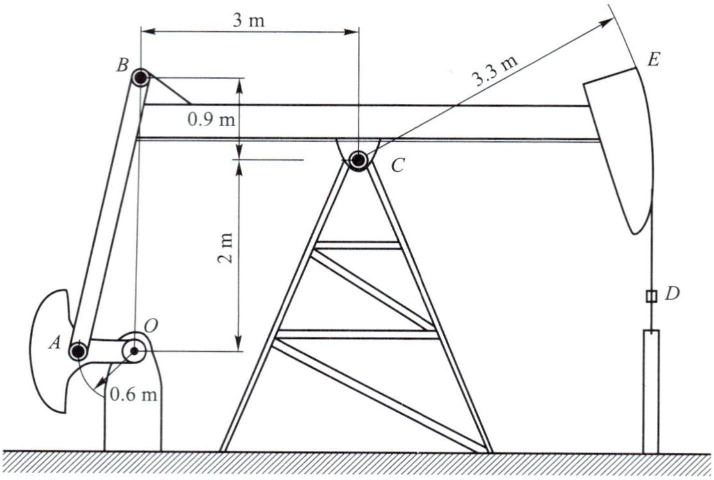

题 5.23 图

第 5 章部分习题参考答案

第 6 章 复合运动

关键知识点

动点，动系，定系，牵连点，绝对运动、相对运动、牵连运动，绝对导数、相对导数，固定系、固定基，连体系、连体基，方向余弦矩阵，绝对速度、相对速度、牵连速度，绝对加速度、相对加速度、牵连加速度，科氏加速度，速度合成定理，加速度合成定理，角速度合成定理，角加速度合成定理。

核心能力

（1）能够使用点的复合运动理论准确分析平面运动的“一点”（动点）、“二系”（定系、动系）和“三运动”（绝对、相对、牵连）；

（2）能够使用点的复合运动理论求出平面运动机构中各点的速度与加速度；

（3）能够综合应用刚体上两点间关系和点的复合运动理论对平面运动问题进行分析。

历史人物介绍 7：傅科

历史人物介绍 8：科里奥利

物体的运动具有相对性，对于同一物体，如果选取的参考空间不同，则其运动状态一般说来也不同。本章将在两个不同的参考空间中讨论同一物体的运动，并给出物体在这两个参考空间中的运动量之间的数学关系式。物体相对于甲空间的运动可当作相对于乙空间的运动和乙空间相对于甲空间运动的复合运动。

6.1 绝对运动、相对运动、牵连运动

当对物体运动的描述涉及两个参考空间时，不妨设其中一个为甲空间，另一个为乙空间，并将甲空间指定为**定参考系**，简称**定系**，将乙空间指定为**动参考系**，简称**动系**，将所研究的物体上的点称为动点。动点相对于定系的运动称为**绝对运动**，动点相对于动系的运动称为**相对运动**，而动系相对于定系的运动称为**牵连运动**。

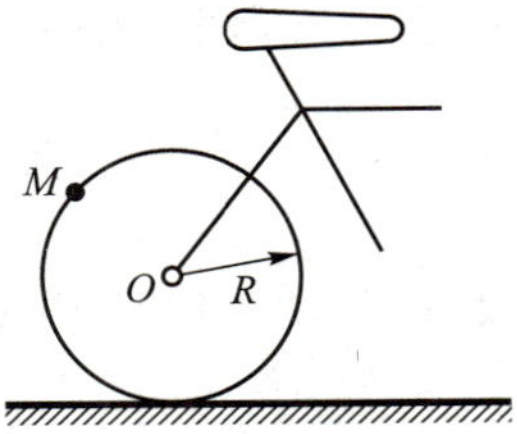

图 6.1

考虑在水平直线上行驶的自行车的运动（图 6.1），选取与地面固连的空间为定系，与车架固连的空间为动系。如果以车轮为研究对象，其绝对运动为平面运动，即纯滚动，其相对运动是绕车轴 O 的定轴转动，而牵连运动是固连于动系的车架的绝对运动，它是直线平移。如果以轮缘上的任一点 M 为研究对象，点 M 的绝对运动是曲线运动，其轨迹为旋轮曲线，它的相对运动也是曲线运动，其轨迹是以点 O 为圆心、以 R 为半径的圆周曲线，而牵连运动仍是车架的运动，它是直线平移。

动画 17：复合运动实例

由以上例子可以看出，研究对象（车轮或点 M）在不同的参考空间中的运动是不同的，这种差别完全是由动系相对定系存在运动，即存在牵连运动所导致的。如果没有牵连运动，那么它的绝对运动和相对运动就没有任何差别。当已知研究对象的相对运动和牵连运动，则它的绝对运动必为某一确定的运动。这说明，研究对象的绝对运动可当作相对运动和牵连运动的合成运动，即复合运动。反之，绝对运动可分解为相对运动和牵连运动。

6.2　变矢量的绝对导数与相对导数

为研究点的绝对速度与相对速度，绝对加速度与相对加速度的关系，需要在两个参考空间中考察同一个变量对时间的变化率。为此，引入矢量的绝对导数与相对导数的概念，并研究它们之间的关系。

约定变矢量 $\boldsymbol{A}$ 相对定系的增量 $\Delta\boldsymbol{A}$ 称为绝对增量，相应的导数称为**绝对导数**，记作$\dfrac{\mathrm{d}\boldsymbol{A}}{\mathrm{d}t}$；该量相对动系的增量 $\widetilde{\Delta\boldsymbol{A}}$ 称为相对增量，相应的导数称为**相对导数**，记作$\dfrac{\widetilde{\mathrm{d}\boldsymbol{A}}}{\mathrm{d}t}$（图 6.2）。

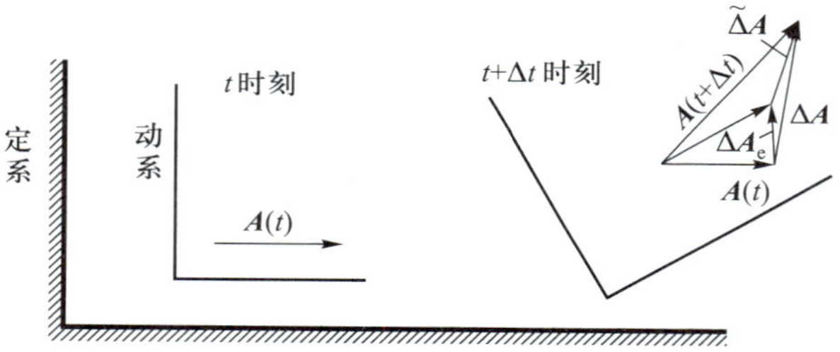

图 6.2

假设动系对定系作平面运动，由图 6.2 知

$$\Delta\boldsymbol{A}=\widetilde{\Delta\boldsymbol{A}}+\Delta\boldsymbol{A}_{\mathrm{e}}$$

其中 $\Delta\boldsymbol{A}_{\mathrm{e}}$ 是由于动系相对定系发生方位改变从而使 $\boldsymbol{A}$ 的方向改变而产生的增量。在这一变化过程中，矢量 $\boldsymbol{A}$ 的大小保持时刻 t 的值不发生改变，因此有

$$\lim_{\Delta t\to 0}\frac{\Delta\boldsymbol{A}_{\mathrm{e}}}{\Delta t}=\boldsymbol{\omega}\times\boldsymbol{A}$$

其中 $\boldsymbol{\omega}$ 为动系相对定系在时刻 t 的角速度。而

$$\lim_{\Delta t\to 0}\frac{\Delta\boldsymbol{A}}{\Delta t}=\frac{\mathrm{d}\boldsymbol{A}}{\mathrm{d}t}$$

$$\lim_{\Delta t\to 0}\frac{\widetilde{\Delta\boldsymbol{A}}}{\Delta t}=\frac{\widetilde{\mathrm{d}\boldsymbol{A}}}{\mathrm{d}t}$$

于是有

$$\frac{\mathrm{d}\boldsymbol{A}}{\mathrm{d}t}=\frac{\tilde{\mathrm{d}}\boldsymbol{A}}{\mathrm{d}t}+\boldsymbol{\omega}\times\boldsymbol{A} \tag{6.2.1}$$

这就是**变矢量的绝对导数与相对导数的关系式**,它表明同一变矢量相对不同的参考空间其变化率一般是不同的,这种差别是由动系方位变化所引起的。

当动系作平移时,由于动系的方位不改变,即角速度 $\boldsymbol{\omega}$ 为零,因此,在这一特殊情形下,变矢量的绝对导数与相对导数相等,即有

$$\frac{\mathrm{d}\boldsymbol{A}}{\mathrm{d}t}=\frac{\tilde{\mathrm{d}}\boldsymbol{A}}{\mathrm{d}t} \tag{6.2.2}$$

式(6.2.1)对动系作一般运动时也适用。

6.3 点的复合运动的分析解法

6.3.1 动点的运动方程

在定系和动系中分别任选一固定点 O 和 O'为参考点。动点 M 在两个参考空间中位置的变化规律,可用矢径形式的运动方程来描述(图 6.3),绝对运动方程为

$$\boldsymbol{r}=\boldsymbol{r}(t)$$

相对运动方程为

$$\boldsymbol{r}'=\boldsymbol{r}'(t)$$

点 O'相对点 O 的矢径为

$$\boldsymbol{r}_{O'}=\boldsymbol{r}_{O'}(t)$$

由图 6.3 知

$$\boldsymbol{r}(t)=\boldsymbol{r}_{O'}(t)+\boldsymbol{r}'(t) \tag{6.3.1}$$

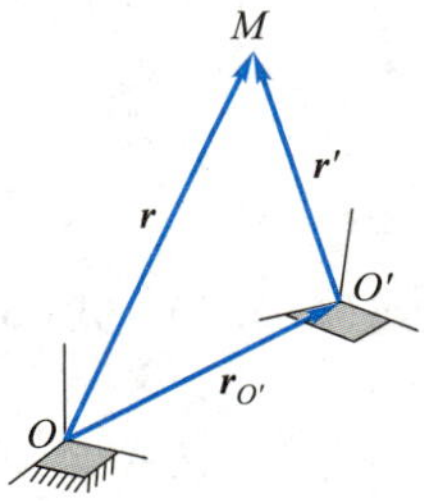

图 6.3

取与固定参考体固连的直角坐标系 $Ox_1x_2x_3$(简称固定系),其单位正交基为 $\boldsymbol{i}=(\boldsymbol{i}_1\quad \boldsymbol{i}_2\quad \boldsymbol{i}_3)^{\mathrm{T}}$,再取与动参考体固连的直角坐标系 $O'x_1'x_2'x_3'$(简称连体系),其单位正交基为 $\boldsymbol{e}=(\boldsymbol{e}_1\quad \boldsymbol{e}_2\quad \boldsymbol{e}_3)^{\mathrm{T}}$,如图 6.4 所示。$\boldsymbol{i}$ 与 $\boldsymbol{e}$ 分别称为固定基和连体基。动点 M 的直角坐标形式的绝对运动方程为

$$x_1^i=x_1^i(t)$$
$$x_2^i=x_2^i(t)$$
$$x_3^i=x_3^i(t)$$

相对运动方程为

$$x_1^e=x_1^e(t)$$
$$x_2^e=x_2^e(t)$$
$$x_3^e=x_3^e(t)$$

表示为矩阵形式,有

$$\boldsymbol{x}^i=(x_1^i\quad x_2^i\quad x_3^i)^{\mathrm{T}} \tag{6.3.2}$$

$$\boldsymbol{x}^e=(x_1^e \quad x_2^e \quad x_3^e)^{\mathrm{T}} \tag{6.3.3}$$

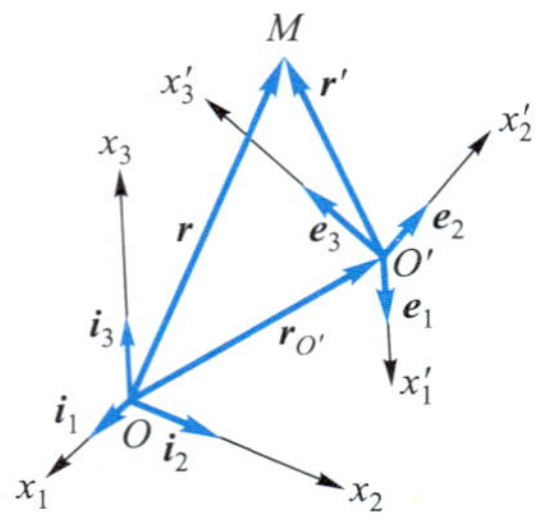

图 6.4

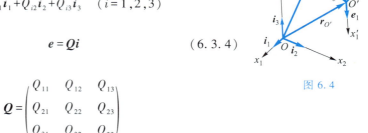

连体基 $\boldsymbol{e}=(\boldsymbol{e}_1 \quad \boldsymbol{e}_2 \quad \boldsymbol{e}_3)^{\mathrm{T}}$ 可用定系中的固定基 $\boldsymbol{i}=(\boldsymbol{i}_1 \quad \boldsymbol{i}_2 \quad \boldsymbol{i}_3)^{\mathrm{T}}$ 表示，有

$$\boldsymbol{e}_i=Q_{i1}\boldsymbol{i}_1+Q_{i2}\boldsymbol{i}_2+Q_{i3}\boldsymbol{i}_3 \quad (i=1,2,3)$$

写成矩阵形式为

$$\boldsymbol{e}=\boldsymbol{Q}\boldsymbol{i} \tag{6.3.4}$$

其中

$$\boldsymbol{Q}=\begin{pmatrix} Q_{11} & Q_{12} & Q_{13} \\ Q_{21} & Q_{22} & Q_{23} \\ Q_{31} & Q_{32} & Q_{33} \end{pmatrix}$$

称为变换矩阵（也称为方向余弦矩阵），其元素为

$$Q_{ij}=\boldsymbol{e}_i \cdot \boldsymbol{i}_j \quad (i,j=1,2,3) \tag{6.3.5}$$

由线性代数知，由一正交基变换为另一正交基的变换矩阵 $\boldsymbol{Q}$ 是一个正交矩阵，因此有

$$\boldsymbol{Q}^{\mathrm{T}}\boldsymbol{Q}=\boldsymbol{I}$$

$$\boldsymbol{Q}^{-1}=\boldsymbol{Q}^{\mathrm{T}}$$

其中 $\boldsymbol{I}$ 为三阶单位矩阵，因此得

$$\boldsymbol{i}=\boldsymbol{Q}^{\mathrm{T}}\boldsymbol{e} \tag{6.3.6}$$

矢径 $\boldsymbol{r},\boldsymbol{r}',\boldsymbol{r}_{O'}$ 可沿所在参考空间坐标基方向分解为

$$\boldsymbol{r}=(\boldsymbol{x}^i)^{\mathrm{T}}\boldsymbol{i} \tag{6.3.7}$$

$$\boldsymbol{r}'=(\boldsymbol{x}^e)^{\mathrm{T}}\boldsymbol{e} \tag{6.3.8}$$

$$\boldsymbol{r}_{O'}=(\boldsymbol{x}_{O'}^i)^{\mathrm{T}}\boldsymbol{i} \tag{6.3.9}$$

将式（6.3.7）~式（6.3.9）代入式（6.3.1），得

$$(\boldsymbol{x}^i)^{\mathrm{T}}\boldsymbol{i}=(\boldsymbol{x}_{O'}^i)^{\mathrm{T}}\boldsymbol{i}+(\boldsymbol{x}^e)^{\mathrm{T}}\boldsymbol{e} \tag{6.3.10}$$

将式（6.3.4）代入上式，得

$$(\boldsymbol{x}^i)^{\mathrm{T}}\boldsymbol{i}=(\boldsymbol{x}_{O'}^i)^{\mathrm{T}}\boldsymbol{i}+(\boldsymbol{x}^e)^{\mathrm{T}}\boldsymbol{Q}\boldsymbol{i} \tag{6.3.11}$$

由此得动点 M 直角坐标形式的绝对运动方程与相对运动方程的关系

$$\boldsymbol{x}^i=\boldsymbol{x}_{O'}^i+\boldsymbol{Q}^{\mathrm{T}}\boldsymbol{x}^e \tag{6.3.12}$$

或

$$\boldsymbol{x}^e=\boldsymbol{Q}(\boldsymbol{x}^i-\boldsymbol{x}_{O'}^i) \tag{6.3.13}$$

由于动系相对于定系存在运动，因此，两种坐标基之间的变换矩阵 $\boldsymbol{Q}$ 一般是时间的函数。矩阵 $\boldsymbol{Q}$ 的具体表示式取决于牵连运动的形式。下面以牵连运动是平面运动的形式为例，导出变换矩阵 $\boldsymbol{Q}$ 的具体表达式。

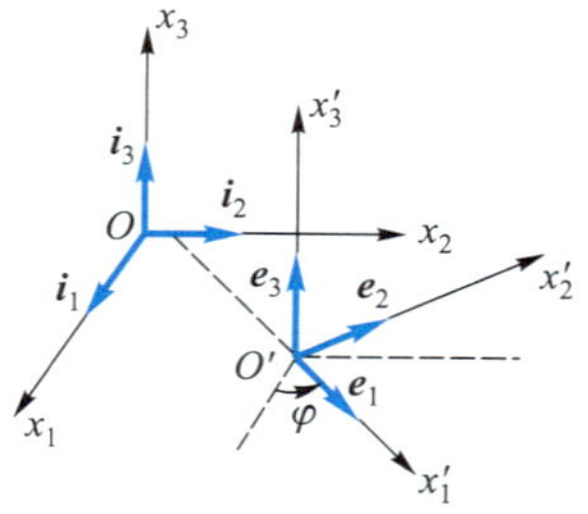

图 6.5

当动系作平面运动时，不妨取定坐标系的面 Ox_1x_2 与动坐标系的面 $O'x_1'x_2'$ 为同一平面（图 6.5）。取 O' 为基点，用轴 $O'x_1'$ 与单位矢量 $\boldsymbol{i}_1$ 的夹角 φ 来描述动系运动，此角即为牵连运动的方位角。动系的运动方程，即牵连运动方程为

$$\left.\begin{aligned} \boldsymbol{r}_{O'} &= (\boldsymbol{x}^{i}_{O'})^{\mathrm{T}}\boldsymbol{i} \\ \varphi &= \varphi(t) \end{aligned}\right\} \tag{6.3.14}$$

由式(6.3.5)计算得到变换矩阵

$$\boldsymbol{Q} = \begin{pmatrix} \cos\varphi & \sin\varphi & 0 \\ -\sin\varphi & \cos\varphi & 0 \\ 0 & 0 & 1 \end{pmatrix} \tag{6.3.15}$$

6.3.2 动点的速度、加速度合成的解析表达式

动点 M 相对于定系的速度和加速度分别称为绝对速度和绝对加速度，分别记作 $\boldsymbol{v}_{\mathrm{a}}$ 和 $\boldsymbol{a}_{\mathrm{a}}$，有

$$\boldsymbol{v}_{\mathrm{a}} = \frac{\mathrm{d}\boldsymbol{r}}{\mathrm{d}t} \tag{6.3.16}$$

$$\boldsymbol{a}_{\mathrm{a}} = \frac{\mathrm{d}\boldsymbol{v}_{\mathrm{a}}}{\mathrm{d}t} \tag{6.3.17}$$

动点 M 相对于动系的速度和加速度分别称为相对速度和相对加速度，分别记作 $\boldsymbol{v}_{\mathrm{r}}$ 和 $\boldsymbol{a}_{\mathrm{r}}$，它们分别为在动系中对 $\boldsymbol{r}'$ 和 $\boldsymbol{v}_{\mathrm{r}}$ 求相对导数而得到，即

$$\boldsymbol{v}_{\mathrm{r}} = \frac{\tilde{\mathrm{d}}\boldsymbol{r}'}{\mathrm{d}t} \tag{6.3.18}$$

$$\boldsymbol{a}_{\mathrm{r}} = \frac{\tilde{\mathrm{d}}\boldsymbol{v}_{\mathrm{r}}}{\mathrm{d}t} \tag{6.3.19}$$

以上 4 式沿相应直角坐标系的三坐标轴方向的分解式为

$$\boldsymbol{v}_{\mathrm{a}} = (\dot{\boldsymbol{x}}^{i})^{\mathrm{T}}\boldsymbol{i} \tag{6.3.20}$$

$$\boldsymbol{a}_{\mathrm{a}} = (\ddot{\boldsymbol{x}}^{i})^{\mathrm{T}}\boldsymbol{i} \tag{6.3.21}$$

$$\boldsymbol{v}_{\mathrm{r}} = (\dot{\boldsymbol{x}}^{e})^{\mathrm{T}}\boldsymbol{e} \tag{6.3.22}$$

$$\boldsymbol{a}_{\mathrm{r}} = (\ddot{\boldsymbol{x}}^{e})^{\mathrm{T}}\boldsymbol{e} \tag{6.3.23}$$

下面导出这些量的关系。将式(6.3.10)对时间 t 求一阶和二阶导数，得

$$(\dot{\boldsymbol{x}}^{i})^{\mathrm{T}}\boldsymbol{i} = (\dot{\boldsymbol{x}}^{i}_{O'})^{\mathrm{T}}\boldsymbol{i} + (\dot{\boldsymbol{x}}^{e})^{\mathrm{T}}\boldsymbol{e} + (\boldsymbol{x}^{e})^{\mathrm{T}}\dot{\boldsymbol{e}} \tag{6.3.24}$$

$$(\ddot{\boldsymbol{x}}^{i})^{\mathrm{T}}\boldsymbol{i} = (\ddot{\boldsymbol{x}}^{i}_{O'})^{\mathrm{T}}\boldsymbol{i} + (\ddot{\boldsymbol{x}}^{e})^{\mathrm{T}}\boldsymbol{e} + 2(\dot{\boldsymbol{x}}^{e})^{\mathrm{T}}\dot{\boldsymbol{e}} + (\boldsymbol{x}^{e})^{\mathrm{T}}\ddot{\boldsymbol{e}} \tag{6.3.25}$$

其中 $\dot{\boldsymbol{e}}$ 和 $\ddot{\boldsymbol{e}}$ 可由式(6.3.4)对 t 求导数得到，考虑到式(6.3.10)，有

$$\dot{\boldsymbol{e}} = \dot{\boldsymbol{Q}}\boldsymbol{i} = \dot{\boldsymbol{Q}}\boldsymbol{Q}^{\mathrm{T}}\boldsymbol{e}$$

$$\ddot{\boldsymbol{e}} = \ddot{\boldsymbol{Q}}\boldsymbol{i} = \ddot{\boldsymbol{Q}}\boldsymbol{Q}^{\mathrm{T}}\boldsymbol{e}$$

当动系作平面运动时，由 $\boldsymbol{Q}$ 的表达式(6.3.15)得

$$\dot{\boldsymbol{Q}}\boldsymbol{Q}^{\mathrm{T}} = \begin{pmatrix} 0 & \dot{\varphi} & 0 \\ -\dot{\varphi} & 0 & 0 \\ 0 & 0 & 0 \end{pmatrix} \tag{6.3.26}$$

$$\ddot{\boldsymbol{Q}}\boldsymbol{Q}^{\mathrm{T}}=\begin{pmatrix}0&\ddot{\varphi}&0\\-\ddot{\varphi}&0&0\\0&0&0\end{pmatrix}+\begin{pmatrix}-\dot{\varphi}^2&0&0\\0&-\dot{\varphi}^2&0\\0&0&0\end{pmatrix}\tag{6.3.27}$$

将式(6.3.26)和式(6.3.27)分别代入式(6.3.24)和式(6.3.25),得到牵连运动为平面运动时动点绝对速度与相对速度、绝对加速度与相对加速度关系的解析表达式:

$$\begin{pmatrix}\dot{x}_1^i\\\dot{x}_2^i\\\dot{x}_3^i\end{pmatrix}^{\mathrm{T}}\boldsymbol{i}=\begin{pmatrix}\dot{x}_{O'1}\\\dot{x}_{O'2}\\\dot{x}_{O'3}\end{pmatrix}^{\mathrm{T}}\boldsymbol{i}+\begin{pmatrix}x_1^e\\x_2^e\\x_3^e\end{pmatrix}^{\mathrm{T}}\begin{pmatrix}0&\dot{\varphi}&0\\-\dot{\varphi}&0&0\\0&0&0\end{pmatrix}\boldsymbol{e}+\begin{pmatrix}\dot{x}_1^e\\\dot{x}_2^e\\\dot{x}_3^e\end{pmatrix}^{\mathrm{T}}\boldsymbol{e}\tag{6.3.28}$$

$$\begin{aligned}\begin{pmatrix}\ddot{x}_1^i\\\ddot{x}_2^i\\\ddot{x}_3^i\end{pmatrix}^{\mathrm{T}}\boldsymbol{i}=&\begin{pmatrix}\ddot{x}_{O'1}\\\ddot{x}_{O'2}\\\ddot{x}_{O'3}\end{pmatrix}^{\mathrm{T}}\boldsymbol{i}+\begin{pmatrix}x_1^e\\x_2^e\\x_3^e\end{pmatrix}^{\mathrm{T}}\begin{pmatrix}0&\ddot{\varphi}&0\\-\ddot{\varphi}&0&0\\0&0&0\end{pmatrix}\boldsymbol{e}+\\&\begin{pmatrix}x_1^e\\x_2^e\\x_3^e\end{pmatrix}^{\mathrm{T}}\begin{pmatrix}-\dot{\varphi}^2&0&0\\0&-\dot{\varphi}^2&0\\0&0&0\end{pmatrix}\boldsymbol{e}+2\begin{pmatrix}\dot{x}_1^e\\\dot{x}_2^e\\\dot{x}_3^e\end{pmatrix}^{\mathrm{T}}\begin{pmatrix}0&\dot{\varphi}&0\\-\dot{\varphi}&0&0\\0&0&0\end{pmatrix}\boldsymbol{e}+\begin{pmatrix}\ddot{x}_1^e\\\ddot{x}_2^e\\\ddot{x}_3^e\end{pmatrix}^{\mathrm{T}}\boldsymbol{e}\end{aligned}\tag{6.3.29}$$

当连体基 $\boldsymbol{e}=(\boldsymbol{e}_1\quad\boldsymbol{e}_2\quad\boldsymbol{e}_3)$ 及固定基 $\boldsymbol{i}=(\boldsymbol{i}_1\quad\boldsymbol{i}_2\quad\boldsymbol{i}_3)$ 时,式 6.3.4~式 6.3.29 的表达式将不同,读者可自行推导。

例 6.3.1 已知凸轮推杆机构如图 6.6a 所示。试以 φ 为参量,在以下两种情况下写出动点的绝对运动方程和相对运动方程:(1) 以顶杆上的点为动点,动系与凸轮相固连;(2) 以图示瞬时凸轮上的点 A 为动点,动系与顶杆 AB 相固连。

解:这是机构的运动传递问题。通过主动构件的运动求解从动构件的运动是机构运动分析中经常遇到的问题,而运动的传递是通过主、从两构件的接触点来完成的。如果两构件在接触点处有相对滑动,则构件在接触点处的轨迹、速度和加速度不相同或不完全相同,这时一般需要用复合运动的知识来建立两构件运动之间的关系。本题中顶杆 AB 作直线平移,凸轮作定轴转动,接触点为 A。动点 A 选在杆上或选在凸轮上的运动情况是不一样的。

(1) 以顶杆 AB 上的点 A 为动点,动系与凸轮固连。建立定坐标系 Oxy 和动坐标系 $Ox'y'$,如图 6.6b 所示。牵连运动是绕轴 O 的定轴转动。

点 A 的绝对运动方程为

$$x_A=0$$

$$y_A=e\sin\varphi+\sqrt{R^2-e^2\cos^2\varphi}$$

绝对轨迹是直线。牵连运动方程为

$$\varphi=\varphi(t)$$

$$\boldsymbol{r}_0\equiv\boldsymbol{0}$$

由式(6.3.15)和式(6.3.13)得到点 A 的相对运动方程为

$$\begin{pmatrix}x'\\y'\end{pmatrix}=\begin{pmatrix}\cos\varphi&\sin\varphi\\-\sin\varphi&\cos\varphi\end{pmatrix}\begin{pmatrix}x_A\\y_A\end{pmatrix}=\begin{pmatrix}e\sin^2\varphi+\sqrt{R^2-e^2\cos^2\varphi}&\sin\varphi\\e\sin\varphi\cos\varphi+\sqrt{R^2-e^2\cos^2\varphi}&\cos\varphi\end{pmatrix}$$

动画 18:
例 6.3.1

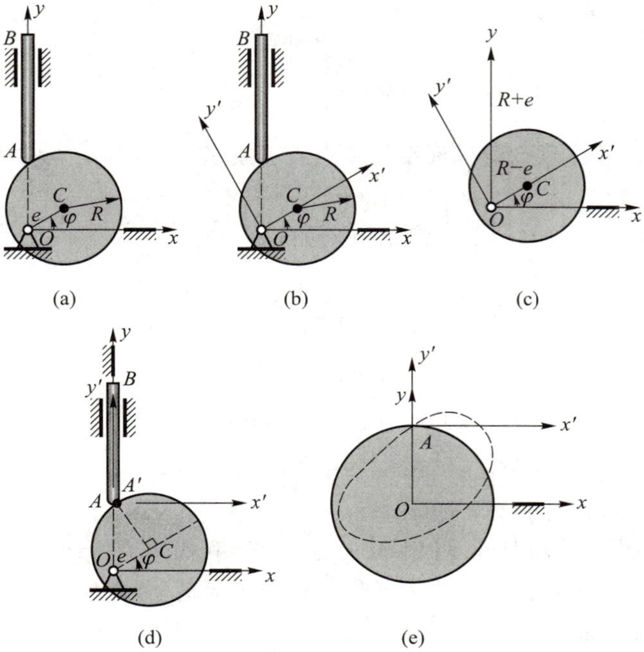

图 6.6

即

$$x'=(e\sin\varphi+\sqrt{R^2-e^2\cos^2\varphi})\sin\varphi$$

$$y'=(e\sin\varphi+\sqrt{R^2-e^2\cos^2\varphi})\cos\varphi$$

由此求得相对运动轨迹为

$$(x'-e)^2+y'^2=R^2$$

绝对轨迹和相对轨迹如图 6.6c 所示。

(2) 动点为偏心轮缘上点 A',为计算方便,不妨使所取点 A'满足 $CA'\perp OC$。动系与顶杆 AB 固连,牵连运动是直线平移。建立定坐标系 Oxy,动坐标系 $Ax'y'$,如图 6.6d 所示。

动点的绝对运动方程为

$$x=e\cos\varphi-R\sin\varphi$$

$$y=e\sin\varphi+R\cos\varphi$$

由此得到绝对轨迹方程为

$$x^2+y^2=e^2+R^2$$

它是以点 O 为圆心,以$\sqrt{e^2+R^2}$为半径的圆。

牵连运动方程为

$$x_A=0$$

$$y_A=e\sin\varphi+\sqrt{R^2-e^2\cos^2\varphi}$$

$$\varphi=0$$

由式(6.3.15)有

$$Q=\begin{pmatrix}1&0\\0&1\end{pmatrix}$$

代入式(6.3.13),并注意到动坐标系的原点 O'就是点 A,得到动点的相对运动方程

$$\begin{pmatrix}x'\\y'\end{pmatrix}=\begin{pmatrix}1&0\\0&1\end{pmatrix}\left[\begin{pmatrix}x\\y\end{pmatrix}-\begin{pmatrix}x_A\\y_A\end{pmatrix}\right]$$

$$=\begin{pmatrix}x-x_A\\y-y_A\end{pmatrix}=\begin{pmatrix}e\cos\varphi-R\sin\varphi\\R\cos\varphi-\sqrt{R^2-e^2\cos^2\varphi}\end{pmatrix}$$

即

$$x'=e\cos\varphi-R\sin\varphi$$

$$y'=R\cos\varphi-\sqrt{R^2-e^2\cos^2\varphi}$$

绝对轨迹与相对轨迹如图 6.6e 所示。

例 6.3.2 如图 6.7a 所示,小环 M 套在杆 OA 和固定大圆环 O_1 上。已知大圆环半径为 R,且 $OO_1=2R$。小环 M 沿大环作匀速圆周运动,其速度大小为 v_M。试求图示位置时,杆 OA 的角速度和角加速度,以及小环相对于杆 OA 的加速度。

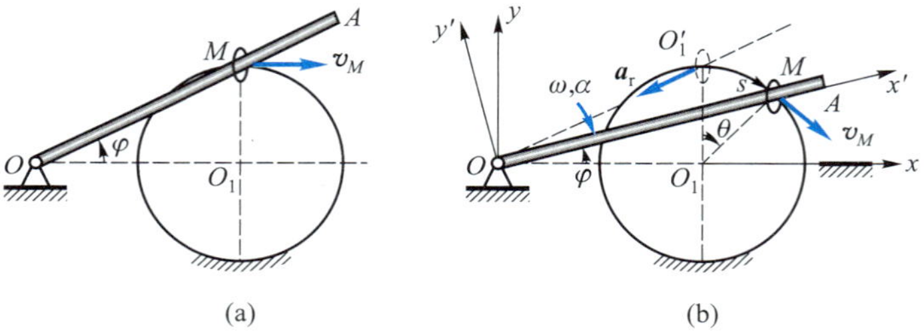

图 6.7

解:这是由 3 个物体组成的运动。取 O_1M 与铅垂向上方向的夹角 θ 为坐标。

取小环 M 为动点,动系与杆 OA 固连,牵连运动是绕轴 O 的定轴转动。建立如图 6.7b 所示的动坐标系 $Ox'y'$和弧坐标原点 O_1'。点 M 弧坐标形式的绝对运动方程为

$$s=R\theta \tag{a}$$

相对运动方程为

$$\left.\begin{aligned}x'&=(5R^2+4R^2\sin\theta)^{\frac{1}{2}}\\y'&=0\end{aligned}\right\} \tag{b}$$

牵连运动方程为

$$\varphi=\varphi(t)$$

由$\triangle OO_1M$ 知

$$\frac{R}{\sin\varphi}=\frac{2R}{\sin[180^\circ-\varphi-(90^\circ+\theta)]}$$

即

$$2\sin\varphi=\cos(\varphi+\theta) \tag{c}$$

将式(a)对时间 t 求导数,并注意到 $\dot{s}=v_M$,则有

$$\dot{\theta}=\frac{v_M}{R},\quad \ddot{\theta}=0 \tag{d}$$

将式(b)对时间 t 求导数,得到

$$x'\dot{x}'=2R^2\dot{\theta}\cos\theta \tag{e}$$

$$\dot{x}'^2+x'\ddot{x}'=2R^2(-\dot{\theta}^2\sin\theta+\ddot{\theta}\cos\theta) \tag{f}$$

将式(c)对时间 t 求导数,得到

$$2\dot{\varphi}\cos\varphi=-(\dot{\varphi}+\dot{\theta})\sin(\varphi+\theta) \tag{g}$$

$$-2\dot{\varphi}^2\sin\varphi+2\ddot{\varphi}\cos\varphi=-(\dot{\varphi}+\dot{\theta})^2\cos(\varphi+\theta)-(\ddot{\varphi}+\ddot{\theta})\sin(\varphi+\theta) \tag{h}$$

将 $\theta=0°$,$x'=\sqrt{5}R$,$\sin\varphi=\frac{1}{\sqrt{5}}$,$\cos\varphi=\frac{2}{\sqrt{5}}$,以及式(d)分别代入式(e)~式(h),可得

$$\dot{x}'=\frac{2}{\sqrt{5}}v_M$$

$$\ddot{x}'=-\frac{4v_M^2}{5\sqrt{5}R}$$

$$\dot{\varphi}=-\frac{v_M}{5R}$$

$$\ddot{\varphi}=-\frac{6}{25}\left(\frac{v_M}{R}\right)^2$$

因此,杆 OA 的角速度为

$$\omega=-\dot{\varphi}=\frac{v_M}{5R}$$

角加速度为

$$\alpha=\dot{\omega}=-\ddot{\varphi}=\frac{6v_M^2}{25R^2}$$

它们的实际转向如图 6.7b 所示。小环 M 相对于杆 OA 的加速度为

$$a_r=\frac{4v_M^2}{5\sqrt{5}R}$$

方向如图 6.7b 所示。

6.4 点的复合运动的矢量解法

6.4.1 速度合成定理

已知动点 M 相对定系的绝对矢径 $\boldsymbol{r}=\boldsymbol{r}(t)$,相对动系的相对矢径 $\boldsymbol{r}'=\boldsymbol{r}'(t)$,动系参考点 O'的绝对矢径 $\boldsymbol{r}_{O'}=\boldsymbol{r}_{O'}(t)$,它们满足

$$\boldsymbol{r}(t)=\boldsymbol{r}_{O'}(t)+\boldsymbol{r}'(t)$$

将其对时间 t 求导数，得

$$\frac{\mathrm{d}\boldsymbol{r}}{\mathrm{d}t}=\frac{\mathrm{d}\boldsymbol{r}_{O'}}{\mathrm{d}t}+\frac{\mathrm{d}\boldsymbol{r}'}{\mathrm{d}t}$$

上式左端表示点 M 的绝对速度 $\boldsymbol{v}_{\mathrm{a}}$，右端第一项是动系参考点 O' 相对于定系的绝对速度 $\boldsymbol{v}_{O'}$，第二项是相对矢径的绝对导数，由式(6.2.1)知

$$\begin{aligned}\frac{\mathrm{d}\boldsymbol{r}'}{\mathrm{d}t}&=\frac{\tilde{\mathrm{d}}\boldsymbol{r}'}{\mathrm{d}t}+\boldsymbol{\omega}_{\mathrm{e}}\times\boldsymbol{r}'\\&=\boldsymbol{v}_{\mathrm{r}}+\boldsymbol{\omega}_{\mathrm{e}}\times\boldsymbol{r}'\end{aligned}$$

其中 $\boldsymbol{\omega}_{\mathrm{e}}$ 为动系的角速度。因此，有

$$\boldsymbol{v}_{\mathrm{a}}=\boldsymbol{v}_{O'}+\boldsymbol{\omega}_{\mathrm{e}}\times\boldsymbol{r}'+\boldsymbol{v}_{\mathrm{r}} \tag{6.4.1}$$

在动空间中对动点 M 的绝对运动产生直接影响的是此瞬时动系上与动点相重合的点 N 的运动。将重合点 N 相对定系的绝对速度定义为**牵连速度**，记作 $\boldsymbol{v}_{\mathrm{e}}$（e 是法文 entraînement 的第一个字母，表示“带动”之意）。当牵连运动为平面运动时，其角速度为 $\boldsymbol{\omega}_{\mathrm{e}}$，则重合点 N 的绝对速度为

$$\boldsymbol{v}_{\mathrm{e}}=\boldsymbol{v}_N=\boldsymbol{v}_{O'}+\boldsymbol{\omega}_{\mathrm{e}}\times\boldsymbol{r}' \tag{6.4.2}$$

于是式(6.4.1)可表示为

$$\boldsymbol{v}_{\mathrm{a}}=\boldsymbol{v}_{\mathrm{e}}+\boldsymbol{v}_{\mathrm{r}} \tag{6.4.3}$$

这一关系即为**速度合成定理**，为矢量方程，它在任一瞬时均成立。速度合成定理表述如下：**在任一瞬时，动点的绝对速度等于其相对速度与牵连速度的矢量和。**

实际上，上述定理对牵连运动为一般运动的情况也成立。

利用速度合成定理，可对机构中点的速度和刚体的角速度进行瞬时分析，也可用来求动点的轨迹。

例 6.4.1　试用矢量法，求例 6.3.1 中当 OC 与 AC 垂直时杆 AB 的速度，设此时凸轮的角速度大小为 ω（图 6.8a）。

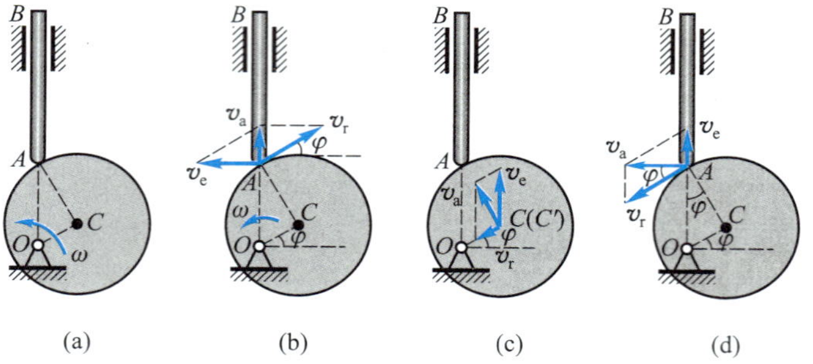

图 6.8

解：应用矢量法解题的关键是选取适当的动点、动系和定系，因此可有多种解法。

解法一　将动点选在杆 AB 上的点 A，动系与凸轮固连。这样，点的绝对运动是铅垂方向的直线运动，相对运动是沿凸轮外缘的圆周曲线运动，牵连运动为凸轮绕轴 O

的定轴转动。

对式(6.4.3)进行分析

	$\boldsymbol{v}_{\mathrm{a}}=$	$\boldsymbol{v}_{\mathrm{e}}$ +	$\boldsymbol{v}_{\mathrm{r}}$
大小	?	$\sqrt{e^2+R^2}\omega$	?
方向	✓	✓	✓

作速度矢量图(图 6.8b)。由图中几何关系,得

$$v_{\mathrm{a}}=v_{\mathrm{e}}\tan\varphi=\frac{\sqrt{R^2+e^2}}{R}\omega e$$

方向铅垂向上。

解法二　动点取为凸轮上的点 C,动系与杆 AB 固连。此时,绝对运动是以点 O 为圆心、e 为半径的圆周曲线运动;相对运动是以点 A 为圆心、R 为半径的圆周曲线运动;牵连运动是杆 AB 的直线平移。设杆 AB 延拓部分与动点相重合的点为 C'。

由速度合成定理

	$\boldsymbol{v}_{\mathrm{a}}=$	$\boldsymbol{v}_{\mathrm{e}}$ +	$\boldsymbol{v}_{\mathrm{r}}$
大小	$e\omega$	$v_{C'}=v_A$?	?
方向	✓	✓	✓

作速度矢量图(图 6.8c)。由图中几何关系,得

$$v_{\mathrm{e}}=\frac{v_{\mathrm{a}}}{\cos\varphi}=\frac{\sqrt{R^2+e^2}}{R}\omega e$$

这就是杆 AB 的速度大小,方向铅垂向上。

解法三　动点取为图示瞬时凸轮上的点 A,动系与杆 AB 固连。绝对运动是以 O 为圆心、OA 为半径的圆周曲线运动;相对运动是未知曲线运动,但相对速度 $\boldsymbol{v}_{\mathrm{r}}$ 的方向沿此瞬时在点 A 处的切线;牵连运动是铅垂方向的直线平移。

由速度合成定理

	$\boldsymbol{v}_{\mathrm{a}}=$	$\boldsymbol{v}_{\mathrm{e}}$ +	$\boldsymbol{v}_{\mathrm{r}}$
大小	$\sqrt{R^2+e^2}\omega$	?	?
方向	✓	✓	✓

作速度矢量图(图 6.8d)。由图中几何关系,得

$$v_{\mathrm{e}}=v_{\mathrm{a}}\tan\varphi=\frac{\sqrt{R^2+e^2}}{R}\omega e$$

这就是杆 AB 的速度大小,方向铅垂向上。

例 6.4.2　如图 6.9a 所示机构,其中杆 AB 的两端 A,B 分别与可沿水平、铅垂滑道运动的滑块铰接,其上的套筒 C 可带动杆 OC 绕轴 O 作定轴转动,$AB=OC=l$。已知图示瞬时点 A 的速度 $\boldsymbol{v}_A$,试求杆 OC 的角速度大小 ω_{OC}。

解:为求杆 OC 的角速度,只要求出杆上点 C 的速度。杆 OC 上点 C 的速度与杆 AB 上与之重合的点 C'的速度不一样,它们具有复合运动的速度关系。杆 AB 上两点 A,C 的速度具有平面运动的速度关系。

动画 19：
例 6.4.2

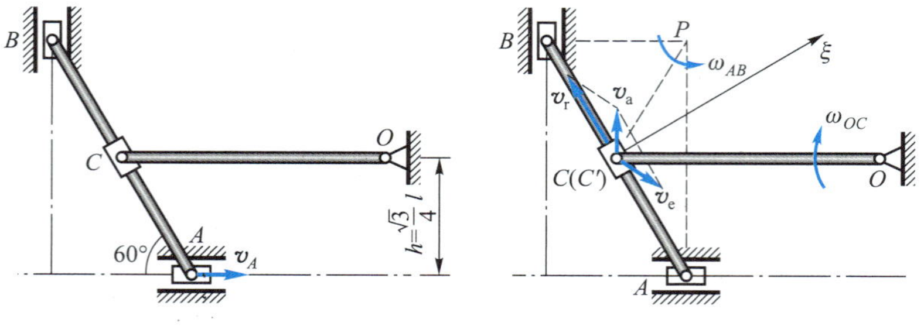

(a)　　　　(b)

图 6.9

取杆 OC 上的点 C 为动点，动系与杆 AB 固连。设杆 AB 上与动点重合的点为 C'。由点 A 和点 B 的速度方向可找到杆 AB 的速度瞬心 P，如图 6.9b 所示，有

$$\omega_{AB}=\frac{v_A}{l\sin 60^\circ}=\frac{2v_A}{\sqrt{3}l}$$

转向如图 6.9b 所示，而

$$v_{C'}=PC'\omega_{AB}=\frac{v_A}{\sqrt{3}}$$

方向如图 6.9b 所示。

对动点 C 应用速度合成定理

	$\boldsymbol{v}_a=$	$\boldsymbol{v}_e$	+	$\boldsymbol{v}_r$
大小	$OC\omega_{OC}$?	$v_{C'}=\frac{v_A}{\sqrt{3}}$		?
方向	✓	✓		✓

作速度矢量图（图 6.9b）。为避开不需求的 v_r，将上式对轴 $C\xi$ 投影，得到

$$v_a\cos 60^\circ=v_e\cos 60^\circ$$

$$v_a=\frac{v_A}{\sqrt{3}}$$

于是有

$$\omega_{OC}=\frac{v_C}{l}=\frac{v_a}{l}=\frac{\sqrt{3}}{3l}v_A$$

例 6.4.3　销 M 固定在杆 DC 上，已知杆 DC 沿铅垂方向平移的速度大小为 $v_{CD}=2r\omega$。图 6.10 所示瞬时曲柄 OA 处于水平位置，其角速度大小为 ω。试求该瞬时杆 AB 的角速度和销 M 沿直槽的相对速度。

解：杆 OA 作定轴转动，杆 AB 作平面运动，杆 CD 作铅垂方向的直线平移。选销 M 为动点，动系与杆 AB 固连，设杆 AB 上与动点相重合的点为 M'。

对于杆 AB，以 A 为基点研究点 M' 的速度，根据平面运动两点速度关系，有

动画 20:
例 6.4.3

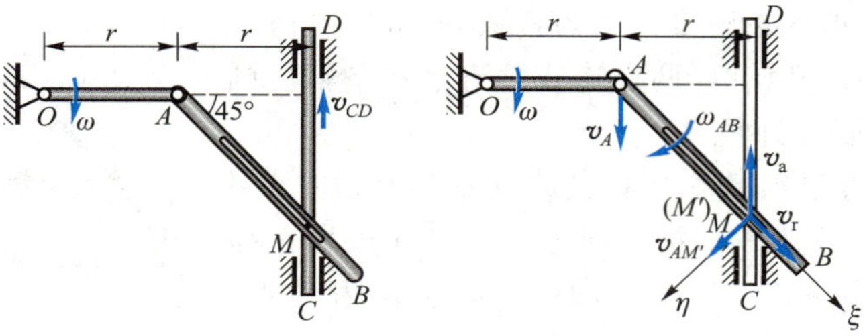

(a) (b)

图 6.10

$$\begin{array}{lcccc} & \boldsymbol{v}_{M'} = & \boldsymbol{v}_A & + & \boldsymbol{v}_{AM'} \\ \text{大小} & ? & r\omega_{\mathrm{r}} & & \sqrt{2}r\omega_{AB}? \\ \text{方向} & ? & \checkmark & & \checkmark \end{array} \tag{a}$$

还不能求解。

在销 M 处,根据速度合成定理,有

$$\begin{array}{lcccc} & \boldsymbol{v}_{\mathrm{a}} = & \boldsymbol{v}_{\mathrm{e}} & + & \boldsymbol{v}_{\mathrm{r}} \\ \text{大小} & 2r\omega & v_{M'}? & & ? \\ \text{方向} & \checkmark & ? & & \checkmark \end{array} \tag{b}$$

将式(a)代入式(b),得

$$\begin{array}{lcccccc} & \boldsymbol{v}_{\mathrm{a}} = & \boldsymbol{v}_A & + & \boldsymbol{v}_{AM'} & + & \boldsymbol{v}_{\mathrm{r}} \\ \text{大小} & 2r\omega & r\omega & & \sqrt{2}r\omega_{AB} & & ? \\ \text{方向} & \checkmark & \checkmark & & ? & & \checkmark \end{array} \tag{c}$$

作速度矢量图(图 6.10 b)。将式(c)投影到轴 $M\xi$ 上,得

$$-v_{\mathrm{a}}\cos 45° = v_A\cos 45° + v_{\mathrm{r}}$$

由此求得销 M 沿直槽的相对速度大小为

$$v_{\mathrm{r}} = -\frac{3\sqrt{2}}{2}r\omega$$

方向如图 6.10b 所示。将式(c)投影到轴 $M\eta$ 上,得

$$-v_{\mathrm{a}}\sin 45° = v_A\sin 45° + v_{AM'}$$

由此得

$$v_{AM'} = -\frac{3\sqrt{2}}{2}r\omega$$

而杆 AB 的角速度大小为

$$\omega_{AB} = \frac{v_{AM'}}{\sqrt{2}r} = -\frac{3}{2}\omega$$

转向如图 6.10b 所示。

例 6.4.4 追踪轨道问题(图 6.11)。

设两点 A 和 B 在平面上运动。被追踪点 B 以常速 $\boldsymbol{u}$ 在离水平轴为常距离 l 的直

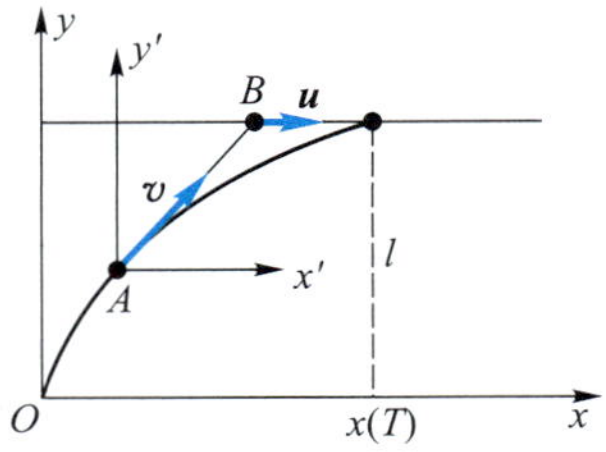

图 6.11

线上运动。追踪点 A 以速度大小为常数 $v(>u)$，方向沿两点连线而运动。开始时，两点连线垂直于水平轴。试求两点 A,B 相遇的时间。

解：取固定直角坐标系 Oxy，其原点 O 为开始时点 A 的位置，轴 Ox 水平，轴 Oy 铅垂向上。在点 A 处取平移动系 $Ax'y'$，其中 $Ax'/\!/Ox$，$Ay'/\!/Oy$。取点 B 为动点，$Ax'y'$ 为动系，设点 B 在 $Ax'y'$ 中的坐标为 x',y'，水平方向单位矢量为 $\boldsymbol{i}$，铅垂方向单位矢量为 $\boldsymbol{j}$，则有

$$\left.\begin{aligned}\boldsymbol{v}_{\mathrm{a}}&=u\boldsymbol{i}\\ \boldsymbol{v}_{\mathrm{r}}&=\dot{x}'\boldsymbol{i}+\dot{y}'\boldsymbol{j}\\ \boldsymbol{v}_{\mathrm{e}}=\boldsymbol{v}&=\frac{vx'}{\sqrt{x'^2+y'^2}}\boldsymbol{i}+\frac{vy'}{\sqrt{x'^2+y'^2}}\boldsymbol{j}\end{aligned}\right\}\tag{a}$$

由速度合成定理

$$\boldsymbol{v}_{\mathrm{a}}=\boldsymbol{v}_{\mathrm{e}}+\boldsymbol{v}_{\mathrm{r}}\tag{b}$$

将式(a)代入式(b)，得到

$$u=\dot{x}'+\frac{vx'}{\sqrt{x'^2+y'^2}},\quad 0=\dot{y}'+\frac{vy'}{\sqrt{x'^2+y'^2}}$$

于是有

$$\left.\begin{aligned}\dot{x}'&=u-\frac{vx'}{\sqrt{x'^2+y'^2}}\\ \dot{y}'&=-\frac{vy'}{\sqrt{x'^2+y'^2}}\end{aligned}\right\}\tag{c}$$

令

$$\theta=\frac{x'}{y'},\quad \beta=\ln y'\tag{d}$$

容易计算得

$$\frac{\mathrm{d}\theta}{\mathrm{d}\beta}=-\frac{u}{v}\sqrt{1+\theta^2}$$

令

$$k=\frac{u}{v}\tag{e}$$

则有

$$\frac{\mathrm{d}\theta}{\mathrm{d}\beta}=-k\sqrt{1+\theta^2}\tag{f}$$

当 $t=0$ 时，$x'=0$，$y'=l$，因此有

$$\theta(0)=0,\quad \beta(0)=\ln l\tag{g}$$

在初条件式(g)下积分方程式(f)，得到

$$\theta=-\operatorname{sh}k(\beta-\ln l)\tag{h}$$

由式(f),(h)得到

$$\dot{\beta}=-\frac{v}{\sqrt{1+\theta^{2}}}\exp(-\beta)$$

由此得到

$$\int \exp\beta \operatorname{ch}k(\beta-\ln l)\,\mathrm{d}\beta=-vt+C$$

即

$$\frac{1}{2}\left\{\frac{1}{l^{k}(k+1)}\exp[\beta(k+1)]+\frac{l^{k}}{1-k}\exp[\beta(1-k)]\right\}=-vt+C \tag{i}$$

由初条件式(g)可求得常数 C 为

$$C=\frac{1}{2}\left(\frac{l}{1+k}+\frac{l}{1-k}\right) \tag{j}$$

当 $t=T$ 时两点相遇,此时 $\beta=-\infty$,因此有

$$-vT+\frac{l}{2}\left(\frac{1}{1+k}+\frac{1}{1-k}\right)=0 \tag{k}$$

由此解得

$$T=\frac{l}{v(1-k^{2})}=\frac{lv}{v^{2}-u^{2}} \tag{l}$$

请读者试用极坐标法解此题。

6.4.2 加速度合成定理

将式(6.4.3)对时间 t 求导数,得

$$\frac{\mathrm{d}\boldsymbol{v}_{\mathrm{a}}}{\mathrm{d}t}=\frac{\mathrm{d}\boldsymbol{v}_{\mathrm{e}}}{\mathrm{d}t}+\frac{\mathrm{d}\boldsymbol{v}_{\mathrm{r}}}{\mathrm{d}t} \tag{6.4.4}$$

上式左端表示点 M 的绝对加速度 $\boldsymbol{a}_{\mathrm{a}}$。右端第一项由式(6.4.2)和式(6.2.1)可得

$$\begin{aligned}\frac{\mathrm{d}\boldsymbol{v}_{\mathrm{e}}}{\mathrm{d}t}&=\frac{\mathrm{d}}{\mathrm{d}t}(\boldsymbol{v}_{O'}+\boldsymbol{\omega}_{\mathrm{e}}\times\boldsymbol{r}')\\&=\frac{\mathrm{d}\boldsymbol{v}_{O'}}{\mathrm{d}t}+\frac{\mathrm{d}\boldsymbol{\omega}_{\mathrm{e}}}{\mathrm{d}t}\times\boldsymbol{r}'+\boldsymbol{\omega}_{\mathrm{e}}\times\frac{\mathrm{d}\boldsymbol{r}'}{\mathrm{d}t}\\&=\boldsymbol{a}_{O'}+\boldsymbol{\alpha}_{\mathrm{e}}\times\boldsymbol{r}'+\boldsymbol{\omega}_{\mathrm{e}}\times\left(\frac{\widetilde{\mathrm{d}}\boldsymbol{r}'}{\mathrm{d}t}+\boldsymbol{\omega}_{\mathrm{e}}\times\boldsymbol{r}'\right)\\&=\boldsymbol{a}_{O'}+\boldsymbol{\alpha}_{\mathrm{e}}\times\boldsymbol{r}'+\boldsymbol{\omega}_{\mathrm{e}}\times\boldsymbol{v}_{\mathrm{r}}+\boldsymbol{\omega}_{\mathrm{e}}\times(\boldsymbol{\omega}_{\mathrm{e}}\times\boldsymbol{r}')\end{aligned}$$

当动系作平面运动时,上式右端第一、第二和第四项合起来恰好是动系上与动点相重合的点 N 的绝对加速度,定义为动点的**牵连加速度**,记作 $\boldsymbol{a}_{\mathrm{e}}$,于是有

$$\boldsymbol{a}_{\mathrm{e}}=\boldsymbol{a}_{O'}+\boldsymbol{\alpha}_{\mathrm{e}}\times\boldsymbol{r}'+\boldsymbol{\omega}_{\mathrm{e}}\times(\boldsymbol{\omega}_{\mathrm{e}}\times\boldsymbol{r}') \tag{6.4.5}$$

$$\frac{\mathrm{d}\boldsymbol{v}_{\mathrm{e}}}{\mathrm{d}t}=\boldsymbol{a}_{\mathrm{e}}+\boldsymbol{\omega}_{\mathrm{e}}\times\boldsymbol{v}_{\mathrm{r}} \tag{6.4.6}$$

式(6.4.4)右端第二项为

$$\frac{\mathrm{d}\boldsymbol{v}_{\mathrm{r}}}{\mathrm{d}t}=\frac{\tilde{\mathrm{d}}\boldsymbol{v}_{\mathrm{r}}}{\mathrm{d}t}+\boldsymbol{\omega}_{\mathrm{e}}\times\boldsymbol{v}_{\mathrm{r}}$$

$$=\boldsymbol{a}_{\mathrm{r}}+\boldsymbol{\omega}_{\mathrm{e}}\times\boldsymbol{v}_{\mathrm{r}} \tag{6.4.7}$$

由式(6.4.6)和式(6.4.7)可看出，牵连速度的绝对导数并不等于牵连加速度，而是多出了一项 $\boldsymbol{\omega}_{\mathrm{e}}\times\boldsymbol{v}_{\mathrm{r}}$，相对速度的绝对导数并不等于相对加速度，同样多出了一项 $\boldsymbol{\omega}_{\mathrm{e}}\times\boldsymbol{v}_{\mathrm{r}}$。在式(6.4.6)中出现的项 $\boldsymbol{\omega}_{\mathrm{e}}\times\boldsymbol{v}_{\mathrm{r}}$，是由于相对运动的存在。在定系中看到的重合点不是动系中的不变点，由于重合点的改变而产生了该项附加加速度。在式(6.4.7)中出现的项 $\boldsymbol{\omega}_{\mathrm{e}}\times\boldsymbol{v}_{\mathrm{r}}$，是由于牵连速度使得相对速度的方向在定系中发生变化而产生的附加加速度。这两项附加加速度之和用 $\boldsymbol{a}_{\mathrm{C}}$ 表示，称为**科氏加速度**，是法国科学家科里奥利于 1835 年提出的，即

$$\boldsymbol{a}_{\mathrm{C}}=2\boldsymbol{\omega}_{\mathrm{e}}\times\boldsymbol{v}_{\mathrm{r}} \tag{6.4.8}$$

于是式(6.4.4)成为

$$\boldsymbol{a}_{\mathrm{a}}=\boldsymbol{a}_{\mathrm{e}}+\boldsymbol{a}_{\mathrm{r}}+\boldsymbol{a}_{\mathrm{C}} \tag{6.4.9}$$

这一关系在任一瞬时均成立，称为**加速度合成定理**，表述为：**任一瞬时动点的绝对加速度等于其相对加速度、牵连加速度与科氏加速度的矢量和。**

上述定理也适用于其他运动形式的牵连运动。

例 6.4.5　如图 6.12a 所示机构中，曲柄 OA 以匀角速度 ω 作定轴转动，带动杆 AC 在套筒 B 内滑动，套筒 B 和与其刚性连接的杆 BD 又可绕轴 B 转动。已知 $OA=BD=r$，图示瞬时杆 OA 处于铅垂位置，杆 AC 与水平线的夹角 $\varphi=30°$，试求此时点 D 的速度和加速度。

动画 21：
例 6.4.5

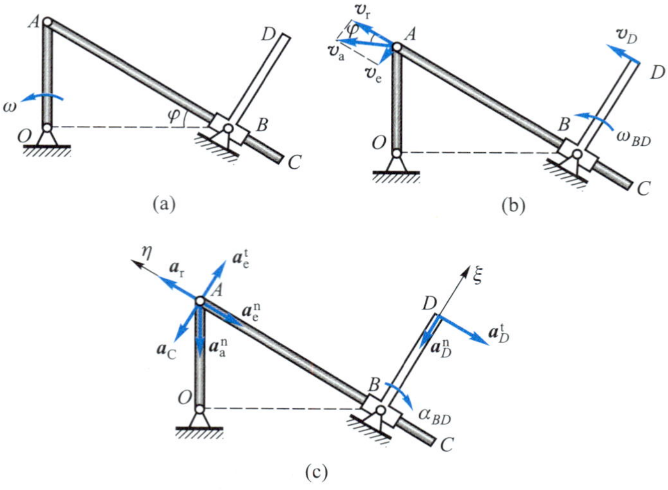

图 6.12

解：系统由三个刚体组成。杆 OA 作定轴转动，杆 BD 作定轴转动，杆 AC 作平面运动，它与套筒有同样的角速度和角加速度。

取动点为杆 AC 上的点 A，动系与杆 BD 固连。

由速度合成定理

	$\boldsymbol{v}_a=$	$\boldsymbol{v}_e$	$+\ \boldsymbol{v}_r$
大小	$r\omega$	$2r\omega_{BD}$?	?
方向	✓	✓	✓

作速度矢量图如图 6.12b 所示。由几何关系,得

$$v_e=v_a\sin\varphi=\frac{1}{2}r\omega$$

$$v_r=v_a\cos\varphi=\frac{\sqrt{3}}{2}r\omega$$

于是有

$$\omega_{BD}=\frac{v_e}{2r}=\frac{1}{4}\omega$$

$$v_D=r\omega_{BD}=\frac{1}{4}r\omega$$

各速度方向及角速度转向如图 6.12b 所示。

由加速度合成定理

	$\boldsymbol{a}_a^n$	$+\ \boldsymbol{a}_a^t=$	$\boldsymbol{a}_e^n$	$+\ \boldsymbol{a}_e^t$	$+\ \boldsymbol{a}_r$	$+\ \boldsymbol{a}_C$
大小	$r\omega^2$	0	$\frac{1}{8}r\omega^2$	$2r\alpha_{BD}$?	?	$2\omega_e v_r=\frac{\sqrt{3}}{4}r\omega^2$
方向	✓	✓	✓	✓	✓	✓

作加速度矢量图(图 6.12c)。将上式沿图示轴 $B\xi$ 投影,得

$$-a_a^n\cos\varphi=a_e^t-a_C$$

即

$$-r\omega^2\frac{\sqrt{3}}{2}=2r\alpha_{BD}-\frac{\sqrt{3}}{4}r\omega^2$$

由此得

$$\alpha_{BD}=-\frac{\sqrt{3}}{8}\omega^2$$

负号表示其转向与图 6.12c 所示相反。于是点 D 的加速度为

$$a_D^t=-\frac{\sqrt{3}}{8}r\omega^2$$

$$a_D^n=\frac{1}{16}r\omega^2$$

例 6.4.6 同一平面内两个圆盘以不同的匀角速度绕各自轴 O_1 和 O_2 转动。两盘中心的距离为 l,两盘的半径和角速度如图 6.13 所示,当小盘边缘上一点 A 位于最右端时,试求点 A 相对于大盘的速度和加速度。

解:以点 A 为动点,定轴转动的大盘为动系。

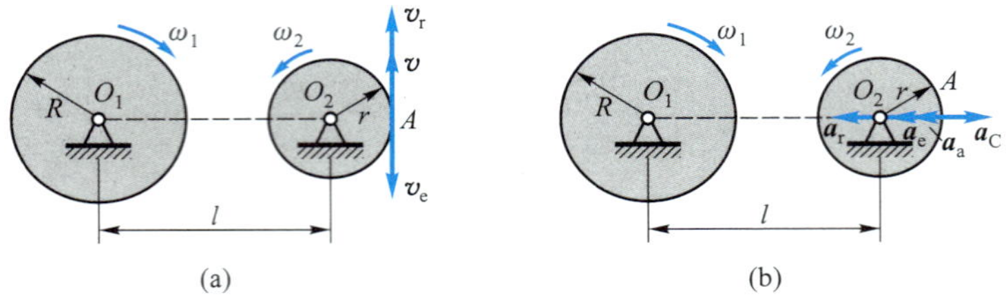

图 6.13

由速度合成定理

	$\boldsymbol{v}_a=$	$\boldsymbol{v}_e$	+ $\boldsymbol{v}_r$
大小	$\omega_2 r$	$\omega_1(l+r)$	?
方向	✓	✓	✓

将上式投影到铅垂方向上的轴,得到

$$\omega_2 r=-\omega_1(l+r)+v_r$$

由此得

$$v_r=\omega_2 r+\omega_1(l+r)$$

方向向上。

由加速度合成定理

	$\boldsymbol{a}_a=$	$\boldsymbol{a}_e$	+ $\boldsymbol{a}_r$	+ $\boldsymbol{a}_C$
大小	$\omega_2^2 r$	$\omega_1^2(l+r)$	?	$2\omega_1 v_r=2\omega_1[\omega_2 r+\omega_1(l+r)]$
方向	✓	✓	✓	✓

将上式投影到水平向左方向的轴,得到

$$\omega_2^2 r=\omega_1^2(l+r)+a_r-2\omega_1[\omega_2 r+\omega_1(l+r)]$$

由此解得

$$a_r=(\omega_1+\omega_2)^2 r+\omega_1^2 l$$

6.5　刚体的复合运动

刚体的复合运动是研究同一刚体在两个不同参考系中的运动关系。刚体在定系中的运动通常可分解为运动形式相对简单的相对运动与牵连运动。反之,两个简单的运动也可复合为一个复杂的运动。

6.5.1　刚体平面运动的角速度合成定理

设刚体相对于与地面固连的空间作平面运动。用 Ox_1x_2 表示定系,$O'x_1'x_2'$表示动系。平面运动方位角用 $\varphi_a,\varphi_r,\varphi_e$ 表示(图 6.14),分别为平面刚体相对定系的绝对方位角,相对动系的相对方位角,以及动系相对定系的牵连方位角,它们随时间的变化规律分别为

$$\varphi_a=\varphi_a(t)$$

$$\varphi_r=\varphi_r(t)$$

$$\varphi_e=\varphi_e(t)$$

在任一瞬时各方位角有如下关系：

$$\varphi_a=\varphi_e+\varphi_r \tag{6.5.1}$$

两端对时间 t 求导数，得到

$$\dot{\varphi}_a=\dot{\varphi}_e+\dot{\varphi}_r$$

即

$$\omega_a=\omega_e+\omega_r \tag{6.5.2}$$

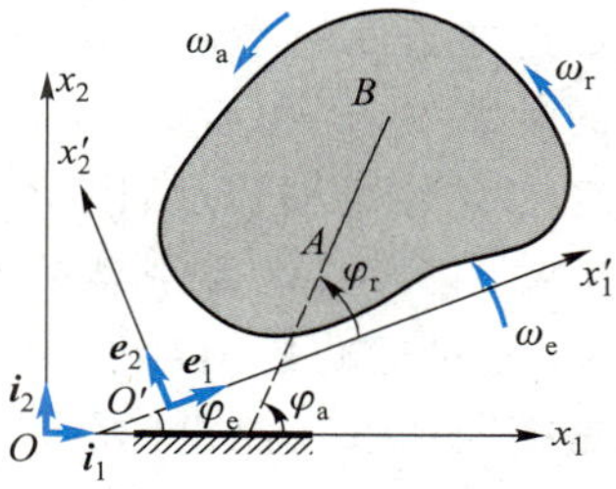

图 6.14

其中 ω_a 称为绝对角速度，ω_e 称为牵连角速度，ω_r 称为相对角速度，转向如图 6.14 所示。

将式(6.5.2)表示为矢量形式，因

$$\boldsymbol{\omega}_a=\dot{\varphi}_a\boldsymbol{i}_3,\quad \boldsymbol{\omega}_e=\dot{\varphi}_e\boldsymbol{i}_3,\quad \boldsymbol{\omega}_r=\dot{\varphi}_r\boldsymbol{e}_3$$

故有

$$\boldsymbol{\omega}_a=\boldsymbol{\omega}_e+\boldsymbol{\omega}_r \tag{6.5.3}$$

式(6.5.3)称为刚体平面运动的**角速度合成定理**。

将式(6.5.3)对时间求导数，并注意到 $\boldsymbol{\omega}_e\times\boldsymbol{\omega}_r=\boldsymbol{0}$，得

$$\boldsymbol{\alpha}_a=\boldsymbol{\alpha}_e+\boldsymbol{\alpha}_r \tag{6.5.4}$$

式(6.5.4)称为刚体平面运动的**角加速度合成定理**。

6.5.2 刚体平面运动分解为平移和转动

将动系原点 O' 选为与图形 S 上的一点 A 铰接，并使动系以与点 A 相同的规律作平移(图 6.15)。此时图形 S 的绝对运动是平面运动，相对运动为绕轴 A 的定轴转动，牵连运动为与 A 同规律的平面平移。图形 S 的平面运动可以分解为绕轴 A 的转动和与 A 同规律的平移。由于牵连运动为平移，故有 $\boldsymbol{\omega}_e=\boldsymbol{\alpha}_e=\boldsymbol{0}$，于是有 $\boldsymbol{\omega}_a=\boldsymbol{\omega}_r$，$\boldsymbol{\alpha}_a=\boldsymbol{\alpha}_r$。

平面图形 S 上任一点 B 的速度和加速度可由复合运动的方法得到。点 B 的相对运动是以点 A 为圆心，以 AB 为半径的圆周运动；牵连运动是与点 A 同规律的平移。因此，由速度合成定理得到

$$\boldsymbol{v}_B=\boldsymbol{v}_A+\boldsymbol{\omega}\times\overrightarrow{AB}$$

$$\boldsymbol{a}_B=\boldsymbol{a}_A+\boldsymbol{\omega}\times(\boldsymbol{\omega}\times\overrightarrow{AB})+\boldsymbol{\alpha}\times\overrightarrow{AB}$$

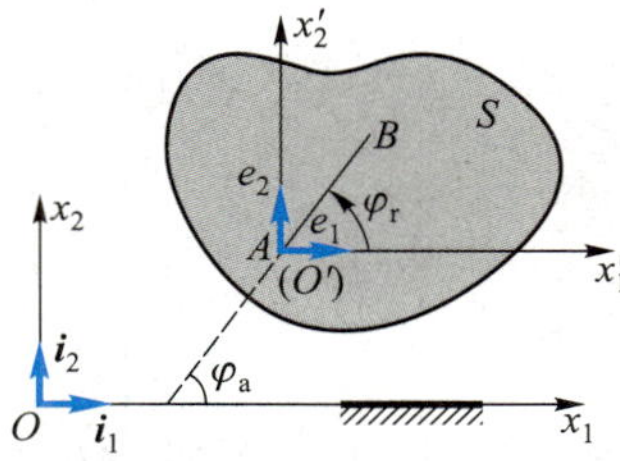

图 6.15

以上两式正是平面图形上两点速度、加速度关系。

由于刚体的平面运动可以由平移和定轴转动合成而得到，因此，通常将**平移和定轴转动称为刚体运动的基本形式**。

6.5.3 刚体平面运动分解为两个转动

如果平面图形 S 在运动过程中，其上有一点 A 到定系中某一固定点 O 的距离始终保持不变，那么点 A 在定系中的轨迹是以 O 为圆心，以 OA 为半径的圆周曲线。对

满足这样条件的平面运动，引入与两点 O，A 连线固连的动系 $Ox_1'x_2'$ 和定系 Ox_1x_2（图6.16），动系相对定系绕轴 O 作定轴转动，图形 S 相对动系绕轴 A 作定轴转动。于是，这类刚体的平面运动可分解为两个转动，相对运动是相对于动系绕轴 A 的转动，牵连运动是随同动系绕轴 O 的转动。由于这两根轴相互平行，因此又称这样的平面运动为**绕两平行轴转动的合成**。

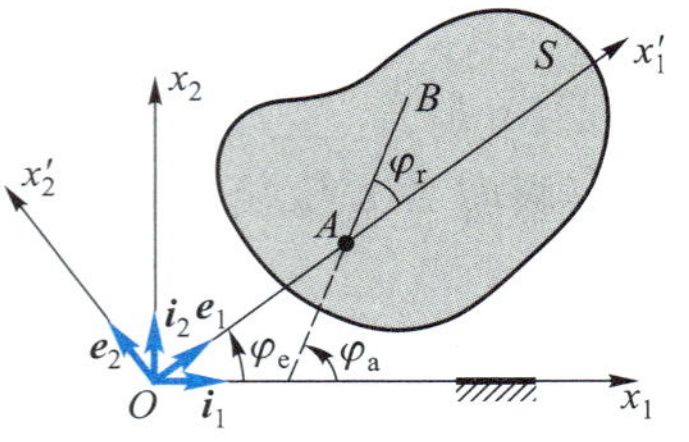

图 6.16

在任一瞬时，绝对方位角 φ_a，相对方位角 φ_r 和牵连方位角 φ_e 满足式(6.5.1)。平面图形的绝对角速度、相对角速度和牵连角速度满足式(6.5.3)，绝对角加速度、相对角加速度和牵连角加速度满足式(6.5.4)。

在特殊情况下，如果任意瞬时均有 $\omega_e=-\omega_r$，则 $\omega_a=0$，$\alpha_a=0$，此时刚体的绝对运动为平移，这样的运动称为**转动偶**。

利用上述分解可求得平面图形上任一点 B 的相对速度和相对加速度为

$$\boldsymbol{v}_{Br}=\boldsymbol{\omega}_r\times\overrightarrow{AB}$$

$$\boldsymbol{a}_{Br}=\boldsymbol{\alpha}_r\times\overrightarrow{AB}+\boldsymbol{\omega}_r\times(\boldsymbol{\omega}_r\times\overrightarrow{AB})$$

牵连速度、牵连加速度和科氏加速度为

$$\boldsymbol{v}_{Be}=\boldsymbol{\omega}_e\times\overrightarrow{OB}$$

$$\boldsymbol{a}_{Be}=\boldsymbol{\alpha}_e\times\overrightarrow{OB}+\boldsymbol{\omega}_e\times(\boldsymbol{\omega}_e\times\overrightarrow{OB})$$

$$\boldsymbol{a}_C=2\boldsymbol{\omega}_e\times\boldsymbol{v}_r=2\boldsymbol{\omega}_e\times(\boldsymbol{\omega}_r\times\overrightarrow{AB})$$

再利用速度合成定理式(6.4.3)和加速度合成定理式(6.4.9)，可得到点 B 的绝对速度和绝对加速度为

$$\begin{aligned}\boldsymbol{v}_B&=\boldsymbol{v}_{Br}+\boldsymbol{v}_{Be}\\&=\boldsymbol{\omega}_r\times\overrightarrow{AB}+\boldsymbol{\omega}_e\times\overrightarrow{OB}\\\boldsymbol{a}_{Ba}&=\boldsymbol{a}_{Br}+\boldsymbol{a}_{Be}+\boldsymbol{a}_C\\&=\boldsymbol{\alpha}_r\times\overrightarrow{AB}+\boldsymbol{\omega}_r\times(\boldsymbol{\omega}_r\times\overrightarrow{AB})+\boldsymbol{\alpha}_e\times\overrightarrow{OB}+\\&\quad\boldsymbol{\omega}_e\times(\boldsymbol{\omega}_e\times\overrightarrow{OB})+2\boldsymbol{\omega}_e\times(\boldsymbol{\omega}_r\times\overrightarrow{AB})\end{aligned}$$

速度、加速度矢量图如图6.17、图6.18所示。

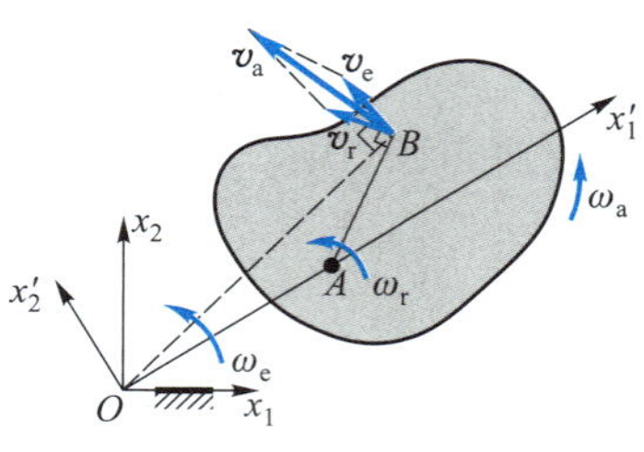

图 6.17

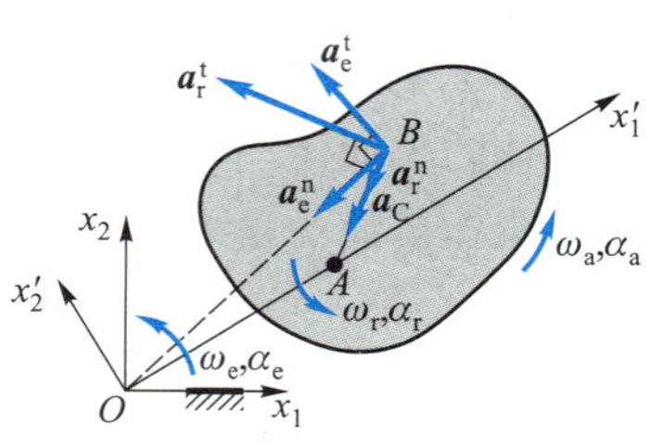

图 6.18

例 6.5.1 在图 6.19a 所示行星轮系装置中，半径为 R 的主动齿轮Ⅰ以角速度 ω 和角加速度 α 作逆时针转动，而长为 $3R$ 的曲柄 OA 以同样大小的角速度和角加速度绕轴 O 作顺时针转动，点 M 位于半径为 R 的从动齿轮Ⅲ的边缘上，试求图示瞬时点 M 的速度和加速度。

解：本例可用角速度、角加速度的合成公式和平面运动速度、加速度合成的矢量方法来求解，也可用复合运动的方法来求解。

解法一 轮Ⅰ和曲柄作定轴转动，轮Ⅱ和轮Ⅲ作平面运动。当动系与杆 OA 固连，轮Ⅰ,Ⅱ,Ⅲ在动系中分别绕轴 O,B,A 作定轴转动。

设各个未知角速度如图 6.19b 所示。将角速度合成定理式(6.5.3)分别应用于轮Ⅰ,Ⅱ,Ⅲ，并沿垂直于纸面向外的轴投影。

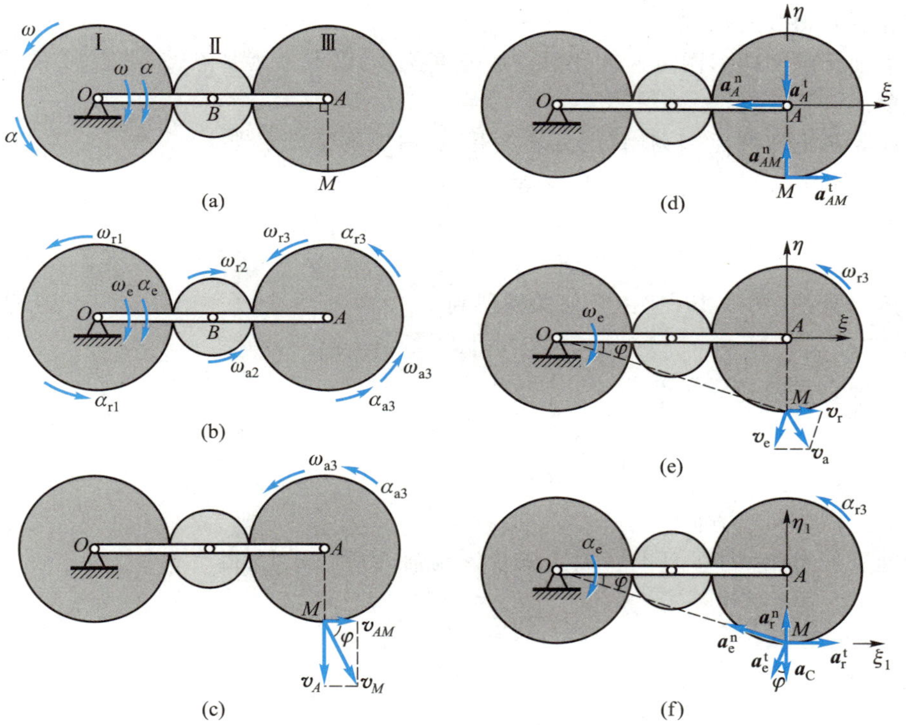

图 6.19

对轮Ⅰ有

$$\omega_{a1}=-\omega_e+\omega_{r1}$$

其中 $\omega_{a1}=\omega,\omega_e=\omega$，代入上式得

$$\omega_{r1}=2\omega$$

对轮Ⅱ有

$$\omega_{a2}=-\omega_e-\omega_{r2}$$

对轮Ⅲ有

$$\omega_{a3}=-\omega_e+\omega_{r3}$$

动画 22：例 6.5.1

在动系中，轮Ⅰ，Ⅱ，Ⅲ在啮合点处有相同速度，即

$$r_1\omega_{r1}=r_2\omega_{r2}=r_3\omega_{r3}$$

因此有

$$\omega_{r2}=2\omega_{r1}=4\omega$$

$$\omega_{r3}=\frac{1}{2}\omega_{r2}=2\omega$$

于是得

$$\omega_{a3}=\omega$$

以上各式在任意瞬时均成立，因此可求得角加速度为

$$\alpha_{r3}=\dot{\omega}_{r3}=2\dot{\omega}=2\alpha$$

$$\alpha_{a3}=\dot{\omega}_{a3}=\dot{\omega}=\alpha$$

转向如图 6.19b 所示。

下面用平面图形两点速度和两点加速度关系，以点 A 为基点，来求点 M 的速度和加速度。

在轮Ⅲ上取两点 M 和 A，以点 A 为基点，由速度合成定理

	$\boldsymbol{v}_M=$	$\boldsymbol{v}_A$	+ $\boldsymbol{v}_{AM}$
大小	?	$3R\omega$	$R\omega$
方向	?	✓	✓

作速度矢量图（图 6.19c），由几何关系得到

$$v_M=\sqrt{v_A^2+v_{AM}^2}=\sqrt{10}R\omega$$

由加速度合成定理

	$\boldsymbol{a}_M=$	$\boldsymbol{a}_A^{t}$	+ $\boldsymbol{a}_A^{n}$	+ $\boldsymbol{a}_{AM}^{t}$	+ $\boldsymbol{a}_{AM}^{n}$
大小	?	$3R\alpha$	$3R\omega^2$	$R\alpha$	$R\omega^2$
方向	?	✓	✓	✓	✓

作加速度矢量图（图 6.19d）。将上式投影到轴 $A\xi$ 和 $A\eta$ 上，得

$$a_{M\xi}=-a_A^{n}+a_{AM}^{t}$$

$$a_{M\eta}=-a_A^{t}+a_{AM}^{n}$$

由此解得

$$a_{M\xi}=R(\alpha-3\omega^2)$$

$$a_{M\eta}=R(\omega^2-3\alpha)$$

点 M 加速度大小为

$$a_M=\sqrt{a_{M\xi}^2+a_{M\eta}^2}=R\sqrt{2(5\omega^4-6\omega^2\alpha+5\alpha^2)}$$

解法二　用复合运动方法求解。取动系与杆 OA 固连，动点 M 的运动是复合运动，其相对运动为绕点 A 的圆周曲线运动，绝对运动是未知的曲线运动。

由点的速度合成定理

	$\boldsymbol{v}_a=$	$\boldsymbol{v}_e$	+ $\boldsymbol{v}_r$
大小	v_M?	$OM\omega_e$	$R\omega_{r3}$
方向	?	✓	✓

作速度矢量图如图 6.19e 所示，其中 $\omega_e=\omega$，$OM\omega_e=\dfrac{R\omega}{\sin\varphi}$。由解法一可知，轮Ⅲ相对点 A 的角速度 ω_{r3} 为 2ω。将上式投影到轴 $A\xi$，$A\eta$ 上，得

$$v_{M\xi}=v_r-v_e\sin\varphi$$
$$v_{M\eta}=-v_e\cos\varphi$$

由此解得

$$v_{M\xi}=R\omega,\quad v_{M\eta}=-3R\omega$$

点 M 速度大小为

$$v_M=\sqrt{v_A^2+v_{AM}^2}=\sqrt{10}R\omega$$

由加速度合成定理

	$\boldsymbol{a}_a=$	$\boldsymbol{a}_e^n$	$+\ \boldsymbol{a}_e^t$	$+\ \boldsymbol{a}_r^n$	$+\ \boldsymbol{a}_r^t$	$+\ \boldsymbol{a}_C$
大小	a_M?	$\dfrac{R\omega^2}{\sin\varphi}$	$\dfrac{R\alpha}{\sin\varphi}$	$R\omega_{r3}^2=4R\omega^2$	$R\alpha_{r3}=2R\alpha$	$2\omega_e v_{r3}=4R\omega^2$
方向	?	✓	✓	✓	✓	✓

作加速度矢量图如图 6.19f 所示。将上式投影到轴 $M\xi_1$，$M\eta_1$，得到

$$a_{M\xi_1}=R\alpha-3R\omega^2$$
$$a_{M\eta_1}=R\omega^2-3R\alpha$$

点 M 加速度大小为

$$\begin{aligned}a_M&=\sqrt{a_{M\xi_1}^2+a_{M\eta_1}^2}\\&=R\sqrt{10(\omega^4+\alpha^2)-12\omega^2\alpha}\\&=R\sqrt{2(5\omega^4-6\omega^2\alpha+5\alpha^2)}\end{aligned}$$

小结

（1）点作复合运动时，有三个研究对象：动点、动系和定系。动点相对定系的运动称为绝对运动，相应有绝对速度 $\boldsymbol{v}_a$，绝对加速度 $\boldsymbol{a}_a$；动点相对动系的运动称为相对运动，相应有相对速度 $\boldsymbol{v}_r$、相对加速度 $\boldsymbol{a}_r$。动系相对定系的运动称为牵连运动，它是刚体的运动；动系上与动点相重合之点的速度与加速度称为牵连速度 $\boldsymbol{v}_e$ 与牵连加速度 $\boldsymbol{a}_e$。由于动点的相对运动，在不同瞬时，牵连点在动系上的位置也不相同。

（2）变矢量的绝对导数与相对导数

$$\frac{\mathrm{d}\boldsymbol{A}}{\mathrm{d}t}=\frac{\tilde{\mathrm{d}}\boldsymbol{A}}{\mathrm{d}t}+\boldsymbol{\omega}\times\boldsymbol{A}$$

（3）点的复合运动的分析方法用变换矩阵表示绝对坐标与相对坐标、绝对速度与相对速度、绝对加速度与相对加速度的关系。分析方法便于求点的绝对轨迹、相对轨迹，以及运动过程分析。

(4) 点的速度合成定理

$$\boldsymbol{v}_a=\boldsymbol{v}_r+\boldsymbol{v}_e$$

点的加速度合成定理

$$\boldsymbol{a}_a=\boldsymbol{a}_r+\boldsymbol{a}_e+\boldsymbol{a}_C$$

$$\boldsymbol{a}_C=2\boldsymbol{\omega}_e\times\boldsymbol{v}_r$$

矢量方法便于瞬时分析。关键在于选择适当的动点与动系。

(5) 刚体平面运动的角速度合成定理

$$\boldsymbol{\omega}_a=\boldsymbol{\omega}_r+\boldsymbol{\omega}_e$$

刚体平面运动的角加速度合成定理

$$\boldsymbol{a}_a=\boldsymbol{a}_r+\boldsymbol{a}_e$$

习题

6.1 图示杆 AB 长为 l，其上 A 端沿水平地面运动，B 端沿铅垂墙面运动。如以 φ 为坐标，动系的轴过点 O 和杆 AB 的中点 C。试求点 A 相对于动系的轨迹、速度和加速度。

6.2 如图所示，凸轮沿水平直线以匀速 v 水平向左平移，凸轮外形在与凸轮固连的坐标系 $Ox'y'$ 中的方程为 $y'=f(x')$。直杆 AB 长为 l，一端 A 与固定支座铰接，另一端搁在凸轮上。由于凸轮的平移带动杆 AB 作定轴转动。若要求杆以匀角速度 ω 转动，试求凸轮外形曲线方程。

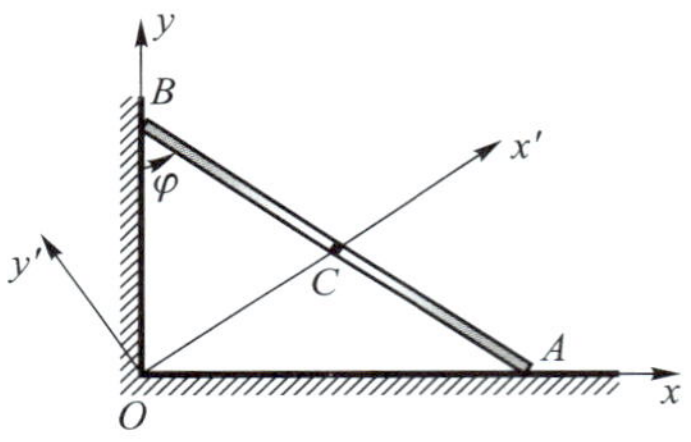

题 6.1 图

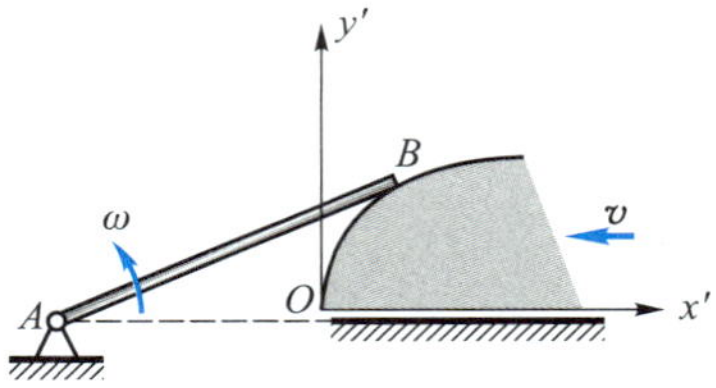

题 6.2 图

6.3 一圆轮沿水平直线作纯滚动。如果动系与该轮固连，以轮缘与水平杆 AB 的交点 C 为动点，试将图示位置动点 C 的绝对速度、相对速度和牵连速度及其关系表示在图上并求出它们的大小。

6.4 图示行星轮传动机构中，曲柄 OA 以角速度 ω 绕轴 O 作逆时针转动，带动与齿轮 A 固连在一起的杆 BD 运动。杆 BE 与 DB 在点 B 铰接，并且杆 BE 在运动时始终通过与固定铰支座相连的套筒 C。如定齿轮的半径为 $2r$，且 $AB=\sqrt{5}r$。图示瞬时，曲柄 OA 在铅垂位置，DB 在水平位置，杆 BE 与水平线成角 φ。试求该瞬时杆 BE 上的点 C 的速度。

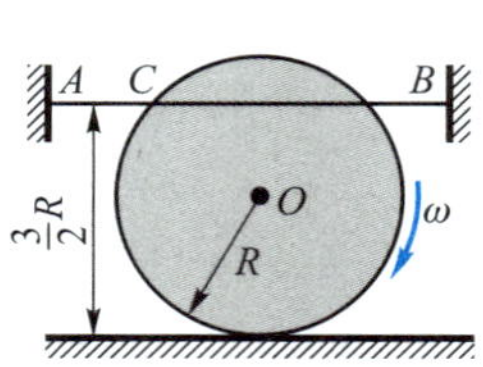

题 6.3 图

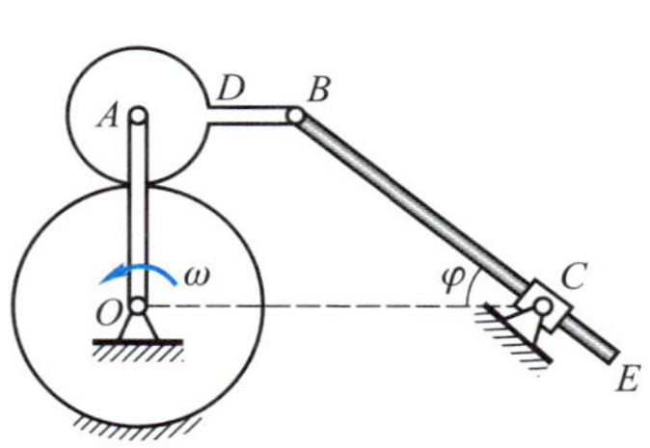

题 6.4 图

6.5 一点可以在某一平面内自由运动,试用点的复合运动矢量法推导点的速度和加速度在极坐标中的投影式。

6.6 一点 M 以常速度 v 相对平面运动,同时平面以匀角速度 ω 绕垂直于它的固定轴 O 转动。试证:点 M 的路径方程为

$$\frac{v\varphi}{\omega}=\sqrt{\rho^2-a^2}+\frac{v}{\omega}\arccos\frac{a}{\rho}$$

其中 ρ,φ 是以固定轴为原点的极坐标,a 为点 M 离转轴 O 的最短距离。

6.7 长度为 l 的直杆 AB 在平面内运动,其角速度为 ω,杆的一端 A 在半径为 r,中心为点 O 的圆周上运动,线 OA 的角速度为 ω'。试证:线 OB 的角速度为

$$\omega''=\frac{[\omega(R^2+l^2-r^2)+\omega'(R^2+r^2-l^2)]}{2R^2}$$

其中 $OB=R$。

6.8 图示机构中,$OA=OO'=b$,$\angle A=90°$,折杆 OAC 以角速度 ω 顺时针匀速转动,试求 $\varphi=120°$ 时杆 BD 的速度。

6.9 图示机构中,销 M 可在直槽 EF 和 GH 中滑动。已知 $AB=CD=0.2$ m,$AC=BD$,当 $\theta=30°$ 时,$\omega=2$ rad · s^{-1},$\alpha=4$ rad · s^{-2}。试求该瞬时销 M 的速度和加速度。

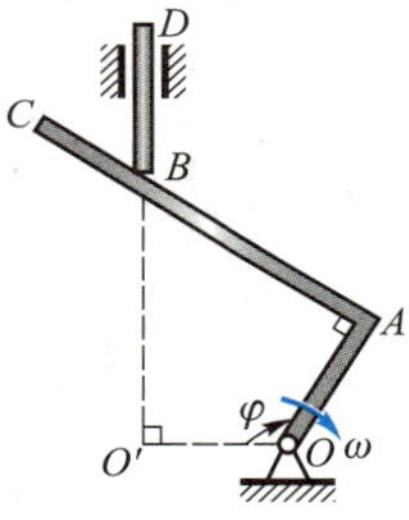

题 6.8 图

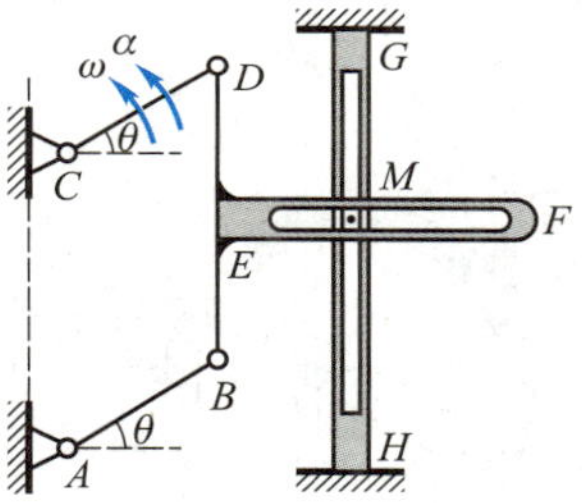

题 6.9 图

6.10 图示机构中,圆轮 O 在水平直线轨道上作纯滚动,其轮缘上固连一销 B,销置于摇杆 O_1A 的直槽内。已知轮的半径 $R=0.5$ m,图示瞬时 $v=0.2$ m · s^{-1},试求该瞬时摇杆的角速度。

6.11 转轴以匀角速度转动,其上有一固连的半径为 r 的圆环。当转轴转过一圈时,点 M 也沿圆环逆时针走过一圈,且 v_r 为常量。试求点在图示 θ 位置时的绝对速度、绝对加速度,以及对应于 $\theta=0°$,$\theta=90°$的值。

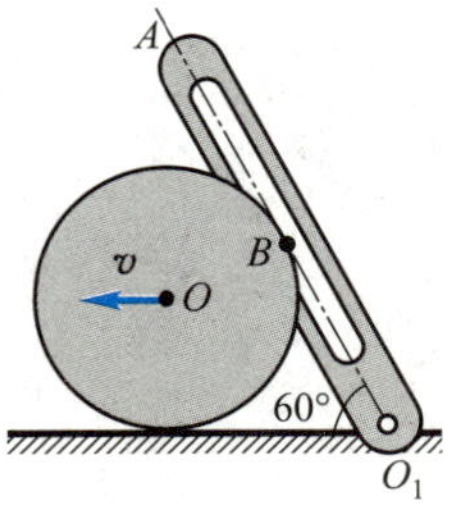

题 6.10 图

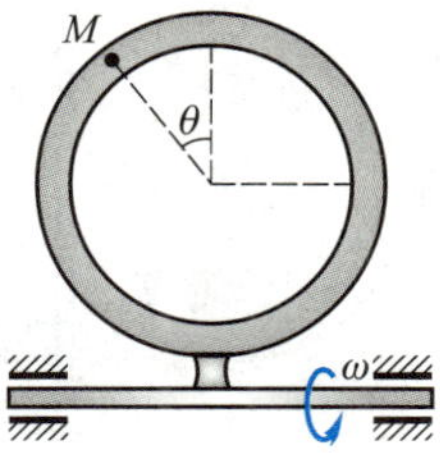

题 6.11 图

6.12 半径为 R 的圆轮与杆 OA 分别以匀角速度 ω_1,ω_2 绕轴 O 作定轴转动,其转向如图所示,并设 $\omega_1>\omega_2$。试求图示位置点 M 相对于杆 OA 的速度和加速度。

6.13 图示机构中,曲柄 OA 和摇杆 O_1B 的长度均为 r,连杆 AB 长为 $2r$。当曲柄 OA 以等角速

度 ω 作定轴转动时，通过连杆 AB 和套筒 C 带动连杆 CD 沿水平轨道滑动。在图示位置时，OA 水平，O_1B 铅垂，$AC=CB=r$。试求此时杆 CD 的速度和加速度。

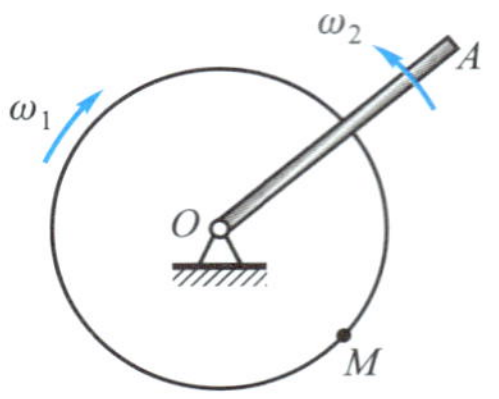

题 6.12 图

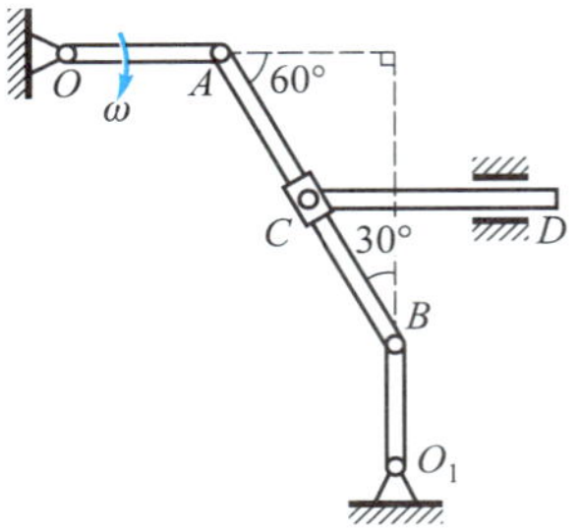

题 6.13 图

6.14 半径为 R 的鼓轮在水平轨道上作纯滚动，在图示位置轮心的速度、加速度分别为 $\boldsymbol{v}$，$\boldsymbol{a}$。沿鼓轮直径的滑槽内有一滑块 A，该滑块与置于水平滑道内的杆 AB 铰接。试求该位置杆 AB 的速度和加速度。

6.15 图示机构中，当滑块 A 沿铅垂滑道滑动时，带动杆 AB 沿套筒 O 滑动，而套筒可绕轴 O 作定轴转动。在图示位置，$\theta=30°$，$OA=OB=l$，滑块 A 的速度为 $\boldsymbol{v}_A$，加速度为 $\boldsymbol{a}_A$。试求此时点 B 的速度和加速度。

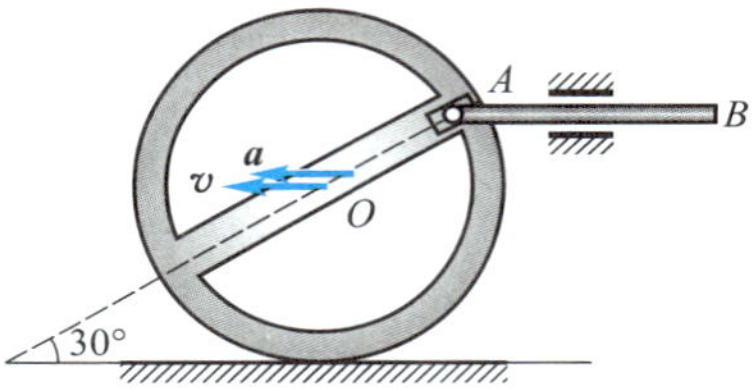

题 6.14 图

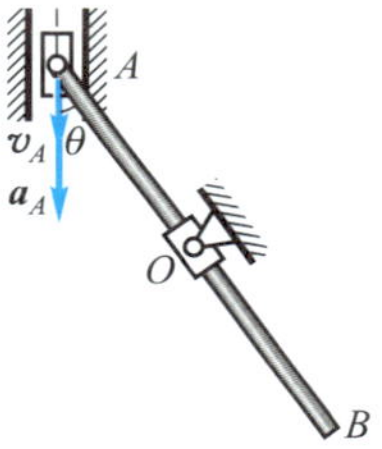

题 6.15 图

6.16 图示机构中，杆 O_1A 绕轴 O_1 作定轴转动，图示瞬时其角速度、角加速度分别为 ω_1，α_1，带动半径为 R 的轮 O 绕轴 O_2 转动。试求图示瞬时轮 O 的角速度和角加速度。

6.17 如图所示，杆 OA 以等角速度 ω 绕定齿轮 Ⅰ 的轴 O 匀速转动，同时在 A 端带有另一同样大小的齿轮 Ⅱ 的轴，两齿轮用链条连接，已知 $OA=l$。试求动齿轮上任一点 M 的速度和加速度。

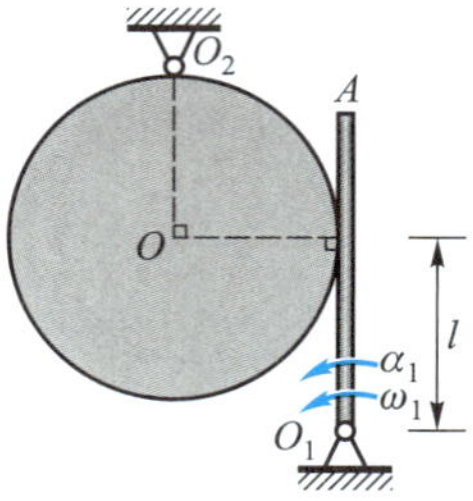

题 6.16 图

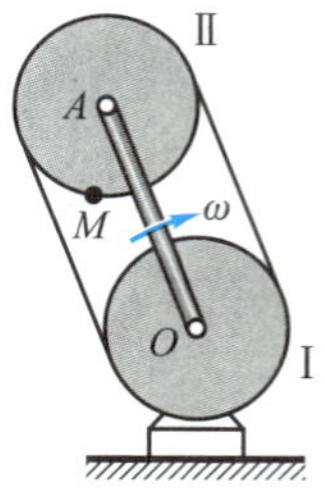

题 6.17 图

6.18 如图所示，当齿条 AB 的 A 端沿水平轨道以大小不变的速度 $v_A=0.3\ \mathrm{m\cdot s^{-1}}$ 向右运动时，带动半径为 $r=0.05\ \mathrm{m}$ 的齿轮绕其中心轴 O 转动，动系与齿条 AB 固连。试求图示瞬时，齿轮 O 分别相对于动系和定系的角速度。

6.19 传动杆 AB 绕轴 O 转动的角速度 $\omega = 4\ \text{rad} \cdot \text{s}^{-1}$，齿轮Ⅲ绕轴 O 转动的角速度 $\omega_3 = 10\ \text{rad} \cdot \text{s}^{-1}$，转向如图所示。已知三齿轮的齿数分别为 $z_1 = 20, z_2 = 30, z_3 = 45$。当动系与杆 AB 固连时，试求齿轮Ⅰ，Ⅱ的相对角速度 ω_{r1}, ω_{r2}。

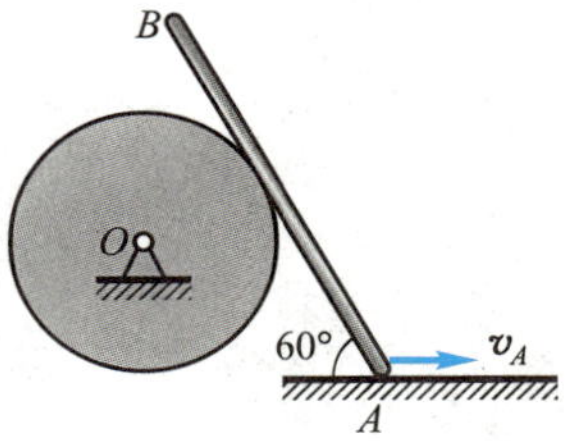

题 6.18 图

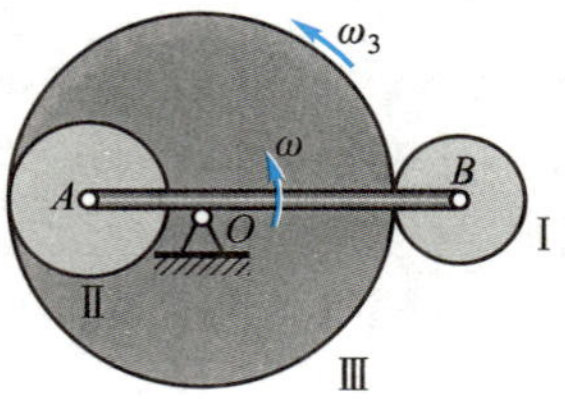

题 6.19 图

6.20 图示两架飞机 A,B 作飞行表演，当它们在同一高度的水平面内，飞机 A 作加速直线飞行，飞机 B 作半径为 R 的匀速圆周飞行。试求在图示瞬时飞机 B 上的飞行员测得飞机 A 的速度和加速度。

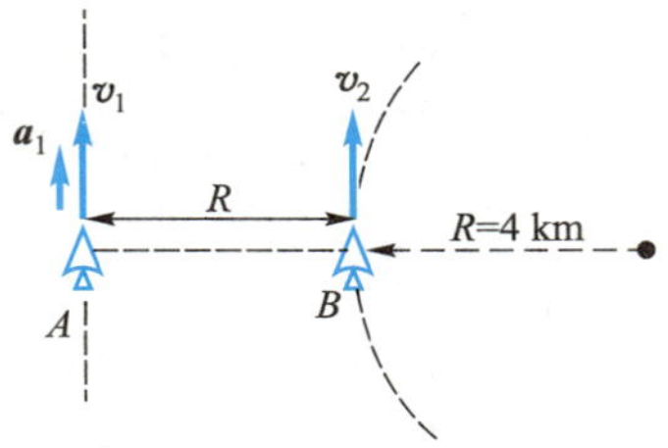

题 6.20 图

***6.21** 在图示直升机的飞行过程中，旋翼的旋转平面与水平的 Oxy 平面成 10°夹角。已知此时直升机的水平飞行速度 $v = 180\ \text{km} \cdot \text{h}^{-1}$，旋翼直径为 9 m，转速 $\omega = 800\ \text{r} \cdot \text{min}^{-1}$。求旋翼尖端 A 和尖端 B 的绝对速度。

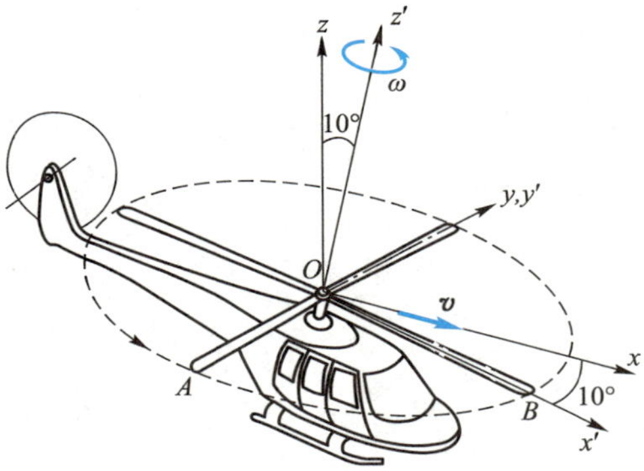

题 6.21 图

***6.22** 飞机起飞时，机头会向上抬起。飞机的整体速度和加速度均由其机轮组件 B 确定，分别为 v_B 和 a_B，方向水平向前。假设机上乘务员 D 突然观察到某人 A 在中心通道中向前行走，速度和加速度分别为 $\dot{L}$ 和 $\ddot{L}$。此时，机头的仰角、角速度和角加速度分别为 $\theta, \dot{\theta}, \ddot{\theta}$。其他尺寸如图所示。试求该时刻此人的绝对速度和加速度表达式。

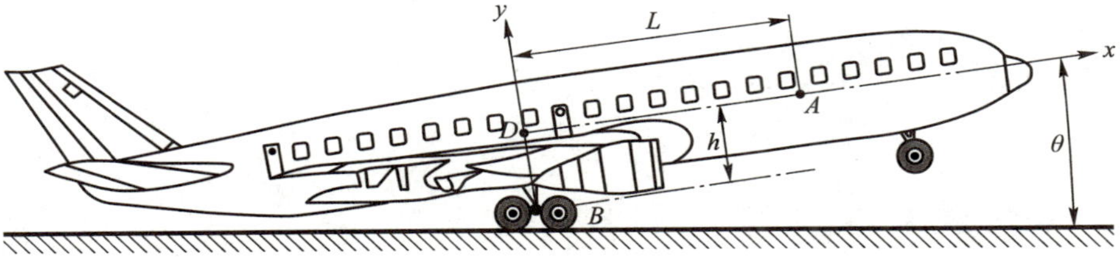

题 6.22 图

*6.23　假设航空运输机 B 以 900 km·h^{-1} 的恒定速度 v_B 在半径为 20 km 的水平圆弧上飞行。当 B 到达图示位置时，观察到飞机 A 正在运输机和其圆弧中心 O 的连线上，与其距离 10 km，并以 600 km·h^{-1} 的恒定绝对速度 v_A 向西南方向飞行。试以运输机 B 上的直角坐标系 Bxy 来描述飞机 A 相对运输机 B 的速度矢量。

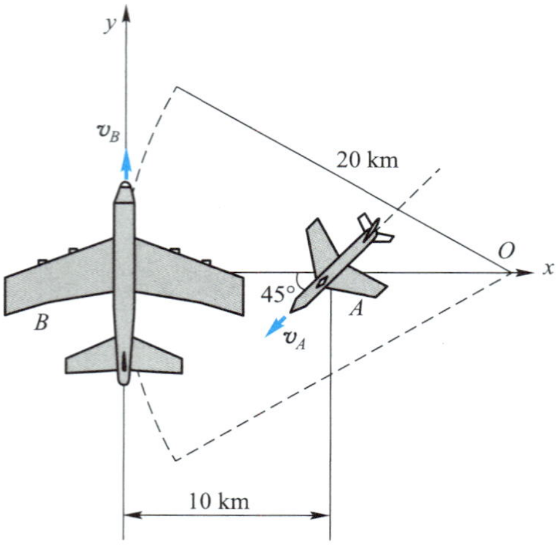

题 6.23 图

第 6 章部分习题参考答案

第三篇
动力学

静力学只研究力而不研究运动，运动学只研究运动而不研究力。动力学通过研究物体机械运动与物体受力之间的关系，从而建立物体机械运动的一般规律。动力学的研究对象是质点、质点系、刚体和刚体系，动力学的理论基础是牛顿三定律。

本篇包括第 7 章至第 10 章。第 7 章质点动力学和第 8 章质点系动力学属于牛顿矢量力学。第 10 章分析力学初步及Ⅱ册中的分析动力学属于拉格朗日分析力学。牛顿力学是经典力学发展的第一个阶段，拉格朗日力学是经典力学发展的第二个阶段。第 9 章达朗贝尔原理和动静法，从理论体系上来说是由牛顿力学到拉格朗日力学的过渡，当然，动静法本身也是处理动力学问题的一种有效方法。

第7章 质点动力学

关键知识点

牛顿三定律，惯性参考系，运动微分方程，相对运动微分方程，牵连惯性力，科氏惯性力。

核心能力

(1) 能够建立质点在惯性参考系下的运动微分方程，能够写出其矢量形式、直角坐标形式和自然轴投影形式；

(2) 能够理解质点在非惯性参考系下的运动微分方程推导过程；

(3) 能够使用质点动力学理论，对两类基本问题进行分析和求解。

历史人物介绍9：牛顿

本章介绍质点动力学，包括牛顿关于运动规律的三定律、质点的运动微分方程、质点动力学的两类问题、质点相对运动动力学的基本方程等。

7.1 动力学基本定律

牛顿关于运动规律的三定律是力学的物理基础，也是整个动力学的基础。

第一定律（惯性定律） 如果质点不受力的作用，则将保持其运动状态不变，即保持静止或匀速直线运动。

第二定律（力与加速度之间关系的定律） 质点的质量与其加速度的乘积等于作用在质点上的力，即

$$m\boldsymbol{a}=\boldsymbol{F} \tag{7.1.1}$$

第三定律（作用与反作用定律） 两物体间的作用力与反作用力总是大小相等，方向相反，沿着同一直线并且分别作用在两个物体上。

第一定律为整个力学系统选定了一类特殊的参考系——惯性参考系。在第一定律中所指的不受力，应该理解为质点受到一个平衡力系的作用，即合力为零。第二定律指出了不平衡力系的作用是质点运动状态发生改变的原因。式(7.1.1)给出质点的运动速度的变化率（即加速度）与其质量、所受力之间的定量关系。如果质点同时受到几个力的作用，则质点的加速度等于各力单独作用时所产生的加速度的矢量和。这就是力的独立作用原理。根据力的独立作用原理，牛顿第二定律可写成

$$m\boldsymbol{a}=\sum_{i=1}^{n}\boldsymbol{F}_i \tag{7.1.2}$$

即质点的质量与加速度的乘积等于作用于质点上的各力的矢量和。

牛顿第二定律表明，质点的加速度不仅取决于作用在质点上的力，而且还与质量成反比。对于相同的力，质量大的质点加速度就小；反之，质量小的质点加速度就大。这就是说，质点的质量越大，其运动状态就越不容易改变，即保持其原有运动状态的能力就越大，或者说它的惯性就越大。因此，**质量是质点惯性的度量**。**对非惯性系，牛顿第二定律不再适用**。

假设质点的重量为 P，由物理学得知，它在重力场中作自由落体运动时，其加速度为重力加速度 $\boldsymbol{g}$。由牛顿第二定律得

$$mg=P$$

即

$$m=\frac{P}{g} \tag{7.1.3}$$

如果能够测得质点的重量和重力加速度的量值，就可根据式(7.1.3)求得质点的质量。比较精确的实测表明，在地面上各处的重力加速度并不相同，它与当地的纬度和海拔有关。例如，在赤道海平面处，$g=9.78\ \mathrm{m\cdot s^{-2}}$；在南北极处，$g=9.83\ \mathrm{m\cdot s^{-2}}$。根据国际计量标准，重力加速度的数值取为 $g=9.806\,65\ \mathrm{m\cdot s^{-2}}$，一般取为 $g=9.80\ \mathrm{m\cdot s^{-2}}$。

在国际单位制中，质量单位为 kg(千克)；加速度单位为 $\mathrm{m\cdot s^{-2}}$(米·秒$^{-2}$)；力的单位为 $\mathrm{kg\cdot m\cdot s^{-2}}$(千克·米·秒$^{-2}$)，又称 N(牛)，即 $1\ \mathrm{N}=1\ \mathrm{kg\cdot m\cdot s^{-2}}$。

牛顿第三定律是静力学中提及的定律，它在动力学中仍然是分析两个物体之间相互作用关系的依据，在揭示质点动力学和质点系动力学之间的内在联系上起着不可缺少的作用。**牛顿第三定律与参考系的选取无关**。

牛顿运动三定律是在观察大量的力学现象后总结出来的规律。这些规律及由这些规律推演出来的各种原理、定理在被用来解释诸多复杂的力学现象时，又证明了它的正确性。

7.2　质点的运动微分方程

牛顿第二定律(7.1.2)可表示为

$$m\frac{\mathrm{d}^2\boldsymbol{r}}{\mathrm{d}t^2}=\sum_{i=1}^{n}\boldsymbol{F}_i \tag{7.2.1}$$

其中 $\boldsymbol{r}$ 为质点的矢径。式(7.2.1)称为**质点的运动微分方程**。

由运动学可知，点的加速度可以根据不同的坐标系写成各种投影形式，因此，矢量形式的方程(7.2.1)可以表示为直角坐标形式、自然坐标形式、极坐标形式等。

7.2.1　质点运动微分方程的直角坐标形式

设质点相对于惯性直角坐标系 $Oxyz$ 的运动方程表示为

$$x=x(t),\quad y=y(t),\quad z=z(t)$$

将式(7.2.1)两端分别向各坐标轴投影，得到

$$\left.\begin{aligned} m\frac{\mathrm{d}^2x}{\mathrm{d}t^2}&=\sum_{i=1}^{n}F_{ix}\\ m\frac{\mathrm{d}^2y}{\mathrm{d}t^2}&=\sum_{i=1}^{n}F_{iy}\\ m\frac{\mathrm{d}^2z}{\mathrm{d}t^2}&=\sum_{i=1}^{n}F_{iz}\end{aligned}\right\} \tag{7.2.2}$$

或表示为

$$m\ddot{x}=\sum_{i=1}^{n}F_{ix},\quad m\ddot{y}=\sum_{i=1}^{n}F_{iy},\quad m\ddot{z}=\sum_{i=1}^{n}F_{iz} \tag{7.2.3}$$

其中 F_{ix},F_{iy},F_{iz} 为力 $\boldsymbol{F}_i$ 在 3 个坐标轴上的投影。式(7.2.2)或式(7.2.3)称为质点运动微分方程的直角坐标形式。

7.2.2 质点运动微分方程的自然轴形式

设质点的运动轨迹已知，由运动学可知，质点的运动方程可用弧坐标 s 表示为

$$s=s(t)$$

此时点的加速度在自然轴上的投影可表示为

$$a_{\mathrm{t}}=\ddot{s}$$

$$a_{\mathrm{n}}=\frac{1}{\rho}v^2=\frac{1}{\rho}\dot{s}^2$$

$$a_{\mathrm{b}}=0$$

因此，将式(7.2.1)两端分别向自然轴系的三正交轴投影，得

$$\left.\begin{aligned} m\ddot{s}&=\sum_{i=1}^{n}F_{i\mathrm{t}}\\ m\frac{v^2}{\rho}&=\sum_{i=1}^{n}F_{i\mathrm{n}}\\ 0&=\sum_{i=1}^{n}F_{i\mathrm{b}}\end{aligned}\right\} \tag{7.2.4}$$

其中 $F_{i\mathrm{t}},F_{i\mathrm{n}},F_{i\mathrm{b}}$ 分别为力 $\boldsymbol{F}_i$ 在运动轨迹中该点处的切线、主法线和副法线 $\boldsymbol{t},\boldsymbol{n},\boldsymbol{b}$ 上的投影。式(7.2.4)称为质点运动微分方程在自然轴系上的投影式。

7.2.3 质点运动微分方程的极坐标形式

由运动学可知，点的加速度在极坐标(ρ,φ)中表示为

$$a_\rho=\ddot{\rho}-\rho\dot{\varphi}^2,\quad a_\varphi=\frac{1}{\rho}\frac{\mathrm{d}}{\mathrm{d}t}(\rho^2\dot{\varphi})$$

它们分别称为径向加速度和横向加速度。质点运动微分方程的极坐标形式为

$$m(\ddot{\rho}-\rho\dot{\varphi}^2)=\sum_{i=1}^{n}F_{i\rho},\quad m\frac{1}{\rho}\frac{\mathrm{d}}{\mathrm{d}t}(\rho^2\dot{\varphi})=\sum_{i=1}^{n}F_{i\varphi} \tag{7.2.5}$$

其中 $F_{i\rho}$ 和 $F_{i\varphi}$ 分别为力 $\boldsymbol{F}_i$ 在径向和横向的投影。

7.3　质点动力学的两类基本问题

利用质点运动微分方程可求解质点动力学的两类问题。

第一类问题是,已知质点的运动,求作用在质点上的力。第二类问题是,已知作用在质点上的力,求质点的运动。

在第一类问题中,如果已知运动方程 $\boldsymbol{r}=\boldsymbol{r}(t)$,可将其对时间求两次导数,得到 $\ddot{\boldsymbol{r}}$,将其代入方程(7.2.1),得到 $\sum_{i=1}^{n}\boldsymbol{F}_i$,即作用在质点上的合力。如果作用在质点上的力仅有一个,则可求得这个力;如果有多个力,则还不能求出全部力。如果已知质点的速度 $\boldsymbol{v}=\boldsymbol{v}(t)$,可将其对时间求一次导数,得 $\dot{\boldsymbol{v}}=\ddot{\boldsymbol{r}}$,再代入方程(7.2.1)而得到 $\sum_{i=1}^{n}\boldsymbol{F}_i$。如果已知质点的加速度 $\boldsymbol{a}=\ddot{\boldsymbol{r}}$,那么将其直接代入方程(7.2.1)即可求出 $\sum_{i=1}^{n}\boldsymbol{F}_i$。因此,质点动力学第一类问题的求解,从数学上说是求导数的问题,是解代数方程的问题。质点动力学第一类问题思想进一步发展成为所谓动力学逆问题。动力学逆问题的一般提法是二十世纪六七十年代才出现的。

在第二类问题中,如果要求的是加速度,那么问题归结为求解代数方程;如果要求的是质点的速度或运动方程,那么问题归结为求解微分方程。这时不仅需要进行积分,而且还要确定积分常数。确定积分常数的问题比较简单,通常由已知的运动初始条件,即运动开始时的位置和速度来确定。微分方程的积分问题比较困难,在力仅是时间,或仅是坐标,或仅是速度的函数时,积分问题往往可以得到一个精确解。但在许多情况下,积分问题会遇到很大困难,而得不到精确解。特别是当微分方程为非线性时,还可能出现对初始条件有敏感依赖性的混沌解。

此外,质点动力学的很多实际问题是属于以上两类基本问题的综合问题。例如,在非自由质点动力学问题中,一方面要求主动力作用下的运动规律,另一方面还要求质点在这种运动情况下所受到的未知约束力。

例 7.3.1　蹦极跳跃者重 888.9 N,弹性带原长为 18.3 m,刚度系数为 $k=0.204\ \mathrm{N\cdot mm^{-1}}$。当跳跃者从距水面 39.6 m 高的平台上跳下,弹性带拉力使其减速为零时,试求跳跃者距水面的高度,以及弹性带作用于跳跃者的最大拉力(图 7.1)。

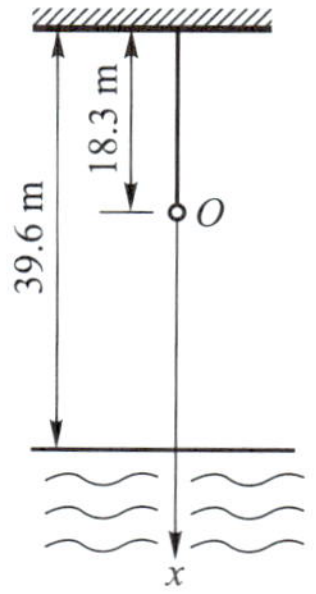

图 7.1

解:以跳至弹性带拉紧时的位置为坐标原点 O,Ox 向下,建立坐标系。对跳跃者作受力分析,列写运动微分方程,有

$$m\ddot{x}=mg-kx$$

即

$$\ddot{x}+\frac{k}{m}x=g \tag{a}$$

变换为

$$\dot{x}\frac{\mathrm{d}\dot{x}}{\mathrm{d}x}=g-\frac{k}{m}x$$

积分得

$$\frac{1}{2}(\dot{x}^2-\dot{x}_0^2)=gx-\frac{1}{2}\frac{k}{m}x^2 \tag{b}$$

其中 $\dot{x}_0$ 是弹性带拉紧时跳跃者的速度,有

$$\dot{x}_0=\sqrt{2gh} \tag{c}$$

而

$$h=18.3\ \mathrm{m}$$

当跳跃者速度变为零时,由式(b)得

$$\frac{1}{2}\frac{k}{m}x^2-gx-\frac{1}{2}\dot{x}_0^2=0$$

将式(c)代入上式,得

$$\frac{1}{2}\frac{k}{m}x^2-gx-gh=0$$

由此解出

$$x=\frac{g\pm\sqrt{g^2+2\frac{k}{m}gh}}{\frac{k}{m}}$$

取“+”,有

$$x=\frac{mg}{k}+\frac{m}{k}\sqrt{g^2+2\frac{k}{m}gh}$$

代入数值,有

$$\begin{aligned}x&=\left(\frac{888.9}{204}+\frac{888.9}{204\times9.8}\sqrt{9.8^2+2\frac{204}{888.9}\times9.8^2\times18.3}\right)\ \mathrm{m}\\&\approx17.7\ \mathrm{m}\end{aligned}$$

此时跳跃者距水面距离为

$$39.6\ \mathrm{m}-(18.3+17.7)\ \mathrm{m}=3.6\ \mathrm{m}$$

而此时弹性带的拉力达到最大值

$$204\times17.7\ \mathrm{N}=3\ 611\ \mathrm{N}$$

例 7.3.2 滑块 A 重为 W,因绳子的牵引而沿水平导轨滑动,绳子的另一端缠在半径为 r 的鼓轮上,鼓轮以等角速度 ω 转动(图 7.2a)。若不计导轨摩擦,试求绳子的拉力 $\boldsymbol{F}_{\mathrm{T}}$ 和距离 x 之间的关系。

解:这是质点动力学第一类问题。取滑块为研究对象,它受到重力 $\boldsymbol{W}$,导轨约束力 $\boldsymbol{F}_{\mathrm{N}}$,以及绳子的拉力 $\boldsymbol{F}_{\mathrm{T}}$。

将 A,B 当作平面运动刚体上的两个点,据两点加速度关系,有

$$\boldsymbol{a}_A=\boldsymbol{a}_B+\boldsymbol{a}_{BA}^{\mathrm{t}}+\boldsymbol{a}_{BA}^{\mathrm{n}} \tag{a}$$

将式(a)投影到 AB 方向,得

$$a_A\cos\theta=a_{BA}^{\mathrm{n}}=\omega_{BA}^2 AB \tag{b}$$

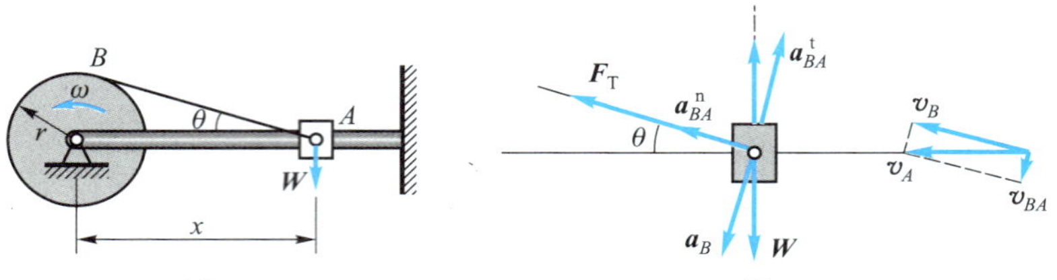

图 7.2

再研究两点速度关系,有

$$\boldsymbol{v}_A=\boldsymbol{v}_B+\boldsymbol{v}_{BA}$$

$$v_{BA}=\omega_{BA}AB$$

解得

$$v_{BA}=v_B\tan\theta=\omega r\tan\theta \tag{c}$$

将式(c)代入式(b),求得

$$a_A=\frac{\omega_{BA}^2 AB}{\cos\theta}=\frac{\omega^2 r^2\tan^2\theta}{AB\cos\theta}$$

注意到

$$\cos\theta=\frac{\sqrt{x^2-r^2}}{x},\quad \tan\theta=\frac{r}{\sqrt{x^2-r^2}}$$

则有

$$a_A=\frac{\omega^2 r^4 x}{(x^2-r^2)^2} \tag{d}$$

质点运动微分方程在轴 Ox 上投影,有

$$m\ddot{x}=-F_{\mathrm{T}}\cos\theta \tag{e}$$

注意到

$$\ddot{x}=-a_A$$

则有

$$F_{\mathrm{T}}=\frac{ma_A}{\cos\theta}=\frac{m\omega^2 r^4 x^2}{(x^2-r^2)^{\frac{5}{2}}}$$

例 7.3.3　质量为 m 的质点 M 在空气中自由下落,初速为零。已知空气阻力与质点速度的平方成正比,比例系数为 μ。试求质点的运动规律。

解:质点作直线运动,建立坐标轴 Oy,原点在质点的初始位置,向下为正(图 7.3a),用坐标 y 描述质点的运动。

质点受重力 $m\boldsymbol{g}$ 及阻力 $\boldsymbol{F}$ 的作用,$F=\mu v^2=\mu\dot{y}^2$。由质点运动微分方程

$$m\ddot{y}=mg-\mu\dot{y}^2 \tag{a}$$

运动的初始条件为

$$t=0,\quad y=y_0=0,\quad \dot{y}=\dot{y}_0=0 \qquad \text{(b)}$$

为求初值问题方程(a)、(b)的解,将方程(a)表示为

$$\dot{v}=\ddot{y}=g-\frac{\mu}{m}v^2$$

$$\dot{v}=\frac{\mu}{m}(c^2-v^2),\quad c=\sqrt{\frac{mg}{\mu}}$$

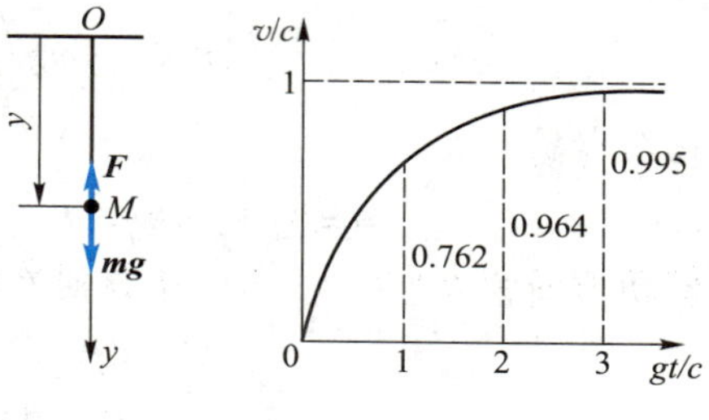

(a) (b)

图 7.3

作积分

$$\int_0^v \frac{\mathrm{d}v}{c^2-v^2}=\int_0^t \frac{\mu}{m}\mathrm{d}t$$

得到

$$v=c\coth\left(\frac{g}{c}t\right) \qquad \text{(c)}$$

再作积分

$$\int_0^y \mathrm{d}y=c\int_0^t \coth\left(\frac{g}{c}t\right)\mathrm{d}t$$

得到

$$y=\frac{c^2}{g}\ln\cosh\left(\frac{g}{c}t\right) \qquad \text{(d)}$$

将速度 v 对时间 t 的依赖关系式(c)用图 7.3b 表示,可看出存在极限关系 $v_{\mathrm{m}}=c$,即空气中落体速度不会无限增大,而最终趋于等速运动。这个极限速度依赖于质点的质量和阻尼系数,表示为

$$v_{\mathrm{m}}=\sqrt{\frac{mg}{\mu}} \qquad \text{(e)}$$

跳伞员的下落运动大致可用上述模型描述。降落伞在空气阻力作用下会很快达到极限速度,大约为 5 $\mathrm{m\cdot s^{-1}}$,落地时的冲击仅相当于从 1.25 m 的高处跳下着地,因而是安全的。但是,滞空时间太长。为缩短滞空时间,也为提高落地准确度,可采用延迟张伞技术,在离地面数百米的空中开伞。

例 7.3.4 以很大的初速度 v_0 自地球表面铅垂向上抛出一物体,如图 7.4 所示。设物体所受引力 $\boldsymbol{F}$ 的大小与其到地心的距离的平方成反比,地球表面处重力加速度为 $\boldsymbol{g}$,地球半径为 R。不计空气阻力,试求物体能达到的最大高度 H。

解: 取地心为参考系,坐标原点在地心 O,轴 Ox 向上为正。质点受到的唯一力是引力 $\boldsymbol{F}$,它在轴 Ox 上的投影为

$$F_x=-\frac{k}{x^2}$$

其中 k 为比例常数。因为在地球表面 $x=R$ 处,有 $F_x=-mg$,所以 $k=mgR^2$,于是有 $F_x=\dfrac{-mgR^2}{x^2}$。质点运动微分方程为

$$m\ddot{x}=-mg\frac{R^2}{x^2} \tag{a}$$

初始条件为

$$t=0,\quad x=x_0=R,\quad \dot{x}=\dot{x}_0=v_0 \tag{b}$$

为解初值问题方程(a),(b),注意到关系

$$\ddot{x}=\frac{\mathrm{d}\dot{x}}{\mathrm{d}t}=\frac{\mathrm{d}\dot{x}}{\mathrm{d}x}\dot{x}$$

将其代入方程(a),分离变量后得到

$$\mathrm{d}\left(\frac{1}{2}\dot{x}^2\right)=-\frac{gR^2}{x^2}\mathrm{d}x$$

求积分时,取下限相应于初始状态 $x=R,\dot{x}=v_0$,上限相应于最高位置状态 $x=R+H,\dot{x}=0$,则有

$$\int_{v_0}^{0}\mathrm{d}\left(\frac{1}{2}\dot{x}^2\right)=\int_{R}^{R+H}\left(-\frac{gR^2}{x^2}\right)\mathrm{d}x$$

由此得到上升的最大高度

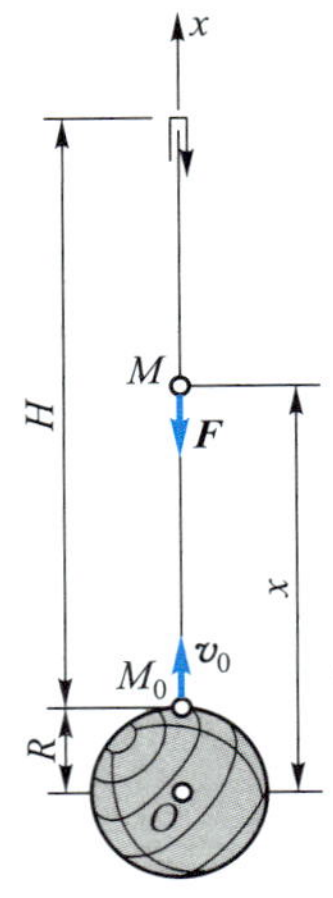

图 7.4

$$H=\frac{v_0^2}{2g}\left(1-\frac{v_0^2}{2gR}\right)^{-1} \tag{c}$$

如果 v_0 较小,即当 $v_0^2\ll 2gR$ 时,则可将式(c)按幂级数展开,并略去$\frac{v_0^2}{2gR}$后的高阶小项,得

$$H=\frac{v_0^2}{2g}\left(1+\frac{v_0^2}{2gR}+\cdots\right)\approx\frac{v_0^2}{2g} \tag{d}$$

这就是通常的上抛运动高度公式,即将重力当作不变的量,也就是恒等于 mg 的结果。如果$\frac{v_0^2}{2gR}$较大时,就不能用这个近似式了。当 $v_0^2\to 2gR$ 时,将得到 $H\to\infty$。从物理意义上分析,如果以初速 $v_0=\sqrt{2gR}$ 向上抛出物体,其最大上升高度将变成无限大,即物体一直上升,不再落回地球。此时

$$\begin{aligned}v_0&=\sqrt{2gR}=\sqrt{2\times9.8\times6\ 370\times10^3}\ \mathrm{m\cdot s^{-1}}=11\ 174\ \mathrm{m\cdot s^{-1}}\\&\approx11.2\ \mathrm{km\cdot s^{-1}}\end{aligned}$$

这就是地球的第二宇宙速度,或称逃逸速度。

例 7.3.5　一滑雪者沿光滑滑道下滑,滑道可近似地用一抛物线 $y=\frac{1}{20}x^2-5$ 表示,如图 7.5a 所示。滑雪者由点 A 开始无初速下滑,试求滑至点 B 时对滑道的压力。设滑雪者质量 m 为 52 kg。

解:滑雪者在任意位置的受力如图 7.5b 所示,有重力 $\boldsymbol{mg}$ 和滑道的约束力 $\boldsymbol{F}_\mathrm{N}$,其中 $\boldsymbol{F}_\mathrm{N}$ 沿曲线在该点处的法线方向。列写自然轴系的运动微分方程,将自然轴系的原点取为 B,正向沿 BA 方向,有

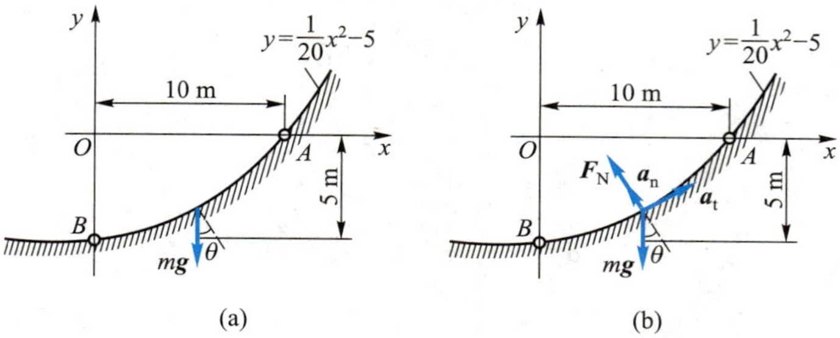

图 7.5

$$m\frac{\mathrm{d}v}{\mathrm{d}t}=-mg\sin\theta \tag{a}$$

$$m\frac{v^2}{\rho}=F_{\mathrm{N}}-mg\cos\theta \tag{b}$$

初始条件为

$$t=0,\quad y=0,\quad v=0 \tag{c}$$

作变换

$$\frac{\mathrm{d}v}{\mathrm{d}t}=v\frac{\mathrm{d}v}{\mathrm{d}s}$$

$$\sin\theta=\frac{\mathrm{d}y}{\mathrm{d}s}$$

则方程(a)成为

$$v\mathrm{d}v=-g\mathrm{d}y$$

作积分

$$\int_0^{v_B}v\mathrm{d}v=\int_0^{-h}(-g)\mathrm{d}y$$

得

$$v_B^2=2gh=2\times9.8\ \mathrm{m\cdot s^{-2}}\times5\ \mathrm{m}=980\ \mathrm{m^2\cdot s^{-2}}$$

$$v_B=9.9\ \mathrm{m\cdot s^{-1}} \tag{d}$$

这就是滑雪者到达点 B 时的速度。

下面求到达点 B 时滑道的约束力 $\boldsymbol{F}_{\mathrm{N}}$。由方程(b),有

$$F_{\mathrm{N}}=m\frac{v^2}{\rho}+mg\cos\theta=m\frac{v_B^2}{\rho}+mg \tag{e}$$

为得到 F_{N},尚需求出抛物线在点 B 的曲率半径 ρ。由抛物线方程

$$y=\frac{1}{20}x^2-5$$

得

$$\frac{\mathrm{d}y}{\mathrm{d}x}=\frac{1}{10}x,\quad \frac{\mathrm{d}^2y}{\mathrm{d}x^2}=\frac{1}{10}$$

当在点 B 时,有 $x=0$,故有

$$\frac{\mathrm{d}y}{\mathrm{d}x}=0,\quad \frac{\mathrm{d}^2y}{\mathrm{d}x^2}=\frac{1}{10}$$

曲率半径为

$$\rho=\frac{\left[1+\left(\frac{\mathrm{d}y}{\mathrm{d}x}\right)^2\right]^{\frac{3}{2}}}{\frac{\mathrm{d}^2y}{\mathrm{d}x^2}}=10\ \mathrm{m} \tag{f}$$

将式(d),(f)代入式(e),得

$$F_{\mathrm{N}}=52\times\frac{(9.90)^2}{10}\ \mathrm{N}+52\times9.8\ \mathrm{N}=1\ 019\ \mathrm{N}$$

例 7.3.6 光滑桌面上有一质量为 m 的小球 P,用不可伸长的绳子与另一小球 Q 相连,Q 的质量为 km。绳子穿过桌面上光滑的小孔 O,绳子 OQ 部分是自由悬挂着的(图 7.6a)。初始时,$OP=a$,P 点的速度大小为 $\sqrt{8ga}$,方向垂直于 OP。(1) 试证:在 $k<8$ 的条件下 Q 将上升。(2) 问:k 为多少时,P 离孔最大距离可以达到 $2a$?

解:(1) 系统由两个质点组成,需对两个质点分别列写运动微分方程(图 7.6b)。对 P 宜选极坐标形式,由式(7.2.5),有

$$m(\ddot{\rho}-\rho\dot{\varphi}^2)=-F_{\mathrm{T}} \tag{a}$$

$$m\frac{1}{\rho}\frac{\mathrm{d}}{\mathrm{d}t}(\rho^2\dot{\varphi})=0 \tag{b}$$

其中 F_{T} 为绳子张力。

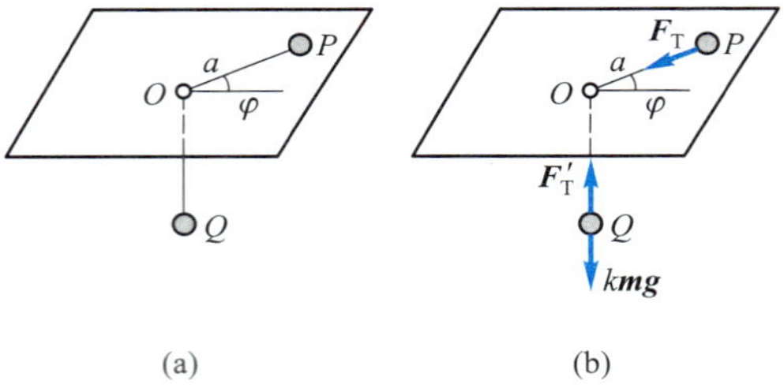

图 7.6

对 Q 取直角坐标,轴 Oz 向下为正,其运动微分方程为

$$km\ddot{z}=kmg-F_{\mathrm{T}} \tag{c}$$

由于绳子不可伸长,故 $z+\rho=$常量,对 t 求两次导数,得

$$\ddot{\rho}+\ddot{z}=0$$

将其代入式(c)得

$$km\ddot{\rho}=F_{\mathrm{T}}-kmg \tag{d}$$

由式(b)积分得 $\rho^2\dot{\varphi}=$常量,再利用初始条件 $\rho=a$ 时,有 $\rho\dot{\varphi}=\sqrt{8ga}$,由此定出常量为 $\sqrt{8ga^3}$,于是有

$$\rho^2\dot{\varphi}=\sqrt{8ga^3}$$

将其代入方程(a),得

$$m\ddot{\rho}=-F_{\mathrm{T}}+\frac{8mg}{\rho^{3}}a^{3} \tag{e}$$

将方程(e),(d)相加,消去 F_{T},得到

$$(1+k)\ddot{\rho}=\frac{8ga^{3}}{\rho^{3}}-kg \tag{f}$$

这是 ρ 所满足的微分方程。在运动起始时刻 $t=0,\rho=a$,故有

$$\ddot{\rho}\Big|_{t=0}=\frac{(8-k)g}{1+k}$$

因此,当 $k<8$ 时,$\ddot{\rho}\Big|_{t=0}>0$,即 OP 将开始增长,即 Q 将开始上升。

(2) 下面研究第二个问题。为此,需求出径向速度的关系式。利用关系式

$$\ddot{\rho}=\frac{1}{2}\frac{\mathrm{d}(\dot{\rho}^{2})}{\mathrm{d}\rho}$$

代入式(f),求积分,并利用初始条件 $\rho=a,\dot{\rho}=0$,最后可得

$$\frac{1}{2}(1+k)\dot{\rho}^{2}=(4+k)ga-kg\rho-\frac{4a^{3}g}{\rho^{2}} \tag{g}$$

如果 $2a$ 是 P 离孔 O 的最大距离,则当 $\rho=2a$ 时,应有 $\dot{\rho}=0$。将此条件代入式(g),得

$$0=(4+k)ga-2kga-ga$$

由此解得

$$k=3$$

例 7.3.7 如图 7.7a 所示,物块 M 放在粗糙的斜面上,斜面倾角为 θ,且 $\tan\theta=\frac{1}{30}$。物块与斜面的动摩擦因数为 $f=0.1$,物块的质量为 $m=0.3\ \mathrm{kg}$。今用绳水平牵引物块 M,牵引方向与 AB 边平行,经一段时间后,物块开始作匀速直线运动,已知其平行于 AB 的分速度为 $v_y=120\ \mathrm{mm\cdot s^{-1}}$,试求与 AB 垂直的分速度 v_x 及绳子的牵引力 $\boldsymbol{F}_{\mathrm{T}}$。

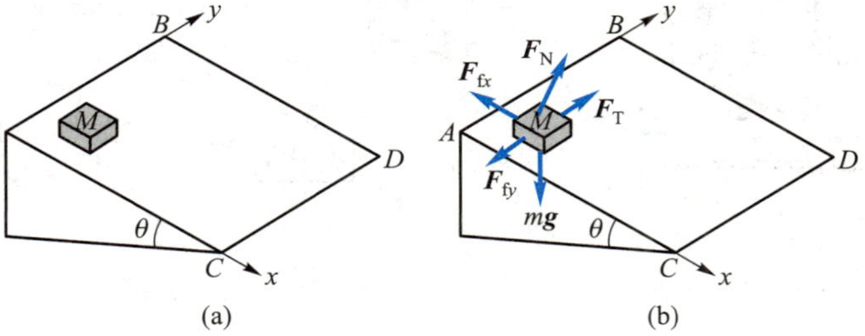

图 7.7

解:取 A 为坐标原点,AB 为 y 轴,AC 为 x 轴。物块 M 所受力有重力 $m\boldsymbol{g}$,垂直于斜面的约束力 $\boldsymbol{F}_{\mathrm{N}}$,以及斜面上的摩擦力 $\boldsymbol{F}_{\mathrm{fx}}$,$\boldsymbol{F}_{\mathrm{fy}}$(图 7.7b)。根据摩擦定律,有

$$(F_{fx}^2+F_{fy}^2)^{\frac{1}{2}}=fF_N \tag{a}$$

因物块作匀速直线运动,其加速度为零,列写运动微分方程

$$0=mg\sin\theta-F_{fx} \tag{b}$$

$$0=F_T-F_{fy} \tag{c}$$

$$0=F_N-mg\cos\theta \tag{d}$$

由方程(b)解出 F_{fx},由方程(c)解出 F_{fy},再由方程(d)解出 F_N,最后将它们代入方程(a),得

$$\begin{aligned}F_T&=mg(f^2\cos^2\theta-\sin^2\theta)^{\frac{1}{2}}\\&=0.3\times9.8\times\left(0.1^2\times\frac{900}{901}-\frac{1}{901}\right)^{\frac{1}{2}}\ \text{N}\\&\approx0.28\ \text{N}\end{aligned}$$

下面求 v_x。由式(b),(c)求得

$$\frac{F_{fy}}{F_{fx}}=\frac{F_T}{mg\sin\theta}=\frac{\left[(0.1)^2\times\frac{900}{901}-\frac{1}{901}\right]^{\frac{1}{2}}}{\frac{1}{\sqrt{901}}}=2.828$$

因摩擦力的方向总与速度方向相反,所以有

$$\frac{v_y}{v_x}=\frac{F_{fy}}{F_{fx}}=2.828$$

由此解得

$$v_x=\frac{v_y}{2.828}=\frac{120\ \text{mm}\cdot\text{s}^{-1}}{2.828}=42.4\ \text{mm}\cdot\text{s}^{-1}$$

例 7.3.8　如图 7.8a 所示,物块 A,B 的重量均为 300 N。当 A 受到一水平力 $F=500$ N 作用时,试求物块 A 的加速度。不计各接触面之间的摩擦。

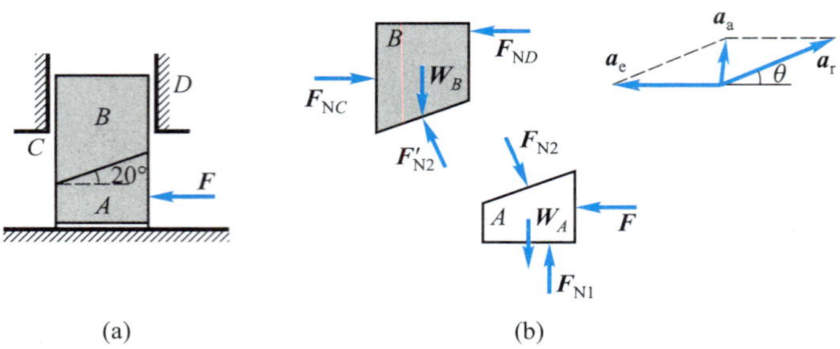

图 7.8

解:系统由两个物块 A,B 组成,两物块均作平移,可当作质点考虑。首先,研究物块 A,它的受力有重力 $\boldsymbol{W}_A$,主动力 $\boldsymbol{F}$,地面约束力 $\boldsymbol{F}_{N1}$,以及物块 B 的力 $\boldsymbol{F}_{N2}$(图 7.8b)。它的加速度 $\boldsymbol{a}_A$,水平向左。由运动微分方程在水平方向的投影给出

$$\frac{W_A}{g}a_A = F - F_{N2}\sin\theta \tag{a}$$

其次，研究物块 B，由运动微分方程向铅垂方向的投影给出

$$\frac{W_B}{g}a_B = F'_{N2}\cos\theta - W_B \tag{b}$$

注意到

$$F'_{N2} = F_{N2}$$

由方程(a)，(b)消去 F_{N2}，得到

$$\frac{W_A}{g}a_A\cos\theta + \frac{W_B}{g}a_B\sin\theta = F\cos\theta - W_B\sin\theta \tag{c}$$

这里 a_A 与 a_B 不是彼此独立的。由运动学中点的复合运动，取物块 A 为动系，物块 B 上的点为动点，则 $a_a = a_B$，$a_e = a_A$，而 a_r 沿两物块的接触面，由

$$\boldsymbol{a}_a = \boldsymbol{a}_e + \boldsymbol{a}_r$$

得

$$a_a = a_e\tan\alpha$$

即

$$a_B = a_A\tan\alpha \tag{d}$$

注意到 $W_A = W_B$，将式(d)代入式(c)，得到

$$\begin{aligned} a_A &= \frac{Fg}{W_A}\cos^2\theta - g\sin\theta\cos\theta \\ &= \frac{500\times 9.8}{300}\cos^2 20^\circ\ \mathrm{m\cdot s^{-2}} - 9.8\times\sin 20^\circ\cos 20^\circ\ \mathrm{m\cdot s^{-2}} \\ &\approx 11.27\ \mathrm{m\cdot s^{-2}} \end{aligned}$$

7.4 质点相对运动动力学的基本方程

牛顿第二定律只适用于惯性参考系，但在自然和工程中常常需要解决物体相对非惯性系的运动问题。例如，在飞机、舰船、导弹等运动载体中力学仪器的行为，载人飞船在发射及轨道飞行中航天员的姿态及动作规范等。

7.4.1 质点的相对运动微分方程

牛顿第二定律在惯性参考系中表示为

$$m\boldsymbol{a}_a = \sum_{i=1}^{n}\boldsymbol{F}_i \tag{7.4.1}$$

由点的复合运动理论知，点的绝对加速度等于牵连加速度、相对加速度和科氏加速度的矢量和，即

$$\boldsymbol{a}_a = \boldsymbol{a}_e + \boldsymbol{a}_r + \boldsymbol{a}_C$$

将其代入方程(7.4.1)得到

$$m\boldsymbol{a}_{\mathrm{r}}=\sum_{i=1}^{n}\boldsymbol{F}_{i}-m\boldsymbol{a}_{\mathrm{e}}-m\boldsymbol{a}_{\mathrm{C}}$$

引入牵连惯性力 $\boldsymbol{F}_{\mathrm{Ie}}$ 和科氏惯性力 $\boldsymbol{F}_{\mathrm{IC}}$，有

$$\boldsymbol{F}_{\mathrm{Ie}}=-m\boldsymbol{a}_{\mathrm{e}},\quad \boldsymbol{F}_{\mathrm{IC}}=-2m\boldsymbol{\omega}_{\mathrm{e}}\times\boldsymbol{v}_{\mathrm{r}} \tag{7.4.2}$$

则得

$$m\boldsymbol{a}_{\mathrm{r}}=\sum_{i=1}^{n}\boldsymbol{F}_{i}+\boldsymbol{F}_{\mathrm{Ie}}+\boldsymbol{F}_{\mathrm{IC}} \tag{7.4.3}$$

式(7.4.3)建立了质点相对非惯性系的运动与作用力之间的关系，称为质点的相对运动微分方程。它表明，**在研究质点相对非惯性系的运动时，除真实作用力外，还要加上牵连惯性力和科氏惯性力。**

和质点绝对运动微分方程(7.1.1)一样，在具体应用时，可以选取不同的投影形式。

例 7.4.1 非惯性系中的超重与失重问题。

电梯中放一磅秤，质量为 m 的人站在磅秤上，电梯以等加速度 a 上升，则磅秤显示的数值大于人的体重，这称为超重现象。超重现象可用质点相对运动微分方程作出解释，将动系与电梯固结，这个动系是非惯性系，人在动系中处于相对平衡。由方程(7.4.3)，有

$$0=F_{\mathrm{N}}-P-F_{\mathrm{Ie}} \tag{a}$$

其中 F_{N} 为磅秤对人的约束力，P 为人的体重，$F_{\mathrm{Ie}}=ma$ 为牵连惯性力。由式(a)解出

$$F_{\mathrm{N}}=P+ma=m(g+a) \tag{b}$$

人对磅秤的压力，即磅秤显示的数值为

$$F_{\mathrm{N}}'=F_{\mathrm{N}}=m(g+a)>mg \tag{c}$$

这就是所谓超重现象。

当非惯性系的加速度沿人体纵轴由脚指向头部时，人体就处于超重状态。因此，在运载火箭发射阶段的宇航员及在飞机某些机动飞行阶段(如从俯冲拉起)的飞行员都处于超重状态。在超重状态下，人体头部的血液将向下流动，造成脑部缺血，发生“黑视”。因此，运载火箭发射时，宇航员采取卧姿。

如果电梯的加速度向下，则磅秤显示的数值为

$$F_{\mathrm{N}}'=F_{\mathrm{N}}=m(g-a)$$

这时人体处于失重状态。当 $a=g$ 时，人体处于完全失重状态。载人飞船作轨道飞行时，宇航员就处于完全失重状态。当 $a>g$ 时，人体处于负超重状态，此时血液会过多地流入头部而造成“红视”。

例 7.4.2 杆 OA 在铅垂面内以匀角速度 ω 绕轴 O 转动，一质量为 m 的滑块 B 由一条通过定滑轮 C 的绳索牵引在杆 OA 上滑动，如图 7.9 所示。已知绳索拉力的大小 F 为常值，$CO=L$，系统运动到图示位置时，绳与杆的夹角 $\theta=30^\circ$，滑块相对杆的速度为 u。略去所有摩擦，试求此时杆 OA 作用在滑块 B 上的约束力 $\boldsymbol{F}_{\mathrm{N}}$ 和滑块的相对加速度 $\boldsymbol{a}_{\mathrm{r}}$。

动画 23：
例 7.4.2

解：将动系 $Ox'y'$ 固连在杆 OA 上，滑块视为质点，其上作用有重力 $m\boldsymbol{g}$，杆对滑块

的约束力 $\boldsymbol{F}_{\mathrm{N}}$，绳索的拉力 $\boldsymbol{F}$，牵连惯性力 $\boldsymbol{F}_{\mathrm{Ie}}$，以及科氏惯性力 $\boldsymbol{F}_{\mathrm{IC}}$，如图 7.9b 所示。这里有 $F_{\mathrm{Ie}}=m\omega^2 OB=m\omega^2 L\cot\theta$，$F_{\mathrm{IC}}=2m\omega u$。由方程(7.4.3)，有

$$m\boldsymbol{a}_{\mathrm{r}}=m\boldsymbol{g}+\boldsymbol{F}+\boldsymbol{F}_{\mathrm{N}}+\boldsymbol{F}_{\mathrm{Ie}}+\boldsymbol{F}_{\mathrm{IC}} \tag{a}$$

将式(a)投影到轴 Ox' 和轴 Oy'，分别得到

$$\left.\begin{aligned} m\ddot{x}'&=mg+F_{\mathrm{Ie}}-F\cos\theta \\ 0&=F_{\mathrm{N}}-F_{\mathrm{IC}}+F\sin\theta \end{aligned}\right\} \tag{b}$$

解方程，得

$$\left.\begin{aligned} \ddot{x}'&=g+L\omega^2\cot\theta-\frac{F}{m}\cos\theta \\ F_{\mathrm{N}}&=2m\omega u-F\sin\theta \end{aligned}\right\} \tag{c}$$

其中 $a_{\mathrm{r}}=\ddot{x}'$。

这个问题也可以用牛顿第二定律来求解，有

$$\left.\begin{aligned} m(\ddot{x}'-\omega^2 L\cot\theta)&=mg-F\cos\theta \\ m(2\omega u)&=F_{\mathrm{N}}+F\sin\theta \end{aligned}\right\} \tag{d}$$

解此方程亦得式(c)。

例 7.4.3 质量为 m 的小球置于过坐标原点形状为曲线 $y=f(x)$ 的光滑钢管中，此曲线以匀角速度 ω 绕轴 Oy 转动(图 7.10a)。如欲使小球可在管中任何位置处于静止，试求此曲线方程及管壁对小球的约束力。

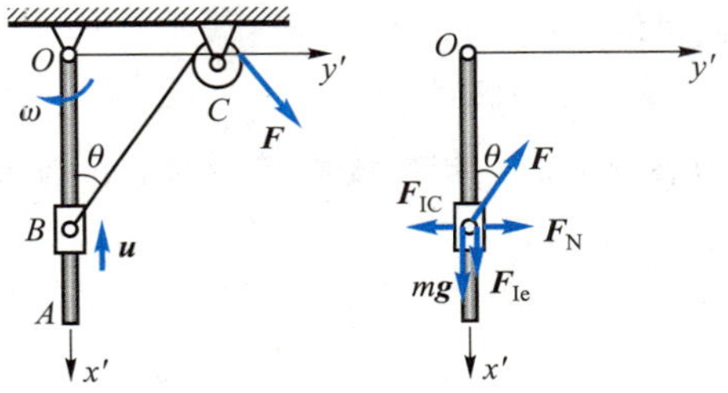

(a) (b)

图 7.9

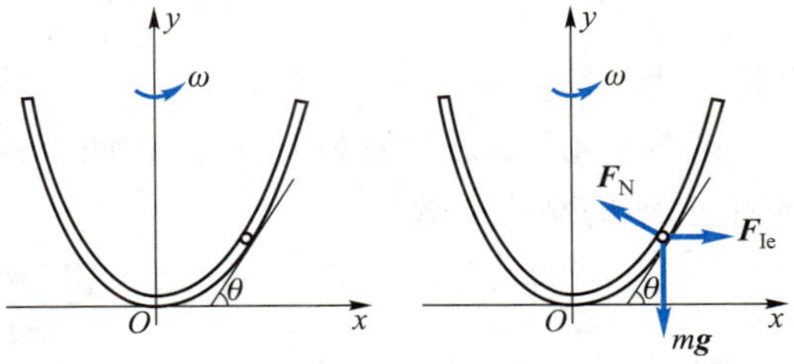

(a) (b)

图 7.10

解：以小球为研究对象，建立与曲线固连的动系 Oxy，小球的相对运动为静止。设小球在点$(x,f(x))$处静止。小球受力有主动力 $m\boldsymbol{g}$，约束力 $\boldsymbol{F}_{\mathrm{N}}$，以及牵连惯性力 $\boldsymbol{F}_{\mathrm{Ie}}$，其中 $\boldsymbol{F}_{\mathrm{N}}$ 在曲线的法方向，$\boldsymbol{F}_{\mathrm{Ie}}$ 水平，且 $F_{\mathrm{Ie}}=m\omega^2 x$，如图 7.10b 所示。设曲线在点$(x,f(x))$处的斜率为 $\tan\theta$，则相对运动微分方程(7.4.3)在曲线的切向和法向的投影分别为

$$0=-mg\sin\theta+F_{\mathrm{Ie}}\cos\theta \tag{a}$$

$$0=F_{\mathrm{N}}-mg\cos\theta-F_{\mathrm{Ie}}\sin\theta \tag{b}$$

由式(a)得

$$\tan\theta=\frac{\mathrm{d}y}{\mathrm{d}x}=\frac{\omega^2}{g}x$$

分离变量并积分

$$\int_0^y \mathrm{d}y = \int_0^x \frac{\omega^2}{g} x \mathrm{d}x$$

得

$$y = \frac{\omega^2}{2g} x^2 \tag{c}$$

注意到，一桶水绕铅垂轴作匀速转动，相对静止时液面的形状就是形如式(c)的抛物线。因为这个抛物线在转，所以构成旋转抛物面。

由方程(b)解得

$$F_N = mg\cos\theta + m\omega^2 x\sin\theta \tag{d}$$

因

$$\tan\theta = \frac{\omega^2}{g} x$$

故有

$$\cos\theta = \frac{1}{\sqrt{1+\left(\frac{\omega^2 x}{g}\right)^2}}, \quad \sin\theta = \frac{\frac{\omega^2 x}{g}}{\sqrt{1+\left(\frac{\omega^2 x}{g}\right)^2}}$$

将其代入式(d)，得约束力

$$F_N = mg\sqrt{1+\left(\frac{\omega^2}{g}x\right)^2}$$

它是 x 的函数。

例 7.4.4 质量分别为 m 及 m' 的两个质点(图 7.11a)，用一固有长度为 a 的弹性绳相连，绳的刚度系数为

$$k = \frac{2\,mm'\omega^2}{m+m'}$$

如果将它们放在光滑的水平直管内，管子绕通过管上一点的铅垂轴以匀角速度 ω 转动，开始时质点相对于管子是静止的，两点间的距离为 a。试求任一瞬时两质点间的距离 s。

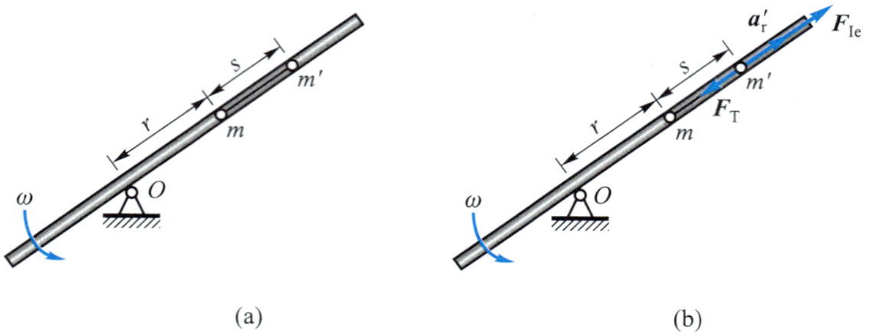

图 7.11

解：以转轴 O 为原点，质量为 m 的质点，沿管离 O 为 r；而质量为 m' 的质点离 O 为

$r+s$。受力分析如图 7.11b 所示。对质量为 m'和 m 的两个质点,分别列写相对运动微分方程沿管方向的投影式,得到

$$m'a_r' = F_{Ie}' - F_T$$
$$ma_r = F_T + F_{Ie}$$

其中

$$a_r' = \ddot{r} + \ddot{s}, \quad a_r = \ddot{r}$$
$$F_T = -k(s-a), \quad F_{Ie} = m\omega^2 r, \quad F_{Ie}' = m'\omega^2(r+s)$$

于是有

$$\left.\begin{aligned} m'(\ddot{r}+\ddot{s}) &= m'\omega^2(r+s) - k(s-a) \\ m\ddot{r} &= m\omega^2 r + k(s-a) \end{aligned}\right\} \tag{a}$$

两式相减,并注意到

$$k = \frac{2\,mm'\omega^2}{m+m'}$$

得到

$$\ddot{s} = -2\omega^2 s + 2\omega^2 a$$

积分得

$$s = 2a + A\cos\,\omega t + B\sin\,\omega t \tag{b}$$

将初始条件

$$t=0, \quad s=a, \quad \dot{s}=0$$

代入式(b),得

$$a = 2a + A$$
$$0 = B\omega$$

于是有

$$A=-a, \quad B=0$$

而

$$s = a(2-\cos\,\omega t) \tag{c}$$

7.4.2 自由落体的东偏问题

例 7.4.5 物体在地球表面上方 A 处自由落下,如图 7.12a 所示,由于地球自转的影响,落体并不沿铅垂线下降,落地点将比垂足点 O 稍微偏东一些。下面计算这个东偏量 Δ。

解:取地面上点 O 为原点,当地的东北天方向为直角坐标系 $Oxyz$ 各轴的方向。设在北半球当地的纬度为 λ,因此地球自转速度可表示为

$$\boldsymbol{\omega} = \omega\cos\,\lambda\boldsymbol{j} + \omega\sin\,\lambda\boldsymbol{k} \tag{a}$$

质点的相对运动微分方程为

$$m\ddot{\boldsymbol{r}} = -mg\boldsymbol{k} - 2m\boldsymbol{\omega}\times\dot{\boldsymbol{r}} \tag{b}$$

注意右端第一项为表观重力,它是地心引力与牵连惯性力的矢量和,$\boldsymbol{k}$ 沿表观重力的反方向。将式(a)代入式(b),并投影到 Ox,Oy 和 Oz 方向,得到

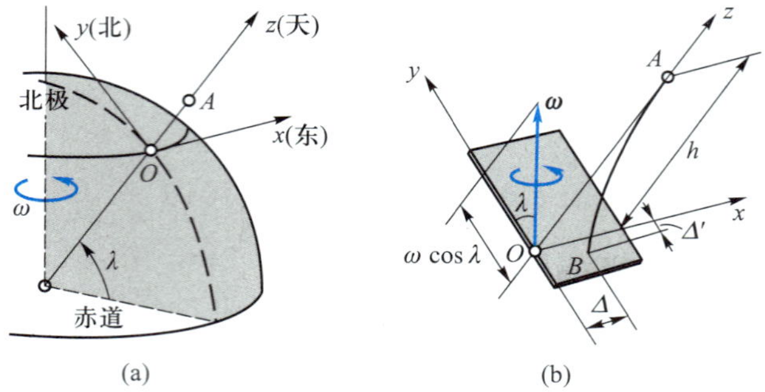

图 7.12

$$\left.\begin{aligned}\ddot{x}&=2\omega(\dot{y}\sin\lambda-\dot{z}\cos\lambda)\\\ddot{y}&=-2\omega(\dot{x}\sin\lambda)\\\ddot{z}&=-g+2\omega(\dot{x}\cos\lambda)\end{aligned}\right\}\tag{c}$$

自由落体的初始条件为

$$\left.\begin{aligned}&t=0,\quad x(0)=y(0)=0\\&z(0)=h,\quad \dot{x}(0)=\dot{y}(0)=\dot{z}(0)=0\end{aligned}\right\}\tag{d}$$

因 ω 是小量,近似解可取为

$$\left.\begin{aligned}x(t)&=x_0(t)+x_1(t)\omega\\y(t)&=y_0(t)+y_1(t)\omega\\z(t)&=z_0(t)+z_1(t)\omega\end{aligned}\right\}\tag{e}$$

将式(e)代入式(c)及式(d)中,比较 ω 的零次项及一次项系数,得出两组微分方程的初值问题。$x_0(t)$,$y_0(t)$,$z_0(t)$满足方程

$$\ddot{x}_0=0,\quad \ddot{y}_0=0,\quad \ddot{z}_0=-g$$

初始条件为

$$x_0(0)=y_0(0)=0,\quad z_0(0)=h$$
$$\dot{x}_0(0)=\dot{y}_0(0)=\dot{z}_0(0)=0$$

这恰好是假定 $\omega=0$ 时的微分方程及初始条件,解为

$$x_0(t)=0,\quad y_0(t)=0,\quad z_0(t)=h-\frac{1}{2}gt^2\tag{f}$$

这就是自由落体的零次近似解。

另外,$x_1(t)$,$y_1(t)$,$z_1(t)$满足微分方程

$$\ddot{x}_1=2\dot{y}_0\sin\lambda-2\dot{z}_0\cos\lambda$$
$$\ddot{y}_1=-2\dot{x}_0\sin\lambda$$
$$\ddot{z}_1=2\dot{x}_0\cos\lambda$$

初始条件为

$$x_1(0)=y_1(0)=z_1(0)=0$$
$$\dot{x}_1(0)=\dot{y}_1(0)=\dot{z}_1(0)=0$$

将零次近似解代入后便可求得

$$x_1(t)=\frac{1}{3}gt^3\cos\lambda,\quad y_1(t)=0,\quad z_1(t)=0 \tag{g}$$

将式(f),(g)代入式(e),得到自由落体的一次近似解为

$$x(t)=\frac{1}{3}gt^3\cos\lambda,\quad y(t)=0,\quad z_1(t)=h-\frac{1}{2}gt^2 \tag{h}$$

由式(h)第三项求得落地时间为

$$t=\left(\frac{2h}{g}\right)^{\frac{1}{2}}$$

代入第一式便求出物体落地时向东的偏差量为

$$\Delta=\frac{1}{3}g\left(\frac{2h}{g}\right)^{\frac{3}{2}}\cos\lambda \tag{i}$$

拓展阅读2:
有心力运动

可以类似地再取 ω^2 项继续计算下去,得出物体落地时不仅东偏 Δ,而且还南偏 Δ'。

曾经有过不少实验证实了**落体东偏**现象,如 1912 年 Hagen 在罗马(纬度为 $\lambda=41°54'$),从高 $h=22.96$ m 处做自由落体实测试验,总共实测 66 次,平均东偏量为 0.899±0.027 mm,而按式(i)计算出的理论值为 0.899 mm,结果相当吻合。

小结

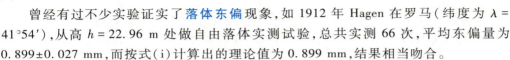

本章介绍了质点动力学。动力学的任务是研究物体运动与受力之间的关系,动力学基本定律是牛顿关于运动规律的三定律。

(1) 牛顿第二定律

矢量形式

$$m\ddot{\boldsymbol{r}}=\sum\boldsymbol{F}$$

直角坐标形式

$$m\ddot{x}=\sum F_x,\quad m\ddot{y}=\sum F_y,\quad m\ddot{z}=\sum F_z$$

自然坐标形式

$$m\ddot{s}=\sum F_t,\quad m\frac{v^2}{\rho}=\sum F_n,\quad 0=\sum F_b$$

极坐标形式

$$m(\ddot{\rho}-\rho\dot{\varphi}^2)=\sum F_\rho,\quad m\frac{1}{\rho}\frac{\mathrm{d}}{\mathrm{d}t}(\rho^2\dot{\varphi})=\sum F_\varphi$$

利用这些方程可解质点动力学两类问题:已知运动求力和已知力求运动。

(2) 在非惯性系中质点的相对运动微分方程

$$m\boldsymbol{a}_r=\sum\boldsymbol{F}+\boldsymbol{F}_{Ie}+\boldsymbol{F}_{IC}$$

其中

$$F_{Ie}=-ma_e, \quad F_{IC}=-2m\omega_e\times v_r$$

分别为牵连惯性力和科氏惯性力。

习题

7.1 起重机起重的重物 A 的质量 $m=500$ kg，已知重物上升的速度变化曲线如图所示。试求重物上升过程中绳索的拉力。

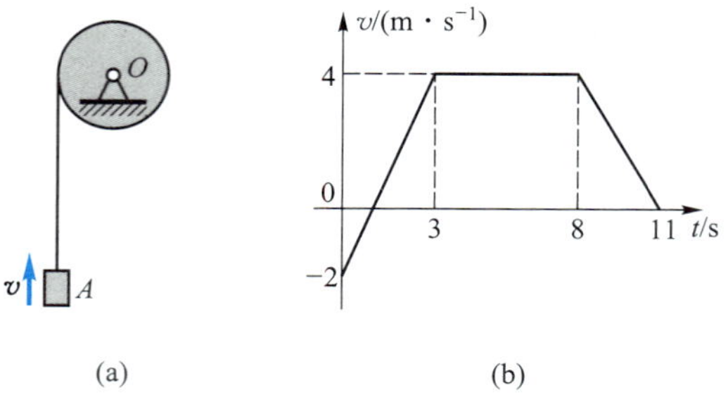

题 7.1 图

7.2 图示为桥式起重机上的小车吊着重量为 W 的物体沿桥架以匀速 v_0 运动。当小车突然停止后，重物由于惯性继续向前运动。试求重物在停车后的运动规律，假设 v_0 很小，其摆角 φ 为小量，并求绳的张力随摆角 φ 的变化情况。已知绳长为 l。

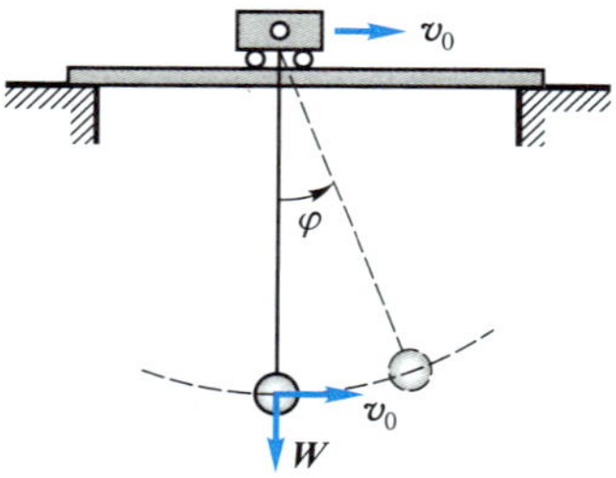

题 7.2 图

7.3 图示套筒 A 的质量为 m，因受绳子牵引沿铅垂杆向上滑动。绳子的另一端绕过离杆距离为 l 的滑轮而缠在鼓轮上。当鼓轮转动时，其边缘上各点的速度大小 v_0 为常量，试求绳子拉力与距离 x 之间的关系。

7.4 如图所示质量为 m 的小球 C，由两根杆支撑。球和杆一起以匀角速度 ω 绕铅垂轴 AB 转动。已知 $AC=5a$，$BC=3a$，$AB=4a$。A，B，C 三点均为光滑铰链，不计杆重。试求：(1) AC，BC 两杆的受力；(2) ω 等于多大时，两杆所受的力相等。

7.5 图示单摆的摆长为 l，摆锤质量为 m，摆角的摆动方程为 $\varphi=\varphi_m\sin\sqrt{\dfrac{g}{l}}t$，试求摆锤在最高位置和最低位置时绳的张力。

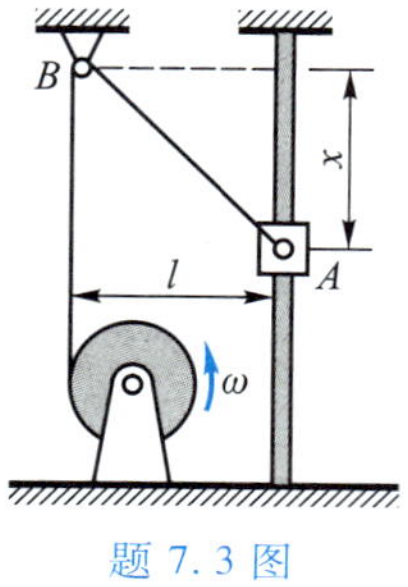

题 7.3 图

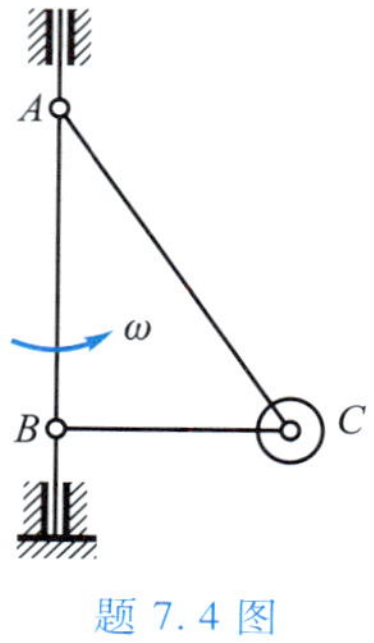

题 7.4 图

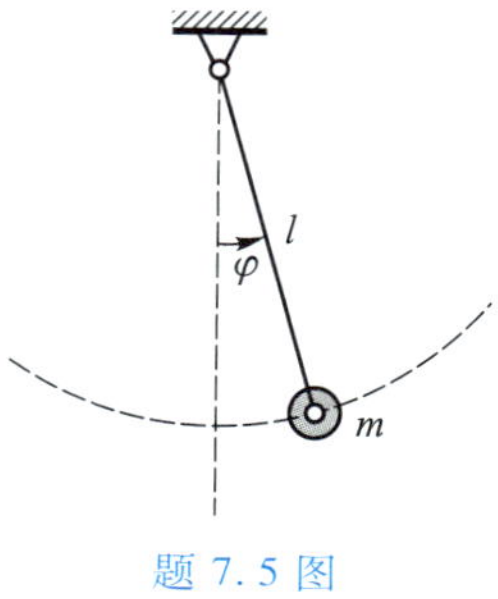

题 7.5 图

7.6 图示斜面 OA 与 OB 的倾角分别为 θ 与 β。设自 A 处射出一子弹，初速大小为 v_0，且垂直于斜面 OA，距离 $OA=a$。子弹击中斜面 OB 时其速度与 OB 恰好垂直，试证

$$v_0^2=\frac{2ga\sin^2\beta}{\sin\theta-\sin\beta\cos(\theta+\beta)}$$

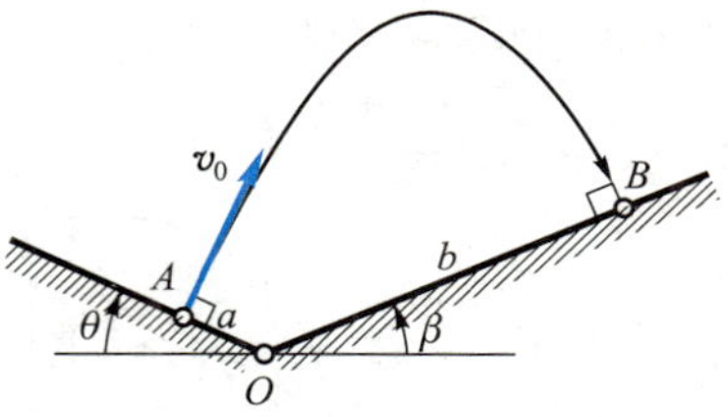

题 7.6 图

7.7 图示一物体沿倾角为 θ 的斜面向下运动，设物体的初速为零，物体与斜面间的动摩擦因数为 f。试求物体经过路程 l 时所需的时间。

7.8 图示桌面上下平动的运动方程为 $x=25\sin\omega t$（其中 x 以 mm 计，t 以 s 计）。试问 ω 为何值时，桌面上的物体 A 才不至于被抛离桌面。

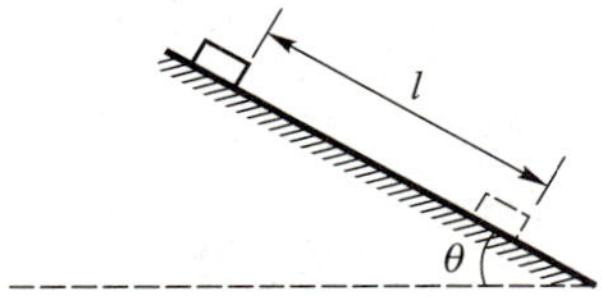

题 7.7 图

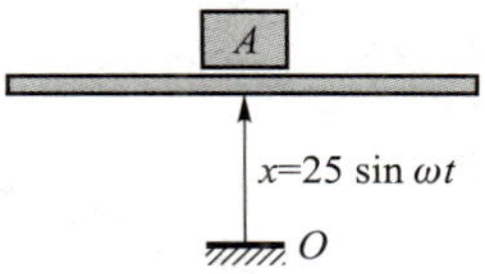

题 7.8 图

7.9 图中杆 OB 的质量为 $2m$，长为 l，物体 A 的质量为 m。当物体 A 在常力 $\boldsymbol{F}$ 的拉动下从杆的中点无初速地向右移动。试求物体 A 离开杆时所具有的速度大小。已知物体 A 和地面及杆之间的摩擦因数均为 f。

7.10 图示质量为 m 的物块 B 可沿光滑杆 OA 运动，而杆 OA 则在水平面内以匀角速度 ω 绕轴 O 转动。设物块 B 在距转轴为 r_0 处被无初速地释放。试将物块 B 沿杆 OA 运动的相对速度表示成距离 r 的函数，并求杆 OA 作用于物块 B 的水平力。

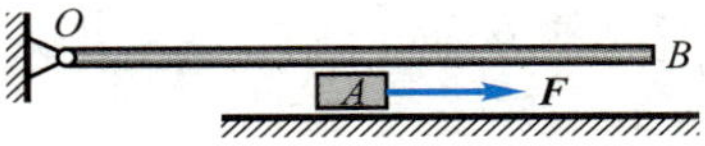

题 7.9 图

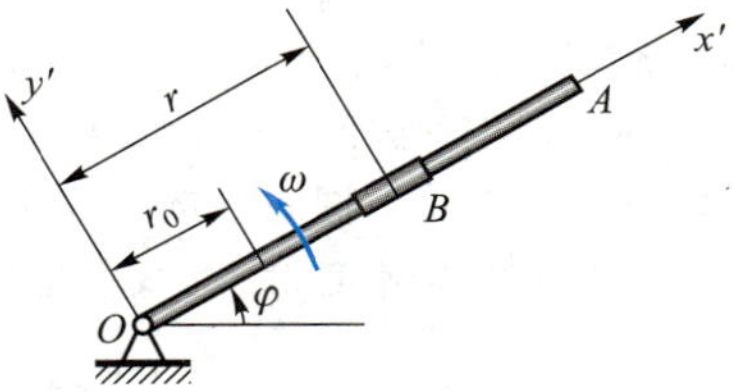

题 7.10 图

7.11 一质点沿光滑摆线 $x=r(\varphi+\sin\varphi)$，$y=r(1-\cos\varphi)$ 运动，r 为常量。试证：质点的运动微分方程为 $\ddot{s}+\dfrac{g}{4r}s=0$，其中 s 为弧长。

7.12 水平圆台上有一光滑导槽 BC，槽内有一方块 A，如图所示。今圆台从静止开始，以角加速度 $\alpha=10\ \text{rad}\cdot\text{s}^{-2}$ 绕铅垂轴转动。试求开始转动时，A 相对于圆台的加速度，图中 $\theta=30°$，$l=0.5$ m。

7.13 轴 AB 以匀角速度 ω 转动，质量为 m 的物体 E 可在与轴 AB 成 30°角并与之相固结的光滑杆 CD 上滑动，如图所示。若 C，E 间的弹簧刚度系数为 k，试建立物体 E 的运动微分方程。

7.14 直管 AB 在铅垂面内以匀角速度 ω 绕定轴 O 转动，如图所示。管内有一质量为 m 的质点在管内作无摩擦相对运动。当 $t=0$ 时，OA 处于铅垂位置，质点于 A 处处于相对静止。试求任一瞬时 t 质点在管内的位置及管壁对质点的作用力。

7.15 图示电梯以匀加速度 a_0 上升，从距电梯底部高 h 处以初速 v_0 水平抛出一物体，试求物

体相对电梯的运动方程。

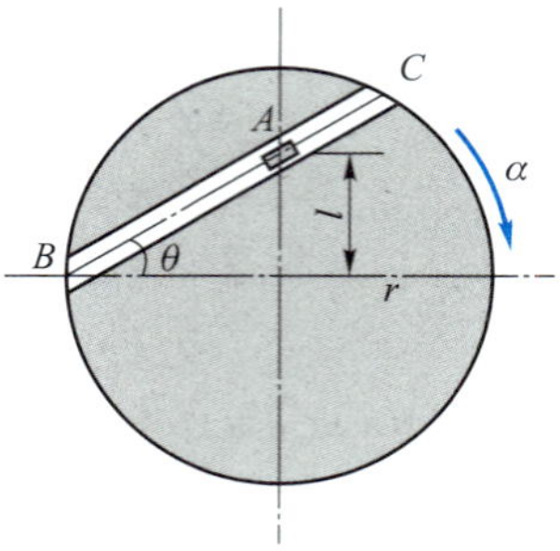

题 7.12 图

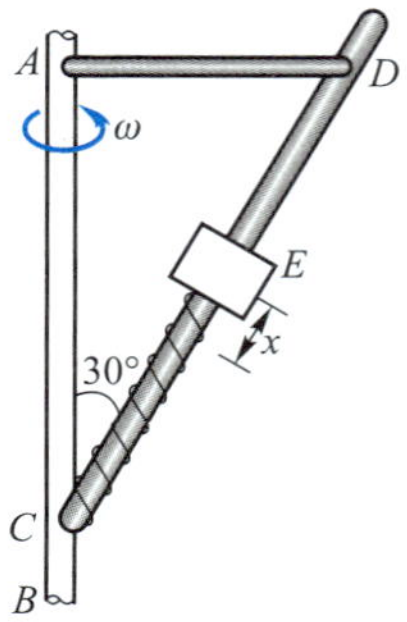

题 7.13 图

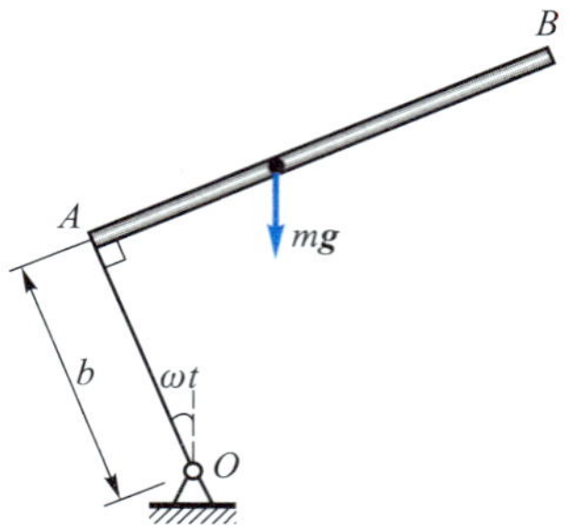

题 7.14 图

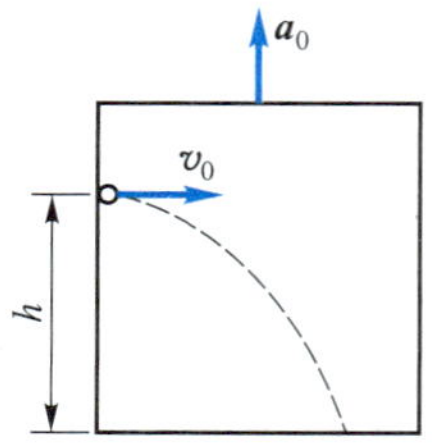

题 7.15 图

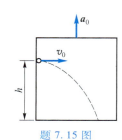

7.16 图示长为 l 倾角为 30°的光滑斜面，以加速度 $a=6t+2$（a 以 $\mathrm{m\cdot s^{-2}}$ 计，t 以 s 计）向上运动，今有一质点在 $t=0$ 时由相对静止从顶点下滑。试求在瞬时 t 质点离底部点 A 的距离。

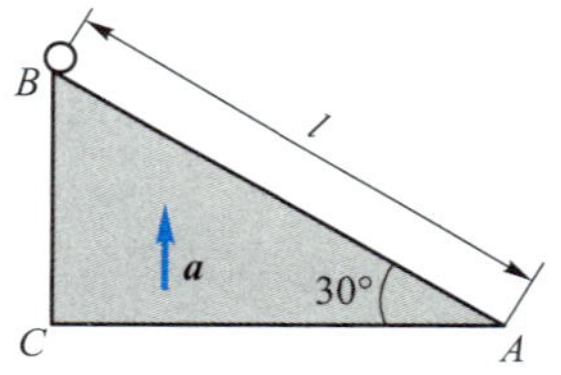

题 7.16 图

7.17 图示光滑钢丝圆圈半径为 r，位于铅垂平面内，以匀加速度 a 沿铅垂方向向上移动。圆圈上套一小环，其质量为 m，开始时小环位于偏角 φ_0 处，其相对速度为 v_{r0}，试求此后小环的相对速度及圈的反作用力。

7.18 质量为 m 的小球在图示光滑水平面上运动。此平面以匀角速度 ω 绕垂直于平面的轴转动。试建立质点相对于平面的运动微分方程。

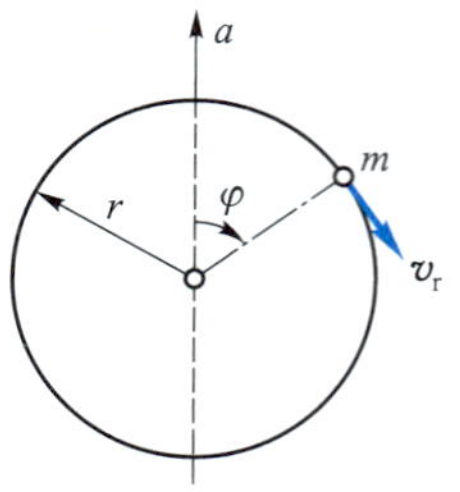

题 7.17 图

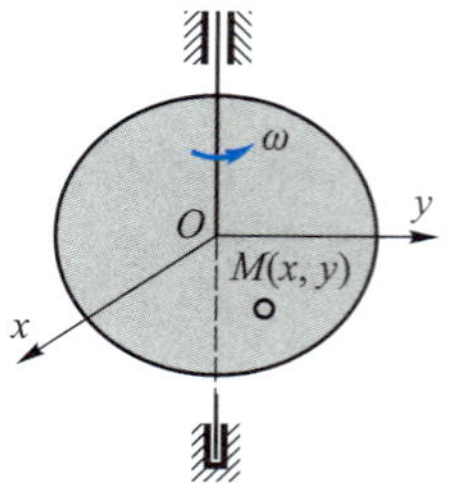

题 7.18 图

7.19 一炮弹在地球表面北纬 λ 处向东发射，初速为 v_0，仰角为 θ。试证：炮弹落地时向南偏差的距离是

$$s=\frac{4v_0^3}{g^2}\omega\sin^2\theta\cos\theta\sin\lambda$$

*7.20 由弓水平地射出箭，如图所示。箭的质量 $m=23$ g，满弓的开度 $\delta=0.72$ m，弦所产生的对应推力 $F=134$ N，推力可认为正比于开度。已知箭射中了 50 m 远的靶，试求靶心的高度。又问如靶心和箭发射点的高度相等，则发射角应为多大？设空气阻力不计，箭作平移，可视为质点。

*7.21 烘干机的旋转滚筒如图所示，衣物被滚筒内表面的凸起带着上升，随后在重力作用下与滚筒表面脱离接触后落下。试求：为使衣物在 $\theta=50°$ 时才发生脱离掉落，则此时滚筒角速度 ω 应为多少。已知滚筒的内半径 $r=350$ mm。

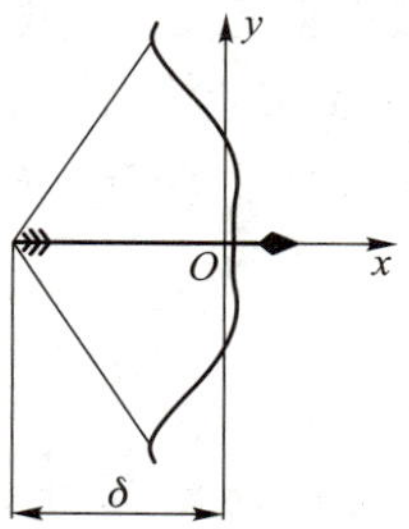

题 7.20 图

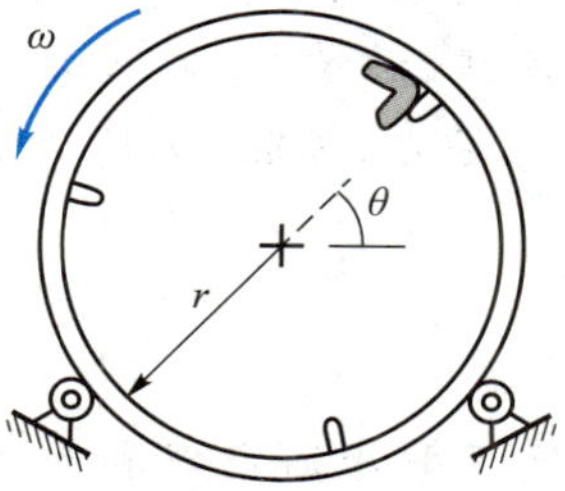

题 7.21 图

*7.22 图示四轮汽车在进入弯道前进行制动。已知汽车质量为 1 500 kg，每个轮胎保证汽车不打滑的最大摩擦力为 3 000 N。假设摩擦力始终平行于路面，且在直线及曲线运动中大小不变。当汽车以 25 $\mathrm{m\cdot s^{-1}}$ 的速度行驶，在 A 点开始以最大制动条件刹车（即汽车不打滑），若始终保持在道路中线上行驶，试求总停车距离 s。已知弯道半径 r 为 80 m。

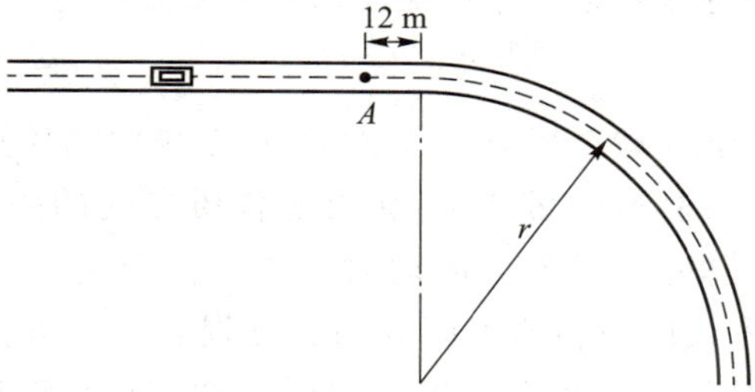

题 7.22 图

第 7 章部分习题参考答案

第 8 章 质点系动力学

历史人物介绍 10：丹尼尔·伯努利

历史人物介绍 11：莱布尼茨

关键知识点

质点系，刚体，质心，转动惯量，回转半径，惯性积，惯性主轴，中心惯性主轴，平行轴定理，转动惯量的叠加原理，动量，冲量，动量定理，质心运动定理，质心运动守恒定律，动量矩，动量矩定理，动量矩守恒定律，动能，柯尼希定理，元功，动能定理，势力，势能，机械能守恒定律，功率，功率方程，机械效率，动力学普遍定理。

核心能力

（1）能够使用平行轴定理和叠加原理求出平面运动刚体对任意点的转动惯量；

（2）能够计算质点系的动量、冲量、动量矩（对定点和对动点）、动能、力的功、势能等基本物理量；

（3）能够正确选择和综合应用动力学普遍定理及其守恒律求解质点系的动力学问题。（如使用动能定理求解单自由度系统的运动量、分析某方向上的动量守恒问题、利用平面运动微分方程求解平面运动刚体的动力学问题等）

质点系是由有限个或无限个质点组成的系统，系统中的质点可能相互分离，也可能相互聚集。刚体是一种特殊的质点系，其内部各质点间的距离保持不变。对于质点系内的每一个质点，均可列出 3 个运动微分方程。具有 N 个质点的质点系共有 $3N$ 个运动微分方程，将它们与各质点间的约束方程联立求解，原则上便可解决质点系的动力学问题。但对于大多数有约束的实际问题，这种解法过于烦琐，甚至难以实现。

下面将要讨论动力学普遍定理，包括动量定理、动量矩定理和动能定理。这些定理是通过对单个质点或质点系中每一质点的运动微分方程的变换，给出质点或质点系的某些运动特征量（动量、动量矩、动能）和力对质点或质点系的作用量（力的冲量、力矩、力的功）之间的定量关系。普遍定理中的各运动特征量，一方面都具有明确的物理意义，另一方面又都是各自反映质点或质点系的独立运动参数。普遍定理为解决质点系动力学问题提供了一个非常适用的工具。

本章讨论质量中心和转动惯量、动量定理、动量矩定理、动能定理、刚体动力学等。

8.1 质量中心和转动惯量

8.1.1 质点系的质量中心

质点系的动力学特性与质点系质量的几何分布密切相关,因此,在研究质点系动力学问题之前,先介绍质量几何分布的两个特征量:质量中心和转动惯量。

1. 质量中心

设质点系由 N 个质点组成,质点的质量为 $m_i(i=1,2,\cdots,N)$。在某瞬时 t,质点相对于某点 O 的矢径为 $\boldsymbol{r}_i(i=1,2,\cdots,N)$,则由下式确定的矢径 $\boldsymbol{r}_C$ 所对应的点 C 称为该质点系的质量中心,简称**质心**,即

$$\boldsymbol{r}_C=\frac{\sum_{i=1}^{N}m_i\boldsymbol{r}_i}{\sum_{i=1}^{N}m_i} \tag{8.1.1}$$

这里 $\boldsymbol{r}_C$ 应理解为质点系中各质点矢径 $\boldsymbol{r}_i$ 的加权平均值。

以 O 为原点建立直角坐标系 $Oxyz$,则质心 C 的直角坐标表示为

$$x_C=\frac{\sum_{i=1}^{N}m_ix_i}{\sum_{i=1}^{N}m_i},\quad y_C=\frac{\sum_{i=1}^{N}m_iy_i}{\sum_{i=1}^{N}m_i},\quad z_C=\frac{\sum_{i=1}^{N}m_iz_i}{\sum_{i=1}^{N}m_i} \tag{8.1.2}$$

其中 x_i,y_i,z_i 为第 i 个质点的直角坐标。

值得注意的是,质心是与质点系的质量分布有关的几何点,此点并不一定存在质量。当质点系中质点的位置发生改变时,质心的位置也会发生改变。研究质心的改变规律是质点系动力学的重要问题之一。

2. 质心和重心

将式(8.1.1)右端分子分母同乘以重力加速度 g,得

$$\boldsymbol{r}_C=\frac{\sum_{i=1}^{N}m_ig\boldsymbol{r}_i}{\sum_{i=1}^{N}m_ig}=\frac{\sum_{i=1}^{N}P_i\boldsymbol{r}_i}{\sum_{i=1}^{N}P_i}$$

其中 P_i 为第 i 个质点的重量。可见,质心即为质点系在重力场中的重心。因此,质心的求法与重心的求法完全相同。但是,质心是比重心更为广义的物理概念。

8.1.2 刚体的转动惯量和惯性积

1. 刚体的转动惯量和回转半径

刚体对某轴的转动惯量是指刚体内各质点的质量与该质点到此轴距离平方的乘积的总和,即

$$J_z = \sum_{i=1}^{N} m_i d_i^2 \tag{8.1.3}$$

这里 J_z 表示对 z 轴的**转动惯量**，d_i 为第 i 个质点到 z 轴的距离。

如果刚体的质量是连续分布的，刚体对 z 轴的转动惯量可写成积分形式

$$J_z = \int_M d^2 \mathrm{d}m \tag{8.1.4}$$

其中 M 表示积分范围遍及刚体全部质量。

如果设想刚体的质量集中于某一点，它与轴 z 的距离为 ρ_z，这时集中质量对 z 轴的转动惯量与原刚体对 z 轴的转动惯量相等，则 ρ_z 称为刚体的**回转半径**。显然有

$$\rho_z = \sqrt{\frac{J_z}{M}} \tag{8.1.5}$$

其中 M 为刚体的总质量。

刚体对轴的转动惯量是一个大于或等于零的物理量，它的单位为 $\mathrm{kg \cdot m^2}$（千克・米^2）。

刚体的转动惯量，一般可利用式(8.1.4)进行计算。对于有规则几何形状的匀质刚体，其转动惯量可以用工程手册中给出的公式直接进行计算。本书附录Ⅱ中摘录了其中部分结果。对于几何形状或质量分布不规则的刚体，其转动惯量可根据力学规律用实验方法进行测定。

例 8.1.1 已知匀质细长杆的质量为 M，长为 l，试求杆对于过端点且垂直于杆的 z 轴的转动惯量(图 8.1)。

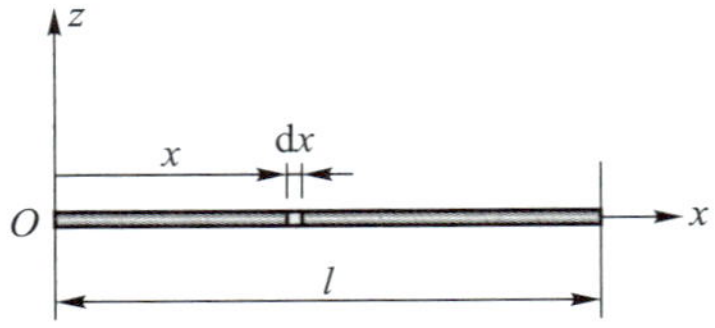

图 8.1

解：建立坐标系如图所示，沿杆取微段 $\mathrm{d}x$，其质量为

$$\mathrm{d}m = \frac{M}{l}\mathrm{d}x$$

杆对 z 轴的转动惯量为

$$J_z = \int_0^l x^2 \frac{M}{l}\mathrm{d}x = \frac{1}{3}Ml^2$$

杆对 z 轴的回转半径为

$$\rho_z = \sqrt{\frac{J_z}{M}} = \frac{\sqrt{3}}{3}l$$

例 8.1.2 试求三角形薄板对一边 OB 的转动惯量 J_x。

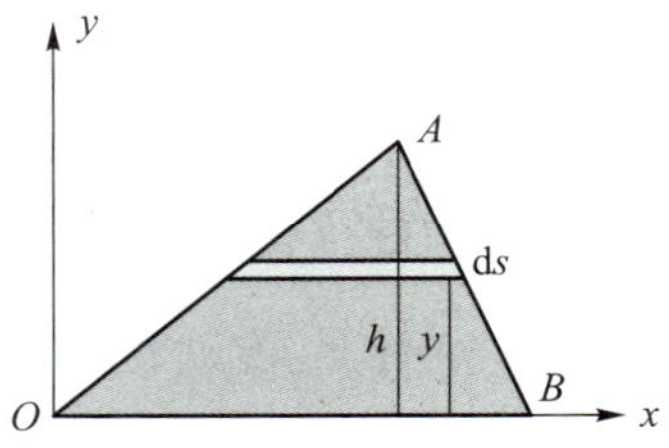

图 8.2

解：在三角形上平行于轴 OB 取微面积 $\mathrm{d}s$(图 8.2)，有

$$\mathrm{d}s = \frac{h-y}{h} OB \mathrm{d}y$$

其质量

$$dm = M\frac{ds}{\frac{1}{2}hOB}$$

于是有

$$J_x = \int_M y^2 dm = \frac{2M}{h^2}\int_0^h (h-y)y^2 dy = \frac{1}{6}Mh^2$$

例 8.1.3 匀质圆盘质量为 m,半径为 r。试求圆盘对中轴 Oz 的转动惯量(图 8.3)。

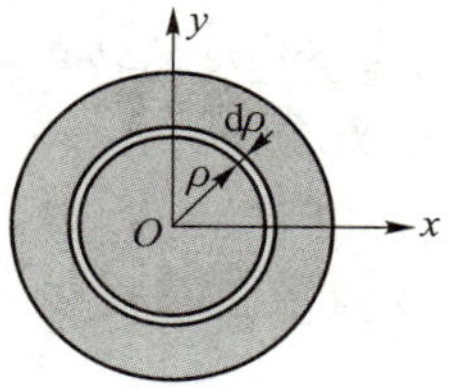

图 8.3

解:取半径为 ρ,宽为 $d\rho$ 的圆环,其质量元为

$$dm = \frac{m}{\pi r^2}\times 2\pi\rho d\rho = \frac{2m}{r^2}\rho d\rho$$

因该质量元到轴 Oz 的距离为 ρ,故转动惯量为

$$J_z = \int_0^r \rho^2 \times \frac{2m}{r^2}\rho d\rho = \frac{1}{2}mr^2$$

2. 平行轴定理

定理 刚体对于轴 z' 的转动惯量等于刚体对平行于轴 z' 的质心轴 z 的转动惯量加上刚体质量与两轴距离平方的积。

证明:设刚体质量为 m,质心为 C,如图 8.4 所示。建立平行坐标系 $Oxyz$ 和 $O'x'y'z'$,其中 Oy 与 $O'y'$ 重合,$OO'=d$ 为两轴 Oz 和 $O'z'$ 间的距离。轴 Oz 为质心轴,且与 $O'z'$ 平行。这样,刚体上任一点的两组坐标有关系

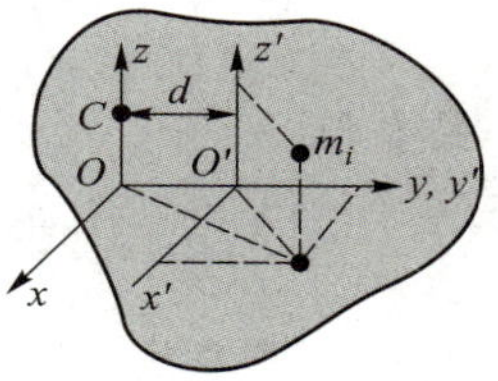

图 8.4

$$x' = x,\quad y' = y-d,\quad z' = z$$

对于质心 C,则有

$$x_C = y_C = 0,\quad x'_C = 0,\quad y'_C = -d$$

对 $O'z'$ 的转动惯量为

$$J_{z'} = \sum_{i=1}^N m_i(x_i'^2 + y_i'^2) = \sum_{i=1}^N m_i[x_i^2 + (y_i - d)^2]$$

$$= \sum_{i=1}^N m_i(x_i^2 + y_i^2) - 2d\sum_{i=1}^N m_i y_i + d^2\sum_{i=1}^N m_i$$

其中

$$\sum_{i=1}^N m_i(x_i^2 + y_i^2) = J_z$$

$$\sum_{i=1}^N m_i y_i = m y_C = 0$$

$$\sum_{i=1}^N m_i = m$$

于是得

$$J_{z'} = J_z + md^2 \tag{8.1.6}$$

证毕。

上述平行轴定理表明，在一系列平行轴中，刚体对过质心轴的转动惯量最小。

如果点 O' 的坐标为 $x_{O'}=d\cos\theta, y_{O'}=d\sin\theta$，试证平行轴定理。

例 8.1.4 匀质圆锥体，质量为 M，高为 h，底半径为 a，质心为 C。试求相对坐标系 $Cx'y'z'$ 的轴的转动惯量。

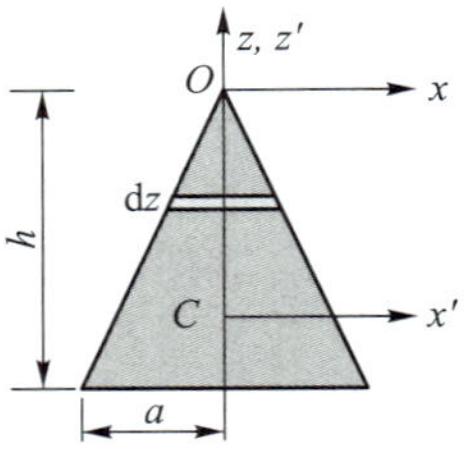

图 8.5

解：在顶点 O 建立坐标系 $Oxyz$，如图 8.5 所示。先求对轴 Ox, Oy 和 Oz 的转动惯量。为求 J_x，取厚度为 $\mathrm{d}z$ 的体积元，其质量为

$$\mathrm{d}m=\frac{M}{\frac{1}{3}\pi a^2 h}\pi\left(\frac{z}{h}a\right)^2\mathrm{d}z$$

利用平行轴定理可以求出它对 Ox 轴的转动惯量为

$$\mathrm{d}J_x=\mathrm{d}m\left[\frac{1}{4}\left(\frac{z}{h}a\right)^2+z^2\right]$$

将上式由 $z=-h$ 至 $z=0$ 积分，可得

$$J_x=M\left(\frac{3}{20}a^2+\frac{3}{5}h^2\right)$$

由对称性，显然有

$$J_y=J_x=M\left(\frac{3}{20}a^2+\frac{3}{5}h^2\right)$$

注意到

$$J_z=J_x+J_y-2\int z^2\mathrm{d}m$$

而

$$\int z^2\mathrm{d}m=\int_{-h}^{0}\frac{M}{\frac{1}{3}\pi a^2 h}\pi\left(\frac{z}{h}a\right)^2 z^2\mathrm{d}z$$

$$=\frac{3}{5}Mh^2$$

于是有

$$J_z=2M\left(\frac{3}{20}a^2+\frac{3}{5}h^2\right)-\frac{6}{5}Mh^2$$

$$=\frac{3}{10}Ma^2$$

其次，求对轴 Cx', Cy' 和 Cz' 的转动惯量。利用平行轴定理，有

$$J_{x'}=J_{y'}=J_x-M\left(\frac{3}{4}h\right)^2=M\left(\frac{3}{20}a^2+\frac{3}{80}h^2\right)$$

$$J_{z'}=J_z=\frac{3M}{10}a^2$$

3. 转动惯量的叠加原理

刚体的质量可分成两部分或更多部分，为求刚体对某轴的转动惯量，可分别求各个部分对同一轴的转动惯量，然后再相加起来即可。这就是**转动惯量的叠加原理**。

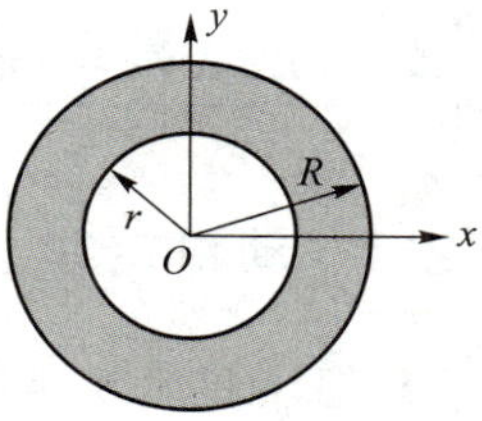

图 8.6

例 8.1.5 匀质圆环质量为 m，外半径为 R，内半径为 r。试求圆环对中心轴 Oz 的转动惯量（图 8.6）。

解：设半径为 r 的圆盘的质量为 m_1，有

$$m_1=\frac{mr^2}{R^2-r^2}$$

根据转动惯量的叠加原理，有

$$J_z=\frac{1}{2}(m+m_1)R^2-\frac{1}{2}m_1r^2=\frac{1}{2}m(R^2+r^2)$$

4. 刚体的惯性积

刚体各质点质量与它们两个直角坐标的乘积之和，称为刚体对于直角坐标的**惯性积**，分别记作 J_{xy}, J_{yz}, J_{zx}，表示为

$$J_{xy}=\sum_{i=1}^{N}m_ix_iy_i,\quad J_{yz}=\sum_{i=1}^{N}m_iy_iz_i,\quad J_{zx}=\sum_{i=1}^{N}m_iz_ix_i \tag{8.1.7}$$

显然有

$$J_{xy}=J_{yx},\quad J_{yz}=J_{zy},\quad J_{zx}=J_{xz}$$

惯性积的单位与转动惯量的相同，即 $\mathrm{kg\cdot m^2}$（千克·米^2）。

5. 刚体惯性主轴，中心惯性主轴

由惯性积的定义，可知惯性积的值不仅依赖于刚体的质量，还依赖于它的质量相对于坐标轴的分布情况。惯性积的值可正可负，亦可为零。下面将证明，过刚体上任一点 O，总可适当选取坐标系 $Oxyz$ 的方位，使刚体相对于点 O 的三个惯性积均为零。如果刚体对于某点的两个惯性积为零，则与这两个惯性积都相关的轴称为过该点的一根**惯性主轴**。例如，当 $J_{yz}=J_{zx}=0$，则轴 Oz 为过点 O 的惯性主轴。如果 $J_{xy}=J_{yz}=J_{zx}=0$，则轴 Ox, Oy, Oz 均为刚体过点 O 的惯性主轴。于是，刚体过任一点均存在三根正交的惯性主轴。刚体对惯性主轴的转动惯量称为**主转动惯量**。通过质心的惯性主轴称为**中心惯性主轴**，简称**中心主轴**，相应的转动惯量称为**中心主转动惯量**。

有时可以根据对称性来确定主轴。

情形 1　如果刚体具有质量对称面，则垂直于该对称面的任一轴都是刚体过该轴与对称面交点的一根惯性主轴。

情形 2　如果刚体具有质量对称轴，则该轴是刚体过轴上任一点的惯性主轴，同时也是刚体的一根中心惯性主轴。

情形 3　如果刚体是匀质旋转体，则旋转轴必是中心主轴。

本节讨论了质点系和刚体的质量几何，包括质心、转动惯量、惯性积等概念和计算方法。有了这些知识，就为下面讨论质点系动力学普遍定理等打下了基础。

8.2 质点系动量定理

8.2.1 动量定理

1. 质点的动量定理

在质量不变的条件下，质点运动微分方程可改写为

$$\frac{\mathrm{d}}{\mathrm{d}t}(m\boldsymbol{v})=\boldsymbol{F} \tag{8.2.1}$$

质点的质量 m 与其速度 $\boldsymbol{v}$ 的乘积 $m\boldsymbol{v}$ 称为质点的动量，记作 $\boldsymbol{p}$，即

$$\boldsymbol{p}=m\boldsymbol{v} \tag{8.2.2}$$

则式(8.2.1)成为

$$\frac{\mathrm{d}\boldsymbol{p}}{\mathrm{d}t}=\boldsymbol{F}$$

这就是质点的动量定理，表述为：质点的动量对时间的导数等于质点受到的作用力。

2. 质点系的动量定理

设质点系由 N 个质点 $P_i(i=1,2,\cdots,N)$ 组成，其质量为 m_i，速度为 $\boldsymbol{v}_i$，所受外力为 $\boldsymbol{F}_i^{(\mathrm{e})}$，内力为 $\boldsymbol{F}_i^{(\mathrm{i})}$，质点 P_i 的动量定理写成

$$\frac{\mathrm{d}}{\mathrm{d}t}(m_i\boldsymbol{v}_i)=\boldsymbol{F}_i^{(\mathrm{e})}+\boldsymbol{F}_i^{(\mathrm{i})}\quad(i=1,2,\cdots,N)$$

将上面 N 个方程相加，得

$$\frac{\mathrm{d}}{\mathrm{d}t}\sum_{i=1}^{N}(m_i\boldsymbol{v}_i)=\sum_{i=1}^{N}\boldsymbol{F}_i^{(\mathrm{e})}+\sum_{i=1}^{N}\boldsymbol{F}_i^{(\mathrm{i})}$$

上式右端第一项为质点系的外力主矢 $\boldsymbol{F}_{\mathrm{R}}=\sum\limits_{i=1}^{N}\boldsymbol{F}_i^{(\mathrm{e})}$，第二项因内力总是大小相等，方向相反，成对出现，矢量和为零，于是有

$$\frac{\mathrm{d}\boldsymbol{p}}{\mathrm{d}t}=\boldsymbol{F}_{\mathrm{R}} \tag{8.2.3}$$

这就是质点系的动量定理，表述为：质点系的动量对时间的导数等于外力系的主矢。

将式(8.2.3)在瞬时 t_0 至 t 之间积分，将力 $\boldsymbol{F}_{\mathrm{R}}$ 在此时间间隔内的积分称为力 $\boldsymbol{F}_{\mathrm{R}}$ 的冲量，并记作 $\boldsymbol{I}$，即

$$\boldsymbol{I}=\int_{t_0}^{t}\boldsymbol{F}_{\mathrm{R}}\mathrm{d}t \tag{8.2.4}$$

设 $\boldsymbol{p}_0$ 为 $\boldsymbol{p}$ 在 $t=t_0$ 时的值，得到

$$\boldsymbol{p}-\boldsymbol{p}_0=\boldsymbol{I} \tag{8.2.5}$$

这是质点系动量定理的积分形式，表述为：质点系的动量在某个时间间隔内的改变等于外力系主矢在同一时间间隔内的冲量。

矢量形式的动量定理(8.2.3)可以向固结于惯性参考系的坐标轴上投影。在直角坐标中，有

$$\frac{\mathrm{d}p_x}{\mathrm{d}t}=F_{Rx},\quad \frac{\mathrm{d}p_y}{\mathrm{d}t}=F_{Ry},\quad \frac{\mathrm{d}p_z}{\mathrm{d}t}=F_{Rz} \tag{8.2.6}$$

矢量形式的动量定理(8.2.5)在直角坐标中表示为

$$p_x-p_{x0}=I_x,\quad p_y-p_{y0}=I_y,\quad p_z-p_{z0}=I_z \tag{8.2.7}$$

其中 I_x,I_y,I_z 为 $\boldsymbol{F}_R$ 的冲量 $\boldsymbol{I}$ 在坐标轴上的投影

$$I_x=\int_{t_0}^{t}F_{Rx}\mathrm{d}t,\quad I_y=\int_{t_0}^{t}F_{Ry}\mathrm{d}t,\quad I_z=\int_{t_0}^{t}F_{Rz}\mathrm{d}t \tag{8.2.8}$$

3. 质点系对动轴的动量定理

设轴 AL 具有给定的运动 $\boldsymbol{e}(t)$,$\boldsymbol{e}$ 为轴 AL 方向的单位矢量,并设质点系像刚体一样可沿轴 AL 移动。将式(8.2.3)两端标量积矢量 $\boldsymbol{e}$,得到

$$\frac{\mathrm{d}\boldsymbol{p}}{\mathrm{d}t}\cdot\boldsymbol{e}=\boldsymbol{F}_R\cdot\boldsymbol{e}$$

将其改写为

$$\frac{\mathrm{d}}{\mathrm{d}t}(\boldsymbol{p}\cdot\boldsymbol{e})=\boldsymbol{p}\cdot\dot{\boldsymbol{e}}+\boldsymbol{F}_R\cdot\boldsymbol{e} \tag{8.2.9}$$

这就是**质点系对动轴的动量定理**,表述为:**质点系动量在动轴上投影对时间的导数,等于外力系主矢在该动轴上投影加上动量与动轴单位矢量导数的标量积**。

如果 $\boldsymbol{e}$ 不动,则式(8.2.9)成为式(8.2.6)。因此,式(8.2.9)比式(8.2.6)更为普遍,并且由式(8.2.9)可找到对动轴的动量守恒定律。

4. 动量守恒定律

由动量定理(8.2.3)得知,质点系的动量的改变仅取决于质点系外力的主矢,而与系统的内力无关。如果外力主矢为零,即 $\boldsymbol{F}_R=\boldsymbol{0}$,则动量的变化率为零,$\boldsymbol{p}$ 保持为常矢量不变。如果外力主矢在某个固定方向的投影为零,例如在轴 x 方向,则动量在此方向投影保持不变,即

$$p_x=C \tag{8.2.10}$$

式中 C 表示常量。由对动轴的动量定理(8.2.9)得知,如果外力主矢在动轴方向投影为零,即

$$\boldsymbol{F}_R\cdot\boldsymbol{e}=0 \tag{8.2.11}$$

并且满足

$$\boldsymbol{p}\cdot\dot{\boldsymbol{e}}=0 \tag{8.2.12}$$

则动量在动轴上的投影保持为常值,即

$$\boldsymbol{p}\cdot\boldsymbol{e}=C \tag{8.2.13}$$

例 8.2.1 试计算以速度 $\boldsymbol{v}_0$ 行驶的拖拉机的一条履带的动量(图 8.7)。已知轮轴距离为 l,轮的半径为 r,履带单位长度的质量为 ρ。

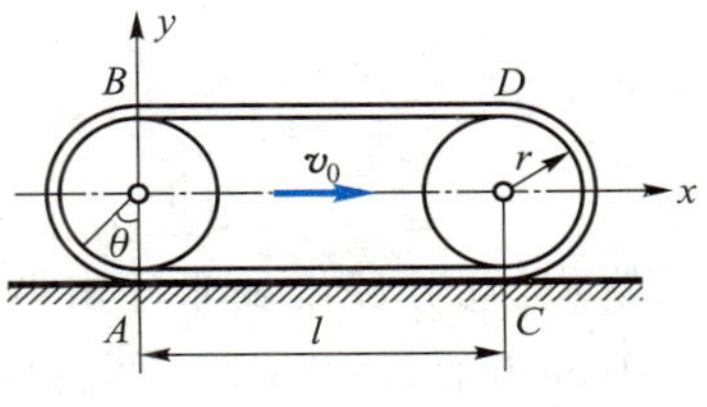

图 8.7

解:履带上各点速度大小和方向不同。AD 段各点速度为零,动量也为零,即

$$\boldsymbol{p}_{AD}=\boldsymbol{0}$$

动画 24
例 8.2.1

BC 段各点速度为 $2\boldsymbol{v}_0$，动量为

$$\boldsymbol{p}_{BC}=2\rho l\boldsymbol{v}_0$$

为计算 AB 段动量，在张角 θ 处取微段 $r\mathrm{d}\theta$，质量为 $\mathrm{d}m=\rho r\mathrm{d}\theta$，速度投影为

$$v_x=\omega\times 2r\sin\frac{\theta}{2}\sin\frac{\theta}{2}$$

$$v_y=\omega\times 2r\sin\frac{\theta}{2}\cos\frac{\theta}{2}$$

$$\omega=\frac{v_0}{r}$$

作积分

$$\begin{aligned}p_{ABx}&=\int_0^{\pi}2v_0\sin^2\frac{\theta}{2}\rho r\mathrm{d}\theta=2v_0\rho r\int_0^{\pi}\frac{1}{2}(1-\cos\theta)\mathrm{d}\theta\\&=v_0\rho r\pi\end{aligned}$$

$$p_{ABy}=\int_0^{\pi}2v_0\sin\frac{\theta}{2}\cos\frac{\theta}{2}\rho r\mathrm{d}\theta=2v_0\rho r$$

对 CD 段，有

$$p_{CDx}=p_{ABx}=v_0\rho r\pi$$
$$p_{CDy}=-p_{ABy}=-2v_0\rho r$$

将各段动量相加，得

$$p_x=p_{ABx}+p_{BCx}+p_{CDx}+p_{ADx}=2v_0\rho(l+r\pi)$$
$$p_y=p_{ABy}+p_{BCy}+p_{CDy}+p_{ADy}=0$$

上面计算颇显麻烦，有什么简单方法吗？

例 8.2.2　在水平面上有两物体 A 和 B，其质量分别为 $m_A=10\ \mathrm{kg}$，$m_B=5\ \mathrm{kg}$（图 8.8a）。今物体 A 以某速度冲击原来静止的物体 B，且在很短的时间 $\tau=0.01\ \mathrm{s}$ 之后，A 与 B 以同一速度向前运动，历时 4 s 而停止。已知 A，B 与平面间的动摩擦因数为 $f=0.25$。试求冲击前 A 的速度，以及撞击过程中 A，B 相互的平均作用力。

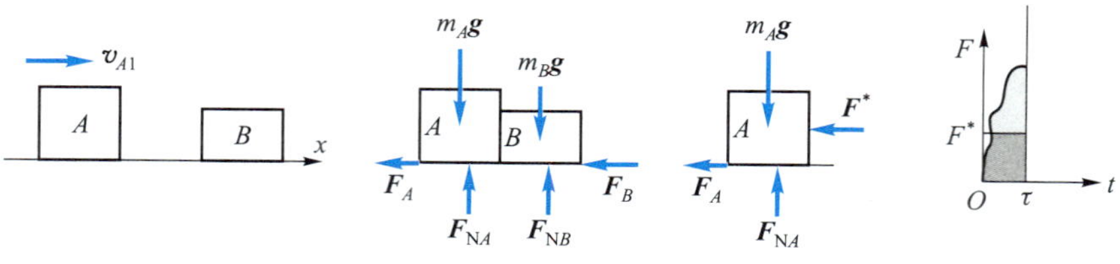

图 8.8

解：运动分冲击和非冲击两个过程。设冲击前，$t=0$ 时，A 的速度为 v_{A1}，B 静止，$v_{B1}=0$；冲击后，$t=0.01\ \mathrm{s}$，两物体速度相同 $v_{A2}=v_{B2}$。非冲击过程为从 $t=0.01\ \mathrm{s}$ 至 $t=4\ \mathrm{s}$，两物体受摩擦阻力作用而停止。

研究冲击过程。取物体 A 和 B 为研究对象，用动量定理的积分形式，有

$$(m_A+m_B)v_{A2}-m_Av_{A1}=-\int_0^{\tau}(m_A+m_B)gf\mathrm{d}t$$

代入数据，得

$$15\ \text{kg}\times v_{A2}-10\ \text{kg}\times v_{A1}=-0.367\ 5\ \text{kg}\cdot\text{m}\cdot\text{s}^{-1} \tag{a}$$

研究非冲击过程，时间由 $t=0.01$ s 至 $t=4$ s。以 A 和 B 为研究对象，由动量定理，有

$$0-(m_A+m_B)v_{A2}=-\int_{0.01\ \text{s}}^{4\ \text{s}}(m_A+m_B)gf\mathrm{d}t$$

代入数据，得

$$v_{A2}\approx 9.78\ \text{m}\cdot\text{s}^{-1} \tag{b}$$

将式(b)代入式(a)，解得

$$v_{A1}=1.5v_{A2}+0.036\ 75\ \text{m}\cdot\text{s}^{-1}\approx 14.66\ \text{m}\cdot\text{s}^{-1}$$

下面计算冲击过程中 A，B 间的平均作用力 F^*。冲击过程中，力极大，时间极短，起作用的是力的积分效应。以 A 为研究对象，由动量定理，有

$$m_Av_{A2}-m_Av_{A1}=-\int_0^{\tau}F(t)\mathrm{d}t=-F^*\tau \tag{c}$$

将所得数据代入式(c)，计算得

$$F^*=\frac{m_A(v_{A1}-v_{A2})}{\tau}=\frac{10\times(14.66-9.78)}{0.01}\ \text{N}=4\ 880\ \text{N}$$

冲击力的平均值 F^* 的意义如图 8.8d 所示。实际上 $F(t)$ 的形式可能很复杂，平均用深灰色面积代替浅灰色面积。

请读者考虑能否不用 v_{A2} 求出 v_{A1}。

例 8.2.3 如图 8.9a 所示凸轮机构中，凸轮以等角速度 ω 绕定轴 O 转动。重为 P 的滑杆 Ⅰ 借助右端弹簧的推压而始终顶在凸轮上。当凸轮转动时，滑杆作往复运动。设凸轮为一匀质圆盘，重为 Q，半径为 r，偏心距为 e。试求在任一瞬时，机座螺钉总的附加动约束力主矢。

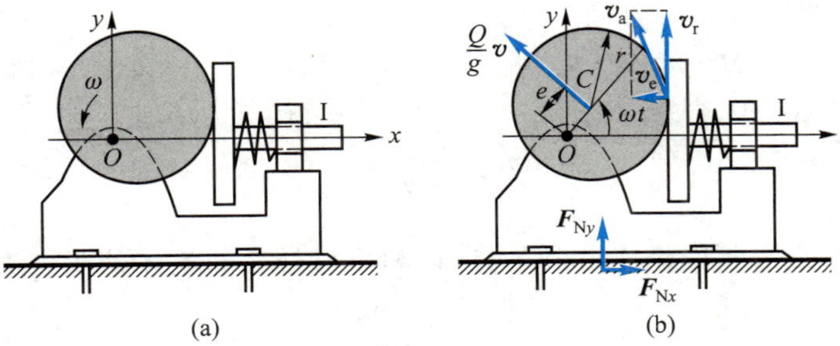

图 8.9

解：凸轮作匀速转动，滑杆 Ⅰ 作平移。取整体为对象，铰 O 的力和弹簧力都是内力。外力有重力和机座约束力。附加动约束力是指由运动而产生的力，如果不动则应

为零。因此,在求机座附加动约束力时,重力可不计。受力分析如图 8.19b 所示。

利用动量定理

$$\dot{\boldsymbol{p}}=\boldsymbol{F}_{\mathrm{R}}$$

凸轮动量

$$\boldsymbol{p}_0=-\frac{Q}{g}\omega e\sin\ \omega t\boldsymbol{i}+\frac{Q}{g}\omega e\cos\ \omega t\boldsymbol{j}$$

滑杆动量

$$\boldsymbol{p}_{\mathrm{I}}=\frac{P}{g}\boldsymbol{v}_{\mathrm{I}}$$

用点的复合运动求 $\boldsymbol{v}_{\mathrm{I}}$,有

$$v_{\mathrm{I}}=v_{\mathrm{e}}=v_{\mathrm{a}}\sin\ \theta=\omega e\sin\ \omega t$$

方向向左。于是

$$\boldsymbol{p}_{\mathrm{I}}=-\frac{P}{g}\omega e\sin\ \omega t\boldsymbol{i}$$

设附加动约束力为 $\boldsymbol{F}_{\mathrm{N}}$,则有 $\boldsymbol{F}_{\mathrm{R}}=\boldsymbol{F}_{\mathrm{N}}$。于是由动量定理,有

$$\frac{\mathrm{d}}{\mathrm{d}t}\left[-\frac{Q}{g}\omega e\sin\ \omega t\boldsymbol{i}+\frac{Q}{g}\omega e\cos\ \omega t\boldsymbol{j}-\frac{P}{g}\omega e\sin\ \omega t\boldsymbol{i}\right]=\boldsymbol{F}_{\mathrm{N}}$$

即

$$\boldsymbol{F}_{\mathrm{N}}=-\frac{\omega^2 e}{g}(P+Q)\cos\ \omega t\boldsymbol{i}-\frac{\omega^2 e}{g}Q\sin\ \omega t\boldsymbol{j}$$

例 8.2.4 密度为 ρ 的流体在弯管中以流量 q_V 作定常运动,即管内流体速度的分布不随时间而改变。设截面 AB 和 CD 处的流动速度分别为 $\boldsymbol{v}_1$ 和 $\boldsymbol{v}_2$。试用质点系的动量定理推导流体流量、速度的变化与作用力之间的关系,并计算管壁的约束力。

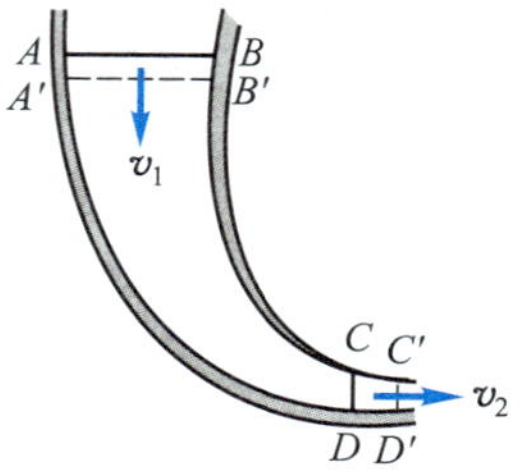

图 8.10

解:以某瞬时占据管子的 $ABCD$ 部分的流体为研究对象。设经过时间间隔 Δt,此流体流动至 $A'B'C'D'$,如图 8.10 所示,其动量的变化为

$$\Delta\boldsymbol{p}=\rho q_V\Delta t(\boldsymbol{v}_2-\boldsymbol{v}_1)$$

将其除以 Δt,令 $\Delta t\to 0$,得到

$$\frac{\mathrm{d}\boldsymbol{p}}{\mathrm{d}t}=\rho q_V(\boldsymbol{v}_2-\boldsymbol{v}_1)$$

作用于流体的外力有管内流体重力 $\boldsymbol{W}$,进口和出口处相邻流体的压力 $\boldsymbol{F}_1$ 和 $\boldsymbol{F}_2$,以及管壁的约束力 $\boldsymbol{F}_{\mathrm{N}}$。由质点系动量定理(8.2.3),有

$$\rho q_V(\boldsymbol{v}_2-\boldsymbol{v}_1)=\boldsymbol{W}+\boldsymbol{F}_1+\boldsymbol{F}_2+\boldsymbol{F}_{\mathrm{N}}$$

其右端为作用于流体的全部外力的主矢。由此解出

$$\boldsymbol{F}_{\mathrm{N}}=-(\boldsymbol{W}+\boldsymbol{F}_1+\boldsymbol{F}_2)+\rho q_V(\boldsymbol{v}_2-\boldsymbol{v}_1)$$

它的右端第二项为流体流动引起的动约束力。

8.2.2 质心运动定理

1. 质心运动定理

设 $\boldsymbol{r}_C$ 是质心 C 的矢径，由质心的定义，有

$$\boldsymbol{r}_C=\frac{\sum_{i=1}^{N} m_i\boldsymbol{r}_i}{\sum_{i=1}^{N} m_i}=\frac{\sum_{i=1}^{N} m_i\boldsymbol{r}_i}{m} \tag{8.2.14}$$

对时间 t 求导数，得到

$$m\boldsymbol{v}_C=\sum_{i=1}^{N} m_i\boldsymbol{v}_i=\boldsymbol{p} \tag{8.2.15}$$

即**质点系的动量等于其质量与质心速度的乘积**。利用式(8.2.15)计算质点系的动量会带来方便。

将式(8.2.15)代入动量定理(8.2.3)，得到

$$m\boldsymbol{a}_C=\boldsymbol{F}_{\mathrm{R}} \tag{8.2.16}$$

或写成

$$m\frac{\mathrm{d}\boldsymbol{v}_C}{\mathrm{d}t}=\boldsymbol{F}_{\mathrm{R}} \tag{8.2.17}$$

或

$$m\frac{\mathrm{d}^2\boldsymbol{r}_C}{\mathrm{d}t^2}=\boldsymbol{F}_{\mathrm{R}} \tag{8.2.18}$$

可表述为：**质点系的质量与质心加速度的乘积等于外力系的主矢**。可以看出，质点系的质心运动规律完全等同于一个质点的运动规律，该质点在质心处集中了整个质点系的质量，且受到作用于质点系的全部外力主矢的作用。这就是**质心运动定理**，它是质点系动量定理的一种形式。

质心运动定理给出的微分方程(8.2.18)可投影到固定直角坐标系中，有

$$m\ddot{x}_C=F_{\mathrm{R}x},\quad m\ddot{y}_C=F_{\mathrm{R}y},\quad m\ddot{z}_C=F_{\mathrm{R}z} \tag{8.2.19}$$

由质心运动定理知，质心加速度完全取决于外力系主矢的大小和方向，与质点系的内力无关，也与外力的作用位置无关。最常见的例子是作腾空运动的运动员无论肢体作何动作都不能改变质心的抛物线运动。当然，这里假设阻力的主矢为零。

2. 质心运动守恒定律

如果外力系的主矢等于零，即 $\boldsymbol{F}_{\mathrm{R}}\equiv\boldsymbol{0}$，由式(8.2.17)知 $\boldsymbol{v}_C$ 为常矢量。即质心处于静止状态或作匀速直线运动。如果外力系主矢为零，且 $t=0$ 时，$\boldsymbol{v}_C=\boldsymbol{0}$，则

$$\boldsymbol{v}_C\equiv\boldsymbol{0}$$

即质心保持静止。此时质心相对定点的矢径 $\boldsymbol{r}_C$ 为常矢量。

如果外力系的主矢在 x 轴上的投影为零，即 $F_{\mathrm{R}x}=0$，则

$$v_{Cx}=C$$

即质心速度在该轴上的投影保持不变，式中 C 表示常量。进而，如果 $t=0$ 时，还有

$v_{Cx}=0$,则有

$$v_{Cx}=0$$

而

$$x_C=C$$

以上结果称为质心运动的守恒定律。

例 8.2.5 匀质杆 AB 长为 l,质量为 m,端点 B 放在光滑水平面上,并与铅垂线成 30°角,如图 8.11 所示。杆由静止状态进入运动。试求杆的质心 C 和端点 A 的轨迹。

解:杆所受外力为重力 $m\boldsymbol{g}$ 和点 B 处地面约束力 $\boldsymbol{F}_{NB}$,它们都在铅垂方向,故有 $F_{Rx}=0$,且 $t=0$ 时,有 $v_C=0$,由质心运动守恒定律知 x_C 为常量。由图示坐标,有 $x_C\equiv 0$,即质心 C 沿 y 轴作直线运动。

因 B 端沿水平面运动,可知 A 点在任意瞬时的坐标为

$$x_A=\frac{l}{2}\sin\varphi,\quad y_A=l\cos\varphi$$

其中 φ 为杆与铅垂轴 y 的夹角。消去 φ,得到 A 点的轨迹方程为

$$(2x_A)^2+y_A^2=l^2$$

这是一个椭圆方程。

例 8.2.6 一长为 l,质量为 m 的匀质杆放在光滑水平面上(图 8.12a)。在杆的两端沿轴施加两个方向相反的拉力 $\boldsymbol{F}_P$ 和 $\boldsymbol{F}_Q$,如 $F_P>F_Q$,试求杆的质心的加速度及杆上任一截面所受的张力。

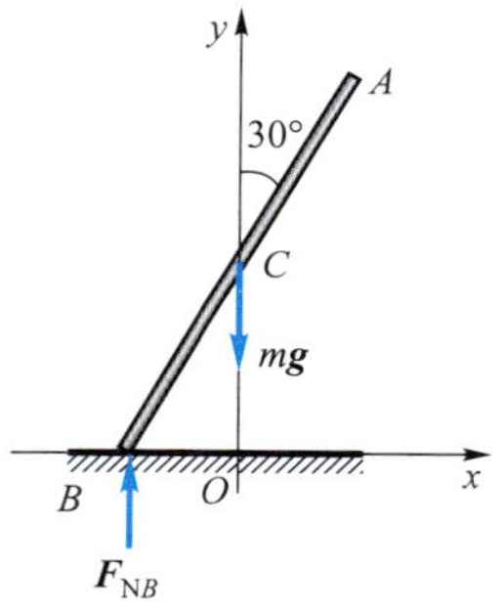

图 8.11

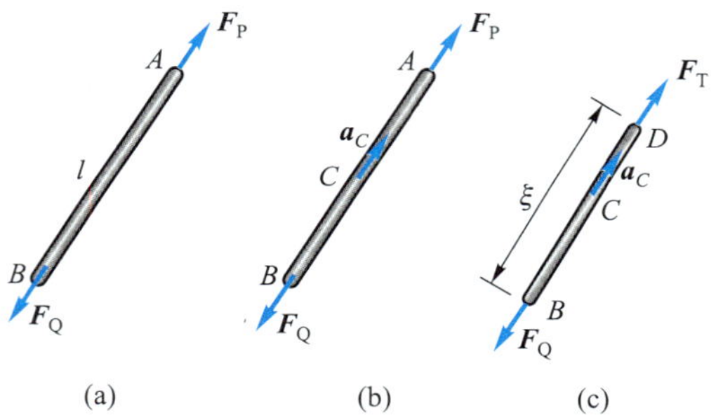

图 8.12

解:受力分析如图 8.12b 所示,将质心运动定理方程(8.2.16)向杆轴方向投影,得到

$$ma_C=F_P-F_Q$$

由此得

$$a_C=\frac{F_P-F_Q}{m}$$

杆上任意一点的加速度都是 a_C。

在离 B 端为 ξ 处取一截面 D,以 BD 段为研究对象(图 8.12c),由质心运动定理方程

(8.2.16),得到

$$m\frac{\xi}{l}a_C=F_T-F_Q$$

由此解得该截面的张力

$$F_T=F_Q+\frac{\xi}{l}(F_P-F_Q)$$

8.2.3 变质量质点的运动

质点系在运动过程中,如果发生系统外的质点并入,或系统内的质点排出,致使系统的总质量随时间不断改变,这样的质点系称为**变质量系统**。例如,火箭由于燃料燃烧后不断地喷出,火箭的质量就会不断地减少;空气中下降的雨滴由于不断地凝聚空气中的水分,其质量不断地增加;等等。

当变质量物体作平移或只研究其质心运动时,可当作变质量质点。设在瞬时 t,变质量质点的质量为 $m(t)$,速度为 $\boldsymbol{v}(t)$;在瞬时 $t+\Delta t$,该质点的质量变为 $m(t)+\Delta m$,速度变为 $\boldsymbol{v}(t)+\Delta\boldsymbol{v}$,其中 Δm 为在 Δt 时间间隔内由外部并入质点的质量。Δm 亦可为负值,表示有质量分离出去。设 Δm 并入时的速度为 $\boldsymbol{u}$,如图 8.13 所示。

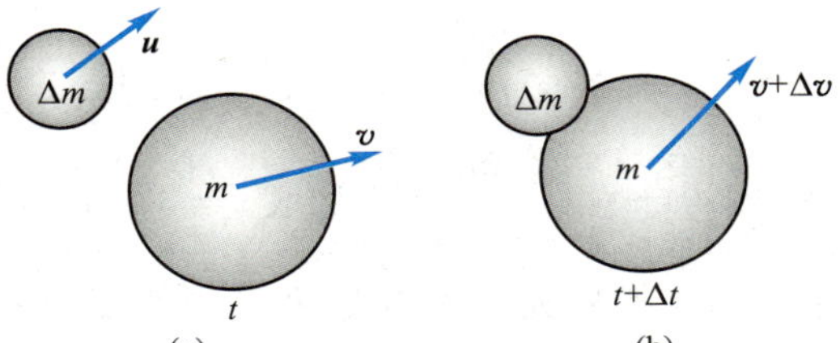

图 8.13

在时间间隔 Δt 内,由 m 和 Δm 两部分组成的系统的动量变化为

$$\Delta\boldsymbol{p}=(m+\Delta m)(\boldsymbol{v}+\Delta\boldsymbol{v})-(m\boldsymbol{v}+\Delta m\boldsymbol{u}) \tag{8.2.20}$$

上式中 $\Delta m\Delta\boldsymbol{v}$ 为二阶小量,可以忽略。将各项除以 Δt,并在 $\Delta t\to 0$ 下取极限,得到

$$\frac{d\boldsymbol{p}}{dt}=\lim_{\Delta t\to 0}\frac{\Delta\boldsymbol{p}}{\Delta t}=\lim_{\Delta t\to 0}m\frac{\Delta\boldsymbol{v}}{\Delta t}-\lim_{\Delta t\to 0}\frac{\Delta m}{\Delta t}(\boldsymbol{u}-\boldsymbol{v})$$

令

$$\boldsymbol{v}_r=\boldsymbol{u}-\boldsymbol{v} \tag{8.2.21}$$

$$\boldsymbol{F}_p=\frac{dm}{dt}\boldsymbol{v}_r \tag{8.2.22}$$

由动量定理,有

$$m\frac{d\boldsymbol{v}}{dt}=\boldsymbol{F}_R+\boldsymbol{F}_p \tag{8.2.23}$$

式(8.2.23)称为**变质量质点的运动微分方程**,也称为**密歇尔斯基方程**,它表明:**变质量质点的质量与其加速度的乘积等于外力主矢与反推力的矢量和**。

式(8.2.22)称为反推力,它等于质量对时间的导数与并入质量的相对速度的乘积。当$\frac{dm}{dt}>0$时，$\boldsymbol{F}_p$与$\boldsymbol{v}_r$同向；当$\frac{dm}{dt}<0$时，$\boldsymbol{F}_p$与$\boldsymbol{v}_r$反向。

例 8.2.7　运载火箭在太空中运动，初始速度大小为 v_0。火箭中燃料的质量为 m_f，其余部分的质量为 m_s。假设燃料喷出的相对速度大小 v 为常数，方向与火箭速度 $\boldsymbol{v}$ 相反。试求燃料完全喷出时火箭速度的大小。

解：将变质量质点的运动微分方程(8.2.23)向火箭运动方向投影，得到

$$m\frac{dv}{dt}=-v_r\frac{dm}{dt}$$

这是因为，在太空中可以认为火箭不受任何外力作用。上述方程改写为

$$dv=-v_r\frac{dm}{m}$$

积分得

$$v(t)=v_0+v_r\ln\frac{m_0}{m(t)}$$

其中 $m_0=m_f+m_s$。当燃料完全燃烧后有 $m(t)=m_s$，于是得

$$v=v_0+v_r\ln\frac{m_f+m_s}{m_s}=v_0+v_r\ln\left(1+\frac{m_f}{m_s}\right)$$

按目前的技术水平，$v_r<4\ \text{km}\cdot\text{s}^{-1}$，$\frac{m_f}{m_s}<5$。如取 $v_r=3\ \text{km}\cdot\text{s}^{-1}$ 而$\frac{m_f}{m_s}\equiv4$，并假设火箭从静止开始运动 $v_0=0$，则当燃料完全燃烧后火箭的速度为 $v=3\ln 5\ \text{km}\cdot\text{s}^{-1}\approx3\times1.609\ \text{km}\cdot\text{s}^{-1}=4.827\ \text{km}\cdot\text{s}^{-1}$，还不能达到第一宇宙速度。因此，用单级火箭还无法将卫星送入轨道，必须采用多级火箭。例如，用二级火箭，也取 $v_r=3\ \text{km}\cdot\text{s}^{-1}$ 和$\frac{m_f}{m_s}\equiv4$，则二级火箭工作结束后，火箭的速度为 $v=2v_r\ln\left(1+\frac{m_f}{m_s}\right)=6\ln 5\ \text{km}\cdot\text{s}^{-1}\approx9.654\ \text{km}\cdot\text{s}^{-1}$。这样就超过了第一宇宙速度，可将卫星送入轨道。

例 8.2.8　用手将软链的一端提起，使其另一端恰好与装砂子的小车相接，如图 8.14 所示。今突然将手放开，软链下落，在下落过程中让小车水平运动以保证软链不相互重叠。试证明，在软链下落过程中，小车所受到的压力为落到小车部分重量的 3 倍。

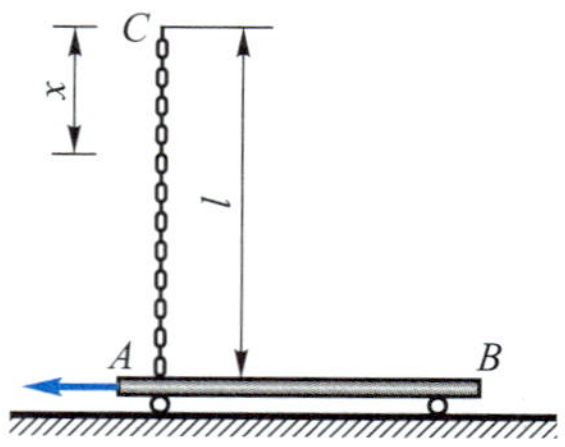

图 8.14

证明：设在软链下落过程中，上端落下距离 x，在空中这段质量为

$$m=\frac{l-x}{l}m_0$$

其中 l 为软链长度，m_0 为其质量。这是一个变质量问题。因相对速度为零，故反推力

为零，由方程(8.2.23)得出

$$m\frac{\mathrm{d}\boldsymbol{v}}{\mathrm{d}t}=m\boldsymbol{g}$$

它如同自由落体方程，因此有 $v^2=2gx$。

再以整个软链为对象，这是一个常质量系统。由于已落在小车上部分软链的动量在铅垂方向上为零，因此系统的动量大小为

$$p=mv=\frac{l-x}{l}m_0v$$

利用常质量系统的动量定理，有

$$\dot{p}=m_0g-F_{\mathrm{N}}$$

其中 F_{N} 为小车对软链的约束力，方向铅垂向上。于是有

$$\begin{aligned}F_{\mathrm{N}}&=m_0g-\dot{p}=m_0g-\dot{m}v-m\dot{v}\\&=(m_0-m)g+m_0v\frac{\dot{x}}{l}\end{aligned}$$

由 $\dot{x}=v$，以及 $v^2=2gx$，得

$$F_{\mathrm{N}}=\frac{3x}{l}m_0g$$

即约束力等于落在小车这部分软链重量的 3 倍。证毕。

本节介绍了质点系的动量定理，包括动量定理的导数形式

$$\frac{\mathrm{d}\boldsymbol{p}}{\mathrm{d}t}=\boldsymbol{F}_{\mathrm{R}}$$

积分形式

$$\boldsymbol{p}-\boldsymbol{p}_0=\boldsymbol{I}=\int_{t_0}^{t}\boldsymbol{F}_{\mathrm{R}}\mathrm{d}t$$

以及质心运动形式

$$m\boldsymbol{a}_C=\boldsymbol{F}_{\mathrm{R}}$$

$$m\frac{\mathrm{d}\boldsymbol{v}_C}{\mathrm{d}t}=\boldsymbol{F}_{\mathrm{R}}$$

同时给出了动量守恒定律。本节还介绍了变质量质点的运动微分方程

$$m\frac{\mathrm{d}\boldsymbol{v}}{\mathrm{d}t}=\boldsymbol{F}_{\mathrm{R}}+\boldsymbol{F}_{\mathrm{p}}$$

其中反推力

$$\boldsymbol{F}_{\mathrm{p}}=\frac{\mathrm{d}m}{\mathrm{d}t}\boldsymbol{v}_{\mathrm{r}}$$

在计算质点系动量时，只要找到质心 C 的速度，然后与系统的总质量相乘即可。

在应用上述公式解题时，应注意选取研究对象，并分析受力和运动。

应用动量定理可解两类动力学问题：已知运动求力(例 8.2.2～例 8.2.4，例 8.2.6，例 8.2.8)，以及已知力求运动(例 8.2.5，例 8.2.7)。

8.3 质点系动量矩定理

8.3.1 质点和质点系的动量矩

1. 质点的动量矩

质量为 m 的质点,相对点 O 的矢径为 $\boldsymbol{r}$,其速度为 $\boldsymbol{v}$,则质点对点 O 的动量矩定义为

$$\boldsymbol{L}_O=\boldsymbol{r}\times m\boldsymbol{v} \tag{8.3.1}$$

质点的动量矩是表征质点绕矩心 O 转动的运动特征量。动量矩是一个矢量,它的单位是 $\mathrm{kg\cdot m^2\cdot s^{-1}}$。

以矩心 O 为原点建立直角坐标系,根据矢积定义有

$$\boldsymbol{L}_O=\begin{vmatrix}\boldsymbol{i} & \boldsymbol{j} & \boldsymbol{k}\\ x & y & z\\ mv_x & mv_y & mv_z\end{vmatrix} \tag{8.3.2}$$

$$=(myv_z-mzv_y)\boldsymbol{i}+(mzv_x-mxv_z)\boldsymbol{j}+(mxv_y-myv_x)\boldsymbol{k}$$

根据动量对 z 轴的矩 $M_z(m\boldsymbol{v})$ 等于动量在垂直于 z 轴的任意平面上的投影 $(mv_x\boldsymbol{i}+mv_y\boldsymbol{j})$ 对 z 轴与平面交点 O 的矩,即

$$M_z(m\boldsymbol{v})=[(x\boldsymbol{i}+y\boldsymbol{j})\times(mv_x\boldsymbol{i}+mv_y\boldsymbol{j})]\cdot\boldsymbol{k}=mxv_y-myv_x$$

于是有

$$L_{Oz}=\boldsymbol{L}_O\cdot\boldsymbol{k}=M_z(m\boldsymbol{v}) \tag{8.3.3}$$

即,质点对过点 O 的固定轴的动量矩,等于对定点 O 的动量矩在该轴上的投影。

2. 质点系的动量矩

由 N 个质点组成的质点系对点 O 的动量矩,等于各个质点对 O 的动量矩的矢量和,即

$$\boldsymbol{L}_O=\sum_{i=1}^{N}\boldsymbol{M}_O(m_i\boldsymbol{v}_i)=\sum_{i=1}^{N}(\boldsymbol{r}_i\times m_i\boldsymbol{v}_i) \tag{8.3.4}$$

类似于式(8.3.3),对质点系有

$$\boldsymbol{L}_O\cdot\boldsymbol{k}=\sum_{i=1}^{N}M_z(m_i\boldsymbol{v}_i) \tag{8.3.5}$$

3. 质点系对不同两点动量矩的关系

下面讨论质点系对任意两点 O 和 A 的动量矩 $\boldsymbol{L}_O$ 和 $\boldsymbol{L}_A$ 之间的关系。如图 8.15 所示,点 A 在坐标系 $Oxyz$ 中的矢径为 $\boldsymbol{r}_{OA}$,质点 P_i 相对于点 A 的矢径为 $\boldsymbol{\rho}_i$,因此,质点 P_i 的矢径 $\boldsymbol{r}_i$ 写成

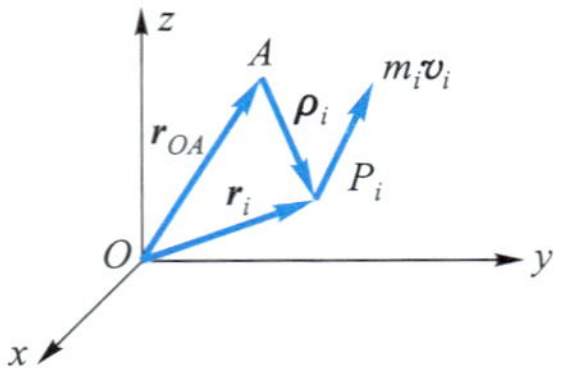

图 8.15

$$\boldsymbol{r}_i=\boldsymbol{r}_{OA}+\boldsymbol{\rho}_i$$

将其代入式(8.3.4),得

$$\boldsymbol{L}_O=\sum_{i=1}^{N}\boldsymbol{\rho}_i\times m_i\boldsymbol{v}_i+\boldsymbol{r}_{OA}\times\sum_{i=1}^{N}m_i\boldsymbol{v}_i$$

上式右端第一项为质点系对点 A 的动量矩 $\boldsymbol{L}_A$，于是有

$$\boldsymbol{L}_O=\boldsymbol{L}_A+\boldsymbol{r}_{OA}\times\boldsymbol{p}=\boldsymbol{L}_A+\boldsymbol{p}\times\boldsymbol{r}_{AO} \tag{8.3.6}$$

它表明，质点系对点 O 的动量矩等于质点系对另一点 A 的动量矩与质点系的动量位于点 A 时对点 O 之矩的矢量和。

4. 质点系对质心的动量矩

下面讨论质点系对质心的动量矩。以质心 C 为原点，建立平移坐标系 $Cx'y'z'$，如图 8.16 所示，质点 P_i 的速度 $\boldsymbol{v}_i$ 等于质点 C 的速度 $\boldsymbol{v}_C$ 与相对速度 $\boldsymbol{v}'_i$ 的矢量和，即

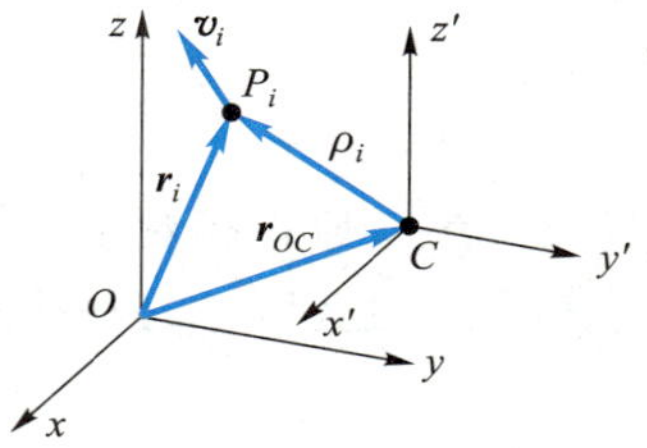

图 8.16

$$\boldsymbol{v}_i=\boldsymbol{v}_C+\boldsymbol{v}'_i$$

质点系对质心 C 的动量矩为

$$\begin{aligned}\boldsymbol{L}_C&=\sum_{i=1}^{N}\boldsymbol{\rho}_i\times m_i\boldsymbol{v}_i\\&=\sum_{i=1}^{N}\boldsymbol{\rho}_i\times m_i\boldsymbol{v}_C+\sum_{i=1}^{N}\boldsymbol{\rho}_i\times m_i\boldsymbol{v}'_i\end{aligned}$$

由质心的定义知

$$\sum_{i=1}^{N}m_i\boldsymbol{\rho}_i=m\boldsymbol{\rho}_C$$

其中 m 为质点系的总质量，$\boldsymbol{\rho}_C$ 为质心 C 在质心平移坐标系 $Cx'y'z'$ 中的矢径，显然有 $\boldsymbol{\rho}_C=\boldsymbol{0}$，于是得

$$\boldsymbol{L}_C=\boldsymbol{L}_{Cr}=\sum_{i=1}^{N}\boldsymbol{\rho}_i\times m_i\boldsymbol{v}'_i \tag{8.3.7}$$

它表明，质点系绝对运动对质心的动量矩等于它的相对运动对质心的动量矩。有时应用式(8.3.7)计算刚体对质心的动量矩更为方便。

5. 刚体运动时动量矩的计算

(1) 刚体平移时的动量矩

平移刚体对质心的动量矩恒为零。平移刚体对任意点 O 的动量矩等于视刚体为质量集中于质心的质点对同一点 O 的动量矩，即

$$\boldsymbol{L}_O=\boldsymbol{L}_C+\boldsymbol{r}_{OC}\times m\boldsymbol{v}_C=\boldsymbol{r}_{OC}\times m\boldsymbol{v}_C$$

(2) 刚体定轴转动时的动量矩

刚体定轴转动时（图 8.17），对轴上一点 O 的动量矩为

$$\begin{aligned}\boldsymbol{L}_O&=\sum_{i=1}^{N}\boldsymbol{r}_i\times m_i\boldsymbol{v}_i=\sum_{i=1}^{N}\boldsymbol{r}_i\times m_i(\boldsymbol{\omega}\times\boldsymbol{r}_i)\\&=\sum_{i=1}^{N}m_i[r_i^2\boldsymbol{\omega}-(\boldsymbol{r}_i\cdot\boldsymbol{\omega})\boldsymbol{r}_i]\end{aligned}$$

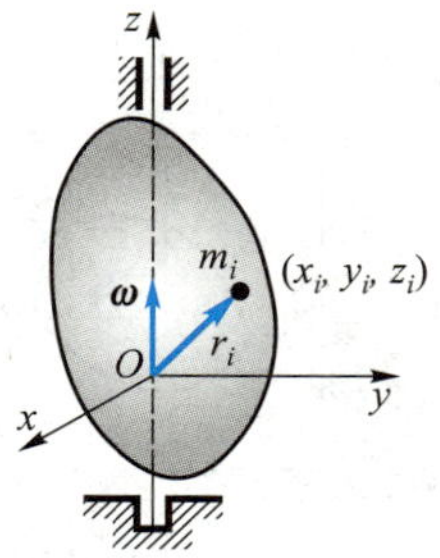

图 8.17

考虑到

$$r_i^2=x_i^2+y_i^2+z_i^2$$

$$\boldsymbol{r}\cdot\boldsymbol{\omega}=(x_i\boldsymbol{i}+y_i\boldsymbol{j}+z_i\boldsymbol{k})\cdot\omega\boldsymbol{k}=\omega z_i$$

将 $\boldsymbol{L}_O$ 向坐标轴投影，得

$$L_{Ox}=-(\sum m_i z_i x_i)\omega=-J_{zx}\omega$$
$$L_{Oy}=-(\sum m_i z_i y_i)\omega=-J_{yz}\omega$$
$$L_{Oz}=\sum m_i(x_i^2+y_i^2)\omega=J_z\omega$$

即

$$\boldsymbol{L}_O=-J_{zx}\omega\boldsymbol{i}-J_{yz}\omega\boldsymbol{j}+J_z\omega\boldsymbol{k} \tag{8.3.8}$$

其中 J_{zx}，J_{yz} 为刚体相对于坐标系 $Oxyz$ 的两个惯性积，J_z 为刚体相对轴 Oz 的转动惯量。仅当转轴为刚体的一根惯性主轴时，才有

$$\boldsymbol{L}_O=J_z\omega\boldsymbol{k} \tag{8.3.9}$$

（3）刚体作平面运动时的动量矩

建立质心平移坐标系 $Cx'y'z'$，其中 Cz' 垂直于刚体运动的平面，如图 8.18 所示。刚体对质心 C 的动量矩为

$$\boldsymbol{L}_C=\boldsymbol{L}_{Cr}=-J_{z'x'}\omega\boldsymbol{i}-J_{y'z'}\omega\boldsymbol{j}+J_{z'}\omega\boldsymbol{k} \tag{8.3.10}$$

对其他点的动量矩可按式（8.3.6）计算。

例 8.3.1　两球 C，D 质量均为 m，并可视为质点。两球用不计质量的杆相连并固结在转轴 AB 上，尺寸如图 8.19 所示。如轴以匀角速度 ω 转动，试求系统分别对轴上点 O 和点 B 的动量矩。

解： 取坐标系 $Oxyz$，其中 Oz 为转轴，Oy 在杆的平面内。轴向单位矢量分别为 $\boldsymbol{i}$，$\boldsymbol{j}$，$\boldsymbol{k}$。按定义计算两球对点 O 和点 B 的动量矩，有

$$\begin{aligned}\boldsymbol{L}_O&=(a\boldsymbol{j}+b\boldsymbol{k})\times m\omega a(-\boldsymbol{i})+(a\boldsymbol{j}-b\boldsymbol{k})\times m\omega a(-\boldsymbol{i})\\&=-m\omega ab\boldsymbol{j}+m\omega a^2\boldsymbol{k}+m\omega ab\boldsymbol{j}+m\omega a^2\boldsymbol{k}\\&=2m\omega a^2\boldsymbol{k}\\\boldsymbol{L}_B&=(a\boldsymbol{j}+3b\boldsymbol{k})\times m\omega a(-\boldsymbol{i})+(a\boldsymbol{j}+b\boldsymbol{k})\times m\omega a(-\boldsymbol{i})\\&=-4m\omega ab\boldsymbol{j}+2m\omega a^2\boldsymbol{k}=2m\omega a(-2b\boldsymbol{j}+a\boldsymbol{k})\end{aligned}$$

例 8.3.2　匀质细杆 AB，质量为 m，长为 l，一端沿铅垂面下滑，其速度为 $\boldsymbol{v}$，另一端沿水平面滑动（图 8.20）。试求杆与铅垂面成角 φ 时，它对于质心 C 和定点 O 的动量矩。

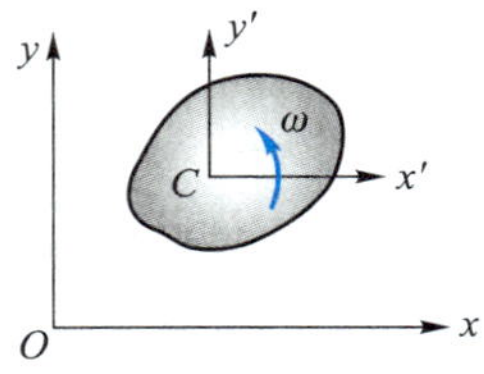

图 8.18

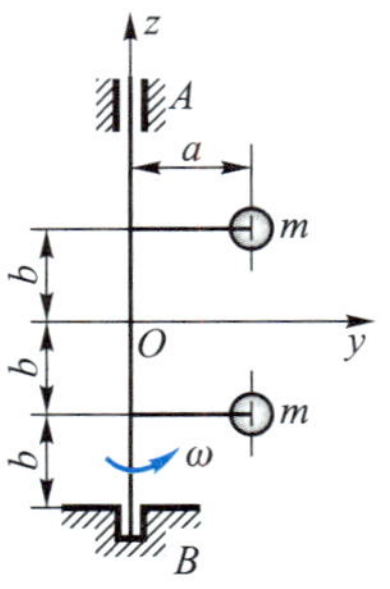

图 8.19

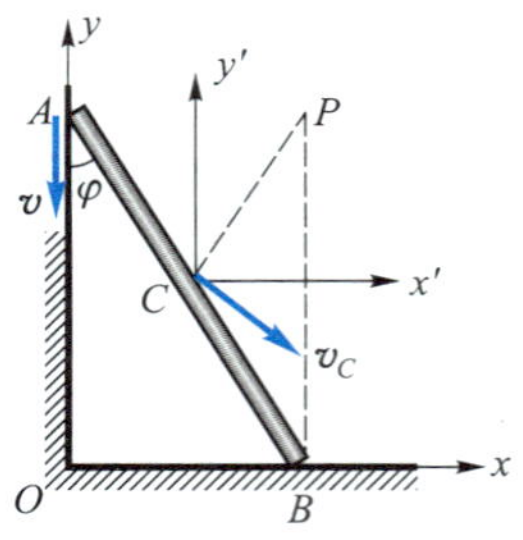

图 8.20

解：杆 AB 作平面运动，按式(8.3.10)计算，注意到 $J_{z'x'}=J_{y'z'}=0$，有

$$\boldsymbol{L}_C=J_{z'}\omega\boldsymbol{k}$$

而

$$J_{z'}=\frac{1}{12}ml^2,\quad \omega=\frac{v}{l\sin\varphi}$$

于是得

$$\boldsymbol{L}_C=\frac{mlv}{12\sin\varphi}\boldsymbol{k}$$

为求杆对点 O 的动量矩，利用两点动量矩关系式(8.3.6)，有

$$\boldsymbol{L}_O=\boldsymbol{L}_C+\boldsymbol{r}_{OC}\times\boldsymbol{p}$$

而

$$\boldsymbol{p}=m\boldsymbol{v}_C=m\frac{l}{2}\omega(\cos\varphi\boldsymbol{i}-\sin\varphi\boldsymbol{j})$$

$$\boldsymbol{r}_{OC}=\frac{l}{2}\sin\varphi\boldsymbol{i}+\frac{l}{2}\cos\varphi\boldsymbol{j}$$

于是得

$$\begin{aligned}\boldsymbol{L}_O&=\frac{mlv}{12\sin\varphi}\boldsymbol{k}+\frac{l}{2}(\sin\varphi\boldsymbol{i}+\cos\varphi\boldsymbol{j})\times m\frac{l}{2}\omega(\cos\varphi\boldsymbol{i}-\sin\varphi\boldsymbol{j})\\&=-\frac{mlv}{6\sin\varphi}\boldsymbol{k}\end{aligned}$$

8.3.2 质点和质点系的动量矩定理

1. 质点对定点的动量矩定理

将质点动量定理(8.2.1)两端与质点对固定点 O 的矢径 $\boldsymbol{r}$ 作矢积运算，得到

$$\boldsymbol{r}\times\frac{\mathrm{d}}{\mathrm{d}t}(m\boldsymbol{v})=\boldsymbol{r}\times\boldsymbol{F}$$

注意到

$$\begin{aligned}\frac{\mathrm{d}}{\mathrm{d}t}(\boldsymbol{r}\times m\boldsymbol{v})&=\frac{\mathrm{d}\boldsymbol{r}}{\mathrm{d}t}\times m\boldsymbol{v}+\boldsymbol{r}\times\frac{\mathrm{d}}{\mathrm{d}t}(m\boldsymbol{v})\\&=\boldsymbol{v}\times m\boldsymbol{v}+\boldsymbol{r}\times\frac{\mathrm{d}}{\mathrm{d}t}(m\boldsymbol{v})\\&=\boldsymbol{r}\times\frac{\mathrm{d}}{\mathrm{d}t}(m\boldsymbol{v})\end{aligned}$$

则有

$$\frac{\mathrm{d}}{\mathrm{d}t}(\boldsymbol{r}\times m\boldsymbol{v})=\boldsymbol{r}\times\boldsymbol{F}$$

因 $\boldsymbol{r}\times m\boldsymbol{v}$ 是质点动量对点 O 的矩，记作 $\boldsymbol{L}_O$，而 $\boldsymbol{r}\times\boldsymbol{F}$ 为作用力 $\boldsymbol{F}$ 对点 O 的矩，记作 $\boldsymbol{M}_O$，即

$$\boldsymbol{L}_O=\boldsymbol{r}\times m\boldsymbol{v}=\boldsymbol{M}_O(m\boldsymbol{v})$$

$$\boldsymbol{M}_O=\boldsymbol{r}\times\boldsymbol{F}=\boldsymbol{M}_O(\boldsymbol{F})$$

于是有

$$\frac{\mathrm{d}\boldsymbol{L}_O}{\mathrm{d}t}=\boldsymbol{M}_O \tag{8.3.11}$$

它称为质点的动量矩定理，表述为：质点对固定点的动量矩对时间的导数，等于作用力对该点的矩。

以点 O 为原点建立直角坐标系 $Oxyz$，矢量式(8.3.11)可表示为 3 个投影式

$$\frac{\mathrm{d}L_{Ox}}{\mathrm{d}t}=M_{Ox},\quad \frac{\mathrm{d}L_{Oy}}{\mathrm{d}t}=M_{Oy},\quad \frac{\mathrm{d}L_{Oz}}{\mathrm{d}t}=M_{Oz} \tag{8.3.12}$$

其中 L_{Ox},L_{Oy},L_{Oz} 为质点的动量矩在坐标轴上的投影，它们分别等于质点动量相对该坐标轴的矩，称为质点对固定轴的动量矩，即

$$L_{Ox}=M_x(m\boldsymbol{v}),\quad L_{Oy}=M_y(m\boldsymbol{v}),\quad L_{Oz}=M_z(m\boldsymbol{v}) \tag{8.3.13}$$

式(8.3.12)表明，质点对固定轴的动量矩对时间的导数，等于作用力对该轴的矩。

2. 质点系对定点的动量矩定理

对于质点系中每一个质点列写对同一固定点 O 的方程(8.3.11)，然后相加，得

$$\frac{\mathrm{d}\boldsymbol{L}_O}{\mathrm{d}t}=\sum_{i=1}^{N}\frac{\mathrm{d}}{\mathrm{d}t}(\boldsymbol{r}_i\times m\boldsymbol{v}_i)=\sum_{i=1}^{N}\boldsymbol{r}_i\times\boldsymbol{F}_i^{(\mathrm{e})}+\sum_{i=1}^{N}\boldsymbol{r}_i\times\boldsymbol{F}_i^{(\mathrm{i})}$$

由于内力总是成对出现的，有

$$\sum_{i=1}^{N}\boldsymbol{r}_i\times\boldsymbol{F}_i^{(\mathrm{i})}=\boldsymbol{0}$$

因此得

$$\frac{\mathrm{d}\boldsymbol{L}_O}{\mathrm{d}t}=\boldsymbol{M}_O \tag{8.3.14}$$

其中

$$\boldsymbol{M}_O=\sum_{i=1}^{N}\boldsymbol{r}_i\times\boldsymbol{F}_i^{(\mathrm{e})}$$

为质点系外力对点 O 的主矩。式(8.3.14)为质点系对定点的动量矩定理，表述为：质点系对定点的动量矩对时间的导数，等于质点系的外力对该点的主矩。

类似于质点的情形，有

$$\frac{\mathrm{d}L_{Ox}}{\mathrm{d}t}=M_{Ox},\quad \frac{\mathrm{d}L_{Oy}}{\mathrm{d}t}=M_{Oy},\quad \frac{\mathrm{d}L_{Oz}}{\mathrm{d}t}=M_{Oz} \tag{8.3.15}$$

这表明，质点系对固定轴的动量矩对时间的导数，等于质点系的外力对该轴的矩。

3. 质点系动量矩守恒定律

如果外力对某固定点的主矩为零，则由式(8.3.14)知 $\boldsymbol{L}_O$ 为常矢量。即质点系对点 O 的动量矩为常矢量。如果外力对某定轴之矩的代数和恒为零，例如对 z 轴，则由式(8.3.15)得

$$L_{Oz}=C$$

即质点系对该轴的动量矩为常量，式中 C 表示常量。

以上两种情形称为**质点系的动量矩守恒定律**。

例 8.3.3 利用质点动量矩定理研究单摆的微摆动规律(图 8.21)。

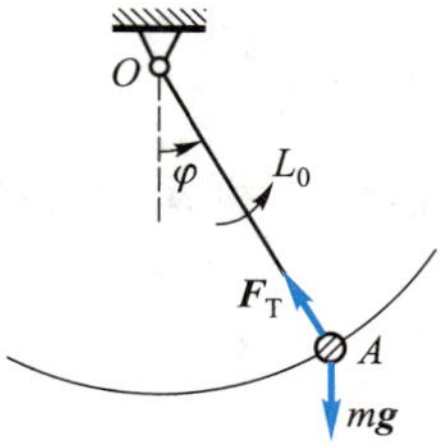

图 8.21

解:取摆锤 A 为研究对象,并当作质点。摆锤在铅垂面内作圆周运动。设在任意瞬时,摆线的摆角为 φ,则摆锤对定点 O 的动量矩为

$$L_O = mvl = ml^2\dot{\varphi}$$

摆锤受重力 mg 和摆线拉力 F_T 作用,它们对点 O 的矩为

$$M_O = -mgl\sin\varphi$$

由对点 O 的动量矩定理知

$$\frac{\mathrm{d}}{\mathrm{d}t}(ml^2\dot{\varphi}) = -mgl\sin\varphi$$

即

$$\ddot{\varphi} + \frac{g}{l}\sin\varphi = 0$$

在微摆动假设下,$\sin\varphi\approx\varphi$,故微摆动微分方程为

$$\ddot{\varphi} + \frac{g}{l}\varphi = 0$$

其解为

$$\varphi = \varphi_m\sin\left(\sqrt{\frac{g}{l}}t+\varphi_0\right)$$

其中积分常数 φ_m 和 φ_0 由运动初始条件决定。

例 8.3.4 匀质圆盘Ⅰ,Ⅱ的半径均为 R,质量为 m。两轮以绕在它们上面的无重细绳相连,其中轮Ⅰ只能绕过中心 A 的水平轴转动,如图 8.22a 所示。轮Ⅱ在重力作用下作平面运动。试求系统由静止开始运动时,轮Ⅱ的中心点 B 的加速度。

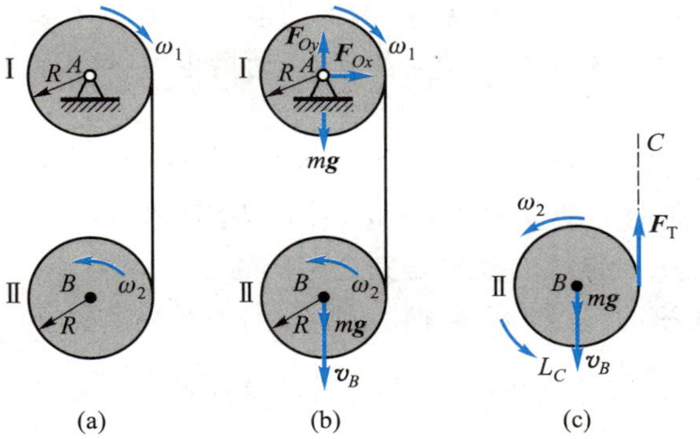

图 8.22

解:系统有两个自由度。先取整个系统为研究对象,所受外力有两轮重力和轴承约束力,如图 8.22b 所示。考虑到外力对转轴之矩恒为零,和初瞬时系统处于静止,有

$$L_A = J_A\omega_1 - J_B\omega_2 \equiv 0$$

其中 ω_1 和 ω_2 分别为两轮角速度,转向如图 8.22b 所示;J_A 和 J_B 分别为两轮对其中心对称轴 A 和 B 的转动惯量,有

$$J_A = J_B = \frac{1}{2}mR^2$$

因此有

$$\omega_1 = \omega_2$$

由运动学知,轮 B 中心的速度为

$$v_B = R(\omega_1 + \omega_2) = 2R\omega_1$$

再取轮Ⅱ为研究对象,所受外力有重力 $m\boldsymbol{g}$ 和绳子张力 $\boldsymbol{F}_{\mathrm{T}}$。轮Ⅱ对定点 C 的动量矩为

$$L_C = mv_BR + J_B\omega_2 = mRv_B + \frac{1}{2}mR^2\frac{v_B}{2R} = \frac{5}{4}mRv_B$$

转向如图 8.22c 所示。由动量矩定理得

$$\frac{\mathrm{d}}{\mathrm{d}t}\left(\frac{5}{4}mRv_B\right) = mgR$$

由此解得点 B 的加速度

$$a_B = \frac{\mathrm{d}v_B}{\mathrm{d}t} = \frac{4}{5}g$$

例 8.3.5 如图 8.23 所示,两人同时爬绳,A 与 B 相对于绳子的速率分别为 u_1 和 u_2。两人质量同为 m,不计绳的质量,不计绳与滑轮之间的摩擦。开始时两人都静止在同一高度。试证明在任意瞬时两人离地面的高度都相同,并求绳子的移动速率。

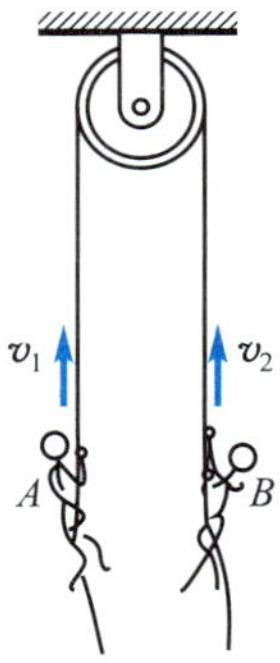

图 8.23

解:取人与绳为研究对象。考虑对轮心 O 的外力矩:滑轮对绳的作用力都通过点 O,因为不计摩擦力,故对点 O 的力矩为零;作用在两人身上的重力对点 O 的力矩之和为零,因而所有外力对点 O 的主矩为零,所以动量矩守恒。初始瞬时两人都静止,动量矩为零,因此以后动量矩保持为零。

设 A 上升的绝对速度大小为 v_1,B 上升的绝对速度大小为 v_2,滑轮半径为 r,则任何瞬时的动量矩 $(mv_1 - mv_2)r$ 应为零,即 $v_1 = v_2$。既然每一瞬时 A 和 B 上升的速度相同,上升的高度自然也是完全相同的。

设绳子移动速率为 u(与 $\boldsymbol{v}_2$ 同向),则 $v_1 = u_1 - u$,$v_2 = u_2 + u$,代入 $v_1 = v_2$,则 $u = \frac{1}{2}(u_1 - u_2)$。不论 A 与 B 强弱如何,他们上升的速度都是一样的,即使 A 不爬,即 $u_1 = 0$,那么他还是与 B 一样以相同的绝对速度上升并同时到达顶点。

例 8.3.6 如图 8.24 所示,质量均为 m 的两小球 C 和 D 用长为 $2l$ 的无质量刚性杆连接,其中点 O 固定在铅垂轴 AB 上,杆与轴 AB 之间的夹角为 θ,轴 AB 以匀角速度 ω 转动。轴承 A,B 间的距离为 h。试求轴承 A,B 的约束力。

动画 26
例 8.3.6

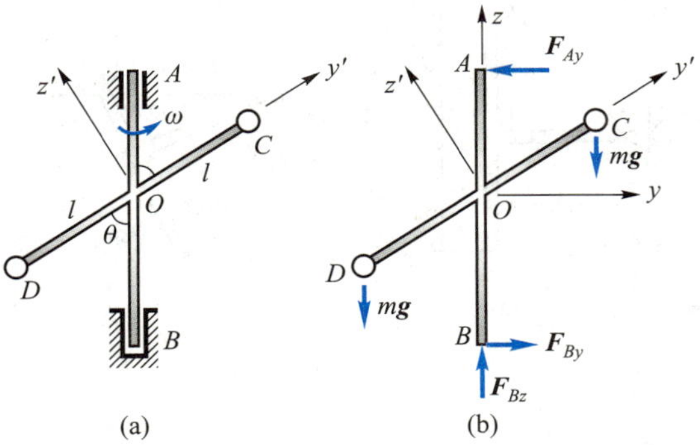

图 8.24

解:取两小球、刚性杆及铅垂轴组成的质点系为研究对象。建立固结在杆 CD 上的动坐标系 $Ox'y'z'$,其单位矢量为 $\boldsymbol{i}',\boldsymbol{j}',\boldsymbol{k}'$。首先,计算系统对点 O 的动量矩 $\boldsymbol{L}_O$,即

$$\boldsymbol{L}_O=\boldsymbol{r}_C\times m\boldsymbol{v}_C+\boldsymbol{r}_D\times m\boldsymbol{v}_D$$

其中

$$\boldsymbol{\omega}=\omega(\cos\theta\boldsymbol{j}'+\sin\theta\boldsymbol{k}')$$

$$\boldsymbol{r}_C=l\boldsymbol{j}',\quad \boldsymbol{r}_D=-l\boldsymbol{j}'$$

$$\boldsymbol{v}_C=\boldsymbol{\omega}\times\boldsymbol{r}_C=-\omega l\sin\theta\boldsymbol{i}',\quad \boldsymbol{v}_D=\boldsymbol{\omega}\times\boldsymbol{r}_D=\omega l\sin\theta\boldsymbol{i}'$$

代入 $\boldsymbol{L}_O$ 中,得

$$\boldsymbol{L}_O=2ml^2\omega\sin\alpha\boldsymbol{k}'$$

其次,求轴承 A,B 的约束力。注意到,动量矩 $\boldsymbol{L}_O$ 以角速度 $\boldsymbol{\omega}$ 绕铅垂轴转动,有

$$\frac{\mathrm{d}\boldsymbol{L}_O}{\mathrm{d}t}=\boldsymbol{\omega}\times\boldsymbol{L}_O=ml^2\omega^2\sin 2\theta\boldsymbol{i}'$$

由质心运动定理得

$$F_{Ay}=F_{By},\quad F_{Bz}=2mg$$

外力系对点 O 的主矩为

$$\boldsymbol{M}_O=F_{Ay}h\boldsymbol{i}$$

由质点系动量矩定理得

$$F_{Ay}=F_{By}=\frac{ml^2\omega^2}{h}\sin 2\theta$$

例 8.3.7 图 8.25a 所示匀质细杆 OA 和 EC 的质量分别为 $m_1=50$ kg 和 $m_2=100$ kg,在点 A 焊接起来。若此结构在图示位置由静止状态释放。试计算刚释放时,铰链 O 的约束力,不计铰链摩擦,OA 长为 l,CE 长为 $2l$,$l=1$ m。

解:以整体为研究对象,受力如图 8.25b 所示。将系统放在一般位置 φ 上。由动量定理,得

$$\frac{\mathrm{d}^2}{\mathrm{d}t^2}\left(m_1\frac{l}{2}\sin\varphi+m_2l\sin\varphi\right)=F_{Ox}+m_1g+m_2g \tag{a}$$

$$\frac{\mathrm{d}^2}{\mathrm{d}t^2}\left(m_1\frac{l}{2}\cos\varphi+m_2l\cos\varphi\right)=F_{Oy} \tag{b}$$

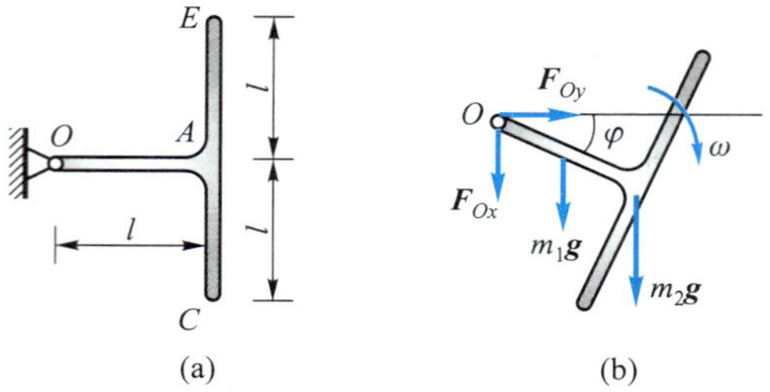

图 8.25

对定点 O 的动量矩定理方程为

$$\frac{\mathrm{d}}{\mathrm{d}t}\left\{\frac{1}{3}m_1l^2\omega+\left[\frac{1}{12}m_2(2l)^2+m_2l^2\right]\omega\right\}=m_1g\frac{l}{2}\cos\varphi+m_2gl\cos\varphi \tag{c}$$

其中

$$\omega=\dot{\varphi}$$

由式(c)求得

$$\dot{\omega}=\frac{3}{2}\frac{g}{l}\frac{m_1+2m_2}{m_1+4m_2}\cos\varphi$$

当 $\varphi=0$ 时,有

$$\dot{\omega}=\frac{3}{2}\frac{g}{l}\frac{m_1+2m_2}{m_1+4m_2}$$

以 $\varphi=0,\dot{\varphi}=\omega=0,\ddot{\varphi}=\dot{\omega}$ 代入式(a),(b),得到

$$F_{Ox}=-(m_1+m_2)g+\frac{3}{4}(m_1+2m_2)\frac{m_1+2m_2}{m_1+4m_2}g$$

$$F_{Oy}=0$$

代入数值,得

$$F_{Ox}\approx-449\ \text{N},\quad F_{Oy}=0$$

8.3.3 质点系相对质心的动量矩定理

1. 质点系对任意动点的动量矩定理

设点 A 为惯性系中的任意点,其绝对速度为 $\boldsymbol{v}_A$。下面讨论质点系对动点 A 的动量矩定理。质点系对点 A 的动量矩为

$$\boldsymbol{L}_A=\sum_{i=1}^{N}\boldsymbol{\rho}_i\times m_i\boldsymbol{v}_i$$

将其对时间求导数,得

$$\frac{\mathrm{d}\boldsymbol{L}_A}{\mathrm{d}t}=\sum_{i=1}^{N}\frac{\mathrm{d}\boldsymbol{\rho}_i}{\mathrm{d}t}\times m_i\boldsymbol{v}_i+\sum_{i=1}^{N}\boldsymbol{\rho}_i\times m_i\boldsymbol{a}_i \tag{8.3.16}$$

由质点运动微分方程有

$$m_i\boldsymbol{a}_i=\boldsymbol{F}_i^{(\mathrm{e})}+\boldsymbol{F}_i^{(\mathrm{i})}$$

质点系中内力总是成对出现的,且大小相等,方向相反,因此内力系对任意点的主矩为

零,即 $\boldsymbol{M}_A^{(\mathrm{i})}=\sum_{i=1}^{N}\boldsymbol{\rho}_i\times\boldsymbol{F}_i^{(\mathrm{i})}=\boldsymbol{0}$。于是,式(8.3.16)右端第二项正是作用在质点系上外力对点 A 的主矩,即

$$\boldsymbol{M}_A^{(\mathrm{e})}=\sum_{i=1}^{N}\boldsymbol{\rho}_i\times\boldsymbol{F}_i^{(\mathrm{e})}$$

注意到

$$\frac{\mathrm{d}\boldsymbol{\rho}_i}{\mathrm{d}t}=\boldsymbol{v}_i-\boldsymbol{v}_A$$

将其代入式(8.3.16),并考虑到 $\boldsymbol{v}_i\times\boldsymbol{v}_i=\boldsymbol{0}$,可得

$$\frac{\mathrm{d}\boldsymbol{L}_A}{\mathrm{d}t}=\boldsymbol{M}_A^{(\mathrm{e})}+m\boldsymbol{v}_C\times\boldsymbol{v}_A \tag{8.3.17}$$

这就是质点系对任意点 A 的动量矩定理,表述为:质点系对任意点 A 的动量矩对时间的导数,等于外力系对点 A 的主矩与质点系动量与点 A 的速度矢积的矢量和。

2. 质点系对动轴的动量矩定理

假设由点 A 引出一动轴 AL,其上单位矢量记作 $\boldsymbol{e}(t)$。下面导出对动轴的动量矩定理。将式(8.3.17)两端标量积矢量 $\boldsymbol{e}$,得

$$\frac{\mathrm{d}\boldsymbol{L}_A}{\mathrm{d}t}\cdot\boldsymbol{e}=\frac{\mathrm{d}}{\mathrm{d}t}(\boldsymbol{L}_A\cdot\boldsymbol{e})-\boldsymbol{L}_A\cdot\dot{\boldsymbol{e}}=\boldsymbol{M}_A^{(\mathrm{e})}\cdot\boldsymbol{e}+m(\boldsymbol{v}_C\times\boldsymbol{v}_A)\cdot\boldsymbol{e}$$

或表示为

$$\frac{\mathrm{d}}{\mathrm{d}t}(\boldsymbol{L}_A\cdot\boldsymbol{e})=\boldsymbol{M}_A^{(\mathrm{e})}\cdot\boldsymbol{e}+\boldsymbol{L}_A\cdot\dot{\boldsymbol{e}}+m\boldsymbol{v}_C\cdot(\boldsymbol{v}_A\times\boldsymbol{e}) \tag{8.3.18}$$

这就是质点系对动轴 AL 的动量矩定理。

3. 质点系对质心的动量矩定理

当选质心 C 为动点 A 时,由式(8.3.17),有

$$\frac{\mathrm{d}\boldsymbol{L}_C}{\mathrm{d}t}=\boldsymbol{M}_C^{(\mathrm{e})} \tag{8.3.19}$$

这就是质点系对质心的动量矩定理,表述为:质点系对质心的动量矩对时间的导数,等于质点系的外力系对质心的主矩。

注意到式(8.3.7),它表明质点系绝对运动对质心的动量矩等于它的相对运动对质心的动量矩。因此,式(8.3.19)可表示为

$$\frac{\mathrm{d}\boldsymbol{L}_{C\mathrm{r}}}{\mathrm{d}t}=\boldsymbol{M}_C^{(\mathrm{e})} \tag{8.3.20}$$

将其投影到与固定直角坐标系 $Oxyz$ 平行的轴系 $Cx'y'z'$ 中,得

$$\frac{\mathrm{d}L_{Cx'}}{\mathrm{d}t}=M_{Cx'}^{(\mathrm{e})},\quad \frac{\mathrm{d}L_{Cy'}}{\mathrm{d}t}=M_{Cy'}^{(\mathrm{e})},\quad \frac{\mathrm{d}L_{Cz'}}{\mathrm{d}t}=M_{Cz'}^{(\mathrm{e})} \tag{8.3.21}$$

4. 动量矩守恒定律

如果外力对质心的主矩为零,即 $\boldsymbol{M}_C^{(\mathrm{e})}=\boldsymbol{0}$,则由式(8.3.19)得出 $\boldsymbol{L}_C$ 为常矢量。

如果外力主矩沿某个确定方向,例如 z' 轴方向的投影为零,即 $M_{Cz'}=0$,则由式

(8.3.21)得出 $L_{Cz'}$ 为常量。

以上两种情况称为**对质心的动量矩守恒**。

对过动点 A 的动轴 $\boldsymbol{e}=\boldsymbol{e}(t)$,如果满足条件

$$\boldsymbol{L}_A \cdot \dot{\boldsymbol{e}}+m\boldsymbol{v}_C \cdot (\boldsymbol{v}_A \times \boldsymbol{e})=0 \tag{8.3.22}$$

并且外力主矩在该动轴的投影等于零,则**对动轴的动量矩守恒**,即

$$\boldsymbol{L}_A \cdot \boldsymbol{e}=C \tag{8.3.23}$$

式中 C 表示常量。

例 8.3.8 质量为 m,半径为 r 的滑轮上绕有软绳,将软绳的一端固定于点 A 而令滑轮自由下落如图 8.26a 所示。不计软绳的质量,试求轮心 C 的加速度和软绳的拉力。

解: 以滑轮和软绳组成的系统为研究对象。受力分析如图 8.26b 所示。滑轮的运动可看作沿过点 A 的铅垂线向下作纯滚动,滚动角速度为

$$\omega=\frac{v_C}{r}$$

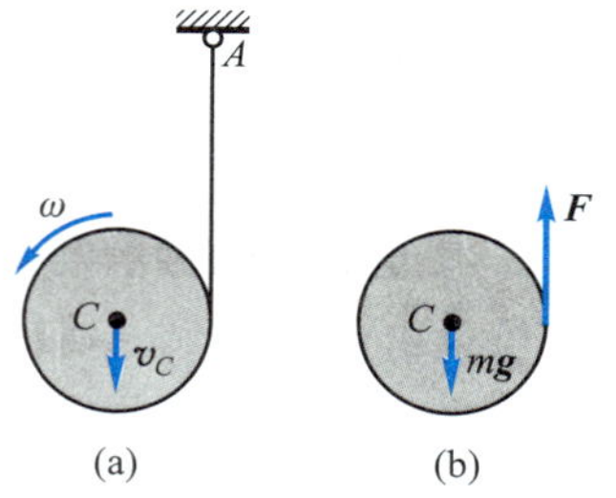

图 8.26

角加速度为

$$\alpha=\frac{a_C}{r}$$

系统有两个未知量:轮心 C 的加速度 $\boldsymbol{a}_C$ 和软绳的拉力 $\boldsymbol{F}$,需列写两个方程来求解。

首先,用质心运动定理沿铅垂轴的投影,有

$$ma_C=mg-F \tag{a}$$

其次,用相对质心的动量矩定理,有

$$\frac{\mathrm{d}}{\mathrm{d}t}(J_C\omega)=Fr$$

即

$$\frac{1}{2}ma_C=F \tag{b}$$

联合式(a),(b),解得

$$a_C=\frac{2}{3}g, \quad F=\frac{1}{3}mg$$

另外,可用对固定轴 Az 的动量矩定理来代替对质心的动量矩定理,有

$$\frac{\mathrm{d}}{\mathrm{d}t}(J_C\omega+mv_Cr)=mgr$$

例 8.3.9 匀质细杆 OA 可绕水平轴 O 转动。杆的另一端 A 以光滑铰链与一物体 B 的质心相连(图 8.27)。当系统由静止状态从杆的水平位置转到铅垂位置时,试问物体 B 绕光滑铰链相对于杆 OA 转过多少角度。如已知杆质量为 m,长为 l,物体 B 的质量为 M,试求杆 OA 在铅垂位置时所具有的角速度。

解: 首先,以物体 B 为研究对象,它仅在质心 A 处受力,用相对质心的动量矩定理

得

$$\frac{\mathrm{d}}{\mathrm{d}t}(J_B\omega_B)=0$$

于是

$$\omega_B=C$$

式中 C 表示常量。又开始时静止，因此永远有

$$\omega_B=0$$

在运动过程中，物体 B 作平面运动，姿态不变，它的绝对角速度为零。由角速度合成公式

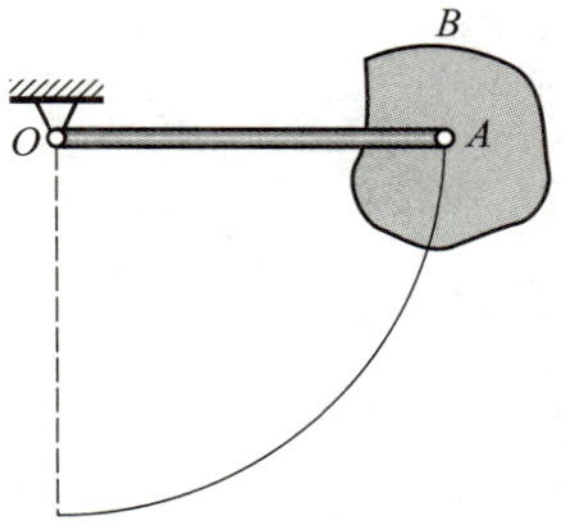

图 8.27

$$\boldsymbol{\omega}_{\mathrm{a}}=\boldsymbol{\omega}_{\mathrm{e}}+\boldsymbol{\omega}_{\mathrm{r}}$$

知，物体 B 相对杆 OA 的角速度 $\boldsymbol{\omega}_{\mathrm{r}}$ 与杆 OA 的角速度，即牵连角速度 $\boldsymbol{\omega}_{\mathrm{e}}$ 大小相等，转向相反。因此，牵连转角与相对转角大小相等，当杆 OA 转至铅垂位置时，牵连转角按顺时针转过$\frac{\pi}{2}$，因此物体 B 相对杆 OA 按逆时针转过$\frac{\pi}{2}$。

其次，求杆 OA 到达铅垂位置时的角速度。为此，取杆 OA 和物体 B 组成的质点系为研究对象。将其放在一般位置上，此时杆 OA 转过角 φ。计算对点 O 的动量矩，对杆 OA 有

$$L'_O=\frac{1}{3}ml^2\omega$$

对物体 B，利用对两点动量矩的关系式(8.3.6)，有

$$\boldsymbol{L}''_O=\boldsymbol{L}_A+\boldsymbol{r}_{OA}\times\boldsymbol{p}$$

因 $\boldsymbol{L}_A=\boldsymbol{0}$，$p=M\omega l$，于是有

$$L''_O=M\omega l^2$$

质点系对点 O 的动量矩为

$$L_O=L'_O+L''_O=\frac{1}{3}ml^2\omega+Ml^2\omega$$

转向为顺时针。

下面计算外力对点 O 的矩，即杆 OA 的重力和物体 B 的重力之矩，有

$$M_O=mg\ \frac{l}{2}\cos\varphi+Mgl\cos\varphi$$

这样，由动量矩定理得

$$\frac{\mathrm{d}}{\mathrm{d}t}\left(\frac{1}{3}ml^2\omega+Ml^2\omega\right)=mg\ \frac{l}{2}\cos\varphi+Mgl\cos\varphi$$

由此得到

$$\dot{\omega}=\frac{3}{2}\ \frac{g}{l}\ \frac{m+2M}{m+3M}\cos\varphi$$

它给出在任意位置 φ，杆 OA 的角加速度。因

$$\dot{\omega}=\frac{\mathrm{d}\omega}{\mathrm{d}t}=\frac{\mathrm{d}\omega}{\mathrm{d}\varphi}\frac{\mathrm{d}\varphi}{\mathrm{d}t}=\omega\ \frac{\mathrm{d}\omega}{\mathrm{d}\varphi}$$

于是有

$$\omega \mathrm{d}\omega=\frac{3}{2}\frac{g}{l}\frac{m+2M}{m+3M}\cos\varphi \mathrm{d}\varphi$$

作积分

$$\begin{aligned}\int_0^{\omega}\omega \mathrm{d}\omega &=\frac{3}{2}\frac{g}{l}\frac{m+2M}{m+3M}\int_0^{\pi/2}\cos\varphi \mathrm{d}\varphi\\&=\frac{3}{2}\frac{g}{l}\frac{m+2M}{m+3M}(\sin\varphi)\Big|_0^{\pi/2}\\&=\frac{3}{2}\frac{g}{l}\frac{m+2M}{m+3M}\end{aligned}$$

因此得

$$\omega=\sqrt{\frac{3g}{l}\frac{m+2M}{m+3M}}$$

注意,上面的解法可以求出任意位置时杆 OA 的角速度。

例 8.3.10　无外力矩作用的半径为 R,质量为 m_0 的圆柱形自旋卫星绕对称轴旋转,质量均为 m 的两个质点沿径向对称地向外伸展,与旋转轴的距离 x 不断地增大,如图 8.28 所示。联系卫星与质点的变长度杆的质量不计,设质点自卫星表面出发时卫星的初始角速度为 ω_0。试计算卫星自旋角速度 ω 的变化规律。

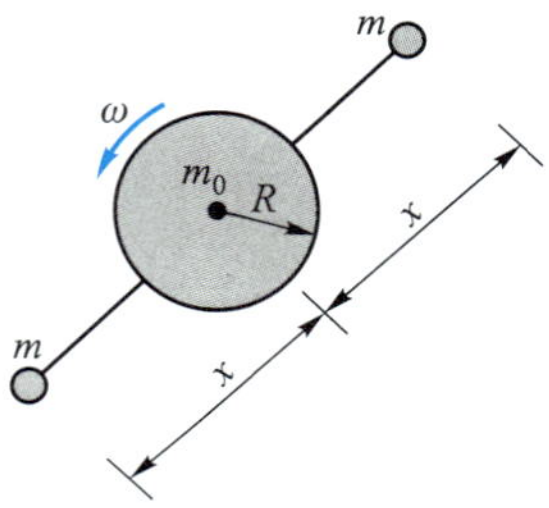

图 8.28

解:卫星对旋转轴的转动惯量为

$$J_z=\frac{1}{2}m_0R^2+2mx^2$$

令转动惯量的初始值为

$$J_{z0}=\frac{1}{2}m_0R^2+2mR^2$$

根据动量矩守恒定律,有

$$L_{Cz}=J_z\omega=J_{z0}\omega_0$$

于是得

$$\omega=\left[\frac{m_0+4m}{m_0+4m\left(\dfrac{x}{R}\right)^2}\right]\omega_0$$

自旋卫星的角速度随质点的伸展而不断降低。

本节介绍了质点系的动量矩定理,包括对固定点的动量矩定理

$$\frac{\mathrm{d}\boldsymbol{L}_O}{\mathrm{d}t}=\boldsymbol{M}_O$$

对质心的动量矩定理

$$\frac{\mathrm{d}\boldsymbol{L}_C}{\mathrm{d}t}=\frac{\mathrm{d}\boldsymbol{L}_{Cr}}{\mathrm{d}t}=\boldsymbol{M}_C^{(e)}$$

以及对任意动点 A 的动量矩定理

$$\frac{\mathrm{d}\boldsymbol{L}_A}{\mathrm{d}t}=\boldsymbol{M}_A^{(e)}+m\boldsymbol{v}_C\times\boldsymbol{v}_A$$

这些定理及其守恒形式可用来解一些质点系动力学问题。用对定轴的动量矩定理可导出刚体定轴运动微分方程。

另外,动量矩定理和动量定理联合,还可解更多的质点系动力学问题。用质心运动定理和相对质心动量矩定理可导出刚体平面运动动力学方程。

应用动量矩定理可解两类动力学问题:已知运动求力(与质心运动定理联合,例8.3.6~例8.3.8),以及已知力求运动(例8.3.3~例8.3.5,例8.3.9~例8.3.10)。

当 $\boldsymbol{v}_A/\!/\boldsymbol{v}_C$ 时,对动点 A 的动量矩定理可写成

$$\frac{\mathrm{d}\boldsymbol{L}_A}{\mathrm{d}t}=\boldsymbol{M}_A^{(e)}$$

这个结果可用来建立某些平面运动刚体的动力学方程。例如,半径为 r 的匀质圆盘在半径为 R 的铅垂固定圆周内的滚动;又如,一端靠墙另一端着地的匀质杆在铅垂平面内运动。在这些问题中,动点 A 都可选在定瞬心线上与瞬心相重合的点,此时有 $\boldsymbol{v}_A/\!/\boldsymbol{v}_C$。但是对于匀质半圆在水平直线上滚动的问题,则没有 $\boldsymbol{v}_A/\!/\boldsymbol{v}_C$。

8.4 质点系动能定理

8.4.1 质点和质点系的动能

1. 质点的动能

质点的质量与速度平方的乘积的二分之一定义为质点的动能,记作 T,即

$$T=\frac{1}{2}mv^2 \tag{8.4.1}$$

质点的动能为正标量,其大小取决于质点速度的大小而与方向无关。动能的单位为J(焦)

$$1\ \mathrm{J}=1\ \mathrm{N\cdot m}=1\ \mathrm{kg\cdot m^2\cdot s^{-2}}$$

2. 质点系的动能和柯尼希定理

质点系中各质点动能的总和称为质点系的动能,有

$$T=\sum_{i=1}^{N}\frac{1}{2}m_iv_i^2 \tag{8.4.2}$$

当质点系中各质点的运动较为复杂时,可将各质点的运动分解为随质心作平移的牵连运动和相对于质心平移系的相对运动。建立与质心固连的平移坐标系 $Cxyz$,如图8.29所示。质量为 m_i 的质点 P_i 的速度 $\boldsymbol{v}_i$ 等于质心的速度 $\boldsymbol{v}_C$ 与相对平移系的速度 $\boldsymbol{v}_{ri}$ 的矢量和,即

$$\boldsymbol{v}_i=\boldsymbol{v}_C+\boldsymbol{v}_{ri}$$

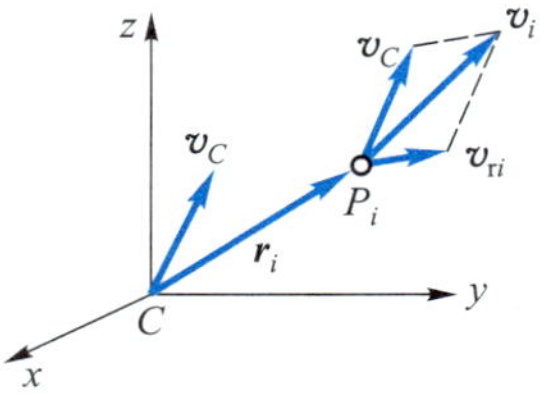

图 8.29

质点系的动能

$$T=\sum_{i=1}^{N}\frac{1}{2}m_i(\boldsymbol{v}_C+\boldsymbol{v}_{ri})\cdot(\boldsymbol{v}_C+\boldsymbol{v}_{ri})$$
$$=\frac{1}{2}\left(\sum_{i=1}^{N}m_i\right)v_C^2+\frac{1}{2}\sum_{i=1}^{N}m_iv_{ri}^2+\boldsymbol{v}_C\cdot\left(\sum_{i=1}^{N}m_i\boldsymbol{v}_{ri}\right)$$

注意到 $\sum_{i=1}^{N}m_i=m$ 为质点系的质量，$\sum_{i=1}^{N}m_i\boldsymbol{v}_{ri}=m\boldsymbol{v}_{rC}=\mathbf{0}$，则有

$$T=\frac{1}{2}mv_C^2+\frac{1}{2}\sum_{i=1}^{N}m_iv_{ri}^2 \tag{8.4.3}$$

这表明，**质点系的动能等于质点系质量集中在质心处的质点动能与相对质心平移系运动的动能之和**，称为**柯尼希定理**。

3. 刚体运动时的动能

（1）刚体平移时的动能

刚体平移时，其上各点的速度相同，如用质心速度 $\boldsymbol{v}_C$ 表示这个共同速度，m 表示刚体的总质量，则刚体的动能为

$$T=\sum_{i=1}^{N}\frac{1}{2}m_iv_i^2=\sum_{i=1}^{N}\frac{1}{2}m_iv_C^2=\frac{1}{2}\left(\sum_{i=1}^{N}m_i\right)v_C^2=\frac{1}{2}mv_C^2 \tag{8.4.4}$$

（2）刚体绕定轴转动时的动能

设刚体角速度为 ω（图 8.30），质量为 m_i 的质点 P_i 距转轴为 d_i，则其速度为

$$v_i=\omega d_i$$

于是刚体的动能为

$$T=\sum_{i=1}^{N}\frac{1}{2}m_iv_i^2=\sum_{i=1}^{N}\frac{1}{2}m_i\omega^2d_i^2=\frac{1}{2}\left(\sum_{i=1}^{N}m_id_i^2\right)\omega^2$$

即

$$T=\frac{1}{2}J_z\omega^2 \tag{8.4.5}$$

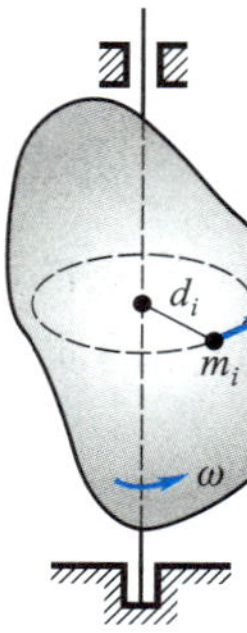

图 8.30

其中 $J_z=\sum_{i=1}^{N}m_id_i^2$ 为刚体对转轴的转动惯量，因此，定轴转动刚体的动能，等于刚体的转动角速度的平方与刚体对转轴的转动惯量的乘积的一半。

（3）刚体作平面运动时的动能

刚体的平面运动可分解为随质心的平移和绕质心的转动，由柯尼希定理得刚体平面运动时的动能为

$$T=\frac{1}{2}mv_C^2+\frac{1}{2}J_{Cz}\omega^2 \tag{8.4.6}$$

其中 $J_{Cz}=\sum_{i=1}^{N}m_ir_{ri}^2$ 为刚体相对于过质心并垂直于运动平面的轴的转动惯量。因此，平面运动刚体的动能等于刚体随质心平移的动能与刚体绕质心转动的动能之和。

设点 P 为一般平面运动刚体的速度瞬心，则 $v_C = PC \cdot \omega$，代入式(8.4.6)中可得刚体在此时刻下的动能为

$$T=\frac{1}{2}m(PC\cdot\omega)^2+\frac{1}{2}J_{Cz}\omega^2=\frac{1}{2}(m\cdot PC^2+J_{Cz})\omega^2=\frac{1}{2}J_{Pz}\omega^2 \tag{8.4.7}$$

式中 $J_{Pz}=m\cdot PC^2+J_{Cz}$。由转动惯量的平行轴定理可知，$J_{Pz}$ 是一般平面运动刚体对过速度瞬心 P 且垂直于其运动平面的轴的转动惯量。因此，可由一般平面运动刚体的瞬时定轴转动来计算其动能。然而，需要注意的是，一般平面运动刚体的速度瞬心 P 在整个运动过程中往往会改变，因此在计算不同时刻下的动能时，J_{Pz} 具有不同的值。

8.4.2 力的功

1. 力对质点的功

作用于质点的力 $\boldsymbol{F}$ 与质点的无限小位移 $\mathrm{d}\boldsymbol{r}$ 的标积，称为**力对质点所做的元功**，记作 $\mathrm{d}'W$，即

$$\mathrm{d}'W=\boldsymbol{F}\cdot\mathrm{d}\boldsymbol{r} \tag{8.4.8}$$

当质点沿路径 C 自 P_0 运动到 P 时(图 8.31)，元功沿路径的积分，称为**力 $\boldsymbol{F}$ 在有限路径上的功**，记作 W

$$W=\int_C \boldsymbol{F}\cdot\mathrm{d}\boldsymbol{r}=\int_C F_t\mathrm{d}s \tag{8.4.9}$$

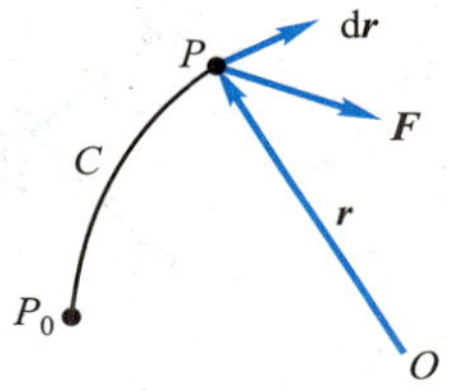

图 8.31

其中 F_t 为力在运动方向上的投影，$\mathrm{d}s$ 为弧元。一般情况下，积分 W 与路径有关。

2. 力对质点系的功

设质点系内各质点 $P_i(i=1,2,\cdots,N)$ 的作用力、矢径和运动轨迹分别为 $\boldsymbol{F}_i,\boldsymbol{r}_i$ 和 $C_i(i=1,2,\cdots,N)$，则**力系的总元功等于所有力的元功之和，力系的总功等于所有力的功之和**，分别表示为

$$\mathrm{d}'W=\sum_{i=1}^{N}\boldsymbol{F}_i\cdot\mathrm{d}\boldsymbol{r}_i \tag{8.4.10}$$

$$W=\sum_{i=1}^{N}\int_{C_i}\boldsymbol{F}_i\cdot\mathrm{d}\boldsymbol{r}_i \tag{8.4.11}$$

3. 几种常见力的功

(1) 常力的功

如果力 $\boldsymbol{F}$ 为常矢量，则由式(8.4.9)积分得

$$W=\boldsymbol{F}\cdot\int_C\mathrm{d}\boldsymbol{r}=\boldsymbol{F}\cdot(\boldsymbol{r}-\boldsymbol{r}_0) \tag{8.4.12}$$

因此，**常力的功只与力作用点的起点和终点位置 $\boldsymbol{r}_0$ 和 $\boldsymbol{r}$ 有关，而与路径无关**。重力属于最常见的常力。如取 z 轴铅垂向上，则重力沿 z 轴负向，令式(8.4.12)中 $\boldsymbol{F}=-mg\boldsymbol{k}$，得到

$$W=-mg\boldsymbol{k}\cdot(\boldsymbol{r}-\boldsymbol{r}_0)=mg(z_0-z) \tag{8.4.13}$$

其中 z_0 和 z 分别为重力作用点的起点和终点高度。计算质点系的重力功时，令式(8.4.11)中的 $\boldsymbol{F}_i=-m_ig\boldsymbol{k}$，得到

$$W=-g\boldsymbol{k}\cdot\sum_{i=1}^{N}m_i\int_{C_i}\mathrm{d}\boldsymbol{r}_i=-g\boldsymbol{k}\cdot\sum_{i=1}^{N}m_i(\boldsymbol{r}_i-\boldsymbol{r}_{i0})$$

利用质心的定义，上式可表示为

$$W=g\boldsymbol{k}\cdot m(\boldsymbol{r}_{P_0}-\boldsymbol{r}_P)=mg(z_{P_0}-z_P)\tag{8.4.14}$$

其中 $m=\sum_{i=1}^{N}m_i$ 为质点系的质量，$\boldsymbol{r}_{P_0}$，z_{P_0} 和 $\boldsymbol{r}_P$，z_P 分别为质点系的质心在起点 P_0 和终点 P 处的矢径和高度，如图 8.32 所示。式(8.4.14)表明，质点系重力的功与质心运动的高度差成正比。

(2) 弹性力的功

如果力 $\boldsymbol{F}$ 的作用线始终通过某固定点 O，则称此力为有心力，例如一端固定于点 O 的弹簧在另一端 P 处作用于物体的弹性力 $\boldsymbol{F}$。设弹簧的原长为 l，点 P 至点 O 的距离为 r，则弹性力 $\boldsymbol{F}$ 的大小与变形 $\lambda=r-l$ 成正比，作用线沿点 P 相对 O 的矢径 $\boldsymbol{r}$，指向变形的反方向，如图 8.33 所示。令弹簧刚度系数为 k，则有

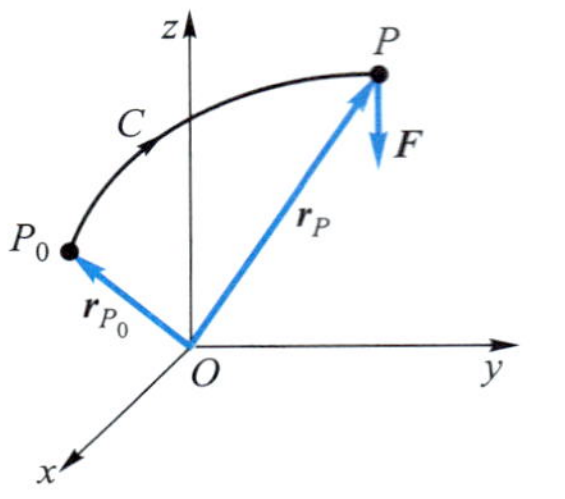

图 8.32

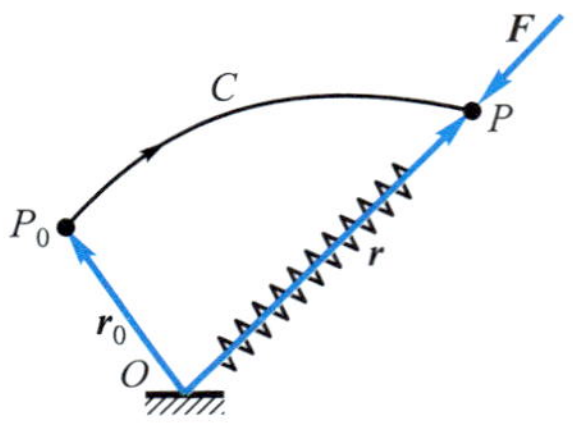

图 8.33

$$\boldsymbol{F}=-k(r-l)\left(\frac{\boldsymbol{r}}{r}\right)\tag{8.4.15}$$

将其代入式(8.4.9)，并注意到

$$\boldsymbol{r}\cdot\mathrm{d}\boldsymbol{r}=\mathrm{d}\left(\frac{1}{2}\boldsymbol{r}\cdot\boldsymbol{r}\right)=\mathrm{d}\left(\frac{1}{2}r^2\right)=r\mathrm{d}r$$

则有

$$W=-k\int_C\left(1-\frac{l}{r}\right)\boldsymbol{r}\cdot\mathrm{d}\boldsymbol{r}=-k\int_C\left(1-\frac{l}{r}\right)r\mathrm{d}r=-k\int_C\lambda\mathrm{d}\lambda$$

令 λ_0 和 λ 分别为弹簧在 P_0 和 P 处的变形，由上式积分得

$$W=\frac{1}{2}k(\lambda_0^2-\lambda^2)\tag{8.4.16}$$

即弹性力的功与弹簧变形的平方差成正比。

(3) 万有引力的功

设质量为 m 的质点，受到固定于 O 处的另一质量为 M 的质点的引力作用，如图 8.34 所示，其作用力为

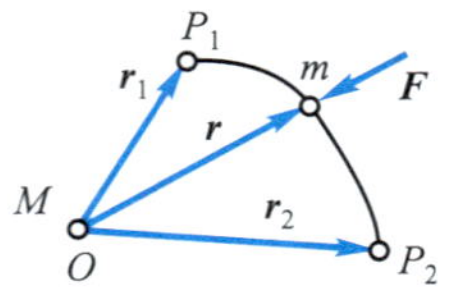

图 8.34

$$\boldsymbol{F}=-\frac{GMm}{r^3}\boldsymbol{r}$$

其中 $\boldsymbol{r}$ 为质量为 m 的质点相对 O 的矢径，G 是引力常数。引力 $\boldsymbol{F}$ 的元功为

$$d'W = -\frac{GMm}{r^3}\boldsymbol{r}\cdot d\boldsymbol{r} = -\frac{GMm}{r^2}dr$$

设质点从离点 O 的距离为 r_1 的位置运动到距离为 r_2 的位置，则引力 $\boldsymbol{F}$ 的功为

$$W = \int d'W = \int_{r_1}^{r_2}\left(-\frac{GMm}{r^2}\right)dr = GMm\left(\frac{1}{r_2}-\frac{1}{r_1}\right) \tag{8.4.17}$$

它与路径无关。

（4）阻力的功

物体沿粗糙平面运动或在黏性介质中运动时，都受到阻力作用。阻力 $\boldsymbol{F}$ 的作用线沿物体的速度矢量 $\boldsymbol{v}$，方向与其相反，表示为

$$\boldsymbol{F} = -F(v)\frac{\boldsymbol{v}}{v}$$

此力的功为

$$W = -\int_C F(v)v\,dt = -\int_C F(v)\,ds \tag{8.4.18}$$

4. 作用于刚体上的力系的功

在平移刚体上作用一力系 $\boldsymbol{F}_1, \boldsymbol{F}_2, \cdots, \boldsymbol{F}_N$，各力的功之和称为力系的功，它们的元功之和为

$$\sum d'W_i = \sum \boldsymbol{F}_i \cdot d\boldsymbol{r}_i$$

因刚体平移时，其上各点位移相同，用质心的位移 $d\boldsymbol{r}_C$ 替代各点的位移，则有

$$\sum d'W_i = \sum \boldsymbol{F}_i \cdot d\boldsymbol{r}_C = \boldsymbol{F}_R \cdot d\boldsymbol{r}_C$$

进而有

$$W = \int_C \boldsymbol{F}_R \cdot d\boldsymbol{r}_C \tag{8.4.19}$$

可见，**刚体平移时，力系的功等于与力系主矢相等的力作用于质心的有限路径上的功。**

在刚体绕 z 轴作定轴转动时，力 $\boldsymbol{F}_i$ 的作用点的无限小位移为

$$d\boldsymbol{r}_i = \boldsymbol{v}_i dt = (\boldsymbol{\omega}\times\boldsymbol{r}_i)dt$$

元功为

$$\begin{aligned} d'W_i &= \boldsymbol{F}_i \cdot d\boldsymbol{r}_i = \boldsymbol{F}_i \cdot (\boldsymbol{\omega}\times\boldsymbol{r}_i)dt \\ &= (\boldsymbol{r}_i\times\boldsymbol{F}_i)\cdot\boldsymbol{\omega}dt = (\boldsymbol{r}_i\times\boldsymbol{F}_i)\cdot\boldsymbol{k}\omega dt \end{aligned}$$

因

$$\omega dt = d\varphi$$

而 $(\boldsymbol{r}_i\times\boldsymbol{F}_i)\cdot\boldsymbol{k}$ 是力 $\boldsymbol{F}_i$ 对 z 轴之矩 $M_z(\boldsymbol{F}_i)$。于是有

$$d'W_i = M_z(\boldsymbol{F}_i)d\varphi$$

则力系的元功为

$$d'W = \sum d'W_i = \sum M_z(\boldsymbol{F}_i)d\varphi \tag{8.4.20}$$

这表明，**作用在定轴转动刚体上的力系的元功等于力系各力对转轴之矩的代数和与刚体微小转角之乘积**。因此，力系在有限转角上的功为

$$W=\int_{\varphi_1}^{\varphi_2}\sum M_z(\boldsymbol{F}_i)\,\mathrm{d}\varphi \tag{8.4.21}$$

当 M_z 为常值时,有

$$W=\sum M_z(\boldsymbol{F}_i)(\varphi_2-\varphi_1)$$

在刚体作平面运动时,选其上任一点 A 为基点,力 $\boldsymbol{F}_i$ 的作用点 P_i 的无限小位移表示为

$$\mathrm{d}\boldsymbol{r}_i=\boldsymbol{v}_i\mathrm{d}t=(\boldsymbol{v}_A+\boldsymbol{\omega}\times\boldsymbol{\rho}_i)\mathrm{d}t$$

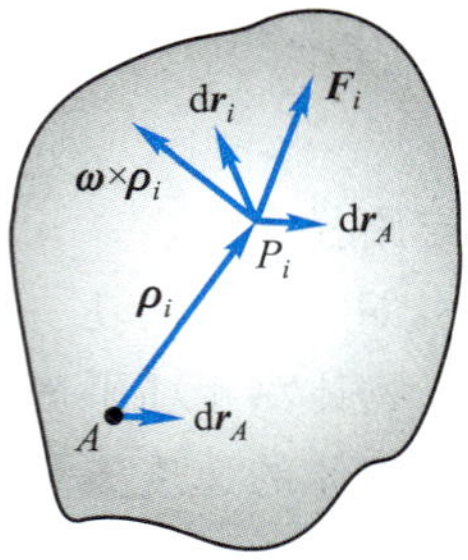

图 8.35

如图 8.35 所示。力 $\boldsymbol{F}_i$ 的元功为

$$\begin{aligned}\mathrm{d}'W_i&=\boldsymbol{F}_i\cdot\mathrm{d}\boldsymbol{r}_i=\boldsymbol{F}_i\cdot\mathrm{d}\boldsymbol{r}_A+\boldsymbol{F}_i\cdot(\boldsymbol{\omega}\times\boldsymbol{\rho}_i)\mathrm{d}t\\&=\boldsymbol{F}_i\cdot\mathrm{d}\boldsymbol{r}_A+(\boldsymbol{\rho}_i\times\boldsymbol{F}_i)\cdot\omega\boldsymbol{k}\mathrm{d}t\\&=\boldsymbol{F}_i\cdot\mathrm{d}\boldsymbol{r}_A+M_A(\boldsymbol{F}_i)\mathrm{d}\varphi\end{aligned}$$

力系的元功为

$$\mathrm{d}'W=\sum\mathrm{d}'W_i=\sum\boldsymbol{F}_i\cdot\mathrm{d}\boldsymbol{r}_A+\sum M_A(\boldsymbol{F}_i)\mathrm{d}\varphi$$

即

$$\mathrm{d}'W=\boldsymbol{F}_{\mathrm{R}}\cdot\mathrm{d}\boldsymbol{r}_A+M_A\mathrm{d}\varphi \tag{8.4.22}$$

其中 $\boldsymbol{F}_{\mathrm{R}}=\sum\boldsymbol{F}_i$ 为力系的主矢,$M_A=\sum M_A(\boldsymbol{F}_i)$ 为力系对点 A 的主矩。力系在刚体平面运动的有限运动过程中的功为

$$W=\int\boldsymbol{F}_{\mathrm{R}}\cdot\mathrm{d}\boldsymbol{r}_A+\int M_A\mathrm{d}\varphi \tag{8.4.23}$$

这说明**刚体作平面运动时,可将力系向刚体任一点简化为一力和一力偶,力系的功等于此力在简化点的位移上的功与此力偶在刚体绕此简化点转动位移上的功之和。**

5. 约束力的功

(1) 外力中做功为零的约束力

固定光滑曲面的约束力,一端固定不可伸长柔绳的约束力,固定端光滑铰链的约束力,物体沿固定曲面作无滑滚动时的约束力等,都是做功为零的约束力。

(2) 内力做功之和为零的约束力

刚体内任意两点的内力不做功;质点系内刚体与刚体光滑接触时,质点系内刚体和刚体以光滑铰链连接时,质点之间用不可伸长的柔绳连接时等,约束力不做功。

例 8.4.1 滑块 A,B 分别铰接于杆 AB 的两端点(图 8.36),并可以在相互垂直的槽内运动。已知滑块 A,B 及杆 AB 的质量均为 m,杆长为 l。当杆 AB 与铅垂槽的夹角为 φ 时,滑块 A 的速度为 $\boldsymbol{v}$。试求该瞬时整个系统的动能。

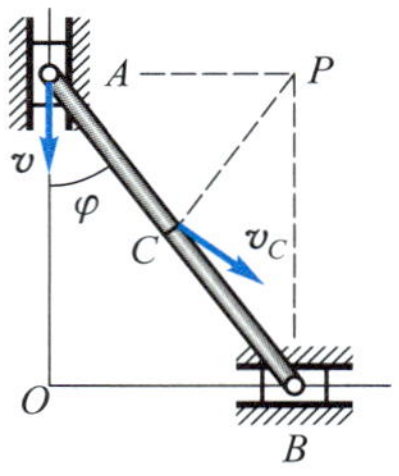

图 8.36

解: 系统由三个刚体组成:滑块 A,B 及杆 AB。滑块 A 和 B 可当作质点或平移刚体,杆 AB 作平面运动。滑块 A 的动能为

$$T_A=\frac{1}{2}mv^2$$

滑块 B 的动能为

$$T_B=\frac{1}{2}mv_B^2$$

杆 AB 的动能，按式(8.4.6)计算，得

$$T_{AB}=\frac{1}{2}mv_C^2+\frac{1}{2}\left(\frac{1}{12}ml^2\right)\omega^2$$

利用运动学知识，将 v_B，v_C 和 ω 用 v 表示，有

$$\omega=\frac{v}{l\sin\varphi}=\frac{v_B}{l\cos\varphi}=\frac{v_C}{l/2}$$

因此有

$$v_B=v\cot\varphi,\quad v_C=\frac{v}{2\sin\varphi},\quad \omega=\frac{v}{l\sin\varphi}$$

系统动能为

$$\begin{aligned}T&=T_A+T_B+T_{AB}\\&=\frac{1}{2}mv^2+\frac{1}{2}mv^2\cot^2\varphi+\frac{1}{2}m\frac{v^2}{4\sin^2\varphi}+\frac{1}{2}\left(\frac{1}{12}ml^2\right)\frac{v^2}{l^2\sin^2\varphi}\\&=\frac{2}{3}\frac{mv^2}{\sin^2\varphi}\end{aligned}$$

请读者考虑：用柯尼希定理能否计算出系统的动能。

例 8.4.2 曲柄 OA 可绕固定齿轮 Ⅰ 的轴 O 转动，A 端带有动齿轮 Ⅱ，两齿轮用链条相连如图 8.37 所示。如已知两齿轮的半径均为 r，重量均为 P，且可视为匀质圆盘。曲柄长为 l，重量为 Q，可视为匀质细杆。链条重量为 W，可视为不可伸长的匀质细绳。试求曲柄以匀角速度 ω 转动时系统的动能。

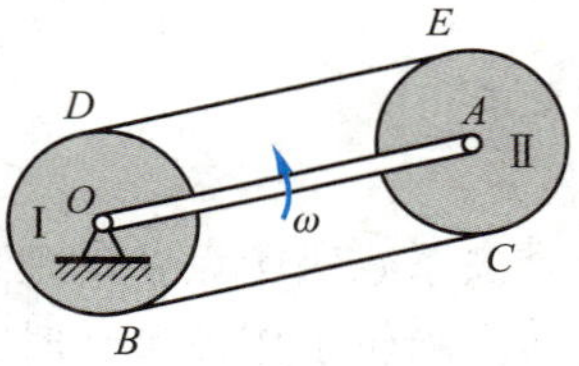

图 8.37

解： 系统由两齿轮、细杆和链条组成。齿轮 Ⅰ 不动，其动能为

$$T_{\text{I}}=0$$

齿轮 Ⅱ 作平移，因为站在细杆 OA 上看，两齿轮有同样的角速度，即

$$\frac{\omega_{\text{II}}-\omega}{0-\omega}=1$$

于是有 $\omega_{\text{II}}=0$。齿轮上各点的速度等于其上点 A 的速度

$$v_A=\omega l$$

因此齿轮 Ⅱ 的动能为

$$T_{\text{II}}=\frac{1}{2}\frac{P}{g}(\omega l)^2$$

细杆 OA 作定轴转动，其动能为

$$T_{OA}=\frac{1}{2}J_O\omega^2=\frac{1}{2}\left(\frac{1}{3}\frac{Q}{g}l^2\right)\omega^2$$

为计算链条的动能，将其分为 4 个部分。BD 段不动，则

$$T_{BD}=0$$

CE 段各点的速度等于 v_A，于是

动画 27：例 8.4.2

$$T_{CE}=\frac{1}{2}\left[\pi r\frac{W}{2(\pi r+l)g}\right](\omega l)^2$$

BC 段与 DE 段的速度呈线性分布,由

$$v_B=v_D=0,\quad v_C=v_E=\omega l$$

可按定轴转动情形来计算,则

$$T_{BC}=T_{DE}=\frac{1}{2}\left\{\left[\frac{1}{3}l\frac{W}{2(\pi r+l)g}\right]l^2\right\}\omega^2$$

于是系统的动能为

$$\begin{aligned}T&=T_{\mathrm{I}}+T_{\mathrm{II}}+T_{OA}+T_{BD}+T_{CE}+T_{BC}+T_{DE}\\&=\frac{1}{2}\left[\frac{1}{3}Q+P+\frac{3\pi r+2l}{6(\pi r+l)}W\right]\frac{l^2\omega^2}{g}\end{aligned}$$

例 8.4.3 半径为 R 的轮子在地面上滚动,如图 8.38 所示。设轮心 O 的速度为 $\boldsymbol{v}$,轮子的角速度为 ω。讨论地面对轮子的摩擦力 $\boldsymbol{F}_{\mathrm{f}}$ 所做的元功。

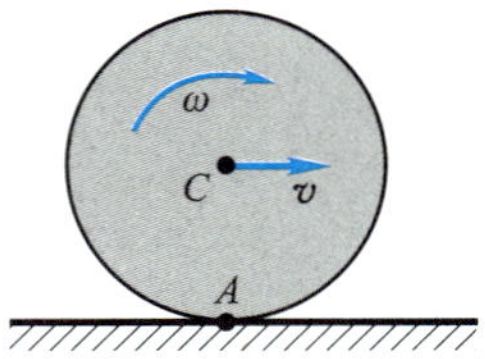

图 8.38

解:摩擦力的方向总是与点 A 的速度方向相反。由元功定义式(8.4.8),有

$$\mathrm{d}'W=\boldsymbol{F}_f\cdot\mathrm{d}\boldsymbol{r}_A=\boldsymbol{F}_{\mathrm{f}}\cdot\boldsymbol{v}_A\mathrm{d}t$$

因此有

$$\mathrm{d}'W=-F_{\mathrm{f}}\left|v-\omega R\right|\mathrm{d}t<0$$

这个关系式对于点 A 的速度不论向左还是向右都成立。$\mathrm{d}'W<0$ 说明摩擦力对轮子做负功。当轮子作纯滚动时,有 $v-\omega R=0$,不论摩擦力 $\boldsymbol{F}_{\mathrm{f}}$ 向左或向右都有 $\mathrm{d}'W=0$,说明摩擦力不做功。

例 8.4.4 在阻力与速度成正比的落体运动中,速度为

$$\dot{x}=v^*\left(1-\exp\left(-\frac{t}{\tau}\right)\right)$$

其中 $v^*=mg/c,\tau=m/c$,而 m 是质点的质量,c 为阻尼系数,τ 为特征时间间隔。试求由初始瞬时至 3 倍特征时间间隔内,外力对落体所做的功。

解:阻力 $F_{\mathrm{R}x}=-c\dot{x}$,由 $t=0$ 至 $t=3\tau$ 内阻力的总功为

$$W_1=-\int_0^{3\tau}c\dot{x}^2\mathrm{d}t=-c(v^*)^2\int_0^{3\tau}\left[1-\exp\left(-\frac{t}{\tau}\right)\right]^2\mathrm{d}t\approx-1.60m(v^*)^2$$

在此期间重力的功为

$$W_2=\int_0^{3\tau}mg\dot{x}\mathrm{d}t=mgx\Big|_{t=0}^{t=3\tau}\approx2.05m(v^*)^2$$

外力的总功为

$$W=W_1+W_2\approx0.45m(v^*)^2$$

例 8.4.5 连接两个滑块 A 和 B 的弹簧原长 $l_0=4$ cm,刚度系数为 $k=49\ \mathrm{N\cdot cm^{-1}}$(图 8.39)。试求当两滑块分别从位置 A_1 和 B_1 运动到位置 A_2 和 B_2 的过程中弹性力的功。各点位置的坐标是 $A_1(4,0)$,$B_1(0,3)$,$A_2(6,0)$,$B_2(0,6)$,其中坐标单位是 cm。

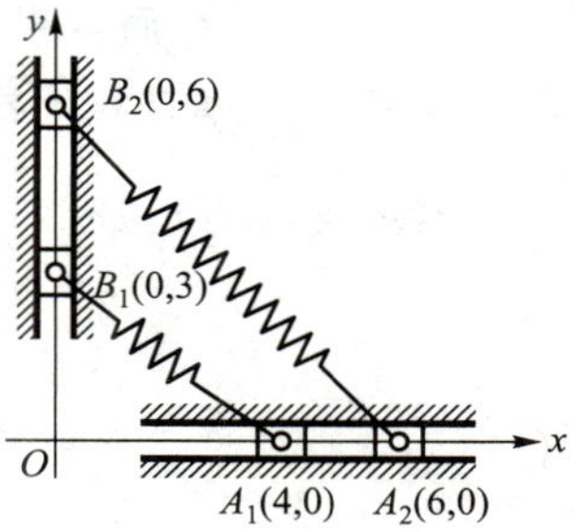

图 8.39

解：弹性力的功由式(8.4.16)得出

$$W=\frac{1}{2}k(\lambda_0^2-\lambda^2)$$

$$\lambda_0=(\sqrt{3^2+4^2}-4)\ \text{cm}=1\ \text{cm}$$

$$\lambda=(\sqrt{6^2+6^2}-4)\ \text{cm}\approx 4.485\ \text{cm}$$

将其代入 W 中，得

$$W=\frac{1}{2}\times 49\times[1^2-(6\sqrt{2}-4)^2]\times 10^{-2}\ \text{J}=-4.68\ \text{J}$$

8.4.3 质点和质点系的动能定理

1. 质点的动能定理

将质点的运动微分方程

$$m\frac{\mathrm{d}\boldsymbol{v}}{\mathrm{d}t}=\boldsymbol{F}$$

两端标量积 $\mathrm{d}\boldsymbol{r}$，得到

$$m\boldsymbol{v}\cdot\mathrm{d}\boldsymbol{v}=\boldsymbol{F}\cdot\mathrm{d}\boldsymbol{r}$$

即

$$\mathrm{d}\left(\frac{1}{2}m\boldsymbol{v}\cdot\boldsymbol{v}\right)=\mathrm{d}'W$$

或

$$\mathrm{d}T=\mathrm{d}'W \tag{8.4.24}$$

将其沿路径积分，得到

$$T-T_0=W \tag{8.4.25}$$

即

$$\frac{1}{2}mv^2-\frac{1}{2}mv_0^2=W \tag{8.4.26}$$

这就是质点的动能定理，表明质点的动能改变等于运动过程中力对质点所做的功。

2. 质点系的动能定理

对于质点系中的每个质点，列写动能定理方程式(8.4.26)

$$\frac{1}{2}m_iv_i^2-\frac{1}{2}m_iv_{i0}^2=W_i\quad(i=1,2,\cdots,N) \tag{8.4.27}$$

上式右端 W_i 包含外力功 W_{ei} 和内力功 W_{ii}

$$W_i=W_{ei}+W_{ii}$$

将式(8.4.27)的 N 个方程相加，得质点系的动能定理

$$T-T_0=W \tag{8.4.28}$$

其中

$$T=\sum_{i=1}^{N}\frac{1}{2}m_iv_i^2,\quad T_0=\sum_{i=1}^{N}\frac{1}{2}m_iv_{i0}^2,\quad W=\sum_{i=1}^{N}W_{ei}+\sum_{i=1}^{N}W_{ii}$$

式(8.4.28)表述为:质点系动能的改变等于质点系所有外力功和内力功的总和。

3. 功率 · 功率方程 · 机械效率

如果对质点的元功 $\mathrm{d}'W$ 在时间 $\mathrm{d}t$ 内完成,则$\dfrac{\mathrm{d}'W}{\mathrm{d}t}$表示力做功的速率,称为功率,记作 P,有

$$P=\frac{\mathrm{d}'W}{\mathrm{d}t} \tag{8.4.29}$$

由元功的定义式(8.4.8),上式可表示为

$$P=\boldsymbol{F}\cdot\frac{\mathrm{d}\boldsymbol{r}}{\mathrm{d}t}=\boldsymbol{F}\cdot\boldsymbol{v} \tag{8.4.30}$$

因此,力对质点所做的功率等于力与质点速度的标量积。功率的单位名称为瓦,符号为 W,$1\ \mathrm{W}=1\ \mathrm{J}\cdot\mathrm{s}^{-1}=1\ \mathrm{N}\cdot\mathrm{m}\cdot\mathrm{s}^{-1}$,$1\ \mathrm{kW}=1\ 000\ \mathrm{W}$。

对于质点系,功率表示为

$$P=\sum_{i=1}^{N}\boldsymbol{F}_i\cdot\boldsymbol{v}_i \tag{8.4.31}$$

对于刚体的特殊情形,功率表示为

$$\begin{aligned}P&=\sum\boldsymbol{F}_i\cdot(\boldsymbol{v}_0+\boldsymbol{\omega}\times\boldsymbol{\rho}_i)\\&=\sum\boldsymbol{F}_i\cdot\boldsymbol{v}_0+\boldsymbol{\omega}\cdot\sum\boldsymbol{\rho}_i\times\boldsymbol{F}_i\\&=\boldsymbol{F}_{\mathrm{R}}\cdot\boldsymbol{v}_0+\boldsymbol{M}_O\cdot\boldsymbol{\omega}\end{aligned} \tag{8.4.32}$$

它表明,力系对刚体所做的功率等于力系的主矢与基点速度的标量积及力系对基点的主矩与刚体角速度的标量积之和。

用功率表示动能定理,有

$$\frac{\mathrm{d}T}{\mathrm{d}t}=P \tag{8.4.33}$$

即质点系动能的变化率等于作用于质点系的所有外力与内力所做的功率之和。

在机器的输入功率中,一部分转换为对外做功的有用功率,另一部分转换为克服阻力所消耗的无用功率,剩余部分则改变机器的动能,即

$$P_{\text{输入}}=P_{\text{有用}}+P_{\text{无用}}+\frac{\mathrm{d}T}{\mathrm{d}t} \tag{8.4.34}$$

有用功率与输入功率之比,作为评定机器质量的指标之一,称之为机械效率,记作 η,即

$$\eta=\frac{P_{\text{有用}}}{P_{\text{输入}}} \tag{8.4.35}$$

8.4.4 势力场 · 势能 · 机械能守恒定律

1. 势力场

如果质点在一空间区域的任意位置处,受到大小和方向都单值地确定的力作用,则称该区域为力场。例如,万有引力和弹性力都是仅与空间位置有关的作用力,所对应的力场称为万有引力场和弹性力场。

将力场对质点的作用力 $\boldsymbol{F}$ 表示为空间位置的单值可微函数，即

$$F_x=F_x(x,y,z),\quad F_y=F_y(x,y,z),\quad F_z=F_z(x,y,z)$$

如果存在单值可微函数 $U(x,y,z)$，其梯度恰好等于力 $\boldsymbol{F}$，即

$$F_x=\frac{\partial U}{\partial x},\quad F_y=\frac{\partial U}{\partial y},\quad F_z=\frac{\partial U}{\partial z} \tag{8.4.36}$$

或

$$\boldsymbol{F}=\mathrm{grad}\ U \tag{8.4.37}$$

则此特殊力场称为势力场，或称为保守力场，U 称为力函数。

2. 势能

将力函数 U 的负值定义为势能，记作 V，有

$$V=-U \tag{8.4.38}$$

质点在势力场内运动时，力场对质点作用的势力所做的功，可利用力函数 U 或势能 V 计算，有

$$W=\int_C \boldsymbol{F}\cdot \mathrm{d}\boldsymbol{r}=\int_C \mathrm{d}U=U-U_0=V_0-V \tag{8.4.39}$$

其中 U_0,U,V_0,V 分别为运动初始和终了时的力函数和势能值。式(8.4.39)表明，势力场的功仅取决于质点的起止点位置，而与质点运动的路径无关，因此 U 或 V 本身的绝对值大小并不重要。可在势力场内任意选定一点 $P_0(x_0,y_0,z_0)$ 作为零势能位置，即令

$$U_0=U(x_0,y_0,z_0)=0,\quad 或\quad V_0=V(x_0,y_0,z_0)=0$$

这样，由式(8.4.39)得

$$W=U=-V \tag{8.4.40}$$

这表明，势能为质点从零势能位置移到所在位置过程中势力所做功的负值。

3. 常见的势力场

(1) 重力场

重力场的势能为

$$V=mgz+C \tag{8.4.41}$$

其中 C 为任意常数，重力场的等势面为水平面。如果将坐标 z 的基准点取在零势面上，则 $C=0$，势能为 $V=mgz$。

(2) 弹性力场

弹性力场的势能为

$$V=\frac{1}{2}k\lambda^2+C \tag{8.4.42}$$

其中 k 为弹簧的刚度系数，λ 为弹簧的变形量。

如果以弹簧原长为半径的球面作为零势面，则 $C=0$，而势能为 $V=\frac{1}{2}k\lambda^2$。

(3) 万有引力场

万有引力场的势能为

$$V=-\frac{Gm}{r}+C \tag{8.4.43}$$

如果取无穷远处的势能为零，则 $C=0$，势能为 $V=-\dfrac{Gm}{r}$。其中 G 为万有引力常数，r 为两物体质心之间的距离。

4. 机械能守恒定律

能量守恒定律是宇宙中的普遍规律之一。一般意义下的动量守恒和动量矩守恒是空间均匀性和空间各向同性的结果，而能量守恒是时间均匀性的结果。物理系统的能量是各种形式能量的总和，这些形式包括动能、势能、电能、磁能、热能等。在力学中只讨论机械能守恒，机械能包括动能和势能两种。

将动能定理(8.4.28)中力的总功 W 按保守力和非保守力分为两类功，则有

$$T-T_0=W_c+W_{nc}$$

其中 W_c 为保守力的功

$$W_c=V_0-V$$

而 W_{nc} 为非保守力的功。于是有

$$T+V-(T_0+V_0)=W_{nc} \tag{8.4.44}$$

将质点系的动能和势能的总和，即机械能记作 E，则有

$$E=T+V$$

于是式(8.4.44)成为

$$E-E_0=W_{nc} \tag{8.4.45}$$

此式表明，质点系机械能的改变量等于所有非保守力做的功。如果除了保守力作用外，没有其他力作用，则有

$$T+V=E_0 \tag{8.4.46}$$

这就是机械能守恒定律。有一些力，虽然不是保守力，但是它们不做功，或者它们做功之和为零，它们虽然存在，但机械能仍然是守恒的。

5. 动能定理的应用

例 8.4.6 两匀质杆 OA 和 O_1B，分别以一端与同一水平面上的两光滑固定铰相连接。它们的另一端又分别与杆 AB 的端点以光滑铰链相连接，如图 8.40 所示。已知三杆 OA，O_1B 和 AB 的质量、长度相同，分别为 m 和 l。试求杆 OA 在与铅垂线成 φ_0 角处无初速释放后，运动至铅垂位置时，杆 OA 的转动角速度。

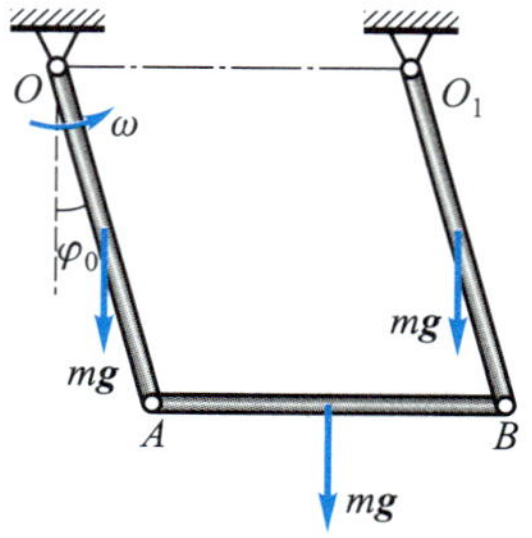

图 8.40

解：以三杆为研究对象。杆 OA 和 O_1B 作定轴转动，杆 AB 作平移。设杆 OA 运动到铅垂位置时的角速度为 ω_1，则系统的动能为

$$\begin{aligned}T&=T_{OA}+T_{O_1B}+T_{AB}\\&=\frac{1}{2}J_O\omega_1^2+\frac{1}{2}J_{O_1}\omega_1^2+\frac{1}{2}m(l\omega_1)^2\\&=\frac{5}{6}ml^2\omega_1^2\end{aligned}$$

系统做功的力为三杆的重力，当角 φ 由 $\varphi=\varphi_0$ 到 $\varphi=0$ 的过程中重力的功为

$$W=2\times mg\times\frac{l}{2}(1-\cos\varphi_0)+mgl(1-\cos\varphi_0)$$
$$=2mgl(1-\cos\varphi_0)$$

由动能定理式(8.4.28)得出

$$\frac{5}{6}ml^2\omega_1^2-0=2mgl(1-\cos\varphi_0)$$

由此解得

$$\omega_1=\sqrt{\frac{12g}{5l}(1-\cos\varphi_0)}$$

例 8.4.7 行星轮系传动机构放在水平面内，如图8.41所示。已知定齿轮半径为 r_1；动齿轮半径为 r_2，质量为 m_2；曲柄 OA 的质量为 m_3。一力偶矩为常量 M 的力偶作用于曲柄 OA 上，此机构从静止开始运动。试求曲柄转过角 φ 时的角速度和角加速度。齿轮当作匀质圆盘，曲柄当作匀质细杆，不计摩擦。

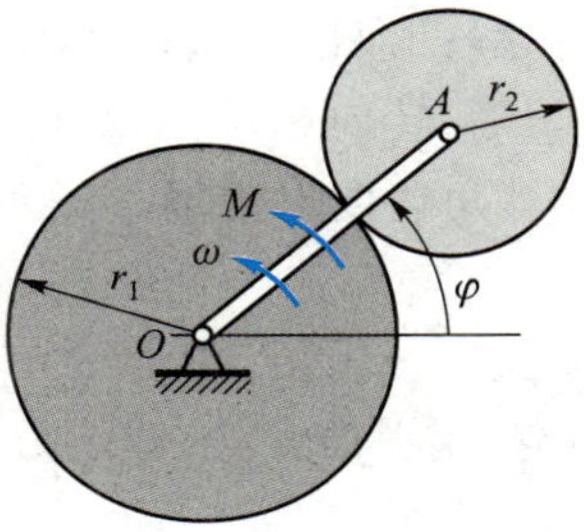

图 8.41

解：以曲柄和动齿轮为研究对象。曲柄 OA 作定轴转动，齿轮 A 作平面运动。设曲柄 OA 任意瞬时的角速度为 ω，则齿轮 A 的角速度为 $(r_1+r_2)\omega/r_2$。曲柄 OA 的动能为

$$T_{OA}=\frac{1}{2}\left[\frac{1}{3}m_3(r_1+r_2)^2\right]\omega^2$$

齿轮 A 的动能为

$$T_A=\frac{1}{2}m_2(r_1+r_2)^2\omega^2+\frac{1}{2}\left[\frac{1}{2}m_2r_2^2\left(\frac{r_1+r_2}{r_2}\right)^2\right]\omega^2$$
$$=\frac{3}{4}m_2(r_1+r_2)^2\omega^2$$

系统的动能为

$$T=T_{OA}+T_A=\frac{1}{12}(2m_3+9m_2)(r_1+r_2)^2\omega^2$$

做功不为零的力只有力偶，元功为

$$\mathrm{d}'W=M\mathrm{d}\varphi$$

由动能定理

$$\mathrm{d}T=\mathrm{d}'W$$

得出

$$\frac{1}{6}(2m_3+9m_2)(r_1+r_2)^2\omega\mathrm{d}\omega=M\mathrm{d}\varphi$$

两端除以 $\mathrm{d}t$，并注意到 $\frac{\mathrm{d}\omega}{\mathrm{d}t}=\alpha$，$\frac{\mathrm{d}\varphi}{\mathrm{d}t}=\omega$，则得曲柄 OA 的角加速度为

$$\alpha=\frac{6M}{(2m_3+9m_2)(r_1+r_2)^2}$$

例 8.4.8 如图 8.42 所示机构中 AB 和 BC 为两相同匀质细杆，长 $l=1\ \text{m}$，质量 $m=2\ \text{kg}$。匀质圆轮半径 $r=0.25\ \text{m}$，质量 $m_1=4\ \text{kg}$，沿水平面作无滑滚动。机构中弹簧的自然长度 $l_0=1\ \text{m}$，弹簧刚度系数为 $k=50\ \text{N}\cdot\text{m}^{-1}$。如在点 B 加一铅垂常力 $F=60\ \text{N}$。试求：系统从 $\theta=\theta_0=60°$ 静止开始运动到 $\theta=0$ 时两杆的角速度各等于多少。

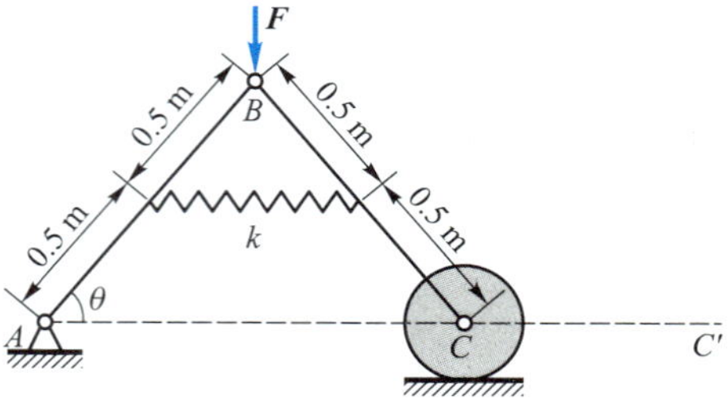

图 8.42

解：求两个状态 $\theta=60°$ 至 $\theta=0$ 的角速度关系，宜用动能定理。两杆角速度总是大小相等，转向相反。设 $\theta=0$ 时杆的角速度为 ω。轮心 C 移动到 C'，此时轮心速度为零，其角速度也为零。杆 AB 作定轴转动，动能为

$$T_{AB}=\frac{1}{2}\left(\frac{1}{3}ml^2\right)\omega^2$$

杆 BC 作平面运动，动能为

$$T_{BC}=\frac{1}{2}m\left(\frac{1}{2}\omega l\right)^2+\frac{1}{2}\left(\frac{1}{12}ml^2\right)\omega^2$$

圆轮动能为

$$T_C=0$$

系统的动能为

$$T_2=\frac{1}{3}ml^2\omega^2$$

力的功包括重力的功和弹性力的功及常力 $\boldsymbol{F}$ 的功，有

$$W=mg\times\frac{l}{2}\sin\theta_0\times2+\frac{1}{2}k(\delta_1^2-\delta_2^2)+Fl\sin\theta_0$$

其中

$$\delta_1=0.5\ \text{m}-1\ \text{m}=-0.5\ \text{m},\quad \delta_2=1\ \text{m}-1\ \text{m}=0,\quad \theta_0=60°$$

由动能定理

$$T_2-T_1=W$$

得出

$$\begin{aligned}\omega^2&=\frac{3}{l}\left(g+\frac{F}{m}\right)\sin\theta_0+\frac{3k}{2ml^2}\delta_1^2\\&=\left[3\left(9.8+\frac{60}{2}\right)\times\frac{\sqrt{3}}{2}+\frac{3}{2}\frac{50}{25}\times0.5^2\right]\text{rad}^2\cdot\text{s}^{-2}\approx110.9\ \text{rad}^2\cdot\text{s}^{-2}\end{aligned}$$

于是

$$\omega=10.53\ \text{rad}\cdot\text{s}^{-1}$$

例 8.4.9 绳子 OA 的一端拴一小球 A，另一端固定，如图 8.43 所示。设球以 $\boldsymbol{v}_0$

从 OA 处于水平位置开始摆下，当摆至铅垂位置时，绳子受到固定点 O_1 处钉子的限制，开始绕点 O_1 摆动。已知绳长为 l，$OO_1=h$。试求小球摆至与点 O_1 等高的点 C 处时，绳子的张力。设绳子不可伸长，且不计其质量。

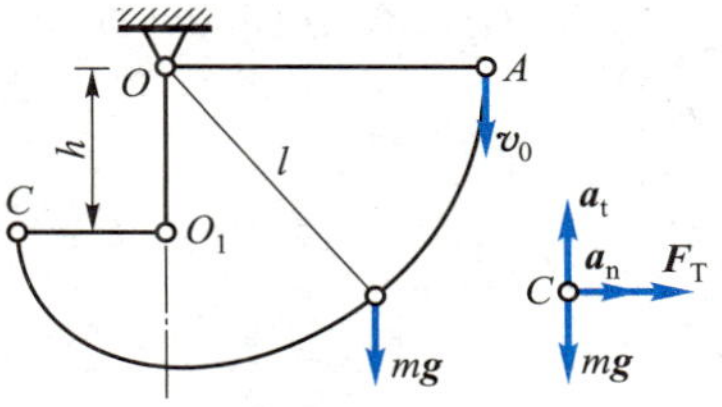

(a) (b)

图 8.43

解：首先由动能定理求小球运动至点 C 时的速度。以小球为研究对象，小球作已知曲线运动，初速 v_0 为已知，末速 v_C 待求。运动过程中只有重力做功，从初始位置到末了位置，其功为

$$W=mgh$$

由动能定理得出

$$\frac{1}{2}mv_C^2-\frac{1}{2}mv_0^2=mgh$$

于是，质点在点 C 处的速度为

$$v_C=\sqrt{2gh+v_0^2}$$

其次，利用质点运动微分方程求绳子的张力。小球运动至点 C 时，其轨迹的曲率半径为 $\rho=l-h$，因此，水平方向的加速度为

$$a_n=\frac{v_C^2}{\rho}=\frac{1}{l-h}(2gh+v_0^2)$$

将质点运动微分方程在法向投影，有

$$ma_n=F_T$$

于是得

$$F_T=\frac{m}{l-h}(2gh+v_0^2)$$

例 8.4.10 匀质细杆 AB 的质量为 m_1，长度为 l，上端 B 靠在光滑墙上，下端 A 以光滑圆柱铰链与质量为 m_2，半径为 r 的匀质圆盘的中心 A 相连，圆盘沿粗糙水平面作纯滚动（图 8.44a）。如果当 $\theta=45°$时，圆盘中心 A 的速度为 v_0，方向向左，试求该瞬时点 A 的加速度。

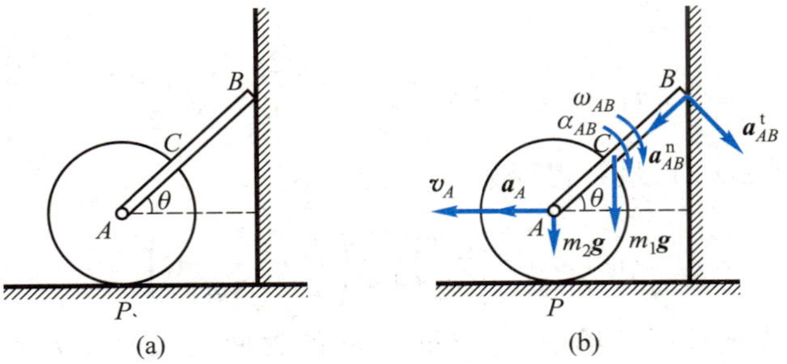

(a) (b)

图 8.44

解:设任意角 θ 时,圆盘中心 A 的速度为 v_A,杆 AB 的角速度为 ω_{AB}。系统的动能为

$$T=\frac{1}{2}m_2v_A^2+\frac{1}{2}\left(\frac{1}{2}m_2r^2\right)\left(\frac{v_A}{r}\right)^2+\frac{1}{2}m_1\frac{l^2}{4}\omega_{AB}^2+\frac{1}{2}\left(\frac{1}{12}m_1l^2\right)\omega_{AB}^2=\frac{3}{4}m_2v_A^2+\frac{1}{6}m_1l^2\omega_{AB}^2$$

动能的微分为

$$\mathrm{d}T=\frac{3}{2}m_2v_A\mathrm{d}v_A+\frac{1}{3}m_1l^2\omega_{AB}\mathrm{d}\omega_{AB}$$

当 $\theta=45°$的瞬时,设点 A 发生了位移 $\mathrm{d}s$,则作用于系统的各力只有杆 AB 的重力有元功,其值为

$$\mathrm{d}'W=m_1g(\mathrm{d}r_C)\cos 45°=m_1g\left(\frac{\mathrm{d}s}{\sin 45°}\times\frac{l}{2}\right)\cos 45°=\frac{1}{2}m_1g\mathrm{d}s$$

由动能定理有

$$\mathrm{d}T\big|_{\theta=45°}=\mathrm{d}'W$$

两端同时除以 $\mathrm{d}t$,并将$\frac{\mathrm{d}v_A}{\mathrm{d}t}=a_A$,$\frac{\mathrm{d}\omega_{AB}}{\mathrm{d}t}=\alpha_{AB}$,$\frac{\mathrm{d}s}{\mathrm{d}t}\big|_{\theta=45°}=v_0$,$v_A\big|_{\theta=45°}=v_0$ 代入,得

$$\frac{3}{2}m_2v_0(a_A\big|_{\theta=45°})+\frac{1}{3}m_1l^2(\omega_{AB}\big|_{\theta=45°})(a_{AB}\big|_{\theta=45°})=\frac{1}{2}m_1gv_0 \tag{a}$$

对系统进行运动学分析,有

$$\omega_{AB}\big|_{\theta=45°}=\frac{v_0}{l\sin 45°}=\frac{\sqrt{2}v_0}{l} \tag{b}$$

将两点加速度关系

$$\boldsymbol{a}_B=\boldsymbol{a}_A+\boldsymbol{a}_{AB}^{\mathrm{t}}+\boldsymbol{a}_{AB}^{\mathrm{n}}$$

沿水平方向投影,得

$$0=a_A\big|_{\theta=45°}-(la_{AB}\big|_{\theta=45°})\times\frac{\sqrt{2}}{2}+(l\omega_{AB}^2\big|_{\theta=45°})\times\frac{\sqrt{2}}{2}$$

于是求得

$$a_{AB}\big|_{\theta=45°}=\left(a_A\big|_{\theta=45°}+\frac{\sqrt{2}v_0^2}{l}\right)\times\frac{\sqrt{2}}{2} \tag{c}$$

将式(b),(c)代入式(a),最终得到

$$a_{AB}\big|_{\theta=45°}=\frac{6m_1g}{9m_2+4m_1}\left(\frac{1}{2}-\frac{2\sqrt{2}}{3gl}v_0^2\right)$$

例 8.4.11 在地球引力场中,一质量为 m 的返回式飞船在 $r_0=2\times10^4$ km 的点 A 处的速度为 $v_0=4.46\ \mathrm{km\cdot s^{-1}}$,如图 8.45 所示。试求飞船下降至 $r=8\times10^3$ km 的点 B

处的速度 v。已知地球的引力常数为 $G=3.986\times10^5\ \mathrm{km}^3\cdot\mathrm{s}^2$。

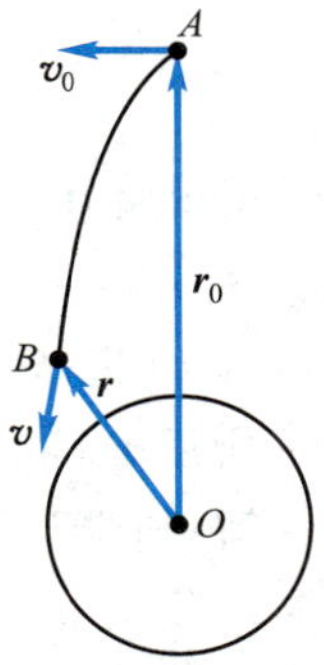

图 8.45

解:动能为

$$T=\frac{1}{2}mv^2$$

势能为

$$V=-\frac{Gm}{r}$$

由机械能守恒律,有

$$\frac{1}{2}mv^2-\frac{Gm}{r}=\frac{1}{2}mv_0^2-\frac{Gm}{r_0}$$

由此解得

$$v=\sqrt{v_0^2+2G\left(\frac{1}{r}-\frac{1}{r_0}\right)}$$

代入数据后,算得

$$v\approx 8.93\ \mathrm{km}\cdot\mathrm{s}^{-1}$$

例 8.4.12 匀质铁链长度为 l,放在光滑桌面上,在桌边垂下一段长度为 a,在该位置自静止开始下滑(图 8.46)。试求它全部离开桌面时的速度。

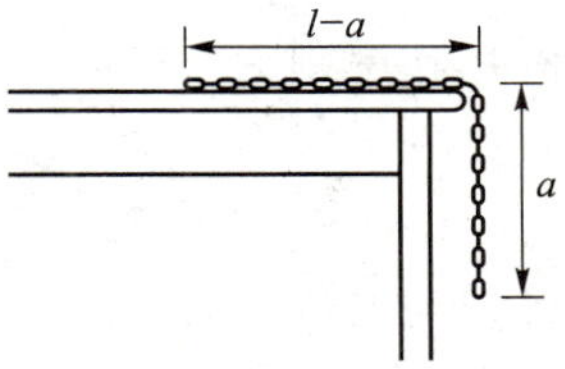

图 8.46

解:以铁链为研究对象。运动过程中,各质点的速度大小相等。做功的力仅有重力。由机械能守恒定律,有

$$T+V=h$$

开始时动能

$$T_1=0$$

势能为

$$V_1=-\rho ag\times\frac{a}{2}$$

其中 ρ 为铁链单位长度的质量。在铁链全部离开桌面时,动能为

$$T_2=\frac{1}{2}\rho lv^2$$

势能为

$$V_2=-\rho lg\times\frac{l}{2}$$

于是有

$$T_2+V_2=T_1+V_1$$

即

$$\frac{1}{2}\rho lv^2-\rho g\times\frac{l^2}{2}=-\rho g\times\frac{a^2}{2}$$

由此解得

$$v=\sqrt{\frac{g(l^2-a^2)}{l}}$$

例 8.4.13 输送机如图 8.47 所示。带速为 $\boldsymbol{v}$(以 $\mathrm{m\cdot s^{-1}}$ 计),每分钟输送质量为 $Q(t)$,输送高度为 h(以 m 计)。已知机械效率为 η,试求输送机所用电机的功率应为多少。

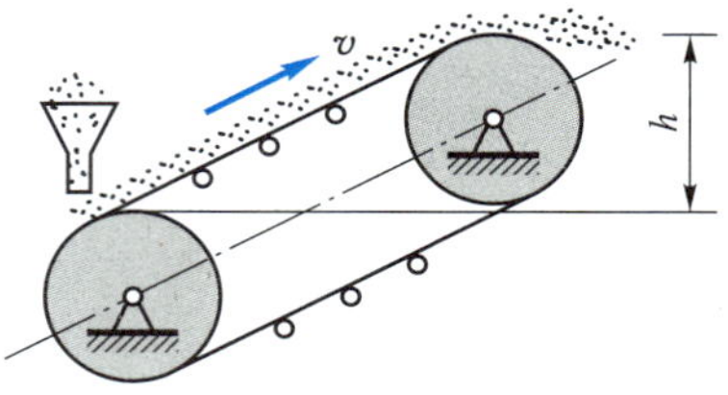

图 8.47

解: 机器运转过程中,对物料所做的功为有用功。设物料在 Δt 时间内有 Δm 的质量由初速为零变成速度为 v,且升高 h。因此,对这部分质量利用动能定理有

$$\frac{1}{2}\Delta mv^2-0=W_{有用}-\Delta mgh$$

即

$$W_{有用}=\left(\frac{1}{2}v^2+gh\right)\Delta m$$

其有用功率则为

$$P_{有用}=\frac{W_{有用}}{\Delta t}=\left(\frac{1}{2}v^2+gh\right)\frac{\Delta m}{\Delta t}$$

因已知输送流量为

$$\frac{\Delta m}{\Delta t}=\frac{1\ 000}{60}Q=\frac{100}{6}Q(以\ \mathrm{kg\cdot s^{-1}}\ 计)$$

故有

$$P_{有用}=\frac{100}{6}Q\left(\frac{1}{2}v^2+gh\right)(以\ \mathrm{W}\ 计)$$

而电机功率为

$$P_{输入}=\frac{P_{有用}}{\eta}=\frac{100}{6\eta}Q\left(\frac{1}{2}v^2+gh\right)$$

8.4.5 动力学普遍定理的综合应用

动量定理、动量矩定理和动能定理,称为动力学普遍定理。 动力学普遍定理是动力学基本定律经过数学加工得到的。这些定理从不同的方面给出了研究对象(质点或质点系)的运动特征量和力的作用量之间的关系,为解决动力学问题,特别是质点系动力学的两大类问题提供了依据。

动力学普遍定理列表如下:

定理	微分形式	积分形式	守恒形式
动量定理	$\frac{\mathrm{d}\boldsymbol{p}}{\mathrm{d}t}=\boldsymbol{F}_\mathrm{R}$	$\boldsymbol{p}-\boldsymbol{p}_0=\int_{t_0}^{t}\boldsymbol{F}_\mathrm{R}\mathrm{d}t$	$\boldsymbol{p}$ 为常矢量

续表

定理	微分形式	积分形式	守恒形式
质心运动定理	$m\boldsymbol{a}_C=\boldsymbol{F}_R$	$m(\boldsymbol{v}_C-\boldsymbol{v}_{C0})=\int_{t_0}^{t}\boldsymbol{F}_R\mathrm{d}t$	$\boldsymbol{v}_C$ 为常矢量
动量矩定理	$\dfrac{\mathrm{d}\boldsymbol{L}_O}{\mathrm{d}t}=\boldsymbol{M}_O$ $\dfrac{\mathrm{d}\boldsymbol{L}_C}{\mathrm{d}t}=\boldsymbol{M}_C$	$\boldsymbol{L}_O-(\boldsymbol{L}_O)_0=\int_{t_0}^{t}\boldsymbol{M}_O\mathrm{d}t$ $\boldsymbol{L}_C-(\boldsymbol{L}_C)_0=\int_{t_0}^{t}\boldsymbol{M}_C\mathrm{d}t$	$\boldsymbol{L}_O$ 为常矢量 $\boldsymbol{L}_C$ 为常矢量
动能定理	$\mathrm{d}T=\mathrm{d}'W$	$T_2-T_0=W$	$T+V=T_0+V_0$

应用动力学普遍定理解决具体问题时，必须对所要研究的对象进行运动分析和受力分析。运动分析就是根据约束条件，弄清研究对象作何种运动。在分析力的作用量时，要注意分清主动力和约束力，内力和外力，以及做功的力和不做功的力。

动量定理最多可列写 3 个方程，动量矩定理最多可列写 3 个方程，动能定理只给出 1 个方程。这 7 个方程有时并不是彼此独立的。在解具体动力学问题时，可采用三个定理中的 1 个，2 个或 3 个，其间的灵活性需通过一定数量的练习方能掌握。

下面通过一些例题来说明动力学普遍定理的综合应用。

例 8.4.14 复摆支点为 O，质心为 C，$OC=l$，总质量为 m，相对质心的回转半径为 k，如图 8.48 所示。试求支点对复摆的约束力 $\boldsymbol{F}_N$。

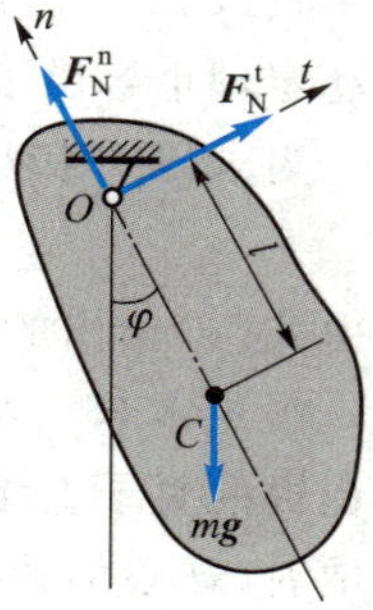

图 8.48

解：设摆角为 φ，最大摆角为 β。由机械能守恒定律，得到

$$\frac{1}{2}m(k^2+l^2)\dot{\varphi}^2-mgl\cos\varphi=-mgl\cos\beta$$

由此解得

$$\dot{\varphi}^2=\frac{2gl}{k^2+l^2}(\cos\varphi-\cos\beta)$$

将上式对时间求一次导数，得

$$\ddot{\varphi}=-\frac{gl}{k^2+l^2}\sin\varphi$$

将质心运动定理给出的方程向 $\boldsymbol{t}$ 和 $\boldsymbol{n}$ 方向投影，得到

$$\left.\begin{aligned}ml\ddot{\varphi}&=-mg\sin\varphi+F_{Nt}\\ ml\dot{\varphi}^2&=-mg\cos\varphi+F_{Nn}\end{aligned}\right\}\tag{a}$$

将上面所得 $\dot{\varphi}$ 和 $\ddot{\varphi}$ 代入上式，得

$$F_{Nt}=\frac{k^2}{k^2+l^2}mg\sin\varphi$$

$$F_{Nn}=Mg\left(\frac{3l^2+k^2}{k^2+l^2}\cos\varphi-\frac{2l^2}{k^2+l^2}\cos\beta\right)\tag{b}$$

因此约束力 $\boldsymbol{F}_N$ 的大小为

$$F_N=\sqrt{F_{Nt}^2+F_{Nn}^2}$$

$\boldsymbol{F}_N$ 与 $\boldsymbol{n}$ 的夹角为

$$\theta=\arctan\left(\frac{F_{Nt}}{F_{Nn}}\right)$$

这样,用机械能守恒定律和质心运动定理解决了问题。

下面用动量矩定理和质心运动定理来解题。由对定点 O 的动量矩定理,有

$$m(k^2+l^2)\ddot{\varphi}=-mgl\sin\varphi \tag{c}$$

即

$$\frac{\dot{\varphi}\mathrm{d}\dot{\varphi}}{\mathrm{d}\varphi}=-\frac{gl}{k^2+l^2}\sin\varphi$$

积分得

$$\frac{1}{2}(\dot{\varphi}^2-\dot{\varphi}_0^2)=\frac{gl}{k^2+l^2}(\cos\varphi-\cos\varphi_0)$$

当 $\varphi=\varphi_0=\beta$ 时,$\dot{\varphi}_0=0$,于是有

$$\dot{\varphi}^2=\frac{2gl}{k^2+l^2}(\cos\varphi-\cos\beta) \tag{d}$$

将由式(c),(d)得到的 $\ddot{\varphi}$ 和 $\dot{\varphi}^2$ 代入式(b)。这样,用对定点 O 的动量矩定理和质心运动定理也解决了问题。

为求得约束力 F_{Nt},还可用对质心 C 的动量矩定理。此时有

$$mk^2\ddot{\varphi}=F_{Nt}l \tag{e}$$

将由式(c)给出的 $\ddot{\varphi}$ 代入式(e),便得式(b)。

例 8.4.15 半径为 R,重为 P 的匀质球从高为 h 的绝对粗糙的桌子上无初速地滚下(图 8.49)。试求:(1) 当球落地时,球心的速度和球的角速度的大小;(2) 如果桌沿是理想光滑的,则结果如何。

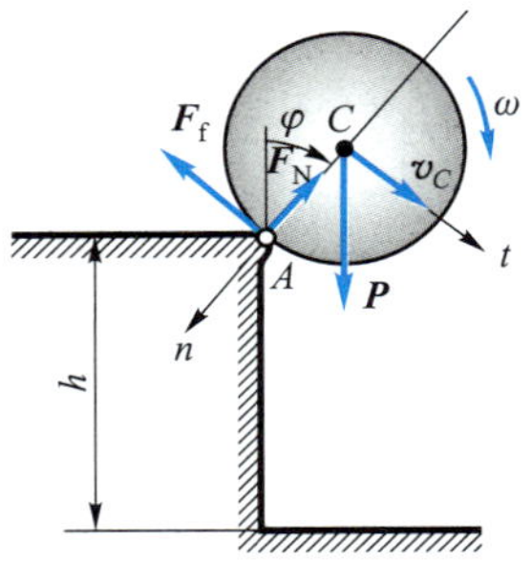

图 8.49

解:首先,假设摩擦足够大,能阻止任何滑动,在脱离以前球绕桌沿作定轴转动,接触点 A 上出现的是静摩擦力,不做功。球对桌沿的转动惯量为

$$J_A=J_C+\frac{P}{g}R^2=\frac{7}{5}\frac{P}{g}R^2$$

动能为

$$T=\frac{1}{2}J_A\omega^2=\frac{7}{10}\frac{P}{g}R^2\dot{\varphi}^2$$

重力 P 的功为

$$W_1=PR(1-\cos\varphi)$$

由动能定理

$$T-T_0=W$$

有

$$\frac{7}{10}\frac{P}{g}R^2\dot{\varphi}^2 = PR(1-\cos\varphi) \tag{a}$$

从而求得角速度

$$\omega = \dot{\varphi} = \sqrt{\frac{10}{7}\frac{g}{R}(1-\cos\varphi)} \tag{b}$$

将式(a)对时间 t 求导数,得

$$\frac{7}{5}\frac{P}{g}R^2\dot{\varphi}\ddot{\varphi} = \dot{\varphi}\sin\varphi$$

由此求得角加速度

$$\alpha = \ddot{\varphi} = \frac{5}{7}\frac{g}{R}\sin\varphi \tag{c}$$

为检验 A 处的约束力,可应用质心运动定理。脱离前质心 C 作圆周运动,加速度具有法向分量 $a_C^{\mathrm{n}} = R\omega^2$,故由质心运动定理,有

$$\frac{P}{g}a_C^{\mathrm{n}} = P\cos\varphi - F_{\mathrm{N}} \tag{d}$$

从而求得法向约束力

$$F_{\mathrm{N}} = P\cos\varphi - \frac{P}{g}R\times\frac{10}{7}\frac{g}{R}(1-\cos\varphi) = P\left(\frac{17}{7}\cos\varphi - \frac{10}{7}\right) \tag{e}$$

球脱离桌沿时,应有 $F_{\mathrm{N}}=0$,故由上式得

$$\cos\varphi_1 = \frac{10}{17}$$

因而脱离时的偏角为

$$\varphi_1 = \arccos\frac{10}{17} \approx 54°$$

它与半径无关。此时将 φ_1 代入式(b),得球的角速度为

$$\omega_1 = \dot{\varphi}_1 = \sqrt{\frac{10}{7}\frac{g}{R}\left(1-\frac{10}{17}\right)} = \sqrt{\frac{10}{17}\frac{g}{R}} \tag{f}$$

而质心 C 的速度

$$v_{C1} = R\dot{\varphi}_1 = \sqrt{\frac{10}{17}gR}$$

球脱离桌沿后作平面运动,其角速度不变,而质心 C 按抛射体的规律运动,初速度是 v_{C1},抛射角是$-\varphi_1$。为求球落地时球心的速度 v_{C2},可对整个运动过程应用动能定理。在此过程中重力的功

$$W_2 = Ph$$

而球的动能为

$$T_2 = \frac{1}{2}\frac{P}{g}v_{C2}^2 + \frac{1}{2}\left(\frac{2}{5}\frac{P}{g}R^2\right)\omega_2^2$$

其中球落地时的角速度为 $\omega_2=\omega_1$。由动能定理

$$T_2-T_0=W_2$$

有

$$\frac{1}{2}\frac{P}{g}v_{C2}^2+\frac{1}{5}\frac{P}{g}R^2\times\frac{10}{17}\frac{g}{R}=Ph \tag{g}$$

从而解得球心 C 落地时的速度大小为

$$v_{C2}=\sqrt{2g\left(h-\frac{2}{17}R\right)} \tag{h}$$

其次，如果桌沿是理想光滑的，这时球将不会转动。当球由桌沿滑下时，始终作平移，动能为

$$T=\frac{1}{2}\frac{P}{g}v_C^2$$

此时式(a)写成

$$\frac{1}{2}\frac{P}{g}v_C^2=PR(1-\cos\varphi)$$

由此求得

$$v_C=\sqrt{2gR(1-\cos\varphi)} \tag{i}$$

在脱离前，点 C 作圆周运动，圆心在点 A，故法向加速度的大小为

$$a_C^{\mathrm{n}}=\frac{v_C^2}{R}=2g(1-\cos\varphi)$$

由质心运动定理求得脱离前桌沿 A 的约束力大小

$$F_{\mathrm{N}}=P\cos\varphi-\frac{P}{g}a_C^{\mathrm{n}}=P(3\cos\varphi-2)$$

令 $F_{\mathrm{N}}=0$，求得在桌沿理想光滑的条件下脱离时的偏角

$$\varphi_2=\arccos\frac{2}{3}\approx 48.2^\circ$$

而球心速度大小是

$$v'_C=\sqrt{\frac{2}{3}gR}$$

此后球作抛射运动。为求落地速度，仍可应用动能定理。现在球不转动，故式(g)左端第二项为零，因而求得

$$v'_{C2}=\sqrt{2gh} \tag{j}$$

请读者思考：如果摩擦因数小于 1，应如何求解？

例 8.4.16　一半径为 R，对回转轴的转动惯量为 J_z 的圆柱形航天器处于无力矩状态。在圆柱壁的 A，B 两处(AB 为中心圆截面的直径)，各拴一等长、不计质量的软绳，如图 8.50 所示。两软绳同沿中心圆截面圆周缠绕，其另一端各连接一质量为 m 的质量块。初始时质量块分别锁紧于 C，D 两点，圆柱体以角速度 ω_0 绕自旋轴 z 转

动。在控制系统作用下，两质量块同时释放，至软绳与 AB 垂直时释放结束。试问软绳长度如何才能使释放后航天器的角速度为零。

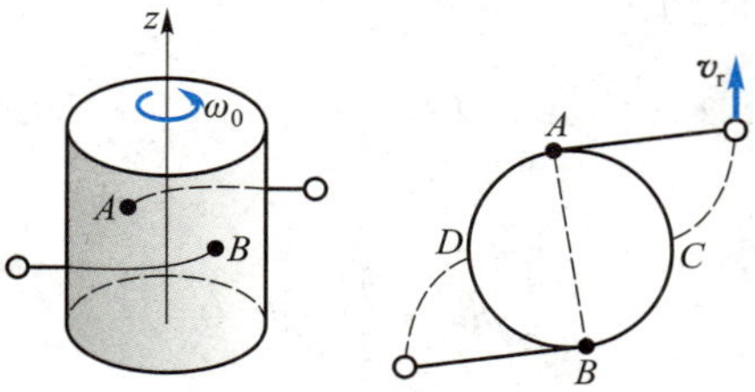

图 8.50

解：首先分析运动。软绳开始释放的瞬时，圆柱体角速度为 ω_0，质量块的速度为 $\omega_0 R$。释放结束瞬时，圆柱的角速度为零，质量块的速度 $v_a=v_r$，因为 $\omega=0$，故 $v_e=0$，如图所示。

其次，分析系统所受的力的特点：无外力矩；约束力不做功。以系统为研究对象，利用对轴 z 的动量矩守恒定律和机械能守恒定律，有

$$2mv_r l=J_z\omega_0+2m(\omega_0 R)R$$

$$2\times\frac{1}{2}mv_r^2=\frac{1}{2}J_z\omega_0^2+2\times\frac{1}{2}m(\omega_0 R)^2$$

消去 v_r，得

$$l=\sqrt{R^2+\frac{J_z}{2m}}$$

例 8.4.17　匀质细杆 AB 质量为 m，长为 $2l$，一端用长为 l 的细绳 OA 拉住，一端 B 置于地面上，可以无摩擦地滑动，如图 8.51 所示。初瞬时，绳 OA 位于水平位置，而 O，B 两点在同一铅垂线上，系统处于静止状态。试求当 OA 运动到铅垂位置时，点 B 的速度及此时绳子的拉力和地面的约束力。

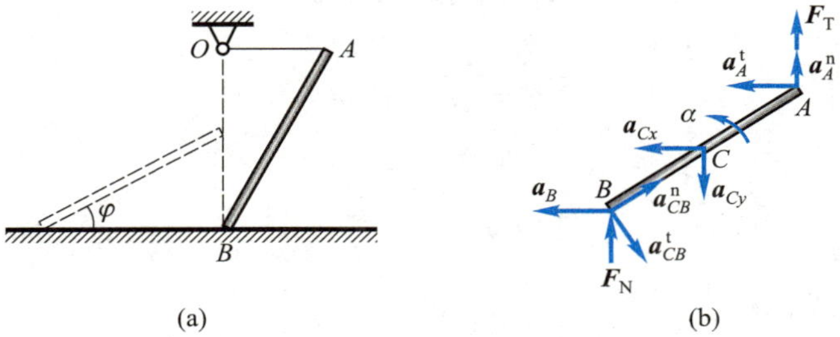

图 8.51

解：首先，求当 OA 运动到铅垂位置时点 B 的速度 v_B。由初瞬时系统不动，到所研究位置的过程中仅重力做功，由机械能守恒定律，有

$$T+V=T_0+V_0$$

取初瞬时的势能为零，有 $T_0=V_0=0$。当 OA 到达铅垂位置时的势能为

$$V=-mg\left(l\sin\varphi+l-\frac{\sqrt{3}}{2}l\right),\quad \sin\varphi=\frac{\sqrt{3}l-l}{2l}=\frac{1}{2}(\sqrt{3}-1)$$

此时,因杆 AB 作平移,动能为

$$T=\frac{1}{2}mv_B^2$$

由机械能守恒定律,有

$$\frac{1}{2}mv_B^2-\frac{1}{2}mgl=0$$

从而得

$$v_B=\sqrt{gl} \tag{a}$$

其次,求绳子拉力 $\boldsymbol{F}_\mathrm{T}$ 和地面约束力 $\boldsymbol{F}_\mathrm{N}$。受力分析如图 8.51b 所示。由质心运动定理,有

$$\left.\begin{aligned}ma_{Cx}&=0\\ma_{Cy}&=mg-F_\mathrm{N}-F_\mathrm{T}\end{aligned}\right\} \tag{b}$$

由相对质心的动量矩定理,有

$$\left.\begin{aligned}\frac{1}{3}ml^2\alpha&=(F_\mathrm{T}-F_\mathrm{N})l\cos\varphi\\\cos\varphi&=\sqrt{\sqrt{3}/2}\end{aligned}\right\} \tag{c}$$

方程(b),(c)有 4 个未知量,需补充两个运动学关系。已知 a_{Cy} 的方向,点 A 法向加速度 $\boldsymbol{a}_A^\mathrm{n}$ 的大小和方向,以及点 B 的加速度 $\boldsymbol{a}_B$ 的方向(图 8.51b)。此时,杆 AB 作平移,$\omega_{AB}=0$。利用刚体平面运动两点加速度关系,以点 C 为基点,研究点 B,有

$$\boldsymbol{a}_B=\boldsymbol{a}_C+\boldsymbol{a}_{CB}^\mathrm{t}+\boldsymbol{a}_{CB}^\mathrm{n}$$

将其向铅垂向下方向投影,得

$$0=a_{Cy}+\alpha l\cos\varphi \tag{d}$$

再以点 C 为基点,研究点 A,有

$$\boldsymbol{a}_A^\mathrm{t}+\boldsymbol{a}_A^\mathrm{n}=\boldsymbol{a}_C+\boldsymbol{a}_{CA}^\mathrm{t}+\boldsymbol{a}_{CA}^\mathrm{n}$$

将其投影到铅垂向上方向,得

$$a_A^\mathrm{n}=-a_{Cy}+\alpha l\cos\varphi \tag{e}$$

因

$$a_A^\mathrm{n}=\frac{v_A^2}{l}=\frac{v_B^2}{l}$$

将式(a)代入上式,得

$$a_A^\mathrm{n}=g$$

于是式(e)成为

$$g=-a_{Cy}+\alpha l\cos\varphi \tag{f}$$

联合式(d),(f)解得

$$\alpha=\frac{g}{2l\sqrt{\sqrt{3}/2}},\quad a_{Cy}=-\frac{1}{2}g \tag{g}$$

将式(f),(g)代入式(b),(c),得

$$F_N=\frac{1}{36}(27-2\sqrt{3})mg,\quad F_T=\frac{1}{36}(27+2\sqrt{3})mg$$

例 8.4.18 圆环质量为 M,放在光滑水平面上。有一质量为 m 的小虫在圆环上爬行,如图 8.52 所示。试证:小虫在圆环上相对地爬行一周时,圆环的自转角度不超过 180°。设初始时系统静止。

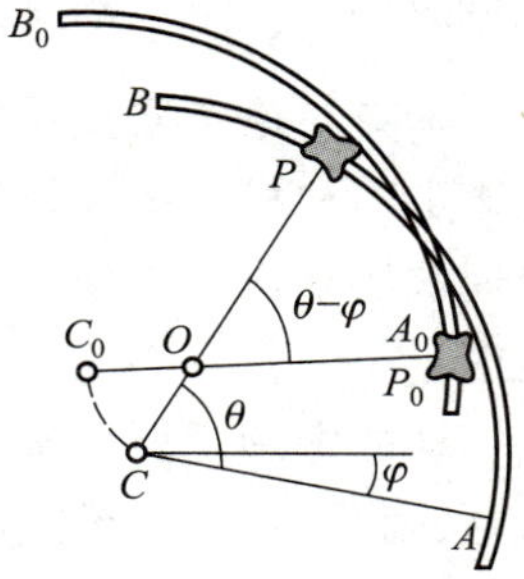

图 8.52

解:设 θ 为小虫在环上的相对转角,φ 为环的自转角,小虫开始爬行时,$\theta=\varphi=0$。设环和小虫组成的系统的质心为点 O,因为动量守恒,所以点 O 不动。设圆环半径为 R,P 是小虫的位置,则有

$$OP=\frac{MR}{m+M},\quad OC=\frac{mR}{m+M}$$

小虫 P 和圆环中心 C 的连线绕固定点 O 的绝对转角是 $\theta-\varphi$。

小虫对点 O 的动量矩是

$$m\left(\frac{MR}{M+m}\right)^2(\dot{\theta}-\dot{\varphi})$$

圆环对其自身质心 C 的动量矩为

$$-MR^2\dot{\varphi}$$

圆环质心对点 O 的动量矩为

$$M\left(\frac{mR}{M+m}\right)^2(\dot{\theta}-\dot{\varphi})$$

因对固定点 O 的动量矩守恒,所以三项之和应恒等于零,即

$$\frac{Mm}{M+m}R^2(\dot{\theta}-\dot{\varphi})-MR^2\dot{\varphi}=0$$

利用初条件 $\theta=0,\varphi=0$,积分后得

$$\frac{Mm}{M+m}R^2(\theta-\varphi)-MR^2\varphi=0$$

由此解出

$$\varphi=\frac{\frac{m}{M}}{1+\frac{2m}{M}}\theta$$

当小虫爬过一周,即 $\theta=2\pi$ 时,有

$$\varphi=\frac{\frac{m}{M}}{1+\frac{2m}{M}}\times 2\pi$$

当小虫与圆环的质量比$\frac{m}{M}\to 0$时，$\varphi\to 0$，即圆环几乎不转。当$\frac{m}{M}\to\infty$时，$\varphi\to\pi$，即圆环自转角接近 180°。对于任何质量比$\frac{m}{M}$，圆环自转角φ在 0°和 180°之间。

本节讨论了质点系的动能定理，包括质点和质点系的动能的计算，力的功的计算，动能定理和机械能守恒定律及其应用等。在力的元功或力的功容易计算时，应用动能定理求运动比较方便。本节最后还通过几个典型例题讨论了动力学普遍定理的综合应用。

动能定理主要用来求运动（例 8.4.6～例 8.4.12）。动力学普遍定理的综合应用问题，通常称为混合题或杂题。解这类问题，一般说来比较困难。本节涉及质心运动定理和动能定理的综合应用（例 8.4.14，例 8.4.15，例 8.4.17），质心运动定理和相对质心的动量矩定理的综合应用（例 8.4.14，例 8.4.18），动量矩定理和动能定理的综合应用（例 8.4.16）等。

8.5　刚体平面运动的动力学方程

8.5.1　平移刚体动力学

刚体平移时，其上各点同一瞬时具有同样的加速度，因此，刚体的平移规律完全由质点系的质心运动定理来决定，即

$$m\boldsymbol{a}_C=\boldsymbol{F}_{\mathrm{R}} \tag{8.5.1}$$

其中m为刚体的质量，$\boldsymbol{a}_C$为质心的加速度，$\boldsymbol{F}_{\mathrm{R}}$为作用于刚体的外力系的主矢，包括主动力和约束力。

建立坐标系$Oxyz$，则对于质心C的坐标(x_C,y_C,z_C)，有投影式

$$m\frac{\mathrm{d}^2x_C}{\mathrm{d}t^2}=F_{\mathrm{R}x},\quad m\frac{\mathrm{d}^2y_C}{\mathrm{d}t^2}=F_{\mathrm{R}y},\quad m\frac{\mathrm{d}^2z_C}{\mathrm{d}t^2}=F_{\mathrm{R}z} \tag{8.5.2}$$

由于刚体相对于质心平移系处于静止状态，因此刚体相对于质心的动量矩恒为零，即

$$L_{Cr}\equiv 0$$

根据质点系相对质心动量矩定理可得

$$M_C\equiv 0 \tag{8.5.3}$$

式（8.5.3）表明，平移刚体外力系对其质心的主矩恒等于零。这是刚体作平移时应该满足的条件，它经常用来求解未知的约束力。

例 8.5.1　质量为m的杆AB，两端分别以等长为l的细绳O_1A，O_2B悬于等高度的两点O_1，O_2，且$O_1O_2=AB$。设O_1A与铅垂线的夹角为θ，如图 8.53a 所示。若系统在$\theta=\theta_0$处静止释放，试求系统运动到$\theta=0$处时，杆AB的速度和两绳的拉力。

解：以杆AB为研究对象。杆AB作平移，且其质心C作圆周运动，在任意位置θ

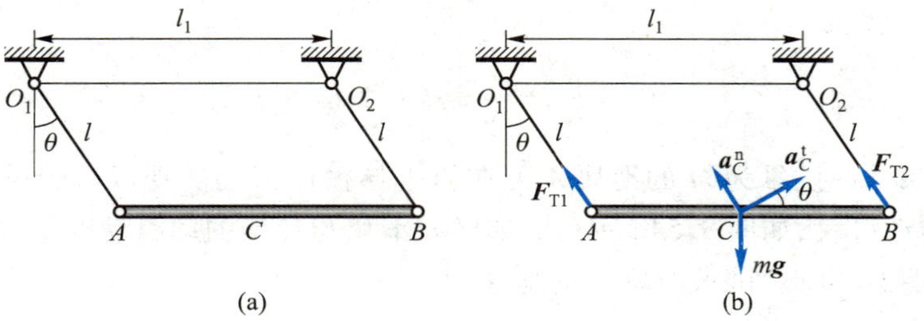

图 8.53

时质心加速度

$$\boldsymbol{a}_C=\boldsymbol{a}_C^{\mathrm{t}}+\boldsymbol{a}_C^{\mathrm{n}}$$

并且

$$a_C^{\mathrm{t}}=\frac{\mathrm{d}v_C}{\mathrm{d}t},\quad a_C^{\mathrm{n}}=\frac{v_C^2}{l}$$

杆 AB 受重力 $m\boldsymbol{g}$ 和绳的拉力 $\boldsymbol{F}_{\mathrm{T1}},\boldsymbol{F}_{\mathrm{T2}}$ 作用,如图 8.53b 所示。

将式(8.5.1)在自然轴系上投影,得

$$m\frac{\mathrm{d}v_C}{\mathrm{d}t}=-mg\sin\theta \tag{a}$$

$$m\frac{v_C^2}{l}=F_{\mathrm{T1}}+F_{\mathrm{T2}}-mg\cos\theta \tag{b}$$

注意到

$$\frac{\mathrm{d}v_C}{\mathrm{d}t}=\frac{\mathrm{d}v_C}{\mathrm{d}\theta}\frac{\mathrm{d}\theta}{\mathrm{d}t}=\frac{v_C}{l}\frac{\mathrm{d}v_C}{\mathrm{d}\theta}$$

由式(a)得

$$v_C\mathrm{d}v_C=-g\sin\theta\mathrm{d}\theta$$

考虑到初始条件,两端积分得

$$\int_0^{v_C}v_C\mathrm{d}v_C=\int_{\theta_0}^{0}(-gl\sin\theta)\,\mathrm{d}\theta$$

即

$$\frac{1}{2}v_C^2=gl(1-\cos\theta_0)$$

由此得 $\theta=0$ 时质心的速度大小为

$$v_C=\sqrt{2gl(1-\cos\theta_0)} \tag{c}$$

而速度方向为水平向左。

将式(c)代入式(b),并考虑到 $\theta=0$,得

$$F_{\mathrm{T1}}+F_{\mathrm{T2}}=mg(3-2\cos\theta_0) \tag{d}$$

利用式(8.5.3),在 $\theta=0$ 时得

$$F_{\mathrm{T2}}\times\frac{l_1}{2}-F_{\mathrm{T1}}\times\frac{l_1}{2}=0 \tag{e}$$

由式(d),(e)解得

$$F_{T1}=F_{T2}=\frac{1}{2}mg(3-2\cos\theta_0)$$

例 8.5.2 一质量为 m 的滑块 A 可在铅垂导槽内滑动。现以一铅垂向上偏离质心的力 $\boldsymbol{F}$ 推动滑块,如图 8.54a 所示。如已知滑块与导槽的动滑动摩擦因数为 f,推力偏离质心的距离为 e。试求滑块 A 的加速度。

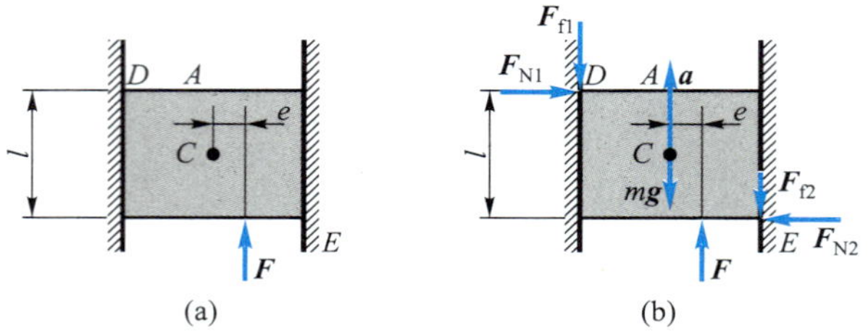

图 8.54

解:以滑块 A 为研究对象。滑块 A 作平移,且质心作直线运动。滑块所受外力有重力 $m\boldsymbol{g}$,推力 $\boldsymbol{F}$,由于偏心推力使导槽于 D,E 两处产生法向约束力 $\boldsymbol{F}_{N1}$ 和 $\boldsymbol{F}_{N2}$,以及摩擦力 $\boldsymbol{F}_{f1}$ 和 $\boldsymbol{F}_{f2}$,且 $F_{f1}=fF_{N1}$,$F_{f2}=fF_{N2}$,如图 8.54b 所示。利用式(8.5.1),有

$$ma=F-mg-F_{f1}-F_{f2} \tag{a}$$

$$0=F_{N1}-F_{N2} \tag{b}$$

于是得 $F_{N1}=F_{N2}$,$F_{f1}=F_{f2}$。利用式(8.5.3),并注意到 $F_{f1}=F_{f2}$,得

$$M_C=-\left(F_{N1}\frac{l}{2}+F_{N2}\frac{l}{2}\right)+Fe=0 \tag{c}$$

联立式(b),(c)得

$$F_{N1}=F_{N2}=\frac{e}{l}F$$

考虑到

$$F_{f1}=fF_{N1}=\frac{e}{l}Ff,\quad F_{f2}=fF_{N2}=\frac{e}{l}Ff$$

于是由式(a)求得滑块 A 的加速度

$$a=\frac{l-2ef}{ml}F-g$$

8.5.2 刚体定轴转动微分方程

刚体定轴转动时的动量矩表达式为式(8.3.8),即

$$\boldsymbol{L}_O=-J_{zx}\omega\boldsymbol{i}-J_{yz}\omega\boldsymbol{j}+J_z\omega\boldsymbol{k}$$

其中 Oz 为转轴。由质点系对定点的动量矩定理(8.3.13)在轴 Oz 上的投影,有

$$\frac{\mathrm{d}L_z}{\mathrm{d}t}=M_z \tag{8.5.4}$$

即

$$\frac{\mathrm{d}}{\mathrm{d}t}(J_z\omega)=M_z$$

或

$$J_z\frac{\mathrm{d}\omega}{\mathrm{d}t}=M_z \tag{8.5.5}$$

或

$$J_z\alpha=M_z \tag{8.5.6}$$

或

$$J_z\ddot{\varphi}=M_z \tag{8.5.7}$$

式(8.5.6)表明,**转动刚体对转动轴的转动惯量与其角加速度的乘积等于外力对转轴的矩**。式(8.5.5)或式(8.5.7)称为**刚体定轴转动微分方程**。

由所得微分方程可以看出:

(1) 当外力对轴之矩的代数和为零时,刚体作匀速转动,即转动状态不变。

(2) 当外力对转轴之矩的代数和不为零时,刚体作变速转动,J_z 越大,其角加速度 α 就越小;反之,J_z 越小,则 α 越大。因此,转动惯量 J_z 可以作为刚体绕轴 Oz 转动惯性的度量。

(3) 如需求解轴承上的约束力,则要建立动量矩定理在另外两轴 Ox,Oy 上的投影式。

例 8.5.3 已知刚体绕水平轴 O 作微幅摆动的周期为 T,试求刚体相对于转轴的回转半径 ρ。已知刚体质量为 m,质心 C 距转轴为 a,如图 8.55 所示。

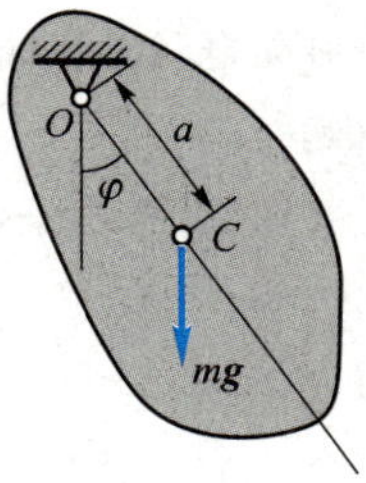

图 8.55

解: 以刚体为研究对象,刚体受重力 $m\boldsymbol{g}$,以及轴承 O 的约束力作用。设质心 C 与转轴 O 的连线与铅垂线的夹角为 φ。由定轴转动微分方程(8.5.7),有

$$m\rho^2\ddot{\varphi}=-mga\sin\varphi$$

当微摆动时,$\sin\varphi\approx\varphi$,由上式得到

$$\ddot{\varphi}+\frac{ag}{\rho^2}\varphi=0$$

微分方程的解为

$$\varphi=\varphi_{\mathrm{m}}\sin\left(\frac{\sqrt{ga}}{\rho}t+\beta\right)$$

其中 φ_{m},β 由初始条件确定。摆动周期为

$$T=2\pi\frac{\rho}{\sqrt{ga}}$$

与初始条件无关。于是,刚体相对转轴的回转半径为

$$\rho=\frac{T}{2\pi}\sqrt{ga}$$

工程中常用此结果来计算回转半径或转动惯量。

例 8.5.4 飞轮半径为 R,回转半径为 ρ,定轴转动角速度为 ω。在制动杆上加一力大小为 F,飞轮转了 n 转后停止。设 l 和 b 已知,如图 8.56a 所示。试求制动块 B 与轮边之间的滑动摩擦因数 f。

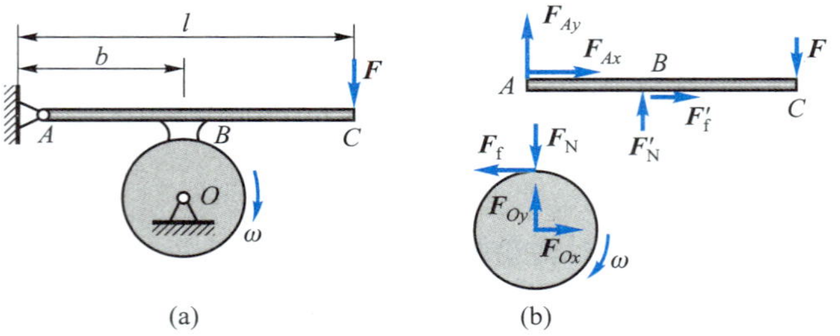

图 8.56

解:取飞轮为研究对象,受力分析如图 8.56b 所示。由定轴转动微分方程(8.5.5),有

$$m\rho^2\frac{\mathrm{d}\omega}{\mathrm{d}t}=-F_{\mathrm{f}}R \tag{a}$$

其中 F_{f} 为摩擦力,有

$$F_{\mathrm{f}}=fF_{\mathrm{N}} \tag{b}$$

取制动杆 AC 为研究对象,对点 A 取矩,得

$$F'_{\mathrm{N}}b-Fl=0$$

注意到 $F'_{\mathrm{N}}=F_{\mathrm{N}}$,于是得

$$F_{\mathrm{N}}=\frac{Fl}{b} \tag{c}$$

将式(b),(c)代入式(a)得

$$\frac{\mathrm{d}\omega}{\mathrm{d}t}=-\frac{fRFl}{bm\rho^2}$$

即

$$\omega\frac{\mathrm{d}\omega}{\mathrm{d}\varphi}=-\frac{fRFl}{bm\rho^2}$$

积分得

$$\int_{\omega}^{0}\mathrm{d}\left(\frac{1}{2}\omega^2\right)=-\int_{0}^{2\pi n}\frac{fRFl}{bm\rho^2}\mathrm{d}\varphi$$

解得

$$f=\frac{bm\rho^2\omega^2}{4\pi nFlR}$$

8.5.3 刚体平面运动微分方程

设刚体在外力系 $\boldsymbol{F}_i(i=1,2,\cdots,N)$ 作用下，在平面 Oxy 内运动，如图 8.57 所示。由运动学知，**刚体的运动可分解为随基点的牵连平移和绕基点的相对转动**。选质心 C 为基点，则刚体的运动方程为

$$x_C=f_1(t),\quad y_C=f_2(t),\quad \varphi=f_3(t) \tag{8.5.8}$$

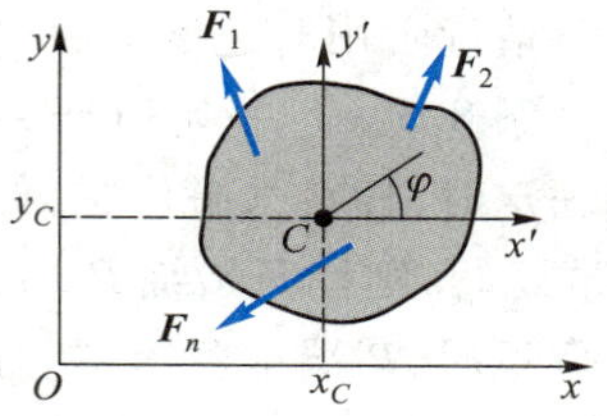

图 8.57

其中 x_C, y_C 为质心 C 相对于固定坐标系 Oxy 的两个坐标，而 φ 为刚体相对于质心轴 Cz' 的转角。坐标 x_C, y_C 的变化规律可由质心运动定理在轴 Ox, Oy 的投影确定，而角 φ 可由相对质心的平移轴 Cz' 的动量矩定理来确定，因此有

$$\left.\begin{aligned} ma_{Cx}&=F_x\\ ma_{Cy}&=F_y\\ J_{Cz'}\alpha&=M_{Cz'}\end{aligned}\right\} \tag{8.5.9}$$

或者表示为

$$\left.\begin{aligned} m\ddot{x}_C&=F_x\\ m\ddot{y}_C&=F_y\\ J_{Cz'}\ddot{\varphi}&=M_{Cz'}\end{aligned}\right\} \tag{8.5.10}$$

式(8.5.10)就是**刚体的平面运动微分方程**，3 个独立方程的数目恰好等于平面运动刚体的自由度。如果刚体运动受有约束，则独立方程数目减少，需要根据具体条件列出相应的约束方程。

请读者思考：刚体能保持平面运动，对刚体相对质心的动量矩和作用力的力系有什么限制？可从动量矩及作用力方向与平面间的关系考虑。

例 8.5.5 半径为 r 的匀质圆柱体在半径为 R 的半圆槽内作纯滚动（图 8.58）。试建立圆柱体的运动微分方程。

解：作纯滚动的圆柱体只有一个自由度，以 OC 与铅垂线的夹角 φ 为坐标，接触点 P 为速度瞬心，有

$$v_C=(R-r)\dot{\varphi}=r\omega$$

因此，圆柱体的角速度为

$$\omega=(R-r)\frac{\dot{\varphi}}{r}$$

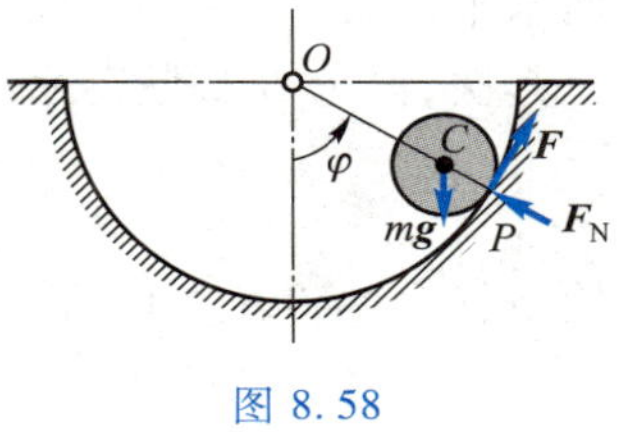

图 8.58

设圆柱体的质量为 m，圆柱体受重力 $m\boldsymbol{g}$，法向约束力 $\boldsymbol{F}_{\rm N}$ 和摩擦力 $\boldsymbol{F}$ 的作用。列写质心运动定理沿切向的投影式，以及对质心的动量矩定理，有

$$m(R-r)\ddot{\varphi}=F-mg\sin\varphi$$

$$\frac{1}{2}mr^2\left(\frac{R-r}{r}\right)\ddot{\varphi}=-Fr$$

由以上二式消去 F，得

$$\ddot{\varphi}+\frac{2g}{3(R-r)}\sin\varphi=0$$

请读者用对速度瞬心 P 的动量矩定理解此题。

例 8.5.6　一匀质杆 AB，长为 $2l$，质量为 m。当两端固定时，杆在水平位置，如图 8.59 所示。某瞬时杆的 A 端脱落，则杆开始绕 B 端的水平轴转动。当杆转到铅垂位置时，B 端也脱落了。试求此杆在以后的运动过程中，重新回到水平时，质心 C 的位置。

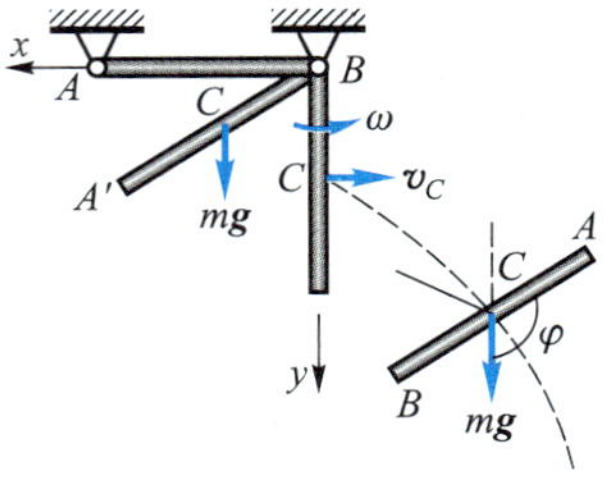

图 8.59

解：杆 AB 在整个运动过程中，先作定轴转动，后作平面运动。以杆 AB 为研究对象，讨论 B 端脱落前的运动。利用定轴转动微分方程(8.5.5)，有

$$\frac{1}{3}[m(2l)^2]\frac{\mathrm{d}\omega}{\mathrm{d}t}=mgl\cos\varphi$$

即

$$\omega\mathrm{d}\omega=\frac{3g}{4l}\cos\varphi\mathrm{d}\varphi$$

积分得

$$\int_0^{\omega}\omega\mathrm{d}\omega=\frac{3g}{4l}\int_0^{\frac{\pi}{2}}\cos\varphi\mathrm{d}\varphi$$

解得杆 AB 铅垂时的角速度

$$\omega=\sqrt{\frac{3g}{2l}}$$

此时杆的质心 C 的速度为

$$v_C=\omega l=\sqrt{\frac{3}{2}gl}$$

方向水平向右。

其次，讨论 B 端脱落后的运动。杆 AB 作平面运动，由微分方程(8.5.10)，有

$$m\ddot{x}_C=0,\quad m\ddot{y}_C=mg,\quad J_C\ddot{\varphi}=0$$

初始条件为 $t=0, x_C=0, y_C=l, \varphi=0, \dot{x}_C=-\sqrt{\frac{3}{2}gl}, \dot{y}_C=0, \dot{\varphi}=\sqrt{\frac{3g}{2l}}$。解微分方程，得

$$x_C=-\sqrt{\frac{3}{2}gl}\,t,\quad y_C=l+\frac{1}{2}gt^2,\quad \varphi=\sqrt{\frac{3g}{2l}}\,t$$

当杆重新转到水平时，$\varphi=\frac{\pi}{2}$，因此有

$$t_1=\frac{\pi}{2}\sqrt{\frac{2l}{3g}}$$

而质心 C 的位置为

$$x_C=-\frac{\pi}{2}l,\quad y_C=l\left(1+\frac{\pi^2}{12}\right)$$

例 8.5.7 匀质细杆 AB 长为 $2l$，质量为 m，于铅垂面内，两端分别沿光滑的铅直墙面和光滑的水平面滑动，如图 8.60a 所示。当杆与墙成角 φ_0 时被静止释放。试求 A 端脱离墙时，杆与墙所成的夹角 φ_1，以及在此之前 A，B 两端受的约束力与它和墙的夹角 φ 之关系。

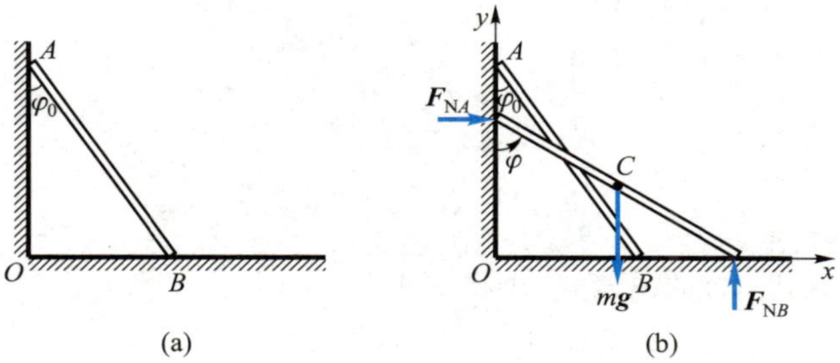

图 8.60

解：以杆 AB 为研究对象。在 A 端脱离墙之前，杆作平面运动，质心 C 的坐标用角 φ 表示为

$$x_C=l\sin\varphi,\quad y_C=l\cos\varphi$$

对时间 t 求导数，得

$$\left.\begin{aligned}\dot{x}_C&=l\dot{\varphi}\cos\varphi\\ \dot{y}_C&=-l\dot{\varphi}\sin\varphi\\ \ddot{x}_C&=l\ddot{\varphi}\cos\varphi-l\dot{\varphi}^2\sin\varphi\\ \ddot{y}_C&=-l\ddot{\varphi}\sin\varphi-l\dot{\varphi}^2\cos\varphi\end{aligned}\right\}\tag{a}$$

杆所受外力有重力 $m\boldsymbol{g}$ 和约束力 $\boldsymbol{F}_{NA}$，$\boldsymbol{F}_{NB}$，如图 8.62b 所示。由平面运动微分方程得

$$\left.\begin{aligned}m\ddot{x}_C&=F_{NA}\\ m\ddot{y}_C&=F_{NB}-mg\\ J_C\ddot{\varphi}&=F_{NB}l\sin\varphi-F_{NA}l\cos\varphi\end{aligned}\right\}\tag{b}$$

由式(a)，(b)消去 F_{NA}，F_{NB}，$\ddot{x}_C$，$\ddot{y}_C$，得

$$\ddot{\varphi}=\frac{mgl\sin\varphi}{J_C+ml^2}\tag{c}$$

考虑到 $J_C=\dfrac{1}{3}ml^2$，于是有

$$\ddot{\varphi}=\frac{3g}{4l}\sin\varphi$$

即

$$\frac{1}{2}\mathrm{d}(\dot{\varphi}^2)=\frac{3g}{4l}\sin\varphi\mathrm{d}\varphi$$

积分得

$$\frac{1}{2}\int_{0}^{\dot{\varphi}}\mathrm{d}(\dot{\varphi}^{2})=\int_{\varphi_0}^{\varphi}\frac{3g}{4l}\sin\varphi\mathrm{d}\varphi$$

即

$$\dot{\varphi}^{2}=\frac{3g}{2l}(\cos\varphi_{0}-\cos\varphi) \tag{d}$$

将式(c),(d)代入式(a),得

$$\begin{aligned}\ddot{x}_{C}&=\frac{9}{4}g\left(\cos\varphi-\frac{2}{3}\cos\varphi_{0}\right)\sin\varphi\\ \ddot{y}_{C}&=-\frac{3}{4}g(1-3\cos^{2}\varphi+2\cos\varphi\cos\varphi_{0})\end{aligned} \tag{e}$$

最后,将式(e)代入式(b)的前两式,求得约束力

$$\left.\begin{aligned}F_{NA}&=\frac{9}{4}mg\left(\cos\varphi-\frac{2}{3}\cos\varphi_{0}\right)\sin\varphi\\ F_{NB}&=\frac{1}{4}mg[1+3(3\cos\varphi-2\cos\varphi_{0})\cos\varphi]\end{aligned}\right\} \tag{f}$$

杆脱离墙的瞬时有 $F_{NA}=0$,即

$$\frac{9}{4}mg\left(\cos\varphi_{1}-\frac{2}{3}\cos\varphi_{0}\right)\sin\varphi_{1}=0$$

由此得杆脱离时,它与墙的夹角为

$$\varphi_{1}=\arccos\left(\frac{2}{3}\cos\varphi_{0}\right)$$

例 8.5.8 重为 100 N,长为 1 m 的匀质细杆 AB,一端搁在地面上,一端用细绳吊住,如图 8.61 所示。设杆与地面间的摩擦因数为 $f=0.3$,试问:当细绳被拉断的瞬间,B 端能否滑动?并求:此瞬时杆的角加速度,以及地面对杆的反作用力。

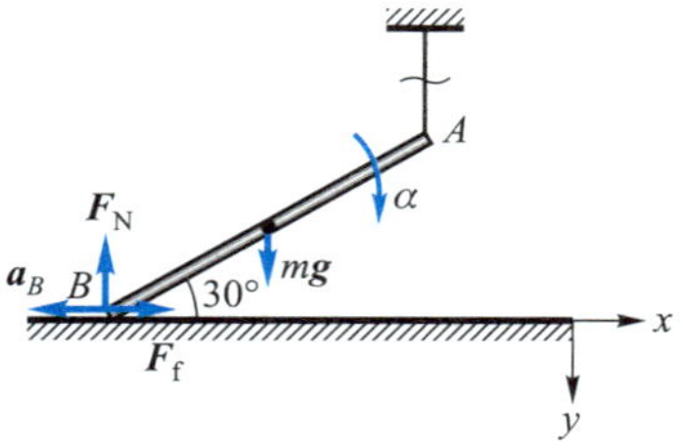

图 8.61

解:绳断时杆 AB 的角速度为零。杆 AB 作平面运动。B 端能否滑动要看 $\boldsymbol{a}_B$ 是否为零,也要看摩擦力是否达到最大值。

杆 AB 在重力 $m\boldsymbol{g}$,B 端的法向约束力 $\boldsymbol{F}_N$ 和摩擦力 $\boldsymbol{F}_f$ 作用下运动。设此时杆 AB 的角加速度为 α,如图所示。假设 B 端滑动,则有

$$F_{f}=fF_{N} \tag{a}$$

利用平面运动微分方程,有

$$\left.\begin{aligned}ma_{Cx}&=F_{f}\\ ma_{Cy}&=mg-F_{N}\\ J_{C}\alpha&=F_{N}\times\frac{l}{2}\cos30^{\circ}-F_{f}\times\frac{l}{2}\sin30^{\circ}\end{aligned}\right\} \tag{b}$$

根据平面运动两点加速度关系，质心的加速度可用 a_B 和 α 表示，即

$$\left.\begin{aligned} a_{Cx} &= \alpha \frac{l}{2}\sin 30° - a_B \\ a_{Cy} &= \alpha \frac{l}{2}\cos 30° \end{aligned}\right\} \tag{c}$$

注意到

$$J_C = \frac{1}{12}ml^2$$

由式(b)后两式相除，并利用式(a)，得

$$\frac{m\alpha \frac{l}{2}\times\frac{\sqrt{3}}{2} - mg}{\frac{1}{12}ml^2\alpha} = -\frac{1}{\frac{l}{2}\times\frac{\sqrt{3}}{2} - f\frac{l}{2}\times\frac{1}{2}}$$

由此解得角加速度

$$\alpha = \frac{g}{l}\frac{4(\sqrt{3}-0.3)}{(3-0.3\sqrt{3}+4/3)} \approx 14.7\ \text{rad}\cdot\text{s}^{-2} \tag{d}$$

将其代入式(b)的第二式，解得

$$F_N \approx 35\ \text{N} \tag{e}$$

将其代入式(a)，得到摩擦力

$$F_f \approx 10.5\ \text{N}$$

再由方程(b)的第一式求得

$$a_B = \alpha\frac{l}{2}\times\frac{1}{2} - \frac{F_f}{m} = 14.72\times\frac{1}{4}\text{m}\cdot\text{s}^{-2} - \frac{10.5}{100}\text{m}\cdot\text{s}^{-2} > 0 \tag{f}$$

因此，滑动假设成立。

还有其他方法可以判断 B 端滑动。假设 B 端不滑动，由平面运动微分方程，有

$$m\alpha\times\frac{l}{2}\sin 30° = F_f \tag{g}$$

$$m\alpha\times\frac{l}{2}\cos 30° = mg - F_N \tag{h}$$

$$\frac{1}{12}ml^2\alpha = F_N\times\frac{l}{2}\cos 30° - F_f\times\frac{l}{2}\sin 30° \tag{i}$$

由式(g)，(i)求得

$$\frac{F_f}{F_N} = \frac{3}{7}\sqrt{3} \approx 0.7 > f = 0.3$$

这与

$$F_f < fF_N$$

矛盾,因此,B 端不滑动的假设不成立,B 端应滑动。

例 8.5.9　两杆均重为 W,长为 l,以光滑铰链铰接,如图 8.62a 所示。在图示位置上系统处于静止,试求当一已知水平力 $\boldsymbol{F}$ 作用于点 C 时,两杆所产生的角加速度。

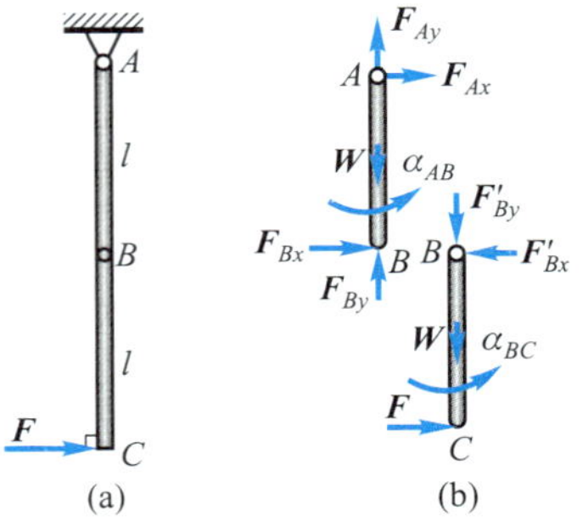

图 8.62

解:杆 AB 作定轴转动,杆 BC 作平面运动。该瞬时两杆角速度均为零。两杆除重力外,还有点 A 和点 B 的约束力,受力分析如图 8.62b 所示。首先,研究杆 AB。由定轴运动微分方程,有

$$\frac{1}{3}\frac{W}{g}l^2\alpha_{AB}=F_{Bx}l \tag{a}$$

其次,研究杆 BC。由平面运动微分方程,有

$$\frac{W}{g}\left(\alpha_{AB}l+\alpha_{BC}\times\frac{l}{2}\right)=F-F'_{Bx} \tag{b}$$

$$\frac{1}{12}\frac{W}{g}l^2\alpha_{BC}=(F+F'_{Bx})\times\frac{l}{2} \tag{c}$$

由作用与反作用关系,有

$$F'_{Bx}=F_{Bx} \tag{d}$$

联合方程(a),(b),(c),(d)可求出两杆的角加速度分别为

$$\alpha_{BC}=\frac{70}{3}\frac{Fg}{Wl},\quad \alpha_{AB}=-\frac{6}{7}\frac{Fg}{Wl}$$

本题中方程(a),(b),(c)都是代数方程,而非微分方程,它们都是瞬时的,不是任意位置的。本题亦可用动量矩定理求解。

本节讨论了刚体动力学的基本微分方程,包括平移刚体动力学、定轴转动动力学及平面运动动力学。刚体动力学理论基础是质心运动定理和相对质心的动量矩定理,它们一般给出 6 个二阶微分方程。在刚体平移时,最多有 3 个微分方程,其他 3 个为代数方程;在刚体作定轴转动时,微分方程只有 1 个;在刚体作平面运动时,最多有 3 个微分方程。

应用刚体动力学方程可解两类动力学问题:已知运动求力(例 8.5.4,例 8.5.7),以及已知力求运动(例 8.5.2,例 8.5.3,例 8.5.5,例 8.5.6,例 8.5.9)。

小结

(1) 本章用较大篇幅讨论了质点系动力学,包括质量中心和转动惯量、质点系动量定理、动量矩定理和动能定理及刚体平面运动的动力学方程 5 个部分。质量中心和转动惯量是质点系和刚体的质量几何问题,刚体动力学的理论基础是动力学普遍定理。

(2) 动力学普遍定理给出的 7 个方程,包括动量定理 3 个方程,动量矩定理 3 个方程,以及动能定理 1 个方程,被称为 **7 个普适方程**。

对一个具体的质点系动力学问题，用哪几个普适方程去求解，是一个较为困难的问题。一般说来，在求运动时宜用动能定理和动量矩定理，而在求约束力时宜用动量定理。

(3) 动力学普遍定理在一定条件下可导致守恒。这就是牛顿力学通过力的分析给出的3个经典守恒定律，包括动量守恒、动量矩守恒和机械能守恒。

(4) 应用质点系动力学可解两类动力学问题：已知运动求力和已知力求运动。

习题

8.1 如果刚体可视为一平面刚体，即其质量集中分布于同一平面内。试证：该刚体对于正交坐标系 $Oxyz$ 三轴的转动惯量有如下关系：

$$J_z=J_x+J_y$$

其中 Oxy 与刚体平面重合。

8.2 图示为一齿轮轴的简图，试求它对中心轴 z 的转动惯量。已知齿轮轴材料的密度为 $\rho=7\ 850\ \text{kg}\cdot\text{m}^{-3}$，图中长度单位是 mm。

8.3 图示匀质圆盘上有一个偏心圆孔，试求该圆盘对轴 z 的转动惯量。圆盘的材料密度为 $\rho=7\ 850\ \text{kg}\cdot\text{m}^{-3}$，图中长度单位是 mm。

8.4 试求匀质细杆 AB 对于图示坐标系 $Axyz$ 的惯性积 J_{xy}, J_{yz}, J_{zx}。已知杆 AB 长为 l，质量为 m。杆 AB 在平面 Axy 内，图中角 β 为已知。

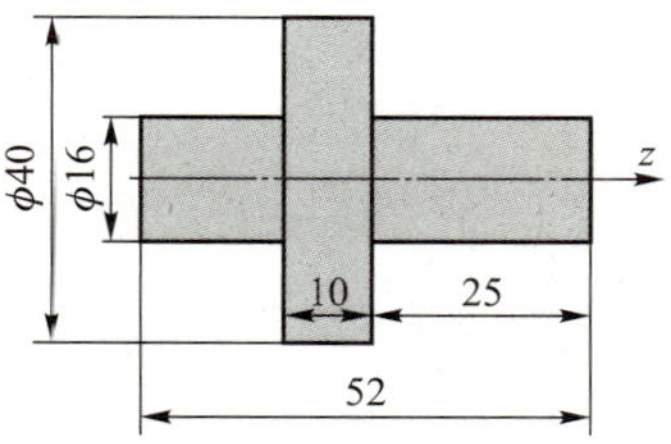

题 8.2 图

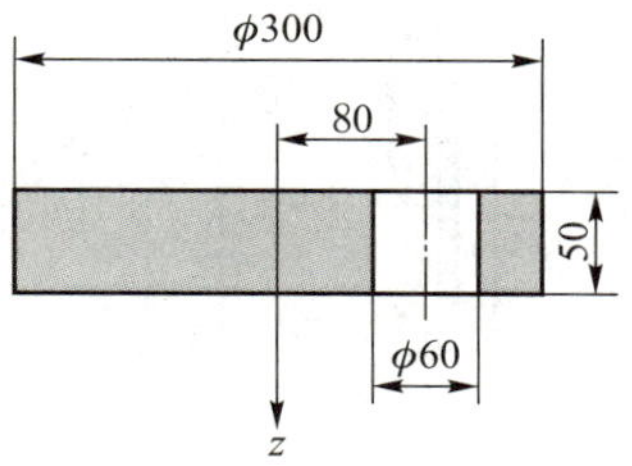

题 8.3 图

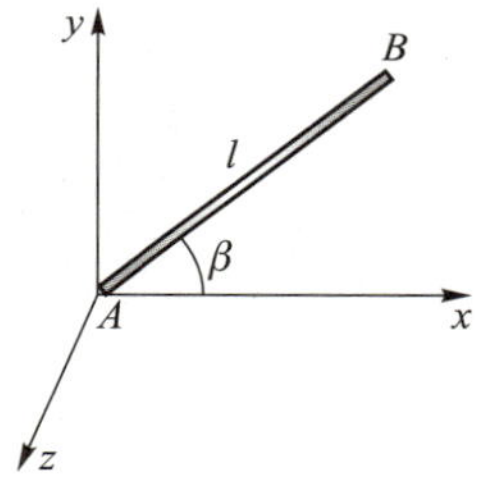

题 8.4 图

8.5 试求如图所示匀质薄圆盘相对于坐标系 $Oxyz$ 的惯性积 J_{xy}, J_{yz}, J_{zx}，其中 O 为圆盘中心，轴 Ox 位于圆盘上，轴 Oz 与圆盘中心轴的夹角为 β，圆盘的质量为 m，半径为 r。

8.6 质量为 M 的薄片，其质心为 C，$C\xi$，$C\eta$ 为它在薄片平面内的主轴。点 O 在薄片平面内，轴 Ox，Oy 相应地与轴 $C\xi$，$C\eta$ 平行。试证：(1) 薄片相对于 Oxy 的惯性积是 Mab，其中 a，b 是点 C 在 Oxy 中的坐标；(2) 如果薄片关于 $C\xi$，$C\eta$ 的主转动惯量分别是 nMa^2，mMb^2，并且薄片在点 O 有一与轴 Ox 成 45°的主轴，则 $(n-1)a^2=(m-1)b^2$。

8.7 图示匀质圆柱体的质量为 m，高为 h，底半径为 a，A 与 B 是上、下底圆周上的点，且 AB 通过柱体中心 O。试求该圆柱体对轴 AB 的转动惯量。

8.8 图示三个质量均等于 m 的质点用质量可以忽略的刚杆连接成边长为 a 的等边三角形。试求：(1) 三角形物体的三个中心主转动惯量；(2) 三角形对其中一顶点的三个主转动惯量。

8.9 匀质正方体的质量为 M，边长为 a，试求它对其一顶点的三个主转动惯量。

8.10 如图所示匀质细杆 AB 重为 W，长为 l，在其中点与转动轴 CD 刚性连接。设 Oz_1 沿 CD，Ox_1z_1 沿 AB 与 CD 形成的平面，试写出杆 AB 相对 $Ox_1y_1z_1$ 的惯性椭球方程。

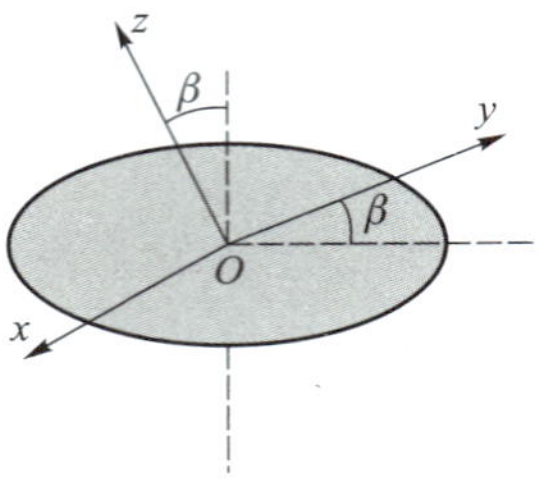

题 8.5 图

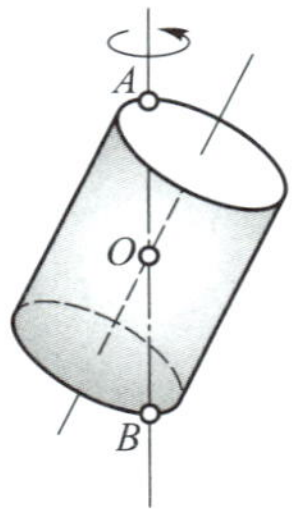

题 8.7 图

8.11　试求图中各质点系的动量。

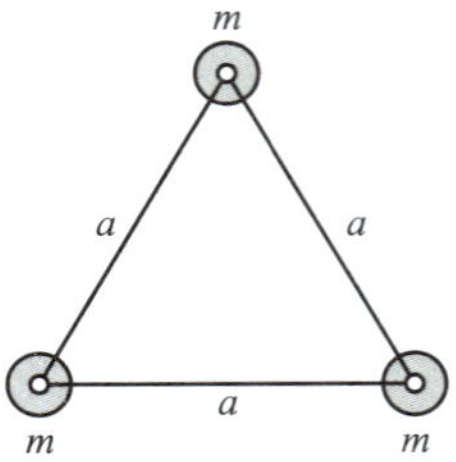

题 8.8 图

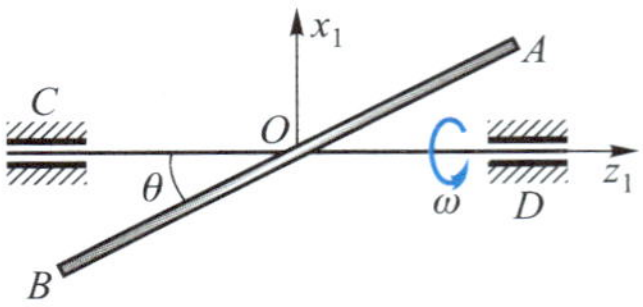

题 8.10 图

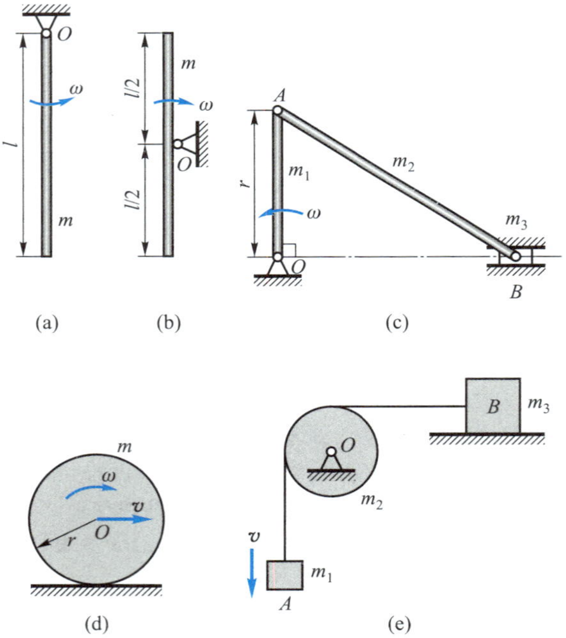

题 8.11 图

8.12　图示匀质摆杆 O_1A 和 O_2B，质量皆为 m，长皆为 l，角速度皆为 ω，板 AB 质量为 M。试求图示位置时系统的动量。

8.13　图示椭圆规尺 AB 的质量为 $2m_1$，曲柄 OC 的质量为 m_1，滑块 A 和 B 的质量均为 m_2。已知 $OC=AC=CB=l$。曲柄和规尺均为匀质杆。曲柄以角速度 ω 转动。试求此椭圆规尺的动量。

8.14 质量 $m=980$ kg 的小车，静止在水平轨道上，受到一始终沿其轨道方向的力的作用，其大小如图中曲线所示。如不计摩擦力，试求 $t=120$ s 时小车速度的大小。

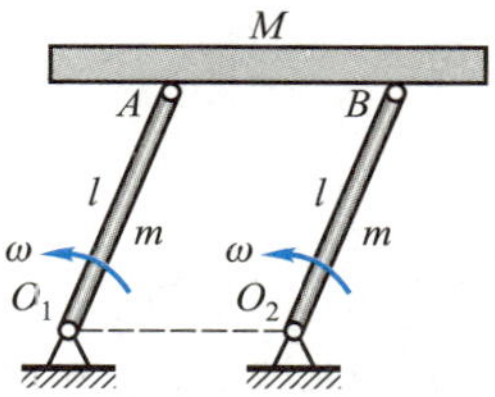

题 8.12 图

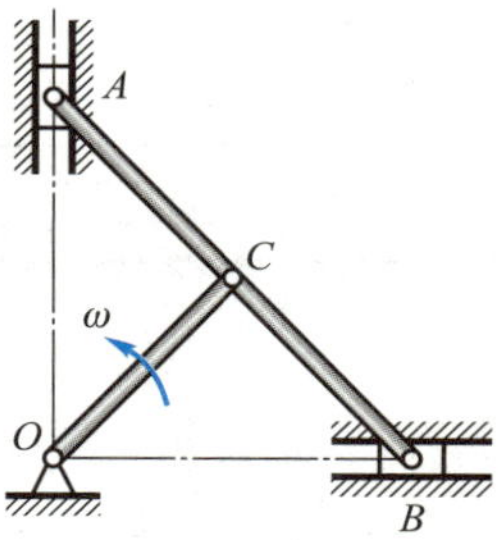

题 8.13 图

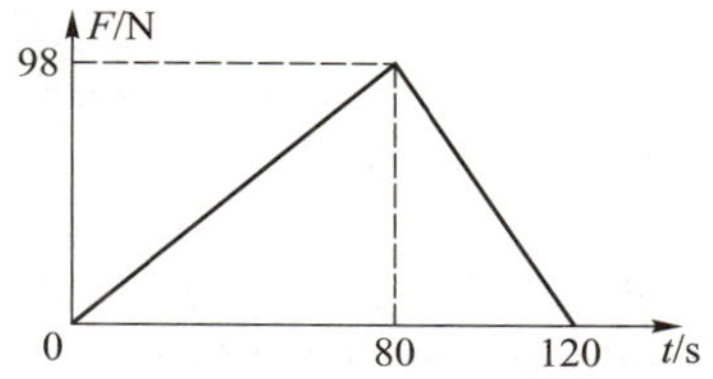

题 8.14 图

8.15 物体沿斜面向下滑动，它与斜面间的动摩擦因数为 f'，而斜面的倾角为 β，并且 $\tan\beta>f'$。如物体向下的初速度为 v，试求物体的速度增加一倍时，所需的时间。

8.16 汽车以 36 km·h^{-1} 的速度在水平直道上行驶。设车轮在制动后立即停止转动。试求车轮与地面的动摩擦因数 f' 应多大方能使汽车在制动 6 s 后停止。

8.17 图示一棒球质量 $m=0.14$ kg，以速度 $v_0=50$ m·s^{-1} 向右沿水平方向运动时被球棒打击，击后其速度方向发生改变，与 $\boldsymbol{v}_0$ 成 $\beta=135°$（向左朝上），速度大小降至 $v=40$ m·s^{-1}。试计算球棒作用于球的冲量。如果棒与球的作用时间为 0.02 s，试求棒给球的平均作用力的大小。不计重力。

8.18 曲柄 AB 长为 r，重为 P_1，受力偶作用以不变的角速度 ω 转动，并带动滑槽连杆及与它固结的活塞 D，如图所示。滑槽、连杆、活塞共重 P_2，重心在 C 点。在活塞上作用一恒力 $\boldsymbol{F}$。不计各处摩擦，试求作用在曲柄轴 A 上的最大水平分力 F_{Nx}。

8.19 置于光滑水平面上的三个小球由细绳和弹簧连接，如图所示。作用在一细绳上的水平力 $F=6.4$ N。试计算此瞬时系统质心的加速度。

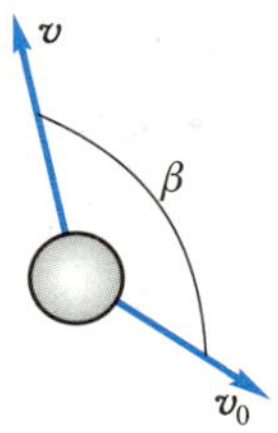

题 8.17 图

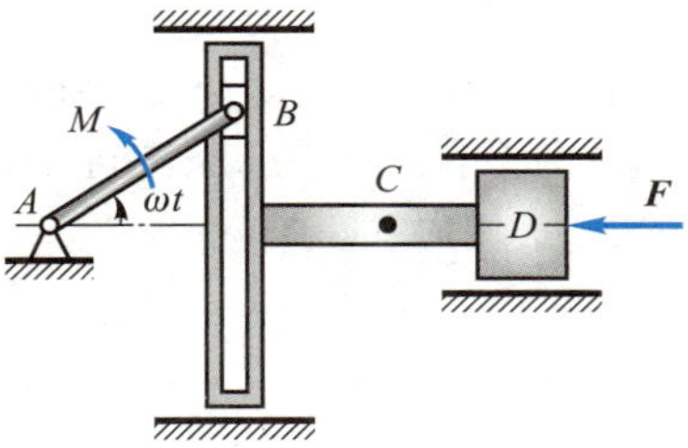

题 8.18 图

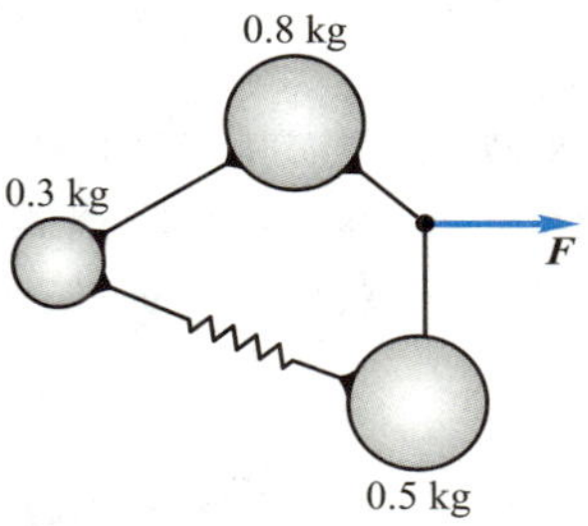

题 8.19 图

8.20 一个重为 P 的人手里拿着重为 Q 的物体，以仰角 β，速度 v_0 向前跳去。当他到达最高点时将物体以相对速度 u 水平地向后抛出。不计空气阻力，试问由于物体的抛出，人跳远的距离增加了多少？

8.21 两质量都等于 M 的小车，停在光滑的水平直铁轨上。一质量为 m 的人，自一车跳到另一车，并立刻自第二车跳回第一车。试证明两车最后速度大小之比为 $M:(M+m)$。

8.22 车厢的质量为 100 kg，在光滑的直线轨道上以 1 m·s^{-1} 的速度匀速运动。今有一质量为 50 kg 的人从高处跳到车上，其速度为 2 m·s^{-1}，与水平面成 60°角，如图所示。随后此人又从车上向后跳下，他跳离车厢后相对车厢的速度为 1 $m \cdot s^{-1}$，方向与水平面成 30°角。试求人跳离车厢后的车速。

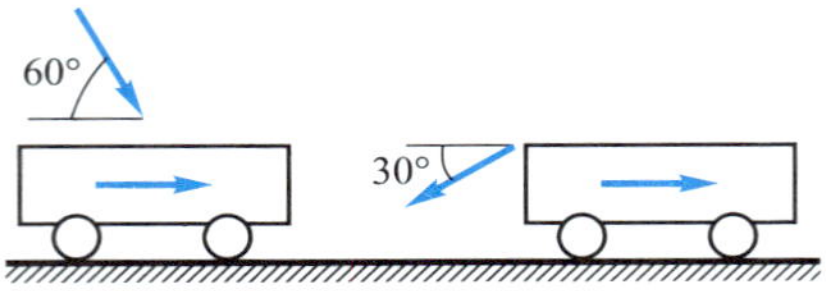

题 8.22 图

8.23 质量为 m 的子弹以速度 v 打入相向而行的质量为 M，速度为 V 的物体内。试证：(1) 若子弹留在物体内，则物体的速度为 $(MV-mv)/(M+m)$（正向同 V）；(2) 若子弹穿透物体并以速度 u 继续前进，则物体的速度为 $V-m(v-u)/M$。

8.24 图示匀质杆 OP，质量为 m_1，长为 l，端部连接一质量为 m_2 的小球 P（可视为质点）。杆 OP 以匀角速度 ω 绕基座上的轴 O 转动。基座质量为 m_3，放在足够粗糙的水平面上。(1) 试求水平面对基座的约束力主矢；(2) 试问 ω 多大时基座会跳离地面？

8.25 图示系统中，方块 A 的质量为 m，小车 B 的质量为 m_0，弹簧刚度系数为 k，斜面光滑。不计轮子质量，试建立系统的运动微分方程。

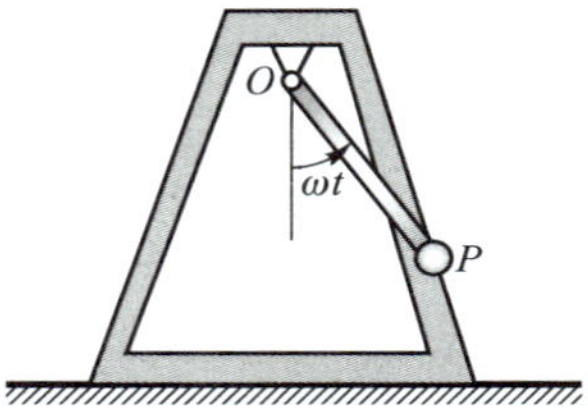

题 8.24 图

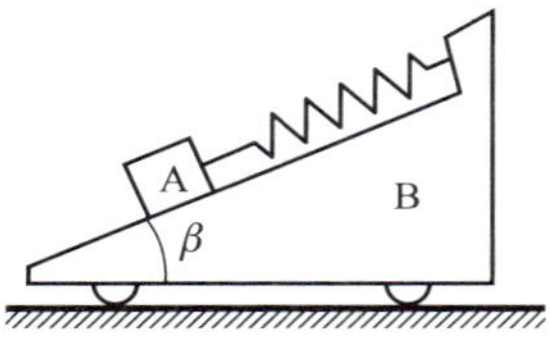

题 8.25 图

8.26 长度为 l，单位长度质量为 ρ 的链条置于光滑桌面上，下垂部分长度为 x，如图所示，试建立链条的运动微分方程。如果初始时链条静止，下垂长度为 b，试求链条末端滑离桌面时的速度 v。

8.27 从喷嘴射出的水流顺着翼板改变流向如图所示。已知水流的横截面面积为 A，流速为 $\boldsymbol{v}$，体积流量 $q_V=Av$。设翼板是光滑的，水流速度的大小不变。分别就下列两种情况计算水流对翼板的作用力：(1) 翼板是固定的；(2) 翼板以速度 u 水平向右运动，$u<v$。

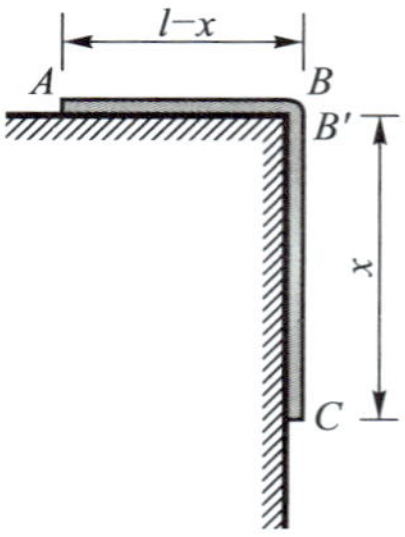

题 8.26 图

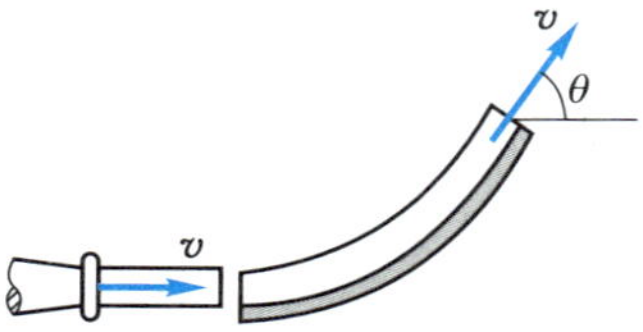

题 8.27 图

8.28 已知质点质量为 m，在平面 Oxy 内的运动方程为

$$x=a\cos \omega t,\quad y=b\sin \omega t$$

其中 a,b,ω 为常数,试求质点对坐标原点的动量矩。

8.29 试计算图示下列情形下系统对固定轴 O 的动量矩:(1) 匀质圆盘质量为 m,半径为 r,绕垂直于盘面且过圆盘中心的轴 O 转动,角速度为 ω;(2) 上述圆盘以角速度 ω 绕垂直于盘面且过盘边缘的轴 O 转动;(3) 匀质杆的质量为 m,长为 l,绕过端点且垂直于杆长的轴 O 转动,角速度为 ω。

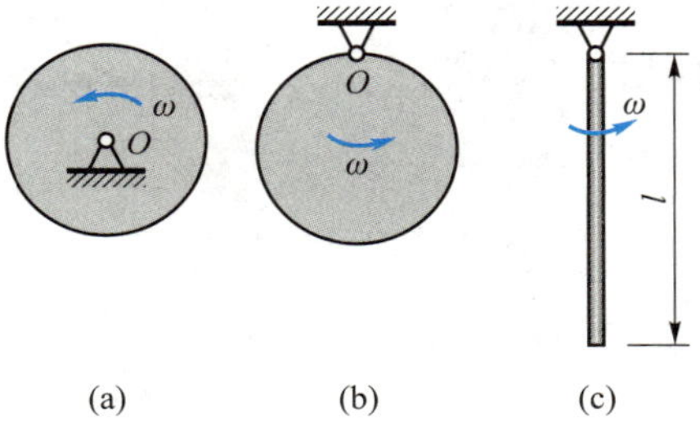

题 8.29 图

8.30 轮子半径为 R,不计质量,在水平面上无滑动地滚动,轮心速度为 $\boldsymbol{v}$。轮缘上粘有两质点 A 和 B,质量均为 m,如图所示。初始瞬时的位置用虚线表示,C 为轮心,O 为初始瞬时轮心所在位置。试求:(1) 以地面为参考系,对点 O 的动量矩;(2) 以质心平移系为参考系,对点 C 的动量矩;(3) 以轮子固连系为参考系,对点 C 的动量矩。

8.31 两重物质量分别为 m_1 和 m_2,分别系在不可伸长的绳上,如图所示。两绳分别绕在半径为 r_1 和 r_2 并固结在一起的两鼓轮上。已知鼓轮质量为 m,对其轴的回转半径为 ρ。某瞬时鼓轮角速度为 ω,试计算此时系统对转轴的动量矩。

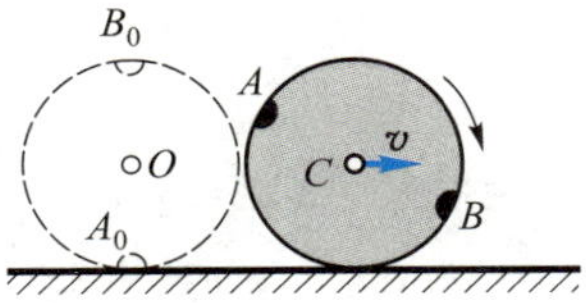

题 8.30 图

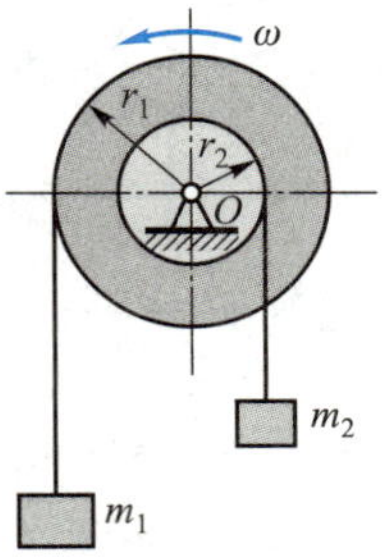

题 8.31 图

8.32 如图所示,匀质圆盘半径为 r,质量为 m。细杆 OA 长为 l,质量为 M,绕轴 O 以角速度 ω 转动。同时圆盘相对于杆 OA 以同样大小的角速度 ω' 绕 A 作相反方向转动。试求系统对转轴 O 的动量矩。

8.33 如图所示,匀质圆轮 O 和 A 的质量和半径均为 m 和 r。轮 O 以角速度 ω 作定轴转动,并通过绕在它们上面的无质量且不可伸长的绳子带动轮 A 在与绳子平行的水平面上作无滑滚动。试求系统对轴 O 的动量矩。

8.34 如图所示,匀质细杆 OA 质量为 m,长为 l,以角速度 ω 绕铅垂轴 Oz 转动。已知杆 OA 与铅垂线的夹角 φ 保持常值不变。试求杆对点 O 的动量矩。图中平面 Oyz 始终与杆 OA 所在铅垂面重合。

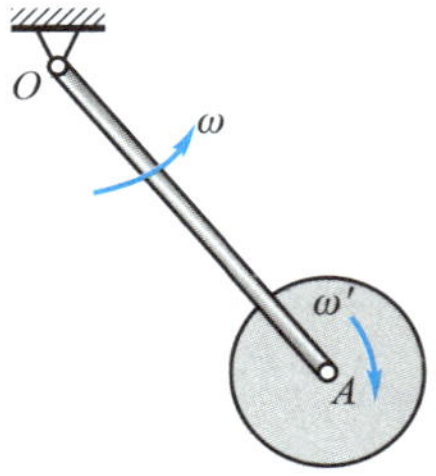

题 8.32 图

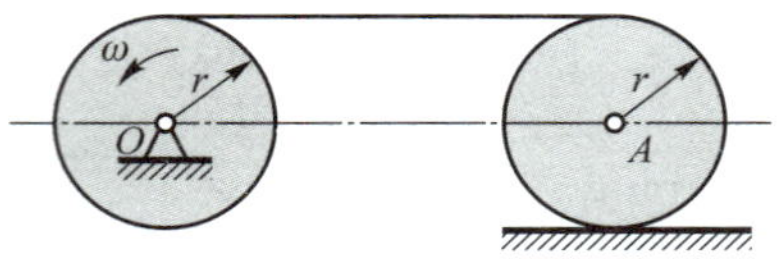

题 8.33 图

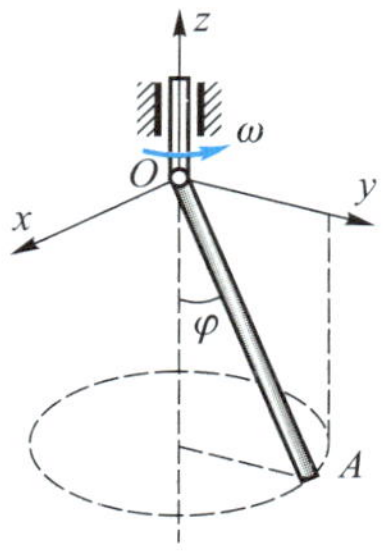

题 8.34 图

8.35　图示矩形截面的渠道宽 10 m，水深 2 m，转弯半径为 30 m。设水的速度沿截面宽度呈抛物线分布

$$v_{\varphi}=\frac{1}{5}(25-\delta^{2})$$

其中 δ 为任意点至中心线的距离，以 m 计，v_{φ} 以 $m \cdot s^{-1}$ 计。试求任意瞬时弯道内（即在 xOy 象限内）水对固定点 O 的动量矩。

8.36　匀质椭圆规尺 AB 的质量为 $2m$，曲柄 OC 的质量为 m，滑块 A，B 的质量均为 m。$OC=AC=BC=l$，规尺及曲柄为匀质杆，曲柄以匀角速度 ω 绕轴 O 转动。试求系统在图示位置时对点 O 的动量矩。

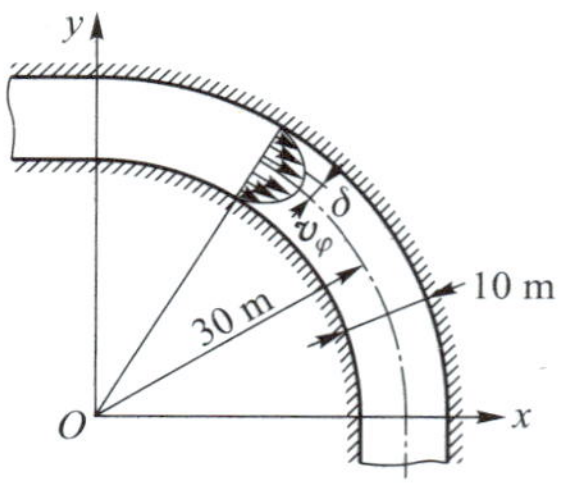

题 8.35 图

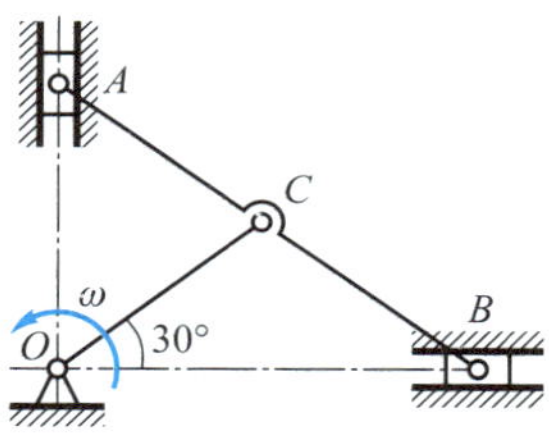

题 8.36 图

8.37　图示机构中，匀质杆 OA 铅垂，杆 AB 水平，匀质圆轮 B 在水平面上作纯滚动。已知杆 OA 质量为 m，长为 l；杆 AB 质量为 m；轮 B 质量为 2 m，半径为 r。试求此机构关于点 O 的动量矩。

8.38　小球 M 系于 MOA 的一端点，绕铅垂线作水平圆周运动，每分钟转 120 圈，如图所示。如将 AO 慢慢向下拉，直到小球转动到半径减小到原来转动半径的一半，试求此时小球每分钟转多少圈。

8.39　两个刚体互不相关地各以角速度 ω_1 和 ω_2 绕同一轴同向转动。已知两刚体对于此转轴的转动惯量分别等于 J_1 和 J_2。现突然将这两个刚体联结在一起，试求此时共同的角速度 ω。

8.40　图示框架的线密度为 ρ，框架由一圆环及其直径组成，圆环半径为 a，O 为固定点。质量为 $\frac{1}{3}a\rho$ 的甲虫 P 沿杆 AB 爬动，开始时甲虫在点 A 处，系统静止。设 AP 距离为 x。试证：(1) $[n^2a^2+(a-x)^2]\dot{\varphi}=a\dot{x}$，其中 $n^2=12\pi+9$；(2) 当甲虫爬到点 B 时，$\varphi=\frac{2}{n}\arctan\left(\frac{1}{n}\right)$。

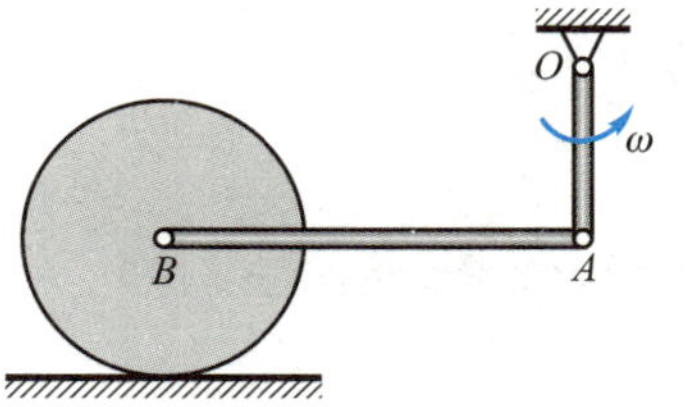

题 8.37 图

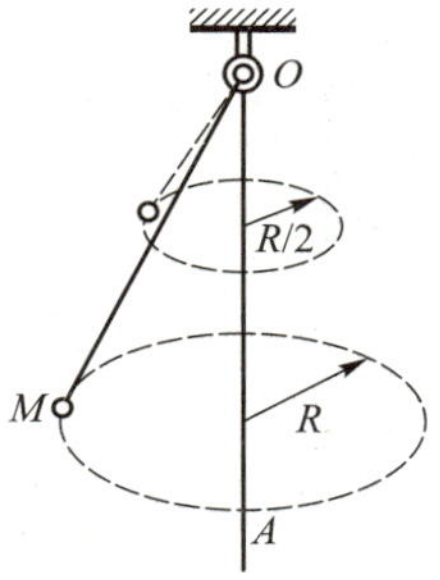

题 8.38 图

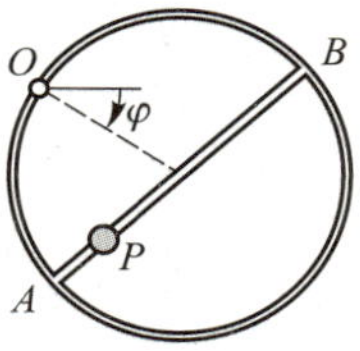

题 8.40 图

8.41 半径为 R 的环形管以某一角速度绕通过直径的铅垂轴转动，环形管对此轴的转动惯量为 J。管内有一质量为 m 的小球自最高点无初速地下滑，如图所示。试求环形管转动的最大角速度与最小角速度之比值。

8.42 如图所示，水平细杆 AB 可绕铅垂轴转动。质量为 m 的滑块 C，由于弹簧的作用，可在杆上作相对运动。已知相对运动方程为

$$r=(10+3\sin 4t)\ \mathrm{cm}$$

且当 $t=0$ 时，杆 AB 的角速度为 $\omega_0=10\ \mathrm{rad\cdot s^{-1}}$，如不计杆 AB 的质量和各处摩擦，试求杆 AB 的角速度随时间 t 的变化规律。滑块视为质点。

8.43 如图所示，质量为 m 的质点 P 位于一水平板上，此平板可绕铅垂轴 O 转动。质点 P 在板上作圆周运动，其相对速度的大小 u 不变。此圆半径为 r，圆心 A 到转动轴的距离 OA 为 $l(l>r)$。已知平板的转动惯量为 J，且当点 P 距转轴最远时平板的角速度为零。不计轴承摩擦和空气阻力。试证：平板角速度 ω 与点 P 在平板上的位置角 φ 之间有如下关系：

$$\omega=\frac{mul(1-\cos\varphi)}{J+m(l^2+r^2+2lr\cos\varphi)}$$

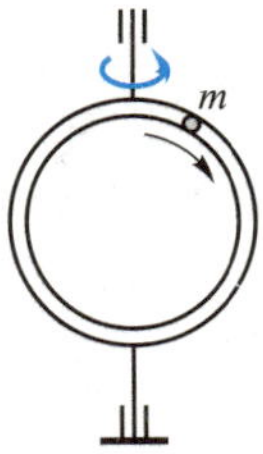

题 8.41 图

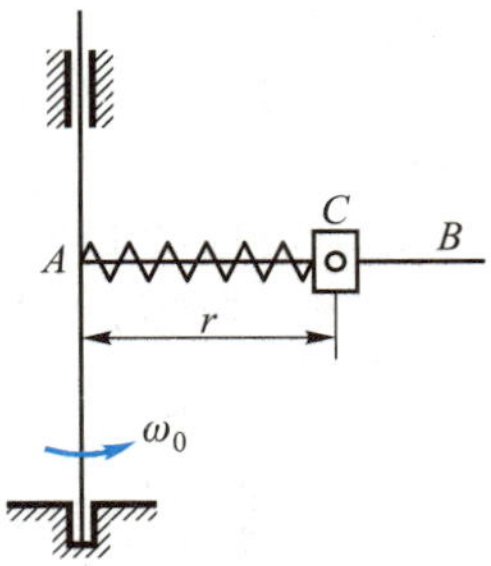

题 8.42 图

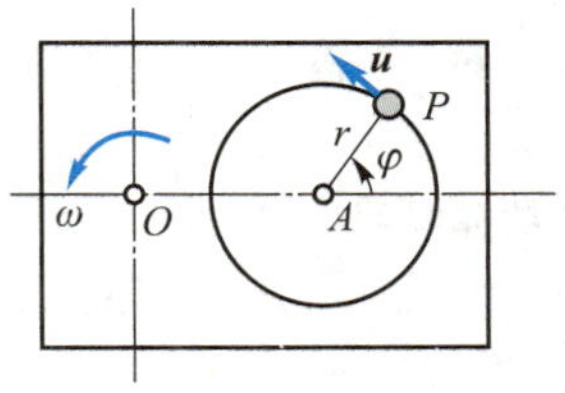

题 8.43 图

8.44 如图所示，重为 P，半径为 r 的滑轮上挂有长为 $2a+\pi r$ 的匀质链条，链条单位长度质量为 ρ，滑轮的转动惯量为 J_0，滑轮轴承处没有摩擦，滑轮与链条之间没有滑动。开始时两边悬空长度为 $a-x_0$ 和 $a+x_0$，初速为零。试求：链条的运动方程（在一边悬空长度变为零之前）和轴承对滑轮的铅垂和水平约束力，用时间的函数表示。

8.45 匀质圆柱体质量为 m，半径为 r，在力偶作用下沿水平面作纯滚动，如图所示。已知力偶矩为 M，滚动摩阻系数为 δ。试求：圆柱中心 O 的加速度及其与地面间的滑动摩擦力。

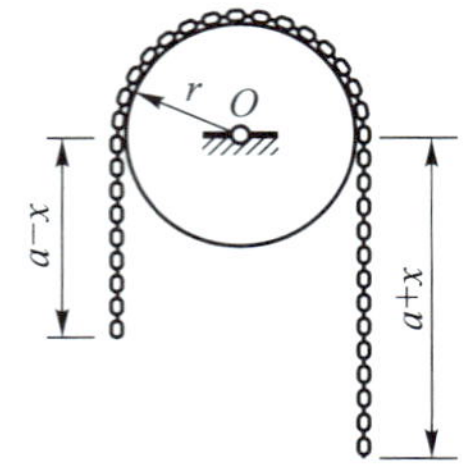

题 8.44 图

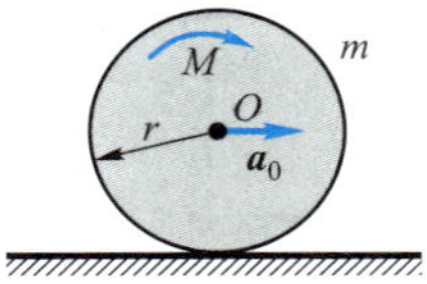

题 8.45 图

8.46　图示滑轮质量为 15 kg，半径为 0.3 m，对其中心轴的回转半径为 0.25 m，其上悬挂重物的质量为 20 kg。在滑轮的绳索上作用两常力，$F_1=200$ N，$F_2=160$ N。当 $t=0$ 时，滑轮的角速度 $\omega_0=8\ \text{rad}\cdot\text{s}^{-1}$，逆时针转向，重物向下的速度为 $v_0=2\ \text{m}\cdot\text{s}^{-1}$。试求：$t=5$ s 时，滑轮的角速度大小 ω 和重物的速度 $\boldsymbol{v}$。

8.47　图示匀质圆盘质量为 m，半径为 r，可绕通过边缘点 O 且垂直于盘面的水平轴转动。设圆盘从最高位置无初速地开始绕轴 O 转动。试求：当圆盘中心和轴的连线经过水平位置时，轴承 O 的总约束力的大小。

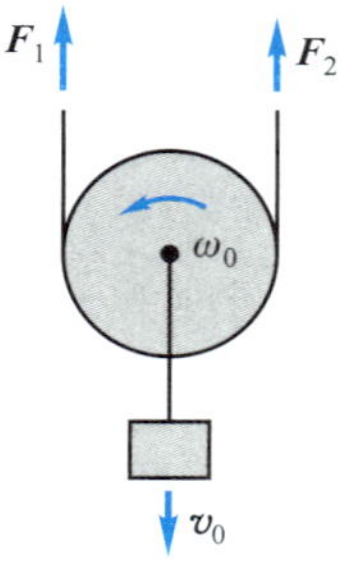

题 8.46 图

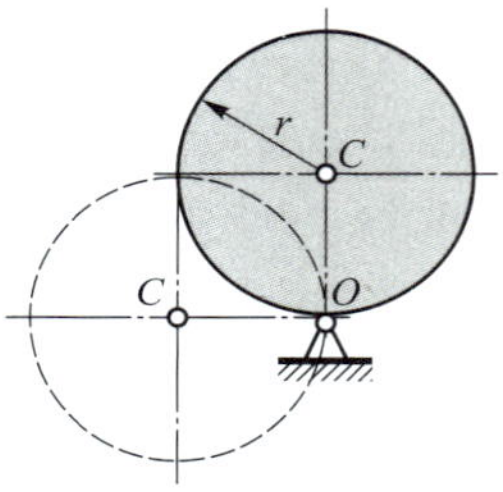

题 8.47 图

8.48　如图所示，质量为 m，长为 l 的匀质细杆 BC，以光滑铰链与悬臂梁 AB 相连。已知梁 AB 的质量和长度均与杆 BC 相同。试求：杆 BC 从铅垂位置静止开始运动至水平位置时，梁端 A 的约束力。

8.49　平台 N 由等长且平行的匀质细杆 AB，CD 支持，如图所示。平台上有一方块 M。设杆 AB，CD 长度为 l，杆 AB，CD，方块 M 及平台 N 的质量均为 m。如已知某瞬时杆的转动角速度为 ω，试求系统此时的动能。

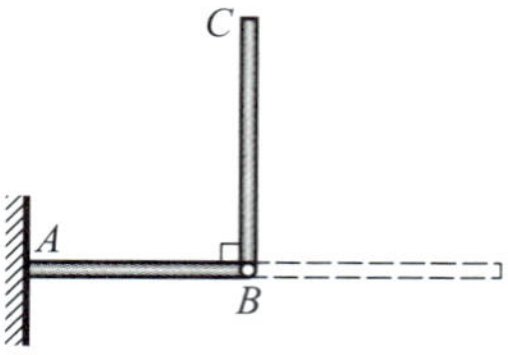

题 8.48 图

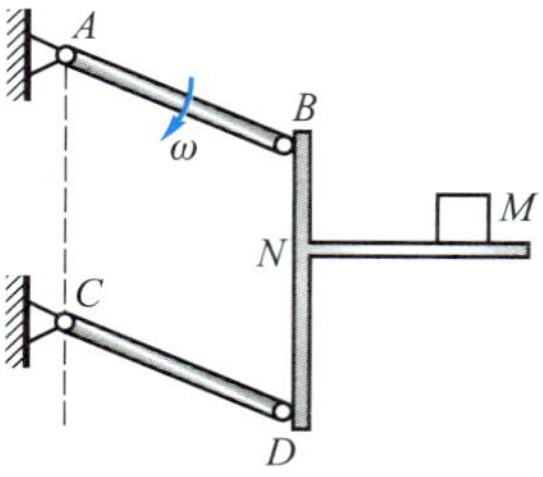

题 8.49 图

8.50　图示半径为 R 的匀质圆轮质量为 m。题 8.50 图 a，b 所示为圆轮绕固定轴 O 转动，角速度为 ω。题 8.50 图 c 所示为圆轮在水平面上作纯滚动，质心速度为 $\boldsymbol{v}$。试分别计算三种情形下圆轮的动能。

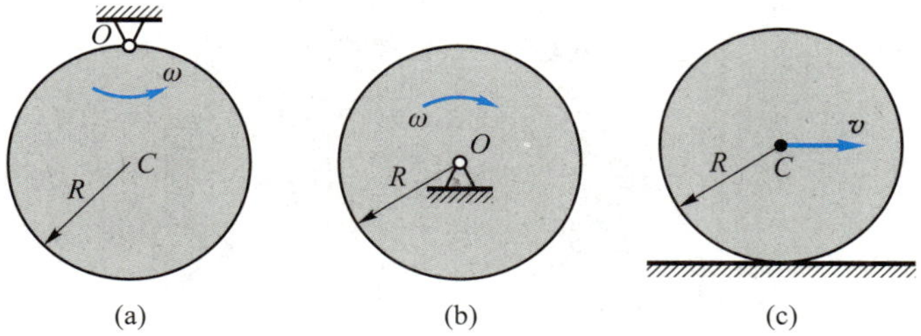

题 8.50 图

8.51 图示为一椭圆摆，由一单摆的支点与一水平移动的滑块 A 铰接。已知单摆摆长为 l，滑块和摆锤质量分别为 m_1 和 m_2，摆杆质量不计。试用 $x,\dot{x},\varphi,\dot{\varphi}$ 表示系统在任意 x,φ 位置的动能。

8.52 匀质杆 CD 和 EA 分别重 50 N 和 80 N，铰接于点 B。如果杆 EA 以 $\omega=2\ \mathrm{rad\cdot s^{-1}}$ 绕 A 转动，试计算图示位置两杆的动能。

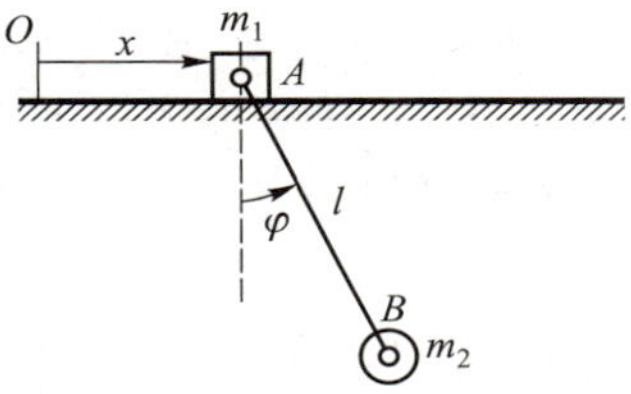

题 8.51 图

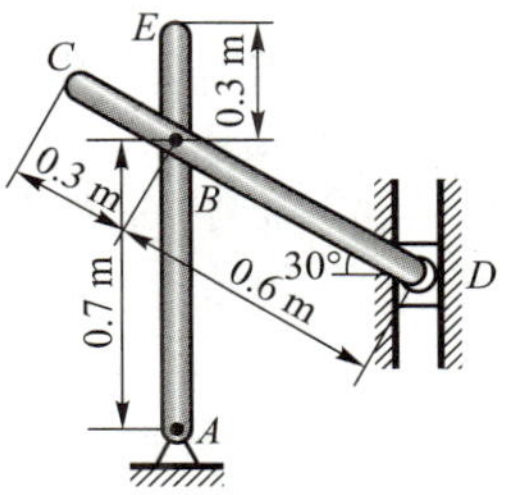

题 8.52 图

8.53 如果炮筒螺旋线的螺距为 h，试求半径为 r，以匀角速度转动的重为 P 的炮弹以速度 v 离开炮口时的动能。炮弹可视为一实心圆柱体。

8.54 图示质量 $m=2$ kg 的匀质细杆 AB，可绕水平轴 A 转动。弹簧原长 $l=0.5$ m，刚度系数 $k=20\ \mathrm{N\cdot m^{-1}}$，试计算杆 AB 从 $\theta=0°$转到 $\theta=90°$的过程中，重力和弹性力所做功的和。

8.55 图示带轮半径为 0.5 m，带拉力分别为 1 800 N 和 600 N。如果带轮转速 $n=120\ \mathrm{r\cdot min^{-1}}$，试求带拉力在一分钟内所做的功。

8.56 图示匀质圆轮重为 P，半径为 R，在常力偶 M 的作用下沿粗糙斜面向上作纯滚动。试求轮心 O 经过 s 长路程的过程中重力和力偶矩所做功之和。斜面倾角为 β。

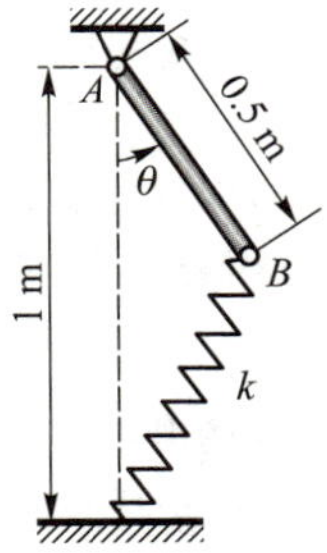

题 8.54 图

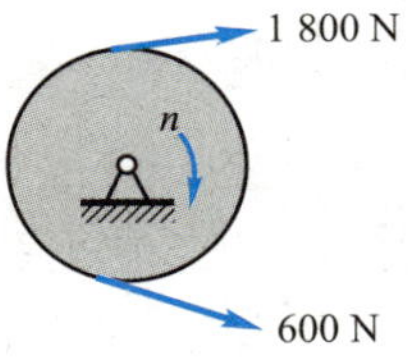

题 8.55 图

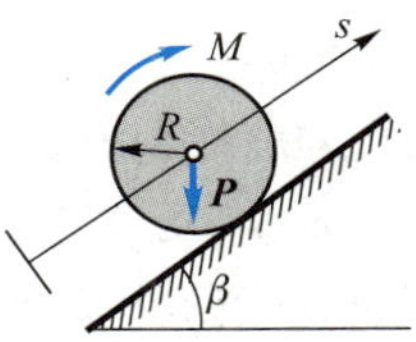

题 8.56 图

8.57 重量为 W 的鼓轮沿水平面作纯滚动，如图所示。拉力 $\boldsymbol{F}$ 与水平面成 30°角。轮子与水平

面间的摩擦因数为 f，滚动摩阻系数为 δ，试求轮心 C 移动距离为 x 的过程中力的功，其中 $R=2r$。

8.58　如图所示，质量为 2 kg 的套筒放在被压缩了 15 cm 的弹簧上，然后无初速地释放。已知弹簧刚度系数 $k=18\ \mathrm{N\cdot cm^{-1}}$，试求弹簧恢复到原长时套筒的速度。

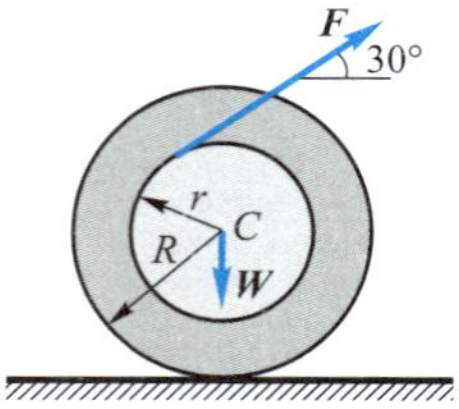

题 8.57 图

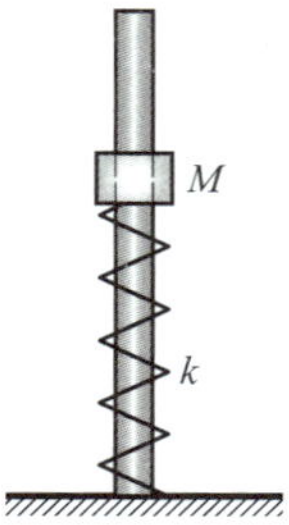

题 8.58 图

8.59　如图所示，链条传动机构中，已知大链轮半径为 R，对其转轴的转动惯量为 J_1，小链轮半径为 r，对其转轴的转动惯量为 J_2。链条质量为 m。如在小链轮上加一力偶矩 M_2，这时大链轮上有一阻力偶矩 M_1。试求：大链轮由静止开始转过 n 转后的角速度有多大。

8.60　在图示机构的曲柄 OA 上作用一大小不变的力偶矩 M，初始时系统处于静止状态，且 $\varphi=\varphi_0$。已知曲柄 OA 长为 r，相对于转轴 O 的转动惯量为 J。连杆部分的重量为 P，杆 DE 与导轨 B 之间的摩擦力为常值 F。不计滑块 A 的质量，也不计它与滑槽之间的摩擦。当曲柄 OA 转过一周时，试求曲柄的角速度。

8.61　三杆 AB，BC，CD 各重 W，长为 l，分别以光滑铰链连接，如图所示。杆 BC 的中点 E 连接一刚度系数为 k 的弹簧，弹簧另一端又与一滑块 F 相连。不计滑块和弹簧质量。已知杆 AB，DC 和弹簧 EF 在水平位置时，弹簧未变形，且系统处于静止状态。试求系统在重力和弹性力作用下，运动至杆 AB 与水平成角 θ 位置时，杆 AB 所具有的角速度。设弹簧 EF 在运动过程中始终保持水平。

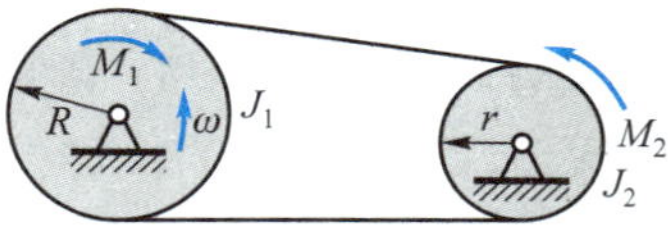

题 8.59 图

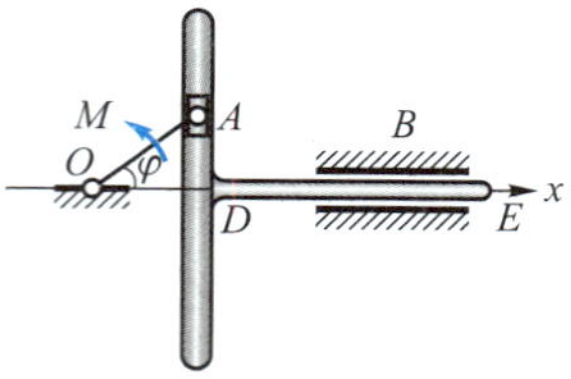

题 8.60 图

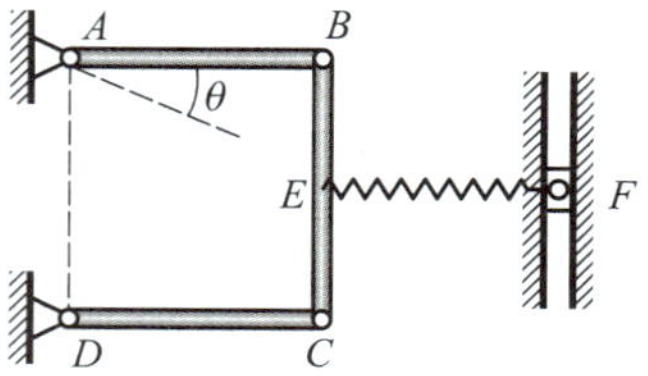

题 8.61 图

8.62　图示机构中，圆盘 O 作定轴转动，圆盘 O' 沿斜面作无滑滚动。如在轮 O 上作用一常力偶，其力偶矩为 M，使轮 O 转动，试求绳的张力。已知两轮质量均为 m，半径均为 R，绳不可伸长，并不计其质量。粗糙斜面的倾角为 θ，不计滚阻摩擦。

8.63　图示质量为 m，长为 l 的匀质细杆 AB，其一端铰接质量可忽略不计的滑块 A，另一端与质量为 m_1，半径为 r，可在水平面上作纯滚动的匀质圆盘 B 的中心铰接。细杆于图示位置静止释放，滑块 A 沿光滑铅垂直杆滑下，如果不计铰链 A 和 B 处的摩擦，试求：(1) 当滑块刚碰到弹簧时（AB 处于水平位置），细杆 AB 的角速度；(2) 设弹簧的刚度系数为 k，它的最大变形量是多少。

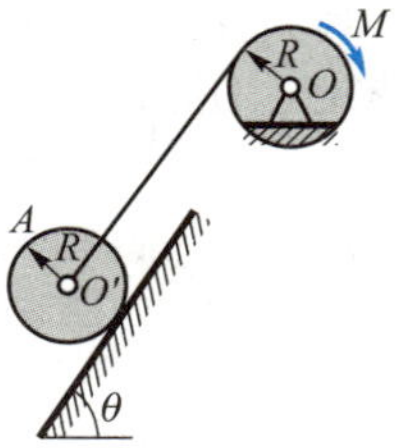

题 8.62 图

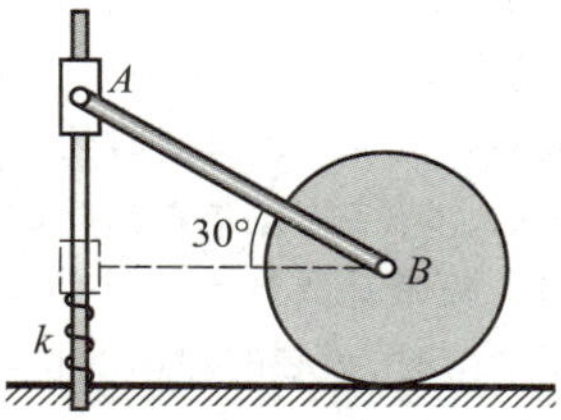

题 8.63 图

8.64　图示重为 P_1，半径为 r 的匀质圆柱形滚子，由静止位置开始沿与水平面成 β 角的斜面作纯滚动，铰接于滚子轴心 O 的重量为 P_2 的光滑杆 OA 随之一起运动。试求滚子轴心 O 的加速度。

8.65　图示同一铅垂面内的匀质细杆 AC 和 BC 重量均为 P，长度均为 l，由光滑铰链 C 相铰接，并置于光滑水平面上。今在两杆中点连接一刚度系数为 k 的弹簧，当 $\theta=60°$时弹簧为原长。如果系统从该位置无初速地释放，试求当 $\theta=30°$时，点 C 的速度大小。

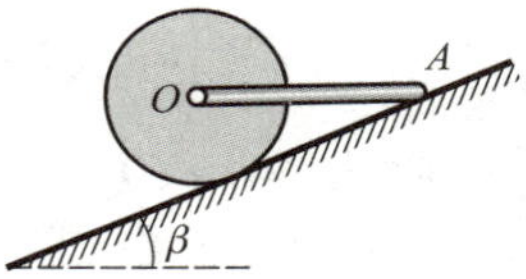

题 8.64 图

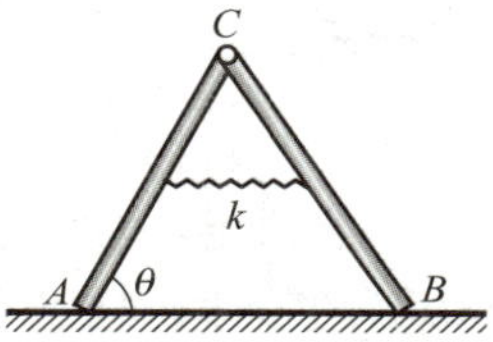

题 8.65 图

8.66　质量为 10 kg 的滑块可沿铅垂导杆 CD 滑动，最初静置于 A 处，现在用绳拉动，如图所示。已知绳的拉力 $F=400$ N，各处的摩擦均可略去，试求物块到达 B 处时的速度。

8.67　长为 l，重为 P 的匀质杆 AB，放在以 O 为中心，以 r 为半径的固定光滑半圆槽内，如图所示，且 $l=\sqrt{2}r$。设初瞬时 $\varphi=\varphi_0$，并由静止释放。试求杆 AB 的角速度与角 φ 的关系。

8.68　如图所示，放置于倾角为 β 的固定斜面上的质量为 m，半径为 r 的匀质圆盘，其中心 A 拴有一端固定并与斜面平行的弹簧，同时与一绕在质量为 m，半径为 r 的鼓轮 B 上的张紧绳索相连。今在鼓轮上作用一力偶矩为 M 的常力偶，使系统由静止开始运动，且斜面足够粗糙，圆盘 A 沿斜面向上作纯滚动。已知鼓轮对轮心 B 的回转半径为$\dfrac{r}{2}$，弹簧的刚度系数为 k，且初始时弹簧为原长。若不计弹簧、绳索的质量及轴承 B 处摩擦，试求鼓轮转过$\dfrac{r}{2}$时，圆盘的角速度和角加速度的大小。

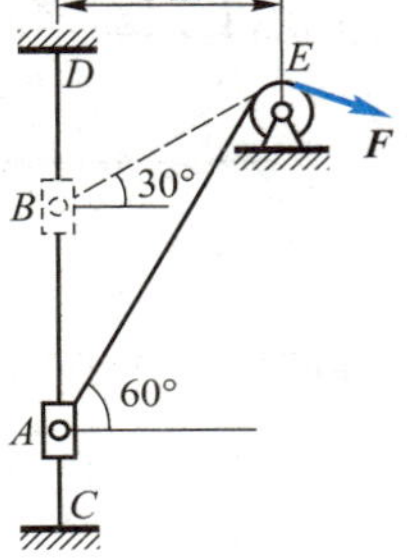

题 8.66 图

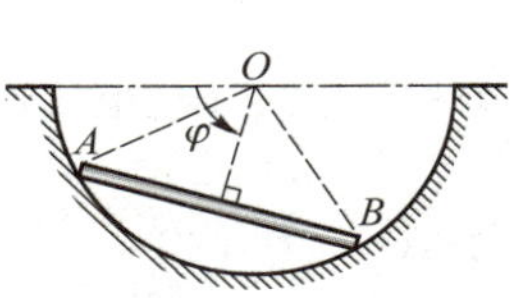

题 8.67 图

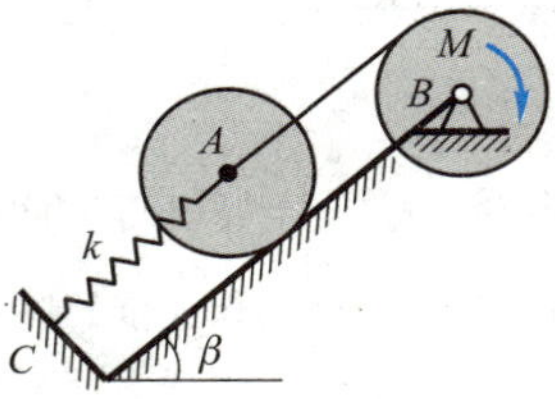

题 8.68 图

8.69　匀质杆 AB 长为 l，重为 W_1，上端 B 靠在光滑墙上，下端 A 铰接于车轮轮心。车轮重为 W_2，半径为 r，可视为匀质圆盘，在水平面上作纯滚动，滚动阻力不计。设系统由图示位置 $\theta=45°$ 开始运动。试用机械能守恒定律计算此时轮心 A 的加速度。

8.70　如图所示，半径为 R，质量为 M 的匀质圆盘，装在半径为 r，质量为 m 的匀质圆柱形轴上，并由绕在此轴上的两条铅垂线挂起。开始时轴在水平位置，并且盘心至两线的距离相等，然后释放。试求圆盘向下降落时，盘心的加速度和线中的张力。

8.71　可当作质点的圆珠 P 套在一水平放置的光滑圆环上，如图所示，圆环以匀角速度 ω 绕过点 A 的铅垂轴在水平面内转动。试列写圆珠的动能和势能。问：此问题有机械能守恒吗？

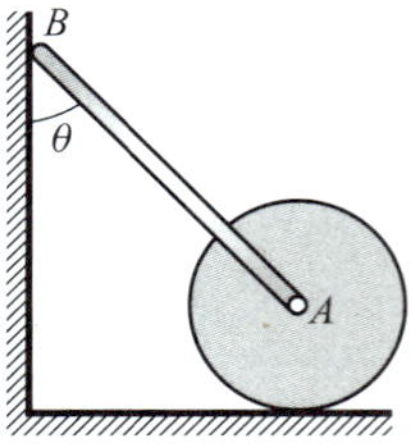

题 8.69 图

题 8.70 图

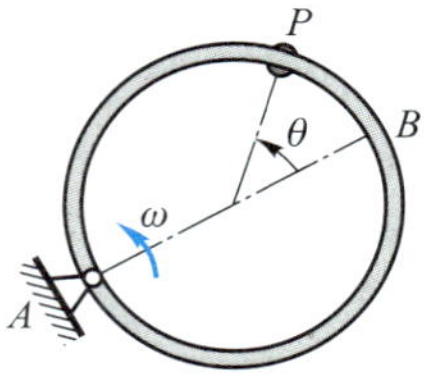

题 8.71 图

8.72　图示半径为 r 的圆柱体沿水平面作无滑滚动，其质心位于点 C，$OC=e$，圆柱体对通过点 C 且垂直于纸面的轴的回转半径为 ρ。试以角度 φ 的函数表示圆柱的角速度。开始时，圆柱静止，$\varphi=\varphi_0$。

8.73　图示系统处于同一铅垂面内，物块 A，B 的质量均为 m_1。定滑轮和圆盘均为匀质，质量均为 m_2，半径均为 r。刚度系数为 k 的水平线弹簧的一端与圆盘中心 C 相连，另一端与铅垂墙相连。当系统处于平衡时将连接 B 的绳索剪断，若各接触处无相对滑动，不计绳索和弹簧的质量及轴承 O 处的摩擦。试求当物块 A 上升了距离 h 时，物块 A 的速度和加速度的大小。

8.74　图示匀质杆 AB 和 BC 的质量均为 m，长度均为 l，匀质圆盘的中心为 C，其质量为 m，半径为 r，它们处于同一铅垂面内，且以光滑圆柱铰链相互连接。圆盘可沿水平地面作纯滚动。点 A，C 处于同一水平线上，且连接一原长为 $2l$，刚度系数为 $k=\dfrac{mg}{l}$ 的弹簧。当 $\theta=60°$ 时，系统无初速地释放，试求杆 AB 分别在 $\theta=30°$ 和 $\theta=0°$ 时的角速度。

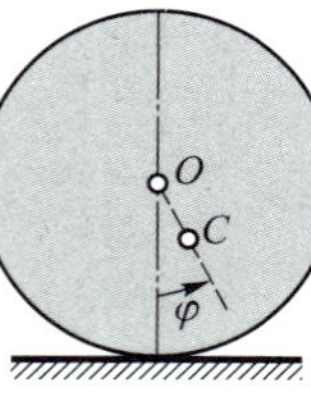

题 8.72 图

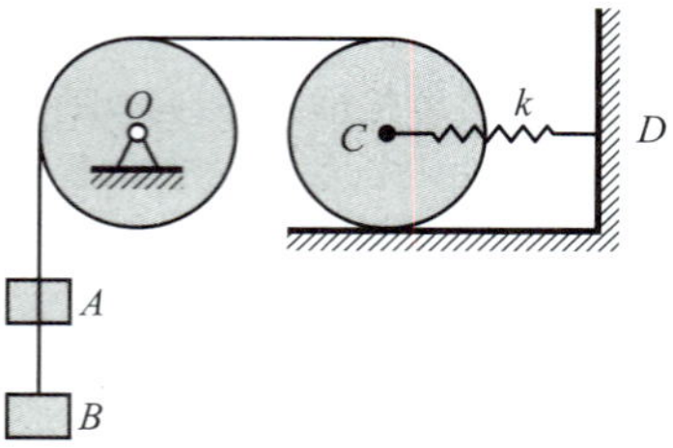

题 8.73 图

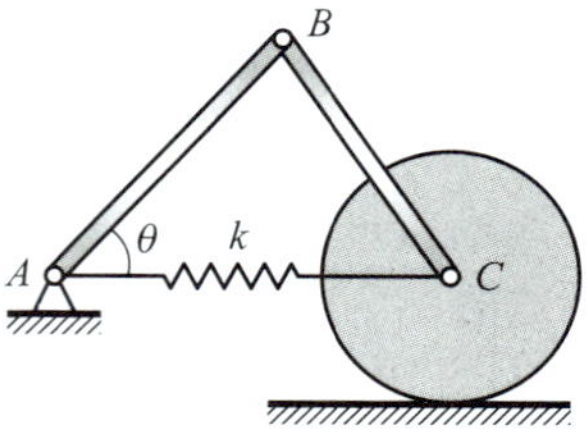

题 8.74 图

8.75　匀质半圆柱体由图示位置静止释放，在水平面上滚动而不滑动。试求此半圆柱体在通过平衡位置 $\theta=0°$ 时的角速度，其中 $a=\dfrac{4}{3\pi}r$。

8.76　半径为 r 的匀质圆柱体在半径为 R 的半圆槽内作纯滚动，如图所示。试用动能定理建立圆柱体的运动微分方程。

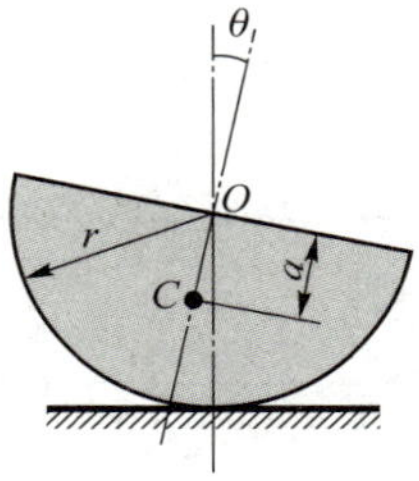

题 8.75 图

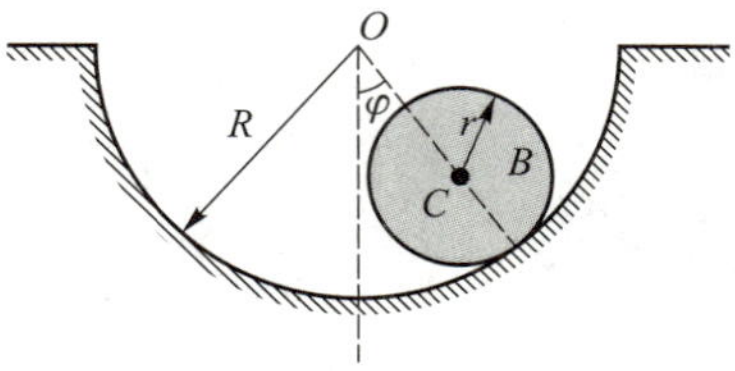

题 8.76 图

8.77　一弹簧的自然长度为 l_0，弹簧刚度系数为 k，一端固定在光滑水平面的点 O 上，另一端系一质量为 m 的小球，如图所示。一开始，把弹簧拉长 δ_0，并给小球一个与弹簧相垂直的初速度 v_0。已知 $m=20$ N，$k=120\ \mathrm{N\cdot m^{-1}}$，$l_0=0.5$ m，$\delta_0=0.2$ m，$v_0=1\ \mathrm{m\cdot s^{-1}}$。试求当弹簧恢复至自然长度时，小球的速度 $\boldsymbol{v}$。

8.78　一质量等于 M 的炮弹以速率 v 向前运动。炮弹内部爆炸产生能量 E，并将炮弹分成两碎片。假设不计火药的质量，能量 E 全部转化为机械能，一片的质量等于另一片的 k 倍，并且两碎片仍沿原来的方向运动。试求：两碎片的速度大小各为多少。

8.79　图示匀质直棒 OA，长为 l，在水平面上能绕其一固定端 O 自由转动，并驱动一个在棒前的小球 C。棒与球的质量相同。初始时小球静止在棒前并离点 O 很近，同时棒以某一角速度旋转。假定所有接触都是光滑的，试求当小球离开端点 A 的瞬间，小球的绝对速度与棒所成的角度。

8.80　匀质杆长为 $2l$，在光滑水平面上从铅垂位置无初速地倒下，如图所示。试求其重心 C 距离平面的高度为 h 时的速度。

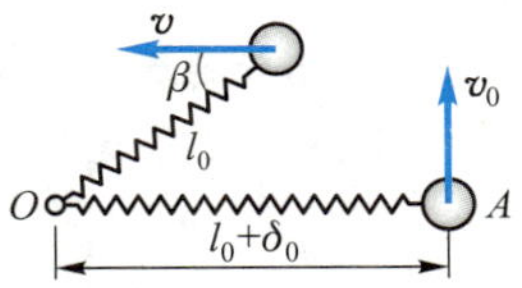

题 8.77 图

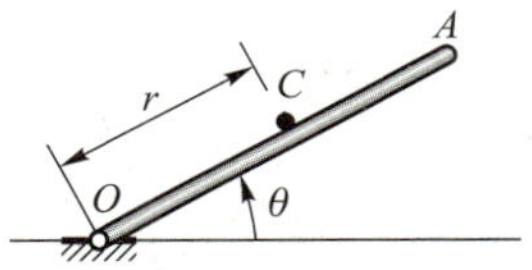

题 8.79 图

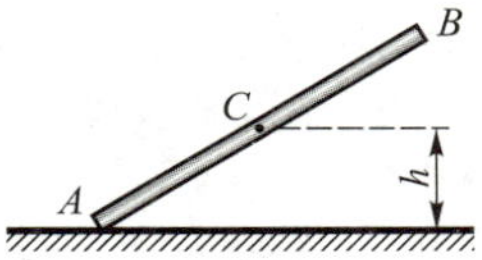

题 8.80 图

8.81　如上题，假设开始时静止，杆与铅垂线的倾角为 β，然后在其自身重力作用下自由倾倒。试证：(1) 当倾角为 θ 时，杆的角速度为 $\omega=\sqrt{\dfrac{6g}{l}\left(\dfrac{\cos\beta-\cos\theta}{1+3\sin^2\theta}\right)}$；(2) 水平面的约束力 $F_{\mathrm{N}}=\dfrac{4-6\cos\beta\cos\theta+3\cos^2\theta}{(1+3\sin^2\theta)^2}mg$。

8.82　匀质直杆 AB 长为 $2l$，质量为 m，A 端被约束在一光滑水平滑道内。开始时，直杆位于图示的虚线位置 A_0B_0；由静止释放后，该杆受重力作用而运动。试求 A 端的约束力，用角 φ 表示。

8.83　一木板质量为 M，长为 l，静止地悬挂在水平轴 OO_1 之下，如图所示。现有一质量为 m，速度为 $\boldsymbol{v}_0$ 的子弹垂直地射入木板中心处，试求木板摆动的最大角度 θ。

8.84　匀质三角形薄板重为 W，被三根等长的绳挂起，如图所示。如绳 BC 忽然被拉断，试求此时三角形薄板的加速度和绳 AE，BD 的拉力。

8.85　如图所示，曲柄 OA 长为 l，可绕固定滑轮的水平中心轴 O 转动，曲柄的 A 端装有动滑轮的轴。两滑轮的质量均为 m，半径均为 r。不计带和曲柄的质量，且带和滑轮间无相对滑动。试求曲柄 OA 在水平位置时，系统由静止进入运动的瞬间，动滑轮上各点的加速度和轮两侧带的张力之差。

8.86　炉门质量 $M=226$ kg，用滚轮 B 和 D 支持，可在光滑的水平轨道上自由移动。平衡锤 A

的质量 $M_1=45$ kg，用钢索连于门上 E 点，如图所示。试求：(1) 炉门的加速度；(2) B 和 D 处的约束力。图中长度单位是 cm。

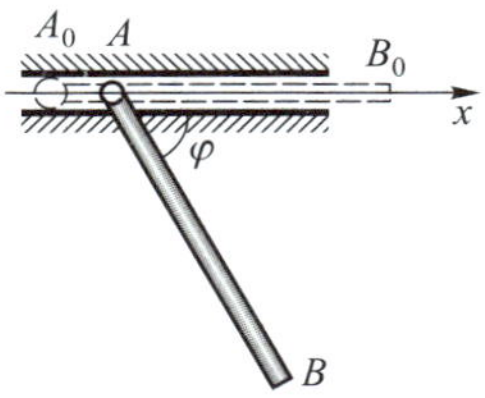

题 8.82 图

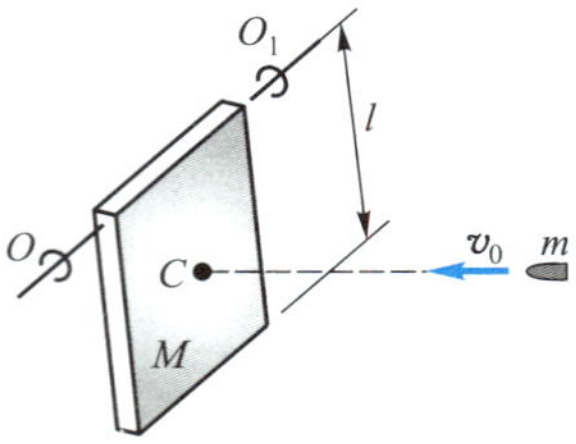

题 8.83 图

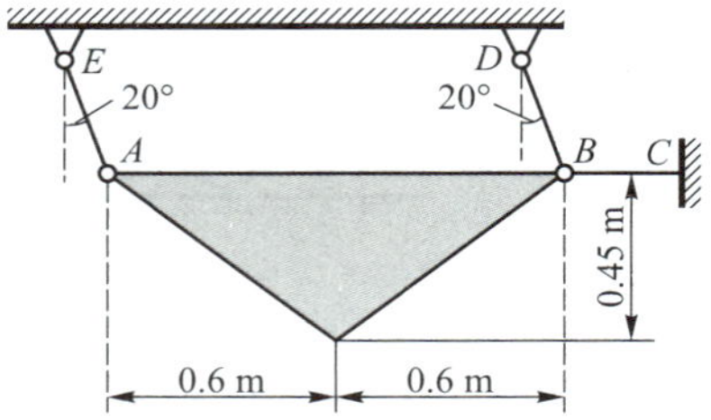

题 8.84 图

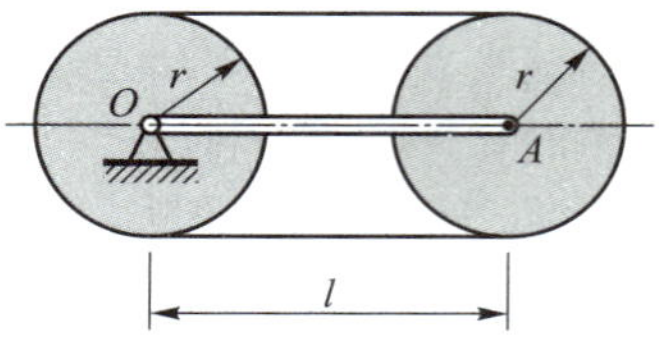

题 8.85 图

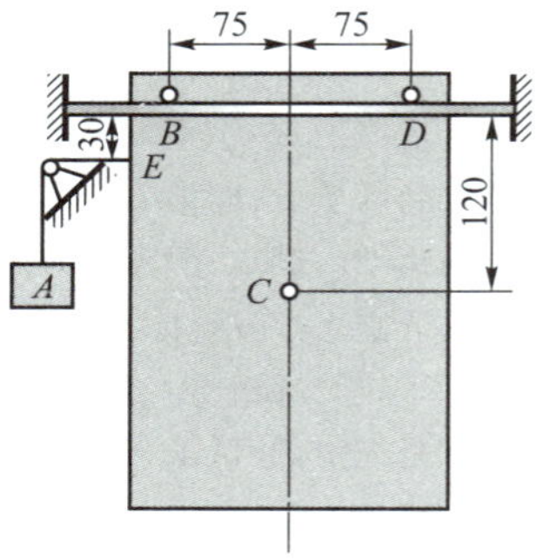

题 8.86 图

8.87　图示一摆由匀质直角弯杆 AOB 组成，O 点为悬挂点。AOB 在同一铅垂平面内运动。设 $OB<OA$，OB 与向下铅垂线的夹角为 φ，平衡位置为 φ_0。现将杆 OA 置于水平位置，然后无初速地释放。试求角 φ 的最大值。

8.88　如图所示，一复摆绕点 O 转动，点 O 离开其质心 O' 的距离为 x。试问当 x 为何值时，摆从水平位置无初速地转到铅垂位置时的角速度为最大？并求此最大角速度。

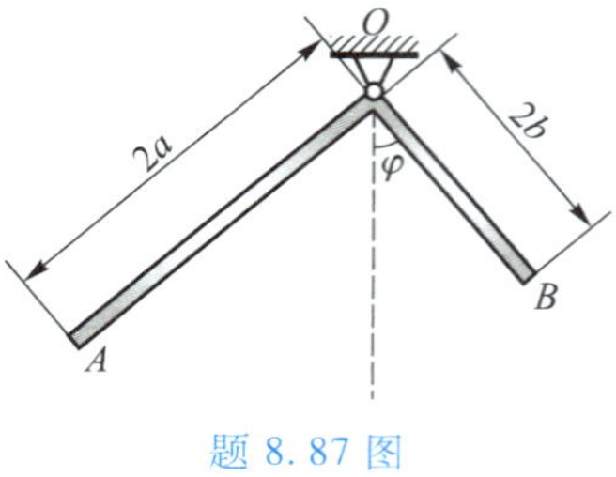

题 8.87 图

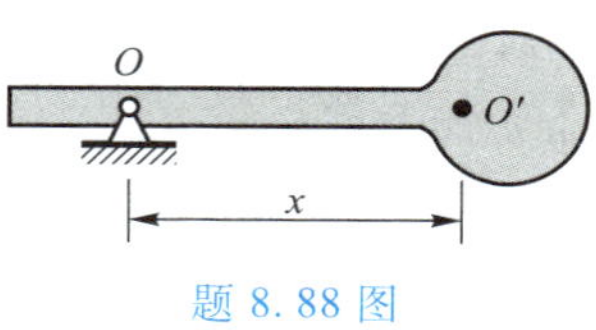

题 8.88 图

8.89　如图所示，两带轮的半径分别为 R_1 和 R_2，质量分别为 m_1 和 m_2，可视为匀质圆盘。今在轮Ⅰ上作用一主动力偶矩 M，同时在轮Ⅱ上存在一阻力偶矩 M'。带的质量略去不计，且设带与轮之间无相对滑动，试求轮Ⅰ转动的角加速度。

8.90　如图所示，一段半径为 R 的圆弧 AB，可绕过弧线中点的水平轴 O 转动。现将圆弧在过点 O 的半径与铅垂线的夹角为 θ_0(可视为小量)的位置，无初速地释放，试求圆弧此后的运动规律。

8.91　图示匀质圆柱半径为 r，质量为 m，沿水平面滚至铅垂墙面时，其角速度为 ω_0。由于墙面和地面都存在摩擦，使圆柱越转越慢。如已知圆柱和墙面、圆柱和地面间的摩擦因数均为 f。试求圆柱完全停止转动所需的时间。

8.92 图示带有鼓轮的滚子质量为 m，半径为 R，放在粗糙水平面上。在滚子鼓轮上绕一细绳，绳上有拉力 $\boldsymbol{F}_T$，方向与水平线成 β 角。鼓轮半径为 r，滚子对中心轴的回转半径为 ρ。试求滚子中心的加速度。

8.93 匀质细杆 AB，质量为 m，长为 l，在铅垂位置由静止释放。A 端借助无重滑轮沿倾角为 θ 的轨道滑动，如图所示。不计摩擦，试求释放瞬时 A 点的加速度及其约束力。

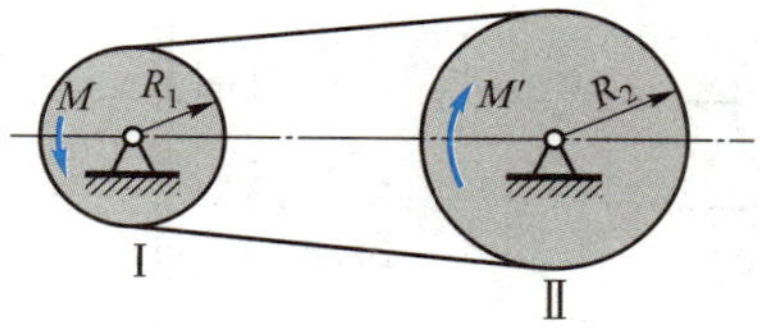

题 8.89 图

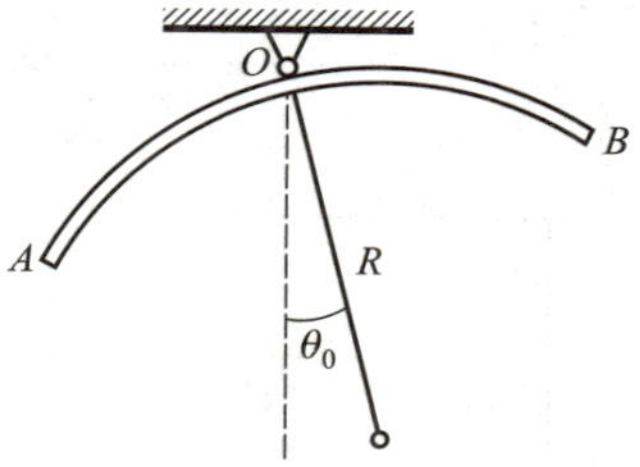

题 8.90 图

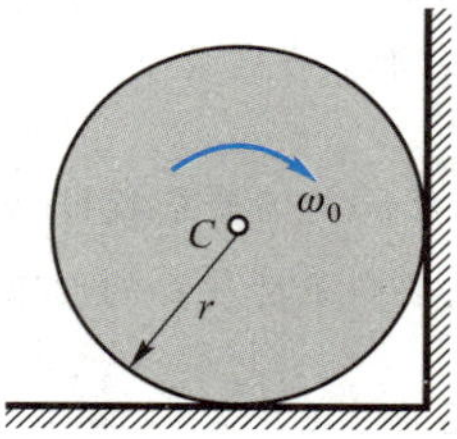

题 8.91 图

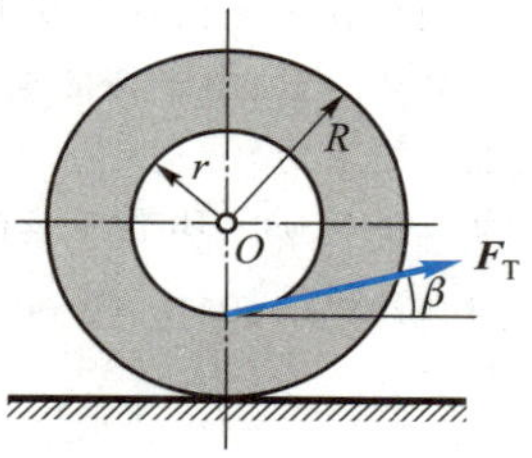

题 8.92 图

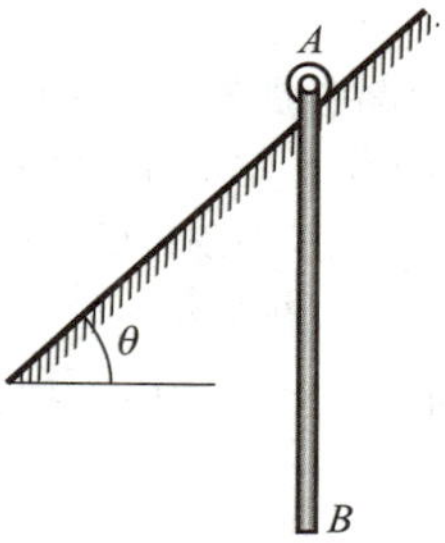

题 8.93 图

8.94 图示匀质球质量为 16 kg，半径为 10 cm，与地面间的摩擦因数 $f=0.25$。若初瞬时球心的速度 $v_0=40\ \mathrm{cm\cdot s^{-1}}$，初角速度 $\omega_0=2\ \mathrm{rad\cdot s^{-1}}$，试问经过多少时间后球停止滑动？此时球心速度多大？

8.95 匀质轮质量为 m，半径为 r，静止地放置在水平带上，如图所示。若带上作用一拉力 $\boldsymbol{F}$，使带与轮子间产生相对滑动，设轮子和带间的摩擦因数为 f，试求轮心经过距离 s 所需的时间和此时轮子的角速度。

8.96 匀质圆柱质量为 m，半径为 r，放在倾角为 60°的斜面上，如图所示。一细绳绕在圆柱上，其一端固定于 A 点，AB 与斜面平行。如果圆柱与斜面间的摩擦因数 $f=\dfrac{1}{3}$，试求圆柱中心的加速度。

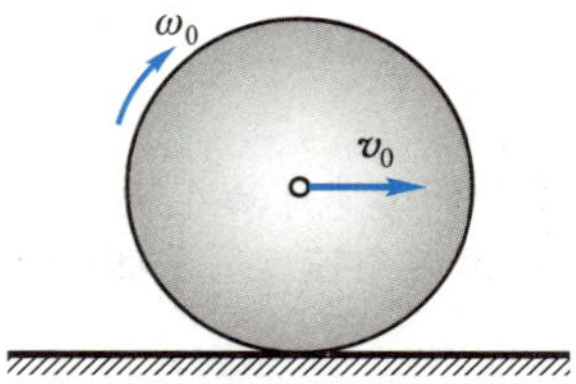

题 8.94 图

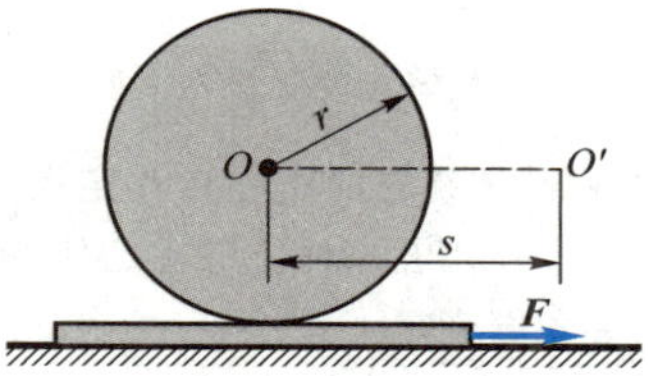

题 8.95 图

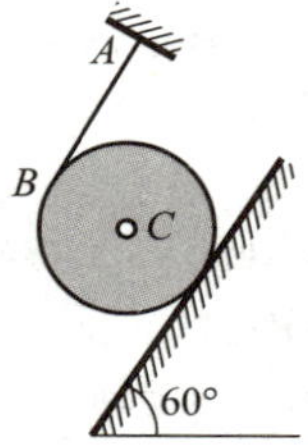

题 8.96 图

8.97 匀质杆 AB 质量为 m，长为 l，在两端用绳水平吊起，如图所示。当突然剪断绳 B 时，试求绳 A 的张力及杆 AB 的角加速度。

8.98 质量为 m_1，半径为 R 的匀质轮在水平面上作纯滚动，质量为 m_2，长为 l 的匀质杆一端用光滑铰链铰接于轮中心，如图所示。试列写系统的运动微分方程。

8.99 匀质杆 AC 质量为 30 kg，有一水平力大小为 240 N，突然作用于杆上 B 点，杆开始时保持如图所示铅垂位置。(1) 若不考虑水平面与杆间的摩擦力，试确定此瞬时杆端 C 的加速度；(2) 若杆与水平面之间摩擦因数为 0.30，试求 C 点的初加速度。

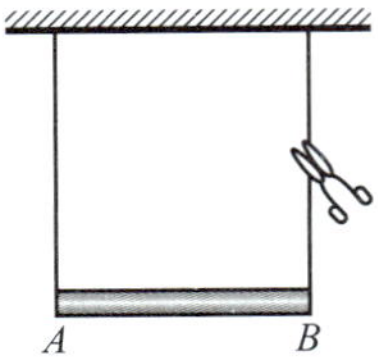

题 8.97 图

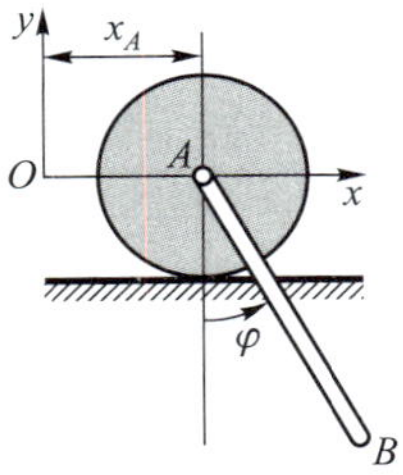

题 8.98 图

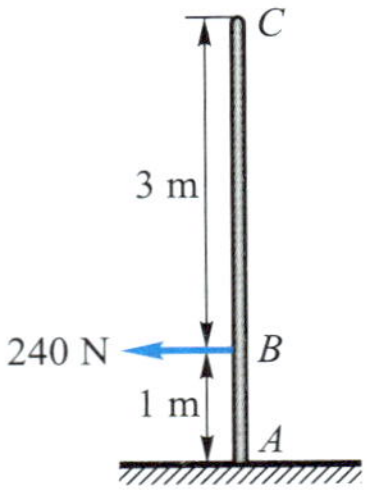

题 8.99 图

8.100 质量为 m_1 的直杆 A 可以自由地在固定铅垂套管中移动，杆的下端搁在质量为 m_2，倾角为 β 的光滑楔子 B 上，楔子放在光滑的水平面上，由于杆的重量，楔子沿水平方向移动，杆下落，如图所示。试求两物体的加速度大小及地面约束力。

8.101 在半径为 $r=0.5$ m，质量为 m 的匀质圆环上焊一根质量同为 m 的匀质细长杆，圆环竖立在粗糙的水平面上，如图所示。已知初瞬时 $\theta=60°$，$\dot{\theta}=2\ \text{rad}\cdot\text{s}^{-1}$。试求初瞬时点 O 的加速度。

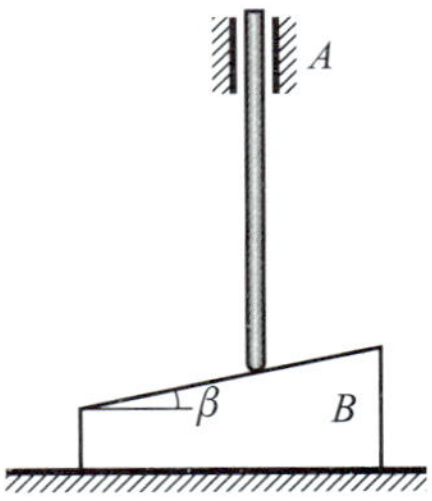

题 8.100 图

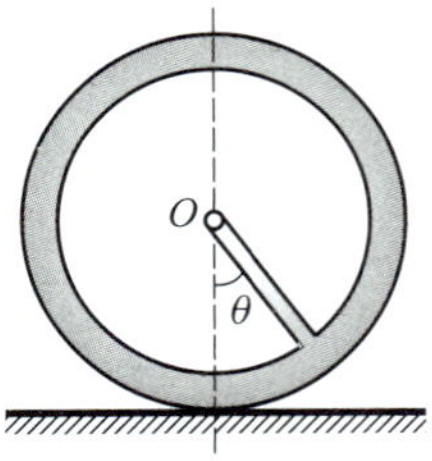

题 8.101 图

8.102 一刚性薄板绕其质心作定点运动，外力矩为零，过质心在板平面内的两根主轴为 Ox 和 Oy，它们所对应的主惯量分别为 A 和 $B(B>A)$。$Oxyz$ 为右手坐标系。试证：刚体角速度矢量在 $Oxyz$ 上的分量分别为

$$\omega\cos\lambda,\quad \omega\sin\lambda,\quad \dot{\lambda}$$

其中 ω 为常量，λ 满足下列微分方程：

$$2\ddot{\lambda}+k^2\sin 2\lambda=0,\quad k^2=\frac{(B-A)\omega^2}{(B+A)}$$

8.103 一匀质的旋转对称刚体绕它的质心 O 作定点运动，对点 O 的主惯量是 A,A,C。初始角速度 $\boldsymbol{\omega}'$ 在对称轴上的投影为 n。作用在刚体上的阻力矩为 $-k\boldsymbol{\omega}$，$\boldsymbol{\omega}$ 是瞬时角速度。试证：在任意瞬时 t，瞬时转动轴与对称轴的夹角 β 满足下式：

$$\tan\beta=\frac{1}{n}\sqrt{\omega'^2-n^2}\exp\left[-\left(\frac{1}{A}-\frac{1}{C}\right)kt\right]$$

8.104 两个质量均为 m 的小球，绕轴 AB 匀速转动，如图所示。已知角速度为 ω，且 AB 距离为 l。如各杆质量不计，试求 A,B 两处的约束力。

***8.105** 三只小船的总质量(包括船员和船上的东西)均为 M，以相同的速度鱼贯而行。如中间船上的人以水平相对速度 u 将质量为 m 的两个物体同时掷给前后两只船，试求以后各船的速度。

***8.106** 如图所示，一载人输送带以 $v=1.5\ \mathrm{m\cdot s^{-1}}$ 的速度运行，人列队步入输送带前的绝对速度为 $v_1=0.9\ \mathrm{m\cdot s^{-1}}$，人的体重以 $800\ \mathrm{m\cdot s^{-1}}$ 的速率加到输送带上，试问：需多大的驱动力才能使载人输送带保持恒速运动？

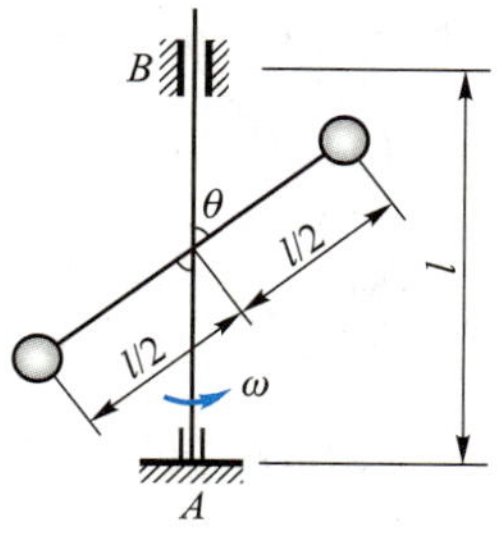

题 8.104 图

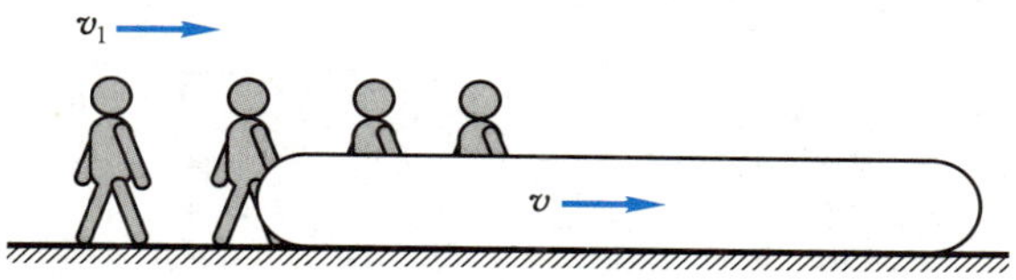

题 8.106 图

***8.107** 重型装卸车的车厢重 30 kN，有效容积为 8 $\mathrm{m^3}$，满载砂石的车厢重心 C 与铰链 O 的水平距离为 $a=120$ cm，如图所示。砂石的密度为 $2.30\ \mathrm{kg\cdot m^{-3}}$，试计算车厢自水平位置抬高到倾角 $\theta_{\max}=60°$时车体对车厢所做的功。若车厢翻转的角速度为 $\omega=0.05\ \mathrm{rad\cdot s^{-1}}$，试求装卸车的最大功率。

***8.108** 小轿车重为 G，轮胎与地面间的摩擦因数是 f。图中所示尺寸满足 $b:c:h=3:2:1$。试求当四轮一起紧急刹车时，汽车的最大加速度和前后轮对地面的正压力。

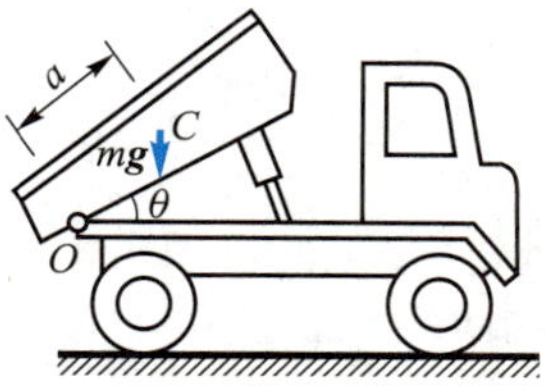

题 8.107 图

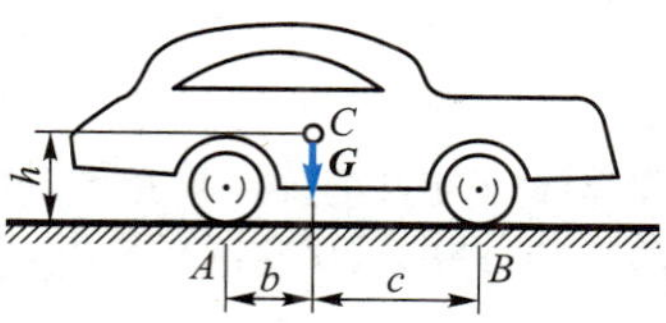

题 8.108 图

***8.109** 图示制动机构中，已知轮 O 的质量 $M=800$ kg，回转半径 $\rho=0.16$ m，制动片与轮之间的动摩擦因数 $f=0.6$。如轮的初始转速 $n=600\ \mathrm{r\cdot min^{-1}}$，现希望它转 25 转后即停止，试分别在初始以顺时针和逆时针两种转动情况下，求应在 B 点施加多大的力 $\boldsymbol{F}$。$\boldsymbol{F}$ 与 AB 垂直，且杆 ABC 的重力不计。

***8.110** 嫦娥五号月球探测器于 2020 年成功实现月面着陆，其质量为 8 200 kg。假设探测器采用发动机向下产生推力的方式降低着陆速度。当其距离月面较近时的速度已降至 $8\ \mathrm{m\cdot s^{-1}}$，此时发动机启动并持续工作 4 s，产生的推力随时间变化如图所示，随后推力消失。若 $t=5$ s 时探测器尚未着陆，试求该时刻探测器的速度。月球表面的重力加速度为 $1.62\ \mathrm{m\cdot s^{-2}}$。

***8.111** 图示一艘航行在宇宙中远离任何天体的宇宙飞船，质量为 300 kg，在 x 方向上以 $30\ 000\ \mathrm{km\cdot h^{-1}}$ 的速度航行。该航天器始终以恒定角速度 ω 绕其纵轴转动，大小为 $0.3\ \mathrm{rad\cdot s^{-1}}$。若在角 θ 从 0 到 90°的区间内，航天器的一个引擎启动且产生大小恒定为 500 N 的推力 F。试求当 $\theta=90°$时航天器速度在 y 方向的大小。航天器的中心点为其质心，忽略引擎排出气体造成的微

小质量变化。

*8.112　在 $Oxyz$ 坐标系中，质量为 20 kg 的炮弹从 O 点以 $u=300\ \mathrm{m\cdot s^{-1}}$ 的速度在 xz 平面内沿着图示倾角发射。当它到达其轨迹顶点 P 时，爆炸成 A,B,C 三个碎片。爆炸后，观察到碎片 A 铅垂上升至 P 点上方 400 m 处，碎片 B 的水平速度为 v_B，最终在 Q 点着陆。回收后，碎片 A,B,C 的质量分别为 5 kg，10 kg，5 kg。计算爆炸后碎片 C 的速度 v_C。忽略空气阻力。

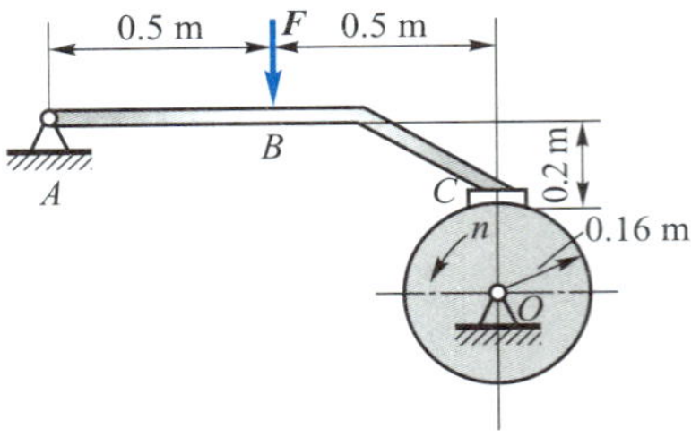

题 8.109 图

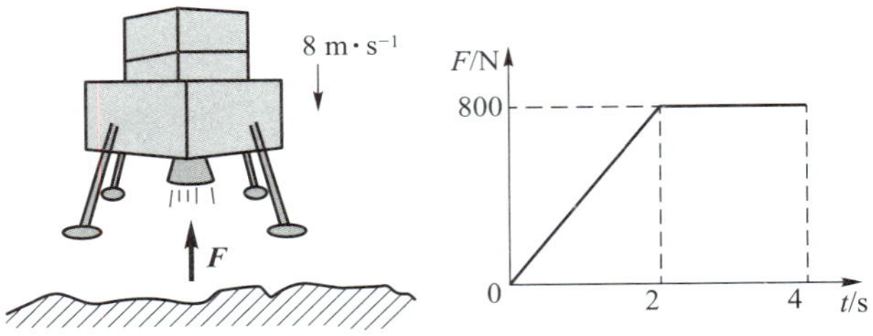

题 8.110 图

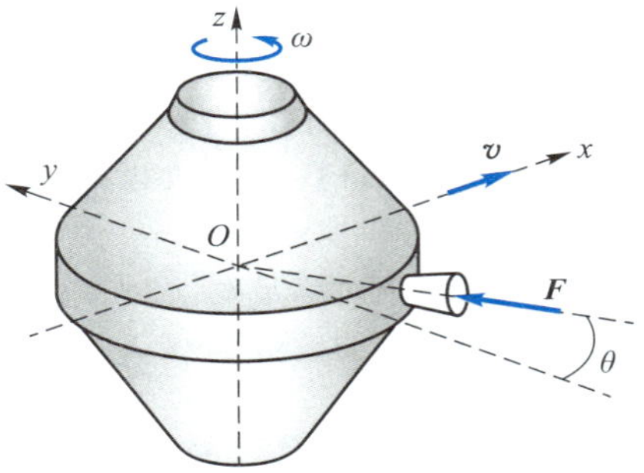

题 8.111 图

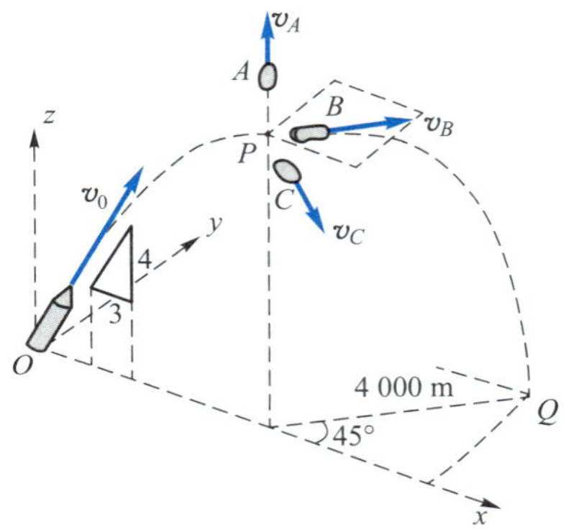

题 8.112 图

*8.113　图示一种用于高端装备制造的焊接机器人机械臂，其基座 OA 固定在地基上，臂 AB 绕轴 A 转动，臂 BD 绕轴 B 转动，D 处设计有焊接枪。假设转轴均与纸面垂直，机械臂可视为平面问题。已知臂 AB 的质量为 25 kg，长度为 800 mm。BD 的质量为 5 kg，长度为 400 mm。质心均在臂的几何中心处。试求：(1) 锁定关节 B，从图示位置以 $5\ \mathrm{rad\cdot s^{-2}}$ 角加速度逆时针绕关节 A 转动，关节 A 驱动电机所需施加的力矩大小；(2) 锁定关节 A，从图示位置以 $5\ \mathrm{rad\cdot s^{-2}}$ 角加速度逆时针绕关节 B 转动，关节 B 驱动电机所需施加的力矩大小。

*8.114　图示为储物箱的一种箱盖关闭减速装置，包含了位于左右两侧的两个相同机构。均质箱盖质量为 4.5 kg。当储物箱完全打开(即 $\theta=90°$)时，箱盖处于静止状态。当箱盖关闭(即 $\theta=0$)时，箱盖的角速度为 $1.5\ \mathrm{rad\cdot s^{-1}}$，弹簧被压缩了 60 mm。已知 $AO=600$ mm，$BO=180$ mm，$BC=280$ mm，其余尺寸如图所示(单位为 mm)。忽略连杆重量、箱盖厚度及机构零件间的摩擦。试求单个弹簧的刚度系数 k。

*8.115　图示一种两侧均有伸缩臂的航天器。两侧伸缩臂展 r 在 2 min 内以恒定速度从 1.2 m 增至 4.5 m 的过程中，航天器上的两个可变推力驱动器需工作，保证航天器始终以 $1.25\ \mathrm{rad\cdot s^{-1}}$ 的恒定角速度绕其 z 轴转动。位于伸缩臂末端的 15 kg 重物可视为质点，伸缩臂的质量可忽略不计。试写出每个推力驱动器的推力 $\boldsymbol{F}$ 随时间 t 变化的函数，其中 $t=0$ 是伸缩臂伸缩动作开始的时间。

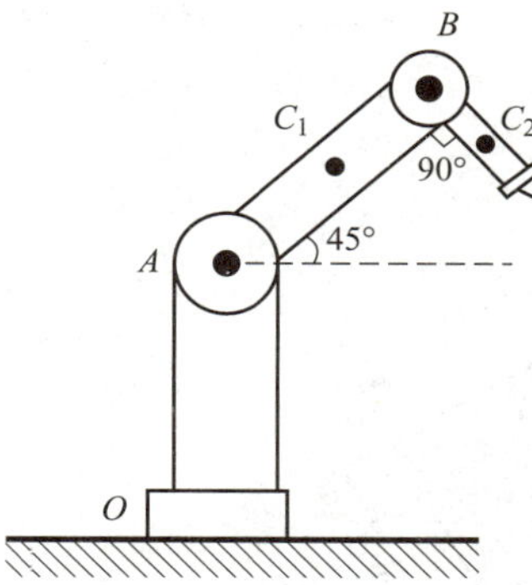

题 8.113 图

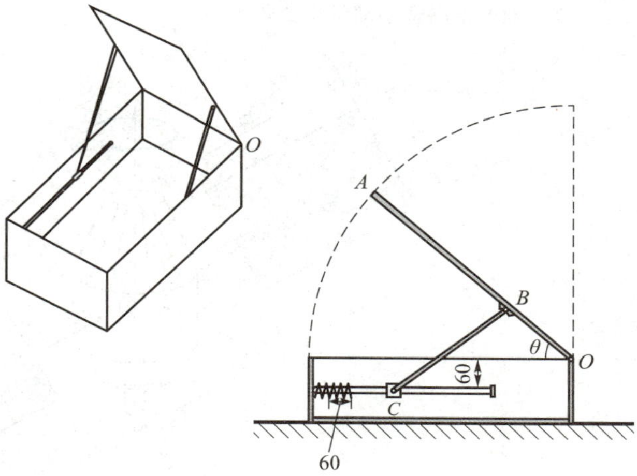

题 8.114 图

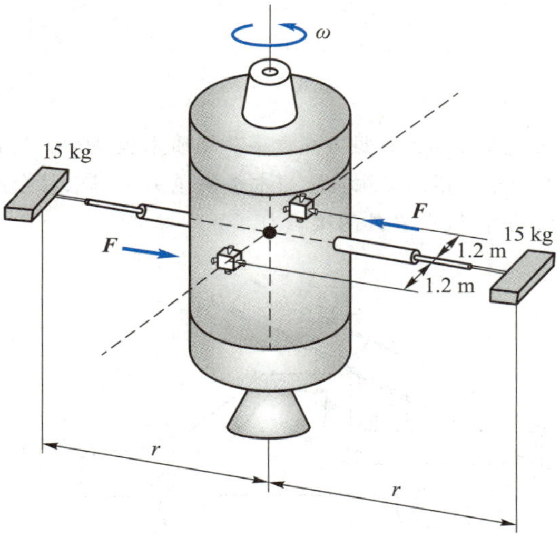

题 8.115 图

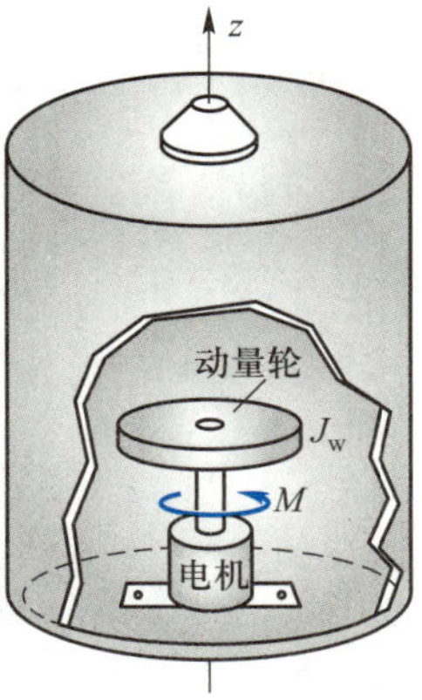

题 8.116 图

*8.116 如图所示，航天器通过动量轮来控制其姿态，通过电机对动量轮施加一个力矩时，航天器就会受到一个大小相等的反向力矩，从而改变航天器在 z 轴方向上的动量矩。已知包括动量轮在内的整个航天器绕 z 轴的转动惯量为 J，动量轮的转动惯量为 J_w，动量轮的自旋轴与航天器的 z 轴重合。假设航天器轴向质量对称，若所有部件均从静止开始运动，电机在 t 时长内施加恒定力矩 M。试求航天器的最终角速度及动量轮相对于航天器的最终角速度。

*8.117 图示卫星的主体质量为 160 kg，绕其 z 轴的回转半径为 0.45 m。两块太阳能电池板中的每一块都可以被视为一块质量为 10 kg 的均匀平板。初始时刻下，电池板处于 Oyz 平面内（即 $\theta=0$），航天器以 $\omega=1.5\ \text{rad}\cdot\text{s}^{-1}$ 的角速度绕 z 轴转动。之后，电池板通过内部机构开始转动到 $\theta=\pi/2$ 位置，试求此时航天器的角速度 ω。其余尺寸如图，忽略

电池板绕 y 轴产生的微小动量矩变化。

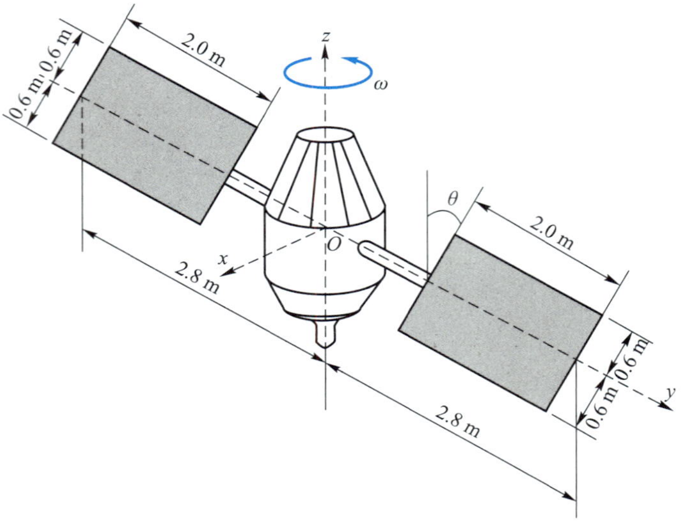

题 8.117 图

* **8.118** 图示为皮卡车运输木板的常见方式之一。均质木板 AD 的 A 端接触卡车斗后端底部，木板上的 B 点与表面光滑的车厢顶部接触。已知木板质量为 40 kg，其余尺寸如图。当皮卡车以 $4\ \mathrm{m\cdot s^{-2}}$ 的加速度向前启动时，试求 B 处的接触力。

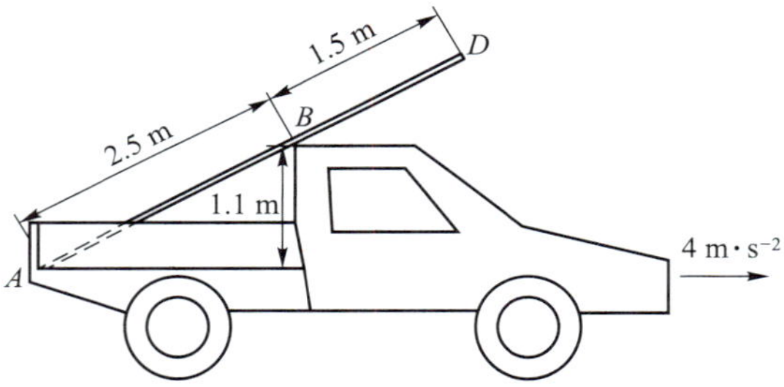

题 8.118 图

第 8 章部分习题参考答案

第 9 章 达朗贝尔原理和动静法

关键知识点

惯性力，惯性力系，质点（系）的达朗贝尔原理，动静法。

核心能力

（1）能够对平移、定轴转动和平面运动刚体的惯性力系进行准确简化，熟练使用动静法进行动力学分析；

（2）了解动平衡和静平衡的概念，能够理解定轴转动刚体轴承的附加动约束力。

历史人物介绍 12：达朗贝尔

本章介绍达朗贝尔原理及由此原理发展起来的动静法，包括质点的达朗贝尔原理、质点系的达朗贝尔原理、质点系惯性力系的简化、刚体惯性力系的简化及动静法的应用举例等。

9.1 质点的达朗贝尔原理

研究非自由质点的运动，质点所受主动力为 $\boldsymbol{F}$，约束力为 $\boldsymbol{F}_{\mathrm{N}}$，由牛顿第二定律可表示为

$$m\boldsymbol{a}=\boldsymbol{F}+\boldsymbol{F}_{\mathrm{N}} \tag{9.1.1}$$

将其改写为

$$\boldsymbol{F}+\boldsymbol{F}_{\mathrm{N}}+(-m\boldsymbol{a})=\boldsymbol{0} \tag{9.1.2}$$

引入记号

$$\boldsymbol{F}_{\mathrm{I}}=-m\boldsymbol{a} \tag{9.1.3}$$

$\boldsymbol{F}_{\mathrm{I}}$ 具有力的量纲，称为质点的惯性力，它是一个假想的力。式(9.1.2)可写成

$$\boldsymbol{F}+\boldsymbol{F}_{\mathrm{N}}+\boldsymbol{F}_{\mathrm{I}}=\boldsymbol{0} \tag{9.1.4}$$

这是一个汇交力系的平衡方程式，表述为：在每一瞬时，质点在主动力、约束力和假想的惯性力作用下处于平衡。这一结论称为质点的达朗贝尔原理。

根据达朗贝尔原理，可以通过质点附加惯性力而使动力学问题转化为静力学问题，因而能够应用平衡方程式及静力学解题的各种技巧；求解约束力就是求 $\boldsymbol{F}_{\mathrm{N}}$，求解未知运动就是求惯性力 $\boldsymbol{F}_{\mathrm{I}}$。这种方法称为解决动力学问题的动静法。

9.2 质点系的达朗贝尔原理

设质点系由 N 个质点组成，作用于第 i 个质点上的主动力和约束力的合力分别为

$\boldsymbol{F}_i$ 和 $\boldsymbol{F}_{Ni}$，如果对每一个质点都加上假想的惯性力 $\boldsymbol{F}_{Ii}=-m_i\boldsymbol{a}_i$，则根据质点的达朗贝尔原理，在每一瞬时，质点系中每一个质点都处于平衡，即有

$$\boldsymbol{F}_i+\boldsymbol{F}_{Ni}+\boldsymbol{F}_{Ii}=\boldsymbol{0} \quad (i=1,2,\cdots,N) \tag{9.2.1}$$

这是质点系的达朗贝尔原理，表述为：在每一瞬时，质点系中每个质点上的主动力、约束力和惯性力构成一个平衡力系。如果将质点系所受到的主动力和约束力分为质点系的内力与质点系的外力，由于质点系的内力系是平衡力系，由加成平衡力系原理可知，质点系在任一瞬时，其达朗贝尔惯性力系与外力系组成一个平衡力系。

将系统中第 i 个质点所受外力的合力（包括外主动力和外约束力）记作 $\boldsymbol{F}_i^{(e)}$，根据平衡力系的主矢和对任一点 A 的主矩皆为零，可写出以下平衡方程：

$$\sum\boldsymbol{F}_i^{(e)}+\sum\boldsymbol{F}_{Ii}=\boldsymbol{0} \tag{9.2.2}$$

$$\sum\boldsymbol{M}_A(\boldsymbol{F}_i^{(e)})+\sum\boldsymbol{M}_A(\boldsymbol{F}_{Ii})=\boldsymbol{0} \tag{9.2.3}$$

式(9.2.2)和式(9.2.3)就是**动静法**方程。

9.3 质点系惯性力系的简化

为了便于问题的处理，常常将质点系的惯性力系用一个简单的与之等效的力系来替代，称为质点系惯性力系的简化。

质点系惯性力系的主矢为各质点惯性力的矢量和，即

$$\boldsymbol{F}_I=\sum\boldsymbol{F}_{Ii}=\sum(-m_i\boldsymbol{a}_i)=-m\boldsymbol{a}_C \tag{9.3.1}$$

其中 m 为系统的总质量 $\sum m_i$，$\boldsymbol{a}_C$ 为质点系质心的加速度。

质点系惯性力系对空间固定点 O 的主矩为各质点的惯性力对点 O 的矩的矢量和，即

$$\boldsymbol{M}_{IO}=\sum\boldsymbol{M}_O(\boldsymbol{F}_{Ii})=\sum\boldsymbol{r}_i\times(-m_i\boldsymbol{a}_i) \tag{9.3.2}$$

质点系惯性力系对质点系质心 C 的主矩为各质点惯性力对点 C 的矩的矢量和，即

$$\boldsymbol{M}_{IC}=\sum\boldsymbol{M}_C(\boldsymbol{F}_{Ii})=\sum\boldsymbol{r}'_i\times(-m_i\boldsymbol{a}_i) \tag{9.3.3}$$

其中 $\boldsymbol{r}'_i$ 为第 i 个质点相对于质心 C 的矢径，而 $\boldsymbol{M}_{IO}$ 与 $\boldsymbol{M}_{IC}$ 有如下关系：

$$\boldsymbol{M}_{IO}=\boldsymbol{M}_{IC}+\overrightarrow{OC}\times\boldsymbol{F}_I \tag{9.3.4}$$

请读者证明惯性力的主矢与主矩的标量积是一个不变量。

9.4 刚体惯性力系的简化

应用动静法求解动力学问题时，需要在质点系上附加假想的惯性力，可以根据刚体运动的类型将惯性力系简化。

1. 平移刚体惯性力系的简化

在同一瞬时，平移刚体内各点的加速度相等，设其质心的加速度为 $\boldsymbol{a}_C$，则各质点

的惯性力系为

$$F_{Ii}=-m_i a_i=-m_i a_C \quad (i=1,2,\cdots,N)$$

将惯性力系向质心 C 简化，注意到 $\sum m_i=m$，则惯性力系的主矢为

$$F_I=\sum F_{Ii}=-\sum m_i a_C=-m a_C \tag{9.4.1}$$

设 r'_i 为由质点系质心 C 引出的第 i 个质点的矢径，根据质心定义，有 $\sum m_i r'_i=\mathbf{0}$，因此惯性力系对质心 C 的主矩为

$$M_{IC}=\sum M_C(F_{Ii})=\sum r'_i\times(-m_i a_i)=-\sum(m_i r'_i)\times a_C=\mathbf{0} \tag{9.4.2}$$

由此可知，**在任一瞬时，平移刚体惯性力系向质心简化为一合力，方向与加速度方向相反，大小等于刚体的质量与加速度的乘积。**

2. 平面运动刚体惯性力系的简化

假设刚体有质量对称面，并且刚体在此平面内作平面运动。在这种情形下，刚体的惯性力系可简化为在质量对称面内的平面力系。设刚体的角速度 ω，角加速度 α 和质心加速度 a_C 如图 9.1 所示。惯性力系向质心 C 简化，注意到 $\sum m_i a_i=m a_C$，惯性力系的主矢为

$$F_I=\sum(-m_i a_i)=-m a_C \tag{9.4.3}$$

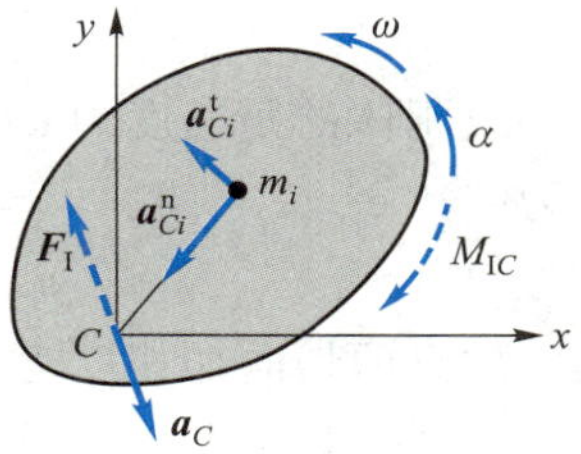

图 9.1

根据基点法公式，质量为 m_i 的质量元的加速度为

$$a_i=a_C+a^t_{Ci}+a^n_{Ci}$$

考虑到 $\sum m_i r'_i=\mathbf{0}$，$a^n_{Ci}/\!/r_i$，则惯性力向质心 C 简化的主矩为

$$\begin{aligned}M_{IC}&=-\sum r'_i\times m_i a_i=-\sum r'_i\times m_i(a_C+a^t_{Ci}+a^n_{Ci})\\&=-\sum(m_i r'_i)\times a_C-\sum r'_i\times m_i(\alpha\times r'_i)-\sum r'_i\times m_i a^n_{Ci}\\&=-\sum r'_i\times m_i(\alpha\times r'_i)=-\sum(m_i r'^2_i)\alpha=-J_C\alpha\end{aligned} \tag{9.4.4}$$

由式(9.4.3)和式(9.4.4)知，**平面运动刚体惯性力系向质心简化为在质量对称面内的一个力和一个力偶**。这个力通过质心，其大小等于刚体的质量与质心加速度的乘积，其方向与质心加速度方向相反；这个力偶的力偶矩的大小等于刚体对通过质心且垂直于质量对称面的轴的转动惯量与角加速度的乘积，其转向与角加速度的转向相反。

3. 定轴转动刚体惯性力系的简化

设刚体具有质量对称面，且转轴 O 垂直于刚体的质量对称面，如图 9.2 所示。刚体定轴转动是刚体平面运动的特殊情形。刚体在运动时，其惯性力系向质心 C 简化也可得到式(9.4.3)和式(9.4.4)所示的主矢和主矩。如果惯性力系向点 O 简化，由力系简化理论知，主矢与简化点无关，仍有式(9.4.3)，而主矩有形式

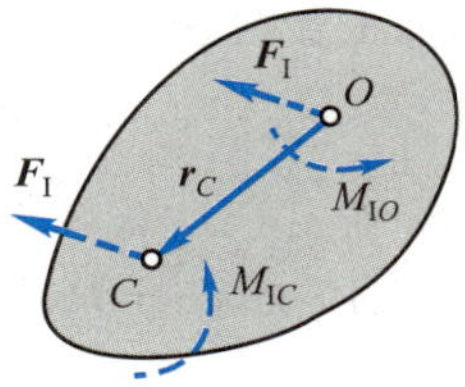

图 9.2

$$M_{IO}=M_{IC}+r_C\times F_I=M_{IC}+r_C\times[-m(a^t_C+a^n_C)]$$

其中 r_C 为由点 O 向质心 C 引出的矢径，注意到 $a^n_C/\!/r_C$，上式可表示为

$$M_{IO}=M_{IC}+r_C\times[-m(\alpha\times r_C)]$$

$$=-J_C\boldsymbol{\alpha}-mr_C^2\boldsymbol{\alpha}=-J_O\boldsymbol{\alpha} \tag{9.4.5}$$

由式(9.4.3)和式(9.4.5)知，**绕垂直于质量对称面的轴 O 转动的刚体，其惯性力系向点 O 简化为在质量对称面的一个力和一个力偶**。这个力通过点 O，其大小等于刚体质量与质心加速度的乘积，其方向与质心加速度方向相反；这个力偶的力偶矩矢的大小等于刚体对转轴的转动惯量与角加速度的乘积，其方向与角加速度的方向相反。

4. 定轴转动刚体的轴承附加动约束力

设具有任意形状的定轴转动刚体如图 9.3 所示，$\boldsymbol{i},\boldsymbol{j},\boldsymbol{k}$ 为固连在刚体上的直角坐标轴 x,y,z 的单位矢量。质量为 m_i 的质点的矢径为

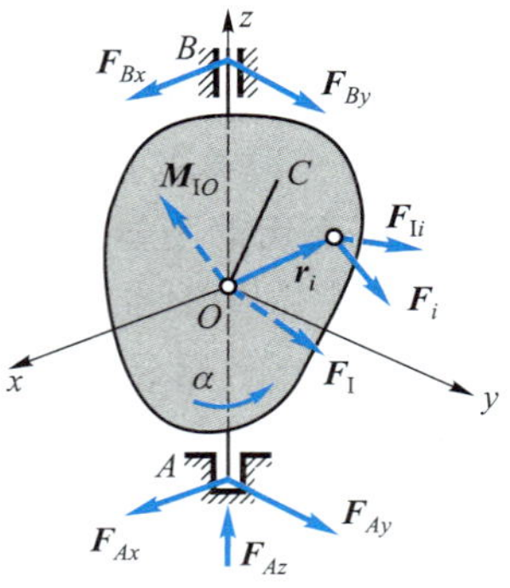

图 9.3

$$\boldsymbol{r}_i=x_i\boldsymbol{i}+y_i\boldsymbol{j}+z_i\boldsymbol{k}$$

设刚体的角速度为 $\omega\boldsymbol{k}$，角加速度为 $\alpha\boldsymbol{k}$，质点的加速度为

$$\boldsymbol{a}_i=\boldsymbol{a}_i^{\mathrm{t}}+\boldsymbol{a}_i^{\mathrm{n}}$$

其中质点的切向加速度为

$$\boldsymbol{a}_i^{\mathrm{t}}=\alpha\boldsymbol{k}\times\boldsymbol{r}_i=\alpha\boldsymbol{k}\times(x_i\boldsymbol{i}+y_i\boldsymbol{j}+z_i\boldsymbol{k})=\alpha(x_i\boldsymbol{j}-y_i\boldsymbol{i})$$

质点的法向加速度为

$$\begin{aligned}\boldsymbol{a}_i^{\mathrm{n}}&=\omega\boldsymbol{k}\times(\omega\boldsymbol{k}\times\boldsymbol{r}_i)=\omega^2[\boldsymbol{k}\times(\boldsymbol{k}\times\boldsymbol{r}_i)]=\omega^2[(\boldsymbol{k}\cdot\boldsymbol{r}_i)\boldsymbol{k}-(\boldsymbol{k}\cdot\boldsymbol{k})\boldsymbol{r}_i]\\&=\omega^2(z_i\boldsymbol{k}-\boldsymbol{r}_i)=-\omega^2(x_i\boldsymbol{i}+y_i\boldsymbol{j})\end{aligned}$$

质点系中第 i 个质点的加速度可表示为

$$\boldsymbol{a}_i=\boldsymbol{a}_i^{\mathrm{t}}+\boldsymbol{a}_i^{\mathrm{n}}=-(\alpha y_i+\omega^2x_i)\boldsymbol{i}+(\alpha x_i-\omega^2y_i)\boldsymbol{j}$$

第 i 个质点的惯性力为

$$\boldsymbol{F}_{\mathrm{I}i}=-m_i\boldsymbol{a}_i=m_i(\alpha y_i+\omega^2x_i)\boldsymbol{i}+m_i(-\alpha x_i+\omega^2y_i)\boldsymbol{j}$$

该惯性力对点 O 之矩为

$$\begin{aligned}\boldsymbol{M}_{Oi}&=\boldsymbol{r}_i\times\boldsymbol{F}_{\mathrm{I}i}\\&=m_i(\alpha x_iz_i-\omega^2y_iz_i)\boldsymbol{i}+m_i(\alpha y_iz_i+\omega^2x_iz_i)\boldsymbol{j}-m_i(x_i^2+y_i^2)\alpha\boldsymbol{k}\end{aligned}$$

将定轴转动刚体上所有质点的惯性力组成的力系向点 O 简化，得到主矢 $\boldsymbol{F}_{\mathrm{I}}$ 和主矩 $\boldsymbol{M}_{\mathrm{I}O}$，注意到 $\sum m_ix_i=mx_C$，$\sum m_iy_i=my_C$，主矢 $\boldsymbol{F}_{\mathrm{I}}$ 可表示为

$$\begin{aligned}\boldsymbol{F}_{\mathrm{I}}&=\sum\boldsymbol{F}_{\mathrm{I}i}=\sum(\alpha m_iy_i+\omega^2m_ix_i)\boldsymbol{i}+\sum-(\alpha m_ix_i-\omega^2m_iy_i)\boldsymbol{j}\\&=m(\alpha y_C+\omega^2x_C)\boldsymbol{i}+m(\omega^2y_C-\alpha x_C)\boldsymbol{j}\end{aligned}$$

注意到 $\sum m_ix_iz_i=J_{xz}$，$\sum m_iy_iz_i=J_{yz}$，$\sum m_i(x_i^2+y_i^2)=J_z$，则惯性力系向点 O 简化的主矩为

$$\boldsymbol{M}_{\mathrm{I}O}=\sum\boldsymbol{M}_{\mathrm{I}Oi}=(J_{xz}\alpha-J_{yz}\omega^2)\boldsymbol{i}+(J_{yz}\alpha+J_{xz}\omega^2)\boldsymbol{j}-J_z\alpha\boldsymbol{k}$$

将主矢和主矩在三个坐标轴上投影，得到

$$\left.\begin{aligned}F_{\mathrm{I}x}&=m(x_C\omega^2+y_C\alpha)\\F_{\mathrm{I}y}&=m(y_C\omega^2-x_C\alpha)\\F_{\mathrm{I}z}&=0\end{aligned}\right\} \tag{9.4.6}$$

$$\left.\begin{aligned}M_{\mathrm{I}x}&=J_{xz}\alpha-J_{yz}\omega^2\\M_{\mathrm{I}y}&=J_{yz}\alpha+J_{xz}\omega^2\\M_{\mathrm{I}z}&=-J_z\alpha\end{aligned}\right\}\tag{9.4.7}$$

设作用在刚体上的主动力为 $\boldsymbol{F}_i(i=1,2,\cdots,N)$，轴承的约束力为 $F_{Ax},F_{Ay},F_{Az},F_{Bx},F_{By}$，这些力与刚体的惯性力构成空间平衡力系，应用质点系的达朗贝尔原理方程式(9.2.2)和式(9.2.3)，有

$$\begin{gathered}\sum F_{ix}+F_{Ax}+F_{Bx}+F_{\mathrm{I}x}=0\\\sum F_{iy}+F_{Ay}+F_{By}+F_{\mathrm{I}y}=0\\\sum F_{iz}+F_{Az}=0\\\sum M_x(\boldsymbol{F}_i)+F_{Ay}l_{OA}-F_{By}l_{OB}+M_{\mathrm{IO}x}=0\\\sum M_y(\boldsymbol{F}_i)-F_{Ax}l_{OA}+F_{Bx}l_{OB}+M_{\mathrm{IO}y}=0\\\sum M_z(\boldsymbol{F}_i)+M_{\mathrm{IO}z}=0\end{gathered}$$

由前 5 个方程解出轴承的约束力为

$$\left.\begin{aligned}F_{Ax}&=\frac{1}{l_{AB}}\left[\sum M_y(\boldsymbol{F}_i)-\left(\sum F_{ix}\right)l_{OB}\right]+\frac{1}{l_{AB}}(M_{\mathrm{IO}y}-F_{\mathrm{I}x}l_{OB})\\F_{Ay}&=-\frac{1}{l_{AB}}\left[\sum M_z(\boldsymbol{F}_i)+\left(\sum F_{iy}\right)l_{OB}\right]-\frac{1}{l_{AB}}(M_{\mathrm{IO}x}+F_{\mathrm{I}y}l_{OB})\\F_{Az}&=-\sum F_{iz}\\F_{Bx}&=-\frac{1}{l_{AB}}\left[\sum M_y(\boldsymbol{F}_i)+\left(\sum F_{ix}\right)l_{OB}\right]-\frac{1}{l_{AB}}(M_{\mathrm{IO}y}+F_{\mathrm{I}x}l_{OA})\\F_{By}&=\frac{1}{l_{AB}}\left[\sum M_x(\boldsymbol{F}_i)-\left(\sum F_{iy}\right)l_{OA}\right]+\frac{1}{l_{AB}}(M_{\mathrm{IO}x}-F_{\mathrm{I}y}l_{OA})\end{aligned}\right\}\tag{9.4.8}$$

由上式可以看出，与轴 Oz 相垂直的轴承约束力 $F_{Ax},F_{Ay},F_{Bx},F_{By}$ 由两部分组成：

(1) 由主动力引起的约束力，称为**静约束力**；

(2) 由惯性力引起的约束力，称为**附加动约束力**。

静约束力是不可避免的，附加动约束力仅当刚体转动时才出现，并且因与 ω^2 成正比而数值是很大的，是破坏构件及引起振动的重要因素，应设法避免。

要使动约束力为零，必须有

$$F_{\mathrm{I}x}=F_{\mathrm{I}y}=0,\quad M_{\mathrm{IO}x}=M_{\mathrm{IO}y}=0$$

即

$$\left.\begin{aligned}x_C\omega^2+y_C\alpha=0\\y_C\omega^2-x_C\alpha=0\end{aligned}\right\}\tag{9.4.9}$$

以及

$$\left.\begin{aligned}J_{xz}\alpha-J_{yz}\omega^2=0\\J_{yz}\alpha+J_{xz}\omega^2=0\end{aligned}\right\}\tag{9.4.10}$$

对于任意的 ω 和任意的 α，当且仅当

$$x_C=y_C=0,\quad J_{xz}=J_{yz}=0\tag{9.4.11}$$

时,式(9.4.9)和式(9.4.10)才成立。式(9.4.11)第一式表明,质心 C 应在转轴上;第二式表明,刚体的转轴应为惯性主轴,因此也是中心惯性主轴。由此得出结论:**刚体定轴转动时,附加动约束力为零的充分必要条件是,刚体的转轴是中心惯性主轴。**

在现代工业高速转动的机械中,如磨床上的砂轮,汽轮机上的叶轮等,由于制造上或安装上的误差,转子对于转轴的位置会产生偏心或偏斜,这样转轴就不是中心惯性主轴。即使偏心引起的 x_C,y_C 很小,偏斜引起的 J_{xz},J_{yz} 也不大,但由于 ω 很大,ω^2 就更大,于是对机械的正常转动影响较大,甚至会酿成严重事故。因此,在高速转子的实际生产中,除了提高加工精度之外,还要进行转子的静平衡调整和动平衡调整。静平衡调整的目的是尽可能地减小转子的偏心距,动平衡调整的目的是尽可能使转轴成为转子的惯性主轴,通过这样的调整使附加动约束力的值控制在允许的范围之内。

9.5　动静法的应用举例

用动静法求解系统动力学问题的一般步骤为:

(1) 明确研究对象;

(2) 正确地进行受力分析,画出研究对象上所有主动力和约束力;

(3) 正确地画出达朗贝尔惯性力系的等效力系;

(4) 根据刚化公理,将研究对象刚化在该瞬时位置上;

(5) 应用静力学平衡条件列写研究对象在此位置上的动态平衡方程;

(6) 解平衡方程。

例 9.5.1　边长为 l,质量为 m 的匀质方板由两个等长的细绳平行吊在天花板上,用一细绳 AO_3 水平拉在墙上,如图 9.4a 所示。已知处于平衡时细绳 AO_1 与铅垂线的夹角为 $\theta(\theta<45°)$,试求细绳 AO_3 被剪断瞬时板质心的加速度和细绳 AO_1 及 BO_2 的拉力。

解:取板为研究对象,细绳 AO_3 被剪断后,板作平面平移,初始时,板的速度为零,板上点 B 的加速度垂直于 O_2B。因此,质心 C 的加速度 $\boldsymbol{a}_C$ 也垂直于 O_2B。板上作用有绳的拉力 $\boldsymbol{F}_A$,$\boldsymbol{F}_B$,重力 $m\boldsymbol{g}$ 和惯性力 $\boldsymbol{F}_1$,如图 9.4b 所示。惯性力的大小为

$$F_1 = ma_C$$

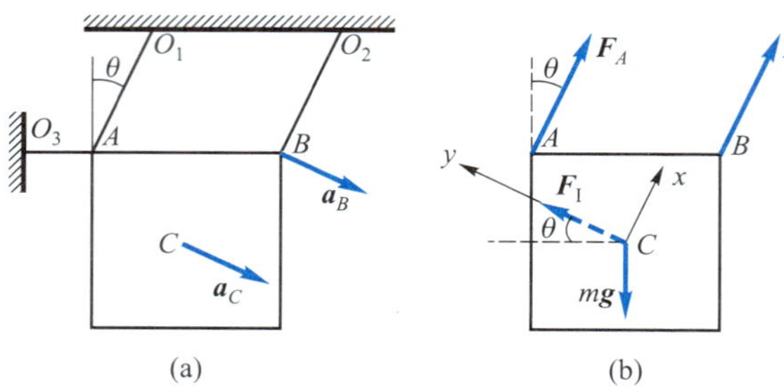

图 9.4

根据质点系的达朗贝尔原理,有

$$\sum F_y=0,\quad F_{\mathrm{I}}-mg\sin\theta=0$$

即

$$ma_C=mg\sin\theta$$

由此得

$$a_C=g\sin\theta$$

又有

$$\sum M_A(\boldsymbol{F})=0,\quad F_B l\cos\theta-\frac{l}{2}mg+F_{\mathrm{I}}\times\frac{l}{2}\sin\theta-F_{\mathrm{I}}\times\frac{l}{2}\cos\theta=0$$

$$\sum M_B(\boldsymbol{F})=0,\quad -F_A l\cos\theta+\frac{l}{2}mg-F_{\mathrm{I}}\times\frac{l}{2}\sin\theta-F_{\mathrm{I}}\times\frac{l}{2}\cos\theta=0$$

由此得

$$F_B=\frac{1}{2}mg(\sin\theta+\cos\theta)$$

$$F_A=\frac{1}{2}mg(\cos\theta-\sin\theta)$$

例 9.5.2 电机安装于水平基座上,其定子质量为 m_1,转子质量为 m_2。转子质心偏离转轴的距离为 e,如图 9.5a 所示。设 $t=0$ 时,转子质心位于最低位置,转子的角速度为常值 ω,转轴高度为 h。试求基座对电机的约束力 $\boldsymbol{F}_A$。

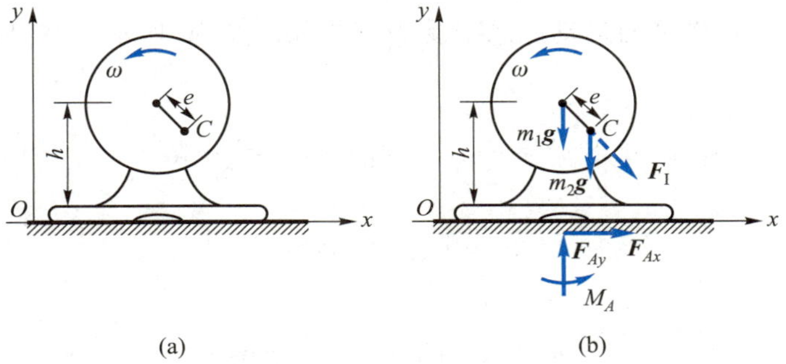

图 9.5

解: 由于电机运动规律已知,因此惯性力为已知量。以电机整体为研究对象。系统受力如图 9.5b 所示,有主动力 $m_1\boldsymbol{g}$,$m_2\boldsymbol{g}$,约束力 $\boldsymbol{F}_{Ax}$,$\boldsymbol{F}_{Ay}$,约束力矩 $\boldsymbol{M}_A$ 及惯性力 $\boldsymbol{F}_{\mathrm{I}}$,其大小为

$$F_{\mathrm{I}}=m_2e\omega^2$$

利用动静法列方程,有

$$\sum F_x=0,\quad F_{Ax}+F_{\mathrm{I}}\sin\omega t=0$$

$$\sum F_y=0,\quad F_{Ay}-m_1g-m_2g-F_{\mathrm{I}}\cos\omega t=0$$

$$\sum M_A(\boldsymbol{F})=0,\quad M_A-m_2ge\sin\omega t-F_{\mathrm{I}}h\sin\omega t=0$$

由此解得

$$F_{Ax}=-m_2e\omega^2\sin\omega t$$

$$F_{Ay}=(m_1+m_2)g+m_2e\omega^2\cos\omega t$$

$$M_A=m_2ge\left(1+\frac{h}{g}\omega^2\right)\sin\omega t$$

例 9.5.3 如图 9.6a 所示处于同一铅垂面内的系统，匀质杆 OA 和 AB 的质量均为 m，长度均为 l，由图示位置无初速地释放，试求在释放的瞬时，两杆的角加速度 α_1 和 α_2。不计铰链 O,A 处的摩擦。

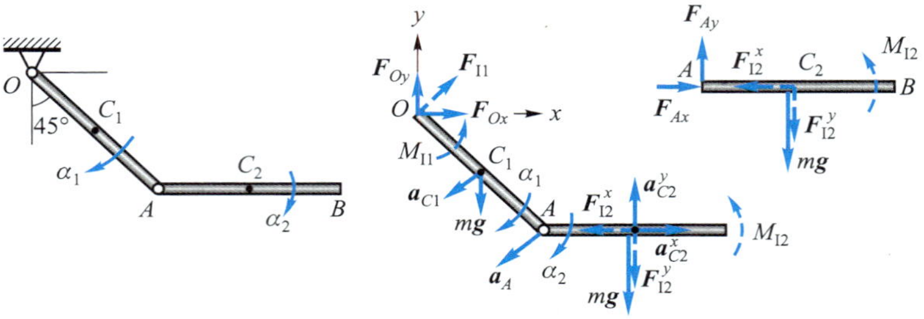

(a) (b)

图 9.6

解：建立图示直角坐标系 Oxy，在释放瞬时，两杆的角速度皆为零。设此时杆 OA，AB 的角加速度分别为 α_1，α_2，转向均为顺时针。两杆的质心分别为 C_1 和 C_2。杆 OA 作定轴转动，杆 AB 作平面运动。系统受力分析如图 9.6b 所示。写出惯性力和惯性力偶矩，有

$$a_{C_1}=a_{C_1}^{t}=\frac{l}{2}\alpha_1,\quad F_{I1}=ma_{C_1}=\frac{1}{2}ml\alpha_1$$

$$M_{I1}=J_O\alpha_1=\frac{1}{3}ml^2\alpha_1$$

$$a_A=a_A^{t}=l\alpha_1,\quad a_{AC_2}^{t}=\frac{l}{2}\alpha_2$$

方向如图 9.6b 所示。根据两点的加速度关系，有

$$\boldsymbol{a}_{C_2}=\boldsymbol{a}_A+\boldsymbol{a}_{AC_2}^{t}+\boldsymbol{a}_{AC_2}^{n}$$

将其沿轴 x 和轴 y 投影，得

$$a_{C_2}^{x}=-\frac{\sqrt{2}}{2}l\alpha_1,\quad a_{C_2}^{y}=-\frac{\sqrt{2}}{2}l\alpha_1-\frac{1}{2}l\alpha_2$$

于是有

$$F_{I2}^{x}=ma_{C_2}^{x}=-\frac{\sqrt{2}}{2}ml\alpha_1$$

$$F_{I2}^{y}=ma_{C_2}^{y}=-\frac{1}{2}ml(\sqrt{2}\alpha_1+\alpha_2)$$

$$M_{I2}=J_{C_2}\alpha_2=\frac{1}{12}ml^2\alpha_2$$

根据动静法，列平衡方程。取整体为研究对象，由 $\sum M_O=0$ 得

$$\frac{1}{3}ml^2\alpha_1-mg\times\frac{\sqrt{2}}{4}l-mg\left(\frac{\sqrt{2}}{2}l+\frac{l}{2}\right)-\left(-\frac{\sqrt{2}}{2}ml\alpha_1\right)\frac{\sqrt{2}}{2}l-$$

$$\left[-\frac{1}{2}ml(\sqrt{2}\alpha_1+\alpha_2)\right]\left(\frac{\sqrt{2}}{2}l+\frac{l}{2}\right)+\frac{1}{12}ml^2\alpha_2=0 \tag{a}$$

取杆 AB 为研究对象，其受力如图所示，由 $\sum M_A=0$ 得

$$\frac{1}{12}ml^2\alpha_2-mg\times\frac{l}{2}-\left[-\frac{1}{2}ml(\sqrt{2}\alpha_1+\alpha_2)\right]\frac{l}{2}=0 \tag{b}$$

联立式(a)，(b)得

$$\alpha_1=\frac{9\sqrt{2}}{23}\frac{g}{l},\quad \alpha_2=\frac{21}{23}\frac{g}{l}$$

例 9.5.4 匀质矩形块置于粗糙的地板上（图 9.7a），动摩擦因数为 f，初始时静止。为使矩形块在水平力 $\boldsymbol{F}$ 作用下沿地板滑动而不倾倒，作用点不能太高也不能太低，试求作用点高度 h 的取值范围。

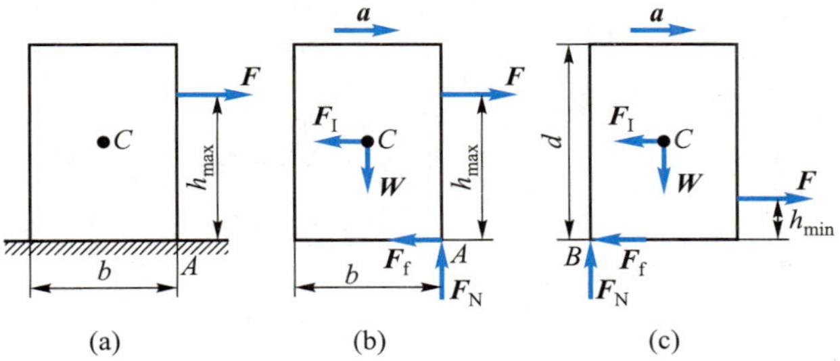

图 9.7

解：设矩形块滑动的加速度为 $\boldsymbol{a}$，用动静法求解。当 $h=h_{max}$ 时，矩形块处于向前倾倒的临界状态，受力如图 9.7b 所示。列写平衡方程

$$\sum F_x=0,\quad F-F_f-F_I=0$$

$$\sum M_A=0,\quad Fh_{max}-\frac{1}{2}Wb-\frac{1}{2}F_Id=0$$

且有

$$F_f=fF_N=fW$$

解得

$$h_{max}=\frac{d}{2}+\frac{W}{2F}(b-fd)$$

当 $h=h_{min}$ 时，矩形块处于向后倾倒的临界状态，受力如图 9.7c 所示。平衡方程为

$$\sum F_x=0,\quad F-F_f-F_I=0$$

$$\sum M_B=0,\quad Fh_{\min}+\frac{1}{2}Wb-\frac{1}{2}F_1d=0$$

且有

$$F_f=fF_N=fW$$

解得

$$h_{\min}=\frac{d}{2}-\frac{W}{2F}(fd+b)$$

或

$$h_{\min}=\frac{d}{2F}\left[F-\left(f+\frac{b}{d}\right)W\right]$$

为使矩形块既不向前也不向后倾倒，h 应取

$$h_{\min}<h<h_{\max}$$

例 9.5.5 处于铅垂面内的匀质细杆 OA 的质量为 m，长度为 l，受弹簧力和重力的作用，并于图示（图 9.8a）位置无初速释放。试求当杆运动至水平位置时，杆的角速度 ω，角加速度 α 及转轴 O 处的约束力。设弹簧在图示位置时处于伸长状态，变形量为 l，弹簧刚度系数为 k，不计弹簧质量和摩擦。

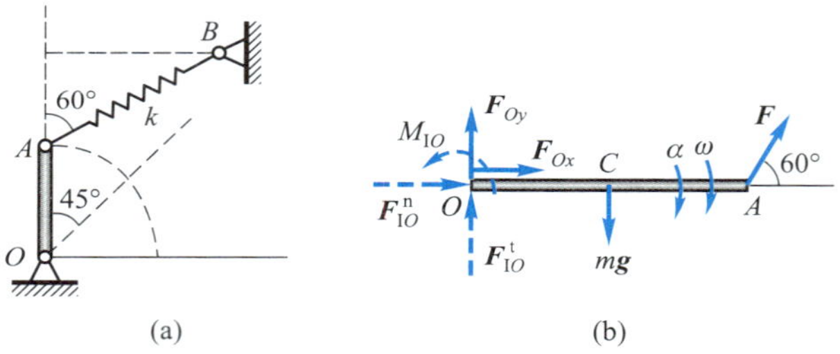

图 9.8

解：首先，求杆 OA 运动到水平位置时的角速度 ω。取杆 OA 为研究对象，由机械能守恒律有

$$\frac{1}{2}\left(\frac{1}{3}ml^2\right)\omega^2-\frac{l}{2}mg+\frac{1}{2}kl^2=\frac{1}{2}kl^2$$

这里取杆 OA 在铅垂位置时重力势能为零，弹簧在两个位置时的长度一样。由上式解得

$$\omega=\sqrt{\frac{3g}{l}}$$

其次，用动静法求杆的角加速度 α 及轴 O 的约束力。杆受力有重力 $m\boldsymbol{g}$，弹簧力 $\boldsymbol{F}$，轴承 O 的约束力 F_{Ox}，F_{Oy}。将惯性力系向点 O 简化，有

$$F_{IO}^{n}=\frac{l}{2}m\omega^2=\frac{3}{2}mg$$

$$F_{10}^{\mathrm{t}}=\frac{l}{2}m\alpha$$

$$M_{10}=\frac{1}{3}ml^2\alpha$$

方向如图 9.8b 所示。列写动静法方程

$$\sum F_x=0,\quad F_{10}^{\mathrm{n}}+F_{Ox}+F\cos 60^\circ=0$$

$$\sum F_y=0,\quad F_{10}^{\mathrm{t}}+F_{Oy}+F\sin 60^\circ-mg=0$$

$$\sum M_O(\boldsymbol{F})=0,\quad M_{10}+Fl\sin 60^\circ-\frac{l}{2}mg=0$$

注意到 $F=kl$,解上述 3 个方程,得到

$$\alpha=\frac{3}{2ml}(mg-\sqrt{3}kl)$$

$$F_{Ox}=-\frac{3}{2}mg-\frac{1}{2}kl$$

$$F_{Oy}=\frac{1}{4}(mg+\sqrt{3}kl)$$

例 9.5.6 如图 9.9a 所示,匀质杆 DE 长度为 $2l$,质量为 $2m$,以匀角速度 ω 绕铅垂轴 AB 转动。若不计转轴质量,且 $AB=2L$,试求以下三种情形下,在轴承 A,B 处的附加动约束力。(1) 杆 DE 垂直于转轴 AB,其质心 C 在转轴上,且 $AC=BC$;(2) 杆 DE 垂直于转轴 AB,其质心 C 离转轴的距离 $CH=e$,且 $AH=BH$;(3) 杆 DE 与转轴 AB 的夹角为 β,其质心 C 在转轴上,且 $AC=BC$。

解: 问题的三种情形分别对应转子无偏心无偏斜、有偏心无偏斜及有偏斜无偏心三种典型情形。建立与杆 DE 相固连的动坐标系 Axy,如图所示。

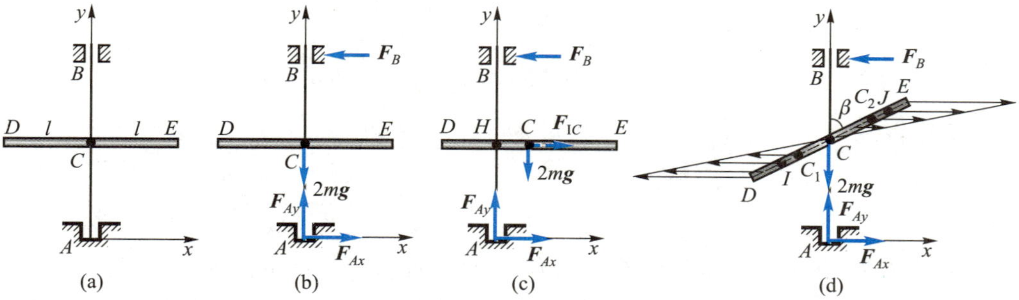

图 9.9

(1) 受力分析如图 9.9b 所示。惯性力系向质心 C 简化为一平衡力系。由动静法列出平衡方程

$$\sum F_x=0,\quad F_{Ax}-F_B=0$$

$$\sum F_y=0,\quad F_{Ay}-2mg=0$$

$$\sum M_A=0,\quad F_B(2L)=0$$

由此解得

$$F_{Ax}=0,\quad F_{Ay}=2mg,\quad F_B=0$$

因此，轴承 A,B 处的附加约束力全为零。

（2）受力分析如图 9.9c 所示，惯性力系向质心 C 简化为一个惯性力

$$F_{IC}=2ma_C=2m\omega^2 e$$

由动静法列出平衡方程

$$\sum F_x=0,\quad F_{Ax}-F_B+F_{IC}=0$$
$$\sum F_y=0,\quad F_{Ay}-2mg=0$$
$$\sum M_A=0,\quad F_B(2L)-2mge-F_{IC}L=0$$

由此解得

$$F_{Ax}=mg\frac{e}{L}-m\omega^2 e,\quad F_{Ay}=2mg,\qquad F_B=mg\frac{e}{L}+m\omega^2 e$$

上式中带 ω^2 的项即为附加动约束力。

（3）受力分析如图 9.9d 所示，由于杆 DE 作匀速转动，故杆上各点的惯性力为一平衡力系，且沿杆呈线性分布。设 CD 段与 CE 段的质心分别为 C_1 和 C_2，则 CD 段和 CE 段的惯性力系可分别简化为合力 $\boldsymbol{F}_{II}$ 和 $\boldsymbol{F}_{IJ}$，其方向垂直于转轴向外，其大小及作用线经过的点 I 和 J 的位置分别为

$$F_{II}=ma_{C_1}=m\left(\frac{l}{2}\sin\beta\right)\omega^2,\quad CI=\frac{2}{3}l$$

$$F_{IJ}=ma_{C_2}=m\left(\frac{l}{2}\sin\beta\right)\omega^2,\quad CJ=\frac{2}{3}l$$

由动静法列出平衡方程

$$\sum F_x=0,\quad F_{Ax}-F_B=0$$
$$\sum F_y=0,\quad F_{Ay}-2mg=0$$
$$\sum M_A=0,\quad F_B(2L)-m\omega^2\left(\frac{l}{2}\sin\beta\right)\frac{4}{3}l\cos\beta=0$$

由此求得轴承 A,B 处的附加动约束力为

$$F_{Ax}=\frac{m\omega^2 l^2\sin 2\beta}{6L},\quad F_{Ay}=2mg,\quad F_B=\frac{m\omega^2 l^2\sin 2\beta}{6L}$$

例 9.5.7 图 9.10a 所示叶轮可视为一匀质薄圆盘，其质量为 m，半径为 r。由于安装误差致使叶轮的中心对称轴与转轴有一偏角 β，但质心 C 仍在转轴上。若轴承 A,B 的距离为 l，当叶轮以匀角速度 ω 作定轴转动时，试求轴承 A,B 处的附加动约束力。

解：系统受力分析如图 9.10b 所示。以质心 C 为原点，建立与叶轮固连的动直角坐标系 $Cxyz$，使轴 Cz 与转轴重合，轴 Cy 为叶轮的质量对称轴，则轴 Cy 为叶轮的惯性主轴，于是有

$$x_C=z_C=0,\quad J_{xy}=J_{yz}=0$$

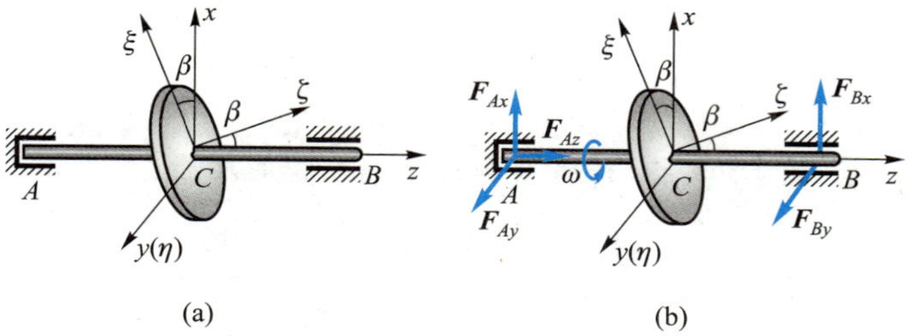

图 9.10

为计算 J_{xz}，可再建立与叶轮固连的另一直角坐标系 $C\xi\eta\zeta$，使轴 $C\eta$ 与轴 Cy 重合，轴 $C\zeta$ 为叶轮的中心对称轴，而轴 $C\xi$ 在叶轮所在平面内，这样坐标系 $C\xi\eta\zeta$ 即为叶轮的中心惯性主轴坐标系。坐标系 $C\xi\eta\zeta$ 由坐标系 $Cxyz$ 绕轴 Cy 转过图中的角 β 而得到，于是有

$$x_i=\xi_i\cos\beta+\zeta_i\sin\beta$$
$$z_i=-\xi_i\sin\beta+\zeta_i\cos\beta$$

则

$$\begin{aligned}J_{xz}&=\sum m_ix_iz_i=\sum m_i(\xi_i\cos\beta+\zeta_i\sin\beta)(-\xi_i\sin\beta+\zeta_i\cos\beta)\\&=\sum[m_i(\zeta_i^2-\xi_i^2)]\sin\beta\cos\beta+\sum(m_i\xi_i\zeta_i)(\cos^2\beta-\sin^2\beta)\end{aligned}$$

因

$$\sum m_i\xi_i\zeta_i=0,\quad \sum m_i(\zeta_i^2-\xi_i^2)=\sum m_i(\zeta_i^2+\eta_i^2)-\sum m_i(\xi_i^2+\eta_i^2)=J_\xi-J_\zeta$$
$$J_\xi=\frac{1}{4}mr^2,\quad J_\zeta=\frac{1}{2}mr^2$$

故

$$J_{xz}=-\frac{1}{8}mr^2\sin 2\beta$$

利用式(9.4.8)，注意到

$$M_{\mathrm{I}Ox}=J_{xz}\alpha-J_{yz}\omega^2=0$$
$$M_{\mathrm{I}Oy}=J_{yz}\alpha+J_{xz}\omega^2=-\frac{1}{8}mr^2\omega^2\sin 2\beta$$
$$F_{\mathrm{I}x}=F_{\mathrm{I}y}=0$$

则有

$$F_{Ax}=\frac{1}{l}(M_{\mathrm{I}Oy}-F_{\mathrm{I}x}l)=-\frac{1}{8l}mr^2\omega^2\sin 2\beta$$
$$F_{Ay}=-\frac{1}{l}(M_{\mathrm{I}Oy}+F_{\mathrm{I}y}l)=\frac{1}{8l}mr^2\omega^2\sin 2\beta$$

小结

(1) 质点的惯性力 $\boldsymbol{F}_{\mathrm{I}}$ 等于质量与加速度的乘积的反号

$$\boldsymbol{F}_{\mathrm{I}}=-m\boldsymbol{a}$$

它是假想的力。

(2) 质点的达朗贝尔原理为

$$\boldsymbol{F}+\boldsymbol{F}_{\mathrm{N}}+\boldsymbol{F}_{\mathrm{I}}=\boldsymbol{0}$$

其中 $\boldsymbol{F}$ 为主动力，$\boldsymbol{F}_{\mathrm{N}}$ 为约束力，$\boldsymbol{F}_{\mathrm{I}}$ 为惯性力。

(3) 质点系的达朗贝尔原理表示为

$$\boldsymbol{F}_i+\boldsymbol{F}_{\mathrm{N}i}+\boldsymbol{F}_{\mathrm{I}i}=\boldsymbol{0}\quad(i=1,2,\cdots,N)$$

(4) 刚体上各质点的惯性力构成惯性力系

a. 刚体平移

$$\boldsymbol{F}_{\mathrm{I}}=-m\boldsymbol{a}$$

作用于质心上。

b. 刚体作定轴转动（刚体有垂直于转轴的对称面的情形）

向转轴 O 简化

$$\boldsymbol{F}_{\mathrm{I}}=-m\boldsymbol{a}_C$$

$$F_{\mathrm{I}}^{\mathrm{t}}=ml\alpha,\quad F_{\mathrm{I}}^{\mathrm{n}}=ml\omega^2$$

$$\boldsymbol{M}_{\mathrm{I}O}=-J_O\boldsymbol{\alpha}$$

向质心简化

$$\boldsymbol{F}_{\mathrm{I}}=-m\boldsymbol{a}_C$$

$$F_{\mathrm{I}}^{\mathrm{t}}=ml\alpha,\quad F_{\mathrm{I}}^{\mathrm{n}}=ml\omega^2$$

$$\boldsymbol{M}_{\mathrm{I}C}=-J_C\boldsymbol{\alpha}$$

(5) 根据达朗贝尔原理，通过施加惯性力的方法，将动力学问题转化为静力学问题，这种方法称为动静法。动静法给出的方程与由动量定理和动量矩定理给出的结果等价。在已知运动求约束力时，动静法比较有优势（例 9.5.1，例 9.5.2，例 9.5.4，例 9.5.6，例 9.5.7）。

拓展阅读3：关于达朗贝尔原理

(6) 非对称刚体绕定轴转动时，会在轴承处产生较大的附加动约束力，应尽可能地减小。

(7) 可将达朗贝尔原理和动静法称为达朗贝尔力学。正因为有了这个力学，牛顿力学才过渡到拉格朗日力学。

习题

9.1 匀质杆 AB 通过两根绳索挂在天花板上，已知杆的质量为 m，$AB=O_1O_2=O_1A=O_2B=l$，点 C 为杆的质心，绳索 O_1A 的角速度为 ω，角加速度为 α，转向如图所示。试求图示位置的惯性力系分别向点 C 和点 A 的简化结果。

9.2 匀质杆 AB 的质量为 m，长度为 l，绕轴 O 作定轴转动，已知 $OA=\dfrac{1}{3}l$，杆的角速度、角加速度分别为 ω 和 α，转向如图所示。试求惯性力系分别向质心 C 和点 O 的简化结果。

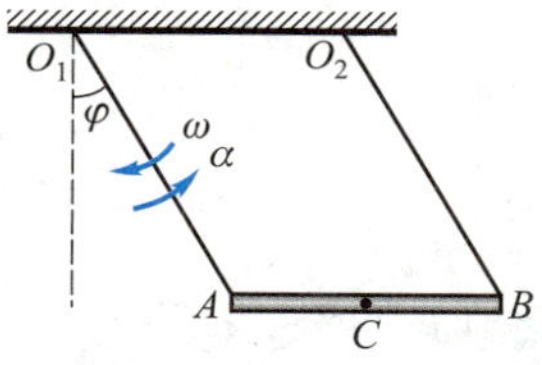

题 9.1 图

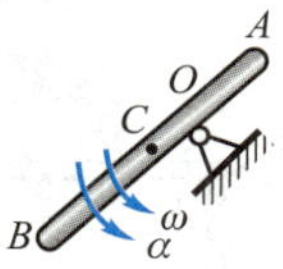

题 9.2 图

9.3 半径为 r，质量为 m 的匀质圆盘在一半径为 R 的固定凸轮上作纯滚动，其角速度、角加速度分别为 ω，α，转向如图所示。试求圆盘的惯性力系分别向其质心 C 和速度瞬心 P 的简化结果。

9.4 质量为 m，长度为 $2l$ 的匀质杆 AB 的两端分别沿水平地面和铅垂墙面运动，已知 $\boldsymbol{v}_A$ 为常矢量，试求图示位置杆的惯性力系分别向质心 C 和 A 端的简化结果。

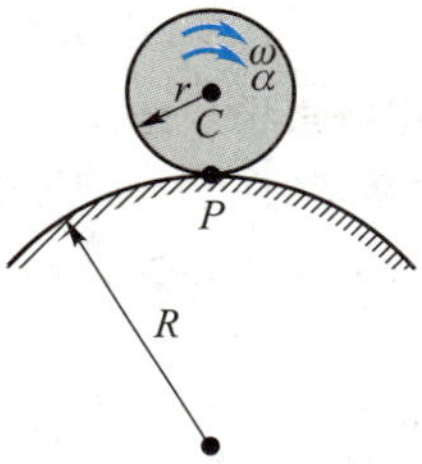

题 9.3 图

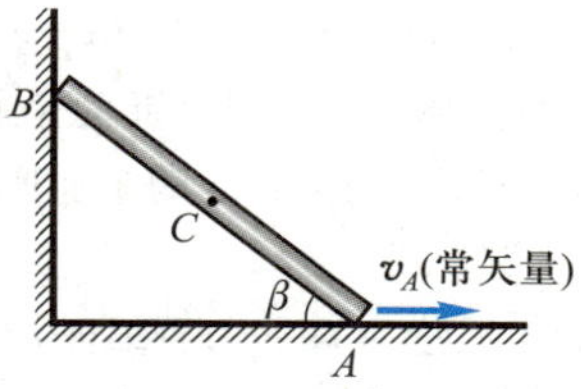

题 9.4 图

9.5 长度为 $\sqrt{2}r$，质量为 m 的匀质杆 AB 搁置在半径为 r 的半圆柱形固定凹槽内，于图示位置无初速地释放。试求该瞬时凹槽对杆的约束力和点 B 的加速度大小。不计接触处摩擦。

9.6 匀质杆 AB 的质量为 m，长度为 l，用两根等长的绳索悬挂如图所示。试求绳索 OA 突然被剪断，杆开始运动的瞬时，绳索 OB 的张力和杆 AB 的角加速度。

9.7 质量为 m，长度为 $2r$ 的匀质杆 AB 的一端 A，焊接于质量为 m，半径为 r 的匀质圆盘的边缘上，圆盘可绕过圆盘中心的光滑水平轴 O 转动。若在图示瞬时圆盘的角速度为 ω，试求该瞬时圆盘的角加速度及杆 AB 在焊接处所受到的约束力。

9.8 一半径为 R 的匀质圆盘，重为 P，在一已知力偶矩 M 的作用下在图示铅垂面内的刚架上作纯滚动。若不计刚架自重，试求圆盘滚动到刚架中间位置的瞬时，A 与 B 两支座处的约束力。

9.9 图示系统处于同一铅垂面内，半径为 r，中心为 B 的匀质圆盘由匀质连杆 AB 和匀质曲柄 OA 带动，在半径为 $5r$ 的固定圆轮上作纯滚动。已知各刚体的质量均为 m，$AB=4r$，$OA=2r$。当 OA 在主动力偶矩 $M(t)$ 的作用下以匀角速度 $3\omega\left(\omega<\sqrt{\dfrac{9g}{22r}}\right)$ 作逆时针转动时，试求图示瞬时 M 的代数

值及固定轮对圆盘 B 的约束力。

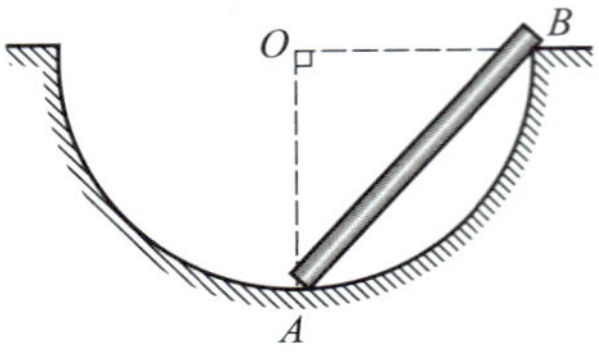

题 9.5 图

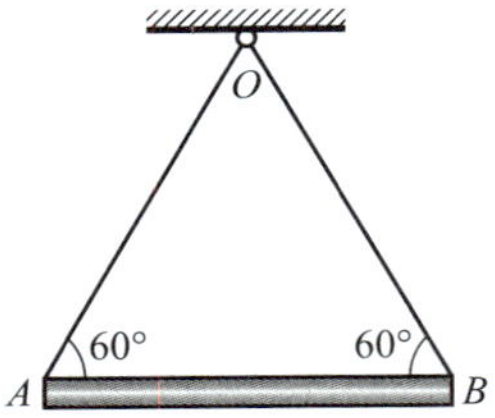

题 9.6 图

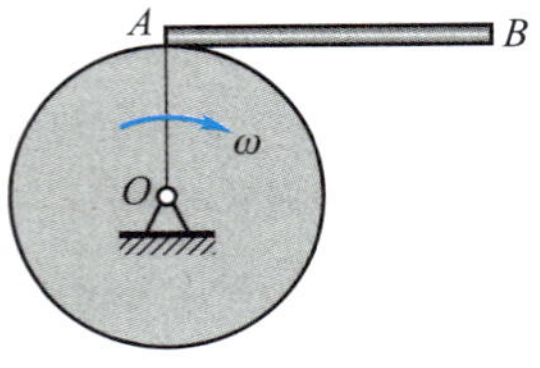

题 9.7 图

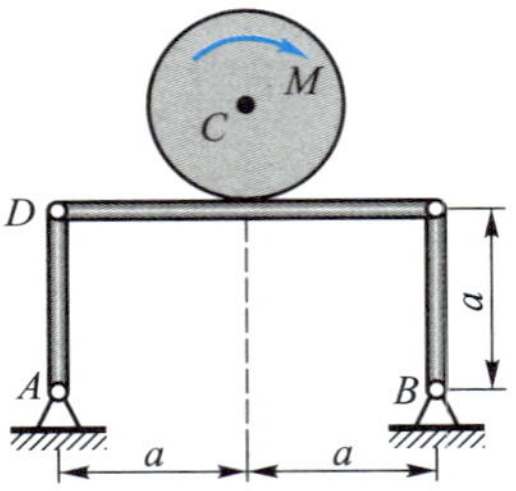

题 9.8 图

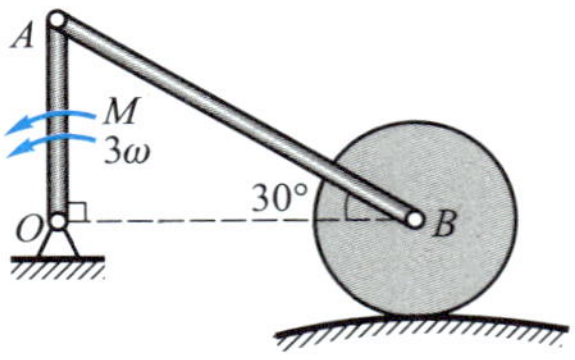

题 9.9 图

9.10 匀质杆 AB 和 BD 长度分别为 $2r$ 和 r，质量分别为 $2m$ 和 m，与质量为 m，半径为 r 的匀质圆盘在同一铅垂面内相互光滑铰接而构成四连杆系统。已知圆盘在主动力偶矩 $M(t)$ 的作用下以匀角速度 ω_0 绕过其中心 O 的光滑水平轴作顺时针转动。试求图示瞬时 M 的代数值，以及销 A，B 对杆 AB 的约束力。

9.11 图示匀质圆轮 Ⅰ 和 Ⅱ 的质量均为 m，半径均为 r，用绳索相互连接。悬臂梁 CD 长为 l，梁重、绳重及轴承摩擦都不计。设轮 Ⅱ 的中心 O 作铅垂直线运动，绳索与两轮之间无相对滑动。系统无初速释放后，试求：(1) 轮 Ⅰ 的角加速度；(2) 轮 Ⅱ 中心 O 的加速度；(3) 固定端 C 处的约束力。

9.12 长度为 l，质量为 m 的匀质细杆 AB，用光滑铰链铰接在半径为 r，质量为 m 的匀质圆盘中心 A，设水平地面光滑。如果杆 AB 从图示位置无初速地释放，且圆盘始终与地面接触。当杆 AB 运动至铅垂位置时，试求：(1) 圆心 A 的速度和杆 AB 的角速度；(2) 圆心 A 的加速度和杆 AB 的角加速度；(3) 地面作用于圆盘的约束力。

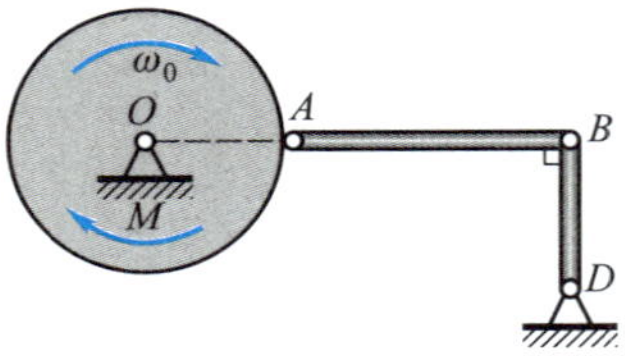

题 9.10 图

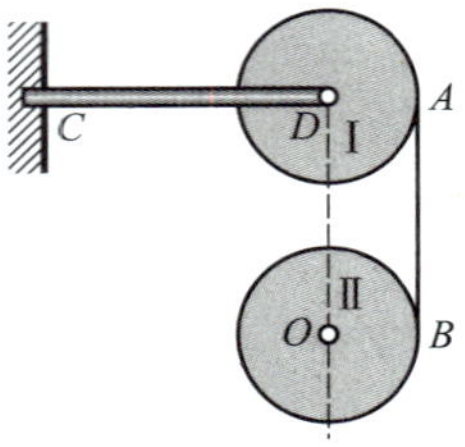

题 9.11 图

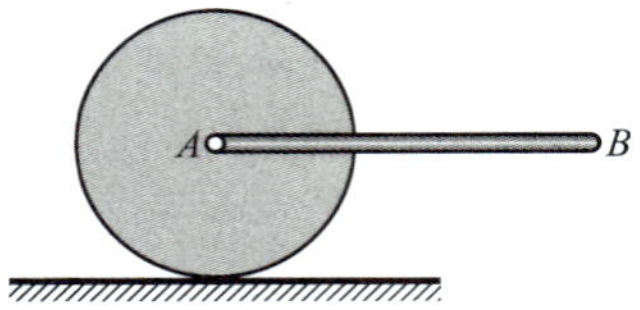

题 9.12 图

9.13 图示机构中，匀质圆轮质量 $m_1=20$ kg，半径 $r=0.3$ m，在水平力 $F=100$ N 的作用下沿水平面作纯滚动，通过圆轮中心的光滑铰链 O 带动匀质杆 OA 沿地面滑动。已知 A 端与地面的动摩擦因数 $f=0.5$，杆 OA 的质量 $m_2=10$ kg，长度 $l=\sqrt{5}r$。试求运动过程中 A，D 处的约束力，不计滚动摩阻。

9.14 重为 P_1，摆长为 l 的单摆 A，其支点系于匀质圆轮的轮心 C 上。轮重为 P_2，半径为 r，可在水平地面上作纯滚动。系统于图示位置无初速地释放。试求该瞬时：(1) 轮心 C 的加速度大小；(2) 保证圆轮作纯滚动，圆轮与地面间的静滑动摩擦因数为 f_s，不计滚动摩阻。

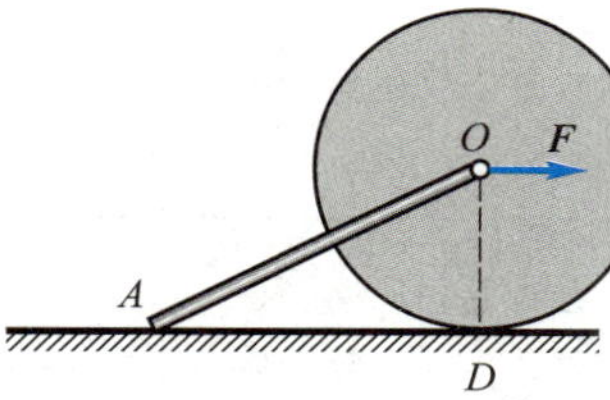

题 9.13 图

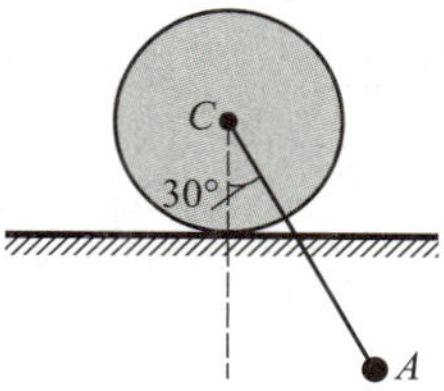

题 9.14 图

9.15 某传动轴上安装有两个齿轮，质量分别为 m_1 和 m_2，偏心距分别为 e_1 和 e_2，它们以匀角速度 ω 绕轴转动。在图示瞬时，C_1D_1 处于铅垂位置，C_2D_2 处于水平位置。试求此时轴承 A，B 处的附加动约束力。

9.16 图示一匀质薄圆盘装在水平轴的中部，圆盘与轴线成 $90°-\beta$ 角，且偏心距 $OC=e$。已知圆盘的质量为 m，半径为 r。试求当圆盘以匀角速度 ω 绕转轴转动时，轴承 A，B 处的附加动约束力。

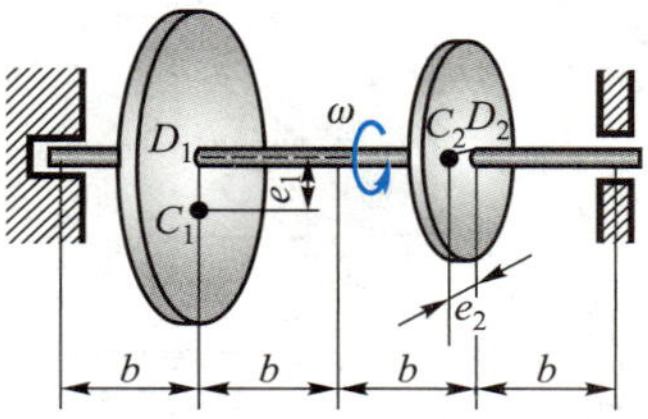

题 9.15 图

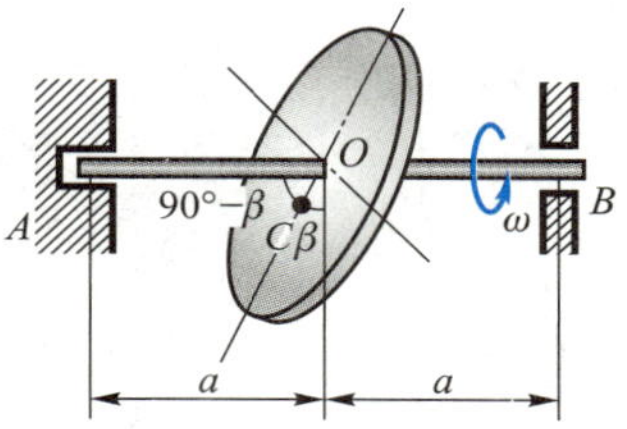

题 9.16 图

***9.17** 一种加速度传感器如图所示，可视为平面结构。传感器内 OA 段的质量为 100 g，质心为 C，重力加速度铅垂向下。通过调整螺钉和弹簧，在 B 处施加 10 N 的力，使 A 处相接触，其余尺寸如图所示（单位为 mm）。问当传感器的水平向左加速度 a 达到多大时，A 处的接触点即将断开？

***9.18** 图示为轨道列车相邻车轮的连接方式。两轮通过连杆 AB 连接，连杆右端通过光滑圆柱铰链与右侧车轮的点 B 连接，左端设计有一个平滑的水平槽，与左侧车轮的点 A 连接。已知连杆 AB 质量为 10 kg，质心为点 C，车辆以 6 m·s^{-1} 速度匀速直线向前行驶。求图示 $\theta=30°$时，B 处销的受力。已知 $AC=1$ m，$BC=0.8$ m，$O_1A=O_2B=0.5$ m。

***9.19** 当汽车紧急刹车时，未系肩部安全带会使驾驶员的头部撞到仪表板而受伤。假设人体简化为如图所示的平面运动模型。人体髋关节 O 通过腰部安全带固定在车座上，即相对于汽车保持固定。整个过程中髋关节以上的人体躯干简化为相对 O 处转动的刚体，其质量 m 为 45 kg，回转半径 ρ 为 550 mm，质心为 C 点，OC 长度为 450 mm。初始时刻下，躯干 OC 处于铅垂状态。头部距 O 点距离 l 为 800 mm，撞击时的躯干转角 θ 为 45°。问当汽车以恒定加速度 100 m·s^{-2} 减速时，人体头部撞击仪表板的速度是多少？

***9.20** 图示为火箭发射时打开卫星整流罩的一种方案。先由释放机构将整流罩缓慢送到图示 OC_1 位置，然后令火箭加速，加速度为 a（远大于重力加速度 g），从而使整流罩向外转。当其质心 C_1 转到位置 C_2 时，O 处铰链自动脱开，使整流罩离开火箭。设单侧整流罩质量为 $4m$，对 O 的

回转半径为 ρ，质心到轴 O 的距离 $OC_1=8r$。试用达朗贝尔原理求整流罩脱落时的角速度和角加速度。

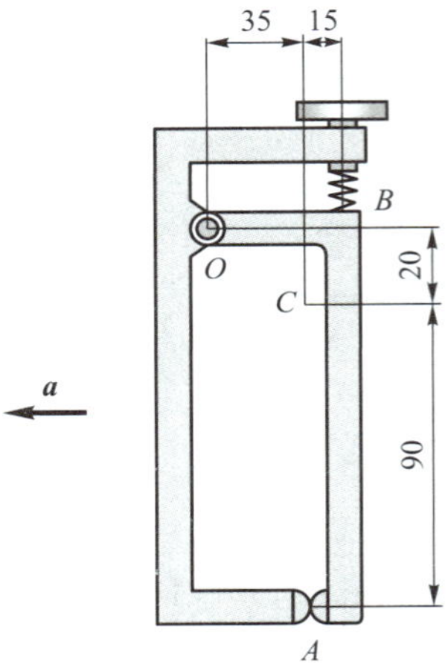

题 9.17 图

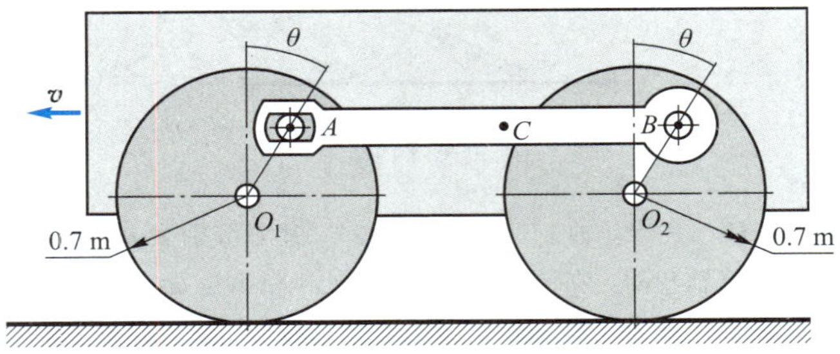

题 9.18 图

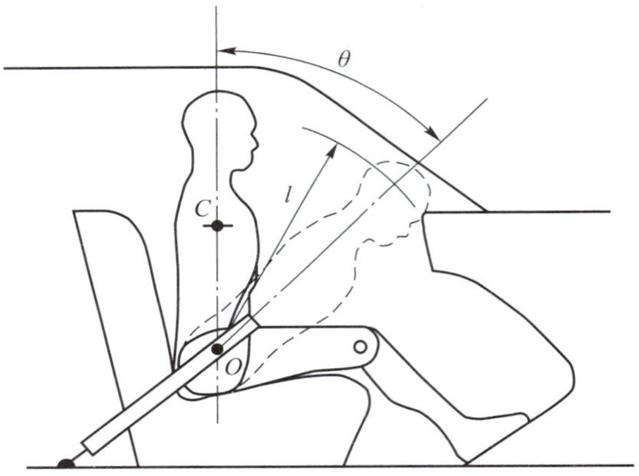

题 9.19 图

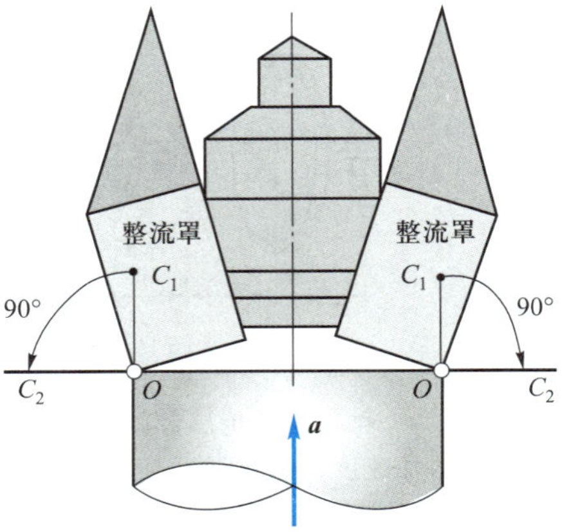

题 9.20 图

*9.21　图示为一种测量角速度的转速计原理图。小球 A 的质量为 m，固连在杆 AB 的 A 端；杆 AB 长为 l，在点 B 与杆 BC 铰接，并随 BC 转动，在此杆上与点 B 相距为 l_1 的点 E 处连有一弹簧 DE，其自然长度为 l_0，刚度系数为 k；杆 AB 对 BC 轴的偏角为 θ，弹簧在水平面内。若杆 AB 质量不计，试求杆 AB 稳态运动的角速度。

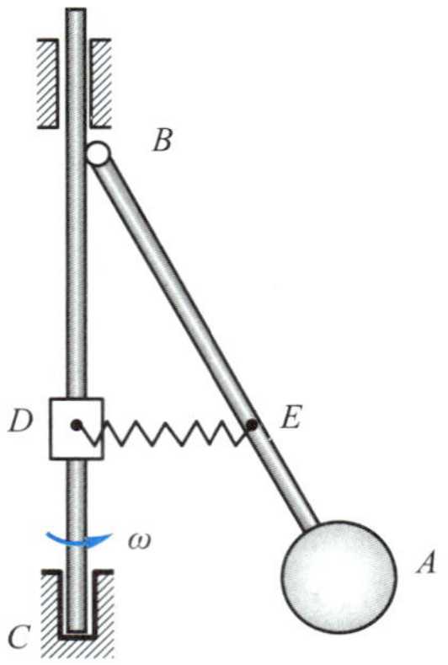

题 9.21 图

第 9 章部分习题参考答案

第10章 分析力学初步

关键知识点

约束,约束方程,非自由系统,单、双面约束,完整、非完整约束,定常、非定常约束,广义坐标,广义速度,广义加速度,广义力,虚位移,自由度,理想约束,虚功,虚位移原理,平衡的稳定性问题,多余坐标,拉格朗日乘子法,动力学普遍方程。

核心能力

(1) 能够建立非自由系统虚位移间的关系,能够使用虚位移原理求解刚体系统的平衡问题;

(2) 能够理解虚位移原理在平衡稳定性分析中的应用;

(3) 能够使用动力学普遍方程建立双面理想约束系统的运动微分方程。

历史人物介绍13:约翰·伯努利

本章介绍分析力学的某些基本概念、虚位移原理,以及动力学普遍方程。

10.1 分析力学的基本概念

分析力学的基本概念有约束、广义坐标、虚位移等。

10.1.1 约束及其分类

1. 约束

研究一质点系相对于某个惯性坐标系的运动。**对系统的点的位置和速度,常常事先加上一些几何的或者运动学特性的限制,这些限制称为约束。**约束是事先加上的限制。当系统运动时,不论作用于其上的力及运动的初始条件如何,约束关系都必须得到满足。

限制刚体内任意两点间的距离保持不变是约束;限制质点只能在事先给定的某一曲线上运动是约束;限制圆球在粗糙水平面上无滑动地滚动也是约束;等等。

有约束的系统称为非自由系统。反之,没有约束的系统称为自由系统。在同样的主动力作用下,非自由系统与自由系统相比较,加于系统各点上的约束限制了系统的某些可能的运动。

2. 约束方程

一般的约束条件都可用约束方程或约束不等式来表达。对于具体问题,要用几何学和运动学知识来写出约束的数学表达式。

例 10.1.1　两质点在半径为 R 的固定球面内壁上运动，它们用长为 l 的刚性杆连接（$l \leqslant 2R$）。试列写约束方程。

解：以固定球面中心 O 为原点，取一固定直角坐标系 $Oxyz$，设两质点的坐标分别为 (x_1, y_1, z_1) 和 (x_2, y_2, z_2)，则约束方程为

$$(x_1-x_2)^2+(y_1-y_2)^2+(z_1-z_2)^2-l^2=0 \tag{10.1.1}$$

$$x_1^2+y_1^2+z_1^2-R^2=0 \tag{10.1.2}$$

$$x_2^2+y_2^2+z_2^2-R^2=0 \tag{10.1.3}$$

例 10.1.2　平面追踪问题。

解：在平面 Oxy 上，已知一质点的运动规律为 $x_1=x_1(t)$，$y_1=y_1(t)$，另一质点的坐标为 (x_2, y_2)，其速度始终指向前一质点。此时约束方程为

$$\frac{\dot{y}_2}{\dot{x}_2}=\frac{y_1(t)-y_2}{x_1(t)-x_2} \tag{10.1.4}$$

3. 约束的分类

当应用基本原理推导系统的运动微分方程时，约束本身的性质有极大影响，不仅系统运动的形式，而且研究运动时采取的方法等都要看约束的性质。可按各种特征分类约束，例如分为单面与双面、完整与非完整、定常与非定常、线性与非线性、一阶与高阶、理想与非理想等。

（1）单面约束与双面约束

方程用严格的等号表示的约束称为双面约束（也称双侧约束、固执约束或不可解约束）。例如，式（10.1.1）~式（10.1.4）都是双面约束。例如，约束 $x^2+y^2+z^2-R^2=0$ 表明，质点在每一时刻都在半径为 R 的球面上，既不能跑到球面的外部，也不能跑到球面的内部。质点好像处于两个无限接近的球面之间，在两个方面都受到限制。反之，用不等号表示的约束称为单面约束（也称单侧约束、非固执约束或可解约束）。例如，单面约束 $x^2+y^2+z^2-R^2 \leqslant 0$ 表明，质点或者在半径为 R 的球面上，或者向球的内部移动，但不能跑到球的外部。

（2）完整约束与非完整约束

如果约束方程不含速度分量，则称为几何约束；如果约束方程包含速度分量，则称为微分约束。几何约束和可积分的微分约束称为完整约束，不可积分的微分约束称为非完整约束。几何约束的一般形式为

$$F_\alpha(x_i, y_i, z_i, t)=0 \quad (i=1,2,\cdots,N;\alpha=1,2,\cdots,l;l<3N) \tag{10.1.5}$$

其中 x_i, y_i, z_i 是第 i 个质点的坐标。微分约束的一般形式为

$$\Phi_\beta(x_i, y_i, z_i, \dot{x}_i, \dot{y}_i, \dot{z}_i, t)=0 \quad (\beta=1,2,\cdots,g;g<3N) \tag{10.1.6}$$

方程（10.1.6）的不可积性在于，它的左端不能成为某个仅是坐标、时间函数的全微分。当存在完整约束时，系统不能在每一时刻在空间取任意位置。完整约束是时刻 t 加在系统可能位置上的限制。当系统存在非完整约束时，它可在空间取任意位置，但点的速度就不是任意的了。非完整约束是对点的速度所加的限制。式（10.1.1）~式（10.1.3）是完整约束。式（10.1.4）是非完整约束。约束

$$\dot{x}+y\dot{y}+z\dot{z}=0 \tag{10.1.7}$$

是双面完整约束。约束

$$\dot{y}-z\dot{x}=0 \tag{10.1.8}$$

是双面非完整约束。

(3) 定常约束与非定常约束

如果约束方程不含时间 t,则称为定常约束;否则称为非定常约束。式(10.1.1)~式(10.1.3),式(10.1.7),式(10.1.8)都是定常约束。式(10.1.4)是非定常约束。

10.1.2 广义坐标、广义速度和广义加速度

分析力学的特色之一,就是在研究力学系统运动时采用广义坐标的概念。

1. 广义坐标

凡是能够确定系统位置的,适当选取的独立变量称为广义坐标。广义坐标比直角坐标意义更广泛。广义坐标可以是距离、角度、面积及其他的量。特别地,曲线坐标,如平面上的极坐标、空间中的柱坐标和球坐标等,都可选作广义坐标。

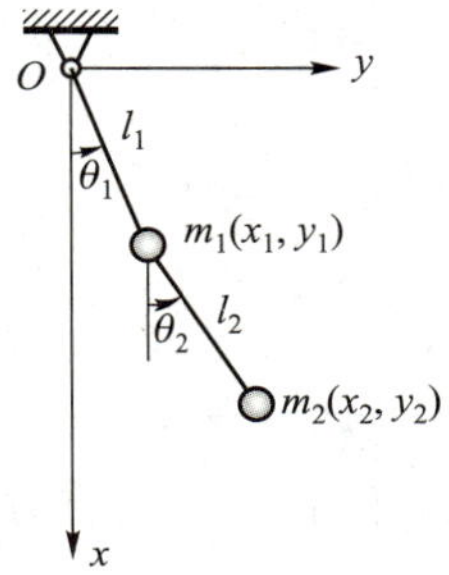

图 10.1

当力学系统加上约束时,从直角坐标过渡到广义坐标是特别方便的,而且也是十分必要的。例如,图 10.1 所示质点系,小球 m_1 用长为 l_1 的轻杆拴在固定点 O,小球 m_2 用长为 l_2 的轻杆拴在小球 m_1 上,系统运动时保持在铅垂平面内。为确定系统的位置,可选小球 m_1 的坐标 (x_1,y_1) 及小球 m_2 的坐标 (x_2,y_2),这 4 个量之间有两个完整约束方程,即

$$x_1^2+y_1^2=l_1^2 \tag{a}$$

$$(x_2-x_1)^2+(y_2-y_1)^2=l_2^2 \tag{b}$$

这样,只需在坐标 (x_1,y_1),(x_2,y_2) 中各选一个,例如选定 x_1,x_2,则 y_1,y_2 将由式(a),(b)来确定,于是可确定系统的位置。但是,这并不是一个好的方案。现在,选两轻杆与铅垂线夹角 θ_1,θ_2 为坐标。当给定 θ_1 时,则 m_1 的位置便确定;当给定 θ_2 时,则 m_2 的位置便确定。因而,给定 θ_1,θ_2,则系统的位置完全确定。角度 θ_1,θ_2 就是广义坐标。此时,用广义坐标表示直角坐标,有

$$\left.\begin{aligned}&x_1=l_1\cos\theta_1,\quad y_1=l_1\sin\theta_1\\&x_2=l_1\cos\theta_1+l_2\cos\theta_2,\quad y_2=l_1\sin\theta_1+l_2\sin\theta_2\end{aligned}\right\} \tag{c}$$

而约束方程(a)和(b)将自动满足。可见,选取 θ_1,θ_2 为广义坐标比选取 x_1,x_2 要方便得多。

一般地,假设力学系统由 N 个质点组成,所受完整约束为式(10.1.5),可选 $n=3N-l$ 个广义坐标 $q_1,q_2,\cdots,q_n$,这时所有点的直角坐标可用广义坐标及时间表示为

$$\left.\begin{aligned}x_i&=x_i(q_s,t)\\y_i&=y_i(q_s,t)\\z_i&=z_i(q_s,t)\end{aligned}\right\}\quad(i=1,2,\cdots,N;s=1,2,\cdots,n) \tag{10.1.9}$$

或写成矢量形式

$$\boldsymbol{r}_i=\boldsymbol{r}_i(q_s,t) \tag{10.1.10}$$

如果约束是定常的，那么可以选取广义坐标使时间 t 不出现于方程（10.1.9）中。此时，方程（10.1.10）有形式

$$\boldsymbol{r}_i=\boldsymbol{r}_i(q_s) \tag{10.1.11}$$

为了求得质点系的运动，只要先求出广义坐标 $q_s(s=1,2,\cdots,n)$ 作为时间的函数，然后将其代入式（10.1.9）求出全部直角坐标 $x_i,y_i,z_i(i=1,2,\cdots,N)$ 作为时间的函数。但是，为求得广义坐标，就必须有相对 $q_s(s=1,2,\cdots,n)$ 的微分方程。在分析力学中就给出建立这种方程的法则。

例 10.1.3　一直杆以常角速度 ω 绕铅垂轴 Oz 转动，杆与轴 Oz 夹角 β 为常值。杆上有一小环，小环可沿杆滑动。取小环对杆与轴 Oz 交点 O 的距离 r 为坐标，如图 10.2 所示。试将小环的直角坐标用广义坐标 r 表示出来。

解：设小环的直角坐标为 x,y,z，有

$$x=r\sin\beta\cos\omega t$$

$$y=r\sin\beta\sin\omega t$$

$$z=r\cos\beta$$

例 10.1.4　四连杆机构问题。

解：如图 10.3 所示，为确定系统的位置，可选两铰链的直角坐标 $A(x_1,y_1)$，$B(x_2,y_2)$，但有 3 个约束方程

$$\left.\begin{aligned}&x_1^2+y_1^2=l_1^2\\&(x_2-x_1)^2+(y_2-y_1)^2=l_2^2\\&(d-x_2)^2+y_2^2=l_3^2\end{aligned}\right\} \tag{a}$$

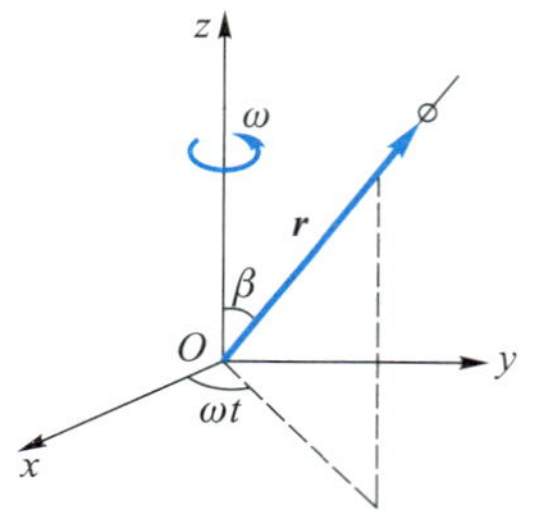

图 10.2

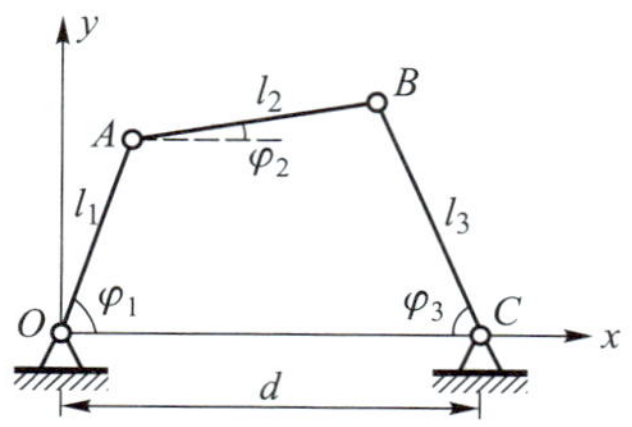

图 10.3

如果选 3 个角 $\varphi_1,\varphi_2,\varphi_3$ 为坐标，则有两个约束方程

$$\left.\begin{aligned}&l_1\cos\varphi_1+l_2\cos\varphi_2+l_3\cos\varphi_3=d\\&l_1\sin\varphi_1+l_2\sin\varphi_2-l_3\sin\varphi_3=0\end{aligned}\right\} \tag{b}$$

如果选 φ_1 为坐标，则 φ_2,φ_3 可借助方程（b）表示出来。但是，最后表示出 $x_1=x_1(\varphi_1)$，$y_1=y_1(\varphi_1)$，$x_2=x_2(\varphi_1)$，$y_2=y_2(\varphi_1)$ 将是非常麻烦的。

此例中仅用一个参数 φ_1 便可确定系统的位置，但为方便起见，宁可选 3 个参数 $\varphi_1,\varphi_2,\varphi_3$ 而带两个约束方程（b）。此时称 φ_2,φ_3 为**多余坐标**。引入多余坐标，可简化复杂多体系统位移的推导。如此例中，引入两个广义坐标 φ_2 和 φ_3，使推导简化，但独立的广义坐标只有一个。

2. 广义速度

广义坐标对时间的导数 $\dot{q}_s(s=1,2,\cdots,n)$ 称为广义速度。系统中质点的速度矢量 $\boldsymbol{v}_i$ 用广义速度表示为

$$\boldsymbol{v}_i=\dot{\boldsymbol{r}}_i=\sum_{s=1}^{n}\frac{\partial \boldsymbol{r}_i}{\partial q_s}\dot{q}_s+\frac{\partial \boldsymbol{r}_i}{\partial t} \tag{10.1.12}$$

或写成直角坐标形式

$$\left.\begin{aligned}\dot{x}_i&=\sum_{s=1}^{n}\frac{\partial x_i}{\partial q_s}\dot{q}_s+\frac{\partial x_i}{\partial t}\\ \dot{y}_i&=\sum_{s=1}^{n}\frac{\partial y_i}{\partial q_s}\dot{q}_s+\frac{\partial y_i}{\partial t}\\ \dot{z}_i&=\sum_{s=1}^{n}\frac{\partial z_i}{\partial q_s}\dot{q}_s+\frac{\partial z_i}{\partial t}\end{aligned}\right\} \tag{10.1.13}$$

在定常约束下，$\boldsymbol{r}_i$ 取形式(10.1.11)，此时有

$$\boldsymbol{v}_i=\dot{\boldsymbol{r}}_i=\sum_{s=1}^{n}\frac{\partial \boldsymbol{r}_i}{\partial q_s}\dot{q}_s \tag{10.1.14}$$

在本节例 10.1.3 中，有

$$\begin{aligned}\dot{x}&=\dot{r}\sin\beta\cos\omega t-r\omega\sin\beta\sin\omega t\\ \dot{y}&=\dot{r}\sin\beta\sin\omega t+r\omega\sin\beta\cos\omega t\\ \dot{z}&=\dot{r}\cos\beta\end{aligned}$$

3. 广义加速度

广义坐标对时间的两次导数 $\ddot{q}_s(s=1,2,\cdots,n)$ 称为广义加速度。系统中点的加速度矢量 $\boldsymbol{a}_i$ 可用广义加速度线性地表示为

$$\boldsymbol{a}_i=\dot{\boldsymbol{v}}_i=\ddot{\boldsymbol{r}}_i=\sum_{s=1}^{n}\frac{\partial \boldsymbol{r}_i}{\partial q_s}\ddot{q}_s+\sum_{k=1}^{n}\sum_{s=1}^{n}\frac{\partial^2 \boldsymbol{r}_i}{\partial q_k\partial q_s}\dot{q}_k\dot{q}_s+2\sum_{s=1}^{n}\frac{\partial^2 \boldsymbol{r}_i}{\partial q_s\partial t}\dot{q}_s+\frac{\partial^2 \boldsymbol{r}_i}{\partial t^2} \tag{10.1.15}$$

10.1.3 虚位移、自由度

虚位移是分析力学的重要基本概念。

1. 虚位移

在一定位置上为约束所允许的假想的无限小位移称为虚位移。

首先，虚位移是假定约束不改变而设想的位移。例如，点受有约束 $x^2+y^2+z^2=25t^2$，对瞬时 $t=1$ 的虚位移在半径为 5 的球面的切平面上；而当 $t=2$ 时的虚位移在半径为 10 的球面的切平面上。因此，对虚位移来说，时间 t 是固定的，不变的。这就是“在一定位置上”的含义。其次，虚位移不是任何随便的位移，它必须为约束所允许。再次，虚位移是一个假想的位移，它与实位移不同。实位移是指质点在真实运动中在一定主动力作用下经历一定时间的位移。当然，实位移也必须为约束所允许。实位移只有一个，而虚位移可有几个甚至无穷多个。最后，虚位移是一个无限小位移。因此，

在实际应用时，虚位移可选在虚速度的方向。虚位移通常记作 $\delta \boldsymbol{r}_i$，而实位移记作 $\mathrm{d}\boldsymbol{r}_i$。

2. 约束加在虚位移上的限制

对于形如式(10.1.5)的完整约束，在瞬时 t，系统中的点由(x_i, y_i, z_i)发生虚位移 $\delta x_i, \delta y_i, \delta z_i$，而到达点$(x_i+\delta x_i, y_i+\delta y_i, z_i+\delta z_i)$，按虚位移的定义，质点的新位置必须仍在约束曲面上，即有

$$f_\alpha(x_i+\delta x_i, y_i+\delta y_i, z_i+\delta z_i, t)=0 \qquad (10.1.16)$$

将其展开为泰勒级数，有

$$\begin{aligned} & f_\alpha(x_i+\delta x_i, y_i+\delta y_i, z_i+\delta z_i, t) \\ & = f_\alpha(x_i, y_i, z_i, t)+\sum_{i=1}^N\left(\frac{\partial f_\alpha}{\partial x_i}\delta x_i+\frac{\partial f_\alpha}{\partial y_i}\delta y_i+\frac{\partial f_\alpha}{\partial z_i}\delta z_i\right)+\text{高阶小项} \end{aligned}$$

利用式(10.1.5)并忽略高阶小项，得

$$\sum_{i=1}^N\left(\frac{\partial f_\alpha}{\partial x_i}\delta x_i+\frac{\partial f_\alpha}{\partial y_i}\delta y_i+\frac{\partial f_\alpha}{\partial z_i}\delta z_i\right)=0 \quad (\alpha=1,2,\cdots,l) \qquad (10.1.17)$$

这就是 l 个完整约束方程式(10.1.5)加在虚位移 $\delta x_i, \delta y_i, \delta z_i$ 上的 l 个限制条件。方程(10.1.17)的数目 $l<3N$，故相对 $\delta x_i, \delta y_i, \delta z_i$ 有无穷多个解。

约束方程式(10.1.5)对实位移 $\mathrm{d}x_i, \mathrm{d}y_i, \mathrm{d}z_i$ 的限制为

$$\sum_{i=1}^N\left(\frac{\partial f_\alpha}{\partial x_i}\mathrm{d}x_i+\frac{\partial f_\alpha}{\partial y_i}\mathrm{d}y_i+\frac{\partial f_\alpha}{\partial z_i}\mathrm{d}z_i\right)+\frac{\partial f_\alpha}{\partial t}\mathrm{d}t=0 \qquad (10.1.18)$$

如果 f_α 不含时间 t，则式(10.1.18)表示为

$$\sum_{i=1}^N\left(\frac{\partial f_\alpha}{\partial x_i}\mathrm{d}x_i+\frac{\partial f_\alpha}{\partial y_i}\mathrm{d}y_i+\frac{\partial f_\alpha}{\partial z_i}\mathrm{d}z_i\right)=0 \qquad (10.1.19)$$

比较式(10.1.19)与式(10.1.17)，得知：在完整定常约束下，实位移是虚位移中的一个。

对于 g 个线性非完整约束，有

$$\begin{aligned} & \sum_{i=1}^N[a_{\beta i}(x_j, y_j, z_j, t)\dot{x}_i+b_{\beta i}(x_j, y_j, z_j, t)\dot{y}_i+c_{\beta i}(x_j, y_j, z_j, t)\dot{z}_i]+ \\ & \qquad d_\beta(x_j, y_j, z_j, t)=0 \quad (\beta=1,2,\cdots,g; j=1,2,\cdots,N) \end{aligned} \qquad (10.1.20)$$

将其写成微分形式，有

$$\sum_{i=1}^N(a_{\beta i}\mathrm{d}x_i+b_{\beta i}\mathrm{d}y_i+c_{\beta i}\mathrm{d}z_i)+d_\beta\mathrm{d}t=0 \qquad (10.1.21)$$

因为虚位移是系统位置在这一时刻相应的变化，时间不变，故可在式(10.1.21)中用符号 δ 代替 d，并取 $\delta t=0$，于是有

$$\sum_{i=1}^N(a_{\beta i}\delta x_i+b_{\beta i}\delta y_i+c_{\beta i}\delta z_i)=0 \qquad (10.1.22)$$

这就是线性非完整约束方程式(10.1.20)加在虚位移上的限制条件。比较式(10.1.22)与式(10.1.21)，可知当 $d_\beta=0$ 时，即约束方程对速度是齐次的情形，实位移是虚位移中的一个。

对于完整约束系统，可以选 $n=3N-l$ 个广义坐标 $q_s(s=1,2,\cdots,n)$ 作为独立坐标，

它们的变分 $\delta q_s(s=1,2,\cdots,n)$ 作为独立的变分。对式(10.1.9)取变分，得

$$\left.\begin{aligned}\delta x_i&=\sum_{s=1}^{n}\frac{\partial x_i}{\partial q_s}\delta q_s\\ \delta y_i&=\sum_{s=1}^{n}\frac{\partial y_i}{\partial q_s}\delta q_s\\ \delta z_i&=\sum_{s=1}^{n}\frac{\partial z_i}{\partial q_s}\delta q_s\end{aligned}\right\}\qquad(10.1.23)$$

因此，对于完整力学系统，独立坐标的数目等于坐标的独立变分数目。

将式(10.1.23)代入式(10.1.22)，得

$$\sum_{s=1}^{n}A_{\beta s}\delta q_s=0\quad(\beta=1,2,\cdots,g)\qquad(10.1.24)$$

其中

$$A_{\beta s}=\sum_{i=1}^{N}\left(a_{\beta i}\frac{\partial x_i}{\partial q_s}+b_{\beta i}\frac{\partial y_i}{\partial q_s}+c_{\beta i}\frac{\partial z_i}{\partial q_s}\right)\qquad(10.1.25)$$

因此，对于具有 l 个完整约束，g 个非完整约束的系统，独立坐标的数目仍是 $n=3N-l$，但因有条件式(10.1.24)，坐标独立变分的数目成为 $n-g$。

3. 自由度

系统广义坐标的独立变分(或者独立虚位移)数目称为系统的自由度。根据这个定义知，完整系统的自由度数目等于独立坐标的数目，而非完整系统的自由度等于独立坐标数目减去非完整约束方程的数目。

例 10.1.5 一质点沿一曲面 $f(x,y,z)=0$ 运动。

解：约束方程对虚位移 $\delta x,\delta y,\delta z$ 的限制为

$$\frac{\partial f}{\partial x}\delta x+\frac{\partial f}{\partial y}\delta y+\frac{\partial f}{\partial z}\delta z=0$$

质点的独立坐标数目是2，独立变分的数目也是2，自由度是2。

例 10.1.6 平面上两质点 A,B，由一长为 l 的刚性杆连接，运动中杆中点 C 的速度只可以沿杆向(图10.4)。

解：选 A 的坐标 (x_1,y_1) 和 B 的坐标 (x_2,y_2)，约束方程可表示为

$$(x_1-x_2)^2+(y_1-y_2)^2-l^2=0$$

$$\frac{\dot{x}_1+\dot{x}_2}{x_1-x_2}=\frac{\dot{y}_1+\dot{y}_2}{y_1-y_2}$$

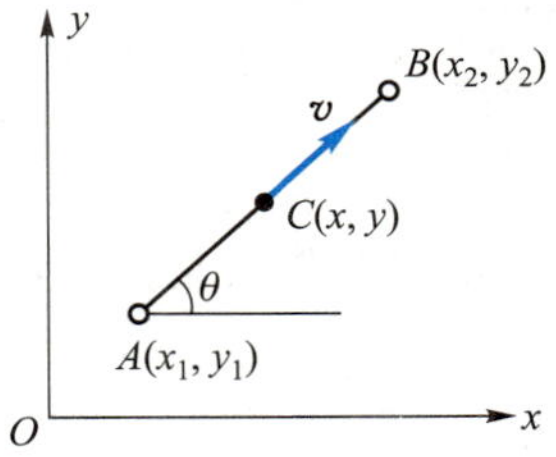

图 10.4

前一个是完整的，后一个是非完整的。它们加在虚位移 $\delta x_1,\delta x_2,\delta y_1,\delta y_2$ 上的限制为

$$(x_1-x_2)(\delta x_1-\delta x_2)+(y_1-y_2)(\delta y_1-\delta y_2)=0$$

$$\frac{\delta x_1+\delta x_2}{x_1-x_2}=\frac{\delta y_1+\delta y_2}{y_1-y_2}$$

系统独立坐标的数目是 3，独立变分数目是 2，自由度是 2。

选杆中点 C 的坐标 (x,y)，以及杆对轴 Ox 的夹角 θ 为坐标，这三个坐标是独立坐标。限制杆中点速度只能沿杆 AB 方向的非完整约束表示为

$$\dot{y}=\dot{x}\tan\theta$$

它对虚位移 $\delta x,\delta y,\delta\theta$ 的限制为

$$\delta y=\delta x\tan\theta$$

独立变分数目是 2，自由度是 2。

例 10.1.7　一个机械手 $ABCDEF$ 由 4 个刚体组成，如图 10.5 所示。A 是球铰链，B,C,D 是 3 个平面铰链。

解：这是一个完整系统，它的自由度数目等于独立坐标的数目。每一个刚体有 6 个自由度，每一个球铰链使自由度数目减少 3 个，每一个平面铰链使自由度减少 5 个，因此整个系统的自由度数目是

$$(6\times4)-3-(5\times3)=6$$

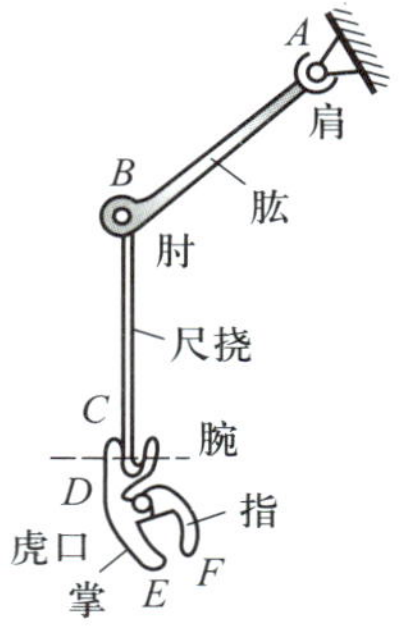

图 10.5

10.1.4　约束力·理想约束

理想约束是分析力学的基本概念。分析力学的研究大多以理想约束为前提。

1. 约束力

约束的数学表现为约束方程，约束的力学表现为约束力。如果系统没有约束，则系统的坐标值从作用力方面来说由主动力确定。当存在约束时，便出现了某些附加力。这些附加力使系统按约束方程的规定而运动。这些与主动力一起实现系统运动的力与约束相适应，因此称其为约束力。

2. 理想约束

力在实位移上所做的功称为实功，力在虚位移上的功称为虚功。系统中各质点所受约束力对该点的虚位移各有一虚功。如果系统中各点的约束力的虚功之和等于零，则这种约束称为理想约束。

如果用 $\boldsymbol{F}_{\mathrm{N}i}$ 表示第 i 个质点所受约束力之合力，$\delta\boldsymbol{r}_i$ 是其虚位移，则理想约束条件表示为

$$\sum_{i=1}^{N}\boldsymbol{F}_{\mathrm{N}i}\cdot\delta\boldsymbol{r}_i=0 \tag{10.1.26}$$

对于轴向单位矢量为 $\boldsymbol{i},\boldsymbol{j},\boldsymbol{k}$ 的空间固定直角坐标系，可将约束力与虚位移分别表示为

$$\boldsymbol{F}_{\mathrm{N}i}=F_{\mathrm{N}ix}\boldsymbol{i}+F_{\mathrm{N}iy}\boldsymbol{j}+F_{\mathrm{N}iz}\boldsymbol{k}$$
$$\delta\boldsymbol{r}_i=\delta x_i\boldsymbol{i}+\delta y_i\boldsymbol{j}+\delta z_i\boldsymbol{k}$$

此时式(10.1.26)可表示为

$$\sum_{i=1}^{N}(F_{\mathrm{N}ix}\delta x_i+F_{\mathrm{N}iy}\delta y_i+F_{\mathrm{N}iz}\delta z_i)=0 \tag{10.1.27}$$

这是理想约束的直角坐标表达。

对式(10.1.10)取变分,得

$$\delta \boldsymbol{r}_i = \sum_{s=1}^{n} \frac{\partial \boldsymbol{r}_i}{\partial q_s} \delta q_s \tag{10.1.28}$$

将式(10.1.28)代入式(10.1.26),得

$$\sum_{s=1}^{n} Q'_s \delta q_s = 0 \tag{10.1.29}$$

其中

$$Q'_s = \sum_{i=1}^{N} \boldsymbol{F}_{Ni} \cdot \frac{\partial \boldsymbol{r}_i}{\partial q_s} \tag{10.1.30}$$

称为广义约束力。式(10.1.29)称为理想约束的广义坐标表达。

3. 理想约束的例子

质点强制地沿固定光滑面的运动,质点强制地沿运动或变形的光滑曲面的运动,具有一个或两个固定点的刚体,两个质点用不计质量的不变长度的杆相连接,两刚体在运动中以理想光滑表面相接触,两刚体用光滑铰链相连接等,都是完整的理想约束。圆盘或圆球沿完全粗糙水平面作纯滚动,是可积分的运动约束,也是完整的理想约束。冰刀不允许横滑等,都是非完整的理想约束。

4. 理想约束假定的重要性和可能性

由达朗贝尔和拉格朗日开创的非自由质点系动力学是基于约束的理想性假定的。根据这个假定所建立的虚位移原理及动力学普遍方程中消除了约束力,从而使问题变得简单,可见理想约束假定的重要性。同时,理想约束也是完全可能的。首先,为描述自然现象和大多数技术过程,这样的假定有足够的精确度。例如,复杂的机构可看作刚体系统,其中刚体两两之间或刚性连接,或以铰链连接,或以其表面相接触。如果认为所有刚性连接是绝对刚性的,铰链是理想的,而所有接触面或是理想光滑的,或是完全粗糙的,则任何复杂机构均可当作具有理想约束的质点系统。其次,如果约束是非理想的,例如,摩擦力的虚功不为零,则可将摩擦力归为主动力范畴来考虑。由于未知量摩擦力的出现而缺少的方程可用摩擦定律来补充。

10.2 虚位移原理

虚位移原理是分析力学的基本原理之一,是静力学的普遍方程。

10.2.1 虚位移原理

1. 虚位移原理

虚位移原理,亦称虚功原理,表述如下:**在双面理想约束下,质点系平衡的充分必要条件是,作用在系统上的主动力在任何虚位移上所做元功之和等于零。**

用 $\boldsymbol{F}_i$ 表示作用在第 i 个质点上主动力的合力,$\delta \boldsymbol{r}_i$ 表示虚位移,则虚位移原理表示为

$$\sum_{i=1}^{N} \boldsymbol{F}_i \cdot \delta \boldsymbol{r}_i = 0 \tag{10.2.1}$$

它可表示为直角坐标形式

$$\sum_{i=1}^{N} (F_{ix}\delta x_i + F_{iy}\delta y_i + F_{iz}\delta z_i) = 0 \tag{10.2.2}$$

也可表示为广义坐标形式

$$\sum_{s=1}^{n} Q_s \delta q_s = 0 \tag{10.2.3}$$

其中

$$Q_s = \sum_{i=1}^{N} \boldsymbol{F}_i \cdot \frac{\partial \boldsymbol{r}_i}{\partial q_s} \tag{10.2.4}$$

称为与广义坐标 q_s 相应的广义力。广义力的量纲可以是力、力矩等。如果 δq_s 为位移，则 Q_s 为力；如果 δq_s 为角度，则 Q_s 为力矩。

2. 虚位移原理的意义

首先，虚位移原理是静力学最普遍的原理，由它可以推导出全部静力学的平衡方程。虚位移原理式(10.2.1)~式(10.2.3)构成分析静力学的全部内容。

其次，虚位移原理是从功的观点来研究力学系统的平衡的，而几何静力学是从力的观点来研究平衡的。虚位移原理在处理系统平衡时不是孤立地静止地研究平衡这一特定状态，而是改变这一状态(给出虚位移)，从变革比较中认识平衡的规律。这一观点在认识事物本质时是十分重要的。

再次，当系统有较多约束时，利用虚位移原理解静力学问题要比几何静力学来得简单。

最后，虚位移原理与达朗贝尔原理联合而构成动力学普遍方程，因此虚位移原理是分析力学的一个基本原理。

10.2.2 虚位移原理的应用

1. 用虚位移原理解静力学问题

虚位移原理是解决静力学问题的普遍方法，尤其是对解决多约束系统的静力学问题显得非常简捷。虚位移原理有如下两个特点：

第一，在解静力学问题中，只要断定系统是受理想约束的，约束力的虚功自然消去了，因而可以避免方程中繁杂的约束力出现。另外，虚位移原理也能应用于求约束力，只需在对应点解除约束，代之以约束力，并把它当作主动力来处理就行了。

第二，由于引入了广义坐标，解决多约束系统的问题时，可以根据情况选择变量，而原理形式不变，这就给具体问题的解决，特别是在许多约束限制下自由度数目较少的情形，带来较大方便。

应用虚位移原理解静力学问题的步骤大致是：根据问题要求，确定所研究系统的范围，并考虑系统的约束情况，看约束力在虚位移上是否做功，当约束力不做功时才能应用虚位移原理；确定自由度数目，选取广义坐标，为描述便利，可以适当地选取 $n+m$

个变量并给出 m 个约束方程；按式（10.2.1）和式（10.2.2）或式（10.2.3）列写虚功方程，并求解。

应用虚位移原理解静力学问题的关键在于选取主动力作用点的虚位移并计算虚功。一般来说，点的虚位移可选在虚速度方向，或写出位置坐标表达式再取变分。前者称为几何法，后者称为解析法。

例 10.2.1 公共汽车上用来开启车门的机构，如图 10.6 所示。试求垂直于手柄 OA 的力 $\boldsymbol{F}_A$ 和门的阻力矩 M 之间的关系。

解：假设门的启动不很急剧，可认为此连杆机构在发动力 $\boldsymbol{F}_A$ 及阻力矩 M 的作用下平衡。假如各铰链光滑，便可用虚位移原理来处理。此机构有一个自由度，假定 φ 取定，由简单几何关系看出四边形 $OBCO_1$ 被完全确定。但为方便起见，可取三个角 φ,ψ,θ 为参数来描述系统的位置。由虚位移原理知

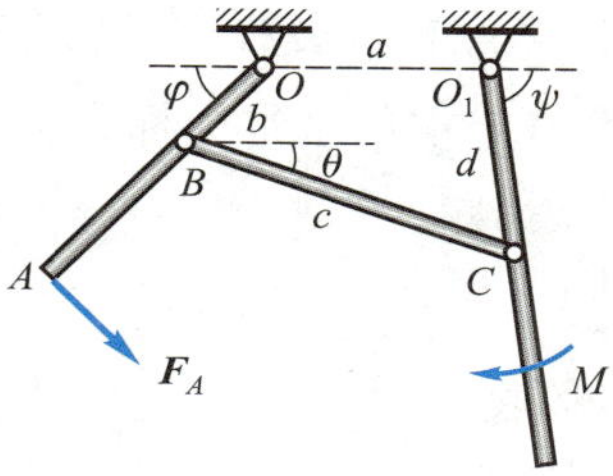

图 10.6

$$F_A r\delta\varphi+M\delta\psi=0$$

为建立 $\delta\varphi$ 与 $\delta\psi$ 之间的关系，写出系统的约束方程。考查 OB,BC,CO_1 各杆在水平与铅垂方向的投影，有

$$b\cos\varphi+a+d\cos\psi=c\cos\theta$$

$$b\sin\varphi+c\sin\theta=d\sin\psi$$

将其取变分，得

$$b\sin\varphi\delta\varphi+l\sin\psi\delta\psi=c\sin\theta\delta\theta$$

$$b\cos\varphi\delta\varphi+c\cos\theta\delta\theta=d\cos\psi\delta\psi$$

由以上二式消去 $\delta\theta$，得

$$\delta\psi=-\frac{b\sin(\varphi+\theta)}{d\sin(\psi-\theta)}\delta\varphi$$

将其代入虚功方程，由 $\delta\varphi$ 的任意性，得到

$$M=\frac{F_A rd\sin(\psi-\theta)}{b\sin(\varphi+\theta)}$$

由此看出，减小 b 或增大 r,d，便可用较小的力克服较大的阻力矩。

为建立 $\delta\varphi$ 与 $\delta\psi$ 之间的关系，还有一种常用方法，常称为虚速度法，或几何法。考查杆 BC 两端的虚位移 $\delta\boldsymbol{r}_B$ 和 $\delta\boldsymbol{r}_C$，它们分别垂直于杆 OB 和杆 O_1C，并像速度投影定理那样，沿杆 BC 的投影相等，即有

$$b\delta\varphi\cos\left(\frac{\pi}{2}-\varphi-\theta\right)=-d\delta\psi\cos\left(\frac{\pi}{2}-\psi+\theta\right)$$

由此得

$$\delta\psi=-\frac{b\sin\ (\varphi+\theta)}{d\sin\ (\psi-\theta)}\delta\varphi$$

请读者用几何静力学方法解此题。

例 10.2.2　由 n 个长为 l，重为 P，在铅垂平面内的匀质杆组成的系统，其中第一个杆一端固定，其余各杆用光滑铰链顺次相连，如图 10.7 所示。今在最末一杆一端施加一水平力 $\boldsymbol{F}$。试求系统处于平衡时第 i 个杆与铅垂线的夹角 θ_i。

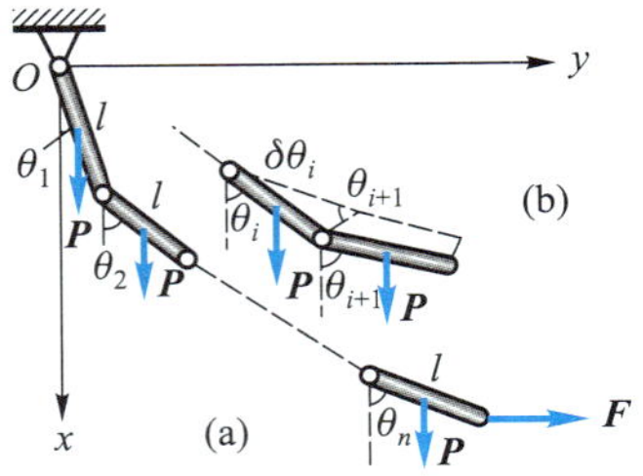

图 10.7

解：系统所受约束是理想的，可用虚位移原理。系统有 n 个自由度，可取杆与铅垂线的夹角 $\theta_1,\theta_2,\cdots,\theta_n$ 为广义坐标。各杆中点的铅垂坐标为 $x_1,x_2,\cdots,x_n$，第 n 个杆末端的水平坐标为 y_F，如图 10.7a 所示。列写虚功方程

$$P\delta x_1+P\delta x_2+\cdots+P\delta x_n+F\delta y_F=0$$

因

$$x_1=\frac{l}{2}\cos\theta_1$$

$$x_2=l\cos\theta_1+\frac{l}{2}\cos\theta_2$$

$$\cdots\cdots\cdots\cdots$$

$$x_n=l(\cos\theta_1+\cos\theta_2+\cdots+\cos\theta_{n-1})+\frac{l}{2}\cos\theta_n$$

$$y_F=l(\sin\theta_1+\sin\theta_2+\cdots+\sin\theta_{n-1}+\sin\theta_n)$$

故有

$$\delta x_1=-\frac{l}{2}\sin\theta_1\delta\theta_1$$

$$\delta x_2=-l\sin\theta_1\delta\theta_1-\frac{l}{2}\sin\theta_2\delta\theta_2$$

$$\cdots\cdots\cdots\cdots$$

$$\delta x_n=-l(\sin\theta_1\delta\theta_1+\sin\theta_2\delta\theta_2+\cdots+\sin\theta_{n-1}\delta\theta_{n-1})-\frac{l}{2}\sin\theta_n\delta\theta_n$$

$$\delta y_F=l(\cos\theta_1\delta\theta_1+\cos\theta_2\delta\theta_2+\cdots+\cos\theta_{n-1}\delta\theta_{n-1}+\cos\theta_n\delta\theta_n)$$

将其代入虚功方程，得到

$$\begin{aligned}&\left\{-l\left[\frac{P}{2}\sin\theta_1+(n-1)P\sin\theta_1\right]+lF\cos\theta_1\right\}\delta\theta_1+\\&\left\{-l\left[\frac{P}{2}\sin\theta_2+(n-2)P\sin\theta_2\right]+lF\cos\theta_2\right\}\delta\theta_2+\cdots+\\&\left\{-l\left[\frac{P}{2}\sin\theta_{n-1}+P\sin\theta_{n-1}\right]+lF\cos\theta_{n-1}\right\}\delta\theta_{n-1}+\\&\left\{-l\left[\frac{P}{2}\sin\theta_n\right]+lF\cos\theta_n\right\}\delta\theta_n=0\end{aligned}$$

因 $\delta\theta_1,\delta\theta_2,\cdots,\delta\theta_n$ 彼此独立,故其前面系数为零,即

$$-P\left(\frac{1}{2}+n-1\right)\sin\theta_1+F\cos\theta_1=0$$

$$-P\left(\frac{1}{2}+n-2\right)\sin\theta_2+F\cos\theta_2=0$$

$$\cdots\cdots\cdots\cdots$$

$$-P\left(\frac{1}{2}+1\right)\sin\theta_{n-1}+F\cos\theta_{n-1}=0$$

$$-P\left(\frac{1}{2}\right)\sin\theta_n+F\cos\theta_n=0$$

由此解得

$$\tan\theta_1=\frac{2F}{(2n-1)P}$$

$$\tan\theta_2=\frac{2F}{(2n-3)P}$$

$$\cdots\cdots\cdots\cdots$$

$$\tan\theta_{n-1}=\frac{2F}{3P}$$

$$\tan\theta_n=\frac{2F}{P}$$

因此,第 i 个杆与铅垂线的夹角 θ_i 为

$$\tan\theta_i=\frac{2F}{[2n-(2i-1)]P}$$

为求第 i 个杆与铅垂线的夹角 θ_i,还可以用取特殊虚位移的方法来求解。现让第 i 个杆发生虚位移 $\delta\theta_i$,其余各杆虚位移 $\delta\theta_j=0(j\neq i)$,来计算主动力的虚功,如图 10.7b 所示。第 1 个杆至第 $i-1$ 个杆不动,第 i 个杆转一微小角 $\delta\theta_i$,它中心上升的高度为

$$\frac{l}{2}[\cos\theta_i-\cos(\theta_i+\delta\theta_i)]\approx\frac{l}{2}\sin\theta_i\delta\theta_i$$

第 $i+1$ 个杆至第 n 个杆中心上升的高度与第 i 个杆末端上升的高度一样,为

$$l[\cos\theta_i-\cos(\theta_i+\delta\theta_i)]\approx l\sin\theta_i\delta\theta_i$$

通过上面直观分析,可将虚位移原理写成

$$-\frac{l}{2}P\sin\theta_i\delta\theta_i-Pl(n-i)\sin\theta_i\delta\theta_i+Fl\cos\theta_i\delta\theta_i=0$$

由于 $\delta\theta_i\neq0$,得

$$\tan\theta_i=\frac{2F}{(2n-2i+1)P}$$

例 10.2.3 A,B 两点用一不可伸长的线连接,它们可分别沿固定直线 OM 和 ON

无摩擦地滑动，OM 和 ON 夹角为 θ，如图 10.8 所示。这两点均受点 O 排斥，排斥力与距离成正比，比例系数分别为 k_1 和 k_2。试求平衡时的角 β 和 γ。

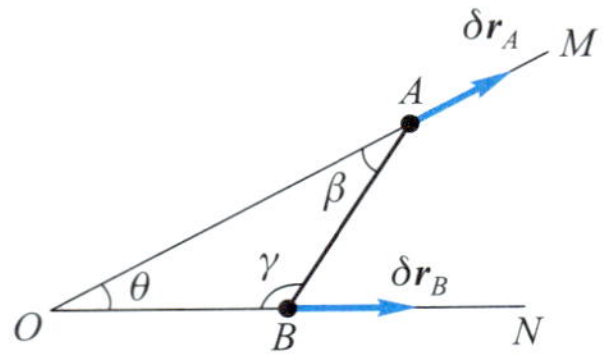

图 10.8

解：点 A 和点 B 的虚位移 $\delta \boldsymbol{r}_A$ 和 $\delta \boldsymbol{r}_B$ 分别沿 OM 和 ON 方向。由虚位移原理知，排斥力的虚功之和为零

$$k_1 OA\delta r_A + k_2 OB\delta r_B = 0$$

由 $\triangle OAB$ 知

$$\frac{OA}{OB} = \frac{\sin\gamma}{\sin\beta}$$

δr_A 和 δr_B 不是彼此独立的，考虑到它们的方向与虚速度一致，按速度投影定理，它们在 BA 上的投影应相等，即有

$$\delta r_A \cos\beta = \delta r_B \cos(\pi-\gamma)$$

将以上两式代入虚功方程，得

$$\left(k_1 \frac{\sin\gamma}{\sin\beta} - k_2 \frac{\cos\beta}{\cos\gamma}\right)\delta r_A = 0$$

由 $\delta r_A \neq 0$，得

$$k_1 \frac{\sin\gamma}{\sin\beta} - k_2 \frac{\cos\beta}{\cos\gamma} = 0$$

因

$$\cos\gamma = -\cos(\theta+\beta), \quad \sin\gamma = \sin(\theta+\beta)$$

于是有

$$k_1(\sin 2\theta\cos 2\beta + \cos 2\theta\sin 2\beta) + k_2 \sin 2\beta = 0$$

由此得

$$\tan 2\beta = -\frac{k_1 \sin 2\theta}{k_2 + k_1 \cos 2\theta}$$

在上面运算中将 β 用 θ 和 γ 表示，便得

$$\tan 2\gamma = -\frac{k_2 \sin 2\theta}{k_2 + k_1 \cos 2\theta}$$

例 10.2.4　设有三跨度的联合梁，由 AM, MN, ND 组成，M, N 为光滑铰链，共有 4 个支座 A, B, C, D，如图 10.9a 所示（尺寸单位为 m）。试求支座约束力。

解：为求支座 A 的约束力，可将支座 A 解除，代之以支座的约束力 $\boldsymbol{F}_A$，并将其当作主动力来处理。令 $\boldsymbol{F}_1, \boldsymbol{F}_2, \boldsymbol{F}_3$ 和 $\boldsymbol{F}_A$ 的作用点的虚位移分别为 $\delta\boldsymbol{\varepsilon}_1, \delta\boldsymbol{\varepsilon}_2, \delta\boldsymbol{\varepsilon}_3$ 和 $\delta\boldsymbol{\varepsilon}_A$，显然 $\delta\varepsilon_3 = 0$（图 10.9b）。列写虚功方程，有

$$F_A\delta\varepsilon_A - F_1\delta\varepsilon_1 + F_2\delta\varepsilon_2 = 0$$

根据几何关系，有

$$\delta\varepsilon_1 = \frac{3}{8}\delta\varepsilon_A, \quad \delta\varepsilon_2 = \frac{4}{7}\times\frac{11}{8}\delta\varepsilon_A$$

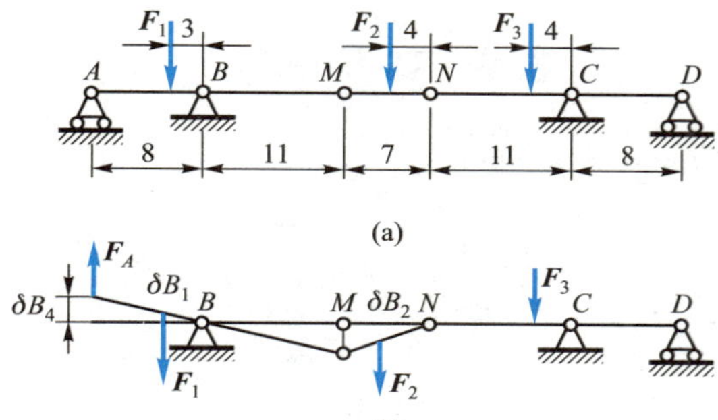

图 10.9

将其代入虚功方程，由 $\delta\varepsilon_A$ 的任意性，得

$$F_A=\frac{3}{8}F_1-\frac{11}{14}F_2$$

用类似的方法可求出其他支座的约束力。

例 10.2.5 匀质杆 AB 长为 a，重为 P，一端 A 靠在光滑墙上，另一端 B 放在固定光滑曲面上，如图 10.10 所示。欲使杆在铅垂面内任意位置都能平衡，试求地面的形状。

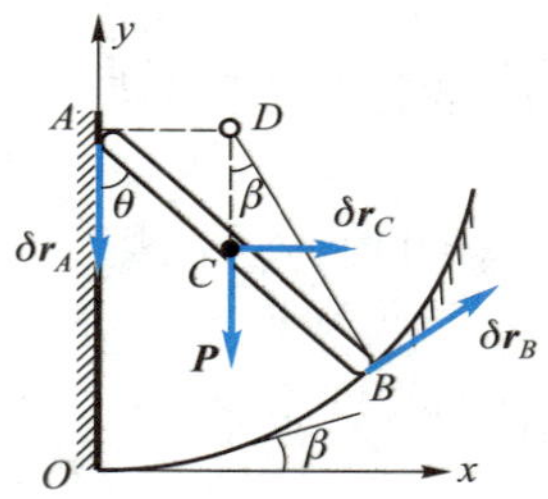

图 10.10

解：方法一 设 A 向下有虚位移 $\delta\boldsymbol{r}_A$，B 的虚位移 $\delta\boldsymbol{r}_B$ 应在曲线的切线方向，设它与轴 Ox 成角 β。杆中心的虚位移为 $\delta\boldsymbol{r}_C$，由虚位移原理，有

$$\boldsymbol{P}\cdot\delta\boldsymbol{r}_C=0$$

由此得知，$\delta\boldsymbol{r}_C$ 在水平方向。可找到虚速度中心 D。

由 $\triangle DAB$ 得出

$$\frac{a}{\sin\left(\dfrac{\pi}{2}+\beta\right)}=\frac{\dfrac{a}{2}\sin\theta}{\sin(\pi+\beta-\theta)}$$

由此得

$$\tan\beta=\frac{1}{2}\tan\theta$$

因

$$\tan\beta=\frac{\mathrm{d}f}{\mathrm{d}x_B},\quad \tan\theta=\frac{x_B}{\sqrt{a^2-x_B^2}}$$

故有

$$\frac{\mathrm{d}f}{\mathrm{d}x_B}=\frac{1}{2}\frac{x_B}{\sqrt{a^2-x_B^2}}$$

积分得

$$f=-\frac{1}{2}\sqrt{a^2-x_B^2}+C$$

令 $x_B=0$ 时 $f=0$，则有 $C=\frac{1}{2}a$。于是有

$$f-\frac{1}{2}a=-\frac{1}{2}\sqrt{a^2-x_B^2}$$

即

$$x_B^2+(2f-a)^2=a^2$$

方法二 由虚位移原理，有

$$P\delta y_C=0$$

又

$$y_C=\frac{1}{2}(y_A+y_B)$$

于是有

$$\delta y_A+\delta y_B=0$$

对这样定常完整约束，实位移应是虚位移中的一个。因此有

$$\mathrm{d}y_A+\mathrm{d}y_B=0$$

令 $y_B=0$ 时，$y_A=a$，则

$$y_A+y_B=a$$

由杆的长度不变，有

$$(y_A-y_B)^2+x_B^2=a^2$$

由以上两式解得

$$x_B^2+(a-2y_B)^2=a^2$$

方法三 虚功方程还可写成形式

$$P\times\frac{1}{2}\delta[y_A+f(x_B)]=0$$

由此得

$$\delta y_A=-\frac{\mathrm{d}f}{\mathrm{d}x_B}\delta x_B$$

对杆长不变的约束方程取变分，得

$$x_B\delta x_B+[y_A-f(x_B)]\left(\delta y_A-\frac{\mathrm{d}f}{\mathrm{d}x_B}\right)\delta x_B=0$$

消去 y_A-f，得

$$x_B\delta x_B+\sqrt{a^2-x_B^2}\left(-2\frac{\mathrm{d}f}{\mathrm{d}x_B}\delta x_B\right)=0$$

因 $\delta x_B\neq0$，故有

$$\frac{\mathrm{d}f}{\mathrm{d}x_B}=\frac{1}{2}\frac{x_B}{\sqrt{a^2-x_B^2}}$$

2. 用虚位移原理求平衡位置及其稳定性

如果主动力有势，虚位移原理给出的平衡条件是势能具有稳定值。有了势能表达式，便可用来研究平衡稳定性。

如果每个质点所受主动力都是有势力，即存在势函数 $V=V(x_i,y_i,z_i)$，使得

$$F_{ix}=-\frac{\partial V}{\partial x_i},\quad F_{iy}=-\frac{\partial V}{\partial y_i},\quad F_{iz}=-\frac{\partial V}{\partial z_i} \tag{10.2.5}$$

那么，由虚位移原理式(10.2.2)，有

$$-\sum_{i=1}^{N}\left(\frac{\partial V}{\partial x_i}\delta x_i+\frac{\partial V}{\partial y_i}\delta y_i+\frac{\partial V}{\partial z_i}\delta z_i\right)=-\delta V=0 \tag{10.2.6}$$

这表明，在平衡位置上势能取极值。

有了势能表达式，进而可研究平衡稳定性。如果质点系仅有一个自由度，设独立变量为 q，势能为 $V(q)$，q_0 是此质点系的一个平衡位置，即

$$\left.\frac{\partial V}{\partial q}\right|_{q=q_0}=0 \tag{10.2.7}$$

将 $V(q)$ 在 $q=q_0$ 处按泰勒级数展开，得

$$V(q)=V(q_0)+\left.\frac{\partial V}{\partial q}\right|_{q=q_0}(q-q_0)+\frac{1}{2!}\left.\frac{\partial^2 V}{\partial q^2}\right|_{q=q_0}(q-q_0)^2+\cdots$$

如果

$$\frac{\partial^2 V}{\partial q^2}<0$$

则 $V(q_0)$ 为 $V(q)$ 的极大值。如果

$$\frac{\partial^2 V}{\partial q^2}>0$$

则 $V(q_0)$ 为 $V(q)$ 的极小值。将 $V(q)$ 对 q 求导数，得广义力

$$\begin{aligned}Q&=-\frac{\partial V}{\partial q}\\&=-\left.\frac{\partial V}{\partial q}\right|_{q=q_0}-\left.\frac{\partial^2 V}{\partial q^2}\right|_{q=q_0}(q-q_0)+\cdots\\&=-\left.\frac{\partial^2 V}{\partial q^2}\right|_{q=q_0}(q-q_0)+\cdots\end{aligned} \tag{10.2.8}$$

由此可知，当

$$\left.\frac{\partial^2 V}{\partial q^2}\right|_{q=q_0}>0$$

则广义力 Q 和位移 $q-q_0$ 符号相反，广义力 Q 使质点系恢复到平衡位置 q_0。因此，在 q_0 位置质点系稳定平衡。反之，当

$$\left.\frac{\partial^2 V}{\partial q^2}\right|_{q=q_0}<0$$

则是不稳定平衡。当

$$\frac{\partial^2 V}{\partial q^2}=0$$

则上述判别不能确定。若在 q_0 处 V 首先不为零的导数是 n 阶，即

$$\left.\frac{\partial V}{\partial q}\right|_{q=q_0}=\left.\frac{\partial^2 V}{\partial q^2}\right|_{q=q_0}=\cdots=\left.\frac{\partial^{n-1} V}{\partial q^{n-1}}\right|_{q=q_0}=0,\quad \left.\frac{\partial^n V}{\partial q^n}\right|_{q=q_0}\neq 0$$

若 n 为偶数，$\left.\frac{\partial^n V}{\partial q^n}\right|_{q=q_0}<0$ 时，$V(q_0)$ 为极大值，则是不稳定平衡；若 $\left.\frac{\partial^n V}{\partial q^n}\right|_{q=q_0}>0$ 时，$V(q_0)$ 为极小值，则是稳定平衡。

对两个自由度系统，独立参数是 q_1,q_2，势能是 $V(q_1,q_2)$，则平衡条件是

$$\frac{\partial V}{\partial q_1}=0,\quad \frac{\partial V}{\partial q_2}=0 \tag{10.2.9}$$

若 q_{10},q_{20} 适合式(10.2.9)，将 $V(q_1,q_2)$ 在点(q_{10},q_{20})附近展成泰勒级数，则

$$V(q_1,q_2)=V(q_{10},q_{20})+\frac{1}{2}\left[\left.\frac{\partial^2 V}{\partial q_1^2}\right|_{q_{10},q_{20}}(q_1-q_{10})^2+ 2\left.\frac{\partial^2 V}{\partial q_1\partial q_2}\right|_{q_{10},q_{20}}(q_1-q_{10})(q_2-q_{20})+\left.\frac{\partial^2 V}{\partial q_2^2}\right|_{q_{10},q_{20}}(q_2-q_{20})^2\right]+\cdots$$

令

$$\Delta=\left[\left(\frac{\partial^2 V}{\partial q_1\partial q_2}\right)^2-\frac{\partial^2 V}{\partial q_1^2}\frac{\partial^2 V}{\partial q_2^2}\right]_{q_{10},q_{20}}$$

由高等数学知，当 $\Delta>0$ 时，$V(q_{10},q_{20})$ 非极值；当 $\Delta=0$ 时，不能确定；当 $V(q_{10},q_{20})$ 为极值时，必须 $\Delta<0$。当 $\Delta<0$ 且 $\frac{\partial^2 V}{\partial q_2^2}<0$，$V(q_{10},q_{20})$ 为极大；当 $\frac{\partial^2 V}{\partial q_2^2}>0$ 时，为极小。

一般地，**当势能取极小时，平衡是稳定的。但是，平衡是稳定的，势能不一定是极小。**

例 10.2.6　半径为 R 的光滑金属丝圆周固定在铅垂面内。质量为 m 的小圆环 M 用刚度系数为 k 的弹簧与圆周上的最高点 A 连接，并可在圆周上滑动。弹簧未变形时长为 l_0，如图 10.11 所示。试求小圆环的平衡位置，并研究其稳定性。

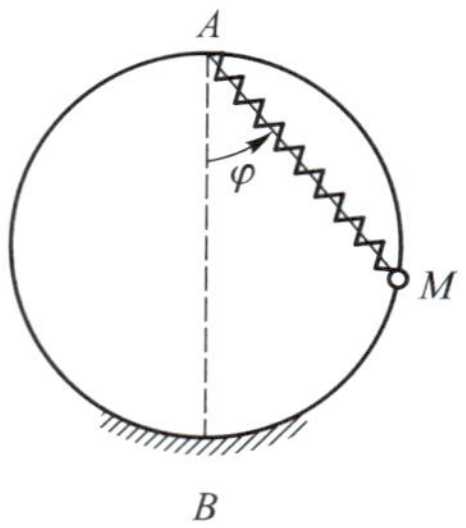

图 10.11

解：金属丝是光滑的，小圆环所受约束是双面理想的。主动力，即重力和弹簧力是有势力。为研究平衡稳定性，需列写系统的势能方程。取 AM 与铅垂线 AB 的夹角 φ 为广义坐标。以点 B 为重力势能零点，弹簧自然长时为弹簧势能零点，则重力势能为

$$V_1=mgR(1-\cos 2\varphi)=2mgR\sin^2\varphi$$

弹簧势能为

$$V_2=\frac{1}{2}k(2R\cos\varphi-l_0)^2$$

系统势能为

$$V=V_1+V_2=2mgR\sin^2\varphi+\frac{1}{2}k(2R\cos\varphi-l_0)^2$$

平衡方程为

$$\frac{\partial V}{\partial\varphi}=0$$

即

$$2R(2mg\cos\varphi-2Rk\cos\varphi+cl_0)\sin\varphi=0$$

由此得

$$\sin\varphi=0$$

$$\cos\varphi=\frac{kl_0}{2(kR-mg)}$$

因此平衡位置为

$$\varphi=\varphi_1=0$$

$$\varphi=\varphi_2=\arccos\frac{kl_0}{2(kR-mg)}$$

为研究上述两平衡位置的稳定性,需研究 V 的二阶导数是否大于零。因

$$\frac{\partial^2 V}{\partial\varphi^2}=4mgR\cos 2\varphi-4kR^2\cos 2\varphi+2Rkl_0\cos\varphi$$

故有

$$\left.\frac{\partial^2 V}{\partial\varphi^2}\right|_{\varphi=\varphi_1=0}=2R(2mg-2kR+kl_0)$$

$$\left.\frac{\partial^2 V}{\partial\varphi^2}\right|_{\varphi=\varphi_2}=\frac{4(kR-mg)^2-k^2l_0^2}{kR-mg}$$

因此,当

$$kl_0>2(kR-mg)$$

时,有

$$\left.\frac{\partial^2 V}{\partial\varphi^2}\right|_{\varphi=\varphi_0=0}>0$$

平衡 $\varphi=\varphi_0=0$ 是稳定的。而当

$$kl_0<2(kR-mg)$$

时,有

$$\left.\frac{\partial^2 V}{\partial\varphi^2}\right|_{\varphi=\varphi_2}>0$$

平衡 $\varphi=\varphi_2$ 是稳定的。

例 10.2.7　半径为 r_1 的小圆球放在半径为 r_2 的大圆球顶上，接触点处有足够摩擦，不致产生滑动。小球的重心 C_1 在过接触点铅垂线的正上方距 h 处，如图 10.12 所示。试研究小球平衡位置的稳定性。

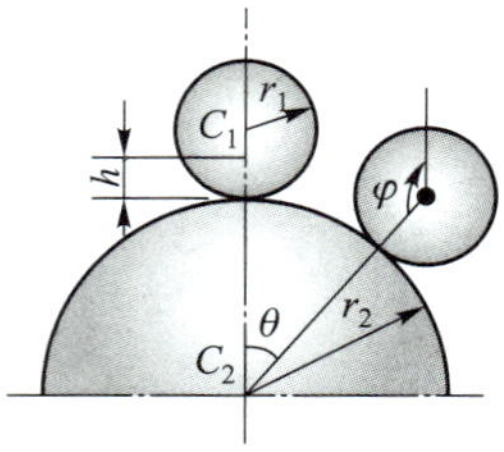

图 10.12

解：选两球中心连线的转角 θ 为广义坐标。小球重力势能零点选在过 C_2 的水平线上，有

$$V=Py_{C_1}$$

$$y_{C_1}=(r_2+r_1)\cos\theta-(r_1-h)\cos(\theta+\varphi)$$

纯滚动条件为

$$r_2\theta=r_1\varphi$$

于是，势能表示为

$$V=P\left[(r_2+r_1)\cos\theta-(r_1-h)\cos\left(1+\frac{r_2}{r_1}\right)\theta\right]$$

平衡方程为

$$\frac{\partial V}{\partial\theta}=0$$

即

$$P\left[-(r_2+r_1)\sin\theta+(r_1-h)\left(1+\frac{r_2}{r_1}\right)\sin\left(1+\frac{r_2}{r_1}\right)\theta\right]=0$$

由此知

$$\theta=0$$

为平衡位置。为研究平衡稳定性，尚需对势能求两次导数，有

$$\frac{\partial^2 V}{\partial\theta^2}=P\left[-(r_2+r_1)\cos\theta+(r_1-h)\left(1+\frac{r_2}{r_1}\right)^2\cos\left(1+\frac{r_2}{r_1}\right)\theta\right]$$

在平衡位置 $\theta=0$ 上，有

$$\left.\frac{\partial^2 V}{\partial\theta^2}\right|_{\theta=0}=P\left[-(r_2+r_1)+(r_1-h)\left(1+\frac{r_2}{r_1}\right)^2\right]$$

$$=P(r_2+r_1)\left[-1+(r_1-h)\frac{r_2+r_1}{r_1^2}\right]$$

因此，当

$$\frac{1}{h}>\frac{1}{r_1}+\frac{1}{r_2}$$

时

$$\left.\frac{\partial^2 V}{\partial\theta^2}\right|_{\theta=0}>0$$

平衡是稳定的。而当

$$\frac{1}{h}<\frac{1}{r_1}+\frac{1}{r_2}$$

时是不稳定的。当

$$\frac{1}{h}=\frac{1}{r_1}+\frac{1}{r_2}$$

时，有

$$\left.\frac{\partial^2 V}{\partial\theta^2}\right|_{\theta=0}=\left.\frac{\partial^3 V}{\partial\theta^3}\right|_{\theta=0}=0$$

$$\left.\frac{\partial^4 V}{\partial\theta^4}\right|_{\theta=0}<0$$

平衡是不稳定的。

例 10.2.8 一匀质杆 AB 长为 $2a$，依于曲线导板上，导板形状为一半径为 R 的固定半圆，不计摩擦，如图 10.13 所示。试求平衡位置并研究其稳定性。

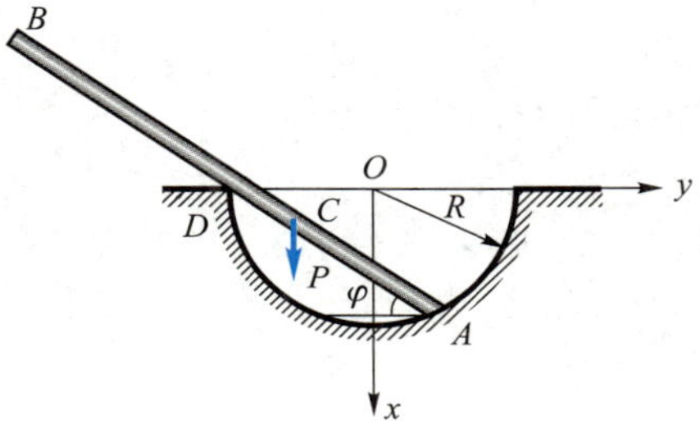

图 10.13

解：如果势能零点选在轴 Oy 上，则重力势能写成

$$V=-Px_C$$

选杆 AB 与水平线夹角 φ 为广义坐标，有

$$x_C=AD\sin\varphi-AC\sin\varphi=2R\cos\varphi\sin\varphi-a\sin\varphi$$

于是

$$V=-P(R\sin 2\varphi-a\sin\varphi)$$

平衡方程为

$$\frac{\partial V}{\partial\varphi}=-P(2R\cos 2\varphi-a\cos\varphi)=0$$

它可写成形式

$$4R\left(\cos^2\varphi-\frac{a}{4R}\cos\varphi-\frac{1}{2}\right)=0$$

由此解得

$$\cos\varphi=\frac{a}{8R}\pm\sqrt{\frac{1}{2}+\left(\frac{a}{8R}\right)^2}$$

因

$$\cos\varphi>0$$

故有

$$\cos\varphi=\frac{1}{8R}\left(a+\sqrt{32R^2+a^2}\right)$$

这就是平衡时的角 φ。为研究上述平衡位置的稳定性，需求出势能的两次导数，有

$$\frac{\partial^2 V}{\partial\varphi^2}=-P(-4R\sin 2\varphi+a\sin\varphi)$$
$$=P\sin\varphi(8R\cos\varphi-a)$$

将平衡时的 φ 值代入，得知

$$\frac{\partial^2 V}{\partial\varphi^2}>0$$

因此，平衡是稳定的。

3. 虚位移原理的其他应用

用虚位移原理还可以研究有多余坐标完整系统和非完整系统的平衡问题。

首先，讨论虚位移原理对有多余坐标完整系统的应用。

假设完整系统的广义坐标为 $q_s(s=1,2,\cdots,n)$，为方便起见，取 m 个多余坐标 $q_{n+\gamma}$ $(\gamma=1,2,\cdots,m)$，并有 m 个双面理想约束，则有

$$f_\gamma(q_s,q_{n+\sigma})=0\quad(\gamma,\sigma=1,2,\cdots,m;s=1,2,\cdots,n)\tag{10.2.10}$$

设由此可解出多余坐标

$$q_{n+\gamma}=q_{n+\gamma}(q_s)\tag{10.2.11}$$

式(10.2.10)和式(10.2.11)对虚位移的限制分别为

$$\sum_{\mu=1}^{n+m}\frac{\partial f_\gamma}{\partial q_\mu}\delta q_\mu=0\tag{10.2.12}$$

和

$$\delta q_{n+\gamma}=\sum_{s=1}^{n}\frac{\partial q_{n+\gamma}}{\partial q_s}\delta q_s\tag{10.2.13}$$

虚位移原理式(10.2.3)可写成

$$\sum_{\mu=1}^{n+m}Q_\mu\delta q_\mu=0\tag{10.2.14}$$

为得到有多余坐标完整系统的平衡条件可采用两种方法。第一种方法是将式(10.2.13)代入式(10.2.14)，得

$$\sum_{s=1}^{n}Q_s\delta q_s+\sum_{s=1}^{n}\sum_{\gamma=1}^{m}Q_{n+\gamma}\frac{\partial q_{n+\gamma}}{\partial q_s}\delta q_s=0$$

并由 δq_s 的独立性得到

$$Q_s+\sum_{\gamma=1}^{m}Q_{n+\gamma}\frac{\partial q_{n+\gamma}}{\partial q_s}=0\quad(s=1,2,\cdots,n)\tag{10.2.15}$$

这是有**多余坐标完整系统平衡方程的第一种形式**。

第二种方法是**拉格朗日乘子法**。将式(10.2.12)乘以乘子 λ_γ 并对 γ 求和，得

$$\sum_{\gamma=1}^{m}\sum_{\mu=1}^{n+m}\lambda_\gamma\frac{\partial f_\gamma}{\partial q_\mu}\delta q_\mu=0$$

将其与式(10.2.14)相加，得

$$\sum_{\mu=1}^{n+m}\left(Q_\mu+\sum_{\gamma=1}^{m}\lambda_\gamma\frac{\partial f_\gamma}{\partial q_\mu}\right)\delta q_\mu=0\tag{10.2.16}$$

在式(10.2.16)中,选 m 个乘子 λ_γ 使得 $\delta q_{n+\sigma}(\sigma=1,2,\cdots,m)$ 前的系数为零,即有

$$Q_{n+\sigma}+\sum_{\gamma=1}^{m}\lambda_\gamma\frac{\partial f_\gamma}{\partial q_{n+\sigma}}=0\quad(\sigma=1,2,\cdots,m)\qquad(10.2.17)$$

于是式(10.2.16)成为

$$\sum_{s=1}^{n}\left(Q_s+\sum_{\gamma=1}^{m}\lambda_\gamma\frac{\partial f_\gamma}{\partial q_s}\right)\delta q_s=0$$

由 δq_s 的独立性,得到

$$Q_s+\sum_{\gamma=1}^{m}\lambda_\gamma\frac{\partial f_\gamma}{\partial q_s}=0\quad(s=1,2,\cdots,n)\qquad(10.2.18)$$

联合式(10.2.17)和式(10.2.18),得到平衡方程

$$Q_\mu+\sum_{\gamma=1}^{m}\lambda_\gamma\frac{\partial f_\gamma}{\partial q_\mu}=0\quad(\mu=1,2,\cdots,n+m)\qquad(10.2.19)$$

这是有**多余坐标完整系统平衡方程的第二种形式**。

例 10.2.9 假设在图 10.3 的杆 OA 上加一力偶 M_1,其转向为逆时针的。试问在杆 BC 上加一多大力偶 M_3 才能使机构平衡?

解:选角 $\varphi_1,\varphi_2,\varphi_3$ 为坐标,有两个约束方程,即

$$l_1\cos\varphi_1+l_2\cos\varphi_2+l_3\cos\varphi_3-d=0$$
$$l_1\sin\varphi_1+l_2\sin\varphi_2-l_3\sin\varphi_3=0$$

设力偶 M_3 逆时针转向为正,由虚位移原理,有

$$M_1\delta\varphi_1-M_3\delta\varphi_3=0$$

约束加在虚位移上的限制条件可写成

$$l_1\sin\varphi_1\delta\varphi_1+l_2\sin\varphi_2\delta\varphi_2+l_3\sin\varphi_3\delta\varphi_3=0$$
$$l_1\cos\varphi_1\delta\varphi_1+l_2\cos\varphi_2\delta\varphi_2-l_3\cos\varphi_3\delta\varphi_3=0$$

由以上两式消去 $\delta\varphi_2$,得

$$l_1\sin(\varphi_1-\varphi_2)\delta\varphi_1+l_3\sin(\varphi_2+\varphi_3)\delta\varphi_3=0$$

将其代入虚功方程并消去 $\delta\varphi_3$,得

$$M_1+M_3\frac{l_1\sin(\varphi_1-\varphi_2)}{l_3\sin(\varphi_2+\varphi_3)}=0$$

由此解得

$$M_3=-M_1\frac{l_3\sin(\varphi_2+\varphi_3)}{l_1\sin(\varphi_1-\varphi_2)}$$

这里负号表示 M_3 为顺时针方向。

此题亦可用乘子方法求解。由方程(10.2.18),有

$$M_1+\lambda_1l_1\sin\varphi_1+\lambda_2l_1\cos\varphi_1=0$$
$$-M_3+\lambda_1l_3\sin\varphi_3-\lambda_2l_3\cos\varphi_3=0$$
$$\lambda_1l_2\sin\varphi_2+\lambda_2l_2\cos\varphi_2=0$$

由此可解出 M_3,λ_1 和 λ_2。

其次,讨论虚位移原理对非完整系统的应用。

假设非完整约束为双面理想的，有形式

$$\dot{q}_{\varepsilon+\beta}=\sum_{\sigma=1}^{\varepsilon}B_{\varepsilon+\beta,\sigma}(q_s)\dot{q}_{\sigma}\quad(\beta=1,2,\cdots,g;\varepsilon=n-g;\sigma=1,2,\cdots,\varepsilon)\tag{10.2.20}$$

它们对虚位移 δq_s 的限制为

$$\delta q_{\varepsilon+\beta}=\sum_{\sigma=1}^{\varepsilon}B_{\varepsilon+\beta,\sigma}\delta q_{\sigma}\tag{10.2.21}$$

将式(10.2.21)代入虚位移原理式(10.2.3)，并由 δq_{σ} 的任意性，得到平衡方程

$$Q_{\sigma}+\sum_{\beta=1}^{g}Q_{\varepsilon+\beta}B_{\varepsilon+\beta,\sigma}=0\tag{10.2.22}$$

10.3 动力学普遍方程

研究由 N 个质点组成的系统，它受有任意的双面理想约束。根据达朗贝尔原理，由直接加在第 i 个质点上的主动力 $\boldsymbol{F}_i$，约束力 $\boldsymbol{F}_{\mathrm{N}i}$，以及假想的惯性力 $-m_i\boldsymbol{a}_i$ 所组成的力系，在每一瞬时，亦即系统运动的每一个位置上，满足平衡条件

$$\boldsymbol{F}_i+\boldsymbol{F}_{\mathrm{N}i}-m_i\boldsymbol{a}_i=\boldsymbol{0}\quad(i=1,2,\cdots,N)\tag{10.3.1}$$

当系统受到双面理想约束时，可以利用虚位移原理研究平衡问题。给质点系一组虚位移 $\delta\boldsymbol{r}_i$，有

$$\sum_{i=1}^{N}(\boldsymbol{F}_i+\boldsymbol{F}_{\mathrm{N}i}-m_i\boldsymbol{a}_i)\cdot\delta\boldsymbol{r}_i=0\tag{10.3.2}$$

利用理想约束条件(10.1.26)，有

$$\sum_{i=1}^{N}\boldsymbol{F}_{\mathrm{N}i}\cdot\delta\boldsymbol{r}_i=0\tag{10.3.3}$$

将其代入式(10.3.2)，得

$$\sum_{i=1}^{N}(\boldsymbol{F}_i-m_i\boldsymbol{a}_i)\cdot\delta\boldsymbol{r}_i=0\tag{10.3.4}$$

或写成形式

$$\sum_{i=1}^{N}(\boldsymbol{F}_i-m_i\ddot{\boldsymbol{r}}_i)\cdot\delta\boldsymbol{r}_i=0\tag{10.3.5}$$

或写成直角坐标形式

$$\sum_{i=1}^{N}[(F_{ix}-m_i\ddot{x}_i)\delta x_i+(F_{iy}-m_i\ddot{y}_i)\delta y_i+(F_{iz}-m_i\ddot{z}_i)\delta z_i]=0\tag{10.3.6}$$

式(10.3.4)~式(10.3.6)称为**动力学普遍方程**，也称为**达朗贝尔-拉格朗日原理**。这个原理表述为：**对具有双面理想约束的质点系，在运动的每一瞬时，作用于质点系上的主动力和惯性力，在质点系该瞬时所在位置的任何虚位移上所做元功之和等于零。**

动力学普遍方程是分析动力学的基础，由此可以导出任何双面理想约束系统的动力学方程，而不论约束是否完整，也不论约束是否定常。

对具有双面理想定常完整约束的力学系统，其实位移是虚位移中的一个，在此情

形式(10.3.5)可表示为

$$\sum_{i=1}^{N}(\boldsymbol{F}_i-m_i\ddot{\boldsymbol{r}}_i)\cdot \mathrm{d}\boldsymbol{r}_i=0 \tag{10.3.7}$$

进而表示为

$$\mathrm{d}'W-\mathrm{d}T=0 \tag{10.3.8}$$

其中

$$\mathrm{d}'W=\sum_{i=1}^{N}\boldsymbol{F}_i\cdot \mathrm{d}\boldsymbol{r}_i \tag{10.3.9}$$

为主动力在实位移上的元功之和,而 T 为动能

$$T=\sum_{i=1}^{N}\frac{1}{2}m_i\dot{\boldsymbol{r}}_i\cdot\dot{\boldsymbol{r}}_i \tag{10.3.10}$$

式(10.3.8)给出的是双面理想定常完整系统的动能定理的微分形式。这样,就由动力学普遍方程导出了动能定理。注意,由动力学普遍方程可以导出动能定理,但是,反过来则不行。

小结

(1) 本章讨论了分析力学的基本概念,包括约束、广义坐标、虚位移、理想约束等。整个分析力学就是建立在这些概念之上的。本章讨论的虚位移原理具有公理性质,因此不需要证明。虚位移原理是分析力学的一个基本原理,这个原理将整个静力学概括为一个原理,是静力学的普遍方程。虚位移原理与达朗贝尔原理结合为动力学普遍方程,而动力学普遍方程是整个分析动力学的基础。利用虚位移原理可以解静力学问题,包括求主动力之间的关系(例 10.2.1),求约束力(例 10.2.4),求平衡位置并研究其稳定性(例 10.2.2,例 10.2.3,例 10.2.5~例 10.2.9)等。利用虚位移原理解静力学问题的关键在于适当地给出主动力作用点的虚位移。通常有几何法(或虚速度法)和解析法。

(2) 关于实位移与虚位移

a. 虚位移是经典分析力学的重要的不可缺少的基本概念。没有虚位移就没有虚位移原理,就没有动力学普遍方程。

b. 实位移与虚位移是两个不同的概念,因此一般不能用实位移替代虚位移,不能用力的实功替代力的虚功,不能由动能定理导出拉格朗日方程。

c. 实位移与虚位移又不是不相干的两个概念,有必要研究实位移是否为虚位移中的一个。

d. 对于定常完整约束,实位移是虚位移中的一个。对于非完整约束,如果约束方程对速度是齐次的,则实位移是虚位移中的一个,而不管约束是否定常。例如,$\dot{y}-t\dot{x}=0$,尽管非定常,但实位移是虚位移之一。又如,$\dot{z}-\dot{x}y+\dot{y}z+xyz=0$,尽管定常,但实位移不是虚位移中的一个。

(3) 关于平衡不稳定问题,可由虚位移原理进行分析。

（4）动力学普遍方程（10.3.5）是分析力学的理论基础，它适合约束是双面理想的系统，不论约束是否定常，也不论约束是否完整，都是对的。

（5）关于动力学普遍方程，前文由达朗贝尔原理与虚位移原理结合而导出。如果将达朗贝尔原理中的约束力写在方程的一边，即

$$\boldsymbol{F}_{Ni}=-\boldsymbol{F}_{Ii}-\boldsymbol{F}_i=m_i\boldsymbol{a}_i-\boldsymbol{F}_i$$

再利用理想约束条件

$$\sum_{i=1}^{N}\boldsymbol{F}_{Ni}\cdot\delta\boldsymbol{r}_i=0$$

便可导出动力学普遍方程。

习题

10.1 一柔软不可伸长的线，一端固定，另一端拴一小球。问小球所受约束是单面的还是双面的？试写出约束方程。

10.2 图示质量为 m_1 和 m_2 的两物体用长为 l 的不可伸长的轻绳连接，绳子跨过半径为 r 的定滑轮。假设绳子与滑轮之间无滑动。取 φ, x_1, x_2 为坐标。试写出系统在铅垂面内运动时的约束方程。

10.3 试用球坐标 r,θ,φ 及其导数表示自由质点的速度 $\dot{x},\dot{y},\dot{z}$ 及加速度 $\ddot{x},\ddot{y},\ddot{z}$。

10.4 图示系统由两个叠放在一起的陀螺组成，下面陀螺支点固定，试求其自由度。

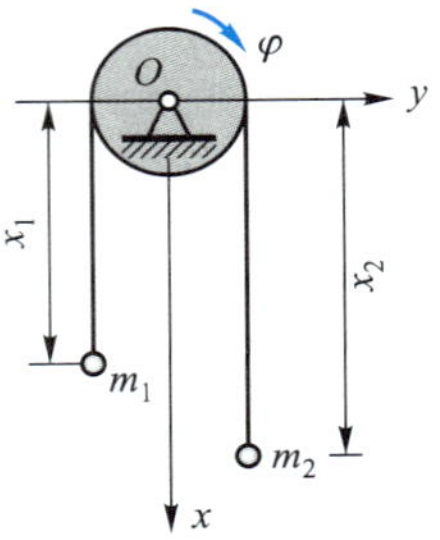

题 10.2 图

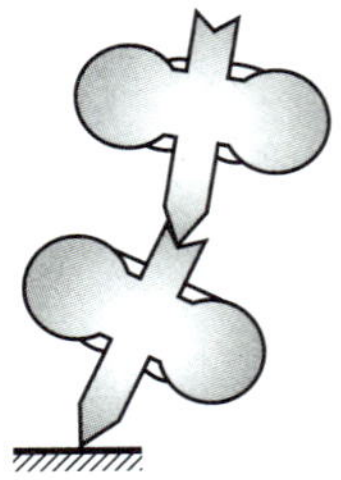

题 10.4 图

10.5 一质点在平面固定曲线 $y=x^2$ 上运动。在什么情况下这个约束是理想的？

10.6 图示一平板以匀角速度 ω 绕铅垂轴 Oz 转动，平板上固连一光滑圆管，管内有一小球。问约束力在实位移上的功和在虚位移上的功有什么不同？

10.7 试证：微分约束

$$\dot{x}(x^2+y^2+z^2)+2(x\dot{x}+y\dot{y}+z\dot{z})=0$$

是可积分的，因此是完整的。

10.8 试证：微分约束

$$A(x,y,z)\dot{x}+B(x,y,z)\dot{y}+C(x,y,z)\dot{z}=0$$

如果满足条件

$$\frac{\partial B}{\partial z}=\frac{\partial C}{\partial y},\quad \frac{\partial C}{\partial x}=\frac{\partial A}{\partial z},\quad \frac{\partial A}{\partial y}=\frac{\partial B}{\partial x}$$

则它们是可积分的。

10.9 试用虚位移原理推导平面力系的平衡方程

$$\sum F_x=0,\quad \sum F_y=0,\quad \sum M_O=0$$

10.10 在铰链四连杆机构 $O_1A_1A_2O_2$ 的铰链 A_1 与 A_2 处作用有力 $\boldsymbol{F}_1$ 与 $\boldsymbol{F}_2$，此二力分别垂直于杆 O_1A_1 与 O_2A_2，如图所示，四连杆处于平衡状态。试求 F_1，F_2 之比与转动轴 O_1 与 O_2 到杆 A_1A_2 的最短距离的关系。

10.11 如图所示，在滑动连杆机构中，当曲柄 OC 绕水平轴 O 摆动时，滑块 A 沿曲柄 OC 滑动，并带动一沿铅垂导板 K 运动的杆 AB。已知 $OC=R$，$OK=l$。试问作用在点 C 与 OC 垂直的力 F_2 多大才能平衡力 F_1。

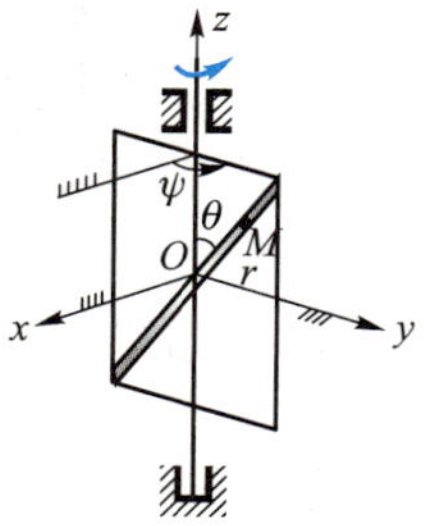

题 10.6 图

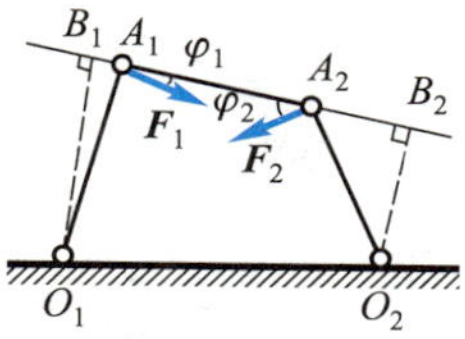

题 10.10 图

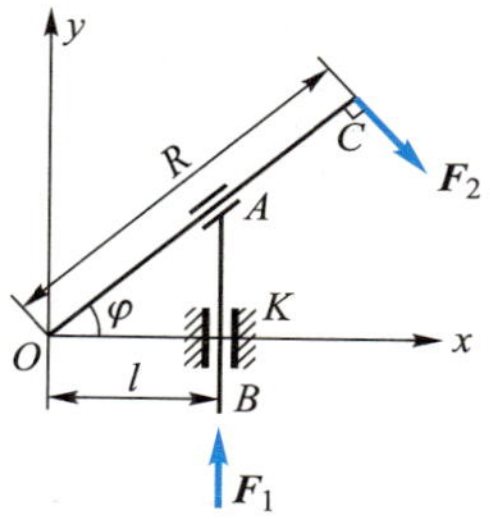

题 10.11 图

10.12 图示一滑轮组由一定滑轮 A 与 n 个动滑轮所组成。试求平衡时被举起的物重 P 与作用于绳子一端的力 F 大小之比值。

10.13 图示一小球 M 套在一光滑椭圆环上，此环长轴为 $2a$ 并位于水平面内。小球受椭圆二焦点 C_1 和 C_2 的吸引，引力和距离平方成反比，比例系数分别为 k_1^2 和 k_2^2。试求小球在平衡位置时的矢径的大小 r_1 和 r_2。

10.14 如图所示，已知 $AC=2a$，$OA=OB=a$，杆 OA 重 P，杆 AC 重 $2P$。试求平衡时的角 φ。

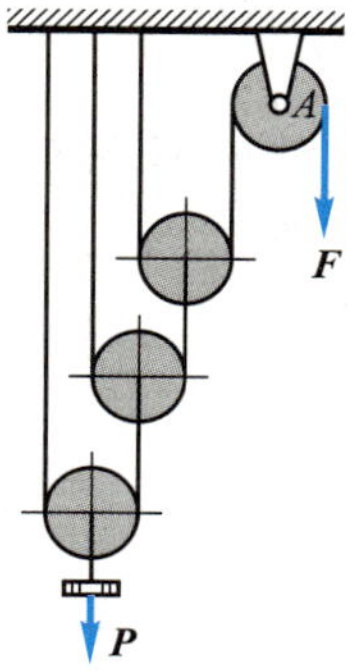

题 10.12 图

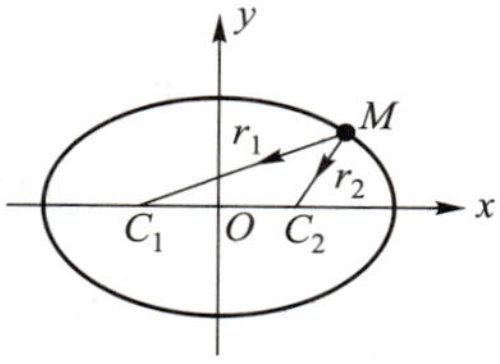

题 10.13 图

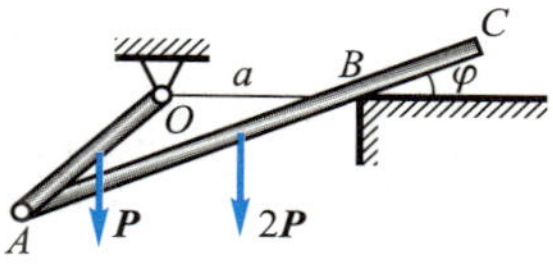

题 10.14 图

10.15 图示一均质杆长为 l，重为 P，其两端可沿曲线 $f(x,y)=0$ 无摩擦地滑动。试求杆的平衡位置。

10.16 试求图示桁架中杆 3 的内力，已知 $AD=BD=8$ m，$DC=4$ m，$F=30$ kN。

10.17 如图所示，试求当 $\boldsymbol{F}_1$ 和 $\boldsymbol{F}_2$ 两力作用时，插入端 A 处的铅垂方向反作用力。

10.18 图示固定圆柱体半径为 r，其轴水平，在其上放一半径为 r_1 的均匀圆柱体，其轴亦水平，且与固定圆柱的轴相垂直。试判断平衡的稳定性。

10.19 一匀质细杆 AB 长为 $2a$，其 B 端与光滑铅垂壁相接触，并靠在与壁相距为 b 的光滑固定钉子上，如图所示。试确定杆的平衡位置。

10.20 图示质量为 m_1 和 m_2 的两质点 A_1 和 A_2，用长为 l 的细线相连接。挂在光滑的固定销 B

上，A_2 铅垂向下，A_1 放在与线在同一铅垂面内的光滑曲线上，不论 A_1 在曲线上什么位置，都处于平衡。试问该曲线是何形状？

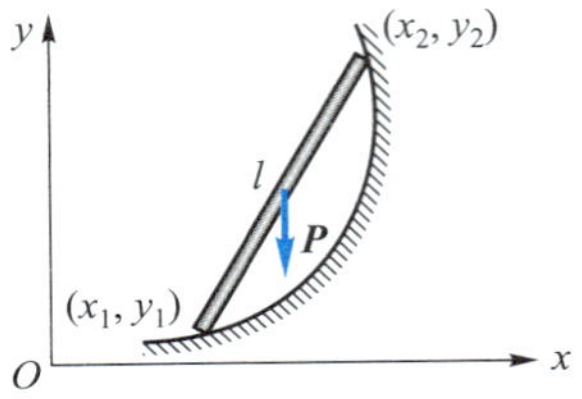

题 10.15 图

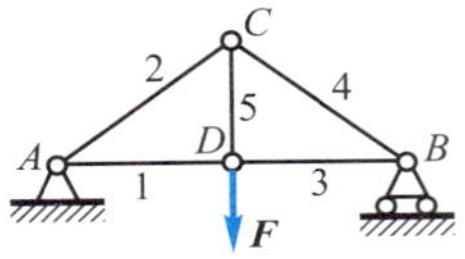

题 10.16 图

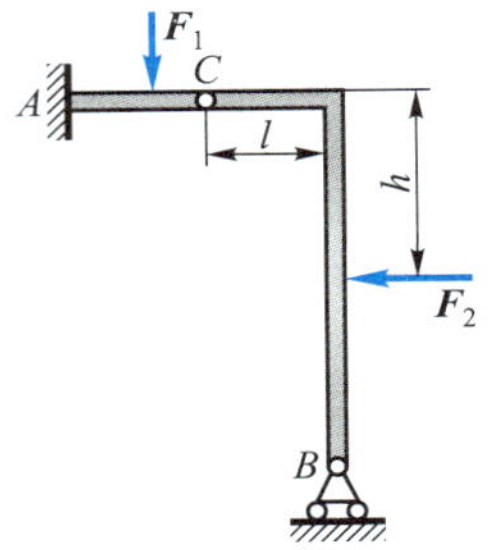

题 10.17 图

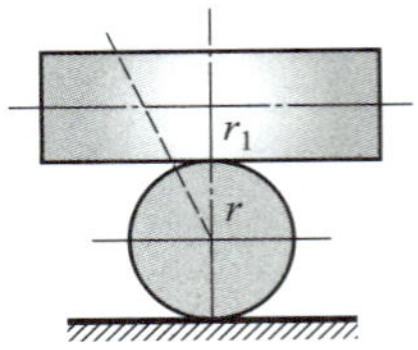

题 10.18 图

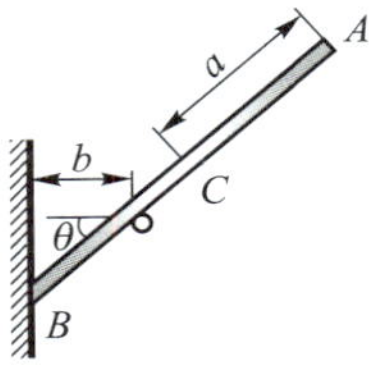

题 10.19 图

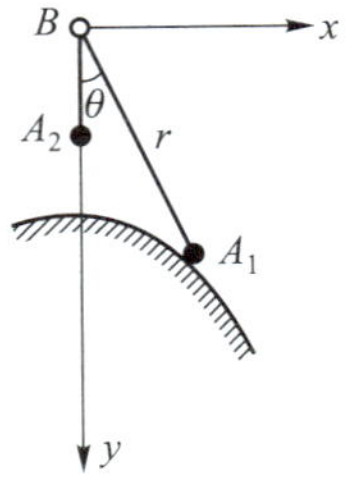

题 10.20 图

*10.21 如图所示，一个人体模型由 10 个刚体组成：头、身、四肢（上、下臂，大、小腿）。设各个部位在铅垂平面内运动，且两脚停在地面上，前后脚距离保持为常值 L。设各部位长为 $l_i(i=1,2,\cdots,10)$。现用水平固定方向单位矢量 $\boldsymbol{e}_1$ 与第 i 个刚体法线方向 $\boldsymbol{e}_1^{(i)}$ 的夹角 $\varphi_i(i=1,2,\cdots,10)$ 来确定系统的位置。试写出约束方程并求系统有几个自由度。

*10.22 图示为葡萄酒瓶的开瓶器，此机构可产生较大的软木塞拔出力。已知小齿轮的半径为 15 mm，其余尺寸如图（单位为 mm）。两侧手柄杆末端施加垂直杆件的恒定力 $\boldsymbol{F}_1$，试求软木塞的拔出力 $\boldsymbol{F}$。

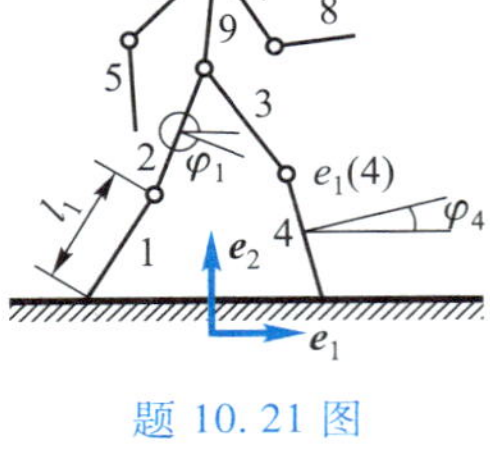

题 10.21 图

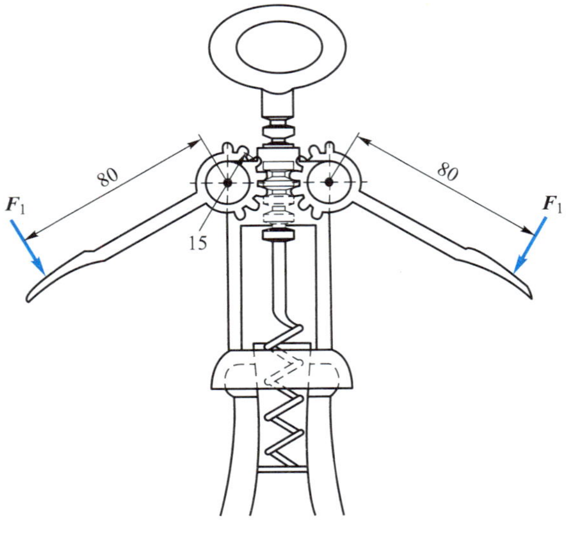

题 10.22 图

*10.23 图示为一种离合器机构的剖视图。右侧的锥形轴环在力 $\boldsymbol{F}$ 作用下可在轴上进行移动，其向左轻微移动会使两个杠杆抵靠在左侧离合器片的背面，从而在离合器片的接触区域上产生均匀的压强 p。离合器片的接触区域是一个外半径为 200 mm，内半径为 100 mm 的圆环，其余尺寸如图（单位为 mm）。试求离合器片产生 150 kPa 压强 p 时所需的力 $\boldsymbol{F}$。离合器片可沿轴环自由滑动，杠杆可绕轴环转动。

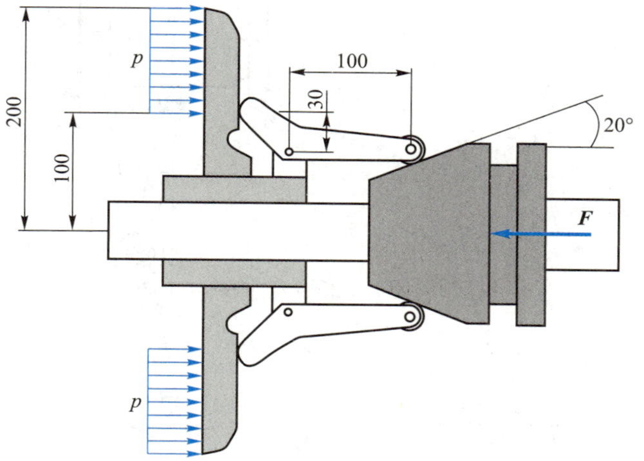

题 10.23 图

*10.24 图示一种小型脚踏式升降机结构，中心轴两侧均设计有刚度系数为 k 的弹簧。假设两侧弹簧间的连接滑块仅能在水平方向移动。已知 AC 与 BC 的夹角为 θ，AB 和 BC 等长，均为 l。若需保证升降机在踏板上无力作用时能够在 $\theta=0$ 的位置上支撑铅垂负载 F_1，试求 k 的最小值。忽略杆件自重及铰链摩擦。

*10.25 图示为车库门开闭装置的侧视图。车库门 AB 质量为 m，车库门两侧分别配有一个弹簧加载机构。臂 OB 的质量可忽略不计，门的上端 A 固定有滚轮，在光滑水平槽内移动。臂 OB 与铅垂方向夹角为 θ。当 $\theta=\pi$ 时，弹簧力为 0。为了确保车库门在达到铅垂关闭位置（即 $\theta=0$）时具有平稳的动作，要求车库门在该位置时对运动不敏感。试求本装置所需的弹簧刚度系数 k。已知 OC 长度为 a，OB 长度为 r。

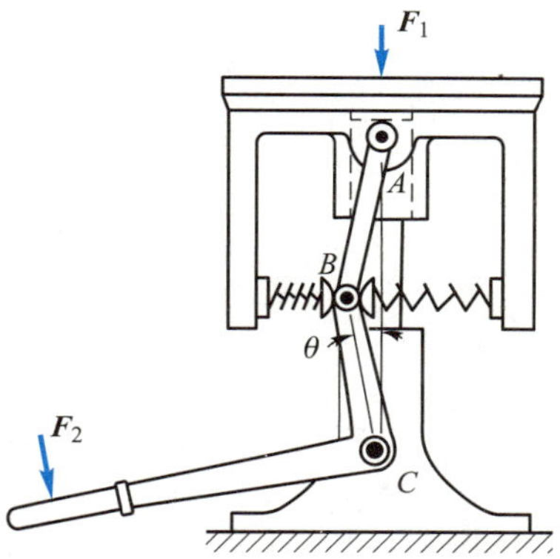

题 10.24 图

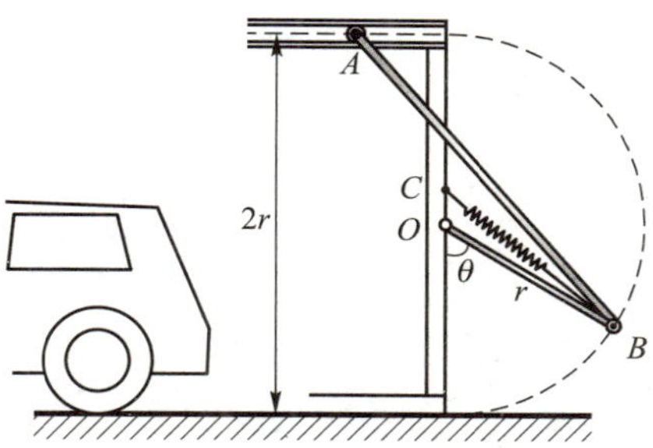

题 10.25 图

*10.26 人工假肢的关键设计要求之一是防止腿伸直时膝关节在负载下屈曲。人体下肢可假设为两个无质量连杆,其连接处带有扭力弹簧。弹簧产生的扭矩 $T=k\beta$,扭矩与弯曲角度 β 成比例。假设体重载荷为 $\boldsymbol{P}$,连杆长度均为 l,如图所示。试求 $\beta=0$ 时,保证膝关节稳定的最小 k 值。

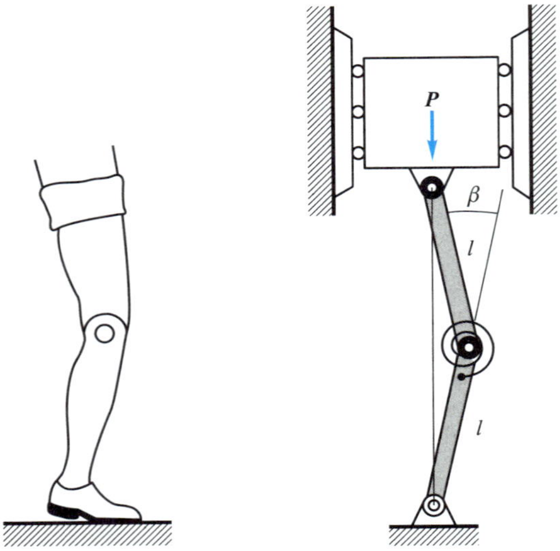

题 10.26 图

第 10 章部分习题参考答案

附录I 典型约束和约束力

<table>
<tr><th>约束数</th><th>约束力未知量</th><th>约束类型</th></tr>
<tr><td>1</td><td>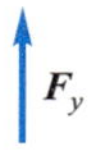</td><td>光滑表面 辊轴 柔索 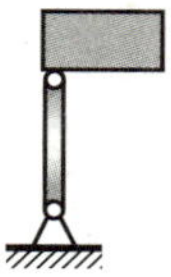二力杆</td></tr>
<tr><td>2</td><td>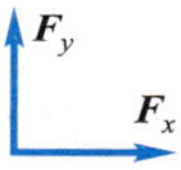</td><td>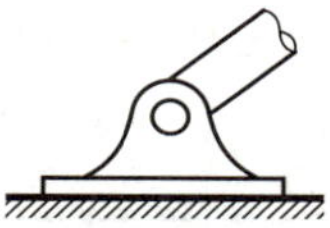平面柱铰 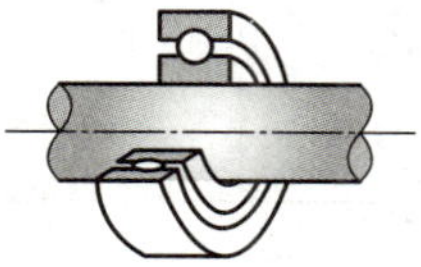滚动轴承 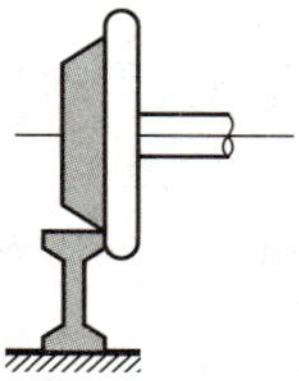铁轨</td></tr>
<tr><td>3</td><td>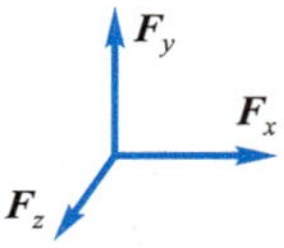</td><td>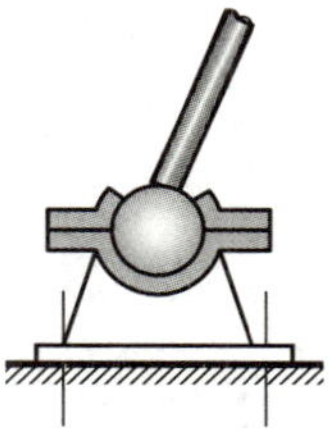球铰 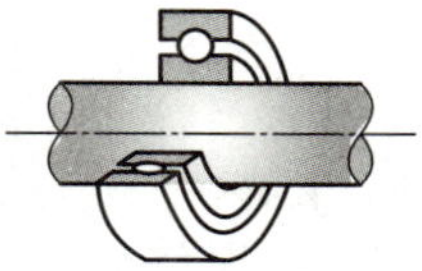推力角接触轴承</td></tr>
<tr><td>4</td><td>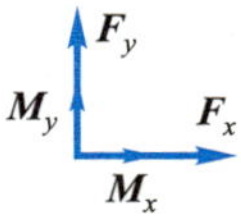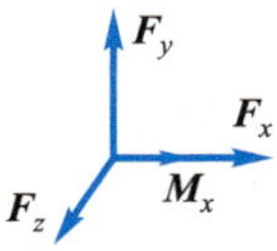</td><td>滑移柱铰 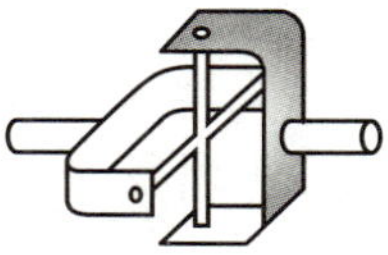万向接头</td></tr>
</table>

续表

约束数	约束力未知量	约束类型
5	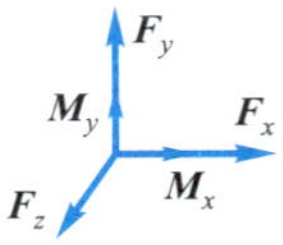 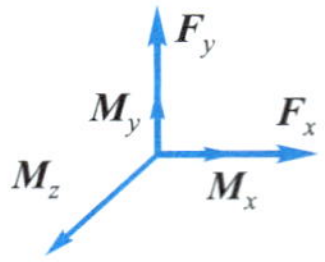	 空间柱铰  导轨
6	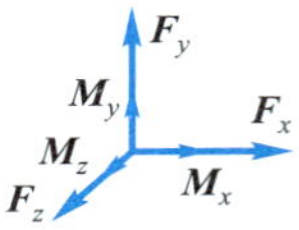	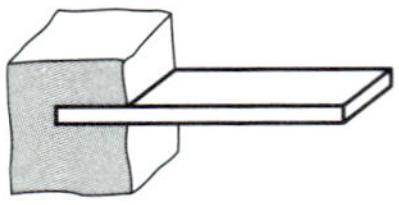 固定端

附录II　简单均质几何体的重心和转动惯量

物体	简图	重心位置	转动惯量
细直杆	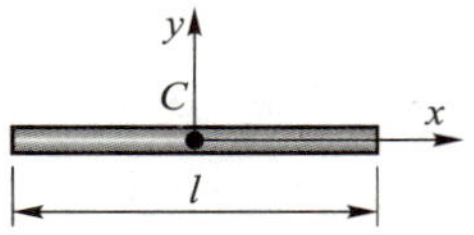	C 为杆的中点	$J_{Cx}=0$ $J_{Cy}=J_{Cz}=\frac{1}{12}ml^2$
三角板	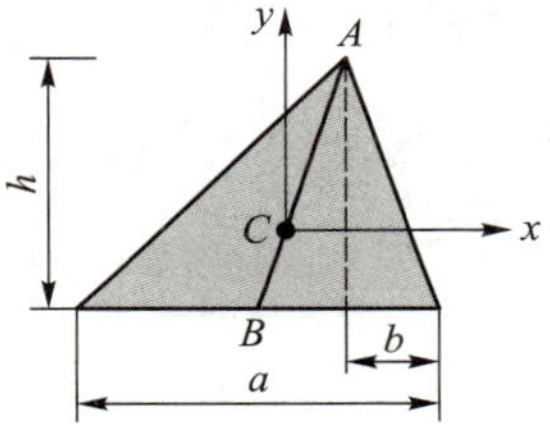	C 在中线 AB 的$\frac{1}{3}$处	$J_{Cx}=\frac{1}{18}mh^2$ $J_{Cy}=\frac{1}{18}m(a^2+b^2-ab)$ $J_{Cz}=\frac{1}{18}m(a^2+b^2+h^2-ab)$
矩形板	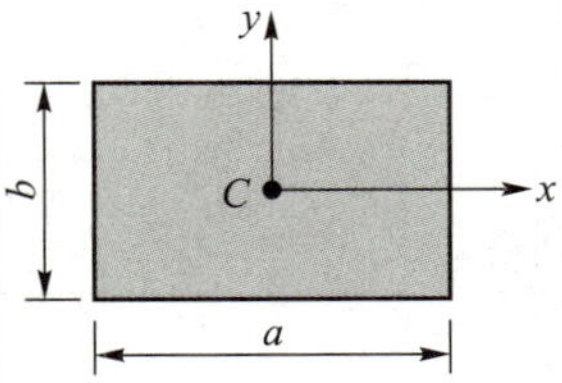	C 为对角线的交点	$J_{Cx}=\frac{1}{12}mb^2$ $J_{Cy}=\frac{1}{12}ma^2$ $J_{Cz}=\frac{1}{12}m(a^2+b^2)$
圆板	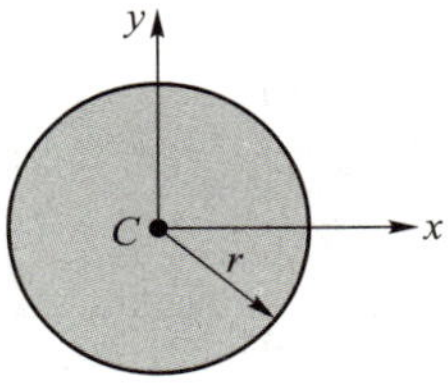	C 为圆心	$J_{Cx}=J_{Cy}=\frac{1}{4}mr^2$ $J_{Cz}=\frac{1}{2}mr^2$
半圆板	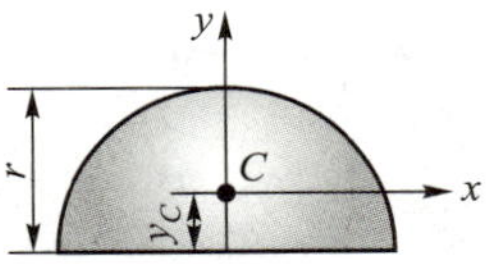	$y_C=\frac{4r}{3\pi}$	$J_{Cx}=\frac{1}{36\pi^2}mr^2(9\pi^2-64)$ $J_{Cz}=\frac{1}{18\pi^2}mr^2(9\pi^2-32)$

续表

物体	简图	重心位置	转动惯量
椭圆板	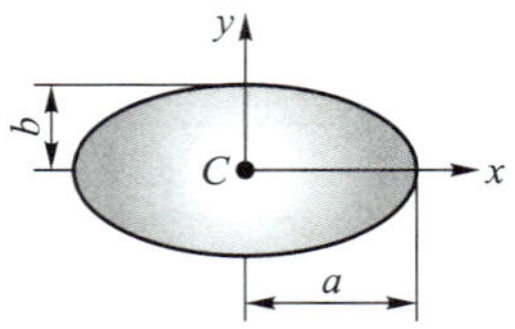	C 为椭圆中心	$J_{Cx}=\frac{1}{4}mb^2$ $J_{Cy}=\frac{1}{4}ma^2$ $J_{Cz}=\frac{1}{4}m(a^2+b^2)$
长方体	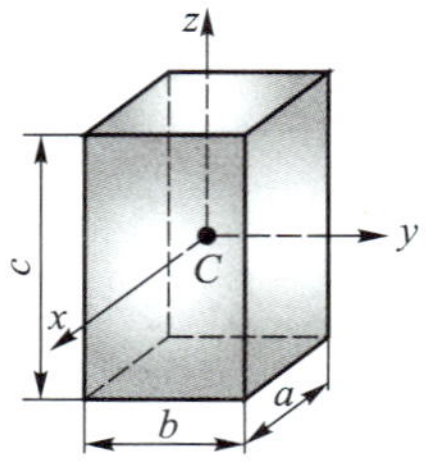	C 为对角线交点	$J_{Cx}=\frac{1}{12}m(b^2+c^2)$ $J_{Cy}=\frac{1}{12}m(c^2+a^2)$ $J_{Cz}=\frac{1}{12}m(a^2+b^2)$
球体	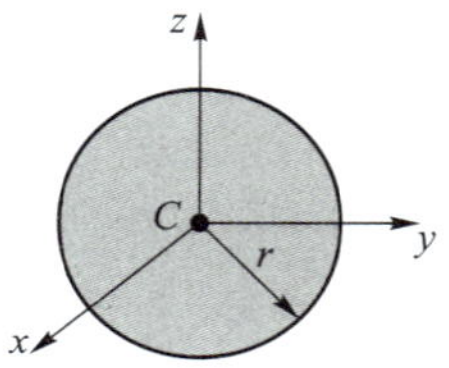	C 为球心	$J_{Cx}=J_{Cy}=J_{Cz}=\frac{2}{5}mr^2$
半球体	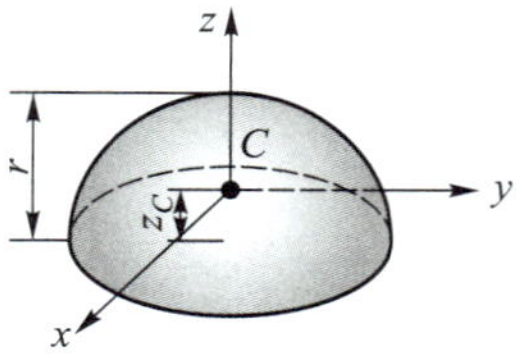	$z_C=\frac{3}{8}r$	$J_{Cx}=J_{Cy}=\frac{83}{320}mr^2$ $J_{Cz}=\frac{2}{5}mr^2$
椭球体	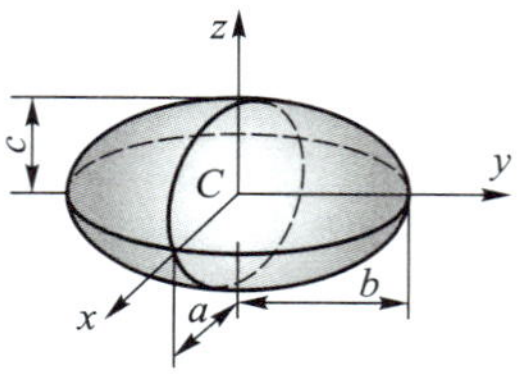	C 为椭球中心	$J_{Cx}=\frac{1}{5}m(b^2+c^2)$ $J_{Cy}=\frac{1}{5}m(c^2+a^2)$ $J_{Cz}=\frac{1}{5}m(a^2+b^2)$

续表

物体	简图	重心位置	转动惯量
圆环	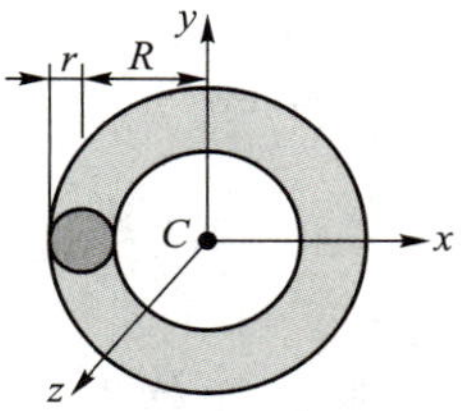	C 为圆环中心线的圆心	$J_{Cx}=J_{Cy}$ $=\frac{1}{2}m\left(R^2+\frac{5}{4}r^2\right)$ $J_{Cz}=m\left(R^2+\frac{3}{4}r^2\right)$
圆柱体	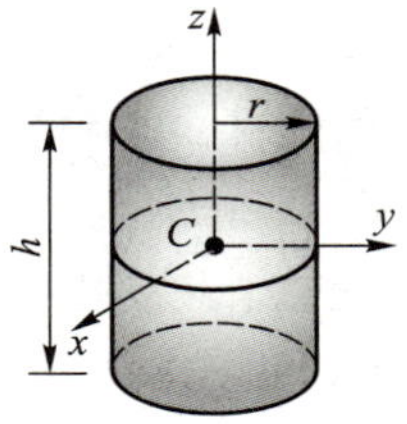	C 为上、下底圆心连线的中点	$J_{Cx}=J_{Cy}$ $=\frac{1}{4}m\left(r^2+\frac{1}{3}h^2\right)$ $J_{Cz}=\frac{1}{2}mr^2$
中空圆柱	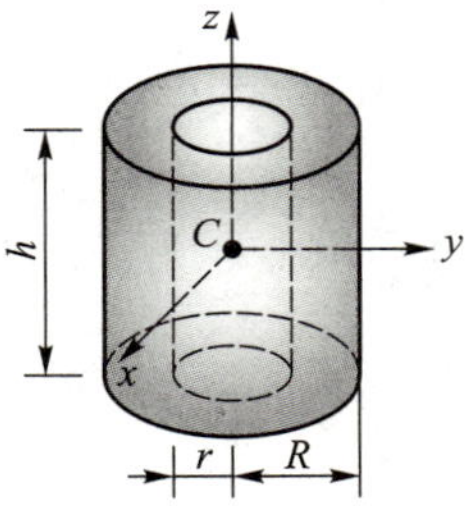	C 为上、下底圆心连线的中点	$J_{Cx}=J_{Cy}$ $=\frac{1}{4}m\left(R^2+r^2+\frac{1}{3}h^2\right)$ $J_{Cz}=\frac{1}{2}m(R^2+r^2)$
圆锥体	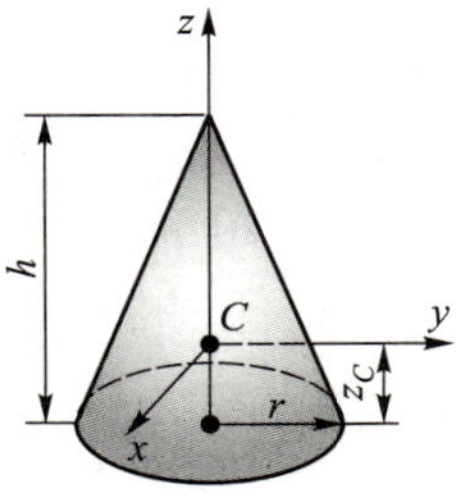	$z_C=\frac{1}{4}h$	$J_{Cx}=J_{Cy}$ $=\frac{3}{80}m(4r^2+h^2)$ $J_{Cz}=\frac{3}{10}mr^2$

主要参考文献

[1] 周培源. 理论力学[M]. 北京:人民教育出版社,1952.

[2] 朱照宣,周起钊,殷金生. 理论力学:上册,下册[M]. 北京:北京大学出版社,1982.

[3] 李树焕,戴泽墩. 理论力学:上册,下册[M]. 北京:北京理工大学出版社,1990.

[4] 梅凤翔,周际平,水小平. 工程力学:上册,下册[M]. 北京:高等教育出版社,2003.

[5] 刘延柱,朱本华,杨海兴. 理论力学[M]. 3 版. 北京:高等教育出版社,2010.

[6] 贾书惠,李万琼. 理论力学[M]. 北京:高等教育出版社,2002.

[7] 谢传锋. 动力学[M]. 2 版. 北京:高等教育出版社,2004.

[8] 范钦珊,王琪. 工程力学:1 册,2 册[M]. 北京:高等教育出版社,2002.

[9] 李俊峰,张雄. 理论力学[M]. 3 版. 北京:清华大学出版社,2021.

[10] 黄克累,张安厚,刘洁民. 理论力学:上册,下册[M]. 北京:北京航空航天大学出版社,1991.

[11] 吴稹. 理论力学:上册,下册[M]. 上海:上海交通大学出版社,1989.

[12] 王铎,程靳. 理论力学解题指导及习题集[M]. 3 版. 北京:高等教育出版社,2005.

[13] 吴永祯,张本悟,陈定圻. 理论力学:上册,下册[M]. 南京:河海大学出版社,1990.

[14] 徐博侯,吴淇泰,应祖光. 工程力学基础教程:下册[M]. 杭州:浙江大学出版社,2002.

[15] 王永岩. 理论力学[M]. 2 版. 北京:科学出版社,2019.

[16] 武清玺,徐鉴. 理论力学[M]. 4 版. 北京:高等教育出版社,2023.

[17] 刘又文,彭献. 理论力学[M]. 北京:高等教育出版社,2006.

[18] 郝桐生,殷祥超,赵玉成,等. 理论力学[M]. 4 版. 北京:高等教育出版社,2017.

[19] 陈景秋,张培源. 工程力学[M]. 2 版. 北京:高等教育出版社,2009.

[20] 沈惠川,李书民. 经典力学[M]. 合肥:中国科学技术大学出版社,2006.

[21] 陈立群,薛纭. 理论力学[M]. 2 版. 北京:清华大学出版社,2014.

[22] 西北工业大学理论力学教研室. 理论力学[M]. 3 版. 北京:高等教育出版社,2021.

[23] 哈尔滨工业大学理论力学教研室. 理论力学:II 册[M]. 8 版. 北京:高等教育出版社,2016.

[24] 吕茂烈. 理论力学范例分析[M]. 西安:陕西科学技术出版社,1986.

[25] 密歇尔斯基. 理论力学习题集[M]. 50 版. 李俊峰,译. 北京:高等教育出版社,2013.

[26] 马尔契夫. 理论力学[M]. 3 版. 李俊峰,译. 北京:高等教育出版社,2006.

[27] 刘延柱. 高等动力学[M]. 2 版. 北京:高等教育出版社,2016.
[28] 洪嘉振,刘铸永,杨长俊. 理论力学[M]. 5 版. 北京:高等教育出版社,2023.
[29] 贾启芬,刘习军. 工程动力学[M]. 天津:天津大学出版社,1999.
[30] 牛学仁,戴保东. 理论力学[M]. 2 版. 北京:国防工业出版社,2013.
[31] 范会国. 理论力学[M]. 上海:龙门联合书局,1951.
[32] 尚玫. 高等动力学[M]. 北京:机械工业出版社,2013.
[33] 梅凤翔,刘桂林. 分析力学基础[M]. 西安:西安交通大学出版社,1987.
[34] 梅凤翔,刘瑞,罗勇. 高等分析力学[M]. 北京:北京理工大学出版社,1991.
[35] 梅凤翔. 动力学逆问题[M]. 北京:国防工业出版社,2009.
[36] Merian J L, Kraige L G. Engineering Mechanics, Volume I, II [M]. 4th Edition. Toronto: John Wiley & Sons, 1998.
[37] Appel P. Traité de Mécanique Rationnelle, Volume I, II [M]. 6th Edition. Paris: Gauthier-Villars, 1953.
[38] 水小平,白若阳,刘海燕. 理论力学教程[M]. 北京:电子工业出版社,2013.

索　引

本书索引可通过扫描二维码查阅。

索引

主编简介

梅凤翔 （1938—2020） 北京理工大学教授，博士生导师。1963年毕业于北京大学数学力学系，1982年获法国国家科学博士学位。曾任北京理工大学应用力学系主任、校学术委员会副主任、北京理工大学学报主编、中国力学学会常务理事、一般力学专业委员会主任委员、教育部高等学校基础力学教学指导小组副组长、《力学与实践》副主编等。研究领域为分析力学、非完整力学、伯克霍夫力学等。著有《非完整系统力学基础》《分析力学基础》《高等分析力学》《李群和李代数对约束力学系统的应用》等。主编有《理论力学》《工程力学》等。科研成果曾获部级一等奖两次，主持的教改项目曾获国家级教学成果二等奖，主持的工程力学团队曾获国家级教学团队。2003年获全国高等学校教学名师奖。